# 南水北调中线沙河渡槽工程建设与运行关键技术

于澎涛　朱太山　徐合忠　李明新　编著

黄河水利出版社
·郑 州·

# 内 容 提 要

　　沙河渡槽工程是南水北调中线干线工程的关键单项工程,本书对沙河渡槽工程建设和运行关键技术做了深入阐述,并以大事记的形式对整个沙河渡槽工程建设和运行历程做了简要梳理。

　　作为世界上规模最大的渡槽工程,其结构设计复杂、架设难度巨大,多项创新性关键技术填补了国内空白。本书系统全面地从设计方案选定、施工技术、充水试验、安全监测、质量管理及提升等方面对沙河渡槽全过程建设与运行管理中应用到的关键技术进行了详细说明。这些关键技术多数是目前国内外渡槽施工前沿的核心技术,具有全面性、系统性、专业性的特点,可为后续类似工程的建设与运行提供实践指导。

　　本书可作为广大工程技术人员、专家学者的参考资料,对沙河渡槽工程感兴趣的读者也可通过本书对工程的前期规划、建设管理、施工技术、安全监测、运行管理等内容有较全面的了解。

## 图书在版编目(CIP)数据

　　南水北调中线沙河渡槽工程建设与运行关键技术/
于澎涛等编著. —郑州:黄河水利出版社,2020.6
　　ISBN 978-7-5509-2709-4

　　Ⅰ.①南… Ⅱ.①于… Ⅲ.①南水北调–渡槽–水利工
程 Ⅳ.①TV682

　　中国版本图书馆 CIP 数据核字(2020)第 112089 号

出　版　社:黄河水利出版社　　　　　　　　　　　网址:www.yrcp.com
　　　　地址:河南省郑州市顺河路黄委会综合楼 14 层　　邮政编码:450003
发行单位:黄河水利出版社
　　　　发行部电话:0371-66026940、66020550、66028024、66022620(传真)
　　　　E-mail:hhslzbs@ 126.com
承印单位:河南匠心印刷有限公司
开本:787 mm×1 092 mm　1/16
印张:42
字数:970 千字　　　　　　　　　　　　印数:1—1 000
版次:2020 年 6 月第 1 版　　　　　　　印次:2020 年 6 月第 1 次印刷

定价:300.00 元

# 前　言

南水北调中线沙河渡槽作为世界上规模最大的渡槽工程,是南水北调中线跨越沙河、将相河、大郎河和沿线低洼地带的梁式渡槽、箱基渡槽及绕鲁山坡落地槽等的组合建筑物,其综合规模世界第一、U形槽一次成型、结构设计工况复杂、槽身架设技术先进、质量要求严格等特点,备受国内外关注。尤其是沙河梁式渡槽作为"十一五"国家科技支撑计划项目"大流量预应力渡槽设计和施工技术研究"的主要研究对象,原型试验对课题研究成果的应用具有重大意义。

2009年12月31日沙河渡槽工程开工仪式在制槽场举行;2013年12月20日沙河渡槽主体工程施工完成;2014年2月16日至19日沙河渡槽工程进行了安全评估;2014年9月20日南水北调中线干线工程沙河渡槽工程开始全线通水试验;2018年4月23日至7月10日沙河渡槽工程进行了大流量输水,最大流量达290 m³/s,工程安全、平稳运行,充分证明了沙河渡槽工程质量的可靠性,为南水北调工程输水安全提供了坚实的基础。

沙河渡槽工程在建设过程中遇到的关键技术难点有:①U形双向预应力结构和现场预制架槽机架设施工技术;②高强度、密封和外观质量要求严格的模板设计技术;③复杂结构下钢筋笼绑扎与吊装技术;④高性能混凝土浇筑技术;⑤蒸汽养护施工技术;⑥预制槽片运输与安装技术;⑦预制槽止水关键技术;⑧卵石地层、高地下水位下灌注成桩技术。

作为参与沙河渡槽工程的参建人员,我们在解决施工技术难题的过程中,不断地总结施工经验,积极收集相关技术方面的数据等成果资料,并对沙河渡槽工程施工与运行关键技术成果进行汇编整理后定稿出版。本书文笔虽显粗糙,但确属辛苦之作。与一般的科技著作不同,本书以沙河渡槽工程施工为主线,从工程前期方案选定、施工到后期运行管理提升等方面着手,系统全面地阐述了渡槽建设过程中遇到的关键技术问题及解决办法,书中各类数据、图纸真实可靠,所采用的技术方法具有针对性强、适用范围广,并成功的应用于工程实例中。本书旨在通过介绍沙河渡槽工程施工中遇到的关键技术为其他类似工程的建设提供参考。

本书由于澎涛、朱太山、徐合忠、李明新编著。大事记、第1、2章由朱清帅执笔;第3、9章由陈凯歌执笔;第4、6章由徐振国、刘洋、彭立威执笔;第5、7章由刘洋、徐振国执笔;第8章由郑晓阳执笔;第10章由张承祖执笔;第11章由彭立威执笔;第12章由瞿行亮执笔;第13章由张建伟执笔。

本书内容全面、专业性强,但鉴于时间仓促,作者水平有限,书中难免有不足之处,恳请广大读者批评指正。

作　者

2020年2月

# 大事记

2005 年 5 月 30 日,国家发展和改革委员会以发改农经〔2005〕922 号文批复了《南水北调中线一期工程项目建议书》。

2008 年 10 月,国家发展和改革委员会以发改农经〔2008〕2973 号批复了《南水北调中线一期工程可行性研究总报告》。

2009 年 9 月 8 日,国务院南水北调工程建设委员会办公室以《关于南水北调中线一期工程总干渠沙河南至黄河南段沙河渡槽工程初步设计报告(技术方案)的批复》(国调办投计〔2009〕171 号),对沙河渡槽工程初步设计报告进行了批复。

2009 年 12 月 18 日,南水北调中线一期工程总干渠沙河南至黄河南段沙河渡槽工程土建及设备安装标及工程建设监理标在北京开标,土建及设备安装标中标人分别为中国水利水电第四工程局有限公司(沙河渡槽 1 标)、中国葛洲坝集团股份有限公司(沙河渡槽 2 标)、中国水利水电第九工程局有限公司(沙河渡槽 3 标),工程建设监理标中标人为长江勘测规划设计研究院有限责任公司。

2009 年 12 月 31 日,沙河渡槽工程开工仪式在制槽场举行。

2010 年 3 月 9 日,大营采石场骨料加工系统用地移交。

2010 年 3 月 15 日,沙河渡槽 1 标渠道工程开始开挖。

2010 年 3 月 17 日,沙河渡槽 2 标首批交地开始清表。

2010 年 5 月 11 日,长江勘测规划设计研究院有限责任公司南水北调中线一期总干渠沙河渡槽工程建设监理部签发合同项目开工令,沙河渡槽工程正式开工。

2010 年 6 月 1 日,沙河渡槽 3 标鲁山坡落地槽单位工程正式开始土方开挖。

2010 年 6 月 14 日,沙河渡槽 2 标主体工程土方开挖开始施工。

2010 年 7 月 2 日,沙河渡槽 2 标第一仓垫层混凝土浇筑。

2010 年 8 月 8 日,沙河渡槽 1 标下部结构第一根灌注桩顺利开盘。

2010 年 8 月 11 日,沙河渡槽 3 标鲁山坡落地槽单位工程正式开始基础处理。

2010 年 8 月 13 日,沙河渡槽 2 标第一仓箱涵底板混凝土浇筑。

2010 年 10 月 18 日,沙河渡槽 2 标第一仓箱基渡槽底板混凝土浇筑。

2010 年 11 月 14 日,沙河渡槽 3 标首仓混凝土(落地槽 38#仓)开盘浇筑。

2010 年 11 月 26 日,沙河渡槽 3 标箱基渡槽桩号 SH(3)10+158.1 处开挖出现古墓,施工单位当即停工,并通知文物保护单位,开始进行文物发掘工作。

2010 年 12 月 4 日,沙河渡槽第 1 榀预制梁式渡槽开盘浇筑。

2010 年 12 月 21 日,沙河渡槽 3 标箱基渡槽桩号 SH(3)10+158.1 处文物发掘工作结束,工程复工。

2010 年 12 月 28 日,沙河渡槽 1 标下部结构混凝土首个承台开盘浇筑。

2011 年 3 月 11 日,沙河渡槽架槽机成功吊装就位。

2011 年 3 月 15 日,沙河渡槽第 1 榀梁式渡槽成功架设。

2011 年 4 月 21 日,沙河渡槽 3 标箱基渡槽涵洞第一仓顶拱开盘浇筑。

2011 年 6 月 1 日,沙河渡槽第五榀梁式渡槽成功架设,首次成功实现了提槽机、运槽车、架槽机联合作业。

2011 年 7 月 14 日,沙河渡槽 2 标拌和站制冰系统成功投产。

2011 年 10 月 1 日,沙河渡槽 3 标浇筑混凝土 1 486 方(1 方 = 1 m³,下同),创日浇筑记录。

2012 年 2 月 26 日,沙河渡槽 2 标箱基渡槽基础工程处理完成。

2012 年 3 月 23 日,沙河渡槽预制月生产量首次突破 11 榀,取得了开工以来渡槽月生产最好成绩。

2012 年 4 月 31 日,沙河渡槽 3 标段 4 月浇筑混凝土 2.1 万方,创月浇筑混凝土记录。

2012 年 7 月 13 日,沙河渡槽下部结构混凝土施工全面结束。

2012 年 7 月 27 日,沙河渡槽 3 标落地槽边坡开挖完成。

2012 年 8 月 4 日,大郎河下部结构混凝土施工全面结束。

2012 年 11 月 2 日,沙河渡槽左线架设全部完成。

2012 年 11 月 22 日,沙河渡槽沙河段 188 榀梁式渡槽预制全部完成。

2012 年 12 月 31 日,沙河渡槽沙河段 188 榀梁式渡槽架设全部完成。

2013 年 3 月 14 日,大郎河首榀渡槽成功预制。

2013 年 4 月 9 日,大郎河首榀渡槽成功架设。

2013 年 5 月 16 日,沙河梁式渡槽首条止水带开始安装。

2013 年 7 月 22 日,大郎河 40 榀渡槽预制全部完成。

2013 年 8 月 21 日,大郎河渡槽架设全部完成。

2013 年 8 月 26 日,沙河渡槽 3 标箱基渡槽主体工程施工完成。

2013 年 10 月 28 日,沙河渡槽 3 标落地槽最后一仓混凝土(落地槽 20# 槽身)浇筑完成,至此沙河渡槽 3 标主体混凝土浇筑全部完成。

2013 年 11 月 12 日,沙河渡槽 2 标箱基渡槽主体最后一仓混凝土浇筑完成,至此沙河渡槽 2 标主体混凝土浇筑全部完成。

2013 年 11 月 30 日,沙河梁式渡槽 3# 线、4# 线和沙河—大郎河箱基渡槽右联开始进行充水试验。

2013 年 12 月 11 日,大郎河梁式渡槽 1# 线、2# 线和大郎河—鲁山坡箱基渡槽左联开始进行充水试验。

2013 年 12 月 20 日,沙河渡槽 1 标主体工程施工完成。

2013 年 12 月 21 日,沙河渡槽 3 标完成进口检修闸金属结构安装。

2013 年 12 月 25 日,沙河梁式渡槽 1#线、2#线及沙河—大郎河箱基渡槽右联和鲁山坡落地槽开始进行充水试验。

2013 年 12 月 31 日,大郎河梁式渡槽 3#线、4#线和大郎河—鲁山坡箱基渡槽左联开始进行充水试验。

2014 年 1 月 25 日,大郎河渡槽进口连接段开始进行充水试验。

2014 年 2 月 16~19 日,沙河渡槽工程进行了安全评估。

2014 年 2 月 18 日,沙河渡槽进口连接段开始进行充水试验。

2014 年 2 月 28 日,沙河渡槽工程完成第一次充水试验。

2014 年 4 月 15 日,沙河渡槽工程开始进行第二次充水试验。

2014 年 5 月 5~8 日,沙河渡槽段设计单元顺利通过工程通水验收。

2014 年 5 月 14 日,沙河渡槽工程完成第二次充水试验。

2014 年 9 月 20 日,南水北调中线干线工程沙河渡槽工程开始全线通水试验。

2014 年 12 月 12 日,南水北调中线干线工程全线正式通水。

2015 年 9~12 月,按照南水北调中线干线"上水平、保运行"全面整治活动安排,对沙河渡槽工程进行了全面整治,完善了设备设施功能,提升了工程形象。

2016 年 7~11 月,对沙河渡槽工程实施了全面规范化活动,重点对设施设备用房、电缆沟和各类线缆进行规范整治,进一步消除安全隐患,提升规范化管理水平。整治项目有土建维修、现地闸站电缆沟及线缆(自动化机房以外)、现地自动化机房、人手井、管理处电力电池室和自动化机房相关线缆(含安全监测)等。通过开展此次活动,切实解决了沙河渡槽工程运行管理中存在的不规范问题,防范化解了安全风险,提高了突发事件处置能力和日常工作规范化管理水平。

2017 年 8 月 15~19 日,沙河渡槽设计单元工程档案项目完成法人验收。

2017 年 9 月 29 日至 11 月 11 日,沙河退水闸向平顶山市白龟山水库进行生态补水 6 730 万 m³。

2018 年 4 月 28 日至 6 月 28 日,沙河退水闸向平顶山市白龟山水库进行生态补水 625 万 m³。

2018 年 4 月 23 日至 7 月 10 日,沙河渡槽工程进行大流量输水,最大流量达到 290 m³/s,工程安全平稳运行。

# 目　录

前　言
大事记
第1章　概　述 ……………………………………………………（1）
　1.1　工程概况 ……………………………………………………（1）
　1.2　地质情况 ……………………………………………………（6）
　1.3　渡槽发展历史与现状 ………………………………………（39）
第2章　方案选定 …………………………………………………（44）
　2.1　线路比选 ……………………………………………………（44）
　2.2　结构形式比选 ………………………………………………（54）
　2.3　水头分配方案 ………………………………………………（65）
第3章　梁式渡槽下部结构施工 …………………………………（73）
　3.1　群桩基础 ……………………………………………………（73）
　3.2　槽墩施工 ……………………………………………………（94）
第4章　（梁式渡槽）槽片预制 …………………………………（108）
　4.1　概　述 ………………………………………………………（108）
　4.2　场地布置 ……………………………………………………（123）
　4.3　模板工程 ……………………………………………………（125）
　4.4　钢筋制作与安装 ……………………………………………（131）
　4.5　混凝土浇筑 …………………………………………………（141）
　4.6　蒸压养护技术 ………………………………………………（149）
第5章　（梁式渡槽）预应力施工 ………………………………（152）
　5.1　概　述 ………………………………………………………（152）
　5.2　预应力施工 …………………………………………………（157）
　5.3　预应力监测 …………………………………………………（168）
　5.4　预应力试验研究 ……………………………………………（188）
　5.5　钢筋绑扎胎具、吊具研究 …………………………………（258）
　5.6　预应力损失监测数据偏大问题的研究与解决 ……………（263）
第6章　槽片运输与安装 …………………………………………（280）
　6.1　概　述 ………………………………………………………（280）
　6.2　场地布置 ……………………………………………………（281）
　6.3　设备性能参数及安装 ………………………………………（284）
　6.4　施工工艺、工序 ……………………………………………（300）
　6.5　主要技术难点和创新 ………………………………………（320）

6.6 关键工序质量控制 …………………………………………… (324)

第7章 止水安装 …………………………………………………… (326)
7.1 止水简介 ………………………………………………… (326)
7.2 沙河渡槽工程 U 形梁式渡槽止水设计方案 …………… (327)
7.3 沙河渡槽止水施工 ……………………………………… (334)
7.4 沙河渡槽止水原型试验 ………………………………… (340)

第8章 箱基渡槽施工 ……………………………………………… (353)
8.1 概 述 …………………………………………………… (353)
8.2 工程地质条件 …………………………………………… (354)
8.3 基础开挖 ………………………………………………… (357)
8.4 施工期基坑降水 ………………………………………… (359)
8.5 基础处理 ………………………………………………… (365)
8.6 箱基渡槽混凝土施工 …………………………………… (379)

第9章 落地槽 ……………………………………………………… (425)
9.1 概 述 …………………………………………………… (425)
9.2 工程地质条件 …………………………………………… (425)
9.3 落地槽设计 ……………………………………………… (427)
9.4 基坑开挖 ………………………………………………… (434)
9.5 基础处理 ………………………………………………… (441)
9.6 钢筋工程 ………………………………………………… (443)
9.7 混凝土工程 ……………………………………………… (445)

第10章 充水试验 …………………………………………………… (468)
10.1 概 述 …………………………………………………… (468)
10.2 充水试验目的与方案 …………………………………… (470)
10.3 渡槽充水试验渗漏原因分析 …………………………… (486)
10.4 充水试验成果分析与结论 ……………………………… (492)

第11章 安全监测 …………………………………………………… (502)
11.1 安全监测设计 …………………………………………… (502)
11.2 仪器设备安装 …………………………………………… (506)
11.3 监测实施 ………………………………………………… (514)
11.4 安全监测自动化 ………………………………………… (520)
11.5 安全监测仪器设备鉴定 ………………………………… (532)
11.6 安全监测系统调整优化 ………………………………… (535)
11.7 监测成果 ………………………………………………… (536)

第12章 质量管理 …………………………………………………… (540)
12.1 概 述 …………………………………………………… (540)
12.2 质量目标 ………………………………………………… (540)
12.3 质量管理体系 …………………………………………… (540)

12.4　质量管理内容 ……………………………………………（544）

12.5　质量控制程序 ……………………………………………（545）

12.6　质量控制方法 ……………………………………………（547）

12.7　质量控制措施 ……………………………………………（549）

12.8　主要质量管理环节 ………………………………………（550）

12.9　主要施工过程质量控制 …………………………………（563）

12.10　质量检查与整改 ………………………………………（575）

12.11　工程缺陷处理 …………………………………………（578）

12.12　工程检验评定 …………………………………………（595）

第13章　管理提升 ……………………………………………（596）

13.1　全面整治活动 ……………………………………………（596）

13.2　规范化建设活动 …………………………………………（620）

附录一　测力计监测成果 ……………………………………（638）

附录二　钢索计监测成果 ……………………………………（655）

# 第 1 章　概　述

## 1.1　工程概况

### 1.1.1　基本情况

　　沙河渡槽位于河南省鲁山县,南起娘娘庙与楼张村之间,北至鲁山坡北麓,全长 9 050 m。渡槽沿线穿越娘娘庙、叶园、大詹营、赵庄、马庄、核桃园、张庄等村至鲁山坡南缘三街村西,场区西约 5 km 有焦枝铁路通过,西、南紧邻 311 国道,中部有鲁山—平顶山的公路通过,沿线有乡村公路相通,交通便利。具体位置详见图 1-1,线路布置见图 1-2。

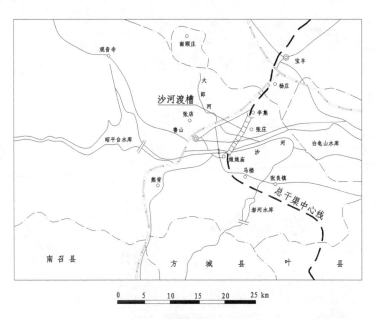

**图 1-1　沙河渡槽工程位置**

　　沙河渡槽与沙河、大郎河及将相河三条河流交叉,三条河流均属淮河水系。沙河与渡槽工程交叉断面以上流域面积为 1 918 km²,上游有昭平台水库。设计洪水由经水库调节下泄洪水和水库至渡槽区间相应洪水叠加的洪峰组成,100 年一遇洪峰流量为 8 190 m³/s,相应洪水位 120.84 m;300 百年一遇洪峰流量为 10 160 m³/s,相应洪水位 121.23 m,河底高程 116 m 左右。

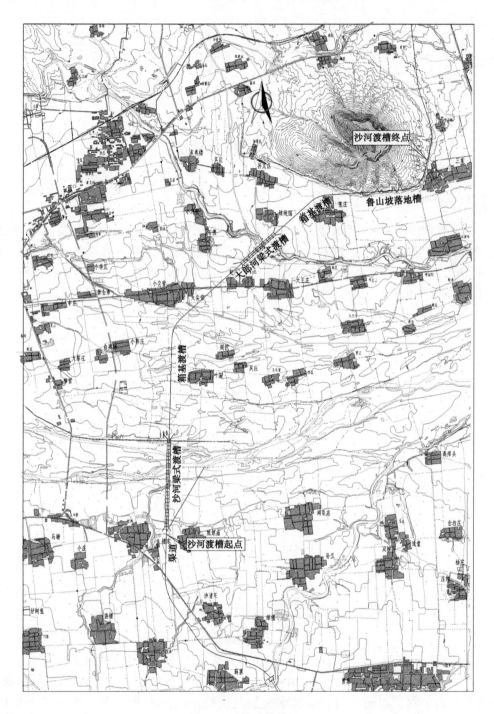

图 1-2　沙河渡槽线路

将相河与渡槽工程交叉断面以上流域面积为 22.1 km²,其交叉断面处 100 年一遇设计洪峰流量 552 m³/s,相应洪水位 119.27 m;300 年一遇洪峰流量 694 m³/s,相应洪水位 119.39 m。

大郎河与渡槽工程交叉断面以上流域面积为 129 km²,其交叉断面处 100 年一遇设计洪峰流量 1 940 m³/s,相应洪水位 120.36 m;300 年一遇洪峰流量 2 490 m³/s,相应洪水位 120.75 m,河底高程 114.0 m 左右。

沙河渡槽工程为总干渠跨越沙河、将相河、大郎河和沿线低洼地带的梁式渡槽、箱基渡槽及绕鲁山坡落地槽等的组合建筑物。总干渠与沙河及大郎河交叉的建筑物采用梁式渡槽,与将相河交叉及跨越低洼地带建筑物采用箱基渡槽,绕鲁山坡的建筑物采用矩形落地槽。

沙河渡槽设计流量 320 m³/s,加大流量 380 m³/s,进出口设计水位 130.491 ~ 132.261 m,加大水位 133.107~131.139 m,进出口设计渠底高程 125.261~123.491 m,设计水头 1.77 m。

总体可研阶段,沙河渡槽长 7 590 m,其中沙河梁式渡槽长 1 500 m,跨径 30 m,共 50 跨,双联 4 槽矩形槽,大郎河梁式渡槽长 300 m,跨径及结构形式同沙河梁式渡槽,鲁山坡落地槽长 1 505 m,矩形单槽形式,槽宽 22.5 m。两段总长 9 095 m。初设阶段,将鲁山坡落地槽段并入沙河渡槽。同时,对沙河渡槽进口连接段做了进一步优化,使进口渐变段进口后移 20.5 m,并对鲁山坡段轴线做了进一步复核与优化,将鲁山坡落地槽轴线微调下移,以减少左岸山体开挖量,减少对山体的扰动,保证工程安全。因此,初设阶段沙河渡槽总长 9 075 m,其中沙河梁式渡槽长 1 675 m(包括进、出口渐变段),跨径 30 m,共 47 跨,双联 4 槽 U 形槽;沙河—大郎河箱基渡槽 3 560 m,双联单槽形式,单槽净宽 12.5 m;大郎河梁式渡槽长 490 m(包括进、出口渐变段),跨径及结构形式同沙河梁式渡槽;大郎河—鲁山坡箱基渡槽 1 820 m,结构形式同沙河—大郎河箱基渡槽;鲁山坡落地槽长 1 465 m,矩形单槽形式,单槽宽 22.2 m。

## 1.1.2 工程总体布置

沙河渡槽全长 9 050 m,由沙河梁式渡槽、沙河—大郎河箱基渡槽、大郎河梁式渡槽、大郎河—鲁山坡箱基渡槽、鲁山坡落地槽组成。在右岸进口渐变段前设退水闸一座。渡槽自沙河南娘娘庙村与楼张村之间跨越沙河后一直向北,经叶园村西,至小詹营村南转向东北。在詹营村东南过将相河后,沿马庄村西到达大郎河右岸,跨越大郎河。而后沿东北方向经核桃园至张庄村北,再折向偏东方向至三街村西北与总干渠相接。沙河渡槽轴线主要拐点坐标见表 1-1,各段分段长度见表 1-2。

根据总干渠总体布置,沙河渡槽前设有节制闸和退水闸,节制闸兼作沙河渡槽检修闸之用,沙河梁式渡槽出口设检修闸 1 座,鲁山坡落地槽末端设检修闸 1 座,落地槽跨多条小河沟和 1 条公路,根据河沟汇流面积布置有 4 座左岸排水涵洞和 1 座公路桥。

退水闸位于渡槽进口渐变段前右岸,闸轴线与总干渠中心线相交,交角为 30°,交叉点距节制闸前缘 225 m,在总干渠上的桩号为 SH(3)2+663.1。

表 1-1　沙河渡槽轴线主要拐点坐标

| 编号 | 位置 | 桩号 | 弯道参数 | | | |
|---|---|---|---|---|---|---|
| | | | X | Y | 转角(°) | 半径(m) |
| 1 | 进口渐变段起点 | SH(3)2+838.1 | 3 730 745.085 | 494 765.591 | | |
| 2 | 进口节制闸起点 | SH(3)2+888.1 | 3 730 795.077 | 494 766.462 | | |
| 3 | 沙河梁式渡槽起点 | SH(3)2+994.1 | 3 730 901.061 | 494 768.310 | | |
| 4 | 沙河梁式渡槽终点 | SH(3)4+404.1 | 3 732 310.847 | 494 792.890 | | |
| 5 | 箱基渡槽弯道1起点 | SH(3)6+069.8 | 3 733 757.823 | 494 818.119 | 47.2 | 1 000 |
| 6 | 箱基渡槽弯道1终点 | SH(3)6+456.7 | 3 734 485.901 | 495 151.374 | | |
| 7 | 大郎河梁式渡槽 进口渐变段起点 | SH(3)8+038.1 | 3 735 394.291 | 496 167.559 | | |
| 8 | 大郎河梁式渡槽起点 | SH(3)8+138.1 | 3 735 460.940 | 496 242.110 | | |
| 9 | 大郎河梁式渡槽终点 | SH(3)8+438.1 | 3 735 660.888 | 496 465.763 | | |
| 10 | 大郎河梁式渡槽 进口渐变段终点 | SH(3)8+538.1 | 3 735 727.538 | 496 540.314 | | |
| 11 | 箱基渡槽弯道2起点 | SH(3)9+436.1 | 3 736 326.078 | 497 209.815 | 36.97 | 500 |
| 12 | 箱基渡槽弯道2终点 | SH(3)9+758.7 | 3 736 451.551 | 497 501.003 | | |
| 13 | 落地槽起点 | SH(3)10+358.1 | 3 736 501.962 | 498 098.153 | | |
| 14 | 检修闸起点 | SH(3)10+438.1 | 3 736 508.691 | 498 177.869 | | |
| 15 | 落地槽段弯道起点 | SH(3)11+158.0 | 3 736 569.264 | 498 895.388 | 71.78 | 380 |
| 16 | 落地槽段弯道终点 | SH(3)11+634.0 | 3 736 859.898 | 499 233.089 | | |
| 17 | 出口渐变段起点 | SH(3)11+838.1 | 3 737 058.231 | 499 280.313 | | |
| 18 | 出口渐变段终点 | SH(3)11+888.1 | 3 737 106.871 | 499 291.894 | | |

表 1-2　沙河渡槽分段长度

| 分段 | | 桩号 | | 长度 (m) |
|---|---|---|---|---|
| | | 起 | 止 | |
| 沙河梁式渡槽 | 进口渐变段 | SH(3)2+838.1 | SH(3)2+888.1 | 50 |
| | 进口节制闸 | SH(3)2+888.1 | SH(3)2+913.1 | 25 |
| | 闸渡连接段 | SH(3)2+913.1 | SH(3)2+994.1 | 81 |
| | 渡槽段 | SH(3)2+994.1 | SH(3)4+404.1 | 1 410 |
| | 出口连接段 | SH(3)4+404.1 | SH(3)4+504 | 100 |
| 沙河—大郎河箱基渡槽 | | SH(3)4+504.1 | SH(3)8+038.1 | 3 534 |
| 大郎河梁式渡槽 | 进口连接段 | SH(3)8+038.1 | SH(3)8+138.1 | 100 |
| | 渡槽段 | SH(3)8+138.1 | SH(3)8+438.1 | 300 |
| | 出口连接段 | SH(3)8+438.1 | SH(3)8+538.1 | 100 |
| 大郎河—鲁山坡箱基渡槽 | | SH(3)8+538.1 | SH(3)10+358.1 | 1 820 |
| 鲁山坡落地槽 | 进口连接段 | SH(3)10+358.1 | SH(3)10+503.1 | 145 |
| | (其中检修闸) | SH(3)10+464.1 | SH(3)10+479.1 | 15 |
| | 落地槽 | SH(3)10+464.1 | SH(3)11+838.1 | 1 335 |
| | 出口渐变段 | SH(3)11+838.1 | SH(3)11+888.1 | 50 |
| 总长 | | | | 9 050 |

沙河梁式渡槽长 1 666 m,设计桩号为 SH(3)2+838.1~SH(3)4+504.1,由进口渐变段、渡槽段、出口渐变段组成。

进口渐变连接段长 156 m,其中渐变段长 50 m,边墙采用圆弧直墙形式,内侧采用贴坡与上游渠道连接;节制闸长 25 m,开敞式钢筋混凝土结构,横向共 4 孔 2 联,单孔净宽 8 m,采用弧形钢闸门控制,液压启闭机启闭。闸室前部设叠梁检修闸门。闸后设 81 m 连接段与渡槽连接,连接段为箱基渡槽形式,上部渡槽横向 4 槽,单槽宽 8 m,槽身净高 7.4 m,断面形式由矩形变为 U 形,下部为箱形涵洞。

梁式渡槽长 1 410 m,槽身采用预应力钢筋混凝土 U 形槽结构形式,共 4 槽,单槽净宽 8 m,净高 7.4 m,4 槽槽身相互独立,每两槽支承于一个下部支承结构上,槽身纵向为简支梁形式,跨径 30 m,共 47 跨;下部支承采用钢筋混凝土空心墩,基础为灌注桩,桩径 1.8 m,每个基础下顺槽向设两排,每排 5 根,顺槽向桩间距 4.6 m,横槽向桩间距 5.05 m,单桩长 17~30 m。

出口连接段长 100 m,其中检修闸长 20 m,4 孔,单孔净宽 8 m,采用叠梁钢闸门,移动式电动葫芦启闭。检修闸前采用 20 m 长渐变段与渡槽连接,闸后采用 60 m 渐变段与箱基渡槽连接,渐变段均为箱基渡槽形式。

沙河—大郎河箱基渡槽长 3 534 m,设计桩号为 SH(3)4+504.1~SH(3)8+038.1。箱基渡槽一般每 20 m 一节,共 178 节。槽身采用矩形双槽布置形式,单槽净宽 12.5 m,两槽相互独立。槽身侧墙净高 7.8 m,下部支承结构为箱形涵洞,涵洞净高 5.5~8.5 m。

大郎河梁式渡槽段长 500 m,桩号为 SH(3)8+038.1~SH(3)8+538.1,其中梁式渡槽段长 300 m,槽身采用预应力钢筋混凝土 U 形槽结构形式,共 4 槽,单槽净宽 8 m,净高 7.8 m,4 槽槽身相互独立,每两槽支承于一个下部支承结构上,槽身纵向为简支梁形式,跨径 30 m,共 10 跨;下部支承采用钢筋混凝土空心墩,基础为灌注桩,桩径 1.8 m,每个基础下顺槽向设两排,每排 5 根,顺槽向桩间距 4.6 m,横槽向桩间距 5.05 m,单桩长 22~57 m。进、出口连接段均为 100 m,箱基渡槽形式,上部渡槽由 4 槽变为 2 槽与箱基渡槽连接。

大郎河—鲁山坡箱基渡槽段长 1 820 m,桩号为 SH(3)8+538.1~SH(3)10+358.1,箱基渡槽纵向每 20 m 一节,共 91 节,槽身结构形式及尺寸同沙河—大郎河箱基渡槽,下部涵洞净高 5~6.9 m。

鲁山坡落地槽轴线长 1 530 m,桩号为 SH(3)10+358.1~SH(3)11+888.1,其中落地槽长 1 335 m,检修闸长 15 m,出口渐变段长 50 m。落地槽槽身为矩形断面,单槽布置,底宽 22.2 m,侧墙净高 8.1 m。检修闸长 15 m,为开敞式钢筋混凝土结构,横向分为 2 孔,单孔净宽 12.5 m。检修闸门采用叠梁式闸门,起吊设备采用电动葫芦。出口渐变段长 50 m,边墙采取直线扭曲面形式,底宽 22.2~25 m,墙高与总干渠一级马道齐平。

退水闸布置在渡槽渐变段前总干渠右岸,闸轴线与总干渠轴线呈 30°交角,两轴线交点处总干渠桩号 SH(3)2+663.1。退水闸设计流量 160 m³/s,单孔,孔宽 6 m,孔高 4.5 m。

# 1.2　地质情况

## 1.2.1　地形地貌

沙河渡槽位于沙河冲洪积平原(局部为鲁山坡山前坡洪积裙),为河谷地貌形态。沙河为常年性河流,自西向东流经本区,河谷宽浅开阔,由于河流侧向侵蚀及人工改造,河床由北向南迁移。区内发育两级阶地,两岸不对称,左岸平缓,右岸略陡。在左岸漫滩上有一人工修筑的防洪河堤,高 5 m,底宽约 35 m。

### 1.2.1.1　河床及漫滩

河床呈宽浅型,主河床靠近右岸;漫滩两岸不对称,主要发育在左岸,测区内漫滩与河床无明显界线。地面高程 116.0~119.0 m,坡降 1/800~1/1 000,宽约 1 660 m,枯水期最大水面宽约 40 m,左岸漫滩呈斜坡状倾向河床。

### 1.2.1.2　Ⅰ级阶地

分布于左、右两岸。右岸地面较平坦,阶面高程 118.0~120.4 m,宽约 600 m,前缘与河床漫滩呈缓坡相接。左岸阶面高程 117.8~119.0 m,宽约 800 m,前缘与漫滩呈缓坡相接。

### 1.2.1.3　Ⅱ级阶地

分布于左、右两岸,右岸阶面高程 121.0~124.4 m,阶面较平坦,与Ⅰ级阶地呈陡坎相接,高差约 2.2 m,冲沟不甚发育,仅在渡槽轴线西约 300 m 处发育一条与总干渠轴线大致平行的马寨沟,沟宽约 30.0 m。左岸阶面高程 117.0~119.0 m,地面平坦,在其上发育有将相河和大郎河:将相河河道狭窄,宽约 2 m,下切侵蚀约 1 m,水面宽约 1 m,走向近西东,汇入沙河;大郎河属河谷地貌,河道呈蛇曲状,两岸地面高程 119.2~120.0 m,地形平坦开阔,由西北向东南微倾,左岸为侵蚀冲刷岸,岸坡陡峻,最大高差 5.7 m,右岸为堆积岸,岸坡平缓,河床宽约 115 m,水面宽一般 12~25 m,水深 0.2~3.0 m,漫滩位于右岸,最宽约 130 m,高程一般 115.0~117.0 m,由西向东流经本区,汇入沙河。

### 1.2.1.4　山前坡洪积裙

地形起伏,地面高程 117.0~131.0 m,沿勘探线由西向东逐渐升高,以缓坡与丘垄相接。

## 1.2.2　地质概述

### 1.2.2.1　地质构造

据国家地震局分析预报中心 2004 年 4 月编制的《南水北调中线工程沿线设计地震动参数区划报告》,工程区位于华北准地台与秦祁褶皱系的交接部位。新构造分区位于豫皖隆起—拗陷区的南部。区域构造线的方向以北西向为主,次为北东向,鲁山—漯河断裂从场区东北部附近通过,断裂全长 115 km,总体走向 NWW,倾向 SSW,倾角 60°左右,断距 1 000~2 000 m,为正断层,为第三系断裂。本区新构造运动表现为差异性垂直升降运动。晚更新世末期以来,本区西部山区基本处于抬升状态,东部平原区则继续沉降。经勘察,场区内未发现第四系断层。区域构造稳定。

### 1.2.2.2 地震与地震基本烈度

勘察区位于华北地震构造区,地震活动强度小、频度低。工程场区邻近县市历史地震情况见表 1-3。

表 1-3 地震目录摘抄

| 序号 | 发震时间 | | | 震中位置 | | | 震级 | 震中烈度 |
|---|---|---|---|---|---|---|---|---|
| | 年 | 月 | 日 | 纬度 | 经度 | 地点 | | |
| 1 | 1524 | 2 | 4 | 34.0° | 114.0° | 许昌张潘 | 5.75 | Ⅶ |
| 2 | 1820 | 8 | 3 | 34°06′ | 113°54′ | 许昌东北 | 6 | Ⅷ |
| 3 | 1960 | 3 | 9 | 33°50′ | 112°40′ | 鲁山西 | 3.1 | |
| 4 | 1960 | 3 | 9 | 33°46′ | 112°03′ | 东村 | 3.1 | |
| 5 | 1960 | 3 | 10 | 33°45′ | 112°03′ | 东村 | 3.5 | |
| 6 | 1963 | 9 | 18 | 33°32′ | 113°13′ | 叶县旧县 | 2.3 | |
| 7 | 1964 | 2 | 22 | 34°00′ | 113°03′ | 宝丰北 | 2.0 | |

根据中国地震局分析预报中心 2004 年编制的《南水北调中线工程沿线设计地震动参数区划报告》,工程区地震动峰值加速度为<0.05$g$,相当于地震基本烈度小于Ⅵ度。

## 1.2.3 水文地质条件

工程区位于河南省中部,属淮河流域,区域上属半干旱的大陆性季风气候,冬季寒冷干燥,夏季炎热多雨,年平均气温约 14.8 ℃,年平均降水量 827.7 mm,多集中在 7~9 月。

### 1.2.3.1 地下水类型

工程场区地下水按其赋存条件及水力特征可分为第四系松散层孔隙潜水和上第三系孔隙裂隙承压水。

#### 1.第四系松散层孔隙潜水

赋存于第四系松散沉积层中,第四系卵、砾石及砂层为主要含水层,上第三系泥质砂砾岩、砾质泥岩、黏土岩为相对隔水层。该含水层分布于河床、漫滩和Ⅰ、Ⅱ级阶地下部,厚度一般为 8~19 m,由南向北逐渐变厚,沙河河床、大郎河一带含水层富水性好,多为强透水性,渗透系数 $K=5.62\times10^{-2}\sim1.4\times10^{-1}$ cm/s。地下水埋深随地形地貌的差异而变化,沙河河床段埋深 0.01~1.50 m,相应水位 114.55~115.65 m,漫滩段埋深 1.50~2.0 m,相应高程 114.46~116.50 m，Ⅰ、Ⅱ级阶地埋深 2.0~6.0 m，相应高程 112.60~117.60 m。另外，因地形和地层岩相的变化，局部地下水微具承压性，承压水头一般 1.0~3.0 m。

第四系孔隙裂隙潜水主要接受大气降水、洪水期河水和侧向径流补给，消耗于蒸发、人工开采和侧向径流排泄。

2. 上第三系孔隙裂隙承压水

工程区上第三系下部砂岩、砂砾岩，中粗粒结构，成岩差，赋存承压水，其上部黏土岩、砾质黏土岩、泥质砂砾岩、砾质泥岩为其相对隔水顶板。在大郎河渡槽段，上部黏土岩总厚达 39.0~47.10 m，隔水顶板起伏较大，高程 52.62~66.63 m，水位高程为 109.85~113.91 m，承压水头高 43.4~60.63 m。

上第三系孔隙裂隙承压水主要接受侧向径流及上部潜水补给，以径流方式向下游排泄。

### 1.2.3.2　土、岩体渗透性

为查明工程区土、岩体的渗透性，为设计和施工提供可靠的水文地质参数，分别进行了抽水试验、注水试验、室内渗透试验，成果详见表1-4。

抽水试验成果表明：砾、卵石层的渗透系数 $K=5.62\times10^{-2}\sim1.40\times10^{-1}$ cm/s，具强透水性。室内渗透试验表明第四系壤土层，渗透系数 $K=8.22\times10^{-7}\sim2.32\times10^{-4}$ cm/s，具微透水—中等透水。

### 1.2.3.3　水化学特征

在工程区分别取河水水样8组，第四系松散层孔隙潜水15组进行水质分析，分析结果见表1-5。

分析成果表明：勘察区河水矿化度均小于 1.0 g/L，为淡水；总硬度 5.63~12.01 德国度，为软水—微硬水；沙河河水 pH 值为 6.4~6.84，为中性—弱碱性水，大郎河河水、将相河水 pH 值为 6.9~8.23，为中性—弱碱性水；侵蚀 $CO_2$ 含量在沙河与大郎河中为 0~6.4 mg/L，在将相河水中为 0~28.4 mg/L；水化学类型：沙河为 $HCO_3$-Ca 或 $HCO_3$-Cl-Ca-Mg 型，将相河为 $HCO_3$-Ca 型，大郎河河水为 $HCO_3$-$SO_4$-Ca 或 $HCO_3$-$SO_4$-Ca-Mg 型。

地下潜水矿化度均小于 1.0 g/L，为淡水；总硬度 19.6~28.5 德国度，为硬水—极硬水；沙河附近地下水 pH 值为 6.4~7.6，多为中性水，其他地段地下水 pH 值为 7.0~7.69，为中性—弱碱性水；侵蚀性 $CO_2$ 含量在将相河附近地下水中，即第一段旱渡槽地区为 0~20.73 mg/L，其他地段为 0~8.8 mg/L，地下水化学类型主要为 $HCO_3$-Ca 型与 $HCO_3$-Cl-Ca 型。

据水质分析成果，按照《水利水电工程地质勘察规范》(GB 50487—2008)附录 G 进行评价，沙河河水、将相河河水及相应地区的地下水对混凝土具分解类弱腐蚀，其他地段地下水、地表水对混凝土无腐蚀性。判别成果见表1-6。

表 1-4　土、岩渗透试验成果统计结果

| 岩土体工程地质单元 | 时代、岩性 | 试验方法 | 统计组数 | 范围值 | | 平均值 | | 渗透性等级 |
|---|---|---|---|---|---|---|---|---|
| | | | | 渗透系数（cm/s） | 透水率（Lu） | 渗透系数（cm/s） | 透水率（Lu） | |
| ② | $Q_4^1$ 重粉质壤土 | 室内渗透 | 12 | $1.89×10^{-9} \sim 2.33×10^{-4}$ | | $1.16×10^{-4}$ | | 中等透水 |
| ③-1、(13)-1 | $(Q_4^1)$砾砂$(Q_3^1)$卵石 | 抽水试验 | 3 | $7.71×10^{-2} \sim 1.41×10^{-1}$ | | $1.0×10^{-1}$ | | 强透水 |
| ⑤ | $Q_4^1$ 黄土状中粉质壤土 | 室内渗透 | 6 | $1.70×10^{-5} \sim 3.81×10^{-4}$ | | $1.9×10^{-4}$ | | 中等透水 |
| ⑥ | $Q_4^1$ 重粉质壤土 | 室内渗透 | 5 | $1.82×10^{-7} \sim 3.20×10^{-5}$ | | $1.5×10^{-5}$ | | 弱透水 |
| ⑦ | $Q_3^2$ 粉质黏土 | 注水试验 | 4 | $4.67×10^{-6} \sim 5.42×10^{-5}$ | $0.6 \sim 7.3$ | $1.92×10^{-5}$ | 2.5 | 弱透水 |
| ⑦ | $Q_3^2$ 粉质黏土 | 室内渗透 | 12 | $1.49×10^{-8} \sim 4.73×10^{-5}$ | | $8.22×10^{-6}$ | | 微透水 |
| ⑧ | $Q_3^2$ 黄土状轻粉质壤土 | 室内渗透 | 1 | | | $9.80×10^{-5}$ | | 弱透水 |
| ⑨ | $Q_3^2$ 黄土状重粉质壤土 | 室内渗透 | 76 | $3.22×10^{-8} \sim 7.70×10^{-4}$ | | $1.03×10^{-4}$ | | 弱～中等透水 |
| (11) | $Q_3^2$ 重粉质壤土（含碎石） | 室内渗透 | 3 | $1.94×10^{-7} \sim 1.33×10^{-6}$ | | $8.22×10^{-7}$ | | 极微透水 |
| ③-2、(13)-2 | $(Q_4^1)$砾砂$(Q_3^1)$卵石 | 抽水试验 | 2 | $2.73×10^{-2} \sim 8.53×10^{-2}$ | | $5.62×10^{-2}$ | | 强透水 |
| (13)-1 | $Q_4^1$ 卵石 | 抽水试验 | 1 | | | $7.26×10^{-2}$ | | 强透水 |
| (13)-2 | $Q_3^1$ 卵石 | 注水试验 | 1 | | | $8.65×10^{-2}$ | | 强透水 |
| (13)-2 | $Q_3^1$ 卵石 | 抽水试验 | 1 | | | $6.13×10^{-2}$ | | 强透水 |

表1-5　水质分析成果

| 建筑物分段 | 水样类型 | 取样日期(年.月) | 单位 | $K^+$ + $Na^+$ | $Ca^{2+}$ | $Mg^{2+}$ | 小计 | $Cl^-$ | $SO_4^{2-}$ | $HCO_3^-$ | 小计 | 总硬度 | 暂时硬度 | 永久硬度 | 负硬度 | 总碱度(mmol/L) | 矿化度(g/L) | 游离$CO_2$(mg/L) | 侵蚀性$CO_2$(mg/L) | pH值 | 库尔洛夫式 | 水化学类型 |
|---|---|---|---|---|---|---|---|---|---|---|---|---|---|---|---|---|---|---|---|---|---|---|
| 沙河梁式渡槽段 | 沙河河水 | 1995-08 | mg/L | 11.41 | 29.32 | 6.60 | 47.33 | 6.57 | 23.00 | 110.56 | 140.13 | 5.63 | 5.08 | 0.55 | 0 | 1.81 | 0.132 | 0.81 | 0 | 6.4 | $M0.132\ \dfrac{HCO_3 73.28 SO_4 19.43}{Ca59.11Mg21.85Na19.03}\ T18°$ | $HCO_3^-$-Ca |
| | | | me/L | 0.47 | 1.46 | 0.54 | 2.46 | 0.18 | 0.48 | 1.81 | 2.47 | | | | | | | | | | | |
| | | | me/L% | 19.03 | 59.11 | 21.86 | 100.0 | 7.29 | 19.43 | 73.28 | 100.0 | | | | | | | | | | | |
| | | 2006-01 | mg/L | 0.50 | 112.83 | 24.79 | 138.12 | 95.89 | 65.66 | 220.77 | 382.32 | 21.51 | 10.14 | 11.37 | 0 | 10.14 | 0.410 | 23.30 | 5.31 | 6.84 | $M0.410\ \dfrac{HCO_3 47.0 Cl35.2 SO_4 17.8}{Ca73.2Mg26.5}\ T18°$ | $HCO_3^-$-Cl-Ca-Mg |
| | | | me/L | 0.020 | 5.630 | 2.040 | 7.690 | 2.705 | 1.367 | 3.618 | 7.690 | | | | | | | | | | | |
| | | | me/L% | 0.3 | 73.2 | 26.5 | 100.0 | 35.2 | 17.8 | 47.0 | 100.0 | | | | | | | | | | | |
| | 地下水 | 1995-08 | mg/L | 10.23 | 27.76 | 7.33 | 45.32 | 9.17 | 14.02 | 108.30 | 131.49 | 5.58 | 4.98 | 0.60 | 0 | 1.78 | 0.123 | 16.26 | 0 | 6.9 | $M0.123\ \dfrac{HCO_3 76.39 SO_4 12.45 Cl11.16}{Ca57.20Mg24.59Na17.7}\ T18°$ | $HCO_3^-$-Ca |
| | | | me/L | 0.44 | 1.39 | 0.60 | 2.43 | 0.26 | 0.29 | 1.78 | 2.33 | | | | | | | | | | | |
| | | | me/L% | 18.11 | 57.20 | 24.69 | 100.0 | 11.16 | 12.45 | 76.39 | 100.0 | | | | | | | | | | | |
| | | 1995-08 | mg/L | 8.49 | 29.68 | 5.72 | 43.89 | 6.57 | 23.00 | 104.51 | 134.08 | 5.48 | 4.80 | 0.60 | 0 | 1.71 | 0.126 | 2.44 | 4.37 | 6.4 | $M0.126\ \dfrac{HCO_3 71.85 SO_4 20.17}{Ca64.35Mg20.43Na15.21}\ T18°$ | $HCO_3^-$-Ca |
| | | | me/L | 0.35 | 1.48 | 0.47 | 2.30 | 0.19 | 0.48 | 1.71 | 2.38 | | | | | | | | | | | |
| | | | me/L% | 15.21 | 64.35 | 20.44 | 100.0 | 7.98 | 20.17 | 71.85 | 100.0 | | | | | | | | | | | |
| | | 1995-06 | mg/L | 9.05 | 38.40 | 6.80 | 54.25 | 6.13 | 11.48 | 144.26 | 161.87 | 6.95 | 6.63 | 0.32 | 0 | 2.36 | 0.144 | 7.32 | 6.20 | 7.6 | $M0.144\ \dfrac{HCO_3 85.20}{Ca67.37Mg19.65Na11.93}\ T18°$ | $HCO_3^-$-Ca |
| | | | me/L | 0.37 | 1.92 | 0.56 | 2.85 | 0.17 | 0.24 | 2.36 | 2.77 | | | | | | | | | | | |
| | | | me/L% | 11.96 | 67.37 | 19.65 | 100.0 | 6.14 | 8.66 | 85.20 | 100.0 | | | | | | | | | | | |
| | | 1995-08 | mg/L | 8.63 | 37.24 | 8.38 | 54.35 | 4.45 | 25.0 | 137.82 | 167.27 | 7.15 | 6.33 | 0.82 | 0 | 2.26 | 0.153 | 4.48 | 8.74 | 6.7 | $M0.153\ \dfrac{HCO_3 77.66 SO_4 17.87}{Ca63.92Mg23.71Na11.34}\ T18°$ | $HCO_3^-$-Ca |
| | | | me/L | 0.36 | 1.86 | 0.69 | 2.91 | 0.13 | 0.52 | 2.26 | 2.91 | | | | | | | | | | | |
| | | | me/L% | 12.37 | 63.92 | 23.71 | 100.0 | 4.47 | 17.87 | 77.66 | 100.0 | | | | | | | | | | | |

**续表 1-5**

| 建筑物分段 | 水样类型 | 取样日期(年-月) | 单位 | $K^+ + Na^+$ | $Ca^{2+}$ | $Mg^{2+}$ | 小计 | $Cl^-$ | $SO_4^{2-}$ | $HCO_3^-$ | 小计 | 总硬度 | 暂时硬度 | 永久硬度 | 负硬度 | 总碱度(mmd/L) | 矿化度(g/L) | 游离$CO_2$(mg/L) | 侵蚀性$CO_2$(mg/L) | pH值 | 库尔洛夫式 | 水化学类型 |
|---|---|---|---|---|---|---|---|---|---|---|---|---|---|---|---|---|---|---|---|---|---|---|
| 沙河板渡段 | 地下水 | 2006-01 | mg/L | 8.60 | 30.66 | 8.68 | 47.94 | 10.78 | 19.60 | 114.47 | 144.85 | 6.29 | 5.26 | 1.03 | 0 | 5.26 | 0.136 | 2.40 | 0 | 7.96 | $M0.136 \dfrac{HCO_3 72.5 SO_4 15.8 Cl11.7}{Ca59.1Mg27.6(K+Na)13.3}$ | $HCO_3^- - Ca-Mg$ |
| | | | me/L | 0.344 | 1.530 | 0.714 | 2.588 | 0.304 | 0.408 | 1.876 | 2.588 | | | | | | | | | | | |
| | | | % | 13.3 | 59.1 | 27.6 | 100.0 | 11.7 | 15.8 | 72.5 | 100.0 | | | | | | | | | | | |
| 第一段旱渡槽 | 地下水 | 1995-05 | mg/L | 33.9 | 149.65 | 32.90 | 216.45 | 77.52 | 49.00 | 287.28 | 415.8 | 28.5 | 13.27 | 15.23 | | | 0.487 | 12.65 | 6.55 | 7.0 | $M0.487 \dfrac{HCO_3 59.55 Cl27.64 SO_4 12.81}{Ca64.12Mg23.26} T18°$ | $HCO_3^- - Cl-Ca$ |
| | | | me/L | 1.47 | 7.47 | 2.71 | 11.65 | 2.20 | 1.02 | 4.74 | 7.96 | | | | | | | | | | | |
| | | | % | 12.62 | 64.12 | 23.26 | 100.0 | 27.64 | 12.81 | 59.55 | 100.00 | | | | | | | | | | | |
| | | 1995-05 | mg/L | 32.26 | 131.95 | 29.92 | 194.13 | 68.76 | 45.00 | 283.22 | 395.98 | 25.43 | 12.99 | 12.35 | | | 0.448 | 7.32 | 0 | 7.2 | $M0.448 \dfrac{HCO_3 61.54 Cl26.0 SO_4 12.46}{Ca62.97Mg23.63} T18°$ | $HCO_3^- - Cl-Ca$ |
| | | | me/L | 1.40 | 6.58 | 2.47 | 10.45 | 1.96 | 0.94 | 4.64 | 7.54 | | | | | | | | | | | |
| | | | % | 13.40 | 62.97 | 23.63 | 100.00 | 26.00 | 12.46 | 61.54 | 100.00 | | | | | | | | | | | |
| | | 1995-05 | mg/L | 32.06 | 130.90 | 30.42 | 193.38 | 67.00 | 46.00 | 277.18 | 390.18 | 25.45 | 12.71 | 12.74 | 0 | 11.20 | 0.445 | 40.07 | 0 | 7.0 | $M0.445 \dfrac{HCO_3 61.27 Cl25.77 SO_4 12.96}{Ca62.50Mg24.24} T18°$ | $HCO_3^- - Cl-Ca$ |
| | | | me/L | 1.39 | 6.55 | 2.54 | 10.48 | 1.91 | 0.96 | 4.54 | 7.41 | | | | | | | | | | | |
| | | | % | 13.26 | 62.50 | 24.24 | 100.00 | 25.77 | 12.96 | 61.27 | 100.00 | | | | | | | | | | | |
| | | 1997-09 | mg/L | 18.21 | 100.80 | 23.80 | 143.19 | 32.05 | 54.32 | 243.65 | 330.02 | 19.60 | 11.20 | 8.40 | | 11.20 | 0.351 | 29.36 | 20.73 | 7.2 | $M0.351 \dfrac{HCO_3 66.2 SO_4 18.8 Cl15.0}{Ca64.6Mg25.1Na10.2} T18°$ | $HCO_3^- - Ca-Mg$ |
| | | | me/L | 0.792 / 0.01 | 5.030 | 1.959 | 7.791 | 0.904 | 1.131 | 3.993 | 6.028 | | | | | | | | | | | |
| | | | % | 10.2 / 0.1 | 64.6 | 25.1 | 100.0 | 15.0 | 18.8 | 66.2 | 100.0 | | | | | | | | | | | |

续表 1-5

| 建筑物分段 | 水样类型 | 取样日期(年-月) | 单位 | 阳离子 | | | | 阴离子 | | | | 硬度(H⁰) | | | | 总碱度(mmd/L) | 矿化度(g/L) | 游离CO₂(mg/L) | 侵蚀性CO₂(mg/L) | pH值 | 库尔洛夫式 | 水化学类型 |
|---|---|---|---|---|---|---|---|---|---|---|---|---|---|---|---|---|---|---|---|---|---|---|
| | | | | K⁺+Na⁺ | Ca²⁺ | Mg²⁺ | 小计 | Cl⁻ | SO₄²⁻ | HCO₃⁻ | 小计 | 总硬度 | 暂时硬度 | 永久硬度 | 负硬度 | | | | | | | |
| 第一段旱渡槽 | 地下水 | 1997-09 | mg/L | 2.70 | 155.45 | 33.86 | 192.01 | 98.55 | 81.51 | 376.80 | 556.86 | 29.57 | 17.31 | 12.26 | 0 | 17.31 | 0.368 | 71.81 | 1.09 | 7.20 | $\dfrac{\text{HCO}_3 58.0\,\text{Cl}26.1\,\text{SO}_4 15.8}{\text{Ca}72.8\,\text{Mg}26.2}$ M0.368 T18° | $\dfrac{\text{HCO}_3-\text{Cl}-}{\text{Ca}}$ Mg |
| | | | me/L | 0.108 | 7.757 | 2.787 | 10.652 | 2.780 | 1.697 | 6.175 | 10.652 | | | | | | | | | | | |
| | | | me/% | 1.0 | 72.8 | 26.2 | 100.00 | 26.1 | 15.8 | 58.0 | 100.00 | | | | | | | | | | | |
| | | 1997-09 | mg/L | 14.90 | 141.68 | 25.10 | 191.68 | 102.49 | 83.43 | 361.67 | 547.59 | 27.93 | 16.62 | 11.31 | 0 | 16.62 | 0.367 | 13.94 | 3.27 | 6.9 | $\dfrac{\text{HCO}_3 56.2\,\text{Cl}27.4\,\text{SO}_4 16.4}{\text{Ca}67.0\,\text{Mg}27.4}$ M0.367 T18° | $\dfrac{\text{HCO}_3-}{\text{Cl}-\text{Ca}}$ Mg |
| | | | me/L | 0.596 | 7.070 | 2.889 | 10.555 | 2.891 | 1.737 | 5.927 | 10.555 | | | | | | | | | | | |
| | | | me/% | 5.6 | 67.0 | 27.4 | 100.00 | 27.4 | 16.4 | 56.2 | 100.0 | | | | | | | | | | | |
| | | 1997-09 | mg/L | 28.66 | 144.11 | 33.87 | 208.15 | 99.54 | 80.55 | 299.61 | 479.70 | 27.98 | 13.77 | 14.21 | 0 | 13.77 | 0.330 | 1.64 | 17.11 | 7.0 | $\dfrac{\text{HCO}_3 52\,\text{Cl}29.9\,\text{SO}_4 17.8}{\text{Ca}63.8\,\text{Mg}24.8\,\text{Na}11.1}$ M0.330 T18° | $\dfrac{\text{HCO}_3-}{\text{Cl}-\text{Ca}}$ |
| | | | me/L | 1.51 / 1.246 | 7.191 | 2.788 | 11.264 | 2.808 | 1.677 | 4.910 | 9.395 | | | | | | | | | | | |
| | | | me/% | 11.1 / 0.3 | 63.8 | 24.8 | 100.0 | 29.9 | 17.8 | 52.3 | 100.0 | | | | | | | | | | | |
| | 将相河河水 | 1995-05 | mg/L | 23.45 | 29.72 | 7.90 | 61.07 | 19.70 | 45.00 | 325.64 | 390.34 | 6.02 | 6.02 | 0 | | | 0.288 | 8.13 | 0 | 7.0 | $\dfrac{\text{HCO}_3 78.07\,\text{SO}_4 13.74}{\text{Ca}47.07\,\text{Mg}20.82}$ M0.288 T18° | $\dfrac{\text{HCO}_3-}{\text{Ca}}$ |
| | | | me/L | 1.02 | 1.49 | 0.66 | 3.17 | 0.56 | 0.94 | 5.34 | 6.84 | | | | | | | | | | | |
| | | | me/% | 32.18 | 47.00 | 20.82 | 100.00 | 8.19 | 13.74 | 78.7 | 100.00 | | | | | | | | | | | |
| | | 1995-05 | mg/L | 23.02 | 36.35 | 8.32 | 67.89 | 16.20 | 45.00 | 271.12 | 332.32 | 7.03 | 7.03 | 0 | | | 0.264 | 25.61 | 28.40 | 7.0 | $\dfrac{\text{HCO}_3 76.03\,\text{SO}_4 16.10}{\text{Ca}51.85\,\text{Mg}19.66}$ M0.264 T18° | $\dfrac{\text{HCO}_3-}{\text{Ca}}$ |
| | | | me/L | 1.00 | 1.82 | 0.69 | 3.51 | 0.46 | 0.94 | 4.44 | 5.84 | | | | | | | | | | | |
| | | | me/% | 28.49 | 51.85 | 19.66 | 100.00 | 7.87 | 16.10 | 76.03 | 100.00 | | | | | | | | | | | |
| | | 1995-05 | mg/L | 27.14 | 44.98 | 9.38 | 81.50 | 19.70 | 45.00 | 301.40 | 366.10 | 8.48 | 8.48 | 0 | | | 0.297 | 14.22 | 0 | 7.2 | $\dfrac{\text{HCO}_3 76.71\,\text{SO}_4 14.6}{\text{Ca}53.4\,\text{Mg}18.33}$ M0.279 T18° | $\dfrac{\text{HCO}_3-}{\text{Ca}}$ |
| | | | me/L | 1.18 | 2.25 | 0.78 | 4.21 | 0.56 | 0.94 | 4.94 | 6.44 | | | | | | | | | | | |
| | | | me/% | 28.03 | 53.44 | 18.53 | 100.00 | 8.69 | 14.60 | 76.71 | 100.00 | | | | | | | | | | | |

续表 1-5

| 建筑物分段 | 水样类型 | 取样日期(年-月) | 单位 | K⁺+Na⁺ | Ca²⁺ | Mg²⁺ | 小计(阳) | Cl⁻ | SO₄²⁻ | HCO₃⁻ | 小计(阴) | 总硬度 | 暂时硬度 | 永久硬度 | 负硬度 | 总碱度(mmd/L) | 矿化度(g/L) | 游离CO₂(mg/L) | 侵蚀性CO₂(mg/L) | pH值 | 库尔洛夫式 | 水化学类型 |
|---|---|---|---|---|---|---|---|---|---|---|---|---|---|---|---|---|---|---|---|---|---|---|
| 大郎河板梁式渡槽段 | 地下水 | 1995-08 | mg/L | 37.1 | 107.6 | 24.5 | 169.2 | 67.6 | 97.7 | 300.8 | 466.1 | 20.71 | 13.82 | 6.89 | 0 | 4.929 | 0.485 | 13.7 | 8.8 | 7.69 | M0.485 $\frac{HCO_3\,55.6\ SO_4\,22.9\ Cl21.5}{Ca63.5\ Mg22.8\ Na16.7}$ T18° | $HCO_3^-$ Ca |
|  |  |  | me/L | 1.484 | 5.369 | 2.018 | 8.871 | 1.907 | 2.035 | 4.929 | 8.811 |  |  |  |  |  |  |  |  |  |  |  |
|  |  |  | me/L% | 16.7 | 60.5 | 22.8 | 100.00 | 21.5 | 22.9 | 55.6 | 100.0 |  |  |  |  |  |  |  |  |  |  |  |
|  |  | 1995-08 | mg/L | 27.2 | 132.3 | 19.5 | 179.0 | 40.4 | 102.7 | 367.1 | 510.2 | 23.02 | 16.81 | 6.15 | 0 | 6.016 | 0.506 | 38.8 | 0 | 7.41 | M0.506 $\frac{HCO_3\,64.7\ SO_4\,23.0\ Cl12.3}{Ca71.0\ Mg17.3\ Na11.7}$ T21° | $HCO_3^-$ Ca |
|  |  |  | me/L | 1.087 | 6.601 | 1.607 | 9.295 | 1.141 | 2.138 | 6.016 | 9.295 |  |  |  |  |  |  |  |  |  |  |  |
|  |  |  | me/L% | 11.7 | 71.0 | 17.3 | 100.00 | 12.3 | 23.0 | 64.7 | 100.0 |  |  |  |  |  |  |  |  |  |  |  |
|  |  | 1995-08 | mg/L | 35.5 | 157.6 | 25.8 | 218.9 | 141.9 | 110.0 | 312.1 | 564.0 | 28.00 | 14.34 | 13.66 | 0 | 5.114 | 0.627 | 24.4 | 0 | 7.64 | M0.627 $\frac{HCO_3\,44.8\ Cl35.1\ SO_4\,21.1}{Ca69.0\ Mg18.6\ Na12.4}$ T18° | $HCO_3^-$ Cl–Ca |
|  |  |  | me/L | 1.421 | 7.866 | 2.12 | 11.407 | 4.002 | 2.291 | 5.114 | 11.407 |  |  |  |  |  |  |  |  |  |  |  |
|  |  |  | me/L% | 12.4 | 69.0 | 18.6 | 100.00 | 35.1 | 20.1 | 44.8 | 100.0 |  |  |  |  |  |  |  |  |  |  |  |
|  |  | 2006-01 | mg/L | 0.53 | 157.79 | 3.72 | 162.04 | 57.25 | 30.55 | 363.04 | 450.84 | 22.94 | 16.68 | 6.26 | 0 | 16.68 | 0.431 | 17.64 | 0 | 7.57 | M0.431 $\frac{HCO_3\,72.5\ Cl19.7}{Ca96.0}$ | $HCO_3^-$ Ca |
|  |  |  | me/L | 0.021 | 7.874 | 0.306 | 8.201 | 1.615 | 0.636 | 5.950 | 8.201 |  |  |  |  |  |  |  |  |  |  |  |
|  |  |  | me/L% | 0.3 | 96.0 | 3.7 | 100.0 | 19.7 | 7.8 | 72.5 | 100.0 |  |  |  |  |  |  |  |  |  |  |  |
| 大郎河河水 | 大郎河河水 | 1995-08 | mg/L | 20.1 | 36.0 | 8.5 | 64.6 | 7.9 | 71.5 | 97.0 | 176.4 | 7.0 | 4.46 | 2.54 | 0 | 1.590 | 0.193 | 4.6 | 4.7 | 8.13 | M0.193 $\frac{HCO_3\,48.1\ SO_4\,45.1}{Ca54.4\ Mg24.4\ Na21.2}$ T21° | $HCO_3^-$ $SO_4^-$ Ca |
|  |  |  | me/L | 0.805 | 1.796 | 0.701 | 3.302 | 0.224 | 1.448 | 1.590 | 3.302 |  |  |  |  |  |  |  |  |  |  |  |
|  |  |  | me/L% | 24.4 | 54.4 | 21.2 | 100.0 | 6.8 | 45.1 | 48.1 | 100.0 |  |  |  |  |  |  |  |  |  |  |  |

续表 1-5

| 建筑物分段 | 水样类型 | 取样日期(年-月) | 单位 | $K^+ + Na^+$ | $Ca^{2+}$ | $Mg^{2+}$ | 小计 | $Cl^-$ | $SO_4^{2-}$ | $HCO_3^-$ | 小计 | 总硬度 | 暂时硬度 | 永久硬度 | 负硬度 | 总碱度 (mmd/L) | 矿化度 (g/L) | 游离 $CO_2$ (mg/L) | 侵蚀性 $CO_2$ (mg/L) | pH 值 | 库尔洛夫式 | 水化学类型 |
|---|---|---|---|---|---|---|---|---|---|---|---|---|---|---|---|---|---|---|---|---|---|---|
| 大郎河板梁式渡槽段 | 大郎河河水 | 1995-08 | mg/L | 20.8 | 37.2 | 8.2 | 66.2 | 6.6 | 74.7 | 98.7 | 180.0 | 7.09 | 4.53 | 2.56 | 0 | 1.617 | 0.197 | 3.4 | 6.4 | 7.97 | M0.197 $\dfrac{HCO_3 48.1 SO_4 46.3}{Ca35.2Mg24.7Na20.1}$ T21° | $HCO_3^-$ $SO_4^-$ Ca |
| | | | me/L | 0.830 | 1.855 | 0.675 | 3.360 | 0.187 | 1.556 | 1.617 | 3.360 | | | | | | | | | | | |
| | | | me/L % | 24.7 | 55.2 | 20.1 | 100.0 | 5.6 | 46.3 | 48.1 | 100.0 | | | | | | | | | | | |
| | | 1997-09 | mg/L | 24.48 0.76 | 55.05 | 14.24 | 94.53 | 8.86 | 46.59 | 142.24 | 197.69 | 10.99 | 6.54 | 4.45 | 0 | 6.54 | 0.221 | 4.01 | 8.73 | 6.90 | M0.221 $\dfrac{HCO_3 65.6 SO_4 27.4}{Ca54.9Mg23.4Na21.3}$ | $HCO_3^-$ $SO_4^-$ Ca |
| | | | me/L | 1.064 0.019 | 2.747 | 1.172 | 5.002 | 0.250 | 0.970 | 2.331 | 3.551 | | | | | | | | | | | |
| | | | me/L % | 21.3 0.4 | 54.9 | 23.4 | 100.0 | 7.0 | 27.4 | 65.6 | 100.0 | | | | | | | | | | | |
| | | 1995-08 | mg/L | 18.8 | 36.3 | 9.0 | 64.1 | 6.6 | 73.5 | 97.0 | 177.1 | 7.17 | 4.46 | 2.71 | 0 | 1.590 | 0.193 | 4.1 | 4.7 | 7.95 | M0.193 $\dfrac{HCO_3 48.1 SO_4 46.3}{Ca54.8Na22.7Mg22.5}$ T21° | $HCO_3^-$ $SO_4^-$ Ca |
| | | | me/L | 0.75 | 1.813 | 0.744 | 3.307 | 0.187 | 1.530 | 1.590 | 3.307 | | | | | | | | | | | |
| | | | me/L % | 22.7 | 54.8 | 22.5 | 100.00 | 5.6 | 46.1 | 48.1 | 100.0 | | | | | | | | | | | |
| | | 2006-01 | mg/L | 4.23 | 58.88 | 16.35 | 79.46 | 11.24 | 93.08 | 134.10 | 238.42 | 12.01 | 6.16 | 5.85 | 0 | 6.16 | 0.251 | 1.52 | 0 | 8.23 | M0.251 $\dfrac{HCO_3 49.4 SO_4 43.5}{Ca66.0Mg30.2}$ | $HCO_3^-$ $SO_4^-$ Ca-Mg |
| | | | me/L | 0.169 | 2.938 | 1.346 | 4.453 | 0.317 | 1.938 | 2.198 | 4.453 | | | | | | | | | | | |
| | | | me/L % | 3.8 | 66.0 | 30.2 | 100.0 | 7.1 | 43.5 | 49.4 | 100.0 | | | | | | | | | | | |
| 第二段旱渡槽 | 地下水 | 1997-09 | mg/L | 10.55 0 | 128.32 | 17.92 | 156.79 | 14.29 | 47.55 | 316.27 | 378.11 | 22.09 | 14.53 | 7.56 | 0 | 14.53 | 0.377 | 16.90 | 0 | 7.20 | M0.377 $\dfrac{HCO_3 78.8 SO_4 15.1}{Ca76.8Mg17.7}$ | $HCO_3^-$ Ca |
| | | | me/L | 0.459 0 | 6.403 | 1.475 | 8.337 | 0.403 | 0.990 | 5.183 | 6.576 | | | | | | | | | | | |
| | | | me/L % | 5.50 0 | 76.8 | 17.7 | 100.0 | 6.1 | 15.1 | 78.8 | 100.0 | | | | | | | | | | | |

表 1-6 场区环境水对混凝土腐蚀性判定

| 建筑物分段 | 水样类型 | 溶出型 HCO₃ (mmol/L) >1.07 无腐蚀 | 一般酸性型 pH 值 >6.5 无腐蚀 | 碳酸型 侵蚀性 $CO_2$ (mg/L) <15 无腐蚀 15~30 弱腐蚀 | 硫酸镁型 $Mg^{2+}$ (mg/L) <1 000 无腐蚀 | 硫酸盐型 $SO_4^{2-}$ (mg/L) <250 无腐蚀 | 判定结果 |
|---|---|---|---|---|---|---|---|
| 沙河板梁式渡槽 | 沙河河水 | 1.81~1.876 | 6.4~7.96 | 0 | 6.60~8.68 | 19.60~23.0 | 一般酸性型弱腐蚀 |
| | 地下水 | 1.71~3.618 | 6.4~7.6 | 0~8.74 | 5.72~24.79 | 11.48~25.0 | 一般酸性型弱腐蚀 |
| 第一段旱渡槽 | 将相河河水 | 0.46~5.34 | 7.0~7.2 | 0~28.4 | 7.9~9.38 | 45.0 | 碳酸型弱腐蚀 |
| | 地下水 | 3.995~6.175 | 6.9~7.2 | 0~20.73 | 23.8~35.1 | 45.0~83.43 | 碳酸型弱腐蚀 |
| 大郎河板梁式渡槽 | 大郎河河水 | 1.59~2.331 | 6.9~8.23 | 0~8.73 | 8.2~16.35 | 46.59~93.08 | 无腐蚀 |
| | 地下水 | 4.929~6.016 | 7.41~7.69 | 0~8.8 | 3.72~25.8 | 30.55~110.0 | 无腐蚀 |
| 第二段旱渡槽 | 地下水 | 5.183 | 7.20 | 0 | 17.92 | 47.55 | 无腐蚀 |

## 1.2.4　建筑物工程地质条件及评价

### 1.2.4.1　地质结构

根据沙河渡槽通过地段的地形地貌及土、岩层组合特征,将其分为6个工程地质段,由南向北依次为:右岸Ⅱ级阶地段、右岸Ⅰ级阶地段、漫滩河床段、左岸Ⅰ级阶地段、左岸Ⅱ级阶地段、山前坡洪积裙段。其工程地质结构及特征分述如下。

**1. 右岸Ⅱ级阶地段**

右岸Ⅱ级阶地段在桩号SH-2+838.1~SH-3+010,长171.9 m。

地面高程一般为122.00~124.40 m,为土岩双层结构。第四系覆盖层具二元结构特征,总厚度21.0~24.0 m。上部为上更新统上段粉质黏土层($Q_3^{2al+pl}$),厚7.2~11.0 m,层底高程110.95~114.9 m,其底部局部有砾砂层,厚1.3~3.8 m,分布不连续;下部为上更新统下段卵石层($Q_3^{1al+pl}$),厚10.8~15.0 m,层底高程99.5~100.56 m。下伏上第三系砂砾质泥岩($N_1^L$),揭露最大厚度23.0 m。

**2. 右岸Ⅰ级阶地段**

右岸Ⅰ级阶地段在桩号SH-3+010~SH-3+700,长690 m。

地面高程一般为118.00~120.40 m,为土岩双层结构。覆盖层为上更新统下段及全新统下段地层,厚11.0~19.0 m,覆盖层底高程102.4~109.2 m。上部全新统地层具二元结构,自上而下由重粉质壤土和砾砂组成,厚度分别为1.0~6.2 m、0.4~5.1 m,砾砂层底高程110.0~117.2 m。下部上更新统地层为卵石层,厚5.0~14.2 m。下伏上第三系泥质砂砾岩、砾质泥岩、砂岩,厚度分别为10.0~16.0 m、28.0 m、10 m,揭露总厚度大于54.0 m。

**3. 漫滩河床段**

漫滩河床段在桩号SH-3+700~SH-5+210,长1 510 m。

地面高程一般为111.00~116.00 m,为土岩双层结构。上部覆盖层为全新统及上更新统下段($Q_3^{1al+pl}$)地层,厚8.0~17.2 m,覆盖层底板高程98.64~109.49 m,由上至下地层为:中细砂(砂壤土)、砾砂、卵石,厚度分别为0~2.0 m、1.5~7.0 m、3.0~11.5 m。表层中砂、砂壤土在Ⅰ级阶地前缘附近尖灭。下伏上第三系基岩($N_1^L$)地层主要由泥质砂砾岩、砾质泥岩、砂岩、黏土岩组成。泥质砂砾岩厚12.0~23.0 m,底面高程81.0~92.0 m,分布不连续。砾质泥岩在段内均有分布,厚22.5~40.5 m,层底高程58~69 m。下部砂岩连续分布于砾质泥岩之下,夹砾质泥岩透镜体,层厚6.5~19.5 m,底面高程49.00~56.00 m,其底部为黏土岩,最大揭露厚度7.0 m。

**4. 左岸Ⅰ级阶地段**

左岸Ⅰ级阶地段在桩号SH-5+210~SH-6+050,长840 m。

地面高程117.5~119.3 m。上部覆盖层为黏砾双层结构,由全新统下段重粉质壤土、中砂和上更新统下段卵石组成。重粉质壤土厚1.5~4.0 m,土质不均,靠近左岸Ⅱ级阶地尖灭;中砂呈透镜体状分布,揭露最大厚度2.8 m。

5. 左岸Ⅱ级阶地段

左岸Ⅱ级阶地段在桩号 SH-6+050~SH-10+125,长 4 075 m。

地面高程 117.9~120.0 m,均为土岩双层结构。覆盖层厚 14.6~19.8 m,底板高程 99~101 m,为黏砾双层结构。上部黄土状重粉质壤土($Q_3^{2al+pl}$)在该段连续分布,厚 0.8~7.8 m,由南向北变厚,土质不均,局部砂粒或黏粒含量略高;下部为上更新统下段卵石层($Q_3^{1al+pl}$),厚 12.6~15.0 m,由上至下卵石密实度增大。另外,在卵石与壤土层之间常见有中(粗)砂,呈薄层或透镜体状分布,最大厚度为 2.8 m。

下伏基岩为上第三系软岩,顶面高程一般为 99.8~102 m,岩性主要为砂砾岩、黏土层(砾质黏土层)和砂岩互层。

在桩号 SH-8+010~SH-8+600,由于大郎河的下切侵蚀作用,形成新的河谷地貌。勘探深度内地质结构为土岩双层结构,在其两岸上部覆盖层主要为第四系上更新统上段冲洪积成因的黏性土、砾砂和上更新统下段卵石层,总厚 15.0~19.70 m;上部黏性土厚 0~5 m,最大厚度 6.8 m;下部砾砂、卵石,底板高程 100~102 m,厚 11.25~16.95 m,岩性不均,局部夹中粗砂或透镜体状黏性土,由上而下密实度增大。在大郎河河槽中(包括漫滩和河床),地面高程 116.0~117.7 m,河底高程 114.0~115.0 m。上部覆盖层为第四系冲积或冲积成因的卵砾石、轻壤土,总厚度 13.0~23.50 m。其中上部轻壤土,底板高程约 116 m,厚 1.0~2.0 m,分布不稳定;砾砂层底板高程 109.6~114.1 m,厚 1.0~7.5 m,岩性不均,由上至下密实度增大;下部卵石层底板高程为 98.92~102.4 m,厚 7.6~14.3 m。下伏基岩为上第三系洛阳组黏土岩、砂岩、砾质黏土岩,分布稳定,揭露最大厚度 42.10~44.71 m(未揭穿)。

6. 山前坡洪积裙段

山前坡洪积裙段在桩号 SH-10+125~SH-10+358.1,长 233.1 m。

此段地貌上为低山残丘与沙河左岸Ⅱ级阶地的交接部位,地面高程 118.0~130.6 m,坡洪积地层与冲洪积地层呈陡坡状相接,地层从上至下由上更新统地层和上第三系软岩组成,其中覆盖层仅在孔 NAHDJ17-58 和孔 NAHDJ017-83 揭穿,厚约 14.8 m。坡洪积地层主要为含碎石的重粉质壤土,其底部见有厚度 1.0~2.7 m 的薄层中粉质壤土层,由北向南尖灭,卵石揭露厚度 0.7~7.2 m,顶板高程 105.2~108.8 m,由南向北逐渐变薄。

下伏基岩岩性为上第三系砂砾岩或震旦系中统云梦山组($Z_2^y$),顶板高程 100.8~105.8 m,揭露最大厚度为 4.3 m。

1.2.4.2 土、岩物理力学性质

1. 土、岩物理力学指标

为查明地基土、岩体的物理力学性质,除取样进行室内土工试验、岩石试验外,还分别对土层、部分软岩进行了标准贯入试验,对卵石、砂砾岩进行了重型、超重型动力触探试验及碎石和卵石现场大型颗分试验,各土、岩体单元测试分析整理成果见表 1-7~表 1-9。

表 1-7　土体物理性试验成果统计

| 土体单元编号 | | ①-1 中细砂 ($Q_4^{2al}$) | | | ①-2 砾砂 ($Q_4^{2al}$) | | | ② 重粉质壤土 ($Q_4^{1al+pl}$) | | | ③ 砾砂 ($Q_4^{1al+pl}$) | | |
|---|---|---|---|---|---|---|---|---|---|---|---|---|---|
| 试验项目 | 单位 | 组数 | 范围值 | 平均值 | 组数 | 范围值 | 平均值 | 组数 | 范围值 | 平均值 | 组数 | 范围值 | 平均值 |
| 天然含水量 ($\omega$) | % | 5 | 3.3~11.0 | 5.8 | | | | 48 | 13.9~28.7 | 22.8 | | | |
| 天然干密度 ($\rho_d$) | g/cm³ | 5 | 1.26~1.43 | 1.37 | | | | 48 | 1.43~1.71 | 1.58 | | | |
| 比重 ($G_s$) | | | | | | | | 36 | 2.69~2.73 | 2.72 | | | |
| 天然孔隙比 ($e$) | | | | | | | | 18 | 0.661~0.891 | 0.730 | | | |
| 液限 ($\omega_L$) | % | | | | | | | 36 | 23.0~35.3 | 29.8 | | | |
| 塑限 ($\omega_P$) | % | | | | | | | 36 | 15.0~18.8 | 16.9 | | | |
| 塑性指数 ($I_P$) | % | | | | | | | 36 | 7.9~17.1 | 12.9 | | | |
| 液性指数 ($I_L$) | | | | | | | | 34 | 0.17~0.84 | 0.49 | | | |
| 颗粒组成 卵 (mm) >20.0 | % | | | | 2 | 1.2~9.5 | 5.3 | | | | 1 | | 11.4 |
| 颗粒组成 砾 (mm) 2.0~20.0 | % | | | | 2 | 12.1~22.6 | 17.4 | | | | 1 | | 9.1 |
| 颗粒组成 砂粒 粗 (mm) 0.5~2.0 | % | 5 | 4~30 | 11 | 2 | 76.2~78.4 | 77.3 | 38 | 11~50 | 22 | 1 | | 79.5 |
| 颗粒组成 砂粒 中 (mm) 0.25~0.5 | % | 5 | 35~49 | 43 | | | | | | | | | |
| 颗粒组成 砂粒 细 (mm) 0.1~0.25 | % | 5 | 29~48 | 41 | | | | | | | | | |
| 颗粒组成 砂粒 极细 (mm) 0.05~0.1 | % | 5 | 2~7 | 4 | | | | | | | | | |
| 颗粒组成 粉粒 (mm) 0.005~0.05 | % | | | | | | | 38 | 30~65 | 54 | | | |
| 颗粒组成 黏粒 (mm) <0.005 | % | | | | | | | 38 | 14~31 | 24 | | | |
| $d_{10}$ (mm) | mm | 5 | 0.117~0.147 | 0.13 | 2 | 0.22~0.24 | 0.23 | | | | 1 | | 0.11 |
| $d_{30}$ (mm) | mm | 5 | 0.198~0.242 | 0.216 | 2 | 0.34~0.44 | 0.39 | | | | 1 | | 0.30 |
| $d_{60}$ (mm) | mm | 5 | 0.26~0.45 | 0.307 | 2 | 0.84~0.90 | 0.87 | | | | 1 | | 0.60 |
| 不均匀系数 ($C_u$) | | 5 | 1.9~3.2 | 2.3 | 2 | 3.75~3.80 | 3.79 | | | | 1 | | 5.5 |
| 曲率系数 ($C_I$) | | 5 | 0.9~1.3 | 1.2 | 2 | 0.63~0.90 | 0.77 | | | | 1 | | 1.36 |

续表 1-7

| 土体单元编号<br>土名<br>试验项目 | 单位 | 中砂 (Q4^1al+pl) ④ 组数 | 范围值 | 平均值 | 黄土状中粉质壤土 (Q4^1al+pl) ⑤ 组数 | 范围值 | 平均值 | 重粉质壤土 (Q4^1al+pl) ⑥ 组数 | 范围值 | 平均值 | 粉质黏土 (Q3^2al+pl) ⑦ 组数 | 范围值 | 平均值 |
|---|---|---|---|---|---|---|---|---|---|---|---|---|---|
| 天然含水量 ($\omega$) | % | | | | 14 | 14.7~24.6 | 19.8 | 15 | 19.9~26.6 | 22.3 | 75 | 16.7~30.4 | 24.9 |
| 天然干密度 ($\rho_d$) | g/cm³ | | | | 13 | 1.45~1.61 | 1.53 | 18 | 1.41~1.67 | 1.55 | 75 | 1.45~1.75 | 1.59 |
| 比重 ($G_s$) | | | | | 10 | 2.69~2.70 | 2.69 | 11 | 2.69~2.71 | 2.70 | 41 | 2.69~2.74 | 2.72 |
| 天然孔隙比 ($e$) | | | | | 9 | 0.653~0.917 | 0.770 | 11 | 0.638~0.870 | 0.749 | 32 | 0.607~0.878 | 0.717 |
| 液限 ($\omega_L$) | % | | | | 13 | 23.8~31.9 | 27.9 | 11 | 25.0~36.4 | 31.9 | 45 | 29.0~45.6 | 38.0 |
| 塑限 ($\omega_P$) | % | | | | 13 | 15.2~17.1 | 16.2 | 11 | 14.7~21.6 | 18.1 | 45 | 16.9~22.5 | 19.5 |
| 塑性指数 ($I_P$) | % | | | | 13 | 8.1~15.2 | 11.7 | 11 | 8.2~17.3 | 13.8 | 45 | 13.1~24.5 | 18.5 |
| 液性指数 ($I_L$) | % | | | | 13 | -0.09~0.66 | 0.32 | 11 | 0.05~0.74 | 0.36 | 45 | -0.16~0.59 | 0.28 |
| 颗粒组成 卵 (mm) >20.0 | % | | | | | | | | | | | | |
| 砾粒 (mm) 2.0~20.0 | % | | | | 14 | 17~46 | 25.4 | 11 | 9.9~36 | 22.2 | 43 | 1.2~27 | 14.0 |
| 砂粒 粗 (mm) 0.05~2.0 | % | 3 | 18~58 | 31 | | | | | | | | | |
| 砂粒 中 (mm) 0.25~0.5 | % | 3 | 23~53 | 9 | | | | | | | | | |
| 砂粒 细 (mm) 0.1~0.25 | % | 3 | 10~22 | 17 | | | | | | | | | |
| 砂粒 极细 (mm) 0.05~0.1 | % | 3 | 8~10 | 9 | | | | | | | | | |
| 粉粒 (mm) 0.005~0.05 | % | | | | 14 | 37~65 | 56.7 | 11 | 34~67.6 | 54.7 | 43 | 44~61 | 51.6 |
| 黏粒 (mm) <0.005 | % | | | | 14 | 13~26.1 | 17.9 | 11 | 17.2~31.7 | 23.1 | 43 | 25~45 | 34.4 |
| $d_{10}$ (mm) | mm | 3 | 0.103~0.136 | 0.125 | | | | | | | | | |
| $d_{30}$ (mm) | mm | 3 | 0.245~0.4 | 0.296 | | | | | | | | | |
| $d_{60}$ (mm) | mm | 3 | 0.38~0.57 | 0.44 | | | | | | | | | |
| 不均匀系数 ($C_u$) | | 3 | 3.5~4.2 | 3.8 | | | | | | | | | |
| 曲率系数 ($C_l$) | | 3 | 1.5~2.1 | 1.7 | | | | | | | | | |

续表 1-7

| 土体单元编号 | | ⑧ | | | ⑨ | | | ⑪ | | | ⑫ | | |
|---|---|---|---|---|---|---|---|---|---|---|---|---|---|
| 土名（时代成因） | | 黄土状轻粉质壤土（$Q_3^{2al+pl}$） | | | 黄土状重粉质壤土（$Q_3^{2al+pl}$） | | | 重粉质壤土（$Q_3^{2al+pl}$） | | | 中砂（$Q_3^{2al+pl}$） | | |
| 试验项目 | 单位 | 组数 | 范围值 | 平均值 | 组数 | 范围值 | 平均值 | 组数 | 范围值 | 平均值 | 组数 | 范围值 | 平均值 |
| 天然含水量（$\omega$） | % | 17 | 7.6~21.5 | 11.4 | 202 | 11.1~30.8 | 21.7 | 6 | 17.0~27.7 | 24.0 | | | |
| 天然干密度（$\rho_d$） | g/cm³ | 17 | 1.54~1.75 | 1.62 | 201 | 1.37~1.70 | 1.57 | 6 | 1.5~1.64 | 1.57 | | | |
| 比重（$G_s$） | | 4 | 2.69~2.70 | 2.70 | 139 | 2.67~2.76 | 2.71 | 4 | 2.72~2.73 | 2.72 | | | |
| 天然孔隙比（$e$） | | 4 | 0.622~0.750 | 0.708 | 140 | 0.515~0.975 | 0.750 | 4 | 0.740~0.745 | 0.721 | | | |
| 液限（$\omega_L$） | % | 17 | 26.9~34.8 | 31.5 | 143 | 21.9~48.1 | 30.4 | 3 | 30.0~33.9 | 31.3 | | | |
| 塑限（$\omega_P$） | % | 17 | 16.0~20.3 | 17.5 | 143 | 13.4~26.1 | 17.5 | 3 | 15.0~18.4 | 16.6 | | | |
| 塑性指数（$I_P$） | % | 17 | 6.6~18.9 | 14.0 | 143 | 8.5~26.5 | 12.9 | 3 | 13.6~15.5 | 15.7 | | | |
| 液性指数（$I_L$） | % | 17 | | -0.41 | 142 | -0.45~0.84 | 0.26 | 3 | 0.60~0.66 | 0.63 | | | |
| 颗粒组成 卵（mm）>20.0 | % | | | | | | | | | | | | |
| 颗粒组成 砾（mm）2.0~20.0 | % | | | | | | | | | | | | |
| 颗粒组成 砂 粗（mm）0.05~2.0 | % | 1 | | 9.7 | 112 | 5.4~40 | 19.2 | 4 | 26~33 | 30 | 1 | | 49 |
| 颗粒组成 砂 中（mm）0.25~0.5 | % | | | | | | | | | | 1 | | 26 |
| 颗粒组成 砂 细（mm）0.1~0.25 | % | | | | | | | | | | 1 | | 10 |
| 颗粒组成 砂 微细（mm）0.05~0.1 | % | | | | | | | | | | 1 | | 6 |
| 颗粒组成 粉粒（mm）0.005~0.05 | % | 1 | | 71.4 | 112 | 29.0~71.5 | 54.8 | 4 | 35~43 | 41 | | | |
| 颗粒组成 黏粒（mm）<0.005 | % | 1 | | 18.9 | 112 | 15~41 | 26 | 4 | 27~32 | 29 | | | |
| $d_{10}$ | mm | | | | | | | | | | 1 | | 0.155 |
| $d_{30}$ | mm | | | | | | | | | | 1 | | 0.40 |
| $d_{60}$ | mm | | | | | | | | | | 1 | | 0.59 |
| 不均匀系数（$C_u$） | | | | | | | | | | | 1 | | 3.8 |
| 曲率系数（$C_I$） | | | | | | | | | | | 1 | | 1.7 |

续表 1-7

| 土体单元编号 (时代成因)<br>土名<br>试验项目 | 单位 | ⑬-1 卵石 ($Q_3^{1al+pl}$) | | | ⑭-1、⑭-2 泥质砂砾岩、砾质泥岩 ($N_1^L$) | | | ⑯-1 黏土岩 ($N_1^L$) | | | ⑯-2 黏土岩 ($N_1^L$) | | |
|---|---|---|---|---|---|---|---|---|---|---|---|---|---|
| | | 组数 | 范围值 | 平均值 | 组数 | 范围值 | 平均值 | 组数 | 范围值 | 平均值 | 组数 | 范围值 | 平均值 |
| 天然含水量 ($\omega$) | % | | | | 26 | 6.1~14.9 | 12.1 | 21 | 14.2~29.2 | 19.93 | 69 | 15.6~23.7 | 19.7 |
| 天然干密度 ($\rho_d$) | g/cm³ | | | | 14 | 1.87~2.43 | 2.10 | 12 | 1.44~1.76 | 1.66 | 70 | 1.59~1.82 | 1.72 |
| 比重 ($G_s$) | | | | | 5 | | | 5 | 2.71~2.76 | 2.73 | 16 | 2.72~2.77 | 2.75 |
| 天然孔隙比 ($e$) | | | | | | | | | | | 12 | 0.519~0.788 | 0.619 |
| 液限 ($\omega_L$) | % | | | | | | | | | | 4 | 47.0~62.0 | 50.8 |
| 塑限 ($\omega_P$) | % | | | | | | | | | | 4 | 23.3~31.5 | 26.0 |
| 塑性指数 ($I_P$) | % | | | | | | | | | | 4 | 23.8~30.5 | 25.7 |
| 液性指数 ($I_L$) | | | | | | | | 4 | 8.6~43.1 | 24.3 | 4 | 7.0~22.7 | 12.7 |
| 颗粒组成　卵 (mm) >20.0 | % | 10 | 37.5~73.5 | 56.8 | | | | | | | | | |
| 砾 (mm) 2.0~20.0 | % | 10 | 13.9~31.6 | 20.5 | | | | | | | | | |
| 砂粒　粗 (mm) 0.5~2.0 | % | 10 | 13.3~48.6 | 22.7 | | | | | | | | | |
| 砂粒　中 (mm) 0.25~0.5 | % | | | | | | | | | | | | |
| 砂粒　细 (mm) 0.1~0.25 | % | | | | | | | | | | | | |
| 砂粒　极细 (mm) 0.05~0.1 | % | | | | | | | | | | | | |
| 粉粒 (mm) 0.005~0.05 | % | | | | | | | 4 | 28.6~41.0 | 36.9 | 4 | 34.2~51.9 | 45.7 |
| 黏粒 (mm) <0.005 | % | | | | | | | 4 | 28.3~50.4 | 38.8 | 4 | 39.3~43.6 | 41.7 |
| $d_{10}$ | mm | 10 | 0.30~1.1 | 0.59 | | | | | | | | | |
| $d_{30}$ | mm | 10 | 0.53~44 | 13.06 | | | | | | | | | |
| $d_{60}$ | mm | 10 | 11.5~70 | 45.05 | | | | | | | | | |
| 不均匀系数 ($C_u$) | | 10 | 44.5~148.4 | 85.49 | | | | | | | | | |
| 曲率系数 ($C_i$) | | 10 | 0.17~9.14 | 3.11 | | | | | | | | | |

**表 1-8　土体力学性试验成果统计**

| 土体单元号 | | | ①-1 | | | ①-4 | | | ② | | | ③ | | |
|---|---|---|---|---|---|---|---|---|---|---|---|---|---|---|
| 土名（时代成因） | | | 中细砂（$Q_4^{2al+pl}$） | | | 轻壤土（$Q_4^{2al}$） | | | 重粉质壤土（$Q_4^{1al+pl}$） | | | 砾砂（$Q_4^{1al+pl}$） | | |
| 试验项目 | | 单位 | 组数 | 范围值 | 平均值 | 组数 | 范围值 | 平均值 | 组数 | 范围值 | 平均值 | 组数 | 范围值 | 平均值 |
| 抗剪强度 直剪 | 自快 $c$ | kPa | | | | | | | 21 | 5~33 | 15.2 | | | |
| | 自快 $\varphi$ | (°) | | | | | | | 21 | 6.8~30.4 | 19.2 | | | |
| | 饱快 $c$ | kPa | | | | | | | 12 | 5~28 | 13.2 | | | |
| | 饱快 $\varphi$ | (°) | | | | | | | 12 | 19.8~32.8 | 24.5 | | | |
| | 饱固快 $c$ | kPa | | | | | | | 5 | 15~38 | 23.0 | | | |
| | 饱固快 $\varphi$ | (°) | | | | | | | 5 | 4.5~12.2 | 7.5 | | | |
| 三轴饱和不固结不排水 | | kPa | | | | | | | | | | | | |
| | | (°) | | | | | | | | | | | | |
| 压缩系数（$a_{1-2}$） | | $MPa^{-1}$ | | | | | | | 21 | 0.10~0.60 | 0.24 | | | |
| 压缩模量（$E_s$） | | MPa | | | | | | | 21 | 3.0~15.08 | 8.3 | | | |
| 湿陷系数（$\delta_s$） | | | | | | | | | | | | | | |
| 标准贯入击数（$N$） | | 击 | 2 | | 4 | 2 | 4~6 | 5 | 27 | 3~9 | 5 | 12 | 4~18 | 9 |
| 重型动力触探（$N_{63.5}$） | | 击 | | | | | | | | | | 55 | 3~16 | 7 |

续表 1-8

| 试验项目 | 单位 | ④中砂（$Q_4^{1al+pl}$）组数 | 范围值 | 平均值 | ⑤黄土状中粉质壤土（$Q_4^{1al+pl}$）组数 | 范围值 | 平均值 | ⑥重粉质壤土（$Q_4^{1al+pl}$）组数 | 范围值 | 平均值 | ⑦粉质黏土（$Q_3^{2al+pl}$）组数 | 范围值 | 平均值 |
|---|---|---|---|---|---|---|---|---|---|---|---|---|---|
| 抗剪强度 直剪 自快 $c$ | kPa | | | | | | | | | | 2 | 52~65.5 | 58.8 |
| 抗剪强度 直剪 自快 $\varphi$ | (°) | | | | | | | | | | 2 | 7.8~15.8 | 11.8 |
| 抗剪强度 直剪 饱快 $c$ | kPa | | | | 7 | 5~15 | 9.9 | 6 | 11~30 | 20.0 | 19 | 11~43 | 31.3 |
| 抗剪强度 直剪 饱快 $\varphi$ | (°) | | | | 7 | 21.7~28.5 | 25.4 | 6 | 19.9~27.4 | 25.6 | 19 | 6.5~30.7 | 15.5 |
| 抗剪强度 直剪 饱固快 $c$ | kPa | | | | 6 | 1~13 | 5.8 | 4 | 11.0~27.0 | 19.0 | 14 | 21.0~50.0 | 36.0 |
| 抗剪强度 直剪 饱固快 $\varphi$ | (°) | | | | 6 | 27.6~30.8 | 29.0 | 4 | 17.7~28.6 | 24.1 | 14 | 13.5~25.2 | 20.1 |
| 抗剪强度 三轴 饱和不固结不排水剪 $c$ | kPa | | | | 3 | 2~7 | 4 | 4 | 4~23 | 16 | 4 | 21~51 | 37.5 |
| 抗剪强度 三轴 饱和不固结不排水剪 $\varphi$ | (°) | | | | 3 | 1.5~2.4 | 2.0 | 4 | 2.0~7.9 | 5.9 | 4 | 3.2~11 | 6.5 |
| 抗剪强度 三轴 固结不排水剪 $c'$ | kPa | | | | | | | 1 | | 14.0 | 5 | 40.0~58.0 | 51.4 |
| 抗剪强度 三轴 固结不排水剪 $\varphi'$ | (°) | | | | | | | 1 | | 13.1 | 5 | 10.6~15.7 | 12.8 |
| 抗剪强度 三轴 固结排水剪 $c'$ | kPa | | | | | | | 1 | | 16.0 | 5 | 40.0~59.0 | 52.0 |
| 抗剪强度 三轴 固结排水剪 $\varphi'$ | (°) | | | | | | | 1 | | 21.7 | 5 | 16.8~21.6 | 18.3 |
| 压缩系数（$\alpha_{1-2}$） | MPa$^{-1}$ | | | | 6 | 0.1~0.87 | 0.548 | 9 | 0.15~0.61 | 0.29 | 31 | 0.07~0.372 | 0.185 |
| 压缩模量（$E_s$） | MPa | | | | 6 | 2.2~16.8 | 5.25 | 9 | 3.0~10.9 | 6.9 | 31 | 4.77~19.6 | 10.78 |
| 湿陷系数（$\delta_s$） | | | | | 8 | 0.018 1~0.077 6 | 0.041 8 | 5 | 0.023~0.052 | 0.039 | | | |
| 标准贯入击数（$N$） | 击 | 7 | 3~11 | 6 | 4 | 3~8 | 4 | 12 | 5~9 | 7 | 65 | 5~14 | 8 |
| 重型动力触探（$N_{63.5}$） | 击 | | | | | | | | | | | | |

续表 1-8

| 试验项目 | 单位 | ⑧ 黄土状轻粉质壤土（$Q_3^{2al+pl}$） | | | ⑨ 黄土状重粉质壤土（$Q_3^{2al+pl}$） | | | ⑩ 中粉质壤土（$Q_3^{2al+pl}$） | | | ⑪ 重粉质壤土（$Q_3^{2al+pl}$） | | |
|---|---|---|---|---|---|---|---|---|---|---|---|---|---|
| 土体单元编号 / 土名（时代成因） | | 组数 | 范围值 | 平均值 | 组数 | 范围值 | 平均值 | 组数 | 范围值 | 平均值 | 组数 | 范围值 | 平均值 |
| 抗剪强度 直剪 自快 $c$ | kPa | 7 | 4.0~12.0 | 7.1 | 92 | 5~68 | 27.2 | | | | 2 | 17~26 | 21.5 |
| 抗剪强度 直剪 自快 $\varphi$ | (°) | 7 | 23.5~29.6 | 26.1 | 92 | 7~29.4 | 17.7 | | | | 2 | 11.1~14.7 | 12.9 |
| 抗剪强度 直剪 饱快 $c$ | kPa | 8 | 1~5 | 3.5 | 89 | 3~65 | 23.1 | | | | 3 | 4~47 | 24.3 |
| 抗剪强度 直剪 饱快 $\varphi$ | (°) | 8 | 29.0~30.3 | 29.8 | 89 | 16.1~32.0 | 22.8 | | | | 3 | 18.6~23.2 | 21.4 |
| 抗剪强度 直剪 饱固快 $c$ | kPa | | | | | | | | | | | | |
| 抗剪强度 直剪 饱固快 $\varphi$ | (°) | | | | | | | | | | | | |
| 抗剪强度 三轴 饱和不固结不排水 $c$ | kPa | | | | 8 | 4.0~17.0 | 11.8 | | | | | | |
| 抗剪强度 三轴 饱和不固结不排水 $\varphi$ | (°) | | | | 8 | 11.9~14.2 | 13.1 | | | | | | |
| 抗剪强度 三轴 固结不排水剪 $c'$ | kPa | | | | 8 | 8.0~19.0 | 13.8 | | | | | | |
| 抗剪强度 三轴 固结不排水剪 $\varphi'$ | (°) | | | | 8 | 18.0~27.9 | 22.2 | | | | | | |
| 压缩系数（$\alpha_{1-2}$） | $\text{MPa}^{-1}$ | 1 | | 0.292 | 112 | 0.08~1.0 | 0.338 | | | | 4 | 0.28~0.35 | 0.31 |
| 压缩模量（$E_s$） | MPa | 1 | | 5.88 | 112 | 1.8~16.7 | 7.36 | | | | 4 | 4.8~6.0 | 5.45 |
| 湿陷系数（$\delta_s$） | | | | | 77 | 0.012 0~0.092 7 | 0.038 | | | | | | |
| 标准贯入击数（$N$） | 击 | 3 | 10~19 | 16 | 162 | 4~15 | 8 | 8 | 2~5 | 3.6 | 10 | 6~17 | 9 |
| 重型动力触探（$N_{63.5}$） | 击 | | | | | | | | | | | | |

续表 1-8

| 土体单元编号 | | | | ⑫ | | | ⑬-1 | | | ⑬-2 | | |
|---|---|---|---|---|---|---|---|---|---|---|---|---|
| 土名(时代成因) | | | | 中砂($Q_3^{al+pl}$) | | | 卵石($Q_3^{al+pl}$) | | | 卵石($Q_3^{al+pl}$) | | |
| 试验项目 | | | 单位 | 组数 | 范围值 | 平均值 | 组数 | 范围值 | 平均值 | 组数 | 范围值 | 平均值 |
| 抗剪强度 | 直剪 | 自快 $c$ | kPa | | | | | | | | | |
| | | 自快 $\varphi$ | (°) | | | | | | | | | |
| | | 饱快 $c$ | kPa | | | | | | | | | |
| | | 饱快 $\varphi$ | (°) | | | | | | | | | |
| | | 饱固快 $c$ | kPa | | | | | | | | | |
| | | 饱固快 $\varphi$ | (°) | | | | | | | | | |
| | 三轴饱和不固结不排水 | $c$ | kPa | | | | | | | | | |
| | | $\varphi$ | (°) | | | | | | | | | |
| 压缩系数($\alpha_{1-2}$) | | | $MPa^{-1}$ | | | | | | | | | |
| 压缩模量($E_s$) | | | MPa | | | | | | | | | |
| 湿陷系数($\delta_s$) | | | | | | | | | | | | |
| 标准贯入击数($N$) | | | 击 | 16 | 3~15 | 8.6 | | | | | | |
| 重型动力触探锤($N_{63.5}$) | | | 击 | | | | 123 | 11~26 | 18 | 254 | 3~17 | 10 |

表1-9　岩石物理力学性试验成果统计表

| 土体单元编号 | | | ④-1,④-2 | | | ⑧ | | | ⑥-1 | | | ⑥-2 | | | ⑥-3 | | |
|---|---|---|---|---|---|---|---|---|---|---|---|---|---|---|---|---|---|
| 土名（时代成因） | | | 泥质砂砾岩 砾质泥岩（$N_1^L$） | | | 砂岩（$N_1^L$） | | | 黏土岩（$N_1^L$） | | | 黏土岩（$N_1^L$） | | | 砾质黏土岩（$N_1^L$） | | |
| 试验项目 | | 单位 | 组数 | 范围值 | 平均值 | 组数 | 范围值 | 平均值 | 组数 | 范围值 | 平均值 | 组数 | 范围值 | 平均值 | 组数 | 范围值 | 平均值 |
| 天然含水量（$\omega$） | | % | 26 | 2.6~14.9 | 12.1 | | | | 21 | 14.2~29.2 | 19.93 | 69 | 15.6~23.7 | 19.7 | | | |
| 天然干密度（$\rho_d$） | | g/cm³ | 14 | 1.87~2.43 | 2.10 | | | | 12 | 1.44~1.76 | 1.66 | 70 | 1.59~1.82 | 1.72 | | | |
| 比重（$G_s$） | | | | | | | | | 5 | 2.71~2.76 | 2.73 | 16 | 2.72~2.77 | 2.75 | | | |
| 抗剪强度 中型直剪 | $c$ | kPa | | | | | | | | | | 21 | 20~260 | 101.70 | | | |
| 抗剪强度 中型直剪 | $\varphi$ | (°) | | | | | | | | | | 21 | 9.4~30.8 | 19.8 | | | |
| 抗剪强度 反复直剪 峰值 | $c$ | kPa | | | | | | | | | | 7 | 51~190 | 107 | | | |
| 抗剪强度 反复直剪 峰值 | $\varphi$ | (°) | | | | | | | | | | 7 | 17.5~36.4 | 26.2 | | | |
| 抗剪强度 残余强度 | $c$ | kPa | | | | | | | | | | 7 | 15~103 | 48 | | | |
| 抗剪强度 残余强度 | $\varphi$ | (°) | | | | | | | | | | 7 | 12.6~23.7 | 19.3 | | | |
| 三轴饱和不固结不排水 | $c$ | kPa | | | | | | | 10 | 26.0~205.1 | 114.6 | 10 | 7~121 | 42 | | | |
| 三轴饱和不固结不排水 | $\varphi$ | (°) | | | | | | | 10 | 3.0~12.5 | 7.55 | 湿8 | 4.3~15.3 | 10.7 | | | |
| 单轴抗压强度 | $R$ | MPa | 湿26 | 0.03~0.25 | 0.13 | | | | 干5 / 湿9 | 0.46~1.0 / 0.10~0.54 | 0.78 / 0.29 | | 0.5~2.2 | 1.22 | | | |
| 弹性模量 | $E_{50}$ | ×10² MPa | 26 | 0.01~0.28 | 0.08 | | | | 干5 / 湿9 | 17~255 / 2~63 | 95 / 24 | | | | | | |
| 泊松比 | $\mu$ | | 26 | 0.02~0.63 | 0.30 | | | | 干5 / 湿9 | 0.06~0.73 / 0.07~0.58 | 0.36 / 0.32 | | | | | | |
| 自由膨胀率 | $\delta_{ef}$ | % | | | | | | | | | | 14 | 41~82 | 63.0 | | | |
| 50 kPa膨胀率 | $\delta_{ef}$ | % | | | | | | | | | | 12 | 0~5 | 1.5 | | | |
| 标准贯入击数 | $N$ | 击 | | | | 11 | 6~30 | 22 | | | | 35 | 9~36 | 20 | 14 | 12~50 | 33 |
| 重型动力触探 | $N_{63.5}$ | 击 | 178 | 6~34 | 20 | | | | | | | 1 | | 9 | | | |

现将各土、岩体的物理力学特征分析如下：

①-1 中细砂（$Q_4^{2al}$）：局部为砂壤土，天然干密度平均值 $\rho_d = 1.37$ g/cm³；不均匀系数 $C_u = 2.3$；标贯击数平均值为 4 击，结构松散。

①-2 砾砂（$Q_4^{2al}$）：卵砾石和中粗砂含量不均，受人为采砂影响，局部卵石含量较高。

①-3 卵石（$Q_4^{2al}$）：现代河床内冲积物，结构松散，分选差，局部为砂砾石。

①-4 轻壤土（$Q_4^{2al}$）：分布在河漫滩表层，结构疏松，局部夹中粗砂透镜体，含砾卵石，标贯击数平均值为 5 击。

②重粉质壤土（$Q_4^{1al+pl}$）：天然干密度 $\rho_d = 1.43 \sim 1.71$ g/cm³，平均值 1.58 g/m³；液性指数 $I_L = 0.17 \sim 0.86$，平均值为 0.49，为可塑状；压缩系数 $\alpha_{1-2} = 0.1 \sim 0.6$ MPa⁻¹，平均值 0.24 MPa⁻¹，具中等压缩性；标贯击数 $N = 3 \sim 9$ 击，平均值为 5 击，属中硬土层。局部土质较软，在 NADJ013-3 孔（桩号 SH-3+043 左右），深 3.0 ~ 4.6 m 的土层做十字板剪切试验，属中等—高灵敏性黏性土，十字板剪切强度平均值 29.6 kPa，成果见表 1-10。

③砾砂（$Q_4^{1al+pl}$）：砂粒含量约 80%，卵砾石含量约 20%，不均匀系数 5.5，曲率系数 1.36，属良好级配；标贯击数平均值为 9 击，重型动力触探击数一般为 4 ~ 9 击，平均值为 7 击，属稍密土层。

④中砂（$Q_4^{1al+pl}$）：标贯击数 $N = 3 \sim 11$ 击，平均值为 6 击，曲率系数平均值 $C_c = 1.7$，不均匀系数平均值 $C_u = 3.8$，为稍密—松散均匀中砂。

⑤黄土状中粉质壤土（$Q_4^{1al+pl}$）：天然干密度 $\rho_d = 1.45 \sim 1.61$ g/cm³，平均值 1.53 g/cm³；液性指数 $I_L = -0.09 \sim 0.66$，平均值 0.32，多为可塑状；压缩系数 $\alpha_{1-2} = 0.1 \sim 0.87$ MPa⁻¹，平均值 0.55 MPa⁻¹，具中等—高压缩性；标贯击数 $N = 3 \sim 8$ 击，为中硬土；湿陷系数 $\delta_s = 0.047\ 8$，具中等湿陷性。

⑥重粉质壤土（$Q_4^{1al+pl}$）：天然干密度 $\rho_d = 1.41 \sim 1.67$ g/cm³，平均值 1.55 g/cm³；液性指数 $I_L = 0.05 \sim 0.74$，平均值 0.36，为可塑状；压缩系数 $\alpha_{1-2} = 0.15 \sim 0.61$ MPa⁻¹；平均值 0.29 MPa⁻¹，具中等缩性；标贯击数 $N = 5 \sim 8$ 击，平均值为 7 击，属中硬土。

⑦粉质黏土（$Q_3^{2al+pl}$）：天然干密度 $\rho_d = 1.45 \sim 1.75$ g/cm³，平均值为 1.59 g/cm³；液性指数 $I_L = -0.16 \sim 0.59$，平均为 0.28，多属可塑状；压缩系数 $\alpha_{1-2} = 0.07 \sim 0.372$ MPa⁻¹，平均值为 0.185 MPa⁻¹，多属中等压缩性；标贯击数一般 $N = 5 \sim 14$ 击，平均值为 8 击，属中等偏硬土。

⑧黄土状轻粉质壤土（$Q_3^{2al+pl}$）：天然干密度 $\rho_d = 1.54 \sim 1.75$ g/cm³，平均值 1.62 g/cm³；液性指数 $I_L = -0.41$，属坚硬状；标贯击数 $N = 10 \sim 19$ 击，平均值为 16 击，属很硬土。

⑨黄土状重粉质壤土（$Q_3^{2al+pl}$）：天然干密度 $\rho_d = 1.37 \sim 1.70$ g/cm³，平均值 1.57 g/cm³；液性指数 $I_L = -0.45 \sim 0.84$，平均值 0.26，多为硬塑—可塑状；压缩系数 $\alpha_{1-2} = 0.08 \sim 1.0$ MPa⁻¹，平均值 0.338 MPa⁻¹，多具中等压缩性；标贯击数一般 $N = 4 \sim 15$ 击，平均值为 8 击，多为中硬土；湿陷系数 $\delta_s = 0.012\ 0 \sim 0.092\ 7$，平均值 0.038（深度在 4.1 m 以内），具中等湿陷性。

⑩中粉质壤土（$Q_3^{2al+pl}$）：可塑—软塑状，标贯击数 $N = 2 \sim 5$ 击，平均值为 4 击，为软土。

⑪重粉质壤土(含碎石)($Q_3^{2dl+pl}$):碎石含量15%,局部含量大于20%;天然干密度$\rho_d$ = 1.51~1.64 g/cm³,平均值1.57 g/cm³;液性指数$I_L$ = 0.6~0.66;平均值0.63,呈可塑状;压缩系数$\alpha_{1-2}$ = 0.28~0.35 MPa⁻¹,平均值0.31 MPa⁻¹,具中等压缩性;标贯击数$N$ = 6~17击,平均值为9击,为中硬—硬土。

⑫中砂($Q_3^{1al+pl}$):标贯击数$N$ = 3~15击,平均值8.6击;曲率系数$C_c$ = 1.7,不均匀系数$C_u$ = 3.8,为稍密—松散均匀中砂。

⑬-1卵石($Q_3^{1al+pl}$):卵石含量一般为50%~73%,局部为砾石、砂砾石充填,经颗分试验,颗粒不均匀系数49.5~148.4,级配多为良好。该层动探击数平均值为18击,结构密实。

⑬-2卵石($Q_3^{1al+pl}$):卵石含量一般为50%~75%,砂、砾石及少量泥质充填,重型动力触探击数$N_{63.5}$ = 3~17击,平均值为10击,稍密—中密。

⑭-1泥质砂砾岩、⑭-2砾质泥岩($N_1^L$):天然含水量为6.1%~14.9%,平均值为12.1%;天然干密度$\rho_d$ = 1.87~2.43 g/cm³,平均值2.10 g/cm³;单轴湿抗压强度0.03~0.25 MPa,平均值0.13 MPa。由上述参数,可见其物理、力学性试验成果范围较大,说明岩层的物质组成极不均匀,抗压强度试验数值偏低,这是由于岩石固结成岩差,有的试样结构面破坏,有的产主纵向裂缝,造成试验值偏低,为此采用重型动力触探试验,以获得较为可靠的力学参数,重探击数6~34击,平均值为20.7击。

⑮砂岩($N_1^L$):中粗粒结构,微胶结,成岩差,风干后呈松散状,局部含10%~20%的卵石,部分卵石已风化成粉末状。标贯击数平均值22击,为中等—密实软岩。

⑯-1黏土岩($N_1^L$):天然含水量为14.2%~29.2%,平均值19.9%;天然干密度$\rho_d$ = 1.44~1.76 g/cm³,平均值为1.66 g/cm³;湿单轴抗压强度0.10~0.54 MPa,平均值0.29 MPa,抗压强度偏低,这是由于黏土岩存在不同程度的裂隙,其裂隙面的形状、倾角和表面粗糙程度不尽相同,抗压强度主要反映了裂隙面的强度,而实际岩体裂隙面多数是不连续的,破坏面也不可能完全沿裂隙面产生,所以试验数值偏低。

⑰-2黏土岩($N_1^L$):天然含水量为15.6%~23.7%,平均值19.7%;天然干密度$\rho_d$ = 1.59~1.82 g/cm³,平均值为1.72 g/cm³;湿单轴抗压强度0.15~2.2 MPa;平均值1.22 MPa,自由膨胀率平均值63%,标贯击数平均值20击,属弱膨胀潜势的软岩。

2. 土、岩体物探成果分析

在南水北调中线一期工程总干渠沙河板梁式渡槽工程勘察中,为了进一步查明工程场区岩性组成、覆盖层和基岩厚度、埋深及分布规律,取得土、岩体的物性参数,探测有无隐伏断裂构造,配合工程地质钻探进行了电法勘探。电法勘探采用电测深法,点距15~25 m,线距50 m。

根据物探成果,结合钻探资料,现将场区地层岩性组成及物性特征分述如下。

1)建筑物(沙河板渡)轴线剖面(DⅡ—Ⅱ′)

桩号SH-2+770~ SH-3+010,右岸Ⅱ级阶地,为土岩双层结构。上覆松散层分为两个物性层:上部粉质黏土电阻率较低,一般$\rho$ = 20~70 Ω·m,厚度8~10 m;下部卵石电阻率较高,$\rho$ = 320~350 Ω·m,厚13~15 m。下伏上第三系基岩可分为两个物性层,上部泥

质砂砾岩电阻率 $\rho = 120 \sim 130$ Ω·m,厚 20 m 左右;下部砾质泥岩电阻率 $\rho = 15 \sim 25$ Ω·m,厚 10 m 左右。

桩号 SH-3+010~SH-3+700,右岸Ⅰ级阶地,上覆松散层由上至下由重粉质壤土、砾砂和卵石组成。重粉质壤土电阻率 $\rho = 20 \sim 70$ Ω·m,厚 1~6 m;砾砂电阻率 $\rho = 360 \sim 1\,600$ Ω·m,厚 0.5~5 m;该层地下水位以上电阻率明显增大,$\rho$ 一般大于 1 000 Ω·m,地下水位以下电阻率 $\rho = 300 \sim 400$ Ω·m。下部卵石电阻率 $\rho = 300 \sim 400$ Ω·m,厚 7.0~13.0 m。下伏上第三系基岩为泥质砂砾岩和砾质泥岩,电阻率分别为 120~140 Ω·m、25~30 Ω·m。泥质砂砾岩厚度大于 20 m,砾质泥岩厚度在 5 m 左右。

桩号 SH-3+700~SH-5+020,河床及漫滩上部松散层由上至下为中细砂、砾砂和卵石。中上部中细砂和砾砂电阻率较大,电阻率 $\rho = 360 \sim 1\,600$ Ω·m。一般水位以上电阻率 $\rho$ 大于 1 000 Ω·m,地下水位以下电阻率 $\rho = 300 \sim 400$ Ω·m,厚度 1~6.0 m;下部卵石电阻率 $\rho = 300 \sim 400$ Ω·m,厚度 5.0~13.0 m。下伏基岩由泥质砂岩和砾质泥岩组成,其电阻率和分布厚度同上所述。

2)剖面(JⅠ—Ⅰ′、JⅡ—Ⅱ′、JⅢ—Ⅲ′)

三个横剖面布置在建筑物进口渐变段、节制闸和闸渡连接段,位于沙河右岸Ⅱ级阶地上。该段为土、岩双层结构,上覆第四系松散层由粉质黏土和卵石组成,总厚度大于 20 m。粉质黏土电阻率一般为 21~100 Ω·m,厚 8~10 m,下部卵石电阻率 $\rho$ 在 360 Ω·m 左右,厚约 15 m。下伏上第三系基岩由泥质砂砾岩和砾质泥岩组成,总厚度大于 30 m;上部泥质砂砾岩电阻率 $\rho = 120$ Ω·m,厚 20 m 左右;砾质泥岩电阻率 $\rho = 22 \sim 35$ Ω·m,厚度大于 10 m。

总体来看,沿轴线方向因穿越不同地貌单元、地层岩性,电性参数均变化较大,但其横向变化较小。

综合分析物探成果和工程地质钻探成果可知,场区地层分布基本稳定,物探电性分层与钻探工程地质分层基本吻合,在勘探深度范围内未发现断裂构造。

3. 土、岩物理力学参数

1)试验方法及成果分析

如前所述,对工程场区各土、岩体进行了室内试验、标准贯入试验及物探、重型及超重型动力触探试验等测试,不同的试验方法对不同的土、岩体都具有一定的适应性和局限性,对同一土、岩体所采用不同方法确定的物理力学参数也有一定差异,因此要结合土、岩体的特征,选择相适应的试验方法来确定土、岩体的物理力学参数。对于第四系黏性土,根据标准贯入试验、土体物理力学性指标综合分析确定其承载力。对于第四系卵石层根据重型及超重型动力触探确定其承载力,对于上第三系砂岩、砂砾岩、砾质泥岩、黏土岩等用重型、超重型动力触探及标贯试验方法确定承载力。现根据物理、力学成果分析各主要持力层承载力标准值分述如下。

第①-1层中细砂:为松散砂,位于第一段旱渡槽,桩号 SH-4+450~SH-5+210,建基面处于该层,标贯击数 4 击左右,根据标贯确定承载力标准值 $f_k = 80$ kPa,由于潜水位动态变化的影响,加之砂结构松散,建议承载力标准值 $f_k = 65$ kPa。

第②层重粉质壤土:位于第一段旱渡槽,桩号 SH-5+100~SH-6+050,用物理性指标

确定承载力标准值 $f_k = 170 \sim 200$ kPa；标贯试验 27 次，范围值为 $3 \sim 9$ 击，一般为 $3 \sim 7$ 击，平均为 5 击，用标贯确定承载力标准值 $f_k = 115$ kPa，由于建基面以下该层厚仅 $1 \sim 2$ m，另外考虑地下水位的影响，建议承载力标准值 $f_k = 110$ kPa。

第③层砾砂：分布于沙河板渡段与大郎河板渡段，由局部野外大型颗分成果资料可知，卵砾石含量为 20%，砂含量 80%。总体来看，卵砾石和砂含量在不同部位有所差异，一般卵砾石含量为 $30\% \sim 40\%$，砂含量 $60\% \sim 70\%$；沙河板渡段重探击数为 $3 \sim 16$ 击，平均值为 7 击，结构稍密—中密；大郎河板渡段重探击数一般为 $3 \sim 7$ 击，平均值为 4 击，根据重探击数确定承载力标准值 $f_k = 200$ kPa；考虑到砾砂中卵砾及砂含量的不均一性，重探击数具有一定离散性，建议承载力标准值 $f_k = 150$ kPa。

第④层中砂：呈透镜体状分布于第一段旱渡槽，桩号 SH-5+050～SH-6+050，该层局部作为旱渡槽建筑物持力层。中砂结构松散，根据标贯击数建议承载力标准值为 80 kPa。

第⑤层黄土状中粉质壤土（$Q_4^{1al+pl}$）：分布在大郎河两岸，用物理性参数确定承载力标准值为 $138 \sim 164$ kPa，标贯击数为 8 击，强度较均一，由标贯确定承载力标准值为 200 kPa，由于该层为黄土状土，具中等湿陷性，建议该层承载力标准值 $f_k = 130$ kPa。

第⑥层重粉质壤土：分布在大郎河渡槽段，用物理性参数确定承载力标准值为 $165 \sim 198$ kPa，标贯击数为 $5 \sim 8$ 击，强度较均一，由标贯确定承载力标准值为 170 kPa，由于潜水面位于该层，考虑地下水对土的强度的影响，建议该层承载力标准值 $f_k = 140$ kPa。

第⑦层粉质黏土：位于沙河板渡进口处及节制闸、退水闸段，该层为中等压缩性中等偏硬土，由物理性指标确定 $f_k = 170 \sim 210$ kPa，标贯试验 26 次，一般为 $5 \sim 14$ 击，平均值为 8 击，标贯试验确定承载力标准值 $f_k = 190$ kPa；地下水位上、下标贯击数差异明显，水上一般为 $8 \sim 14$ 击，水下一般为 $5 \sim 8$ 击，考虑地下水位影响，结合物理性指标综合分析，建议该层承载力标准值 $f_k = 170$ kPa。

第⑧层黄土状轻粉质壤土（$Q_3^{2al+pl}$）：分布于沙河左岸 Ⅱ 级阶地地表，桩号 SH-6+280～SH-6+990，标贯击数 $N = 10 \sim 19$ 击，平均值为 16 击，属很硬土。根据标贯击数建议承载力标准值为 150 kPa。

第⑨层黄土状重粉质壤土：分布于沙河左岸 Ⅱ 级阶地，桩号 SH-5+970～SH-10+330，该层土为中等湿陷性中硬土，由物理性指标确定承载力标准 $f_k = 205 \sim 265$ kPa，用黄土状土物理性指标确定 $f_k = 200$ kPa，标贯试验 162 次，范围值为 $4 \sim 15$ 击，平均值为 8 击，由标贯确定承载力标准值 $f_k = 200$ kPa；潜水面位于该层中，地下水位以上标贯击数大于地下水位以下，地下水位以上标贯击数一般为 $7 \sim 12$ 击，平均为 9 击，由标贯确定承载力标准值 $f_k = 210$ kPa；地下水位以下标贯击数一般 $5 \sim 9$ 击，由标贯确定承载力标准值 $f_k = 162$ kPa；加之该层黏粒量不均，局部夹重壤土和粉质黏土，建基面位于该层中上部，且 4 m 以上具中等湿陷性，综合考虑各种因素的影响，建议该层承载力标准值为 160 kPa。

第⑩层中粉质壤土（$Q_3^{2al+pl}$）：分布于桩号 SH-9+930～SH-10+430，可塑—软塑状，标贯击数 $N = 2 \sim 5$ 击，平均为 3.6 击，为软土。根据标贯击数，建议承载力标准值为 100 kPa。

第⑪层重粉质壤土（含碎石）：该层位于桩号 SH-10+190～SH-10+430，为中等压缩性硬土，标贯平均值为 9 击，由标贯数确定承载力标准值 $f_k = 200$ kPa，考虑碎石含量的不均,建议该层 $f_k = 180$ kPa。

第⑫层中砂( $Q_3^{1al+pl}$ ):呈透镜体状分布于沙河左岸Ⅱ级阶地下部,为稍密—松散均匀中砂,标贯击数 $N = 3 \sim 15$ 击,平均值为 8.6 击。根据标贯击数建议承载力标准值为 110 kPa。

第⑬-1 层卵石:位于沙河板渡段,采用管钻取样颗分试验成果平均值,卵石含量 57%,砾石含量为 20%,泥沙含量 23%,粒径一般为 2~7 cm。该层卵石含量不均匀,部分部位砂砾含量高,在渡槽进口、退水闸部位表层为砾砂。重型动力触探试验组数为 123 组,一般为 11~26 击,平均为 18 击。总体来看,重探击数与卵砾石含量、粒径大小、充填程度密切相关,由于重探击数离散度较大,建议承载力标准值 $f_k = 400$ kPa。

第⑬-2 层卵石:位于沙河旱渡槽段和大郎河板渡段;卵石含量为 50%~75%,充填物多为中粗砂、砾石和泥质,重型动力触探试验 254 组,击数范围值为 3~17 击,一般为 8~12 击,平均为 10 击,结构稍密—中密。桩号 SH-9+050 之前,重探击数一般为 12~16 击,结构中密,卵石含量一般为 60%~75%,桩号 SH-9+050 之后,重探击数为 7~11 击,结构稍密—中密,卵石含量一般为 50%。总体来看,卵砾石含量、充填密实程度与重探击数相关,由重探确定承载力标准值 $f_k = 400$ kPa,考虑到该段卵石含量、结构的不均一性,建议承载力标准值 $f_k = 350$ kPa。

第⑭-1、⑭-2 层泥质砂砾岩和砾质泥岩,属相变关系,为软岩,根据标贯试验确定其承载力标准值 $f_k = 450$ kPa,根据动探击数确定承载力标准值为 480 kPa,根据试验结果和地区经验建议该层承载力标准值 $f_k = 450$ kPa。

第⑮层砂岩在不同地段、不同高程相间分布,成岩差、强风化,根据标贯试验建议承载力标准值 $f_k = 250$ kPa。

第⑯层黏土岩、砾质黏土岩属软岩,相变大,分布规律性差,黏土岩具有浸水膨胀、失水干裂的特性,并且具有黏性土的特征,标贯击数平均值 $N = 20$ 击,液性指数平均为 -0.24,与硬—坚硬黏性土试验值相近。因此,黏土岩成岩程度很差,工程地质性质介于软岩与硬质黏性土之间,按标贯击数确定承载力标准值为 450~600 kPa,按岩石软硬及风化程度确定承载力标准值为 300~450 kPa,综合分析建议第⑯层黏土岩和砾质黏土岩承载力标准值分别为 300 kPa、400 kPa。

2)岩体力学参数建议值

根据室内试验和原位测试成果,按照有关规程、规范的规定,经经验修正、工程地质类比提出土、岩体物理力学性参数建议值,见表 1-10~表 1-13。

### 1.2.4.3 主要工程地质问题

根据沙河渡槽基础形式和工程地质条件,场区存在的主要工程地质问题有基坑涌水问题、黄土状土湿陷问题、边坡稳定问题和冲刷破坏问题。

1. 基坑涌水问题

在沙河板渡段、大郎河板渡段采用承台下桩基,基础位于卵石、砾石层中,基坑开挖深度一般为 4.0~9.6 m,勘探期间不同时期地下水(潜水)埋深 0~5 m,含水层为砾石(砂)、卵石层,其渗透系数 $K = 5.62 \times 10^{-2} \sim 1.41 \times 10^{-1}$ cm/s,属强透水层,在基坑开挖施工过程中,存在基坑涌水问题,应采取相应的排水措施。同时,也要解决好汛期防洪和施工导流问题。

### 2. 黄土状土湿陷问题

第⑨层黄土状重粉质壤土（$Q_3^{2al+pl}$）分布在沙河左岸Ⅱ级阶地，为第一段、第二段旱渡槽的主要持力层之一，经湿陷性试验（成果见表1-14），在深度4.1 m以内（该段水位埋深2~4.8 m）均具中等湿陷性。

由《湿陷性黄土地区建筑标准》（GB 50025—2018）2.3.6公式计算该层上部4.1 m总湿陷量11.8 cm。根据地区经验，该场地为非自重湿陷场地，地基湿陷等级为Ⅰ级（轻微）。

### 3. 边坡稳定问题

在沙河板梁式渡槽段、大郎河板梁式渡槽段及沙河渡槽出口渐变段，基坑开挖时存在边坡稳定问题（见表1-15），根据边坡结构特征，并结合地区经验，建议土质边坡坡度（高宽比，下同）一般为1:1.0~1:1.25，砂、砾卵石边坡坡度1:2.0。

### 4. 冲刷破坏问题

在沙河渡槽退水闸的陡坡、消力池及尾水渠段，基底面在现地面以下2~9.5 m，位于第⑦层粉质黏土、第②层重粉质壤土及砾砂层中，设计时应考虑冲刷破坏问题。另外，在大郎河左岸因河流侧向侵蚀，黄土状土岸壁坍塌较严重，应考虑采取护岸措施。

#### 1.2.4.4　建筑物工程地质评价

将沙河渡槽分为进口段、沙河板梁式渡槽段、第一段旱渡槽段、大郎河板梁式渡槽段、第二段旱渡槽段、出口段，分别进行评价。

### 1. 进口段

桩号SH-2+637.5~SH-2+817.5，长180 m，位于右岸Ⅱ级阶地，地面高程122~124.7 m，设计渠底高程125.262 m，高于阶地顶面约1.0 m，为填方段。上部覆盖层为第四系粉质黏土（$Q_3^{2al+pl}$）及卵石（$Q_3^{1al+pl}$），岩性均一，厚度稳定，厚21~24 m，下伏上第三系砾质泥岩。

### 2. 沙河板梁式渡槽段

按建筑物布置，结合场地工程地质条件可分为三段评价：进口渐变段及节制闸段、槽身段、出口渐变段。

（1）进口渐变段及节制闸段：桩号SH-2+817.5~SH-2+912.5，长95 m，其中进口渐变段长70 m，节制闸闸室段长25 m，位于右岸Ⅱ级阶地，地面高程121~124 m，设计渠底高程125 m，高于阶地顶面约1.0 m，上部覆盖层为第四系粉质黏土（$Q_3^{2al+pl}$）及卵石（$Q_3^{1al+pl}$），岩性均一，厚度稳定，厚21~24 m，下伏上第三系泥质砂砾岩。

进口渐变段为填方段，填方高度约1 m，节制闸设计闸底高程123.77 m，闸基位于第⑦层粉质黏土中，其承载力标准值为170 kPa。

（2）槽身段：桩号SH-2+912.5~SH-4+412.5，长1 500 m，跨越右岸Ⅱ级阶地前缘、Ⅰ级阶地和漫滩河床不同地貌单元。

Ⅰ级阶地地面高程118~120 m，漫滩河床地面高程116~118.8 m，地质结构由第四系覆盖层和上第三系基岩组成。上部覆盖层为黏砾多层结构，由壤土（重粉质壤土、砂壤土）、砾砂和卵石组成，厚8~19 m；下伏上第三系基岩由泥质砂砾岩、砾质泥岩、黏土岩和砂岩组成，揭露最大厚度54 m。

表 1-10 十字板剪切试验成果

| 岩性 | 试验深度(m) | 抗剪强度(kPa) | | 灵敏度($S_t$) | 说明 |
|---|---|---|---|---|---|
| | | 原状土($C_u$) | 重塑土($C_u$) | | |
| ②重粉质壤土 | 3.00~3.10 | 21.30 | 7.10 | 3.00 | 土层颜色以浅棕黄为主,杂灰色斑点 |
| | 3.10~3.20 | 37.89 | 8.07 | 4.70 | |
| | 3.70~3.80 | 25.28 | 9.37 | 2.70 | |
| | 4.30~4.40 | 25.00 | 1.70 | 14.71 | 土层颜色以灰色为主,局部含有粉细砂 |
| | 4.40~4.50 | 34.65 | 6.53 | 5.31 | |
| | 4.50~4.60 | 33.80 | 17.33 | 1.95 | |
| 平均值 | | 29.65 | 8.35 | | |

注：十字板剪切抗剪强度是不排水抗剪强度的峰值,长期强度只有峰值强度的60%~70%,应用时应进行修正。

表 1-11 各土、岩体物理性指标建议值

| 土、岩名 | 时代成因 | 物理性质 | | | | 液限 $\omega_L$ (%) | 塑限 $\omega_P$ (%) | 塑性指数 $I_P$ | 液性指数 $I_L$ |
| | | 天然含水量 $\omega$(%) | 天然干密度 $\rho_d$ (g/cm³) | 比重 $G_s$ | 天然孔隙比 $e$ | | | | |
|---|---|---|---|---|---|---|---|---|---|
| ②重粉质壤土 | $Q_4^{1al+pl}$ | 22.8 | 1.58 | 2.72 | 0.730 | 29.8 | 16.9 | 12.9 | 0.49 |
| ⑤黄土状中粉质壤土 | $Q_4^{1al+pl}$ | 19.7 | 1.53 | 2.69 | 0.771 | 28.9 | 16.2 | 12.7 | 0.28 |
| ⑥重粉质壤土 | $Q_4^{1al+pl}$ | 20.8 | 1.61 | 2.70 | 0.698 | 30.1 | 15.8 | 14.3 | 0.34 |
| ⑦粉质黏土 | $Q_3^{1al}$ | 24.2 | 1.59 | 2.72 | 0.718 | 38.8 | 19.3 | 19.5 | 0.26 |
| ⑧黄土状轻粉质壤土 | $Q_3^{2al+pl}$ | 9.5 | 1.63 | 2.69 | 0.622 | 32.0 | 17.1 | 14.9 | -0.51 |
| ⑨黄土状重粉质壤土 | $Q_3^{2al+pl}$ | 21.6 | 1.59 | 2.71 | 0.721 | 30.7 | 17.1 | 13.6 | 0.23 |
| ⑪重粉质壤土 | $Q_3^{2al+pl}$ | 24.0 | 1.57 | 2.72 | 0.721 | 31.3 | 16.6 | 15.7 | 0.63 |
| ⑭泥质砂砾岩砾质泥岩 | $N_1^L$ | 12.1 | 2.10 | | | | | | |
| ⑯-1 黏土岩 | $N_1^L$ | 19.9 | 1.66 | 2.73 | | | | | |
| ⑯-2 黏土岩 | $N_1^L$ | 19.7 | 1.72 | 2.75 | 0.619 | 50.8 | 26.0 | 25.7 | |

表1-12　各层土的力学性指标建议值

| 土体单元序号 | 时代成因 | 土名 | 力学指标 | | | | 渗透系数 | 承载力标准值 | 钻孔桩 | |
|---|---|---|---|---|---|---|---|---|---|---|
| | | | 压缩 | | 饱和快剪 | | | | 地基土容许承载力 | 桩周土极限摩阻力 |
| | | | 压缩系数 $\alpha_{1-2}$ ($MPa^{-1}$) | 压缩模量 $E_s$ (MPa) | 黏聚力 $c$ (kPa) | 内摩擦角 $\varphi$ (°) | $K$ (cm/s) | $f_k$ (kPa) | $\sigma_0$ (kPa) | $\tau_1$ (kPa) |
| ①-1 | $Q_4^{1al}$ | 中细砂 | | | | | | 65 | | |
| ①-4 | $Q_4^{2al+pl}$ | 轻壤土 | | | | | | 100 | | |
| ② | $Q_4^{1al+pl}$ | 重粉质壤土 | 0.45 | 4.36 | 10 | 16.5 | $1.31\times10^{-4}$ | 110 | 120 | 40 |
| ③ | $Q_4^{1al+pl}$ | 砾砂 | | | | | $8.53\times10^{-2}$ | 150 | 170 | 70 |
| ④ | $Q_4^{1al+pl}$ | 中砂 | | | | | | 80 | | |
| ⑤ | $Q_4^{1al+pl}$ | 黄土状中粉质壤土 | 0.66 | 2.8 | 7 | 21.0 | $2.32\times10^{-4}$ | 130 | 150 | 15 |
| ⑥ | $Q_4^{1al+pl}$ | 重粉质壤土 | 0.29 | 7.9 | 16 | 20.0 | $6.14\times10^{-6}$ | 140 | 165 | 30 |
| ⑦ | $Q_3^{1al+pl}$ | 粉质黏土 | 0.21 | 9.78 | 25.0 | 14.6 | $8.96\times10^{-6}$ | 170 | 200 | 50~55 |
| ⑧ | $Q_3^{2al+pl}$ | 黄土状轻粉质壤土 | | 9.0 | 5.0 | 23.5 | | 150 | | |
| ⑨ | $Q_3^{2al+pl}$ | 黄土状重粉质壤土 | 0.39 | 6.67 | 25.3 | 16.1 | $5.84\times10^{-5}$ | 160 | | |
| ⑩ | $Q_3^{1al+pl}$ | 中粉质壤土 | | | | | | 100 | | |
| ⑪ | $Q_3^{2al+pl}$ | 重粉质壤土（含碎石） | 0.31 | 5.45 | 21.5 | 12.9 | $8.22\times10^{-7}$ | 200 | | |
| ⑫ | $Q_3^{1al+pl}$ | 中砂 | | | | | | 110 | | |
| ⑬-1 | $Q_3^{1al+pl}$ | 卵石 | | | | | $8.65\times10^{-2}$ | 400 | 400 | 240 |
| ⑬-2 | $Q_3^{1al+pl}$ | 卵石 | | | | | $8.65\times10^{-2}$ | 350 | 400 | 200 |

表 1-13　各岩层力学性指标建议值

| 土体单元序号 | 时代成因 | 土名 | 力学指标 凝聚力 c (kPa) | 内摩擦角 φ (°) | 湿单轴抗压强度 R湿 (MPa) | 弹性模量 Es (MPa) | 泊松比 μ | 承载力标准值 fk (kPa) | 桩基（钻孔灌注桩） 地基土容许承载力 σ0 (kPa) | 桩周土极限摩阻力 τi (kPa) |
|---|---|---|---|---|---|---|---|---|---|---|
| ⑭ | $N_1^L$ | 泥质砂砾岩砾质泥岩 | | | 0.1~0.4 | 10~15 | 0.2~0.3 | 450 | 500 | 140 |
| ⑮ | $N_1^L$ | 砂岩 | | | | | | 250 | | |
| ⑯-1 | $N_1^L$ | 黏土岩 | 10 | 15 | 0.5~1.0 | 20~40 | 0.2~0.4 | 300 | 350 | 80 |
| ⑯-2 | $N_1^L$ | 黏土岩 | 10 | 16 | | | | 300 | 370 | 70 |
| ⑯-2 | $N_1^L$ | 砾质黏土岩 | | | | | | 400 | 470 | 90 |

表 1-14　黄土湿陷性试验成果

| 土体单元序号 | 时代成因 | 岩性名称 | 取样深度 (m) | 取样编号 | 天然含水量 (%) | 天然干密度 (g/cm³) | 天然孔隙比 | 湿陷系数 | 起始湿陷压力 (kPa) |
|---|---|---|---|---|---|---|---|---|---|
| ⑨ | $Q_3^{2al+pl}$ | 黄土状重粉质壤土 | 0.8~1.0 | TK5-2 | 11.8 | 1.47 | 0.792 | 0.050 7 | 90 |
| | | | 1.3~1.5 | TK5-3 | 13.8 | 1.51 | 0.815 | 0.044 7 | 131 |
| | | | 1.8~2.0 | TK5-4 | 12.8 | 1.52 | 0.796 | 0.055 9 | 100 |
| | | | 2.3~2.5 | TK5-5 | 15.8 | 1.49 | 0.858 | 0.058 9 | 100 |
| | | | 2.8~3.0 | TK5-6 | 15.5 | 1.47 | 0.871 | 0.047 4 | 112 |
| | | | 3.2~3.4 | TK5-7 | 17.4 | 1.49 | 0.798 | 0.052 9 | 87 |
| | | | 3.9~4.1 | TK5-8 | 19.3 | 1.44 | 0.887 | 0.059 5 | 89 |

**表 1-15　沙河渡槽边坡稳定性验算**

| 建筑物分段 | 桩号 | 边坡岩性及厚度(m) | 边坡地质结构类型 | 最大开挖深度 | 各参数取值 | 边坡高宽比计算方法 查表法 | 边坡高宽比计算方法 图解法 | 建议边坡高宽比 |
|---|---|---|---|---|---|---|---|---|
| 进口段 | SH-2+637.5~SH-2+817.5 | 粉质黏土 8 m | 土质均一结构 | 8 m(水下2~3 m) | $c=20.0$ kPa $\varphi=14.6°$ $H=8$ m $\gamma=19.6$ kN/m³ $F_s=1.10$ | 1:1.25~1:1.50 | 1:1.0 | 1:1.0 |
| 退水闸 | | 粉质黏土 8 m | 土质均一结构 | 8 m(水下2~3 m) | $c=20.0$ kPa $\varphi=14.6°$ $H=8$ m $\gamma=19.6$ kN/m³ $F_s=1.10$ | 1:1.25~1:1.50 | 1:1.0 | 1:1.0 |
| 沙河板梁式渡槽段 槽身 | SH-2+912.5~SH-4+412.5 | 重粉质壤土 砂 卵石 | 黏砾双层结构 | 9.6 m | 黏性土: $c=6.4$ kPa $\varphi=17.0°$ $H=4.5$ m $\gamma=19$ kN/m³ $F_s=1.1$ | 黏性土 1:1.0 卵砾石 1:2.0 | 黏性土 1:0.5 | 黏性土 1:1.0 卵砾石 1:2.0 |
| 大郎河渡槽段 槽身 | SH-8+162.5~SH-8+462.5 | 黏性土(4.5 m) 卵砾石(5.0 m) | 黏砾双层结构 | 8 m | 黏性土: $c=7$~16 kPa $\varphi=20°$ $H=4.5$ m $\gamma=19$ kN/m³ $F_s=1.1$ | 黏性土 1:0.5~1:1.25 卵砾石 1:2.0 | 黏性土 1:0.4~1:1.1 | 黏性土 1:1.1 卵砾石 1:2.0 |
| 出口段 | SH-10+317.5~SH-10+407.5 | 重粉质壤土(含碎石) | 土质均一结构 | 7.5 m | $c=21.5$ kPa $\varphi=12.9°$ $H=7.5$ m $\gamma=19.07$ kN/m³ $F_s=1.25$ | 1:1.0~1:1.25 | 1:1.0 | 1:1.25 |

槽身段通过不同地貌单元,该段岩性、岩相及沉积厚度变化较大,地基强度差异明显,第四系上更新统卵石层和上第三系砾质泥岩、泥质砂砾岩强度较高。第四系卵石含量不均匀,相变较大,部分部位相变为砂砾石,夹有砂层、土层薄层或透镜体,力学性质差异较大。建议采用承台下桩基,桩端可置于第⑭层泥质砂砾岩和砾质泥岩中,该层允许承载力500 kPa,顶板埋深9~23 m。桩周土的极限摩阻力砾砂为 70 kPa,卵石为 240 kPa,泥质砾岩与砾质泥岩为 140 kPa。在河床漫滩冲刷深度以上,土层不计算桩周摩阻力。

(3)出口渐变段:桩号 SH-4+412.5~SH-4+447.5,长 35 m,位于高漫滩,地面高程117.2~118.8 m。地质结构为土岩双层结构,岩性由第四系覆盖层和上第三系基岩组成。上部覆盖层厚9~18 m。基础置于第①-1 层中细砂、第③层砾砂、第⑬-1 层卵石之上,承载力标准值 $f_k$ =65~400 kPa,其中中细砂层松散状,应处理。

3. 第一段旱渡槽段

该段位于沙河左岸,穿越漫滩,Ⅰ级阶地、Ⅱ级阶地,地面高程 116.0~119.4 m,地质结构为土岩双层结构,岩性由第四系覆盖层和上第三系基岩组成。上部覆盖层厚9~18 m。

该段为涵洞式旱渡槽,全长 3 680 m。此段地面高程 116.2~119.4 m,建筑物基础底面高程115.158~117.198 m,基础置于第①-1 层中细砂、第②层重粉质壤土、第③层砾砂、第④层中砂、第⑨层黄土状重粉质壤土、第⑫层中砂、第⑬-2 层卵石之上,承载力标准值 $f_k$ =65~400 kPa。其中第①-1 层中细砂、第②层重粉质壤土、第④层中砂、第⑫层中砂结构松散,强度低,其承载力标准值 $f_k$ 分别为 65 kPa、110 kPa、80 kPa、110 kPa,对此均应做相应处理;第⑨层黄土状重粉质壤土,具中等湿陷性,设计时应采取措施进行处理,消除湿陷变形影响。另外,对于连续基础,穿越的地层强度不一,设计上应考虑地基的不均匀变形问题。鉴于地基存在工程地质问题多,地下水位浅,处理困难,建议基础形式采用桩基,桩尖置于第⑬层卵石层中。地下水位位于建基面附近,受季节降水影响而变化,部分地段可能存在基坑涌水问题,根据地下水位的变化情况,决定是否采取排水措施。

4. 大郎河板梁式渡槽段

按建筑物布置形式将大郎河渡槽分为进口渐变段、槽身段、出口渐变段三段。

(1)进口渐变段:该段桩号 SH-8+127.5~SH-8+162.5,长 35 m,位于右岸Ⅰ级阶地上,地面高程 118.0~120.0 m。该段地质结构总体上为土岩双层结构,上部第四系覆盖层厚 18.0 m 左右,具黏砾双层结构;下伏基岩为上第三系黏土岩,顶面高程 101.6 m 左右。该段基础底面高程 117.022 m,第⑥层重粉质壤土( $Q_4^{1al+pl}$ )中,其底板高程 112~113 m,结构较致密,承载力标准值为 140 kPa;基础以下重粉质壤土厚 1~2 m,下卧层为砾砂、卵石层,厚约 11 m,承载力标准值分别为 150 kPa、350 kPa,第⑬-2 层卵石强度较高。上部第⑤层黄土状中粉质壤土湿陷系数为 0.018 1~0.077 6,具中等湿陷性,但该层位于基础底板以上,对建筑物影响不大。

(2)槽身段:渡槽槽身桩号 SH-8+162.5~SH-8+462.5,长 300 m,跨越两岸Ⅰ级阶地及漫滩、河床段。两岸地面高程 119.0~120 m,漫滩地面高程 116.0~118.0 m,河底高程114.0~115.0 m。该段具土岩双层结构,上覆第四系松散层,厚 14.65~23.50 m;下伏基岩为上第三系洛阳组黏土岩和砂岩,基岩面高程 101~102 m。第⑬-2 层卵石呈稍密—中密状,承载力标准值为 350 kPa;第⑯-2 层黏土岩顶板埋深 14~23 m,虽为上第三系软岩,但该层成岩性好,厚度大,分布稳定,强度较高,承载力标准值为 350 kPa。若采用桩基,桩端应置于第⑯-2 层黏土岩中为宜,容许承载力 $\sigma_0 = 370$ kPa,桩周土极限摩阻力砾砂 $\tau_i = 70$ kPa,卵石为 200 kPa,黏土岩为 70~90 kPa。建议采用桩基。

(3)出口渐变段:该段桩号:SH-8+462.5~SH-8+497.5,长 35 m,布置于左岸Ⅰ级阶地上,地面高程 119.0~119.8 m。该段为土岩双层结构,上部第四系覆盖层厚 18.00~19.70 m,下伏基岩为上第三系黏土岩和砂岩,基岩面高程 100~101 m。其中第四系为黏砾双层结构,上部黏性土底板高程 115~117 m;下部为砾石和卵石层,卵石底板高程 100~101 m;该段基础底面高程 114 m,位于第⑥层重粉质壤土底部和第③层砾砂顶部。第⑥层重粉质壤土承载力标准值为 140 kPa;第③层砾砂,结构松散,岩性不均,底板高程约 112 m,承载力标准值为 150 kPa。下卧层第⑬-2 层卵石,厚 10.8~12.2 m,承载力标准值为 350 kPa。地下水位接近基础底面,根据地下水位的变化情况,决定是否采取排水措施。表层中粉质壤土虽具中等湿陷性,但位于基础底面以上,对建筑物影响不大。

5. 第二段旱渡槽段

该段桩号 SH-8+497.5~SH-10+317.5,全长 1 820 m,位于沙河左岸Ⅱ级阶地上,地面高程 117.4~119.3 m,地质结构由第四系覆盖层和上第三系软岩组成。建筑物采用箱基涵洞式渡槽,基础底面高程 116.123~119.017 m,基础置于第⑨层黄土状重粉质壤土、第⑪层含碎石的重粉质壤土中,其承载力标准值 $f_k = 160~200$ kPa。第⑨层土具中等湿陷性,设计时应采取处理措施,消除湿陷变形的影响。另外,在桩号 SH-9+850 附近,第⑨层持力层之下为第⑩层中粉质壤土,其标贯击数仅 2 击,为软弱土地基,设计时应考虑其不均匀变形的影响。

6. 出口段

桩号 SH-10+317.5~SH-10+407.5,全长 90 m,包括进口渐变段 20 m、检修闸 15 m、出口渐变段 55 m。由于地形的起伏变化,呈阶梯状上升,地面高程 118.0~135.0 m。建筑物基础底面高程 119.619~122.906 m,基础置于第⑨、⑪层黄土状重粉质壤土和含碎石的重粉质壤土中,承载力标准值 $f_k = 160~200$ kPa。其中,第⑨层黄土状重粉质壤土具中等湿陷性,存在黄土湿陷问题,设计时应采取措施进行处理,本段为挖方段,挖方深约 7.5 m,存在边坡稳定问题,建议坡度采用 1:1.25,并对永久边坡进行护坡处理。

# 1.3 渡槽发展历史与现状

## 1.3.1 渡槽的定义与作用

渡槽指输送渠道水流跨越河渠、溪谷、洼地和道路的架空水槽,见图 1-3。渡槽作为一种水利设施,又称高架渠、输水桥,往往是一组由桥梁、隧道或沟渠构成的输水系统。渡槽主要用砌石、混凝土及钢筋混凝土等材料建成,具有跨越式输水功能,普遍用于灌溉,也用于排洪、排沙等,大型渡槽还可以通航。

图 1-3　渡槽

### 1.3.2　国外渡槽

#### 1.3.2.1　国外古代渡槽

世界上最早的渡槽诞生于中东和西亚地区。公元前 29 世纪前后,埃及在尼罗河上建考赛施干砌石坝,坝高 15 m,坝长 450 m,是文献记载最早的坝,并修建渠道和渡槽,向孟菲斯城供水。公元前 700 余年,亚美尼亚修建了一条长 483 m 的渡槽,渡槽建在石墙上,跨越山谷,石墙宽 21 m,高 9 m,共用了 200 多万块石头,渡槽下面有 5 个小桥拱,让溪水流过。公元前 700 年左右,西亚的新亚述帝国修建了长约 300 m、宽 13 m,有 14 个墩座的巨型渡槽。国外古代比较著名的渡槽还有修建于公元前 814 年突尼斯迦太基古城遗址的迦太基渡槽、建于 1 世纪的罗马渡槽、建于公元前 19 年的罗马高架渡槽桥架尔拱桥、建于18 世纪以前的意大利渡槽等。

#### 1.3.2.2　国外现代渡槽

国外现代渡槽比较著名的有加拿大的布鲁克斯(Brooks)渡槽、印度的戈麦蒂渡槽等。布鲁克斯渡槽总长 3 200 m,最大输水流量 25 $m^3/s$,简支梁结构,U 形断面,槽身跨度6 m,净宽 6.86 m、净高 2.6 m。戈麦蒂渡槽是萨哈亚克调水工程跨越的戈麦蒂河的大型交叉工程,设计流量 357 $m^3/s$,渡槽总长 473.6 m,简支梁结构,过水断面宽 12.8 m、高 7.45 m。

### 1.3.3　国内渡槽

渡槽在我国已有悠久的历史,我国古代所建造的"郑国渠"中的渡槽距今已有 2 000多年的历史,全长 150 km,横穿了一些天然河道。郑国渠的建成,使关中干旱平原成为沃野良田,粮食产量大增,为秦国统一六国提供了物资保障。因历史原因,这些古老渡槽以木结构或砌石结构为主。

国内现代渡槽的发展可追溯至 20 世纪 50 年代,已建的各类渡槽很多。其中,单槽过流量最大的为 1999 年新建的新疆乌伦古河渡槽,设计流量 120 m³/s,为预应力混凝土矩形槽。单槽跨度最大的为广西玉林县万龙渡槽,拱跨长达 126 m。2002 年完成的广东东江深圳供水改造工程在旗岭、樟洋、金湖的 3 座渡槽上采用了现浇预应力混凝土 U 形薄壳槽身,为国内首创。南水北调中线工程的漕河渡槽总长 2 300 m,过水流量 150 m³/s,单跨跨度为 30 m,过水断面为三箱互联矩形断面,单箱净宽 6 m,净高 5.4 m。同为南水北调中线的湍河渡槽总长 1 030 m,过水流量 420 m³/s,单跨跨度 40 m,采用预应力钢筋混凝土 U 形槽结构,输水断面宽 9 m,高 7.23 m。目前,已建规模较大的箱基渡槽为南水北调中线工程的澎河渡槽、潦河渡槽、兰河渡槽等。澎河渡槽长 310 m,双线双槽,最大输水流量 380 m³/s,矩形断面,单槽净宽 11.0 m、净高 7.20 m;潦河渡槽长 190.6 m,双线双槽,矩形断面,最大输水流量 410 m³/s,单槽净宽 11.0 m、净高 8.4 m;兰河渡槽最大输水流量 375 m³/s,双线双槽,矩形渡槽,单槽净宽 12.0 m、净高 7.7 m。规模较大的落地槽主要有南水北调中线漕河渡槽工程的落地槽、东深供水工程的落地槽、河南省新三义寨引黄供水南线工程落地槽等。漕河落地渡槽与漕河梁式渡槽相连,最大输水流量 150 m³/s,长 240 m,渡槽断面为三槽一联,单个矩形槽净宽 6 m、净高 5.4 m;东深供水落地槽长 5 300 m,最大输水流量 90 m³/s,矩形单槽断面,净宽 7.5 m、净高 6.5 m;河南省新三义寨引黄供水南线工程落地槽长 3 250 m,最大输水流量 30 m³/s,矩形单槽,净宽 9.1 m、净高 3.2 m。

## 1.3.4 现代渡槽发展趋势

根据目前我国渡槽的发展状况,渡槽在横断面上,以 U 形和矩形槽应用较为广泛,特别是随着施工方法的改进,如采用预制吊装的渡槽,越来越广泛地采用各种更轻、更强、更巧、更薄的结构,即槽身趋向采用 U 形、半椭圆形、环形、抛物线形等薄壳结构或薄壁肋箱等。

在支撑形式上,除梁式渡槽和拱式渡槽外,又发展了一种拱梁组合式渡槽。拱梁组合式渡槽是从 20 世纪 90 年代逐步发展起来的,是在折线拱和桁架渡槽的基础上,经过研究改进发展起来的一种新型渡槽结构形式。它具有结构轻巧、受力状态良好、外形美观、便于施工、安全可靠、经济适用等特点。如湖南岳阳的凉清渡槽,1990 年建成后投入使用,运行状况良好。近几年来,先后出现了三铰片拱式、马鞍式、拱管式和桁架组合式等过水结构与承重结构相结合的渡槽及双悬臂两型桁架渡槽等。

在材料使用上,趋向于使用钢丝网水泥、高强度等级预应力混凝土,钢材采用高强钢丝、低合金钢等;从施工方法出发,渡槽越来越趋向于装配式;从施工工艺看,预应力施工工艺逐渐被广泛采用。

目前,渡槽发展研究的总趋势是适应各种流量、各种跨度,特别是大跨度渡槽结构形式的研究;应用先进理论和先进手段进行结构形式优化设计;材料及施工技术的改进等;过水与承重相结合的合理结构形式的研究;利用电子计算技术及先进设计理论优选结构形式的研究；早强快干混凝土和钢纤维混凝土等材料及新型止水材料的研制应用；构件预制工厂化及大型机械吊装等，有的已在逐步开展，有的在探索中，但是可以预见，渡槽工作在结构形式、设计理论、建筑材料及施工技术等方面，将有一个新的发展。

### 1.3.5　沙河渡槽技术特点及与已建渡槽指标比较

#### 1.3.5.1　主要技术特点

1. 综合规模世界第一

沙河渡槽工程综合比较长度、流量、尺寸规模以及多种结构形式，经查实对比，沙河渡槽综合规模世界第一。

2. U 形槽身一次成型

沙河梁式渡槽为 U 形双向预应力混凝土简支结构，单跨跨度 30 m，槽高 8.3~9.2 m，槽宽 9.2 m。如此大断面槽身采用半工厂化生产，整体模板预制，一次浇筑成型。

3. 结构设计工况复杂

梁式渡槽槽身为大跨度薄壁 U 形双向预应力结构，最薄处仅 35 cm，除考虑水重、自重、地震力、温度等荷载外，施工期有槽上运槽工况，因此结构设计工况复杂。

4. 槽身架设技术先进

梁式渡槽单片槽重达 1 200 t，用架槽机施工填补了国内大型预制渡槽施工装备的空白，开创了大型渡槽预制吊装架设的先例。

5. 后装止水工艺可靠

槽身止水为后装式，经反复试验，并经充水验证后确定技术方案，施工中精益求精，严格把关。目前通水已超过六年，未发现渗漏，证明止水技术合理，工艺可靠，效果良好。

6. 水头分配科学合理

沙河渡槽总水头 1.77 m，总长 9.05 km，建筑物多，槽形多变，从投资、水头等对各类建筑物的敏感性、不同建筑物比降合理性等方面进行了充分分析论证，对水头进行了科学分配。

7. 蒸养温控保证质量

梁式渡槽槽片为预制结构，为保证生产质量，对预制养护温控技术进行了专题研究，对预制蒸养过程、不同阶段预应力施加方案进行了详细的分析，保证了所有槽片没有出现一条裂缝。

#### 1.3.5.2　与在建渡槽指标比较

拱式渡槽已建的单跨跨度较大，但输水流量及输水断面基本都不大，与规模较大的已建梁式渡槽相比，总体上其输水规模要小很多。

沙河渡槽与已建的国内外大型渡槽工程的规模指标对比见表 1-16。

表 1-16　国内外已建大型渡槽指标

| 工程 | 结构形式 | 总长度 (m) | 最大输水流量 (m³/s) | 槽身最大跨度 (m) | 最大输水断面 孔数、净宽×净高 (m×m) | 断面形式 | 输水断面总面积 (m²) |
|---|---|---|---|---|---|---|---|
| 南水北调中线沙河渡槽 | 梁式渡槽 | 总长度 9 050 m(其中箱基渡槽长 2 166 m,落地槽长 1 530 m) | 380 | 30 | 4孔,8×7.8 | U形 | 219.4 |
| | 箱基渡槽 | | 380 | — | 2孔,12.5×8 | 矩形 | 200 |
| | 落地槽 | | 380 | — | 1孔,22.2×8.1 | 矩形 | 177.6 |
| 南水北调中线湛河渡槽 | 梁式渡槽 | 1 030 | 420 | 40 | 3孔,9×7.23 | U形 | 169.1 |
| 南水北调中线十二里河渡槽 | 梁式渡槽 | 275 | 410 | 40 | 2孔,13×7.78 | 矩形 | 197.6 |
| 南水北调中线贾河渡槽 | 梁式渡槽 | 480 | 400 | 40 | 2孔,13×7.8 | 矩形 | 198.1 |
| 南水北调中线澧河渡槽 | 梁式渡槽 | 总长度 2 300 m(其中落地渡槽长 240 m) | 150 | 30 | 3孔,6×5.4 | 矩形 | 97.2 |
| | 落地槽 | | 150 | 20 | 3孔,6×5.4 | 矩形 | 97.2 |
| 东深供水金湖渡槽 | 梁式渡槽 | 2 290 | 90 | 24 | 1孔,7×5.4 | U形 | 35.5 |
| 深圳水库渡槽 | 梁式渡槽 | 530 | 24 | 48 | 1孔,4.2×4.2 | 矩形 | 17.6 |
| 湖北排子河渡槽 | 梁式渡槽 | 4 320 | 38 | 25 | 1孔,3×3.46 | 矩形 | 10.4 |
| 印度 GOMT I 渡槽 | 梁式渡槽 | 473.6 | 357 | 31.8 | 1孔,12.8×7.45 | 矩形 | 95.4 |
| 加拿大 Brooks 渡槽 | 梁式渡槽 | 3 200 | 25 | 6 | 1孔,6.86×2.6 | U形 | 18.5 |
| 南水北调中线漕河渡槽 | 涵洞式渡槽 | 310 | 380 | — | 2孔,11×7.20 | 矩形 | 158.4 |
| 南水北调中线滦河渡槽 | 涵洞式渡槽 | 190.6 | 410 | — | 2孔,11×8.4 | 矩形 | 184.8 |
| 南水北调中线泲河渡槽 | 涵洞式渡槽 | 296 | 320 | — | 2孔,10.6×7.4 | 矩形 | 156.88 |
| 南水北调中线兰河渡槽 | 涵洞式渡槽 | 260 | 375 | — | 2孔,12×7.7 | 矩形 | 184.8 |
| 东深供水木落地槽 | 落地槽 | 5 300 | 90 | — | 1孔,7.5×6.5 | 矩形 | 48.8 |
| 三义寨引黄供水南线工程落地槽 | 落地槽 | 3 250 | 30 | — | 1孔,9.1×3.2 | 矩形 | 29.1 |
| 陆浑灌区溢洪道渡槽 | 双曲拱渡槽 | 120 | 77 | 拱跨90 | 1孔,8.1×4.7 | 矩形 | 38.1 |
| 长岗坡渡槽 | 肋拱式渡槽 | 5 200 | 25 | 拱跨51 | 1孔,6×2.2 | 矩形 | 13.2 |
| 东深供水旗岭渡槽 | 肋拱式渡槽 | 637 | 90 | 拱跨52.5 | 1孔,7×5.4 | U形 | 35.5 |
| 南水北调东线界河渡槽 | 拱梁组合式渡槽 | 1 990 | 21.2 | 拱跨50.6 | 1孔,4.50×2.95 | 矩形 | 13.3 |

# 第 2 章  方案选定

## 2.1  线路比选

工程区沙河大体走向是自西向东,场区西南是彭山,沿彭山脚下是昭平台水库南干渠。沙河段总干渠渠底高程 124 m 左右,高于河底 10~14 m,高于河道间的低洼地 6~8 m,线路末端为鲁山坡丘陵高地。

渡槽建址与线路总体上受沙河河势走向、彭山与昭平台灌区南干渠、鲁山县城位置及鲁山坡的制约。渡槽穿越沙河的位置在楼张村处国道 G311 跨沙河大桥以西,一是线路距鲁山县城太近,影响县城发展规划,二是跨河处梁式渡槽净空不足,因此渡槽适宜建址位置大体上在楼张村东 G311 沙河大桥下游与高岸头、常家庄以西。

### 2.1.1  前期线路比选

沙河渡槽位于沙河冲洪积平原上,地形复杂。可研阶段以穿越沙河的渡槽轴线为主体,选择了三条线路进行比较,三条线路均从沙河南的宋口村起,至鲁山坡北的辛集止。分别为:①方案 1,总干渠从宋口村向西北延伸,过澎河、沚河至薛寨,而后正北至娘娘庙与楼张之间穿越沙河,至尖营村北转向东北,跨将相河、大郎河,至张庄村后折向东,在三街村西转向北,绕鲁山坡至辛集。渠线全长 22.862 km,其中建筑物长 9.8 km、渠道长 13.062 km。②方案 2,该方案薛寨前线路与方案 1 相同,过薛寨后在娘娘庙东穿越沙河,绕鲁山坡的东侧至辛集,渠线总长 21.68 km,其中建筑物长 8.755 km、土渠长 12.925 km。③方案 3,总干渠从宋口村西过澎河后直接向北跨越沙河,经鲁山坡东侧到辛集。该方案渠线总长 16.811 km,其中建筑物长 12.674 km、渠道长 4.137 km。从工程投资、占地、移民等方面分别对三条线路方案进行了全面比较,方案 1 具有占地面积小、填方段较少且高度小、梁式渡槽长度短等优势,初定为可研阶段设计线路。可研比较线路见图 2-1。

### 2.1.2  线路优化比选

#### 2.1.2.1  总体线路比选

沙河渡槽轴线由可研阶段线路比选确定,进口在娘娘庙与楼张之间,连接渠为全填方渠道,出口至鲁山坡坡下三街村西,连接渠为半挖半填渠道。本着节省投资、工程安全及环境协调的原则,根据工程场区工程地质条件、上下游地形、河形、河势等因素,对可研阶段确定的方案 1、方案 2 两条线路的渡槽轴线做了进一步分析比较。两方案起点均从本段起点 SH(3)0+000 起,于鲁山坡落地槽末端止。设计水位差 1.878 m。工程量计算时不计两个方案共同部分,如退水系统工程量、河道整治工程量、细部工程量等。同时,由于方案 2 线路未进行地质勘探,从方案 1 地质横剖面看,地层顺河向比较均匀,考虑方案 2

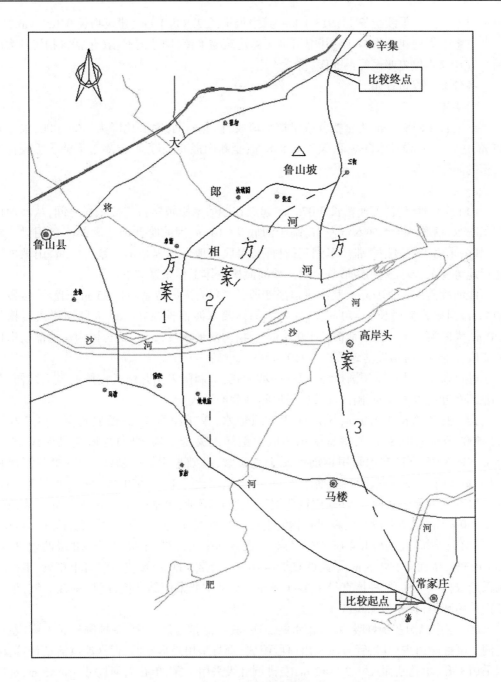

图 2-1　可研比较线路

距方案 1 仅 800 m 左右,因此参考方案 1 地质条件,进行方案 2 布置、设计及工程量计算;施工方法采用现浇满堂支架。

1. 方案 1 线路布置

总干渠由 SH(3)0+000 起向西北方向延伸,至官店东折向北,在娘娘庙与楼张之间跨越沙河,至詹营村南转向东北,跨将相河、大郎河,至张庄村后再转向东,绕鲁山坡南麓至三街村西结束。渠线全长 11.913 1 km,其中渠道长 2.838 1 km、建筑物长 9.075 km。

方案 1 规划建筑物 10 座,其中河渠交叉建筑物 1 座,即沙河渡槽(包括将相河及大郎河),左岸排水倒虹吸及涵洞 5 座,桥梁 4 座。

各分类工程布置如下。

1)渠道

渠道长 2 818.1 m,为全挖方或半挖半填段,梯形断面,渠底比降为 1/26 000,渠底宽 25 m,边坡 1:2,设计水深 7 m,渠深 8.838 m;全断面混凝土衬砌,混凝土下铺土工膜作为渠道的防渗措施。

2)交叉建筑物

(1)沙河渡槽:沙河渡槽长 9 075 m,起点在沙河南娘娘庙村与楼张村之间,从沙河南至张庄东,槽底高于地面 6 m 左右,高于河底 7~10 m,因此跨沙河与大郎河采用梁式渡槽,其余采用箱基渡槽。张庄东到三街村西,渠底与地面高程基本一致,由于鲁山坡南坡地形地势复杂,该段采用矩形落地槽。沙河渡槽主体工程布置如下:

沙河渡槽总长 9 075 m,其中进口渐变段长 50 m,进口节制闸长 25 m,闸渡连接段长 60 m,沙河梁式渡槽长 1 440 m,沙河—大郎河箱基渡槽长 3 780 m,大郎河梁式渡槽长 270 m,大郎河—杏树沟落地槽长 1 920 m,杏树沟落地槽段长 55 m,杏树沟落地槽段出口渐变段长 65 m,鲁山坡落地槽长 1 410 m。

进口渐变段边墙采用圆弧墙+墙前贴坡形式,节制闸采用开敞式钢筋混凝土结构,共 4 孔 2 联,单孔净宽 7 m,闸渡连接段采取箱基渡槽形式。

梁式渡槽总长 1 710 m,矩形四槽双联输水,单槽净宽 7 m,槽底比降 1/4 700 及 1/5 500,槽深 7.8~8.1 m,槽身采用预应力钢筋混凝土结构,纵向为简支梁形式,跨径 45 m,共 38 跨,下部支承采用钢筋混凝土空心墩,基础采用钻孔灌注桩基;箱基渡槽长 5 700 m,矩形双槽双联输水,单槽净宽 11.6 m,槽底比降 1/(5 650~5 750),槽深 8.1 m,为 C30 钢筋混凝土结构,下部采用钢筋混凝土箱形基础,箱基孔高 4.6~8.5 m。落地槽长 1 530 m(包括渐变段及检修闸),钢筋混凝土矩形断面,底宽 22 m,槽底比降 1/7 600。

(2)公路桥:公路桥共 4 座,汽车荷载等级分别采用公路-Ⅰ级、公路-Ⅱ级两种,桥长 40~120 m,桥面净宽 4.5 m,单跨跨径 25~40 m。上部均采用预应力混凝土箱梁,下部结构采用双柱式圆柱墩,柱体直径 1.4~1.6 m。基础主要采用钻孔灌注桩,一柱一桩,桩基断面采用圆形,直径为 1.6~1.8 m。

(3)左排涵洞及倒虹吸:左岸排水共 5 座,其中左排涵洞 4 座、左排倒虹吸 1 座,左排涵洞及倒虹吸由进口段、管身段及出口段组成,管身采用矩形断面,根据泄洪流量计算,涵洞采用 1 孔,单孔断面尺寸 2 m×2 m,左排倒虹吸采用 2 孔,单孔断面尺寸 3 m×3 m,进出口段设消力池,并设连接段与上下游河道连接。

工程永久占地 2 096 亩(1 亩 = 1/15 hm²,下同)。影响村庄 12 个,拆迁房屋 20 423 m²,移民安置 545 人。主体工程及移民投资估算为 11.80 亿元。

2. 方案 2 线路布置

总干渠由 SH(3)0+000 起向北,至娘娘庙东跨越沙河,至叶园南转向东北,跨将相河、大郎河,至三街村西北结束。渠线全长 10.397 km,其中渠道长 2.372 km、建筑物长 8.025

km。

方案 2 规划建筑物 6 座,其中河渠交叉建筑物 1 座,即沙河渡槽(包括将相河及大郎河),左岸排水倒虹吸及涵洞 2 座,桥梁 3 座。

各分类工程布置。

1)渠道

渠道长 2 372 m,为全挖方或半挖半填段,梯形断面,渠底比降为 1/26 000,渠底宽 25 m,边坡 1∶2,设计水深 7 m,渠深 8.818 m;全断面混凝土衬砌,混凝土下铺土工膜作为渠道的防渗措施。

2)交叉建筑物

(1)沙河渡槽:沙河渡槽长 8 025 m,起点在沙河南娘娘庙村东,从沙河南至张庄东,槽底高于地面 9 m 左右,低于河底 11 m 左右,在建筑物形式选择时,对槽底高于地面 10 m 及以上的地段,布置为梁式渡槽,低于 10 m 的地段布置为箱基渡槽。张庄东到三街村西,渠底与地面高程相当,由于鲁山坡南坡地形地势复杂,该段采用矩形落地槽。沙河渡槽主体工程布置如下:沙河渡槽总长 8 025 m,其中进口渐变段长 50 m,进口节制闸长 25 m,闸渡连接段长 60 m,沙河梁式渡槽长 1 440 m,沙河—大郎河箱基渡槽长 1 620 m,大郎河梁式渡槽长 2 070 m,大郎河—鲁山坡段箱基渡槽长 2 260 m,鲁山坡落地槽长 500 m。进口渐变段边墙采用圆弧墙+墙前贴坡形式,节制闸采用开敞式钢筋混凝土结构,共 4 孔 2 联,单孔净宽 6.8 m,闸渡连接段采用箱基渡槽形式。

梁式渡槽总长 3 510 m,矩形四槽双联输水,单槽净宽 6.8 m,槽底比降 1/4 500 及 1/4 700,槽深 8.0 m,槽身采用预应力钢筋混凝土结构,纵向为简支梁形式,跨径 45 m,共 78 跨,下部支承采用钢筋混凝土空心墩,基础采用钻孔灌注桩基;箱基渡槽长 3 880 m,矩形双槽双联输水,单槽净宽 11.8 m,槽底比降 1/5 600,槽深 8.0 m,为 C30 钢筋混凝土结构,下部采用钢筋混凝土箱形基础,箱基孔高 6.5~8.5 m。落地槽长 500 m(包括渐变段及检修闸),钢筋混凝土矩形断面,底宽 21 m,槽底比降 1/640。

(2)公路桥:本段公路桥共 3 座,汽车荷载等级采用公路-Ⅱ级折减荷载,桥长 120 m,桥面净宽 4.5 m,单跨跨径 40 m。上部均采用预应力混凝土箱梁,下部结构采用双柱式圆柱墩,柱体直径 1.4~1.6 m。基础主要采用钻孔灌注桩,一柱一桩,桩基断面采用圆形,直径为 1.6~1.8 m。

(3)左排涵洞及倒虹吸:左岸排水共 2 座,1 座左排涵洞、1 座左排倒虹吸,左排涵洞及倒虹吸由进口段、管身段及出口段组成,管身采用矩形断面,根据泄洪流量计算,涵洞采用 1 孔,单孔断面尺寸 2 m×2 m,左排倒虹吸采用 2 孔,单孔断面尺寸 3 m×3 m,进出口段设消力池,并设连接段与上下游河道连接。

工程永久占地 2 028 亩,影响村庄 12 个,拆迁房屋 32 945 m²,移民安置 1 145 人。

沙河渡槽轴线比较见图 2-2。沙河渡槽轴线方案规划成果对比见表 2-1。各方案征地移民工程量见表 2-2。沙河渡槽段线路方案主体工程量及投资估算对比见表 2-3。

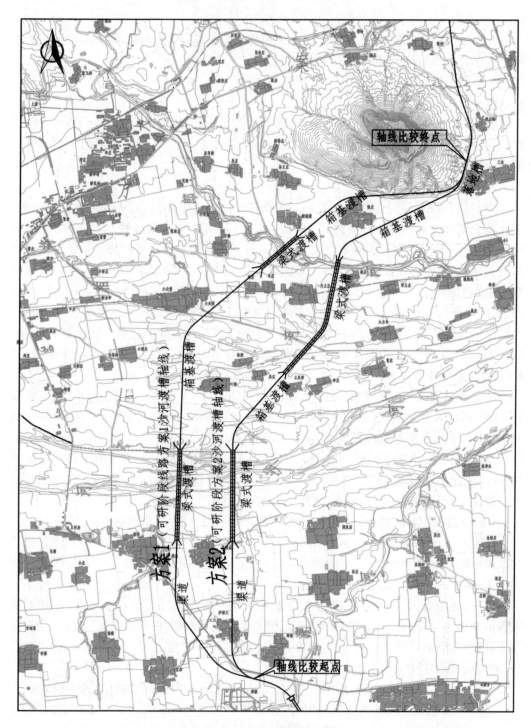

图 2-2　沙河渡槽轴线比较

表 2-1　沙河渡槽轴线方案规划成果对比

| 项目 | | 单位 | 方案 1 | 方案 2 |
|---|---|---|---|---|
| 总长 | | m | 11 913 | 10 397 |
| 其中 | 渠道 | m | 2 838 | 2 372 |
| | 建筑物 | m | 9 075 | 8 025 |
| | 梁式渡槽 | m | 1 710 | 3 510 |
| | 箱基渡槽 | m | 5 700 | 3 880 |
| | 落地槽 | m | 1 530 | 500 |
| 建筑物 | 梁式渡槽 | 座 | 1 | 1 |
| | 左岸排水涵洞及倒虹吸 | 座 | 5 | 2 |
| | 桥梁 | 座 | 4 | 3 |
| | 合计 | 座 | 10 | 6 |

表 2-2　各方案征地移民工程量

| 序号 | 项目 | 方案 1 | 方案 2 |
|---|---|---|---|
| 一 | 乡(镇)个数 | 3 | 3 |
| 二 | 行政村个数 | 12 | 12 |
| 三 | 总用地面积(亩) | 5 579.23 | 5 198.52 |
| 四 | 总人口 | 545 | 1 145 |
| 五 | 房屋合计( m² ) | 20 422.9 | 32 944.9 |
| 六 | 企业(个) | 2 | 2 |
| 七 | 单位(个) | 1 | 1 |
| 八 | 村组副业(个) | 11 | 11 |
| 九 | 专业项目线路(条) | 80 | 80 |

表 2-3　沙河渡槽段线路方案主体工程量及投资估算对比

| 方案 | 单位 | 方案 1 | 方案 2 |
|---|---|---|---|
| 混凝土 | 万 m³ | 104.05 | 121.03 |
| 钢筋 | t | 101 487 | 116 195 |
| 钢铰线 | t | 4 128 | 8 475 |
| 浆砌石 | 万 m³ | 2.02 | 0.25 |
| 土石方开挖 | 万 m³ | 180.88 | 157.71 |
| 土石方回填 | 万 m³ | 212.23 | 226.57 |
| 主体工程估算费用 | 亿元 | 12.91 | 15.61 |
| 移民及占地 | 亿元 | 4.46 | 4.36 |
| 总投资 | 亿元 | 17.37 | 19.97 |

3. 方案比选

两条线路长度不同,建筑物高度也有差别,从以下几个方面进行分析比较:

（1）从线路分析，方案 1 线路长 11.913 km，共规划建筑物 10 座；方案 2 线路长 10.397 km，由于其箱基渡槽末端偏离鲁山坡南麓，与鲁山坡上沟壑交叉减少，共规划建筑物 6 座，从线路长度方面相比，方案 2 线路比方案 1 短 1.516 km。

（2）从沿线地势及工程布置分析，该段总干渠渠底高程 123.492~125.37 m，方案 1 渠道段地面高程 130~124 m，建筑物区地面高程 118 m 左右；方案 2 渠道段地面高程 130~122 m，建筑物区地面高程 115 m 左右。方案 1 渠道基本为半挖半填；方案 2 大部分为全填方渠道，且渠底高于地面；方案 1 槽底高于地面 6 m 左右，方案 2 槽底距地面 8~11 m。根据工程布置，方案 2 梁式渡槽长度及高度均比方案 1 大，因此从工程安全性分析，方案 1 优于方案 2。

（3）从施工条件分析，两方案各段建筑物结构形式相同，但方案 1 梁式渡槽长 1 710 m，方案 2 梁式渡槽长 3 510 m，比方案 1 长 1 800 m，由于梁式渡槽施工方法复杂，不管采用现浇还是造桥机方法施工，难度都很大，因此从施工条件及保证工期方面分析，方案 1 优于方案 2。

（4）从工程投资分析，方案 1 工程部分投资 12.91 亿元，方案 2 投资 15.61 亿元，方案 2 比方案 1 多 2.70 亿元。方案 1 最优。

（5）从移民、占地拆迁方面分析，方案 1 工程永久占地 2 096 亩，影响村庄 12 个，拆迁房屋 20 423 m²，移民安置 545 人，移民总投资 4.46 亿元；方案 2 工程永久占地 2 028 亩，影响村庄 12 个，拆迁房屋 32 945 m²，移民安置 1 145 人，移民总投资 4.36 亿元。两方案移民投资基本相当。

综合以上分析，整体上方案 1 优于方案 2，因此推荐采用方案 1。

### 2.1.2.2　鲁山坡落地槽轴线选择

鲁山坡段工程处于较陡的山坡上，斜坡场地，地形起伏大、地质条件复杂，地基由第四系黏性土、碎石，上第三系黏土岩、砾岩以及太古界片麻岩、震旦系石英砂岩、页岩组成，具土岩双层结构。第四系岩性变化较大，黏性土一般为中等压缩性中硬—硬土层，厚度不稳定，均匀性差。上第三系黏土岩、砾岩相变较大，厚度不稳定，承载力较高。太古界片麻岩一般为全—强风化，风化严重，且片麻理发育，完整性差。黏土岩和粉质黏土具膨胀性，且有网状裂隙。

要保证工程运行安全，必须妥善处理边坡稳定、地基不均匀沉陷等地质问题。因此，鲁山坡段渠槽线路选择受以下几方面因素的制约：①渠槽线路不能太靠山体，对山体扰动较大，存在多级边坡的开挖和稳定问题。②渠槽基底内外侧尽可能处于同一持力层，否则会出现不均匀沉陷问题。③尽量避免迁占村庄。

可研阶段鲁山坡段线路方案初步确定渠槽轴线在张庄东北接箱基渡槽出口后向东，至三街村西过白虎涧沟后转向东北，在三街四队西北与总干渠相接，全长 1 555 m。

初步设计阶段对落地槽轴线做了进一步复核。落地槽前半段渠槽线路靠近山体，最大开挖高度 42 m，该方案对山体扰动较大，因此分析了线路适度外移方案，轴线外移 15 m 左右。左岸山体最大边坡开挖级数由最多 6 级调整为最多 4 级，开挖量减少，但局部基础处理投资增加，总体上投资与可研方案基本相当。

轴线适当外移方案左岸边坡削坡高度明显降低，开挖量减少 60 万 m³，槽基总体上均位于原状土开挖基面上,从各横剖面分析各处槽基基本处于同一持力层上,个别部位槽基软硬不均问题可通过工程措施解决。综合分析,考虑工程施工与运行期的安全性,确定该段轴线适当外移。

### 2.1.2.3 选定线路

工程招标阶段,对沙河—大郎河箱基渡槽的圆弧轴线段做了进一步优化,弧段半径由500 m 调整为 1 000 m,渡槽总长度由 9 075 m 优化为 9 050 m。

沙河渡槽工程线路经多次优化调整,选定线路起点位于总干渠设计桩号 SH(3)2+838.1,在娘娘庙与楼张之间由南向北与河道基本正交跨越沙河,至尖营村北转向东北,相继跨将相河、大郎河,至张庄村后折而向东至鲁山坡脚下,绕鲁山坡行走,再以北略偏东方向至三街村西止,渡槽总长度 9 050 m。线路各控制点坐标及桩号见表 2-4。

**表 2-4 沙河渡槽轴线主要拐点坐标**

| 编号 | 位置 | 桩号 | 坐标 | | 弯道参数 | |
|---|---|---|---|---|---|---|
| | | | X | Y | 转角(°) | 半径(m) |
| 1 | 进口渐变段起点 | SH(3)2+838.1 | 3 730 745.085 | 494 765.591 | | |
| 2 | 进口节制闸起点 | SH(3)2+888.1 | 3 730 795.077 | 494 766.462 | | |
| 3 | 沙河梁式渡槽起点 | SH(3)2+994.1 | 3 730 901.061 | 494 768.310 | | |
| 4 | 沙河梁式渡槽终点 | SH(3)4+404.1 | 3 732 310.847 | 494 792.890 | | |
| 5 | 箱基渡槽弯道 1 起点 | SH(3)6+069.8 | 3 733 757.823 | 494 818.119 | 47.2 | 1 000 |
| 6 | 箱基渡槽弯道 1 终点 | SH(3)6+456.7 | 3 734 485.901 | 495 151.474 | | |
| 7 | 大郎河梁式渡槽进口渐变段起点 | SH(3)8+038.1 | 3 735 394.291 | 496 167.559 | | |
| 8 | 大郎河梁式渡槽起点 | SH(3)8+138.1 | 3 735 460.940 | 496 242.110 | | |
| 9 | 大郎河梁式渡槽终点 | SH(3)8+438.1 | 3 735 660.888 | 496 465.763 | | |
| 10 | 大郎河梁式渡槽进口渐变段终点 | SH(3)8+538.1 | 3 735 727.538 | 496 540.314 | | |
| 11 | 箱基渡槽弯道 2 起点 | SH(3)9+436.1 | 3 736 326.078 | 497 209.815 | 36.97 | 500 |
| 12 | 箱基渡槽弯道 2 终点 | SH(3)9+758.7 | 3 736 451.551 | 497 501.003 | | |
| 13 | 落地槽起点 | SH(3)10+358.1 | 3 736 501.962 | 498 098.153 | | |
| 14 | 检修闸起点 | SH(3)10+438.1 | 3 736 508.691 | 498 177.869 | | |
| 15 | 落地槽段弯道起点 | SH(3)11+158.0 | 3 736 569.264 | 498 895.388 | 71.78 | 380 |
| 16 | 落地槽段弯道终点 | SH(3)11+634.0 | 3 736 859.898 | 499 233.089 | | |
| 17 | 出口渐变段起点 | SH(3)11+838.1 | 3 737 058.231 | 499 280.313 | | |
| 18 | 出口渐变段终点 | SH(3)11+888.1 | 3 737 106.871 | 499 291.894 | | |

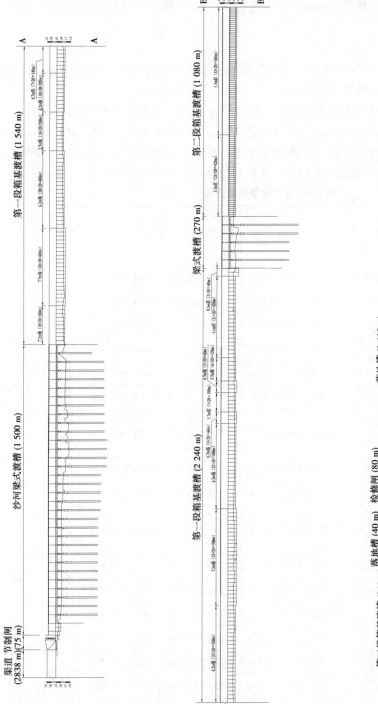

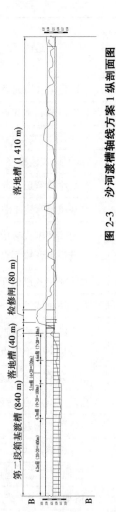

图 2-3　沙河渡槽轴线方案 1 纵剖面图

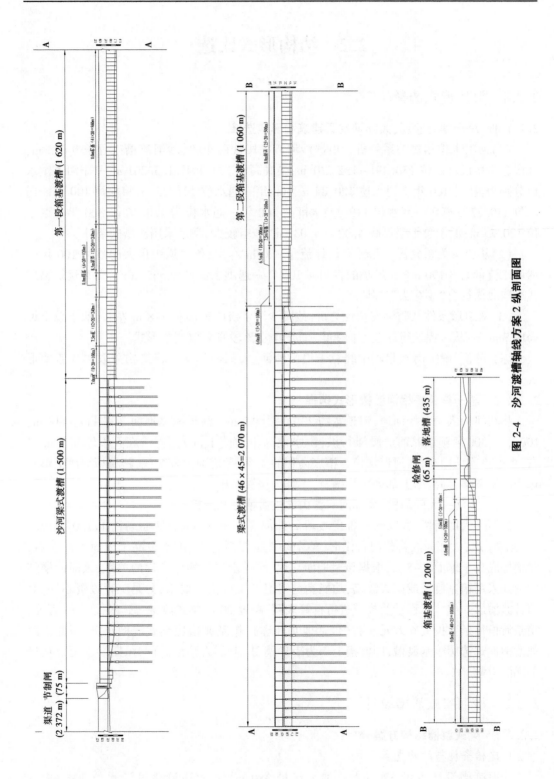

图 2-4　沙河渡槽轴线方案 2 纵剖面图

# 2.2　结构形式比选

## 2.2.1　渡槽形式选择

### 2.2.1.1　总干渠跨沙河、大郎河交叉建筑物形式选择

（1）河渠水位相对关系分析。根据沙河渡槽段线路布置，沙河渡槽工程长 9 075 m，此段总干渠设计水位 130.491~132.261 m，渠底高程 123.491~125.261 m，三条河道洪水位分别为：沙河 100 年一遇水位 120.84 m，300 年一遇水位 121.23 m；将相河 100 年一遇水位 119.27，300 年一遇水位 119.37；大郎河 100 年一遇水位为 120.36 m，300 年一遇水位 120.75 m；低于总干渠渠底 4.424~4.031 m，净空较大，满足采用渡槽的条件。

（2）从流量关系分析。总干渠设计流量 320 m³/s，三条河道中最大的沙河 100 年一遇洪水流量为 8 190 m³/s，最小的将相河 100 年一遇洪水流量为 552 m³/s，交叉建筑物形式采取渡槽符合"小穿大"原则。

（3）从地形条件及防洪安全性分析。该段沙河 Ⅰ 级阶地高程 118 m 左右，低于总干渠渠底 7 m 多；从工程运行安全方面考虑，总干渠在该段宜采取渡槽形式。

综合分析，确定南水北调中线总干渠与沙河、大郎河的交叉建筑物采取梁式渡槽形式。

### 2.2.1.2　总干渠跨将相河渡槽形式选择

将相河为人工开挖河道，河道宽约 20 m，深约 2 m。河道两岸地面高程 117~118 m，100 年及 300 年流量时河道漫滩行洪，洪水位高于地面 1 m 左右，槽底高于地面 6 m 左右，根据该段地面高程、河道水位与槽底高程的关系，考虑河道较窄浅，跨将相河渡槽形式选用箱基渡槽，即渡槽上部为矩形槽身，下部为箱涵基础。

### 2.2.1.3　沙河—大郎河段、大郎河—鲁山坡段渡槽形式选择

沙河—大郎河段、大郎河—鲁山坡段属沙河左岸 Ⅱ 级阶地，地面高程 117.0~119.0 m，地形平坦，大郎河及将相河行洪时，整个阶地也漫滩行洪，洪水位高于地面 1 m 左右，渡槽槽底高于地面 6~8 m，根据该段地面高程、河道水位与槽底高程的关系，该段渡槽结构形式采用箱基渡槽或梁式渡槽，均能满足河道及工程安全要求，只是工程投资不同，对两种渡槽形式主体工程量及投资进行框算表明，跨度 20 m 梁式渡槽每延米投资 12 万元，箱基渡槽每延米投资 6 万元左右（包括地基处理），箱基渡槽比梁式渡槽经济，因此该阶地渡槽形式选用箱基渡槽，即渡槽上部为矩形槽身，下部为箱涵基础，汛期洪水可以从槽下涵洞下泄。

## 2.2.2　沙河梁式渡槽设计

### 2.2.2.1　梁式渡槽结构方案分析

1. 建槽条件与结构支承形式

沙河渡槽设计流量 320 m³/s、加大流量 380 m³/s，此段渡槽设计水位 131.681~132.261 m，槽底高程 125.261~125.281 m，渡槽比降 1/4 600。沙河 100 年一遇水位

120.84 m,300 年一遇水位 121.23 m,槽底与河道设计洪水位间高差 3.5~4 m。河道属宽浅型,无通航要求,右岸为漫滩,左岸有堤,堤高 5 m 左右,河床地基岩性上部为卵石,厚 5~10 m,不均一,下伏基岩主要为第三系泥质砾岩、砾质泥岩。从沙河渡槽上述情况分析,流量大,净空小,河谷宽浅,覆盖层较厚。根据对南水北调输水渡槽特点分析,结合沙河渡槽建槽条件,渡槽上部结构形式宜为简支梁式渡槽。

2.渡槽的断面形状

槽身断面形式常见的有 U 形槽、矩形槽、箱形等,鉴于箱形断面为封闭结构,温度应力太大,易产生裂缝致渗水,耐久性差,在大型输水渡槽中不宜采用。南水北调中线渡槽,由于槽宽大,从高宽比的协调性以及布置与结构受力的合理性分析,矩形槽宜采用多槽一联带中隔墙的矩形槽断面;U 形断面考虑到其形状特点,采用多槽但相互独立的形式利于结构布置、受力和施工。

3.渡槽的槽数

根据渡槽的纵比降,适合的槽数有 2 槽、3 槽、4 槽三种,对于 3 槽方案,因为沙河渡槽进出口均存在与箱基渡槽的衔接问题,同时由于箱基渡槽较长,对工程量影响较大,若箱基渡槽对应采用 3 槽,不论是矩形槽还是 U 形槽方案,总体工程量都增加较多,不经济;若箱基渡槽仍采用单槽双联,从沙河梁式渡槽到沙河—大郎河箱基渡槽、大郎河梁式渡槽到大郎河—鲁山坡箱基渡槽之间的过渡连接太复杂,且水头损失较大。因此,不宜采用 3 槽方案,可选择 2 槽及 4 槽方案。

2 槽及 4 槽方案断面如下:

矩形 2 槽单槽净宽 11 m,净高 7.7 m,侧墙总高 9.3 m,见图 2-5。

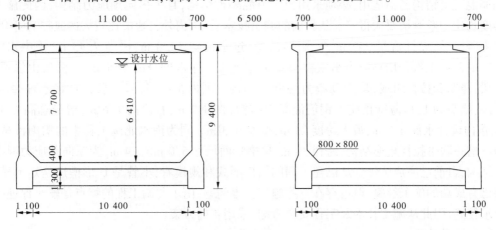

图 2-5　矩形 2 槽横断面图　(单位:mm)

U 形 2 槽单槽净宽 11.8 m,净高 7.7 m,侧墙总高 8.65 m,见图 2-6。

矩形 4 槽单槽净宽 7 m,净高 7.8 m,侧墙总高 9.5 m,见图 2-7。

U 形 4 槽单槽净宽 8 m,净高 7.4 m,侧墙总高 8.3 m,见图 2-8。

2 槽最大断面尺寸为槽宽 11.8 m,侧墙高 8.65 m;4 槽最大断面尺寸为槽宽 8 m,侧墙高 8.3 m。从结构设计及安全性分析,不管是 2 槽还是 4 槽,其结构尺寸都是前所未有的,4 槽的安全性优于 2 槽;从施工难度及施工质量分析,由于槽身断面尺寸过大,一般的

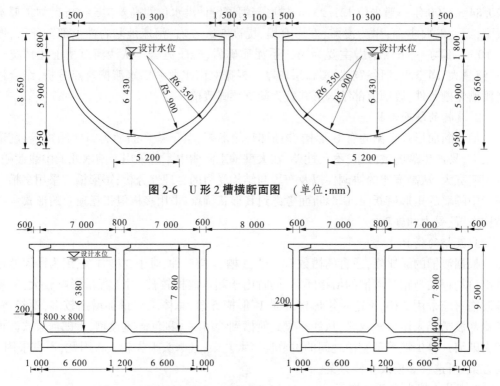

图 2-6　U 形 2 槽横断面图　（单位:mm）

图 2-7　矩形 4 槽横断面图　（单位:mm）

钢筋混凝土结构已不适用,必须采用预应力混凝土结构,且为多向预应力结构,因此施工难度均比一般渡槽要大得多。从目前的施工技术看,国内外已建的比较大的渡槽有:印度戈麦蒂渡槽,设计流量 357 m³/s,矩形槽身,过水槽宽 12.8 m、槽高 7.45 m,槽中水深 6.7 m,渡槽上部采用预应力承重框架支承非预应力输水槽身的布置形式,框架由纵梁、横梁、竖肋和拉杆组成,均为预应力混凝土结构。国内东深漳洋渡槽,设计输水流量 90 m³/s,槽身为 U 形薄壁预应力钢筋混凝土结构,直径 7 m,直段高 1.6 m,槽身总高 6.15 m,槽内设计水深 4.7 m,最大跨度 24 m,壁厚 0.3 m。同为南水北调工程中的漕河渡槽,为三槽一联带拉杆矩形结构,跨径 30 m,单槽断面尺寸 6.0 m×5.4 m,为三向预应力混凝土结构,目前已完成施工。从已建工程的结构形式和规模看,不管是 U 形槽还是矩形槽,都已有成功的施工经验,但也存在一些施工技术问题,南水北调工程的特点是输水保证率要求较高,因此从施工技术及工程安全考虑,采用 4 槽方案。

4.渡槽的跨度

已建大型渡槽东深供水工程金湖渡槽输水流量 90 m³/s,简支梁式渡槽,宽 7 m、高 5.4 m,最大跨度 24 m;南水北调中线漕河渡槽,最大流量 150 m³/s,三槽一联宽 6 m、高 5.4 m,最大跨度 30 m;印度戈麦蒂 I 渡槽设计流量 357 m³/s,输水与承载分离结构,槽跨 31.8 m。其他小型渡槽有跨度更大的,但规模、断面很小,不具参考价值。综合考虑大型渡槽已建工程建设情况、工程施工情况,结合南水北调对工程安全、质量的高要求,渡槽跨度可选择 30 m、40 m、45 m 进行比选。

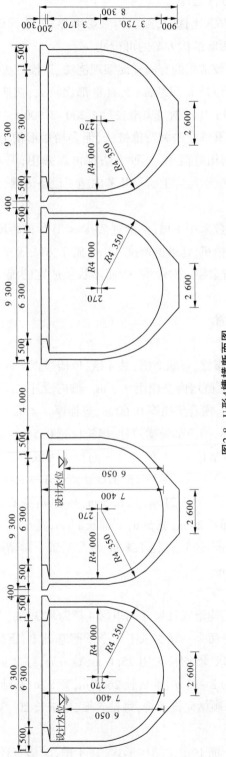

图 2-8　U 形 4 槽横断面图

5. 不同结构方案施工方法选择

在大型渡槽结构形式方案比选时,施工因素影响显著,不同施工方法都有其适用条件,不仅影响总投资,而且影响结构方案的可行性。

渡槽施工方法较多,比较常用的有满堂支架现浇法、造槽机法、架槽机法等,沙河渡槽规模较大,不管是矩形断面还是 U 形断面,其自重都比较大,按照选择的几种形式,矩形槽身单槽自重 3 240~4 100 t,U 形槽身单槽自重 1 200~1 900 t。根据目前的施工设备与技术,多槽矩形槽施工方法有满堂法和造槽机法,但多槽矩形槽造槽机法施工较为复杂。U 形槽 4 槽各自独立,结构相对简单,几种方法都可以采用,但 45 m 跨 U 形槽单槽重 1 900 t,从控制施工期结构变形与施工质量并考虑施工设备因素,宜采用架槽机法。

6. 比选方案拟定

根据上述分析,输水槽数采用 4 槽,单槽宽 7~8 m,U 形槽跨度 30 m 和 40 m,施工方法选择满堂架、造槽机和架槽机,U 形槽跨度 45 m,施工方法选择架槽机;矩形槽跨度 30 m 和 40 m,施工方法选择满堂架。对跨度、断面形状及适宜的施工方法组合的 9 种方案进行分析研究。

### 2.2.2.2 比选方案工程布置

1. 矩形 4 槽跨度 30 m

设计要素为:横向双联布置,每联 2 槽,共 4 槽,单槽净宽 7 m,总净宽 28 m,侧墙净高 7.8 m,总高 9.5 m,双联间两侧墙内壁相距 9.2 m。槽内设计水深 6.38 m,加大水深 7.10 m(非均匀流、渡槽进口处)。槽身侧墙厚 0.60 m,底板厚 0.4 m。纵向每 2.95 m 设底肋,肋宽 0.5 m,底肋净高 1.0 m,槽顶部设横拉杆,横拉杆宽 0.5 m,高 0.5 m。侧墙和中隔墙兼作纵梁,高 9.5 m,中隔墙厚 0.8 m。槽身为三向预应力混凝土结构,混凝土采用 C50。槽身纵向为简支梁形式,跨径 30 m,共 48 跨,槽底比降为 1/4 600。下部支承采用钢筋混凝土空心墩,墩帽采用矩形,单个长 21 m,宽 6.5 m,高 2 m;空心墩高度根据地形情况设为 3~9 m,圆端头截面,上部长 20 m,宽 5 m,下部长 21 m,宽 6 m,空心墩壁厚 1 m,中间设三道厚 1 m 的竖隔;基础为灌注桩,桩径 1.8 m,每个基础下顺槽向设两排,每排 5 根,桩间距 4.8 m,单桩长 19~27 m。

2. 矩形 4 槽跨度 40 m

上部槽身和下部支承结构形式及尺寸同矩形 4 槽跨度 30 m。

下部共 36 跨,上部槽身两个一联支承于一个下部基础上,下部支承采用钢筋混凝土空心墩,考虑架槽机布置要求,墩帽长采用 25.6 m,宽 6 m,厚 2 m;空心墩长 25.2 m,宽 6 m,高度根据地形情况设为 3~13 m;承台长 26.4 m,宽 8 m;基础为灌注桩,桩径 1.8 m,桩间距 5.35 m,每个基础下顺槽向设两排,每排 5 根,单桩长 20~34 m。

3. U 形 4 槽跨度 30 m

渡槽槽身采用预应力钢筋 U 形槽结构形式,共 4 槽,单槽直径 8 m,直段高 3.4 m,U 形槽净高 7.4 m,4 槽各自独立,每 2 槽支承于一个下部槽墩上。U 形槽壁厚 0.35 m,槽底局部加厚至 0.9 m,宽 2.60 m。槽顶纵向每 3 m 设拉杆,拉杆宽 0.5 m,高 0.5 m。槽两端设端肋,端肋部位总高 9.20 m,宽 2.0 m。槽身纵向为简支梁形式,跨径 30 m,共 48 跨,槽底比降为 1/4 600。下部支承采用钢筋混凝土空心墩,分为两联;空心墩采用圆端头截面,上部长 20 m,宽 5 m,下部长 21 m,宽 6 m,壁厚 1 m,中间设三道厚 1 m 的竖隔,高度根据地形情况设为 3~9 m;基础为灌注桩,每个基础下顺槽向设两排,每排 5 根,桩径 1.8 m,桩间距 4.8 m,单桩长 17~25 m。

4.U 形 4 槽跨度 40 m

上部槽身壁厚 0.4 m,其余部位尺寸基本与 30 m 跨度相同。下部与 40 m 跨矩形槽相同。单桩长 20~34 m。

5.U 形 4 槽跨度 45 m

共 32 跨。上部槽身壁厚 0.40 m,其他部分与跨径 40 m 相同,下部支承及基础亦与跨径 40 m 相同,只是桩长不同,单桩长 23~36 m。

以 U 形槽为例,结构布置断面见图 2-9~图 2-11。

各方案工程量及投资对比见表 2-5。

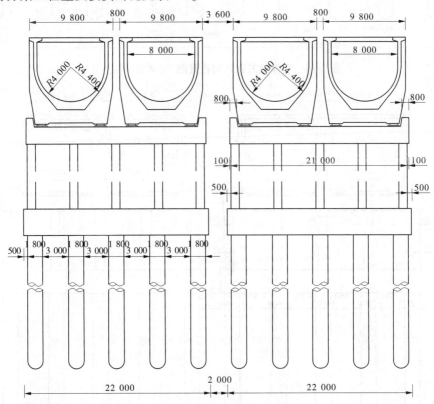

图 2-9　满堂支架方案结构布置图　（单位:mm）

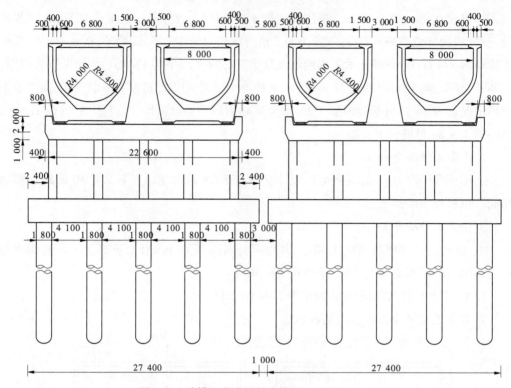

图 2-10　造槽机方案结构布置图　（单位：mm）

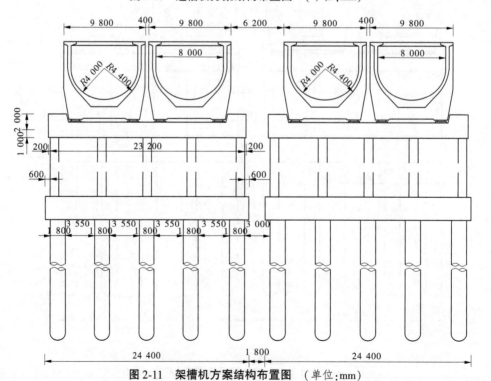

图 2-11　架槽机方案结构布置图　（单位：mm）

表 2-5　各方案工程量及投资对比

| | 跨度 | U 形 30 m 跨 | | | U 形 40 m 跨 | | | U 形 45 m 跨 | 矩形 30 m 跨 | 矩形 40 m 跨 |
|---|---|---|---|---|---|---|---|---|---|---|
| | 施工方案 | 满堂架 | 造槽机 | 架槽机 | 满堂架 | 造槽机 | 架槽机 | 架槽机 | 满堂架 | 满堂架 |
| 工程量 | 上部结构混凝土(m³) | 82 752 | 82 752 | 82 752 | 99 360 | 99 360 | 99 360 | 96 640 | 114 000 | 105 110 |
| | 上部钢筋(t) | 9 930 | 9 930 | 9 930 | 11 923 | 11 923 | 11 923 | 11 957 | 13 680 | 12 613 |
| | 钢绞线(t) | 2 350 | 2 350 | 2 350 | 2 611 | 2 611 | 2 611 | 3 382 | 3 662 | 4 247 |
| | 下部结构混凝土(m³) | 170 888 | 187 497 | 179 714 | 139 782 | 157 206 | 147 179 | 129 534 | 188 439 | 158 976 |
| | 下部钢筋(t) | 12 056 | 13 044 | 12 691 | 9 657 | 10 789 | 10 272 | 9 067 | 13 757 | 10 959 |
| | 灌注桩钻孔(m) | 21 105 | 23 593 | 22 216 | 22 271 | 24 287 | 23 111 | 25 673 | 23 322 | 26 598 |
| | 土方(万 m³) | 89.6 | 102.79 | 90.97 | 50.4 | 77.09 | 68.22 | 54.34 | 93.33 | 51.58 |
| 投资(万元) | 一　建筑工程 | 34 247 | 36 233 | 39 642 | 33 053 | 35 255 | 37 491 | 38 577 | 42 457 | 38 778 |
| | 1　上部结构投资 | 14 235 | 14 235 | 18 631 | 16 115 | 16 115 | 19 448 | 22 261 | 20 177 | 19 765 |
| | 2　下部结构投资 | 20 012 | 21 998 | 21 011 | 16 938 | 19 140 | 18 043 | 16 316 | 22 280 | 19 013 |
| | 二　临时工程 | 10 343 | 10 239 | 11 039 | 10 465 | 12 745 | 13 855 | 14 726 | 10 727 | 10 486 |
| | 其中脚手架(造槽机或架槽机) | 6 194 | 6 040 | 6 754 | 6 346 | 8 571 | 9 624 | 10 468 | 6 371 | 6 223 |
| | 合计 | 44 590 | 46 472 | 50 681 | 43 518 | 48 000 | 51 346 | 53 304 | 53 184 | 49 264 |

### 2.2.2.3　梁式渡槽槽身结构方案比选

**1. 从结构受力特点分析**

U 形槽和矩形槽两种结构形式均有整体性好、刚度大、受力明确等优点。二者相比，U 形槽采用弧形断面，与矩形槽相比，水力条件较好，外形线条流畅，轻巧。另外，从结构应力状态分析，U 形槽结构流畅，不像矩形槽有很多转折、边角，U 形槽环向预应力筋可以沿着结构面布置，不像矩形槽贴角部位钢绞线根本控制不住，与矩形槽比，基本无应力集中现象。

**2. 从不同跨度对防洪安全、工程安全、质量影响分析**

从对河道行洪的影响分析，在跨河长度范围内，槽墩多，槽下过流断面小，对河道的影响相对就大，沙河为宽浅形河道，对比较的三种跨度，水位变化不明显。30 m 跨河道 20 年一遇洪水工程后水位比工程前水位壅高 0.05 m，河道 100 年一遇洪水比工程前水位壅高 0.10 m；40 m 跨 20 年一遇洪水工程后水位比工程前水位壅高 0.07 m，河道 100 年一遇洪水比工程前水位壅高 0.12 m。因此，从对河道行洪影响看，30 m、40 m、45 m 跨方案之间没有本质的差别。

从沙河的地质条件分析，沙河基础持力层主要为卵石及第三系软岩，卵石层不均匀，相变较大，第 14 层泥质砂砾岩和砾质泥岩物质组成不均匀，胶结成岩差。小跨度较大跨度为优。

从结构安全性分析，各方案通过合理配置预应力锚索，结构应力状态均能够满足大型渡槽抗裂要求，承载能力都有较大的安全裕度。三种跨度都是可行的，同等形式下 30 m 跨与 40 m、45 m 相比施工质量保证程度相对高些。

**3. 工程量及投资分析**

总体各方案投资相差在 20% 以内，U 形 45 m 跨架槽机工法投资最大，矩形 30 m 满堂架次之。

矩形槽与 U 形槽相比，满堂架施工的矩形槽投资较 U 形槽投资多 13% 以上。

U 形槽不同跨度之间投资相比，采用满堂架施工时，跨度大时投资省；采用造槽或架槽大型机械设备方案时，小跨度投资少，主要是由于造槽、架槽设备钢结构随着跨度的增加其承载弯矩呈平方级增加，设备投资增加较快。架槽施工因提槽、运槽、架槽设备费用高，总投资较满堂架、造槽机工法都要大。

矩形槽不同跨度之间投资相比，跨度大、投资少。

从建筑工程投资分析，一般随着跨度增加，上部结构投资呈增加趋势，下部结构投资呈减少趋势，总的建筑投资略省，但随着跨度增加到一定程度，例如 U 形槽 45 m 跨度时，因简支结构跨中弯矩增加较多，致钢绞线增加较快，虽然下部投资在减少，但总的建筑投资在增加。

**4. 从工法适应性、施工质量与安全风险及工期控制分析**

满堂支架法是在渡槽现浇施工中常用的施工方法，一般适用于上部荷载相对较小，下部基础承载力较高，净空较低的情况。对南水北调大型渡槽，存在施工时模板脚手架变形偏大问题，且施工期不确定因素较多，不是较优的施工方案。

从施工质量与安全风险分析，满堂架施工受支架变形等因素影响不可控因素较多，施工安全与槽身浇筑质量风险较大;造槽机采用整孔模架,其变形是基本可控的;架槽机施工槽身采用地面预制、蒸汽养护,施工质量可以充分保证。从机械设备自身的质量安全风险分析,30 m 跨度的设备制造技术、经验比较成熟,风险相对较小。

从工期控制分析,沙河渡槽是南水北调中线黄河以南控制工期的建筑物之一,意味着其施工工期决定着南水北调中线工程在 2014 年能否如期通水。满堂架施工风险大,不可控;造槽机施工在槽墩上原位现浇,不受河道水流与软弱地基影响,可以汛期施工,但其工期受浇筑、预应力张拉等因素影响,潜在风险也比较大;架槽机施工同样不受河道水流与软弱地基影响,可以汛期施工,关键是可提前在地面大规模、工厂化预制,槽身预制和安装可分开作业,架槽施工对工期控制有利,风险可控。

5. 综合分析选型

对南水北调沙河渡槽而言,工程质量、安全、工期是最主要的控制因素,U 形槽水力条件好,基本无结构应力集中现象,地面预制槽便于施工,混凝土浇筑质量能够保证,且预制架设施工不受河道条件制约,槽身预制和安装可分开作业,工期可控,加之架槽设备制造技术小跨度更为成熟等因素,因此沙河渡槽槽身选择双线 4 槽、30 m 跨 U 形槽预制架设方案。

## 2.2.3 梁式渡槽下部结构设计

沙河梁式渡槽单榀渡槽的自重 1 170.3 t,设计水重 1 241.1 t,满槽水重 1 527.9 t,每个槽墩承受的最大重量为 5 396.4 t。沙河梁式渡槽下部结构承重大,且渡槽沉降控制要求高,因此合理选择下部结构与基础形式对于渡槽建设非常重要。

### 2.2.3.1 渡槽支撑结构选型

目前,常用的梁式渡槽下部支撑结构包括实体墩、空心墩和排架结构等。根据沙河梁式渡槽的特点,单个下部支撑结构的长度超过 20 m(垂直渡槽水流方向),宽度超过 5 m(顺渡槽水流方向),最大高度超过 15 m,槽墩体积庞大,若采用实体结构,自重过大(甚至超过上部结构重量),对基础承载力要求也更高,总体来说是不经济的。

根据沙河渡槽的自身特点,选择了空心墩和排架支撑结构进行了技术经济比选。空心墩混凝土工程量多于排架,钢筋量基本相当,总体造价空心墩略高于排架。但空心墩受力性能好,能较好地把上部结构的荷载均匀传递到下部承台和桩上,同时空心墩稳定性较高,有利于提高渡槽结构的整体稳定性。沙河渡槽上部荷载较大,同时采用架槽机施工,施工过程对下部支承结构的稳定性要求较高。因此,从结构的稳定和安全性考虑采用空心墩方案较为合适。

### 2.2.3.2 基础选型

目前,常用的渡槽基础形式包括浅基础(扩大基础)、桩基础等。沙河梁式渡槽段下伏基岩为第三系的泥质砂砾岩、砾质泥岩等,其上是卵石层,表层为砾砂、重粉质壤土(滩地段),第三系软岩的成岩程度差且岩性相变较大;卵石层虽然厚度稳定,但不均一,重探击数一般为 11~26 击,离散度较大,部分部位夹有砂砾石、砂层、土薄层或透镜体,并且随着近几年河道挖沙情况的加剧,上部卵石层厚度变化很大。沙河梁式渡槽自重大,单个基础最大承载力超过 9 033.2 t,根据工程场区地质条件,从工程安全角度考虑,渡槽的基础不宜采用扩大基础而应选择桩基础,可采用钢筋混凝土灌注桩。

### 2.2.3.3　基础埋置深度确定

根据冲刷计算结果,沙河主槽最大冲刷深 11.2 m,大郎河主槽最大冲刷深 15.2 m。按承台埋置深度分为高桩承台和低桩承台,本工程梁式渡槽单槽基础下布置 10 根灌注桩,桩径 1.8 m,上部空心墩长 22 m,宽 5.6 m,壁厚 1 m。从工程经济性分析,空心墩每米造价约 3.8 万元,群桩每米造价约 3.6 万元,两种形式相差不大,高桩承台相对经济,同时考虑承台埋置太深基础施工难度增加,因此采用高桩承台,承台顶面埋深一般置于河道地面以下 2~3 m。

## 2.2.4　箱基渡槽设计

渡槽沿线沙河—大郎河、大郎河—鲁山坡段地形属沙河左岸Ⅱ级阶地,长 5 354 m,该段地形平坦,地面高程 116~119 m,渠底高于地面 6~8 m。大郎河及将相河行洪时,整个阶地也漫滩行洪,洪水位高于地面 1 m 左右。

对跨越该区域工程结构形式,论证了高填方和渡槽两种方案,高填方方案最大的优点是投资小,但渠底高于地面 6 m 左右,堤顶高于地面 15 m 左右,渠道两岸村庄密布,存在重大安全风险,另外,全填方渠道占地及拆迁工程量大,因此从工程安全与环境影响等因素分析,穿越低洼地带采取渡槽形式。

渡槽结构可选择梁式渡槽和箱基渡槽,考虑到梁式渡槽投资是箱基渡槽的 2 倍多,且该段渡槽架空高度较低,不经济,因此该段不宜采用梁式渡槽。

箱基渡槽上部输水槽身,考虑渡槽检修,布置为双槽结构,采用双线双槽形式。下部支承选择箱形涵洞,分横箱及纵箱两种支承形式进行方案比较。以一节 20 m 长单孔槽身为例,其工程量、投资见表 2-6。

表 2-6　横箱与纵箱方案工程量及投资对比

| 序号 | 项目 | 单位 | 工程量 | |
|---|---|---|---|---|
| | | | 横箱基础 | 纵箱基础 |
| 1 | C30 混凝土上部结构 | m³ | 1 268.8 | 1 268.8 |
| 2 | C30 混凝土下部结构 | m³ | 1 633 | 1 686 |
| 3 | 钢筋制安 | t | 273.9 | 278.6 |
| | 直接工程费 | 万元 | 208 | 212 |

方案比较:①从投资角度分析,两者相差不大;②从对河道及排水的影响分析,大郎河及将相河汛期洪水漫滩,滩地水深 1 m 左右,采用横箱方案,不打乱当地原有排水水系,汛期洪水可以从涵洞中通过,基本不影响排水现状,而纵箱方案阻挡地表水,需设置排水涵洞及导流沟工程;③与纵箱方案相比,横箱方案便于当地交通道路从涵洞中通过,且两侧通透,视觉效果好。因此,推荐采用横箱基础方案,涵洞垂直渡槽水流方向。

## 2.2.5　鲁山坡落地槽设计

鲁山坡段渡槽轴线位于半山坡上,绕鲁山坡南麓坡脚,此段冲沟多,地形起伏较大,地质结构复杂。对该段输水断面,考虑了两种方案进行比较,即梯形渠道和矩形槽方案。

梯形渠道采用 C20 混凝土衬砌,衬砌厚度一般为 10 cm;矩形槽采用钢筋混凝土结构,矩形槽靠近鲁山坡山体,为减少结构工程量与山体削坡,基础宽度尽可能小,采用单槽布置。一般来说,梯形渠道方案投资小于矩形槽方案,但由于该段工程处于较陡的山坡上,渠道中心线左右两侧地形高差较大,左侧多为深挖方高边坡,右侧一般为半挖半填,梯形渠道方案由于开口宽,右堤的填方高达 15 m 左右,且渠基位于斜坡上,对渠道安全极为不利,也增加了工程占地。同时,由于该段土质不适宜筑堤,场区附近土料短缺,右岸高填方需要远距离借土填筑,一方面增加了工程投资,另一方面也增加了借土占地,因此本段工程采用落地矩形槽方案。

## 2.3  水头分配方案

沙河渡槽由沙河梁式渡槽、沙河—大郎河箱基渡槽、大郎河梁式渡槽、大郎河—鲁山坡箱基渡槽、鲁山坡落地槽五个工程段组成,不同分段与槽形的水头分配对工程投资影响较大。在总水头一定的条件下,为使工程总体投资最小,需进行水头优化分配,选择经济合理的各分段纵比降与输水断面。

### 2.3.1  水头优化分配

水头分配的原则主要考虑建筑物形式、工程单价、建筑物长度以及工程投资等因素,在满足工程要求的前提下,力求使投资最少。

水头优化条件为:①除进口渐变段反坡外,其余各段间均以顺坡连接,以保证渡槽检修时能够放空;②梁式渡槽采取 U 形 4 槽形式,下部支承采用空心墩,基础采取灌注桩;③箱基渡槽采取单槽矩形双联布置形式;④鲁山坡落地槽采取单槽矩形形式。

根据以上限制条件,选择 4 种 U 形槽直径进行比较,即直径分别为 6.4 m、7 m、8 m、9 m。通过进行水力计算,各方案各段设计要素见表 2-7,工程量及投资估算见表 2-8。

表 2-7  各方案各段设计要素

| 渡槽分段 | 项目 | 方案 1<br>U 形槽直径 6.2 m | 方案 2<br>U 形槽直径 7 m | 方案 3<br>U 形槽直径 8 m | 方案 4<br>U 形槽直径 9 m |
|---|---|---|---|---|---|
| 沙河梁式渡槽 | 单槽直径(m) | 6.4 | 7 | 8 | 9 |
| | 水深(m) | 6.2 | 6 | 6.05 | 6.1 |
| | 比降 | 2 800 | 3 200 | 4 600 | 6 100 |
| 沙河—大郎河箱基渡槽 | 单槽宽度(m) | 15 | 14.5 | 12.5 | 12.5 |
| | 水深(m) | 6.3 | 6.1 | 6.4 | 6.1 |
| | 比降 | 9 000 | 7 500 | 5 900 | 5 200 |
| 大郎河梁式渡槽 | 单槽直径(m) | 6.4 | 7 | 8 | 9 |
| | 水深(m) | 6.3 | 6 | 6.45 | 6.2 |
| | 比降 | 2 800 | 3 200 | 5 400 | 6 400 |

续表 2-7

| 渡槽分段 | 项目 | 方案 1<br>U 形槽直径 6.2 m | 方案 2<br>U 形槽直径 7 m | 方案 3<br>U 形槽直径 8 m | 方案 4<br>U 形槽直径 9 m |
|---|---|---|---|---|---|
| 大郎河—鲁山坡箱基渡槽 | 单槽宽度（m） | 15 | 14.5 | 12.5 | 12.5 |
| | 水深（m） | 6.4 | 6.4 | 6.5 | 6.2 |
| | 比降 | 9 000 | 8 500 | 6 100 | 5 400 |
| 鲁山坡落地槽 | 槽宽（m） | 25 | 23.7 | 22.2 | 22.5 |
| | 水深（m） | 6.8 | 6.8 | 6.8 | 6.8 |
| | 比降 | 10 000 | 8 900 | 7 600 | 7 900 |

表 2-8　各方案主体工程量及投资估算

| 项目 | | | 单位 | 方案 1<br>U 形槽<br>直径 6.2 m | 方案 2<br>U 形槽<br>直径 7 m | 方案 3U<br>形槽直径 8 m | 方案 4<br>U 形槽<br>直径 9 m |
|---|---|---|---|---|---|---|---|
| 梁式渡槽 | 上部槽身 | C50 混凝土 | m³ | 109 343 | 110 704 | 117 668 | 118 519 |
| | | 钢筋 | t | 13 121 | 13 284 | 14 120 | 14 222 |
| | | 钢绞线 | t | 6 111 | 6 111 | 6 012 | 6 810 |
| | | 投资 | 万元 | 20 657 | 20 784 | 21 264 | 22 711 |
| | 下部基础 | C30 混凝土墩身 | m³ | 63 454 | 63 454 | 64 670 | 65 886 |
| | | C30 混凝土承台 | m³ | 61 948 | 61 948 | 61 948 | 61 948 |
| | | C25 混凝土灌注桩 | m³ | 85 966 | 89 694 | 98 131 | 105 669 |
| | | C30 混凝土墩帽 | m³ | 31 044 | 31 044 | 32 564 | 32 564 |
| | | 灌注桩造孔 | m | 36 079 | 37 643 | 41 184 | 44 348 |
| | | 钢筋 | t | 17 056 | 17 279 | 18 035 | 18 584 |
| | | 投资 | 万元 | 22 848 | 23 393 | 24 828 | 26 014 |
| | 合计 | | 万元 | 43 505 | 44 177 | 46 092 | 48 725 |
| 箱基渡槽 | | C30 混凝土槽身 | m³ | 386 055 | 386 017 | 368 186 | 366 247 |
| | | C30 混凝土涵洞 | m³ | 449 548 | 445 110 | 400 735 | 400 735 |
| | | 钢筋 | t | 91 281 | 90 833 | 84 256 | 84 023 |
| | | 投资 | 万元 | 65 736 | 65 402 | 60 607 | 60 445 |
| 鲁山坡落地槽 | | C30 混凝土槽身 | m³ | 73 698 | 71 244 | 68 414 | 68 978 |
| | | 钢筋 | t | 8 844 | 8 549 | 8 210 | 8 277 |
| | | 投资 | 万元 | 6 121 | 5 917 | 5 682 | 5 729 |
| 总投资 | | | 万元 | 115 362 | 115 496 | 112 381 | 114 899 |

从表 2-8 可以看出,对于梁式渡槽,方案 1 投资最小,为 43 505 万元,方案 4 投资最大,为 48 725 万元。对箱基渡槽,方案 4 投资最小,为 60 445 万元,方案 1 投资最大,为 65 736 万元。对每段渡槽而言,比降越陡,断面越小,工程量也越省;但对于整座渡槽,由于箱基渡槽比较长,其比降的变化对工程投资影响较大,从整座建筑物工程投资比较,方案 3 较省,比其他 3 个方案少 2 000 万元左右,因此推荐采取方案 3,即沙河梁式渡槽槽底比降 1/4 600,单槽直径 8 m,净高 7.4 m;沙河—大郎河箱基渡槽槽底比降 1/5 900,单槽净宽 12.5 m,净高 7.8 m;大郎河梁式渡槽槽底比降 1/5 400,单槽直径 8 m,净高 7.8 m;大郎河—鲁山坡箱基渡槽槽底比降 1/6 100,单槽净宽 12.5 m,净高 7.8 m;鲁山坡落地槽槽底比降 1/7 600,单槽净宽 22.2 m,净高 8.1 m。

## 2.3.2　水力设计

渡槽水力设计包括进、出口渐变段的水力设计和槽身的水力设计,以及验算节制闸、检修闸的过流能力。

### 2.3.2.1　进、出口渐变段长度确定

沙河渡槽进口渐变段位于全填方渠道段,进口渐变段的体形既要求水流平顺,又要保证建筑物安全,因此进口渐变段采取圆弧直墙加贴坡形式,圆弧直墙采取钢筋混凝土空箱式挡土墙,贴坡采用混凝土护砌。

出口渐变段位于半挖半填渠段,其边墙采取直线扭曲面形式,该形式施工方便,水流条件好,可使落地槽与下游渠段水流平顺连接。

按照《梁式渡槽土建工程设计技术规定》中的公式计算,进、出口渐变段长度均采用 50 m。

### 2.3.2.2　槽身水力设计

1. 槽身水面线计算

渡槽水力设计的主要任务是在水头已定的情况下确定各段槽身底坡、断面尺寸及槽底高程等。

槽身水力计算的设计条件为:在通过设计流量 320 m³/s 时,从上游进口渐变段起点到下游出口渐变段终点的总水头损失为 1.77 m。计算采用中线干线工程建设管理局编制的《梁式渡槽土建工程设计技术规定》的有关方法和公式。

沙河渡槽结构形式变化较多,水力计算时将其分为 10 段进行,即进口渐变段(包括节制闸)、沙河梁式渡槽槽身段、沙河梁式渡槽出口连接段、沙河—大郎河箱基渡槽段、大郎河梁式渡槽进口连接段、大郎河梁式渡槽段、大郎河梁式渡槽出口连接段、大郎河—鲁山坡箱基渡槽段、鲁山坡落地槽段、出口渐变段(包括检修闸)。

由于沙河渡槽较长,槽身形式变化多,水力计算根据水头优化确定的各段槽底纵坡进行。水力计算的原则为:①除进口渐变段反坡外,其余各段间均以顺坡连接,以保证渡槽检修时能够放空;②各段槽身间宽度相差不宜过大,以减小连接难度及局部水头损失;③闸室、连接段及槽身部分糙率采用 0.014,进出口渐变段考虑其施工难度糙率采用

0.015。

沙河—大郎河箱基渡槽段中包括 411.9 m 的弯道段,大郎河出口箱基渡槽段中包括 322.6 m 的弯道段,鲁山坡落地槽中包括 476 m 的弯道段。计算时计入弯道损失。

渡槽总水头损失计算按能量法计算。

其基本公式为

$$Z_1 + \frac{v_1^2}{2g} = Z_2 + \frac{v_2^2}{2g} + h_{w1}$$

整理后,各段水面降落值 $\Delta Z'$ 为

$$\Delta Z' = Z_1 - Z_2 = \frac{v_2^2 - v_1^2}{2g} + h_{w1}$$

式中:$Z_1$、$Z_2$ 为计算段段前、段后水位,m;$v_1$、$v_2$ 为计算段段前、段后断面流速,m/s;$h_{w1}$ 为计算段水头损失,包括局部水头损失和沿程水头损失,m。

渡槽的水头损失包括沿程损失、局部水头损失、弯道附加水头损失。

各种水头损失的计算公式如下:

(1)沿程损失。

槽身段:由于各段槽身段都较长,其设计流量下槽身段按明渠均匀流计算水面降落 $\Delta Z$ 为

$$\Delta Z = i \cdot L$$

式中:$L$ 为槽身长度,m;$i$ 为槽底纵坡。

加大流量按明渠非均匀流计算。

渐变段、连接段、闸室段沿程损失按下式计算:

$$\Delta Z_1 = J_{1-2} L_1$$

式中:$J_{1-2}$ 为计算段始末端断面间的平均水力坡降;$L_1$ 为计算段的长度,m。

(2)局部水头损失。

闸槽水头损失按 $\xi_{槽} \dfrac{v^2}{2g}$ 计算,$v$ 为闸槽断面平均流速,$\xi_{槽}$ 取为 0.05。

渐变段、连接段水头损失按下式计算

$$\Delta Z_3 = \xi \frac{|v_2^2 - v_1^2|}{2g}$$

收缩渐变(连接)段 $\xi = 0.15$,扩散渐变(连接)段 $\xi = 0.25$,$v_1$、$v_2$ 为渐变(连接)段首末端的流速。

进口闸墩引起的水面降落值 $\Delta Z_2$ 为

$$\Delta Z_2 = 2K(K + 10\omega - 0.6)(a + 15a^4) \frac{v^2}{2g}$$

式中:$K$ 为隔墩头部形状系数,半圆形墩头取 0.9;$\omega$ 为束窄断面流速水头与水深之比;

$a$ 为隔墙总厚度与槽身净宽之比; $v$ 为槽内流速, $m^3/s$。

(3)弯道附加水头损失。

$$\Delta h_j = 190 \times \frac{BHv^2}{r_0^2 C^2 R} L$$

式中: $v$ 为断面平均流速, $m/s$; $B$ 为水面宽, $m$; $H$ 为水深, $m$; $r_0$ 为弯道半径, $m$; $C$ 为谢才系数, $C = \frac{1}{n} R^{\frac{1}{6}}$, $m^{1/2}/s$; $R$ 为水力半径, $m$; $L$ 为弯道长度, $m$。

沿程取 10 个计算段、11 个控制断面,逐段列能量方程进行计算。槽身水力计算成果见表 2-9、表 2-10。

2. 弯道水面差计算

沙河渡槽共有 3 个弯道,分别位于沙河—大郎河箱基渡槽段、大郎河—鲁山坡箱基渡槽段、鲁山坡落地槽段,弯道中心线半径分别为 500 m、500 m 及 380 m,根据《灌溉与排水工程设计标准》中有关公式计算,三个弯道内外侧水面差分别为 6 mm、6 mm 及 8 mm,对槽顶高程没有影响。

3. 侧墙高度计算

渡槽侧墙高度按照南水北调《梁式渡槽土建工程设计技术规定》中公式计算,其计算式为

$$H = \max\left(\frac{13}{12}h + 0.05, h' + 0.5\right)$$

式中: $H$ 为侧墙高, $m$; $h$ 为设计水深, $m$; $h'$ 为加大水深, $m$。

经计算,沙河梁式渡槽侧墙高 7.4 m,大郎河梁式渡槽侧墙高 7.8 m,沙河—大郎河箱基渡槽、大郎河—鲁山坡箱基渡槽、鲁山坡落地槽侧墙高均采用 7.9 m。

## 2.3.3  优化成果

对每段渡槽而言,比降越陡,断面越小,投资相应越小。但对于整座渡槽,由于箱基渡槽比较长,其比降的变化对工程投资影响较大,从整座建筑物工程投资比较看,方案 3 较省,比其他 3 个方案少 3 000 万~3 500 万,因此推荐采用方案 3,即沙河梁式渡槽槽底比降 1/4 600,沙河—大郎河箱基渡槽槽底比降 1/5 900,大郎河梁式渡槽槽底比降 1/5 400,大郎河—鲁山坡箱基渡槽槽底比降 1/6 100,鲁山坡落地槽槽底比降 1/7 600。沙河渡槽水头分配见表 2-11。

表 2-9　沙河渡槽水力计算成果（设计流量）

| 断面 | 1 | 2 | 3 | 4 | 5 | 6 |
|---|---|---|---|---|---|---|
| 分段名称 | 进口渐变段 | 沙河槽身段 | 连接段 | 沙河—大郎河渡槽 | 连接段 | 大郎河槽身段 |
| 分段长度(m) | 75 | 1 491 | 109 | 3 560 | 90 | 300 |
| 底宽(m) | 25 | 4×R4 | | 2×12.5 | | 4×R4 |
| 水深(m) | 7 | 6.050 | 6.050 | 6.400 | 6.400 | 6.450 |
| 比降 | | 4 600 | | 5 900 | | 5 400 |
| 水头损失(m) | 0.209 | 0.324 | 0.047 | 0.608 | 0.018 | 0.056 |
| 水位(m) | 132.261 | 132.052 | 131.727 | 131.681 | 131.073 | 131.055 |
| 底高程(m) | 125.261 | 126.002 | 125.677 | 125.281 | 124.673 | 124.605 |

| 断面 | 7 | 8 | 9 | 10 | 11 | 12 |
|---|---|---|---|---|---|---|
| 分段名称 | 连接段 | 大郎河—鲁山坡渡槽 | 渐变段 | 鲁山坡流槽 | 出口渐变段 | |
| 分段长度(m) | 100 | 1 820 | 145 | 1 335 | 50 | |
| 底宽(m) | | 2×12.5 | | 22.2 | 22.2 | |
| 水深(m) | 6.450 | 6.500 | 6.500 | 6.800 | 6.800 | |
| 比降 | | 6 100 | | 7 600 | | |
| 水头损失(m) | 0.063 | 0.302 | 0.059 | 0.187 | -0.117 | |
| 水位(m) | 130.999 | 130.936 | 130.635 | 130.562 | 130.375 | 130.492 |
| 底高程(m) | 124.549 | 124.436 | 124.135 | 123.762 | 123.575 | 123.491 |

表 2-10　沙河渡槽水力计算成果（加大流量）

| 断面 | 1 | 2 | 3 | 4 | 5 | 6 |
| --- | --- | --- | --- | --- | --- | --- |
| 分段名称 | 进口渐变段 | 沙河槽身段 | 连接段 | 沙河—大郎河渡槽 | 连接段 | 大郎河槽身段 |
| 分段长度（m） | 75 | 1491 | 109 | 3560 | 90 | 300 |
| 底宽（m） | 25 | 4×R4 | | 2×12.5 | | 4XR4 |
| 水深（m） | 7.691 | 6.732 | 6.745 | 7.073 | 7.012 | 7.149 |
| 比降 | | 4600 | | 5900 | | 5400 |
| 水头损失（m） | 0.218 | 0.311 | 0.069 | 0.669 | −0.069 | 0.057 |
| 水位（m） | 132.952 | 132.734 | 132.422 | 132.354 | 131.685 | 131.754 |
| 底高程（m） | 125.261 | 126.002 | 125.677 | 125.281 | 124.673 | 124.605 |

| 断面 | 7 | 8 | 9 | 10 | 11 |
| --- | --- | --- | --- | --- | --- |
| 分段名称 | 连接段 | 大郎河—鲁山坡渡槽 | 渐变段 | 鲁山坡流槽 | 出口渐变段 |
| 分段长度（m） | 100 | 1820 | 145 | 1335 | 50 |
| 底宽（m） | | 2×12.5 | 22.2 | 22.2 | |
| 水深（m） | 7.148 | 7.155 | 7.127 | 7.425 | 7.408 |
| 比降 | | 6100 | | 7600 | |
| 水头损失（m） | 0.106 | 0.330 | 0.061 | 0.204 | −0.146 |
| 水位（m） | 131.697 | 131.591 | 131.262 | 131.187 | 130.983 |
| 底高程（m） | 124.549 | 124.436 | 124.135 | 123.762 | 123.575 |

表 2-11　沙河渡槽水头分配

| 分段 | 桩号 起 | 桩号 止 | 长度 (m) | 槽底高程 起 | 槽底高程 止 | 设计水位 起 | 设计水位 止 | 加大水位 起 | 加大水位 止 | 槽底比降 (m) | 水头 (m) |
|---|---|---|---|---|---|---|---|---|---|---|---|
| 沙河梁式渡槽 | SH(3)2+838.1 | SH(3)4+513.1 | 1 675 | 125.261 | 125.281 | 132.261 | 131.681 | 133.107 | 132.354 | 4 600 | 0.580 |
| 沙河—大郎河箱基渡槽 | SH(3)4+513.1 | SH(3)8+073.1 | 3 560 | 125.281 | 124.673 | 131.681 | 131.073 | 132.354 | 131.685 | 5 900 | 0.608 |
| 大郎河梁式渡槽 | SH(3)8+073.1 | SH(3)8+563.1 | 490 | 124.673 | 124.436 | 131.073 | 130.936 | 131.685 | 131.591 | 5 400 | 0.137 |
| 大郎河—鲁山坡箱基渡槽 | SH(3)8+563.1 | SH(3)10+528.1 | 1 820 | 124.436 | 124.135 | 130.936 | 130.635 | 131.591 | 131.262 | 6 100 | 0.302 |
| 鲁山坡落地槽 | SH(3)10+528.1 | SH(3)11+913.1 | 1 530 | 124.135 | 123.491 | 130.635 | 130.491 | 131.262 | 131.139 | 7 600 | 0.144 |
| 合计 |  |  | 9 075 |  |  |  |  |  |  |  | 1.77 |

# 第 3 章　梁式渡槽下部结构施工

## 3.1　群桩基础

### 3.1.1　工程概况

沙河梁式渡槽段长 1 410 m,与沙河正交。渡槽槽身采用预应力钢筋混凝土 U 形槽结构形式,共 4 槽,单槽直径 8 m,直段高 3.4 m,U 形槽净高 7.4 m,4 槽各自独立,每 2 槽支承于一个下部槽墩上。U 形槽壁厚 0.35 m,槽底局部加厚至 0.9 m,宽 2.60 m。槽顶纵向每 3 m 设拉杆,拉杆宽 0.5 m,高 0.5 m。槽两端设端肋,端肋部位总高 9.2 m,宽 2.0 m。槽身纵向为简支梁形式,跨径 30 m,共 47 跨,槽底比降为 1/4 600。下部支承采用钢筋混凝土空心墩,考虑架槽机布置要求,墩帽长采用 22.4 m,宽 5.6 m,厚 2 m;空心墩长 22.0 m,宽 5.6 m,高度根据地形情况设为 5~12 m;承台长 23.2 m,宽 7.6 m;基础为灌注桩群桩基础,桩径 1.8 m,桩间距 5.05 m,每个基础下顺槽向设两排,每排 5 根,单桩长 22~34.1 m。

大郎河渡槽段长 300 m,槽身结构形式与沙河梁式渡槽相同,共 4 槽,单槽直径 8 m,直段高 3.8 m,U 形槽净高 7.8 m,其余尺寸同沙河梁式渡槽;槽身纵向为简支梁形式,跨径 30 m,共 10 跨,槽底比降为 1/5 400。下部支承采用钢筋混凝土空心墩,墩高 5~8.5 m,其空心墩形式及平面尺寸与沙河渡槽相同;基础为灌注桩群桩基础,桩径 1.8 m,桩距 5.05 m,每个基础下顺槽向设两排,每排 5 根,单桩长 33.1~58.1 m。

### 3.1.2　工程地质

#### 3.1.2.1　沙河梁式渡槽段工程地质条件

沙河渡槽由进口渐变段、进口节制闸、闸渡连接段、梁式渡槽段、出口渐变段和出口检修闸段和退水建筑物 7 部分组成,按建筑物布置,结合场地工程地质条件分以下 4 段进行叙述。

1.进口渐变段、节制闸段及闸渡连接段

进口渐变段、节制闸段及闸渡连接段长 156 m,其中进口渐变段长 70 m、节制闸段长 25 m、闸渡连接段长 61 m,位于右岸Ⅱ级阶地,末端与Ⅰ级阶地相连,地面高程 121~124 m,设计渠底高程约 125 m,高于阶地顶面 1 m,上部覆盖层为第⑦层粉质黏土($Q_3^{2al+pl}$)及第(13)-1 层卵石($Q_3^{1al+pl}$),岩性均一,厚度稳定,厚 21~24 m,下伏上第三系泥质砂砾岩,开挖揭露的地层为粉质黏土($Q_3^{2al+pl}$),其承载力标准值为 170 kPa。

2.沙河梁式渡槽段

沙河梁式渡槽段长 1 410 m,跨越右岸Ⅱ级阶地前缘、Ⅰ级阶地和漫滩河床等不同地貌单元。

Ⅰ级阶地地面高程 118~120 m,漫滩河床地面高程 116~118.8 m,地质结构由第四系覆盖层和上第三系基岩组成。上部覆盖层为黏砾多层结构,由壤土(重粉质壤土、砂壤土)、砾砂和卵石组成,厚 8~19 m;下伏上第三系基岩由泥质砂砾岩、砾质泥岩、黏土岩和砂岩组成,揭露最大厚度 54 m。

渡槽段通过不同地貌单元,该段岩性、岩相及沉积厚度变化较大,地基强度差异明显,第四系上更新统卵石层和上第三系砾质泥岩、泥质砂砾岩强度较高,河床地表 6~8 m 厚冲积(人工堆积)卵石,强度偏低。第四系卵石含量不均匀,相变较大,部分部位相变为砂砾石,夹有砂层、土层薄层或透镜体,力学性质差异较大。桩端置于第⑭层泥质砂砾岩和砾质泥岩中,该层地基承载力基本容许值为 500 kPa,顶板埋深 9~23 m。桩侧土的极限摩阻力标准值砾砂为 70 kPa,卵石为 240 kPa,泥质砾岩与砾质泥岩为 140 kPa。在河床漫滩冲刷深度以上,土层不计算桩侧摩阻力。

沙河渡槽分左右两线,每线共 48 个承台,除 0#、48#共 4 个承台每个承台 5 根灌注桩外,其他承台为每个承台 10 根灌注桩,渡槽灌注桩为摩擦桩,根据施工期地质复核资料及各承台开挖时地质编录资料,结合旋挖钻成孔时的钻探感应,工程场区揭露的地层岩性、地质结构、地下水位等工程水文地质条件、桩周岩土体岩性与前期勘察成果基本一致。

3. 出口渐变段和出口检修闸段

出口渐变段和出口检修闸段长 100 m,位于高漫滩,地面高程 117.2~118.8 m。地质结构为土岩双层结构,岩性由第四系覆盖层和上第三系基岩组成。上部覆盖层厚 9~18 m。地基涉及地层有第①-1 层中细砂、第③层砾砂、第⑬-1 层卵石,承载力标准值 $f_k$ = 65~400 kPa,其中第①-1 层中细砂呈松散状。

4. 退水建筑物

沙河渡槽工程退水建筑物由引渠、退水闸、泄槽段、消力池、渐变段及尾水渠组成,该建筑物位于总干渠右侧,其闸轴线与总干渠中心线交汇于设计桩号 SH(3)2+663.1。

根据开挖后的地质编录资料,闸基位于第⑦层粉质黏土中,承载力标准值为 170 kPa;陡坡段、消力池及海漫进口段,建基面均位于第⑦层粉质黏土中。尾水渠自海漫出口至退 0+450 建基面主要位于第②层重粉质壤土及第⑦层粉质黏土中,承载力标准值 $f_k$ 分别为 100 kPa、170 kPa,退 0+450 以后部分建基面主要位于第③-1、③-2 层中细砂、卵石中。

### 3.1.2.2　大郎河梁式渡槽段工程地质条件

按建筑物布置形式分为进口渐变段、渡槽段、出口渐变段三段。

1. 进口渐变段

进口渐变段长 100 m,多位于右岸Ⅰ级阶地上,地面高程 118.0~120.0 m。该段地质结构总体上为土岩双层结构,上部第四系覆盖层厚 18.0 m 左右,具黏砾双层结构;下伏基岩为上第三系软岩,顶面高程约 101.6 m。天然建基面主要位于第⑥层重粉质壤土($Q_4^{1al+pl}$)中,结构较致密,承载力标准值为 140 kPa;基础以下重粉质壤土厚 1~2 m,下卧层为砾砂、卵石层,厚约 11 m,承载力标准值分别为 150 kPa、300 kPa,第⑬-2 层卵石强度较高。上部第⑤层黄土状中粉质壤土具中等湿陷性。

### 2. 大郎河梁式渡槽段

大郎河梁式渡槽段长 300 m，跨越两岸 I 级阶地及漫滩、河床段。两岸地面高程 119.0~120.0 m，漫滩地面高程 116.0~118.0 m，河底高程 114.0~115.0 m。该段为土岩双层结构，上覆第四系松散层，厚 14.65~23.50 m；下伏基岩为上第三系洛阳组黏土岩和砂岩，基岩面高程 101~102 m。第⑬-2 层卵石呈稍密—中密状，承载力标准值为 300 kPa；第⑯-2 层黏土岩顶板埋深 14~23 m，虽为上第三系软岩，但该层成岩性好，厚度大，分布稳定，强度较高，承载力标准值为 300 kPa。

大郎河梁式渡槽分左右两线，每线共 11 个承台，除 0#、11# 共 4 个承台每个承台 5 根灌注桩外，其他承台为每个承台 10 根灌注桩，渡槽灌注桩为摩擦桩，根据施工期地质复核资料及各承台开挖时地质编录资料，结合旋挖钻成孔时的钻探感应，工程场区揭露的地层岩性、地质结构、地下水位等工程水文地质条件、桩周岩土体岩性与前期勘察成果一致。

### 3. 出口渐变段

出口渐变段长 100 m，布置于左岸 I 级阶地上，地面高程 118.0~119.8 m。该段为土岩双层结构，上部第四系覆盖层厚 18.00~19.70 m，下伏基岩为上第三系黏土岩和砂岩。其中，第四系为黏砾双层结构，上部黏性土层底高程 115~117 m；下部为砾石和卵石层，卵石底板高程 100~101 m。

沙河、大郎河梁式渡槽土岩体物理力学参数见表 3-1、表 3-2。

**表 3-1　沙河、大郎河梁式渡槽各土层的物理力学参数**

| 土体序号 | 时代成因 | 土名 | 力学指标 | | | | | 渗透系数 | 承载力标准值 | 桩基（钻孔灌注桩） | |
| | | | 压缩 | | 变形模量 | 饱和快剪 | | | | 地基承载力基本容许值 | 桩侧土的摩阻力标准值 |
| | | | 压缩系数 | 压缩模量 | | 黏聚力 | 内摩擦角 | | | | |
| | | | $a_{1-2}$ $(MPa^{-1})$ | $E_s$ (MPa) | $E_0$ (MPa) | $c$ (kPa) | $\varphi$ (°) | $K$ (cm/s) | $f_k$ (kPa) | $[f_{a0}]$ (kPa) | $q_{ik}$ (kPa) |
| ①-1 | $Q_4^{1al}$ | 中细砂 | | | | | | | 65 | | |
| ①-4 | $Q_4^{2al+pl}$ | 轻壤土 | | | | | | | 100 | | |
| ② | $Q_4^{1al+pl}$ | 重粉质壤土 | 0.40 | 5.0 | | 10 | 16.5 | $1.31 \times 10^{-4}$ | 110 | 120 | 40 |
| ③ | $Q_4^{1al+pl}$ | 砾砂 | | | 19(12.3)* | | | $8.53 \times 10^{-2}$ | 150 | 170 | 70 |
| ④ | $Q_4^{1al+pl}$ | 中砂 | 0.548 | 5.25 | 7.7 | | | | 100 | | |
| ⑤ | $Q_4^{1al+pl}$ | 黄土状中粉质壤土 | 0.66 | 2.8 | | 7 | 21.0 | $2.32 \times 10^{-4}$ | 115 | 130 | 25 |
| ⑥ | $Q_4^{1al+pl}$ | 重粉质壤土 | 0.29 | 6.9 | | 16 | 20.0 | $6.14 \times 10^{-6}$ | 140 | 165 | 45 |
| ⑦ | $Q_3^{2al+pl}$ | 粉质黏土 | 0.21 | 9.78 | | 25.0 | 14.6 | $8.96 \times 10^{-6}$ | 170 | 200 | 50~55 |
| ⑧ | $Q_3^{2al+pl}$ | 黄土状轻粉质壤土 | 0.35 | 9.0 | | 5.0 | 23.5 | | 150 | | |
| ⑨ | $Q_3^{2al+pl}$ | 黄土状重粉质壤土 | 0.39 | 6.67 | | 25.3 | 16.1 | $5.84 \times 10^{-5}$ | 160 | | |

续表 3-1

| 土体序号 | 时代成因 | 土名 | 力学指标 | | | | | | 承载力标准值 | 桩基(钻孔灌注桩) | |
| | | | 压缩 | | 变形模量 | 饱和快剪 | | 渗透系数 | | 地基承载力基本容许值 | 桩侧土的摩阻力标准值 |
| | | | 压缩系数 | 压缩模量 | | 黏聚力 | 内摩擦角 | | | | |
| | | | $a_{1-2}$ $(MPa)^{-1}$ | $E_s$ (MPa) | $E_0$ (MPa) | $c$ (kPa) | $\varphi$ (°) | $K$ (cm/s) | $f_k$ (kPa) | $[f_{a0}]$ (kPa) | $q_{ik}$ (kPa) |
| ⑨-1 | $Q_3^{2al+pl}$ | 重粉质壤土(含碎石) | 0.31 | 5.45 | | 19 | 14.7 | $8.22×10^{-7}$ | 200 | | |
| ⑩ | $Q_3^{2al+pl}$ | 中粉质壤土 | | | | | | | 100 | | |
| ⑫ | $Q_3^{1al+pl}$ | 中砂 | | 10.5 | | | | | 110 | | |
| ⑬-1 | $Q_3^{1al+pl}$ | 卵石 | | | 41 | | | $8.65×10^{-2}$ | 400 | 450 | 240 |
| ⑬-2 | $Q_3^{1al+pl}$ | 卵石 | | | 26 | | | $8.65×10^{-2}$ | 300 | 350 | 200 |

**注**:19(12.3)为沙河梁式渡槽第③层砾砂变形模量(大郎河梁式渡槽第③层砾砂变形模量)。

表 3-2　沙河、大郎河梁式渡槽各岩层的物理力学参数

| 土体序号 | 时代成因 | 土名 | 力学性质 | | | | 泊松比 | 承载力标准值 | 桩基(钻孔灌注桩) | |
| | | | 饱和快剪 | | 湿单轴抗压强度 | 弹性模量 | | | 地基承载力基本容许值 | 桩侧土的摩阻力标准值 |
| | | | 黏聚力 | 内摩擦角 | | | | | | |
| | | | $c$ (kPa) | $\varphi$ (°) | $R_湿$ (MPa) | $E_s$ (MPa) | $\mu$ | $f_k$ (kPa) | $[f_{a0}]$ (kPa) | $q_{ik}$ (kPa) |
| ⑭ | $N_1^L$ | 泥质砂砾岩砾质泥岩 | | | 0.1~0.4 | 10~15 | 0.2~0.3 | 450 | 500 | 140 |
| ⑮ | $N_1^L$ | 砂岩 | | | | | | 270 | 290 | 90 |
| ⑯-1 | $N_1^L$ | 黏土岩 | 22 | 15 | 0.5~1.0 | 20~40 | 0.2~0.4 | 300 | 350 | 80 |
| ⑯-2 | $N_1^L$ | 黏土岩 | 20 | 16 | | | | 300 | 370 | 70 |
| ⑯-2 | $N_1^L$ | 砾质黏土岩 | | | | | | 400 | 470 | 90 |
| ⑰ | $Z_2^y$ | 石英砂岩 | | | | | | 1 500 | 2 000 | |

## 3.1.3　下部结构设计方案

### 3.1.3.1　桩长计算

运行期,满槽水情况为桩长计算的控制工况。本次设计桩径取 1.8 m,根据《公路桥涵地基与基础设计规范》(JTG D63—2007),桩长按下式计算。

$$[R_a] = \frac{1}{2}u\sum_{i=1}^{n}q_{ik}l_i + A_p q_r$$

$$q_r = m_0\lambda\left[[f_{a0}] + k_2\gamma_2(h-3)\right]$$

式中:$[R_a]$ 为单桩轴向受压承载力容许值,kN,桩身自重与置换土重(当自重计入浮力时,

置换土重也计入浮力)的差值作为荷载考虑;$u$ 为桩身周长, m;$A_p$ 为桩端截面面积, $m^2$;$n$ 为土的层数;$l_i$ 为承台底面或局部冲刷线以下各土层的厚度, m;$q_{ik}$ 为与 $l_i$ 对应的各土层与桩侧的摩阻力标准值, kPa;$q_r$ 为桩端处土的承载力容许值, kPa;$[f_{a0}]$ 为桩端处土的承载力基本容许值,kPa,按各桩桩端土的容许承载力采用;$h$ 为桩端的埋置深度,m,对于有冲刷的桩基,埋深由一般冲刷线起算,对无冲刷的桩基,埋深由天然地面线或实际开挖后的地面线起算,$h$ 的计算值不大于 40 m,当大于 40 m 时,按 40 m 计算;$k_2$ 为容许承载力随深度的修正系数;$\gamma_2$ 为桩端以上各土层的加权平均重度,$kN/m^3$,若持力层在水位以下且不透水,不论桩端以上土层的透水性如何,一律取饱和重度,当持力层透水时,则水中部分土层取浮重度;$\lambda$ 为修正系数,取 0.7;$m_0$ 为清底系数,取 0.7。

沙河渡槽桩基主要穿过的土层有第⑬-1 层卵石及第⑭层泥质砂砾岩和砾质泥岩,其桩侧摩阻力标准值分别为 240 kPa 和 140 kPa。桩尖处第⑭层土的容许承载力为 500 kPa。各桩基桩长计算成果见表 3-3。

表 3-3　沙河梁式渡槽桩长计算成果

| 桩号 | 0 | 1 | 2 | 3 | 4 | 5 | 6 | 7 | 8 | 9 | 10 |
|---|---|---|---|---|---|---|---|---|---|---|---|
| 桩长(m) | 20 | 21 | 21 | 21 | 21 | 21 | 21 | 21 | 21 | 21 | 21 |
| 桩号 | 11 | 12 | 13 | 14 | 15 | 16 | 17 | 18 | 19 | 20 | 21 |
| 桩长(m) | 23 | 23 | 23 | 23 | 23 | 23 | 23 | 23 | 23 | 22 | 22 |
| 桩号 | 22 | 23 | 24 | 25 | 26 | 27 | 28 | 29 | 30 | 31 | 32 |
| 桩长(m) | 22 | 30 | 30 | 30 | 30 | 30 | 30 | 30 | 30 | 30 | 30 |
| 桩号 | 33 | 34 | 35 | 36 | 37 | 38 | 39 | 40 | 41 | 42 | 43 |
| 桩长(m) | 30 | 30 | 30 | 30 | 30 | 30 | 30 | 30 | 30 | 30 | 30 |
| 桩号 | 44 | 45 | 46 | 47 | | | | | | | |
| 桩长(m) | 30 | 31 | 31 | 23 | | | | | | | |

大郎河渡槽桩基主要穿过的土层有第⑬-2 层卵石、第⑯-2 层黏土岩和第⑯-3 层砾质黏土岩,其桩壁土的极限摩阻力分别为 200 kPa、70 kPa、90 kPa。桩尖处第⑯-2 层、⑯-3 层土的容许承载力 $[\sigma_0]$ 分别为 370 kPa、470 kPa。各桩基桩长见表 3-4。

表 3-4　大郎河梁式渡槽桩长计算成果

| 桩号 | 0 | 1 | 2 | 3 | 4 | 5 | 6 | 7 | 8 | 9 | 10 |
|---|---|---|---|---|---|---|---|---|---|---|---|
| 桩长(m) | 32 | 32 | 32 | 32 | 32 | 32 | 58 | 58 | 58 | 58 | 31 |

### 3.1.3.2　群桩验算

沙河及大郎河梁式渡槽桩基采用摩擦桩,顺槽向桩间距 4.6 m,垂直槽向桩间距 5.05 m,小于 6 倍的桩径,需要验算桩端地基承载力。计算控制工况为运行期,满槽水。计算参照《公路桥涵地基与基础设计规范》(JTG D63—2007)附录 R 进行,采用公式如下:

$$P = \overline{\gamma}l + \gamma h - \frac{BL\gamma h}{A} + \frac{N}{A} \leqslant [f_a]$$

式中: $P$ 为桩端平面处的平均压应力,kPa; $\overline{\gamma}$ 为承台底面至桩端平面土的平均重度, kN/m$^3$; $l$ 为桩的深度, m; $\gamma$ 为承台底面以上土的重度,kN/m$^3$; $B$ 为承台宽度, m;$L$ 为承台长度, m;$A$ 为假想的实体基础在桩端平面处的计算面积, m$^2$;$N$ 为作用于承台底面合力的竖向分力,kN;$[f_a]$ 为修正后桩端平面处土的承载力容许值, kPa。

根据沙河及大郎河梁式渡槽桩长及桩端地基情况,选取沙河 0 号和 29 号墩台处桩基,大郎河 7 号和 10 号墩台处桩基进行群桩验算,经计算,桩端平面处的地基承载力满足规范要求。

### 3.1.3.3 试桩承载力试验

为了验证桩基设计成果,在沙河及大郎河梁式渡槽工程场区布置了 15 根试验桩,试验桩的桩长、桩径及施工工艺与工程桩一致,现场检验桩的极限承载力。试验桩的总体布置如下。

沙河梁式渡槽试验桩总数为 9 根,分为 3 组,每组 3 根,具体布置为:第一组位于 5 号与 6 号槽墩之间,第二组位于 26 号与 27 号槽墩之间,第三组位于 40 号与 41 号槽墩之间。试验桩桩径均为 1.8 m,第一组桩长 23 m,第二组桩长 32 m,第三组桩长 32 m。

大郎河梁式渡槽试验桩总数为 6 根,分为 2 组,每组 3 根,具体布置为:第一组位于 1 号与 2 号槽墩之间,第二组位于 5 号与 6 号槽墩之间。试验桩桩径均为 1.8 m,第一组桩长 34 m,第二组桩长 58 m。

试验桩在工程桩正式施工前先行施工并检测,试桩承载力检测采用自平衡法。经检测,各组试桩的极限承载力见表 3-5 和表 3-6。

表 3-5　沙河梁式渡槽试桩检测成果

| 编号 | 桩长(m) | 设计极限承载力 (kN) | 检测极限承载力 (kN) | 备注 |
|---|---|---|---|---|
| 第 1 组 | 23 | 22 000 | >27 000 | 荷载箱破坏 |
| 第 2 组 | 32 | 30 000 | 48 755 | |
| 第 3 组 | 32 | 31 000 | 49 342 | |

表 3-6　大郎河梁式渡槽试桩检测成果

| 编号 | 桩长(m) | 设计极限承载力 (kN) | 检测极限承载力 (kN) | 备注 |
|---|---|---|---|---|
| 第 1 组 | 23 | 26 500 | 37 630 | |
| 第 2 组 | 32 | 36 000 | 53 837 | |

试桩工作从 2010 年 5 月 6 日开始,至 2011 年 3 月 16 日结束,过程包括灌注桩的钻孔,钢筋笼制安及仪器埋设,混凝土浇筑,桩头凿除,试验检测根据沙河及大郎河梁式渡槽试桩检测情况,试桩实际承载力远大于设计计算承载力。试桩施工现场见图 3-1。

#### 3.1.3.4　墩台结构设计

##### 1. 墩台埋置原则

沙河及大郎河梁式渡槽下部结构均采用空心墩,墩台埋置深度对工程量和工程投资的影响较大。根据冲刷计算成果,沙河和大郎河最大冲深分别为 11.20 m 和 15.20 m,若将承台埋置在冲刷线以下,墩台的高度较大,在河槽内开挖的深度也较大,工程投资增加较多。经综合分析,确定沙河及大郎河梁式渡槽采用高桩承台布置,即承台底面布置在冲刷线以上,一般按承台顶面距地面 2 m 确定各墩台埋深。

**图 3-1　试桩施工现场**

##### 2. 结构设计

1) 墩帽计算

(1) 内力及配筋计算。

① 计算工况。

基本组合:

工况 1:运行期,槽内设计水深。

工况 2:运行期,槽内加大水深。

特殊组合:

工况 3:运行期,满槽水。

② 计算方法。将墩帽简化成支撑在墩壁上的双向板,板的四边按固定和简支两种约束型式分别计算跨中和板端的弯矩,按四边简支弯矩结果进行跨中配筋计算,按四边固支弯矩结果进行板端配筋计算。

③ 计算结果。墩帽弯矩计算成果见表 3-7 和表 3-8。

**表 3-7　固支条件下墩帽弯矩计算成果**　　　　　　　　　（单位:kN·m）

| 计算工况 | 板中最大正弯矩 | | 支座最大负弯矩 | |
|---|---|---|---|---|
| | $M_x$ | $M_y$ | $M_x$ | $M_y$ |
| 工况 1 | 317.30 | 259.07 | −736.80 | −680.12 |
| 工况 2 | 338.44 | 276.47 | −785.90 | −725.82 |
| 工况 3 | 350.12 | 286.08 | −813.01 | −751.04 |

注:1. 表中 $x$ 表示顺槽向,$y$ 表示横槽向;

　　2. 表中弯矩值以墩帽底部受拉为正,顶部受拉为负。

结构配筋计算参照《水工钢筋混凝土结构设计规范》(SDJ 20—78)中相关公式。经计算,墩帽上、下表面双向配置 Φ20@150 钢筋即可满足承载能力及限裂要求(实际配筋为上表面双向配置 Φ22@125 钢筋,下表面双向配置 Φ25@125 钢筋)。

表 3-8　简支条件下墩帽弯矩计算成果　　　　　（单位：kN·m）

| 计算工况 | 板中最大正弯矩 | | 支座最大负弯矩 | |
| --- | --- | --- | --- | --- |
| | $M_x$ | $M_y$ | $M_x$ | $M_y$ |
| 工况 1 | 657.79 | 551.10 | 0 | 0 |
| 工况 2 | 701.63 | 588.13 | 0 | 0 |
| 工况 3 | 725.83 | 608.57 | 0 | 0 |

注：1. 表中 $x$ 表示顺槽向，$y$ 表示横槽向；

　　2. 表中弯矩值以墩帽底部受拉为正，顶部受拉为负。

（2）局部承压验算。

墩帽局部承压验算参考《水工钢筋混凝土结构设计规范》（SDJ 20—78），采用公式如下。

$$KN_C \leq \omega\beta R_a A_C$$

式中　$K$——混凝土局部承压强度安全系数；

　　　$N_C$——支座部位最大纵向力，kN；

　　　$A_C$——局部承压面积，$m^2$；

　　　$\omega$——荷载分布的影响系数，取 $\omega = 1$；

　　　$\beta$——局部承压强度提高系数，取 $\beta = 1$；

　　　$R_a$——混凝土轴心抗压强度，kPa，$Ra = 17\ 500$ kPa。

由于运行期，满槽水情况下支座部位压应力为最大，选取该工况进行墩帽局部承压验算，经计算，$KN_C = 12\ 142$ kN，$\omega\beta R_a A_C = 29\ 575$ kN，墩帽局部承压满足规范要求。

（3）抗冲切验算。

墩帽抗冲切验算参考《水工钢筋混凝土结构设计规范》（SDJ 20—78），采用公式如下。

$$KQ_C \leq 0.75R_l s h_0$$

式中　$K$——冲切强度安全系数；

　　　$Q_C$——局部荷载，kN；

　　　$R_i$——混凝土抗拉强度，kPa，$R_i = 1\ 750$ kPa；

　　　$s$——距荷载边为 $h_0/2$ 处的周长，m；

　　　$h_0$——墩帽厚度，m。

运行期，满槽水情况为墩帽抗冲切计算控制工况，经计算，$KQ_C = 15\ 515$ kN，$0.75R_l s h_0 = 34\ 650$ kN，墩帽抗冲切性能满足规范要求。

2）墩身计算

（1）计算工况。

基本组合：工况 1：运行期，槽内设计水深。

工况 2：运行期，槽内加大水深。

特殊组合：

工况 3：运行期，满槽水。

工况 4:检修期,单槽过水,加大水深。

(2)计算方法及计算结果

墩身按轴心及偏心受压构件计算,同时考虑墩身与墩帽及承台接触部位的固端干扰应力,计算采用《铁路工程技术手册—桥梁墩台》中推荐的墩身截面应力计算公式。

$$\sigma = 1.29 \frac{\sum N}{A_0} \pm 1.39 \frac{\sum N}{W_0} \pm 1.26 \frac{M_e}{W_0}$$

式中　$\sigma$——基础顶截面的控制应力,MPa;

　　　$\sum N$——基础顶面以上的竖向力总和,MN;

　　　$\sum M$——基础顶面以上横向水平力所引起的弯矩,MN;

　　　$M_e$——基础顶面以上总竖向力因偏心产生的弯矩,MN;

　　　$A_0$——墩身截面积,m²;

　　　$W_0$——墩身抗弯截面模量,m³。

经计算,各种工况下墩身最大及最小应力见表 3-9。

**表 3-9　墩身截面应力计算成果** （单位:kPa）

| 计算工况 | 墩身截面应力 | |
| --- | --- | --- |
| | $\sigma_{min}$ | $\sigma_{max}$ |
| 工况 1 | 1 602 | 1 636 |
| 工况 2 | 1 684 | 1 718 |
| 工况 3 | 1 746 | 1 746 |
| 工况 4 | 554 | 1 427 |

注:表中压应力为正,拉应力为负。

从表 3-9 中数据可以看出,各种工况下墩身截面均未出现拉应力,最大压应力 1 746 kPa,远小于墩身混凝土抗压强度,墩身截面可按构造配筋。

3)承台计算

(1)局部承压验算。

各种工况下墩身与承台接触面的最大压应力为 1 746 kPa,承台局部承压满足规范要求。

(2)冲切验算。

承台抗冲切验算主要计算桩位处承台抗冲切能力,计算工况选取运行期,满槽水情况,经计算,$KQ_c = 22\ 728$ kN,$0.75R_1sh_0 = 59\ 376$ kN,承台抗冲切性能满足规范要求。

### 3.1.3.5　支座设计

沙河梁式渡槽、大郎河梁式渡槽纵向为简支结构,设支座 4 个,槽内过满槽水时质量分别为 2 720 t、2 834 t,单个支座平均承受质量为 680 t、708.5 t;又因工程场区地震烈度为Ⅵ度,故选取 GPZ(Ⅱ)8 系列普通盆式橡胶支座。槽身 4 个支座分别为固定支座 GPZ(Ⅱ)8GD 一个、单向活动支座 GPZ(Ⅱ)8DX 两个及双向活动支座 GPZ(Ⅱ)8SX 一个,槽身支座布置见图 3-2。

图 3-2　槽身支座布置

## 3.1.4　混凝土灌注桩

### 3.1.4.1　灌注桩施工方案

沙河渡槽工程基础为灌注桩基础,共 47 跨,除 0#、47#墩下部为单排 10 根灌注桩外,其余均为双排 20 根灌注桩,共 940 根灌注桩,桩径 1.8 m,顺槽向桩间距为 4.6 m,垂直槽向桩间距为 5.05 m,桩长分别为 22 m、24 m、26 m、32 m,大郎河桩基布置同沙河渡槽,桩长为 34 m、58 m,桩基混凝土为水下混凝土灌注,混凝土强度等级为 C25。

施工方法主要为:①采用旋挖钻机钻孔,泥浆护壁的成孔方法;②采用后方加工区制作,成孔完成后运输至现场吊装钢筋笼制安方法;③采用罐车运、导管输送水下混凝土浇筑方法。

施工方法分述如下:

混凝土灌注桩采用旋挖钻机成孔工艺。先利用旋挖钻机取土成孔,达到设计深度后一次清孔,然后下放钢筋笼,最后浇筑混凝土到设计标高以上。旋挖钻机钻孔灌注桩施工流程如图 3-3 所示。

为减少钻孔施工对已完成的灌注桩桩体的影响,采用跳桩法施工。跳桩按"错排隔桩"方式进行。"错排"是指连续施工的两个桩不在同一排,"隔桩"是指连续施工的两根桩在垂直槽身轴线方向隔开一个桩的距离。跳桩方式如图 3-4 所示。

### 3.1.4.2　施工工艺

#### 1. 旋挖钻机钻孔工艺

沙河梁式渡槽及大郎河梁式渡槽基础灌注桩工程采用旋挖式成孔,配置 3~5 m 护筒护壁,施工设备为德国宝峨公司生产的 BG 系列钻机。该工艺的基本原理是先利用钻机自身的护筒驱动器下设护筒至预定深度,并以水平尺测定护筒的垂直度;然后用短螺旋钻头取土,在本场地上部土为相对软弱土层,可用短螺旋取土至 0~20 m,在地层出水前采用干孔作业,最大限度地发挥钻机效能至成孔;当地层大量出水后,向孔内加入泥浆,继续钻进至成孔,并通过操作钻机上的纠偏液压油缸调整钻的垂直状况,以控制成孔精度(遇土质较硬的地层护筒不能一次下到位时,可采用边拼接、边取土、边跟进护筒的方法,直至将护筒下设到土质稳定层顶面)。在钻至设计要求孔深后,用旋挖钻具清除孔底浮土,以提高桩的承载力,最后放入钢筋笼,进行混凝土浇筑。旋挖成孔工序示意图见图 3-5。

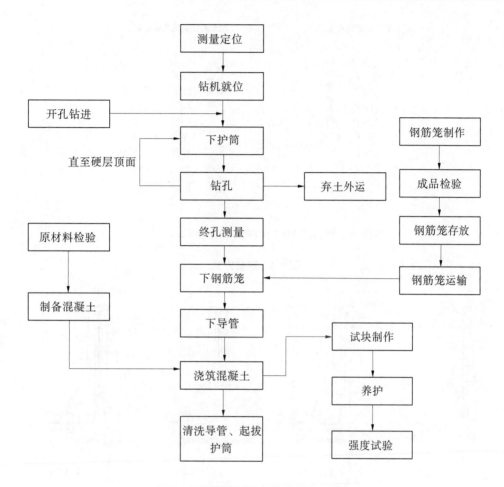

图 3-3　旋挖钻机钻孔灌注桩施工流程

　　成孔前技术人员复核测量基线、水准点及桩位,由桩中心向四边引出四个桩心控制点,然后由监理人员检查合格后,开始进行成孔施工。旋挖钻孔工艺如下:

　　(1)调整钻机垂直度:旋挖钻机通过自动调控装置来调节。

　　(2)测量定位、护筒安放:根据土层情况,钻机对准桩位后钻进成孔 2~3 m,然后从前一浇筑完混凝土的桩孔内拔出护筒,放入钻孔中,并利用引出的 4 个控制点进行桩位校准,再利用水准仪测放护筒顶标高(测量误差控制在 10 mm 之内),最后下压护筒(其中心与桩位中心允许偏差不得大于 50 mm),采用加长护筒,长度 9 m,并保证护筒的垂直度。

　　(3)钻进:用短螺旋钻头进行开孔,根据不同的地层条件控制成孔速度,进入一定深度后改用旋挖斗钻进,注意慢速、垂直提升钻杆,减少钻头对孔壁的碰撞。

　　(4)清孔:钻至设计深度后应进行清孔,防止沉渣过厚,清孔完毕后再安放钢筋笼。

　　注意:步骤一:用护筒驱动器埋设护筒;

　　步骤二:用连接装置接护筒,一直压至下卧硬层顶面;

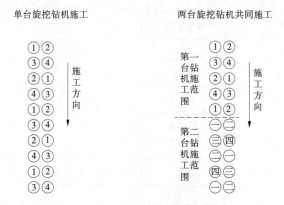

说明:图中圆代表灌注桩,数字代表施工循环序数

**图 3-4　跳桩方式**

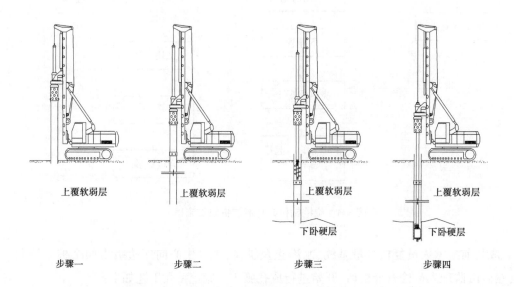

步骤一　　　　步骤二　　　　步骤三　　　　步骤四

**图 3-5　旋挖成孔工序示意图**

步骤三:用短螺旋钻头(或加入泥浆锥形体的挖泥斗)钻进至硬层顶面;

步骤四:用 KB 型钻头或其他钻头钻进至要求孔深并清孔。

钻孔检查及允许偏差:

(1)钻孔在终孔和清孔后,对孔径、孔形和倾斜度应采用专用仪器测定;当缺乏上述仪器时,可采用外径 $D$ 等于钻孔桩钢筋笼直径加 100 mm(但不得大于钻头直径),长度不小于 $(4~6)D$ 的钢筋检孔器吊入孔内检测,检测结果应报请监理人复查。

(2)如经检查发现有缺陷,例如中心线不符、超出垂直线、直径减小、椭圆截面、孔内有漂石等,承包人应就这些缺陷书面报告监理人,并采取适当措施,予以改正。

(3)钻孔灌注桩检查项目及允许偏差见表 3-10。

表 3-10　钻孔灌注桩检查项目及允许偏差

| 序号 | 检查项目 | | 规定值或允许偏差 | 检查方法 |
|---|---|---|---|---|
| 1 | 混凝土强度（MPa） | | 在合格标准内 | 按 JTG F80/1—2017 附录 D 检查 |
| 2 | 孔的中心位置（mm） | 群桩 | 100 | 用经纬仪检查纵、横方向 |
| | | 排架桩 | 50 | |
| 3 | 孔径 | | 不小于设计桩径 | 查灌注前记录 |
| 4 | 倾斜度（%） | | 1 | 查灌注前记录 |
| 5 | 孔深（mm） | 摩擦桩 | 符合图纸要求 | 查灌注前记录 |
| | | 支承桩 | 比设计深度超深不小于 50 | |
| 6 | 沉淀厚度 | 摩擦桩 | 符合图纸要求。如图纸无规定，对于直径≤1.5 m 的桩，≤300 mm；桩径>1.5 m 或桩长>40 m 或地质较差的桩≤500 mm | 查灌注前记录 |
| | | 支承桩 | 不大于图纸规定 | |
| 7 | 清孔后泥浆指标 | 相对密度 | 1.03~1.10 | 查清孔记录 |

（4）经检验确认成孔满足要求时，应立即填写成孔检查单，并经监理人签认后，即可进行下道工序工作。

造孔质量保证措施：

（1）成孔设备就位时必须平正、稳固，以免造成孔的偏斜和移位，桩位偏差 50 mm。

（2）要经常检查钻头磨损情况，及时补焊保证孔径的要求，允许偏差 20 mm。

（3）在开孔前预先确定孔深以告之钻机手，当钻机仪器显示预定深度时再用测绳复测孔深，以确保孔深要求，避免超挖或欠挖。

（4）钻进过程中，钻机手随时注意垂直控制仪表，以控制钻杆垂直度，保证孔垂直度 1%的要求。

（5）保证孔底沉渣厚度（规范指轴向受力桩）不大于相应的规范和设计要求，终孔前应控制取土器提升速度，防止塌孔。

2.泥浆制备工艺

根据本工程地下水位较高、上部较松散的地层特点及相关工程经验，选用优质膨润土泥浆护壁，集中供浆、集中收集回浆，保证现场文明施工。

施工前，选用优质膨润土制备泥浆。选用的泥浆处理剂有：浓度 20%的纯碱水溶液，浓度 1.5%的聚丙烯酰胺水溶液。对材料按配合比进行试配，根据配比结果、泥皮性状及同类工程施工经验,确定最优配比。制浆设备由 2 台泥浆搅拌机(ZJ400L)、4 台供浆泵(3PNLG)、8 台回浆泵(3 kW)组成。选用高效、低噪声的高速回转搅拌机(ZJ400L 型制浆机),制浆能力 250 $m^3/d$。每槽膨润土浆的搅拌时间控制在 3~5 min。对储浆池内的泥浆不间断搅拌,避免沉淀或离析。

制浆材料选用:①膨润土,施工前选购优质膨润土。②水,利用制槽场地下水。③分散剂,采用工业纯碱。

对于一般地层或易漏失的砂层,选用表 3-11 中两种配合比制浆,其他地层可参照此配比,并根据实际情况加以调整。

表 3-11　泥浆配合比

| 地层 | 配合比(%) | | |
|---|---|---|---|
| | 膨润土 | 纯碱 | 水 |
| 一般 | 6~8 | 0.3~0.5 | 100 |
| 漏失 | 10 | 0.3~0.5 | 100 |

根据上述配合比,泥浆应达到的性能指标见表 3-12。

表 3-12　泥浆性能指标

| 地层 | 性能指标 | | | | | | | |
|---|---|---|---|---|---|---|---|---|
| | 比重 | 漏斗黏度<br>(s) | 失水量<br>(mL/30 min) | 泥皮厚<br>(mm) | 塑性黏度<br>(cp) | 10 min<br>静切<br>($N/m^2$) | 动切力<br>($N/m^2$) | pH 值 |
| 一般 | 1.05 | 16~22 | <15 | <1.5 | <15 | 2~4 | 4~8 | 8.5~10 |
| 漏失 | 1.10 | 18~25 | <15 | <2.0 | <20 | 4~8 | 6~15 | 8.5~10 |

### 3. 钢筋笼制作与安装工艺

钢筋笼在制槽场的专设加工棚内制作,用特制运输车拉运至施工现场进行安装。钢筋笼制作及安装的工艺流程如图 3-6 所示。

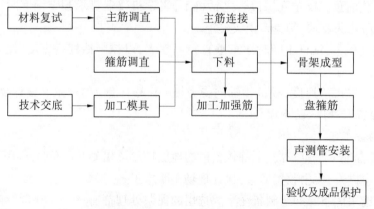

图 3-6　钢筋笼制作及安装的工艺流程

具体制作步骤如下：

(1)根据施工图纸及设计要求下料,制作箍筋和加强筋。

(2)在制作平台制作成型。

(3)加强筋与主筋焊接。

(4)螺旋箍筋与主筋采用焊接成型。钢筋笼制作过程见图3-7、图3-8。

图 3-7　钢筋笼现场制作

图 3-8　钢筋笼制作完成

(5)钢筋笼成型后在钢筋笼内按照设计要求安装声测管。声测管材料是内径50 mm 的钢管。底节钢筋笼声测管直接焊接固定在钢筋笼内侧,上节采用绑扎方式固定,以保证孔口声测管的顺利连接。管子之间保持平行,不平行度应控制在1‰以下。管子随钢筋笼分段安装,每段之间的接头采用反螺纹套筒接口或套管焊接方案,接口内壁应保持平整,不应有焊渣、毛刺等凸出物,以免妨碍探头的自如移动。声测管的底部也应密封,安装完毕后应将上口用木塞堵住,以免浇灌混凝土时落入异物,致使孔道堵塞。

(6)钢筋笼的验收与成品保护。验收合格的钢筋笼集中堆放,铺设 50~100 mm 厚豆石、10 cm×10 cm 方木,避免潮气和雨水腐蚀钢材,并对成品钢筋笼进行状态标识,标识分合格、待检和不合格三种。未经检验或检验不合格的钢筋不得使用。钢筋笼制作允许偏差见表 3-13。

(7)钢筋笼运输。钢筋笼运输采用自制钢筋笼运输车运输至施工现场。

**表 3-13　钢筋笼制作允许偏差**

| 序号 | 项目 | 允许偏差(mm) |
|:---:|:---:|:---:|
| 1 | 主筋间距 | ±10 |
| 2 | 箍筋间距 | ±20 |
| 3 | 钢筋笼直径 | ±10 |
| 4 | 钢筋笼长度 | +50 |

(8)钢筋笼吊放安装。钢筋笼外围设定位筋控制灌注桩混凝土保护层厚度,定位筋焊接在主筋外面,每个截面均匀焊接 4 个。定位筋同时具有导向作用。

用 25 t 吊车下放钢筋笼,保证钢筋笼的平直度,起吊时必须保证不低于三个吊点(见图 3-9)。

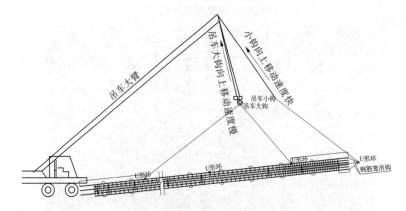

**图 3-9　钢筋笼三点起吊示意图**

钢筋笼的制作及安装注意事项如下:

(1)钢筋笼制作时,主筋连接,桩身纵向受力钢筋的接头应设置在桩身受力较小处;接头位置宜相互错开,且在 35d 的同一接头连接区段范围内钢筋接头不得超过钢筋数量的 50%;主筋与箍筋应点焊。

(2)钢筋笼应整体吊装,吊装时不得碰损孔壁。钢筋笼吊放前,必须清除槽底沉渣,孔底沉渣厚度≤200 mm。钢筋笼吊放到设计位置时,应检测其水平位置和高程是否达到设计要求,检测合格后应立即固定钢筋笼,钢筋笼入孔后至浇筑混凝土完毕的时间不宜超过 4 h。

(3)钢筋笼在制作、运输、吊装过程中应采取有效措施防止钢筋笼变形。

钢筋笼制作与安装质量保证措施：

（1）制作钢筋笼前，应先进行钢筋原材料的验收、复验及焊接试验；钢材表面有污垢、锈蚀时应清除，主筋应调直，钢筋加工场地应平整。

（2）钢筋笼按设计图纸要求设置对中架，以确保灌注桩混凝土保护层厚度。

（3）下放钢筋笼前应进行检查验收，不合要求不准入孔。

（4）记录人员要根据桩号按设计要求选定钢筋笼，并做好记录。

（5）起吊钢筋笼时应首先检查吊点的牢固程度及笼上的附属物。

（6）钢筋笼用吊车吊放入孔，吊放时应避免钢筋笼发生弯曲。

（7）钢筋笼入孔后利用吊筋检查钢筋顶标高。

4）混凝土浇筑工艺

导管浇筑水下混凝土的流程如图 3-10 所示。

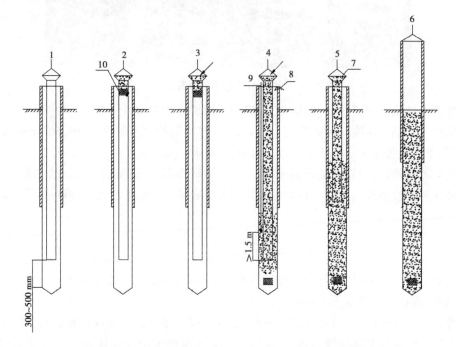

1—下导管；2—悬挂隔水塞；3—灌入混凝土；4—剪断铁丝，隔水塞与混凝土下落；
5—连续浇筑混凝土；6—起拔护筒；7—漏斗；8—排水；9—测绳；10—隔水塞

**图 3-10　导管浇筑水下混凝土的流程**

在水下混凝土浇筑施工中，混凝土初灌是钻孔灌注桩混凝土浇筑的关键工序之一，浇筑质量好坏直接决定桩身质量。为避免初灌后导管内涌水，一定要根据计划的导管初次埋深计算初灌量。根据施工经验，初灌量按下式确定：

$$V_{初} = k \cdot \pi/4 \cdot D(H_1 + H_2)$$

式中：$k$ 为经验系数，取 1.15；$D$ 为桩孔平均直径；$H_1$ 为导管距孔底距离（包含沉渣厚度）；$H_2$ 为导管初灌埋深。

混凝土灌注前准备工作：

导管使用国内较先进的双螺纹方扣接头导管，拼接速度比普通导管快 1 倍，不容易卡挂钢筋笼,密封性好。导管最大外径宜采用 250 mm;接头拧紧,避免孔深导管太长,导致导管脱落事故,见图 3-11。

图 3-11　桩基下导管

导管在使用前应试拼装,做压力充水试验,试验压力为 0.6~1 MPa。

根据每个钻孔深度提前做好选、配管工作,按导管距孔底距离 300~500 mm 范围控制;实际中一般按 0.3 m、0.5 m、1.0 m、2.0 m、4.0 m、6.0 m 几种长度配备。

混凝土浇筑前,导管内必须放置合乎要求的隔离塞(一般采用球胆或混凝土塞加油毡),使用时应注意避免塞管,此项工作由专人负责检查,确认无误后方可进行混凝土的浇筑工作。

起吊导管应注意卡口是否卡牢,避免脱卡事故发生。

根据混凝土面深度和导管总长正确拆卸导管,拆管前应检测混凝土面深度,确保导管埋入混凝土面 2~6 m,严禁将导管提出混凝土面,应指派专人测量导管埋深及导管内外混凝土高差,填写水下混凝土浇筑记录。

导管下设完毕后,应对孔深进行测量,若沉渣厚度超过设计或规范要求的 200 mm,则应该立即组织进行二次导管清孔,二次清孔后的孔深保证满足设计要求立即开始混凝土灌注。

混凝土灌注方法:

灌注桩混凝土采用导管提升法浇筑,混凝土采用混凝土搅拌车运送至施工现场,直接卸入导管漏斗中。

开始浇筑前,应先检查孔底沉渣厚度,不合要求时应通过钻机重新清孔,符合规定并经监理下达浇筑令后半小时内必须灌注混凝土。浇筑时,应保证导管底部距孔底 0.3~0.5 m,且应保证混凝土的储备量,使导管底第一次埋入混凝土面 0.8 m 以上,应避免导管露出混凝土面,导致管内进水;浇筑过程中最好在导管口置一隔筛,以避免大团块堵管,导致断桩;为保证导管埋深为 2~6 m,应定时测量混凝土面上升情况,随时掌握超径、缩径等情况,专人测量专人记录;测绳应经常校核;浇筑的桩顶标高不得偏低;拆管前必须测量导管在混凝土内埋深,计算准确后方可进行拆管工作;严防导管拔出混凝土面,造成断桩;混凝土浇筑结束后,最终导管起拔应缓缓上提,拔出混凝土面时应反复插,避免过快,以防桩头空洞及夹泥,并填写水下混凝土浇筑记录。

为保证桩头质量,混凝土灌注高度为高于设计桩顶标高 0.5~1 m,灌注完成并达到设计龄期后再凿除。现场施工见图 3-12~图 3-14。

图 3-12　桩基待灌注

图 3-13　桩基灌注

灌注混凝土注意事项:

(1)混凝土坍落度 18~22 cm,粗骨料粒径小于 40 mm。

(2)混凝土灌注在二次清孔结束后 30 min 内立即进行。

(3)采用 Φ250 法兰式导管自流式灌注混凝土。导管联结要平直,密封可靠;导管下口距孔底 30~50 cm 为宜。

(4)首盘浇筑:初灌量必须保证导管底部埋入混凝土中 80 cm 以上,且连续灌注。

图 3-14　桩基灌注完成

（5）正常灌注混凝土时，导管底部埋于混凝土中深度宜为 2~6 m。

（6）一次拆卸导管不得超过 6 m，每次拆卸导管前均要测量混凝土面高度，计算出导管埋深，然后拆卸。不要盲目提升、拆卸导管，导管最小埋深 2.0 m。

混凝土浇筑质量保证措施：

（1）接头拧紧，避免孔深导管太长，导致导管脱落事故，同时，起吊导管应注意卡口是否卡牢，避免脱卡工程事故。

（2）浇筑前必须对混凝土认真检查。检查是否具有很好的和易性，坍落度是否符合要求，混凝土是否有离析，以及有无团块、大粒径骨料等，不合要求的决不允许浇筑。

（3）开始浇筑前，应先检查孔底沉渣厚度，不满足要求时应通过钻机重新掏孔。

（4）应定时测量混凝土面上升情况，专人测量并负责混凝土浇筑记录。

（5）为保证导管埋深为 2~6 m，拆管前应对导管在混凝土内埋深进行测量，计算准确后方可进行拆管工作，以避免导管拔出混凝土面，导致管内大量进水，造成断桩。

（6）浇筑过程中，在保证导管埋深的前提下，导管勤拔勤卸，混凝土浇筑结束后，最终导管起拔缓缓上提，避免过快。

（7）浇筑的桩顶标高不得偏低，严格控制混凝土保护桩头不小于 50 cm。

### 3.1.4.3　桩头处理

由于灌注桩桩顶离地面将近 6 m，每个墩台的第一根桩与最后一根桩施工时间相差较长——单台旋挖钻施工时约为 10 d，2 台旋挖钻共同施工时约为 5 d，因此土方开挖对灌注桩影响很小，灌注桩施工完成后，可以从较早施工灌注桩的一端开始基坑开挖，2 个工作日后可开挖到基坑底部。此时，灌注桩桩体混凝土有 12 h 左右龄期，开挖完成后可立即组织人员设备凿除多余桩头。桩头处理采用风镐人工凿除，使用 1.8 m³ 空压机供风。由于此时的混凝土强度不大，凿除施工难度较小，每个承台配备 2 组施工人员，每组 2 人互相配合施工，每个承台 1 d 时间完成凿桩头工作。桩头处理现场及效果见图 3-15、

图 3-16。

图 3-15　桩头处理现场

图 3-16　桩头处理完成

#### 3.1.4.4　质量检测

沙河和大郎河梁式渡槽下部结构混凝土灌注桩施工完成后,为了验证桩基施工质量,委托黄河物探研究院(河南)有限公司对沙河和大郎河下部结构桩基进行了桩身完整性检测。沙河梁式渡槽下部结构共设计混凝土灌注桩 940 根,经检测,其中Ⅰ类桩 869 根、

Ⅱ类桩 71 根;大郎河梁式渡槽下部结构共设计混凝土灌注桩 200 根,其中Ⅰ类桩 188 根、
Ⅱ类桩 12 根,检测结果满足设计和规范要求。

# 3.2　槽墩施工

沙河及大郎河梁式渡槽下部结构均采用空心墩,墩台埋置深度对工程量和工程投资
的影响较大。根据冲刷计算成果,沙河和大郎河最大冲深分别为 11.20 m 和 15.20 m,若
将承台埋置在冲刷线以下,墩台的高度较大,在河槽内开挖的深度也较大,工程投资增加
较多。经综合分析,确定沙河及大郎河梁式渡槽采用高桩承台布置,即承台底面布置在冲
刷线以上,一般按承台顶面距地面 2 m 确定各墩台埋深。

沙河及大郎河梁式渡槽工程下部结构的主要施工内容为:基坑开挖及降排水、承台混
凝土浇筑、墩身混凝土浇筑、盖梁混凝土浇筑等。

## 3.2.1　施工导流

为了降低工程风险,减少损失,加快施工进度,不对当地河道行洪构成隐患,沙河梁式
渡槽工程利用 2 个非汛期进行施工,沙河渡槽下部结构采用二期围堰进行施工。一期完
成 0#~34#墩施工,二期完成 35#~47#墩施工。沙河各期施工围堰均为均质土围堰,围堰下
部砾砂、卵石层具强透水性,施工时采取高压摆喷防渗和排水降压措施。为满足基坑开挖
和施工交通要求,围堰距基坑边缘 20 m 以外,施工结束后围堰在汛前拆除;大郎河梁式渡
槽利用 2 个非汛期进行施工,采取全断面围堰、明渠导流施工方案。第一期施工左岸部
分,做上下游围堰及导流明渠,施工结束后围堰在汛前拆除;第二期施工右岸部分,利用已
施工结束部分河床泄流。

### 3.2.1.1　围堰填筑施工

利用反铲和自卸汽车将河道底部清基后填筑土料,利用装载机或振动碾压实,边坡利
用反铲进行拍实。

河道围堰修筑时先用少量土料封堵右岸上游河道和下游河道,河水改道后再用 4 台
3 吋的污水泵(扬程 15 m)对所堵河段进行抽水,将水泵布置于下游段。待基坑内的河水
抽干后用反铲分别对围堰底部 20 m 宽的范围进行河床清基和主槽清淤,清基标准以表面
无明显的杂草、根蔓为宜进行控制,深度可根据现场实际情况而定,以不破坏地层的表层
壤土为原则。所开挖的土料可拉运至土料场或存于围堰附近的空地内。围堰填筑,按照
层厚 50 cm 分层采用 18 t 光面碾结合反铲压实,18 t 光面碾振动碾压 4 遍,不做压实度要
求。边坡利用反铲修整并进行拍实。围堰顶部宽度 5 m,并在后期铺筑少许碎石进行维
护,根据需要可在边坡上设人行马道,以方便施工。

### 3.2.1.2　高压摆喷防渗墙施工

围堰防渗采用高压摆喷防渗墙,在围堰填筑完成后进行,孔距 1.4 m,防渗墙厚
0.3 m,摆喷角度 30°,钻孔深度约 12 m。

#### 1. 制浆系统

(1)制浆系统根据施工面需要,在上、下游防渗墙端头各布置一个集中制浆站,制浆

站内布置水泥存放棚、搅拌机等设施,具体布置见图 3-17。

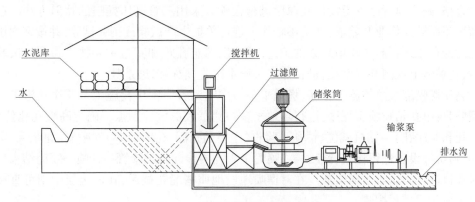

**图 3-17　集中制浆站布置示意图**

考虑到防渗墙施工过程中产生废水、废浆,因此在每个制浆站旁设 10 m³ 沉淀池一个,浆池结构为浆砌块石。沿防渗墙施工轴线布设钢管至施工槽段,供浆管路为 φ2″钢管。

(2)浆液指标。

①浆液材料。

水泥:高压喷射浆液采用普通硅酸盐水泥,水泥为 32.5 级;若需要,可在 32.5 级普通硅酸盐水泥中外掺高效扩散剂。

水:高压喷射浆液拌和用水水质满足《混凝土用水标准》(JGJ 63—2006)第 3.1 条的规定。

掺和料:为减缓水泥浆液沉淀速度,在水泥浆液中按要求添加掺和料。

外加剂:如需要,外加剂及其种类以及掺入量通过室内试验和现场试验确定,其质量符合《水工混凝土外加剂技术规程》(DL/T 5100—2014)的有关规定。

②配合比。具体配合比根据施工图纸对浆液性能的要求,通过浆液配合比试验确定,配合比试验测试的内容包括浆液拌制时间、浆液密度、浆液的稳定性、浆液的凝结时间(初凝和终凝)。

③制浆。制浆材料称量采用重量法,其误差小于规定值。

使用高速搅拌机拌制水泥浆,拌制时间一般不小于 30 s。

浆液存放时间:从制成到用完不超过 4 h,当浆液存放时间超过有效时间,按废浆处理。

浆液要过筛后使用,并定时检测密度。

浆液温度控制在 5~40 ℃。

孔口回浆经处理后方可利用。

2.高压摆喷防渗墙施工方法

高压摆喷灌浆钻喷施工分两序进行,先施工 I 序孔,再施工 II 序孔。相邻孔喷射灌浆间隔时间一般不小于 24 h。设备由高喷钻机(XP-20 型)、高压灌浆泵(SGB6-10 型)及其他必要的设备组成。

采用 XP-20 型钻机造孔,孔径为 110 mm,孔深、孔斜以满足设计要求为准。当钻孔验收合格、确定喷管已下至设计孔深后进行摆喷。采用三管高压摆喷的喷射方法。在现场高压喷射灌浆作业开始前,在防渗轴线上进行单桩生产试验或围井试验,并按室内试验选定的配合比进行高压喷射灌浆的工艺试验,以选定孔距和其他主要技术参数。试验结束后,在桩体上或围井内钻孔,进行静水头压水试验,取得渗透系数。

高压摆喷灌浆总体施工程序:场地平整→摆喷试验→Ⅰ序孔施工→Ⅱ序孔施工→防渗墙验收;单孔钻喷施工工程序:进行场地平整→测量人员放控制点→确定高喷孔孔位(按Ⅰ序孔和Ⅱ序孔)→钻机就位、钻孔→验收(主要是孔深、孔距等)→对喷管、灌浆泵、空压机、高喷机等设备进行检查、试喷→将喷管下入孔内→起拔护壁管→开喷→喷灌结束后及时对孔口进行回填浓水泥浆液。在对摆喷地段地质情况复核后,在砂土层中则可直接利用喷头成孔后进行摆喷。

高压喷射灌浆防渗墙采取单排三重管法高压摆喷形式,施工机具按"一比一"的比例进行配置,即一个机组的施工设备由一台高喷钻机、一台空压机和一台灌浆泵及其他必要的设备组成。

造孔:采用跟管钻进法造孔,孔径为 110 mm,要求钻孔深度达到设计要求,孔斜以满足设计要求为准。

钻孔验收:严格按照"三检一验"制度进行验收。

起拔护壁管:当钻孔验收合格、确定喷管已下至设计孔深后进行护壁管的起拔。

高喷方法:采用三重管高压摆喷的喷射方法。

高压摆喷的喷射参数见表 3-14。

表 3-14　高压摆喷的喷射参数

| 水压(MPa) | 水量(L/min) | 风压(MPa) | 风量(L/min) | 浆压(MPa) | 浆量(L/min) |
|---|---|---|---|---|---|
| 35~40 | 70~80 | 0.6~0.7 | 0.8~1.5 | 0.3~0.5 | 70~80 |
| 进浆密度<br>(g/cm$^2$) | 回浆密度<br>(g/cm$^2$) | 提升速度<br>(cm/min) | 喷浆角度<br>(°) | 喷嘴直径<br>(mm) | 喷嘴个数 |
| 1.5~1.7 | ≥1.2 | 8~12 | 30 | 1.85~1.95 | 3 |

主要工序控制:

地面试喷:钻孔验收合格,高喷台车就位后,为直观检查高压系统的完好情况及各参数是否满足设计要求,首先进行地面试喷。

开喷:试喷满足要求后,将喷管下至指定深度,经验收后,即可拌制水泥浆液,开始供浆、供水、供风进行静喷,待各项压力参数和流量参数达到设计要求,且孔口返出浆液时,即可按既定的提升速度进行喷射灌浆。

3. 主要技术措施

(1)高喷灌浆作业要连续进行,因拆卸喷射管而停顿后,重复高喷灌浆长度不小于 0.3 m。若因事故中断,重复高喷灌浆作业的搭接长度不小于 0.3 m,并记录中断深度和时间。停机超过 3 h 时,对泵和输浆管路进行清洗后继续施工。

（2）装卸喷射管时，先停风，再停水，后停浆，并采取密封措施及加快装卸以防止喷嘴堵塞。

（3）在高喷灌浆过程中，出现压力突降或突增，孔口回浆浓度和回浆量异常，甚至不返浆等情况时，查明原因及时按要求处理。

（4）当孔内出现严重漏浆时可采取以下措施：降低提升速度或停止提升；降低水压，原地灌浆；喷射水流中掺速凝剂；加大浆液比例；向孔内充填砂、土等堵漏材料；利用钻孔和灌浆设备进行控制性灌浆，灌注膏状浆液。

（5）当高喷灌浆发生串浆时，填堵被串孔，然后继续进行灌浆孔的高喷灌浆，待其结束后，尽快进行被串孔的扫孔、灌浆或钻进。

（6）施工过程中采集冒浆试样，每种主要地层冒浆试件不少于 6 组。

（7）施工过程中经常检查灌浆泵压力、浆液流量、空压机的风压和风量，钻机转速、提升速度及耗浆量。

（8）高喷灌浆结束后，利用孔口回浆或水泥浆液对已完成的孔及时回灌，直至浆液不再下降；在黏土层或淤泥层高喷时不允许将冒浆回灌。

（9）施工中如实记录高喷灌浆的各种参数、浆液材料用量、异常现象及处理情况等。

### 3.2.2　基坑降排水

施工期排水包括基坑初期排水、经常性排水措施。

#### 3.2.2.1　初期排水布置

沙河梁式渡槽一、二期导流围堰基坑施工中需进行基坑的初期排水，初期排水主要为 U 形围堰防渗墙施工完成后，基坑内积水的排除，排水系统布设在上、下游围堰内坡脚处，采用填筑简易泵站平台的方法布置。

#### 3.2.2.2　经常性排水布置

由于采取了防渗墙防渗措施，基坑内施工期排水主要为地下水、降水和施工弃水，根据基坑积水情况，采用在基坑内挖排水明沟、设集水坑的方法汇集基坑积水，集水井内布置污水泵排水的方式进行排放。排水沟宽 1 m，深 0.5 m，集水井尺寸为 2 m×2 m×1 m（长×宽×高），排水设施设备配置见表 3-15。

表 3-15　基坑经常性排水设施设备配置

| 设施与设备名称 | 型号 | 单位 | 数量 | 备注 |
|---|---|---|---|---|
| 沙河梁式渡槽工程 | | | | |
| 潜水污水泵 | WQ80-40-15 | 台 | 4 | 40 m³/h，功率 4 kW |
| 潜水污水泵 | WQ50-20-15 | 台 | 10 | 20 m³/h，功率 1.5 kW |
| 大郎河梁式渡槽工程 | | | | |
| 潜水污水泵 | WQ80-40-15 | 台 | 2 | 40 m³/h，功率 4 kW |
| 潜水污水泵 | WQ50-20-15 | 台 | 6 | 20 m³/h，功率 1.5 kW |

### 3.2.3　土方开挖

桩基施工完毕后,待桩体混凝土强度达到50%以上时开始进行承台基坑开挖。基坑开挖前准确测量放样开挖坡口线,边坡按1:1.5的坡度放坡,采用反铲开挖,20 t自卸汽车配合运输开挖料,每层开挖深度约3 m,自卸汽车运土,预留30~50 cm保护层。开挖料堆放临时堆土场,分层堆放,堆放高度控制在3~4 m。开挖到地下水位线后进行边坡支护、排水沟和集水井修筑。保证边坡稳定及旱地施工条件后继续开挖余下的土方。土方开挖到位后进行灌注桩桩头处理及桩基检测工作。

### 3.2.4　承台施工

#### 3.2.4.1　施工准备

桩基施工完毕后,进行桩基检测,检测合格后支护开挖基坑至设计标高,浇筑一层素混凝土作为承台钢筋及混凝土施工的底模。钻孔桩头按设计位置截齐,对承台位置进行准确的施工测量放线。

#### 3.2.4.2　模板工程

承台模板采用大块组合钢模现场拼装,面板厚6 mm,外壁加竖、横向加劲肋,外加环向槽钢加劲肋,分4~6块在现场拼装,螺栓联结。承台模板支撑方式为外加固,支撑点放置在基坑和支护模板内侧。模板内侧用比承台混凝土强度等级高一级的预制砂浆垫块垫于承台钢筋与模板间,以保证保护层厚度;在承台四周用$\phi$50 mm钢管搭设脚手架,便于模板安装及混凝土浇筑。

#### 3.2.4.3　钢筋工程

钢筋在加工车间加工,平板车运到现场,基底检查合格后,精确放样定位,现场绑扎。在绑扎承台钢筋前,先进行承台的平面位置放样,在封底混凝土面上标出每根底层钢筋的平面位置,准确安放钢筋。竖向增设一些$\Phi$28钢筋作为承台钢筋的支承筋,保证每层钢筋的标高,以免钢筋网的变形太大。在绑扎承台顶网钢筋时,将墩身的竖向钢筋预埋(见图3-18),预埋件的位置采用型钢定位架定位,确保预埋位置,经复测无误后方可进行混凝土的浇筑。

#### 3.2.4.4　混凝土工程

承台混凝土按大体积混凝土施工工艺进行,混凝土供应由混凝土拌和站提供,混凝土搅拌运输车运抵至浇筑现场,混凝土泵送入仓,其具体浇筑施工工艺参见墩身施工。

混凝土浇筑前,必须对承台范围内的杂物、积水进行全面清理,对模板、钢筋及预埋件位置进行认真检查,确保位置准确。混凝土浇筑的准备过程中,必须对机械设备进行全面检修,对材料准备情况进行核查,对各岗位的人员逐一落实。

混凝土浇筑采用分层连续浇筑,可利用混凝土层面散热,同时便于振捣,分层厚度为30 cm。层内从承台短边开始,由两边向中间浇筑,并在上一层混凝土初凝之前及时覆盖下一层混凝土,保证无冷缝发生。混凝土的振捣,采用插入式振捣器,操作中严格按振动棒的作用范围进行,严禁漏捣。振动棒插入下层混凝土5 cm,并不得碰撞钢筋和模板。振捣时应快插慢抽,严格控制振捣时间,避免因振捣不密实出现蜂窝麻面,或因振捣时间

**图 3-18　承台钢筋制作安装**

过长而出现振捣性离析的情况。

保证混凝土浇筑时其自由下落高度不大于 2 m,浇筑时视情况设置溜槽或串筒,必要时在承台顶网钢筋上预留振捣孔,方便施工人员进出。混凝土施工完毕后,在初凝之前对混凝土表面进行抹压收面,以清除混凝土表面早期产生的塑性裂缝。冬季施工加强养护调节,抹面收浆后,表面上覆盖塑料薄膜,侧模外挂草帘保温,根据测温结果指导养护工作,将降温速度控制在 2 ℃/d,表面用麻袋覆盖并洒水进行保温保湿养护,养护时间 14 d。

承台混凝土浇筑完毕并达到拆模条件时应及时拆模并进行基坑回填,基坑回填必须对称进行,填料符合设计和规范要求,采用振动夯和小型压路机压实,回填高度以低于承台顶面 10 cm 为宜,待墩身混凝土施工完成后再将整个基坑回填。

## 3.2.5　墩身施工

墩身为空心墩结构,墩身采用整体大模板以及定型钢模板施工,墩高小于 6 m,一次浇筑混凝土成型,墩高大于 6 m 的,分两次浇筑混凝土成型;尽量少留施工缝。墩身钢筋,工厂化施工一次绑扎成型;混凝土由现场拌和站集中生产,混凝土搅拌车运输,混凝土泵送入仓。

支座垫石施工前实测墩顶标高并根据实测标高,调整垫石高度,支座垫石在支座安装前再安排浇筑完成。

### 3.2.5.1　施工工艺流程

空心墩身施工工艺流程见图 3-19。

### 3.2.5.2　模板工程

单个槽墩模板由定型钢模板和整体大模板组成一套,根据施工进度计划,槽墩身配套模板共需 16 套。墩身左右两侧直段采用 3.0 m×3.1 m 的整体钢模板作为标准节拼装,两侧墩头采用定型钢模板,见图 3-20。墩身高小于 6 m 时,采用两层整体大模板组装,一次

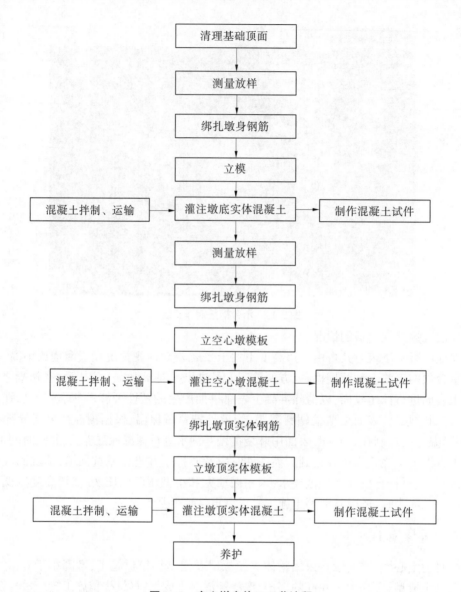

图 3-19　空心墩身施工工艺流程

浇筑混凝土成型;墩身高大于 6 m 的,分两次浇筑混凝土成型。

墩身模板采用汽车运输至墩位附近,现场拼装成整体,用汽车吊整体吊装就位,与承台预埋型钢连接固定。模板整体拼装时要求错台<1 mm,拼缝<1 mm。安装时,用缆风绳将钢模板固定,利用经纬仪校正钢模板两垂直方向倾斜度。

承台混凝土浇筑前,依据墩身模板结构尺寸在承台上预埋型钢铁件。墩身模板安装允许偏差见表 3-16。

图 3-20　墩身模板安装

表 3-16　墩身模板安装允许偏差

| 序号 | 检查项目 | 允许偏差（mm） | 检验方法 |
|---|---|---|---|
| 1 | 前后、左右距中心线尺寸 | ±10 | 测量检查每边不少于 2 处 |
| 2 | 表面平整度 | 3 | 1 m 靠尺检查不少于 5 处 |
| 3 | 相邻模板错台 | 1 | 尺量检查不少于 5 处 |
| 4 | 空心墩壁厚 | ±3 | 尺量检查不少于 5 处 |
| 5 | 同一梁端两垫石高差 | 2 | 测量检查 |
| 6 | 墩台支承垫石顶面高程 | 0，−5 | 水准仪测量 |
| 7 | 预埋件和预留孔位置 | 5 | 纵横两向尺量检查 |

### 3.2.5.3　钢筋制作安装

　　钢筋在加工车间按设计图纸集中下料，分型号、规格存放、编号，平板车运到现场，在槽墩钢筋骨架定位模具上绑扎，其质量应符合表 3-17 的规定。

表 3-17　墩身钢筋安装允许偏差

| 序号 | 检查项目 | 允许偏差（mm） | 检查方法 |
|---|---|---|---|
| 1 | 受力钢筋全长 | ±10 | |
| 2 | 弯起钢筋的弯折位置 | 20 | 尺量 |
| 3 | 箍筋内净尺寸 | ±3 | |

结构主筋接头采用搭接焊或冷挤压套筒连接方式,主筋与箍筋之间采用扎丝进行绑扎。绑扎或焊接的钢筋网和钢筋骨架不得有变形、松脱现象。

#### 3.2.5.4　混凝土浇筑

混凝土浇筑前,对模板、钢筋及预埋件进行检查,并做好记录。混凝土采用拌和站集中拌制,混凝土搅拌车运输,混凝土泵送浇筑。入模前检查混凝土的均匀性和坍落度,浇筑混凝土时,分层、均匀、对称进行,每层厚度不超过 30 cm。混凝土振捣采用插入式振动器振捣,浇筑时做到不欠捣、不漏捣,插入式振动器深入下层 5 cm 左右,振捣时避免撞击模板及其他预埋件。墩身混凝土浇筑见图 3-21。

**图 3-21　墩身混凝土浇筑**

为提高混凝土耐久性,应尽量一次浇筑完成,施工前必须做好停水、停电的应急措施,尽量避免由施工原因造成在混凝土浇筑过程中出现施工缝,当不可避免时,按规范要求进入混凝土施工缝处理程序。

混凝土配合比、坍落度、和易性符合规范要求。混凝土浇筑完后及时覆盖保温,按照耐久性混凝土的技术要求进行后期养护。拆模后的混凝土立即使用保温保湿的无纺土工布覆盖,外贴隔水塑料薄膜,使用自动喷水系统和喷雾器,不间断养护,避免形成干湿循环,养护时间不少于规范要求。

养护期间混凝土强度未达到规定强度之前,不得承受外荷载。当混凝土强度满足拆模要求,且芯部混凝土与表层混凝土之间的温差、表层混凝土与环境之间的温差均≤15 ℃时,方可拆模。施工完成的墩身见图 3-22。

### 3.2.6　墩帽施工

#### 3.2.6.1　墩帽底模安装

墩身混凝土浇筑时在顶部空腔内侧预留 4 cm 凹槽,再安装 15 cm 厚混凝土预制板,作为墩帽施工底模板。预制板在预制场预制完成,平板车运输至施工现场,利用 25 t 汽车

图 3-22　墩身施工完成

吊吊装。预制板坐浆安装后保证预制板的稳定性和密封性。

### 3.2.6.2　墩帽钢筋制安

底模架设完成后开始绑扎墩帽钢筋,钢筋绑扎程序同墩身,见图 3-23。

图 3-23　墩帽钢筋制安

### 3.2.6.3　墩帽侧模安装

侧板采用定型模板组成。为防止出现错台和漏浆现象,模板之间的拼缝做到平整、严密,拼装嵌缝采用双面胶,以保证拼缝严密无漏浆现象。模板拉杆采用 $\phi 20$ mm 圆钢,间排距均按照 1 m 设置,保证模板具有足够的稳定性。利用 25 t 汽车吊吊装人工配合安装。

### 3.2.6.4　墩帽混凝土浇筑

混凝土入仓采用混凝土汽车泵入仓,分层浇筑,每层下料厚度按 30~50 cm 控制。采用平仓法铺料,下料从盖梁的一端开始向另一端推进布料,下料高度按距底面不大于 2 m控制,盖梁浇筑共设置 8 个下料点。

混凝土振捣采用 φ70 mm 软轴插入式振捣器振捣,振捣器插入点按照有效半径的1.5倍控制,振捣时振捣棒垂直插入下层混凝土距离不小于 5 cm,振捣时间以混凝土气泡已排出,粗骨料无明显下沉并开始泛浆为准。混凝土浇筑过程,模板、钢筋工序派专人值班,及时对模板、钢筋进行检查和维护,保证模板稳定和钢筋位置。

#### 3.2.6.5 垫石混凝土浇筑

垫石混凝土强度等级为 C50F200W8,盖梁混凝土浇筑完成后进行凿毛,安装垫石钢筋和模板,垫石混凝土一次浇筑成型,混凝土入仓采用吊车吊罐入仓,混凝土振捣采用 φ50 mm 软轴插入式振捣器振捣,浇筑完成后严格控制垫石高程,刮除混凝土表面浮浆并抹面收平。

### 3.2.7 支座安装

由于支座垫石尺寸要求精度高,混凝土与墩帽混凝土不同强度等级,因此支座垫石与墩帽分开施工。Ⅰ型支座垫石尺寸为 1 300 mm×1 300 mm×130 mm,Ⅱ型支座垫石尺寸为 1 300 mm×1 300 mm×145 mm,结构简单,主要是控制好尺寸及高程精度。支座垫石采用 C50F200W8(Ⅱ)混凝土。

支座安装工艺:

活动支座安装前应用丙酮或酒精将支座各相对滑移面及有关部分擦试干净,擦净后在四氟滑板的储油槽内注满硅脂润滑剂,并注意硅脂保洁,不得夹有灰尘和杂质。

安装支座的标高应符合设计要求,支座顶板、底座表面应水平。支座承压能力大于5 000 kN 时,其四角高差不得大于 2 mm;支座承压能力小于或等于 5 000 kN 时,其四角高差不得大于 1 mm。

盆式橡胶支座的顶板和底板可用焊接或锚固螺栓栓接在梁体底面和墩台顶面的预埋钢板上;采用焊接时,应防止烧坏混凝土;安装锚固螺栓时,其外露杆的高度不得大于螺母的厚度。

支座安装的顺序,一般先将支座上、下座板临时固定相对位置、整体吊装,而后根据顶板位置调整底盆在墩台上的位置,最后予以固定。

支座中线应尽可能与主梁中线重合或平行,其最大水平位置偏差不得大于 2 mm;安装时,支座上下各个部件纵轴线必须对正,对活动支座,其上下部件的横轴线应根据安装时的温度与年平均的最高、最低温差,由计算确定其错位的距离;支座上下导向挡块必须平行,最大偏差的交叉角不得大于 5′。

对没有位移标记的支座,还应对其上下座板的四边划注中心十字线,以便安装时找正。

支座垫石的混凝土强度等级不低于 C50,垫石高度必须考虑安装、养护和必要时更换支座的方便,架槽前应复核垫石的标高、位置、尺寸、锚栓孔位置、深度、十字线、跨度等是否满足设计要求。

采用预埋套筒和锚固螺栓的连接方式,在墩台顶面支承垫石部位需预留螺栓孔。支座安装时,采用测力千斤顶作为临时支撑,应保证每个支点的反力与四个支点反力的平均值相差不超过±5%。千斤顶临时顶槽的方法如下:

选用 YC600 液压千斤顶顶梁,千斤顶安放在槽墩盖梁上紧靠支承垫石,保证千斤顶中心距,千斤顶底部加垫钢板找平。为保证受力均匀,槽体同一端两个千斤顶同时采用一个油泵供油,待支座距离垫石 20~30 mm 时稳压。在支座安装前,检查支座连接状况是否正常,但不得任意松动上、下支座连接螺栓。

吊装前,先将支座安装在预制梁的底部,上支座板与梁底预埋钢板之间不得留有间隙。凿毛支座就位部位的支承垫石表面、清除预留锚栓孔中的杂物,安装灌浆用模板,并用水将支座垫石表面浸湿,灌浆用模板可采用预制钢模,底面设一层 4 mm 厚橡胶防漏条,通过钢模螺栓联结固定在支承垫石顶面。

吊装时,将槽体落在临时支撑千斤顶上,通过千斤顶调整槽体位置及标高。支座就位后,在支座底板与墩冒支承垫石顶面之间留有 20~30 mm 的空隙,以便灌注无收缩高强度灌注材料。采用重力灌浆方式,灌注支座下部及锚栓孔处空隙,灌浆过程必须从支座中心部位向四周注浆,直至从钢模与支座底板周边间隙观察到灌浆材料全部灌满。

### 3.2.8　质量控制措施

下部结构施工涉及土方开挖、边坡支护、降水排水、模板、钢筋、混凝土等多项工序以及雨季、高温、低温季节等多种气候条件,质量要求高,必须加强质量控制措施,钢筋施工、混凝土浇筑、季节性施工等主要项目质量控制措施。

#### 3.2.8.1　钢筋施工质量保障措施

钢筋施工质量控制主要包括三方面:一是原材检测,二是焊缝检测,三是安装后尺寸检测。

(1)钢筋加工前进行原材料物理性能检验,未经检验的钢筋不得使用。物资部门负责严把钢筋进场质量关,按照《水工混凝土钢筋施工规范》(DL/T 5169—2013)要求抽检钢筋母材,委托实验室进行钢筋原材料的检验工作。

(2)检验合格的钢筋应按牌号、规格、种类分别堆放,不得混杂。钢筋不得和油污、酸、盐、水接触,防止钢筋腐蚀。

(3)在制槽场内专设钢筋加工区,加工区上面架设有遮雨篷,四周有排水沟,场地用混凝土硬化,配有专用配电柜。

(4)钢筋焊接完成后按照《水工混凝土钢筋施工规范》(DL/T 5169—2013)及《钢筋焊接及验收规程》(JGJ 18—2012)的要求对焊接接头进行随机取样,委托实验室进行焊接接头物理性能检验。

(5)钢筋施工完毕后必须由质检人员及监理验收合格后方能进行下一道工序。

#### 3.2.8.2　混凝土施工质量保障措施

混凝土施工质量控制主要包括混凝土性能、施工方法、养护三方面。

(1)混凝土浇筑前,必须对承台范围内的杂物、积水进行全面清理,对模板、钢筋及预埋件位置进行认真检查,确保位置准确,必须经过质检人员和监理的验收。

(2)混凝土浇筑的准备过程中,必须对机械设备进行全面检修,对材料准备情况进行核查,对各岗位的人员逐一落实。

(3)混凝土坍落度必须在要求范围内且和易性良好,严禁不合格料入仓。

(4)混凝土浇筑采用分层连续浇筑,分层厚度为30 cm。层内从承台短边开始,由两边向中间浇筑,并在上一层混凝土初凝之前,及时覆盖下一层混凝土,保证无冷缝发生。

(5)混凝土的振捣,采用插入式振捣器,操作中严格按振动棒的作用范围进行,严禁漏振。振动棒插入下层混凝土5 cm。振捣时快插慢拔,以保证混凝土内气泡的排出。严格控制振捣时间,避免因振捣不密实出现蜂窝麻面,或因振捣时间过长而出现振捣性离析的情况。

(6)为保证混凝土浇筑时其自由下落高度不大于2 m,浇筑时视情况设置溜槽及溜筒。

(7)混凝土施工完毕后,在初凝之前对混凝土表面进行抹压收面,以清除混凝土表面早期产生的塑性裂缝。冬季施工加强养护调节,抹面收浆后,表面上覆盖塑料薄膜,侧模外挂草帘保温,根据测温结果指导养护工作,将降温速度控制在2 ℃/d,表面用麻袋覆盖并洒水进行保温保湿养护,养护时间在14 d以上。

### 3.2.8.3 混凝土温控措施

1.低温季节温控措施

1)混凝土配合比优化

选用较小的水胶比和较低的坍落度(坍落度取设计指标下限值),减少混凝土拌制用水量,以减少和防止混凝土冻害。

2)拌和用水加热

拌制混凝土前,先经过热工计算,保证混凝土浇筑温度不小于5 ℃。供热系统通过热水锅炉完成。在制槽场安装两台5 t/h的热水锅炉进行供热,为拌和站供应温度适中的热水用于混凝土拌制。

3)拌和系统及料仓保温

对拌和站和骨料料仓外表面贴保温板进行保温。

对骨料采用覆盖保温被保温,剔除骨料中的冰屑、雪团和冻块。每次拌制混凝土前及停止拌制后,用热水清洗拌和机滚筒。

4)运输设备保温

混凝土运输罐车的罐体外包保温罩保温。

5)混凝土浇筑

混凝土入仓后,加快混凝土入仓速度,减少混凝土覆盖时间,以减少浇筑温度散失。

混凝土浇筑过程中及浇筑完毕后,采用保温被、彩条布等保温材料进行表面保温覆盖。

2.高温季节温控措施

1)合理安排施工时间

优化和调整施工进度安排和施工方案,混凝土浇筑施工主要安排在夜间和低温时段进行。

2）混凝土原材料储存

砂石骨料料仓、供料皮带搭设遮阳（防雨）篷，防止太阳直射，避免砂石骨料温度过高。

在气温过高的时段，对骨料进行洒冷水降温，降低骨料温度。

3.混凝土的配置和搅拌

高温时段混凝土拌和用水，采用风冷型箱式冷水机组［型号：LSF-25、制冷量：77.33 kW、冻水流量：20 t/h）冻水制造量（20-5 ℃）：4.5 t/h］供应制冷水，拌和用水加冰屑拌和，降低混凝土出机口温度，有效控制了混凝土浇筑温度。

4.混凝土的运输和浇筑

混凝土运输车辆采取隔热遮阳措施，对混凝土罐车罐体外包保温罩保温，避免了太阳直晒。

缩短混凝土运输及等待卸料时间，入仓后及时进行平仓振捣，加快覆盖速度，缩短混凝土的暴露时间。

混凝土浇筑尽量安排在早晚、夜间及利用阴天等低温时段进行。

在混凝土浇筑过程中，应至少每 2 h 测量一次混凝土原材料的温度、机口混凝土的温度及仓号内混凝土的温度，并根据混凝土仓号的平面面积按照 100 m² 的仓号不得少于 1 个温度检测点，每一层浇筑面上不得少于 3 个检测点。

混凝土平仓振捣后，采用遮阳材料及时覆盖，避免太阳直射混凝土面。

# 第4章　（梁式渡槽）槽片预制

## 4.1　概　述

### 4.1.1　结构设计要点

沙河梁式渡槽是沙河渡槽段的控制性建筑物,设计流量 320 $m^3/s$,加大流量 380 $m^3/s$,长 1 410 m,与沙河正交。梁式渡槽下部河滩地层复杂,上硬下软,上部结构过水流量大、跨度大,国内外可借鉴的工程案例较少。沙河梁式渡槽所采用的 U 形双向预应力结构和现场预制架槽机架设施工方法,填补了国内外水利行业大流量渡槽设计及施工的技术空白。沙河梁式渡槽造型好,水力条件优越,纵向刚度大,受力条件好,结构有足够的强度、刚度、稳定性、可靠性,施工方便,容易实现吊装方案,便于工厂化生产及管理。

沙河梁式预制渡槽体形巨大,单槽自重约 1 200 t,渡槽共 47 跨 288 榀,槽体布置为双线 4 槽,4 槽槽身相互独立,每 2 槽支承于一个下部槽墩上。单槽长 30 m,高 9.4 m,宽 9.3 m,槽底比降为 1/4 600。混凝土方量为 460.26 $m^3$,钢筋安装 64.82 t,预制渡槽设计为全预应力结构,预应力钢绞线为 15.19 t,单榀渡槽预应力总吨位 1.08 万 t。U 形槽净直径 8 m,直段高 3.4 m,U 形槽净高 7.4 m,U 形槽壁厚 0.35 m,槽底局部加厚至 0.9 m,槽顶纵向设 13 根拉杆,拉杆宽 0.5 m,高 0.5 m。槽两端设端肋,端肋部位总高 9.2 m,宽 1.98 m。

#### 4.1.1.1　U 形槽结构设计

1. 工况组合

根据《南水北调中线一期工程总干渠初步设计梁式渡槽土建工程设计技术规定》(简称《技术规定》)(2007-9-29)确定以下工况:

工况 1:自重+风荷载+人群荷载+预应力;

工况 2:自重+风荷载+人群荷载+预应力+检修荷载;

工况 3:自重+设计水深+风荷载+人群荷载+预应力+夏季温升;

工况 4:自重+设计水深+风荷载+人群荷载+预应力+冬季温降;

工况 5:自重+加大水深+风荷载+人群荷载+预应力+夏季温升;

工况 6:自重+加大水深+风荷载+人群荷载+预应力+冬季温降;

工况 7:自重+满槽水深+风荷载+人群荷载+预应力+夏季温升;

工况 8:自重+满槽水深+风荷载+人群荷载+预应力+冬季温降;

工况 9:自重+风荷载+人群荷载+预应力+运槽车(运槽)。

2. 荷载与温度边界条件

槽身容重 25 $kN/m^3$。水容重 10 $kN/m^3$,设计水深 6.05 m,加大水深 6.745 m,满槽水

深 7.4 m。人群荷载 2.5 kN/m³,检修荷载 10 kN/m³。

大气温度采用鲁山站近 30 年气温统计资料,夏季大气多年最高月平均温度为 7 月的 31.6 ℃,冬季大气多年最低月平均温度为 1 月的-3.7 ℃。槽内水温参考"十一五"课题 "大流量预应力渡槽设计和施工技术研究"中的成果,夏季采用 25 ℃,冬季采用 2 ℃。根 据上述温度:夏季温升采用 6.6 ℃(内侧水温 25 ℃,外侧大气月平均最高气温 31.6 ℃), 冬季温降采用 5.7 ℃(内侧水温 2 ℃,外侧大气月平均最低气温-3.7 ℃)。

垂直于槽身表面上的风荷载标准值按下述公式计算:

$$w_k = \beta_z \mu_s \mu_z w_0$$

式中    $w_k$——风荷载标准值;

$\beta_z$——高度 $z$ 处的风振系数;

$\mu_s$——风荷载体形系数,空槽取 1.42,满槽取 1.39,参照渡槽丛书;

$\mu_z$——风压高度变化系数,取 1.2;

$w_0$——基本风压,kN/m²,取 0.40,参照《建筑结构荷载设计规范》(GB 50009—2012)全国基本风压图。

**3. 槽身混凝土、预应力筋及普通钢筋计算采用参数**

槽身混凝土强度等级:C50;

槽身混凝土抗拉强度标准值:$f_{tk} = 2.64$ MPa;

槽身混凝土抗拉强度设计值:$f_t = 1.89$ MPa;

槽身混凝土抗压强度标准值:$f_{ck} = 32.4$ MPa;

槽身混凝土抗压强度设计值:$f_c = 23.1$ MPa;

钢绞线公称面积($\phi^s 15.2$):140 mm²;

钢绞线抗拉强度标准值:$f_{ptk} = 1\,860$ MPa;

钢绞线抗拉强度设计值:$f_{py} = 1\,320$ MPa;

钢绞线弹性模量:$E_s = 1.95 \times 10^5$ MPa;

孔道摩擦系数采用现场工程槽实测值:$k = 0.001\,29$,$u = 0.180\,8$;

锚具变形和钢筋内缩值:$a = 6$ mm;

普通钢筋抗拉强度、抗压强度设计值:$f_y = 300$ MPa。

**4. 槽身混凝土应力容许值**

根据《技术规定》7.2.3,"在任何荷载组合条件下,槽身内壁表面不允许出现拉应力, 槽身外壁表面拉应力不大于混凝土轴心抗拉强度设计值的 0.9 倍"的规定。槽身正常使 用极限状态应力容许值如下:

槽身内壁正截面:$\sigma_c - \sigma_{pc} \leq 0$;

槽身外壁正截面:$\sigma_c - \sigma_{pc} \leq 0.9 f_t = 1.701$ MPa;

槽身主拉应力:$\sigma_{tp} \leq 0.85 f_{tk} = 2.244$ MPa;

槽身主压应力:$\sigma_{cp} \leq 0.60 f_{ck} = 19.44$ MPa;

槽身正常使用极限状态竖向挠度应满足 $f \leq l_0/600 = 47$ mm。

以上式中:$\sigma_c$ 为在荷载效应短期组合、长期组合下抗裂验算截面下混凝土边缘的法 向应力;$\sigma_{pc}$ 为扣除全部预应力损失后在验算截面下边缘混凝土的预压应力;$f_t$ 混凝土的轴心抗拉强度设计值;$f_{tk}$ 为混凝土的轴心抗拉强度标准值;$\sigma_{tp}$、$\sigma_{cp}$ 为在荷载效应短期组合下混凝土的主拉应力和主压应力;$f$ 为在荷载效应短期组合、长期组合下槽身竖向挠度。

槽身按平面结构力学法配筋,按三维有限元法校核。

5. 计算方法

槽身按承载能力极限状态及正常使用极限状态进行结构设计,承载能力极限状态采用平面结构力学法,槽身纵向内力计算将槽身简化为一简支梁(见图 4-1),槽身横向内力计算沿槽身取 1.0 m 槽身作为脱离体按平面问题求解(见图 4-2)。

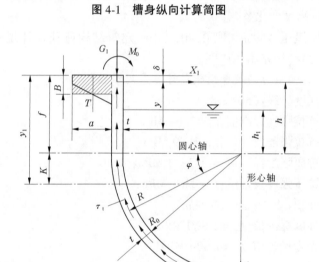

图 4-1　槽身纵向计算简图

图 4-2　槽身横向计算简图

正常使用极限状态采用三维有限元法,槽身混凝土采用块体单元模拟,预应力钢筋采用杆单元模拟,见图 4-3。

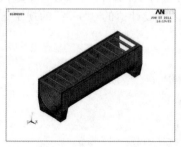
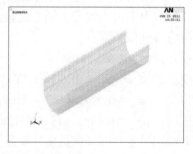

图 4-3　槽身有限元模型

#### 4.1.1.2　沙河梁式渡槽结构设计

沙河梁式渡槽槽身共 188 片预制槽,为双向预应力钢筋混凝土 U 形槽结构,槽身纵向、环向均布有预应力钢绞线。

实施阶段第一榀槽:纵向共布置 27 孔预应力钢束,槽身底部布置 21 孔 8 $\phi^s$15.2 钢绞线,槽身上部布置 6 孔 5 $\phi^s$15.2 钢绞线,底部钢绞线采用圆形锚具、圆形波纹管;槽身环向布置 119 孔 3 $\phi^s$15.2 钢绞线,锚索中心间距 250 mm,采用扁形锚具、扁形波纹管。

实施阶段锚索变更前的 94 片槽:

在第一榀槽施工过程中,国务院南水北调工程专家委员会于 2010 年 10 月 27 日开展了沙河渡槽设计施工技术咨询会,对环向锚索提出了加大间距的优化建议,因此会后设计根据咨询会意见精神,对环向锚索进行了优化,钢绞线由 119 孔 3 $\phi^s$15.2@250 mm 调整为 71 孔 5 $\phi^s$15.2@420 mm,纵锚索与实施阶段第一榀槽相同。槽身钢绞线布置见图 4-4~图 4-6。

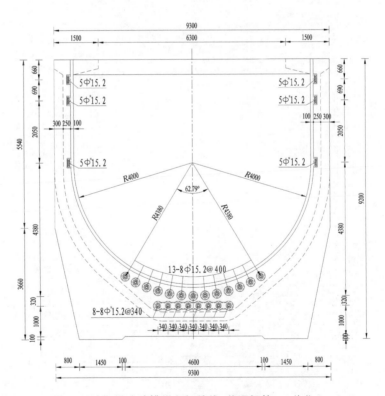

**图 4-4　沙河梁式渡槽纵向钢绞线、普通钢筋　（单位:mm）**

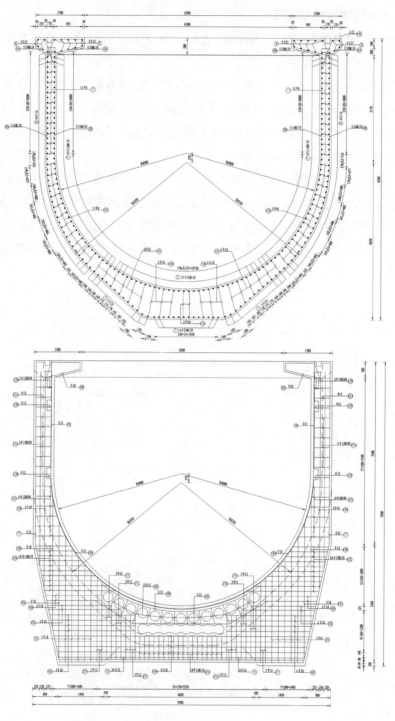

续图 4-4

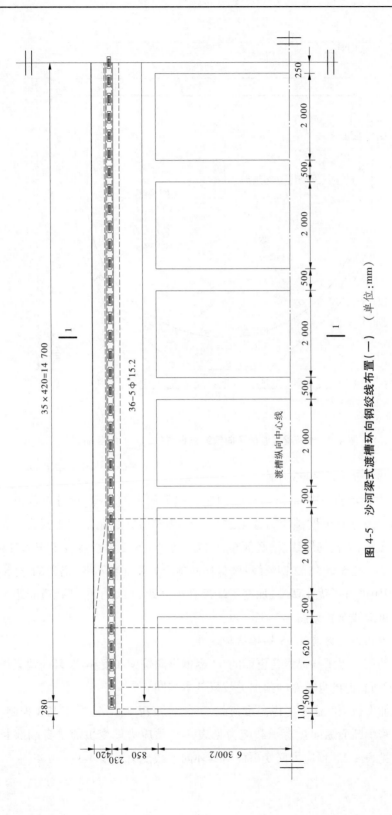

图 4-5 沙河梁式渡槽环向钢绞线布置（一） （单位:mm）

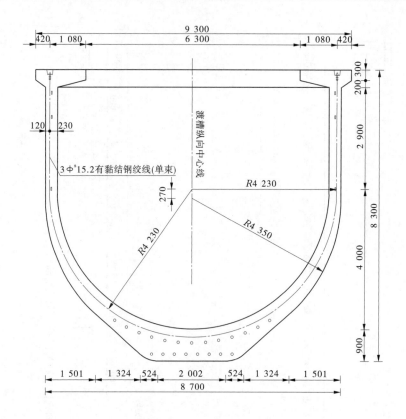

图 4-6　沙河梁式渡槽环向钢绞线布置(二)　（单位:mm）

实施阶段锚索变更后的 93 片槽:

2011 年针对现场施工中纵、环向锚索预应力损失偏大的情况,设计单位依据现场实测摩阻及实测损失对 U 形槽预应力锚索进行了优化调整并编制了变更报告。调整后 U 形槽身纵向共布置 31 孔钢绞线,槽底部布置 17 孔 8 $\phi^s$15.2 钢绞线、2 孔 6 $\phi^s$15.2 钢绞线,槽上部布置 12 孔 5 $\phi^s$15.2 钢绞线;槽身环向预应力总孔数不变,仍为 71 孔 5 $\phi^s$15.2 钢绞线,但对间距进行了优化调整,加密了端部孔道间距,加宽了中部孔道间距。调整后的槽身预应力钢绞线布置见图 4-7~图 4-9。

**1. 实施阶段锚索变更前的 95 榀槽结构设计**

实施阶段的第一榀槽与锚索变更前的 94 榀槽纵向锚索布置相同,环向锚索虽然间距与每孔的根数不同,但槽身单宽的预加力效果基本相同。

槽身承载能力极限状态不考虑温度荷载,工况 3、工况 4、工况 7、工况 8 控制,预应力筋变更前槽身跨中断面纵向抗弯承载能力见表 4-1,预应力筋变更前槽身端部断面纵向抗剪承载能力见表 4-2。预应力筋变更前槽身环向承载能力见表 4-3、表 4-4。

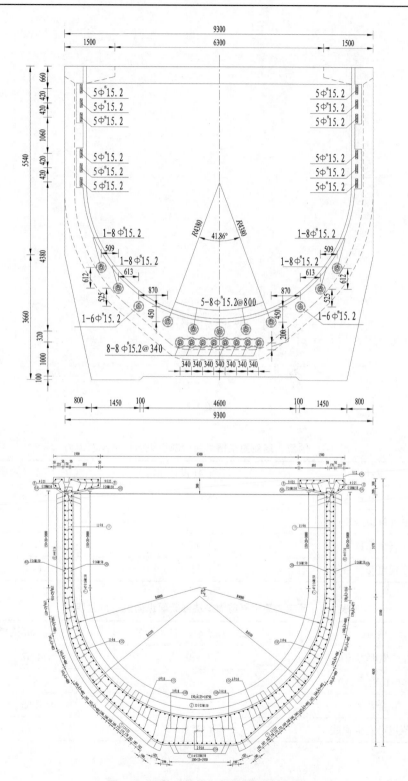

图 4-7　调整后的纵向钢绞线、普通钢筋

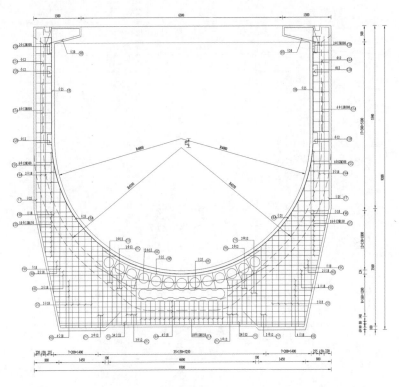

续图 4-7

表 4-1　预应力筋变更前槽身跨中断面纵向抗弯承载能力

| 项目 | 工况 3、工况 4(设计水深) | 工况 7、工况 8(满槽水深) |
|---|---|---|
| 外荷载产生弯矩值(kN·m) | 98 637 | 105 667 |
| 跨中抵抗弯矩(kN·m) | 301 898 | |
| 安全系数 | 3.06 | 2.86 |
| 规范规定安全系数 | 1.35 | 1.15 |

表 4-2　预应力筋变更前槽身端部断面纵向抗剪承载能力

| 项目 | 工况 3、工况 4(设计水深) | 工况 7、工况 8(满槽水深) |
|---|---|---|
| 外荷载产生剪力值(kN) | 13 699 | 14 675 |
| 端部抵抗剪力(kN) | 24 161 | |
| 安全系数 | 1.76 | 1.65 |
| 规范规定安全系数 | 1.35 | 1.15 |

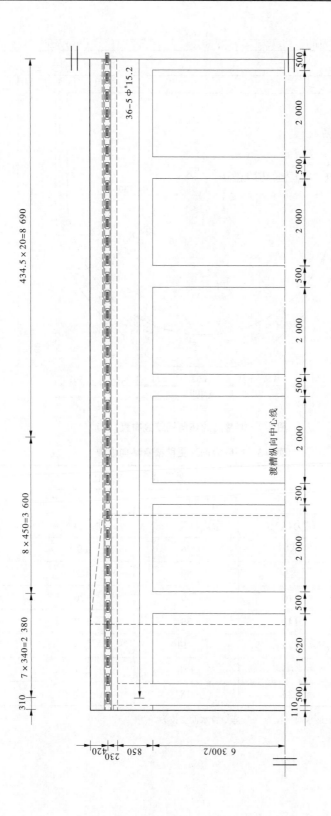

图 4-8　调整后的环向钢绞线布置（一）　（单位：mm）

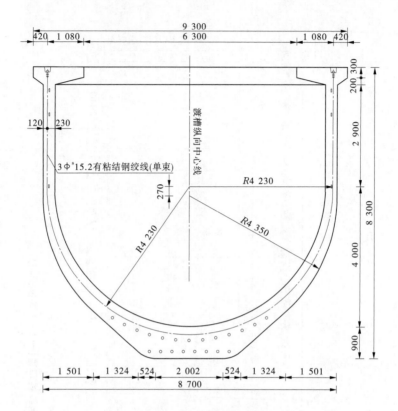

图 4-9　调整后的环向钢绞线布置(二)

表 4-3　预应力筋变更前槽身环向内力

| 部位 | 外荷载产生内力值 | | | |
| --- | --- | --- | --- | --- |
| | 工况 3、工况 4(设计水深) | | 工况 7、工况 8(满槽水深) | |
| | 轴力(kN) | 弯矩(kN·m) | 轴力(kN) | 弯矩(kN·m) |
| 0° | 63 | 76 | 69 | 138 |
| 15° | 83 | 80 | 93 | 135 |
| 30° | 110 | 69 | 126 | 108 |
| 45° | 142 | 39 | 167 | 51 |
| 60° | 175 | −13 | 209 | −34 |
| 75° | 206 | −88 | 251 | −145 |
| 90° | 233 | −181 | 287 | −276 |

注:轴力受拉为"+",弯矩迎水面受拉为"−",弯矩背水面受拉为"+"。

表 4-4　预应力筋变更前槽身环向承载能力

| 部位 | 断面抵抗弯矩(kN·m) | | 安全系数 | |
|---|---|---|---|---|
| | 工况 3、工况 4（设计水深） | 工况 7、工况 8（满槽水深） | 工况 3、工况 4（设计水深） | 工况 7、工况 8（满槽水深） |
| 0° | 261 | | 3.0 | 1.74 |
| 15° | 422 | | 4.36 | 2.73 |
| 30° | 599 | | 6.25 | 4.34 |
| 45° | 516 | | 6.67 | 5.34 |
| 60° | 1 010 | | 14.63 | 10.00 |
| 75° | 1 989 | | 10.35 | 7.30 |
| 90° | 1 692 | | 5.93 | 4.18 |
| 规范规定安全系数 | | | 1.35 | 1.15 |

　　由计算可知,槽身在设计水深及满槽水深下纵向跨中抗弯承载能力安全系数分别为 3.06、2.86,大于规范允许值 1.35 与 1.15;受压区高度为 1 402.6 mm,小于受压区界限高度 2 942.7 mm,拉区预应力筋及普通钢筋配筋率为 1.09%,大于最小配筋率 0.2%,槽身在承载能力极限状态时不会出现脆性破坏。

　　根据 U 形槽的结构受力特点,选定槽体跨中、1/4 跨及支座附近断面作为正常使用极限状态下纵、横向分析的典型断面。每个典型断面上环向选取截面直段及下部半圆 0°~90°以间隔 15°分析渡槽的应力水平,各断面见图 4-10。

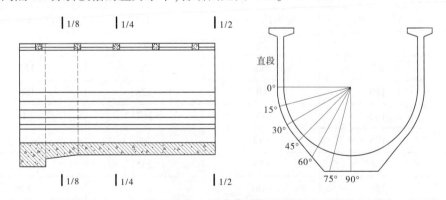

图 4-10　槽身典型断面

　　由计算可知,槽身环向在各工况下内壁应力值为-6.90~-0.32 MPa,槽身外壁应力值为-4.82~0.39 MPa;槽身纵向在各工况下内壁应力值为-3.72~-0.14 MPa,槽身外壁应力值为-4.23~0.48 MPa;满足《技术规定》中对槽身内外壁应力要求。

　　槽身在各工况下竖向最大挠度为 1.98 mm,小于《技术规定》中 $l_0/600=47$ mm 规定限值,且富裕较大。

2. 预应力锚索变更后槽身结构设计

预应力锚索变更后,槽身跨中断面纵向抗弯承载能力见表 4-5,槽身端部断面纵向抗剪承载能力见表 4-6。槽身环向承载能力见表 4-7、表 4-8。

表 4-5　预应力筋变更后槽身跨中断面纵向抗弯承载能力

| 项目 | 工况 3、工况 4(设计水深) | 工况 7、工况 8(满槽水深) |
|---|---|---|
| 外荷载产生弯矩值(kN·m) | 98 637 | 105 667 |
| 跨中抵抗弯矩(kN·m) | 270 835 | |
| 安全系数 | 2.75 | 2.56 |
| 规范规定安全系数 | 1.35 | 1.15 |

表 4-6　预应力筋变更后槽身端部断面纵向抗剪承载能力

| 项目 | 工况 3、工况 4(设计水深) | 工况 7、工况 8(满槽水深) |
|---|---|---|
| 外荷载产生剪力值(kN) | 13 699 | 14 675 |
| 端部抵抗剪力(kN) | 23 414 | |
| 安全系数 | 1.71 | 1.60 |
| 规范规定安全系数 | 1.35 | 1.15 |

表 4-7　预应力筋变更后槽身环向承载内力

| 部位 | 外荷载产生内力值 | | | |
|---|---|---|---|---|
| | 工况 3、工况 4(设计水深) | | 工况 7、工况 8(满槽水深) | |
| | 轴力(kN) | 弯矩(kN·m) | 轴力(kN) | 弯矩(kN·m) |
| 0° | 63 | 76 | 69 | 138 |
| 15° | 83 | 80 | 93 | 135 |
| 30° | 110 | 69 | 126 | 108 |
| 45° | 142 | 39 | 167 | 51 |
| 60° | 175 | −13 | 209 | −34 |
| 75° | 206 | −88 | 251 | −145 |
| 90° | 233 | −181 | 287 | −276 |

注:轴力受拉为"+",弯矩迎水面受拉为"−",弯矩背水面受拉为"+"。

由计算可知,槽身在设计水深及满槽水深下纵向跨中抗弯承载能力安全系数分别为 2.75、2.56,大于规范允许值 1.35 与 1.15;受压区高度为 1 162.1 mm,小于受压区界限高度 2 704.3 mm,拉区预应力筋及普通钢筋配筋率为 1.06%,大于最小配筋率 0.2%,槽身在承载能力极限状态时不会出现脆性破坏。

表 4-8　预应力筋变更后槽身环向承载能力

| 部位 | 断面抵抗弯矩(kN·m) | | 安全系数 | |
|---|---|---|---|---|
| | 工况 3、工况 4（设计水深） | 工况 7、工况 8（满槽水深） | 工况 3、工况 4（设计水深） | 工况 7、工况 8（满槽水深） |
| 0° | 255 | | 2.94 | 1.70 |
| 15° | 412 | | 4.26 | 2.67 |
| 30° | 584 | | 6.10 | 4.23 |
| 45° | 516 | | 6.67 | 5.37 |
| 60° | 984 | | 14.24 | 9.74 |
| 75° | 1 935 | | 10.07 | 7.10 |
| 90° | 1 646 | | 5.77 | 4.06 |
| 规范规定安全系数 | | | 1.35 | 1.15 |

由计算可知,预应力筋变更后槽身环向在各工况下内壁应力值为-6.62~-0.30 MPa,槽身外壁应力值为-4.63~0.35 MPa;槽身纵向在各工况下内壁应力值为-3.35~-0.17 MPa,槽身外壁应力值为-4.34~0.43 MPa;满足《技术规定》中对槽身内外壁应力要求。

槽身在各工况下竖向最大挠度为 2.04 mm,小于《技术规定》中 $l_0/600 = 47$ mm 规定限值,且富裕较大。

## 4.1.2　预制施工关键技术

沙河梁式渡槽所用槽片属大型 U 形薄壁双向预应力钢筋混凝土结构,采用现场预制、提槽机、运槽车配合架槽机架设。受其特殊结构形式限制,现场预制施工关键技术主要包括以下几点:

(1)科学布置槽片预制场各功能区。主要分为制槽区、存槽区、转向区、混凝土生产区、办公和生活区 5 大区域。

(2)科学设计高性能混凝土配合比,进行不同砂率、不同外加剂、不同外加剂掺量、不同用水量、选择室内小型模具、室外模具、现场模拟试验等多种组合的混凝土配合比试验。

(3)合理设计槽片预制模板,模板主要由内模、外模和端模等组成。其中,外模为整体式开合钢模,除渐变段部分模板设置为可拆除部分外,其余部分均为固定部分;内模采用液压式收缩内模。

(4)钢筋制作和安装,预应力 U 形渡槽钢筋在绑扎胎具上整体一次成型,先绑扎底层环向钢筋,然后绑扎底层分布筋,底层钢筋网绑扎完成后,进行上层钢筋网片的绑扎,翼板部分的钢筋在制槽台座上绑扎。

(5)混凝土浇筑关键工序控制,控制反弧段 1 排窗口以下混凝土浇筑质量,避免表面气泡、蜂窝、麻面、脱皮等问题产生;控制反弧段 1 排窗口以上至直线段部分混凝土密实度;控制反弧段混凝土表面出现褶皱印痕;控制混凝土养护质量。

## 4.1.3　预制施工工序

渡槽预制主要包括钢筋制安、模板拼装、混凝土浇筑及预应力张拉四大施工工序。具体见图 4-11。

渡槽预制流程见图 4-11。

①钢筋笼绑扎　　　　　　　　　　②外模打磨

③支座板安装　　　　　　　　　④钢筋笼吊装至外模内

⑤端模安装　　　　　　　　　⑥内模吊入制槽台座

⑦混凝土浇筑　　　　　　　　　⑧预应力张拉

图 4-11　渡槽预制流程

#### 4.1.3.1 槽体钢筋制安

槽体钢筋加工均在钢筋加工厂房内进行,钢筋加工完成后,人工配合龙门吊调运至钢筋绑扎台座,进行钢筋笼绑扎,钢筋笼绑扎完成并经验收后,采用 2 台 80 t 龙门吊联合调运至模板内。渡槽人行道板钢筋在制槽台座上绑扎完成。钢筋绑扎时保护层控制采用混凝土标准垫块,每平方米垫块数量不少于 4 个控制。

#### 4.1.3.2 槽体模板安装

渡槽预制槽体模板采用大型钢模板组合,模板按其部位分为外模、底模、内模。模板拼装均采用 80 t 龙门吊完成。

#### 4.1.3.3 槽体混凝土浇筑

槽体混凝土等级采用 C50W8F200 高性能混凝土,槽体混凝土浇筑采用混凝土搅拌车水平运输,汽车混凝土泵+布料机配合的入仓方式入仓,混凝土振捣采用 $\phi50$ mm 软轴插入式振捣器和外挂高频振动器配合振捣,混凝土浇筑分层厚度为 30 cm,连续浇筑一次成型。浇筑时间控制在 12 h 以内。

#### 4.1.3.4 槽体预应力张拉

槽体预应力张拉分初张拉和终张拉两个阶段进行。初张拉在制槽台座上完成,终张拉在存槽台座上完成。根据设计文件要求,完成各阶段相应的孔数和设计张拉力。

## 4.2 场地布置

### 4.2.1 制槽场选址

制槽场选址至关重要,关系到制槽过程所需的施工设备和制槽工艺,对工程施工进度影响较大。为保证制槽场的布置形式合理,规模满足施工进度要求,使各个建筑物之间连接紧凑,渡槽预制过程中各施工设备之间相互干扰最小和作业流程通畅,基础便于拆除等要求。沙河槽场布置在沙河梁式渡槽起点渠道线路上,规划占地面积 142 亩(1 亩 = 1/15 hm$^2$),其中占正线即进水口和渠道 501 m,占临时用地 71 亩。制槽场正线布置,缩短了槽体转移路径,缩短了渡槽运输时间、成型渡槽吊运次数,以及渡槽运输、移槽施工设备及施工道路布置要求,降低了槽体转移中的风险隐患。

### 4.2.2 场地总体布置

槽片结构尺寸大、单片重,槽片的预制、架设工艺复杂,对临时存放和提、运、架设备等的要求条件多,并受当地场地限制,如何合理布置各生产功能区(钢筋加工区、钢筋笼绑扎区、制槽养护区、存槽区、骨料堆放场及混凝土拌和区、综合区等),最大限度利用空间、提高设备利用率、避免不必要的倒运,直接影响到沙河渡槽工程施工进度是否能够如期完工。槽片预制场区各功能区布置见图 4-12。

槽片制作运输轨迹与提槽机轨道轴线、沙河梁式渡槽工程轴线保持一致。自南向北依次布置 2 套钢筋笼绑扎胎具、梅花形布置 1~5 号制槽台座、存槽区六排五列布置 30 个槽位、架槽区。为充分利用场地,增大存槽数量,在制槽区北侧设置提槽机转向轨道。制

**图 4-12　槽片预制场区各功能区布置**

槽区西侧沿渡槽轴线方向设置钢筋存放与加工区,主要负责焊接、加工钢筋,存槽区以西设置骨料存放区和混凝土拌和站,布置 2 套混凝土拌和楼。各制槽工序按工艺流程流线布置,最大程度避免交叉、提高设备利用率、缩短工序间隔时间。槽片周转直线距离 100 m,周转周期 11 d。

#### 4.2.2.1　制槽区

为了减少渡槽运输中吊运的次数和节约临时用地,规划制槽布置在渠道范围内与存槽区在同一条线路内,比垂直向制槽减少了移槽设备。制槽区主要进行钢筋加工、钢筋笼绑扎、模板安装、混凝土浇筑、预应力筋加工及安装等,是渡槽预制成型的加工车间,也是制槽场的核心组成部分。根据施工生产进度和工期的要求,制槽区设置制槽台座 5 个,内模存放台座 3 个,吊具存放台座 1 个,钢筋绑扎台座 2 个,钢绞线编制区 1 处。

(1)制槽台座及外模的确定。单个制槽台座制槽周期=外模调整时间(12 h)+钢筋吊装时间(12 h)+内模吊装(12 h)+拉杆吊装(12 h)+混凝土浇筑(12 h)+蒸汽养护(72 h)+初张拉(12 h)+拆模(12 h)=156 h(6.5 d),考虑外界影响每月按 28 d 计;单个台座月生产能力=28/单个台座制槽周期(6.5 d)=4.3 片;需要制槽台座数量=月高峰制槽强度/单个台座月生产能力=20/4.3=4.65(个),取值 5 个。

(2)内模及存放台座确定。单个内模在单个制槽台座上使用时间=12+12+12+72+12=120 h(5 d),内模及台座个数=月平均制槽强度/单个内模在单个制槽台座上使用的时间=15/5=3(套)。

(3)钢筋绑扎台座确定。单个台座钢筋绑扎周期=钢筋绑扎时间 3 d+预应力施工 1 d=4 d,单个台座月生产强度=28 d/4 d=7 个,钢筋绑扎台座数=月平均制槽强度/单个钢筋台座月生产强度=15 片/7 片=2.14 个,取值 2 个。

#### 4.2.2.2　存槽区

根据沙河梁式渡槽设计特点和架设布置,存槽台座布置在梁式渡槽起点,以便渡槽的架设和提运。

根据下部结构工期安排,考虑汛期下部结构施工强度,考虑 2 个月为非施工期,槽场存槽能力为 15×2＝30（片），布置存槽台座 30 个，考虑制槽台座后最大存槽能力为 35 片，可满足生产要求。

### 4.2.2.3　转向区

提槽机长度方向跨度为 23.1 m，宽度方向为 36 m。根据槽场布置和提槽的需求，提槽机需在提槽过程中完成转向。所以，在存槽区和制槽区之间设置转向区，转向区长度为 34 m。

### 4.2.2.4　钢筋生产区

钢筋加工厂布置在离钢筋绑扎胎具较近的部位，以便半成品的倒运。钢筋加工厂占地面积为 2 000 m²，钢筋加工厂内设 10 t 龙门吊一台，以便原材料的卸车和运输。渡槽形体钢筋主要为渡槽内、外侧的圆弧钢筋，加工厂根据渡槽的钢筋形式布置，从转向区至制槽区方向依次布置卸车区、原材料堆放区、钢筋切断区、钢筋弯制区、钢筋对焊区、成品堆放区。

各区长度分别为：卸车区 20 m、原材料堆放区 20 m、钢筋切断区 15 m、钢筋弯制区 15 m、钢筋对焊区 30 m。

### 4.2.2.5　混凝土生产区

根据施工征地情况和南水北调有关文件，拌和楼布置在离村庄较远的位置。为了方便下部结构混凝土施工，满足槽场预制渡槽混凝土的施工。选择拌和楼位置在存槽区的左侧，其区域内布置拌和楼、骨料仓、实验室、机井、水池。

拌和楼的选择：混凝土日生产能力 = 混凝土月强度/月有效施工天数 = 53 575 方/28 d＝1 913 方/d，每小时生产强度＝混凝土日生产能力/日有效工作时间＝1 913/16＝119.56（方/h），所以选择 120# 拌和楼两台。

骨料仓的设计：混凝土日生产强度为 1 913 方/d，取值 2 000 方/d。

每日骨料需求量：砂＝混凝土日生产强度×0.74＝1 485 方，碎石＝混凝土日生产强度×1.22＝2 448 方，考虑存料 4 d 后，砂＝1 485×5＝5 940（方），碎石＝2 448×5＝9 792（方）。

骨料在料仓的堆积高度按 3 m 考虑，料仓占地面积为：砂＝5 940/3＝1 980（m²），碎石＝9 792/3＝3 264（m²）。

考虑各种影响因素后，布置中石料仓一个，1 050 m²；小石料仓两个，合计 2 058 m²；砂料仓两个，合计 1 400 m²。根据当地气象资料和混凝土质量的要求料仓采用封闭式。

# 4.3　模板工程

## 4.3.1　模板工程概述

根据渡槽体形特征，槽体模板委托专业厂家进行生产加工，按照槽体结构形式，模板按其部位分为外模、内模、端模。外模分为槽身模板和渐变段模板，在渡槽预制过程，槽身模板不用拆卸和移位，而渐变段模板每次需要拆除，拆除后该部位用来安装提槽机的提槽扁担梁。槽体内模根据渡槽体形设计为圆弧段和直线段组合，模板利用液压启闭系统进行安装和拆除,使用方便。端模根据预应力布置形式进行加工制作,施工时,在内模安装完成后再进行端模安装,模板经测量人员检测合格后进入下道施工工序。

#### 4.3.1.1 模板设计技术难点

制槽模板应有足够的刚度、强度和稳定性,确保模板在运输、倒用过程中不发生超过容许的变形。模板应采用优质高强钢做面板,确保渡槽混凝土表面光滑、平整、色泽一致。模板结构形式上要求操作简单,装拆、倒运方便,以节省工序时间。沙河渡槽规模庞大,最大高度达 9.6 m,鉴于渡槽输水的特性,除了要求有高强度的结构安全可靠性,还要具备严格的密封和外观质量要求,但是普通预制模板的支撑、加固设计方式都无法满足要求。

施工时单次浇筑高度达到 9.6 m,时间要控制在 10 h 内,会导致先浇的下部模板压力非常大,超出普通模板的承压能力。同时预制厂的场地规划已经确定,整套模板横向宽度只有 14 m,为模板的稳定性设计提出严峻考验。渡槽内壁大圆弧段半径为 4 m,宽度为 8 m,形成了一个庞大的反弧段,在如此规模的反弧段,要浇筑出强度、密封性和外观都符合要求的混凝土面,挑战很大。由于事先确定好的场地面积无法更改,内模的存放和移动非常困难。虽然存在上述如此多的困难,如果完全采用无限制的加大和加强结构,增加模板规模的方法来进行设计,会导致整套模板的重量大大增加,最终使龙门吊无法起吊,所以要在方案、结构、重量、选材和成本之间进行综合权衡。

#### 4.3.1.2 模板工艺创新

(1)在前期混凝土施工过程中,发现槽体内部过水面有欠振和粗骨料集中现象,经过研究分析,主要原因是内部振捣窗口少,振捣器覆盖半径有限,采用在内模开设模板下料及振捣窗,内模开设窗口,共对称两侧各设置三排,呈梅花形布置,以达到交错、充分振捣的目的,窗户开设尺寸为 400 mm×400 mm,窗口间距 1.5 m,共开设 120 个窗户,混凝土浇筑时一个窗口作为布料窗口,采取间隔布料,相邻两个窗口作为振捣窗口;为了避免在窗口关闭时在窗口部位出现漏浆现象,窗口部位采取精加工处理,并设置封浆措施,见图 4-13。

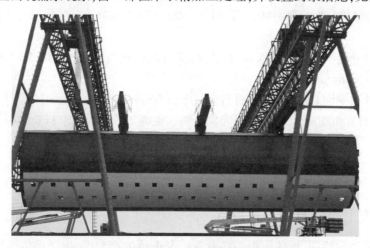

图 4-13 增加振捣窗口后的内模下料及振捣窗口

(2)采用新型材料——模板布。在第 1 榀渡槽混凝土浇筑完成后,发现槽体过水面圆弧部位表面不平整,有气泡存在,严重影响混凝土外观质量,新型材料——模板布具有吸水吸气、增强表面混凝土强度的功能,现场大量的对比性试验表明,粘贴模板布可消除反弧段的气泡,保证槽体混凝土的外观质量, 见图 4-14。

图 4-14　粘贴内模吸水模板布

## 4.3.2　模板安装

### 4.3.2.1　制槽台座

根据设计及规范要求,制槽台座采用 PHC 桩及 C30 钢筋混凝土扩大基础,保证渡槽四个支点不平整度不大于 2 mm,减少渡槽预制过程中台座的不均匀沉降。制槽台座底部采用钢筋混凝土板式结构,上部为钢筋混凝土条形基础。条形基础顶面设预埋铁板,与底模连接。

### 4.3.2.2　模板配置

模板分为底模、侧模、端模、内模。底模、侧模和端模采用整体式开合钢模,内模采用液压内模。制槽模板应有足够的刚度、强度和稳定性,确保模板在运输、倒用过程中不发生超过容许的变形。模板应采用优质高强钢做面板,确保渡槽混凝土表面光滑、平整、色泽一致。模板结构形式上要求操作简单,装拆、倒运方便,以节省工序时间。

（1）渡槽侧模。为整体式,由钢面板和钢桁架组成,面板每米范围内不平整度≤3 mm,以确保槽体外观质量。每个制槽台位可配置 1 套侧模,模板的就位及松开由千斤顶完成。外模由 2 扇侧模和 2 块端模构成。侧模分段加工,拼装合格后焊成一整扇。模板采用钢板焊成异形工字钢作为横肋,纵肋使用 10 号轻型工字钢,面板采用 8 mm 厚的钢板,底部用一根 14 号工字钢。侧模与侧模、侧模与端模之间的连接缝采用 3 mm 橡胶垫板防止漏浆。当梁体混凝土强度达到设计强度的 60% 以上时,混凝土芯部与表层、表层温度与环境温度之差均不大于 15 ℃,且能保证槽体棱角完整时方可拆除侧模。气温急剧变化时不进行拆模作业。拆模时先拆除钢结构支撑平台,然后卸除斜撑锁定螺栓,通过液压杆推动侧模转动,使侧模与梁体脱离。最后拆除端模。

（2）内模。液压内模板面钢结构沿纵向分段制造,通过高强度螺栓连接。内模为液压控制收放,撑杆定位的三面模板,由等截面段、变截面段组成。模板的等截面处、变截面处均为两级收缩,通过液压装置将内模弯折收缩脱离槽身,以便于模板从渡槽内腔拖出。渡槽顶部连梁底模采取液压伸缩装置,侧模采取人工加设。连同槽体一次浇筑成型。

待渡槽钢筋整体吊装就位后,整体式液压内模渡槽内设内模移动轨道,将各接缝处及表面混凝土浆清除干净,轨道采用钢筋混凝土垫块支撑在底模上。当槽体混凝土强度达到预张拉强度后,拆除内模撑杆使模板板块处于自由状态,收缩两侧下梗肋模板,再收缩两侧上梗肋模板。拆除内模纵梁下千斤顶保护外套,千斤顶收缩内模一起下落使内模纵梁支承轮落在轨道梁上。将梁端轨道接长至一节内模的长度。利用卷扬机拖出内模。轨道梁千斤顶供油使轨道梁支承轮架旋转,至支承轮接触混凝土面。利用卷扬机拖出轨道梁。

(3)渡槽底模。设计长度、宽度为渡槽底面尺寸,长度与外侧模拼装后的长度相同。底模面板采用 12 mm 厚钢板,纵肋布置 12 号槽钢,间距 300 mm,横肋布置 14 号槽钢,间距 800 mm,两端支座处底模下凹段间距为 400 mm。钢底模与混凝土基础接触良好、密贴,确保钢底模在使用过程中不变形和不发生下沉现象。底模平整度控制在 2 mm 以内,按设计图纸的要求沿纵向设置反拱,并将制作好的蒸养管道附设于钢底模下面,保证蒸汽养护温度均匀。槽身渐变段处底模板底部设置便于装拆的活动支架,便于起吊渡槽的 U 形扁担梁穿过安装活动的侧模板和底模板。底模支座位置,在每次模板安装前检查,检查的内容有:横向位置、平整度,同一支座板的四角高差,四个支座板相对高差、对角线长度。支座板调整后用螺栓固定。

具体模板配置详见外模支架结构图、液压内模结构图,布置见图 SJ-TB-ZXJ/SG/SH-003-07-05。

### 4.3.2.3　模板设计难点及处理措施

#### 1. 外模设计优化

外模部分由底模、侧模、端模三大块组成。其中,侧模在高度方向上分成两个部分,以直线段和圆弧段分界线为界,之间安装转铰,圆弧段和底模固定在一起,成为固定部分和地基相连。直线部分依靠桁架和千斤顶可以适当旋转,防止在起吊渡槽时产生刮擦。另外,在渡槽的起吊位置,模板设计成可拆分式,方便渡槽的起吊。外模桁架结构由于受到空间限制,横向界限要小于 14 m,所以主桁架的材料尺寸加大,使外模的整体重量大大增加。由于整个混凝土范围内都不能开孔用于加固模板,加上浇筑速度快,混凝土高度高,除采用加强桁架外,在桁架的上下两端,采用对拉精轧螺纹钢,提高外模抗胀模的能力。

#### 2. 内模设计优化

(1)分段设计优化。内模模板在直线上分成上部拉杆部分的上侧模,直线部分的侧模及下部圆弧部分。它们之间采用转铰连接,可以通过液压系统进行运动收放。结合现场实际施工情况,下部圆弧部分打断,再设计一块角膜,并在断开部分设计压浆板,可以适当方便圆弧弧度的控制。优点是:施工相对方便,中间断开部分和角膜部分是气泡最为严重的部分,可以采用人工抹面施工,再用一段模板布的配合,整体外观质量佳;模板的收放和液压系统相对简单;中间断开部分可以在内模存放台座上提供附加支撑的空间,对模板的受力非常有利。

(2)支撑方式优化。根据现场施工实际情况,内模的支撑方式采用立柱悬挂支撑,在外模的两端设计三排支撑立柱,根据受力计算确定,立柱之间采用上主大梁和悬挂装置将大梁吊起,悬挂装置上安装滚轮,内模出模时沿滚轮滑出,出模端设计移模小车进行导向。优点:大梁工作状态支撑成为连续梁力系,受力均匀,材料利用率高,不破坏渡槽混凝土的完整性,出模方式比导梁过渡方式简单省力,效率高,对出模绞车要求低。为了降低出模时内模对上主大梁的冲击力,设计了后移模小车进行加固和导向,小车在硬化后的混凝土面上行走,采用橡胶轮胎,不会损坏成品。

（3）安装方式优化。依据优化后的支撑方式,对内膜安装方式进行调整,悬挂装在内模上。将上主大梁和悬挂装置先安装到内模台座上,对准事先设计好的安装标记,再起吊内模直接安放到立柱上,并在滚轮和大梁中间预留安装间隙,可以利用龙门吊的吊起和下落配合安装上主大梁及消除附加受力。优点是效率高,操作简便。

#### 4.3.2.4 模板安装

渡槽模板选用定型钢模板,按其部位分为外模、内模、端模。根据渡槽体形和渡槽起吊的需要,外模分成两端头直线段、渐变段和中间段,共分5部分。其中,端头直线段模板和中间标准段模板为固定部分。渐变段部位模板为可拆除模板,便于渡槽起吊时穿入提槽机扁担梁,该部位模板拆装利用80 t龙门吊和3 t手动葫芦配合完成。外模支撑系统由整体桁架组成,模板整体稳定、良好。

内模采用液压式收缩内模,内模主要由面板、导梁、吊架、液压臂系统组成。整体安装、移动。内模由左右两幅模板和底部活动压板组成。左右两幅模板在底部设置可调节支撑,保证两侧模板整体稳定。在内模顶部横向大梁下部铰接处设置可调节丝杆,防止内模上浮。

端头模板采用定型模板,在渡槽钢筋整体验收合格后开始安装,由80 t门机直接吊装就位,与内外模采用螺栓连接,并设置可调节斜支撑加固。

### 4.3.3 脱模技术(反弧段引气)

槽片反弧段半径3.7 m,该部位混凝土表面极易出现局部气泡、蜂窝、麻面等缺陷,甚至出现超大型气泡,保证混凝土外观质量难度大。对此共采取以下措施:

（1）在内模反弧段粘贴模板布,吸收该部位混凝土表面多余水分促进表面气泡沿模板向上侧排出。通过模拟渡槽反弧段试验块及实体槽片在反弧段两侧粘贴模板布进行对比试验发现,粘贴模板布一侧反弧段混凝土外观质量明显优于不贴模板布一侧。未粘贴模板布和粘帖模板布的情况见图4-15和图4-16

（2）在两侧下翻模板间增设80 cm宽模板,将两侧相互独立、自由的外翻模板连成整体,并设横撑,增加整体性,提高反弧段内模板刚度。杜绝该部位已初凝混凝土因后续附着振捣器作用导致上层混凝土灰浆沿模板变形后与混凝土表面形成的缝隙进入,造成该部位出现脱皮现象。未设置80 cm模板和设置80 cm宽模板的情况见图4-17和图4-18。

（3）在内模内部振捣作业面以上2 m处设置天花板并开多个下料窗口,避免布料机转移过程中多余混凝土掉落在底部已初凝的混凝土表面,影响混凝土外观质量。

（4）增加内模板翻模后底部混凝土收面操作人员数量,抓住时机在混凝土初凝前完成收面施工,提高该部位混凝土外观质量。

（5）在内模板翻模模板与支撑梁间的丝杠两端设置定位销栓,以提高该丝杠支撑的稳定性,提高模板刚度。布料振捣窗口责任到人(见图4-19)。

图 4-15　未粘贴模板布

图 4-16　粘贴模板布

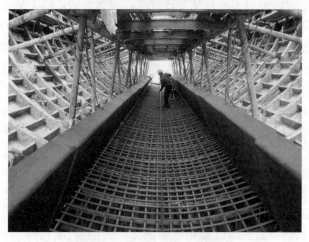

图 4-17　未设置 80 cm 模板

图 4-18 设置 80 cm 宽模板

图 4-19 布料振捣窗口责任到人

# 4.4 钢筋制作与安装

## 4.4.1 综述

沙河梁式渡槽单榀槽身钢筋总量约 90 t,288 榀梁式渡槽共需钢筋 25 920 t,如此大规模钢筋制作和安装,无论是加工区场地布置、原材料检验、加工工艺流程、加工要求等,还是钢筋笼绑扎精度、施工效率、人员安全、吊装器具、整体安全稳定性等要求极高。

梁式渡槽钢筋结构形式复杂,间距密集,钢筋笼整体绑扎与吊装难度大,其技术难点主要体现在以下几个方面:

(1)大体形 U 形环向钢筋的加工。U 形渡槽的环向钢筋弯曲半径 4.0~4.35 m,长19.36~21.61 m,常规的加工器具不能实现加工成型,需制作专用加工器具,以保证加工的精度。

(2)钢筋笼绑扎整体一次成型。钢筋绑扎中 U 形钢筋不易定形、端头部位钢筋过密,内层钢筋容易下沉,对钢筋间距、箍筋封闭影响较大,考虑空间高度、人工作业面、人员安全以及钢筋笼安全稳定性,需设计专门钢筋笼绑扎的独立胎具。

(3)钢筋笼吊装的稳定性与安全性。钢筋笼体形硕大、形状特殊,如何一次性抬吊入模,保证起吊稳定性和减小钢筋笼变形,是一次全新的吊装考验,需采用特制的钢筋笼吊具,通过大型龙门吊将绑扎成型的钢筋笼整体吊入制槽台座上的模板内。

(4)渡槽槽身预应力筋安装控制精度及方法。渡槽槽身设计有纵向底部圆锚预应力束、上部扁锚预应力束、环向扁锚预应力束,安装要求精度高,需设计制作定位网片,保证预应力束精确定位。

由于梁式渡槽的特殊性,若按照常规施工方法施工,先在模板内绑扎钢筋,再浇筑混凝土的施工方法进行施工,无法满足工期要求。经过技术论证和工期分析,选择将钢筋加工完成后,在特制的钢筋绑扎模具内将钢筋绑扎完成,再利用两台 80 t 门机将钢筋笼整体吊入模板内,这样,既保证了施工工期要求,又满足了钢筋施工质量。

### 4.4.2 钢筋加工

#### 4.4.2.1 场地布置

钢筋制作主要在钢筋加工厂进行,钢筋加工厂布置在离钢筋绑扎胎具较近的部位,以便半成品的倒运。钢筋加工厂占地面积为 2 000 m²,钢筋加工厂内布置 10 t 龙门吊一台,以便原材料的卸车和运输。渡槽形体钢筋主要为渡槽内、外侧的圆弧钢筋,加工厂根据渡槽的钢筋形式布置,从转向区至制槽区方向依次布置卸车区、原材料堆放区、钢筋切断区、钢筋弯制区、钢筋对焊区、成品堆放区。各区长度分别为:卸车区 20 m、原材料堆放区 20 m、钢筋切断区 15 m、钢筋弯制区 15 m、钢筋对焊区 30 m。

#### 4.4.2.2 原材料检验

对不同厂家、不同规格的钢筋分批按国家标准对钢筋进行检验,检验合格的钢筋存放于原材料存放场。检验时以 60 t 同一炉(批)号、同一规格尺寸的钢筋为一批(质量不足 60 t 时仍按一批计),随意选取两根经外部质量检查和直径测量合格的钢筋,各截取一个抗拉试件和一个冷弯试件进行检验,采取的试件应有代表性,且不在同一根钢筋上取两根或两根以上同用途试件。

#### 4.4.2.3 工艺流程

钢筋在钢筋加工场加工:采用钢筋调直机、闪光对焊机、钢筋切断机以及钢筋弯曲机等机械设备进行钢筋加工。对已加工的并检验合格的钢筋运至钢筋成品存放场存放,以便随时取用,进行绑扎。钢筋施工工艺流程见图 4-20。

#### 4.4.2.4 钢筋加工

大体形 U 形环向钢筋的加工:

U 形渡槽的环向钢筋弯曲半径 4.0~4.35 m,长 19.36~21.61 m,常规的加工机具不能实现加工成型,为了保证渡槽钢筋的加工精度,设计制作了专用加工模具,满足渡槽外层、变截面段不同尺寸的 U 形钢筋和标准半径 4.0 m 的钢筋的加工,操作方便快捷,极大地提高了工效。

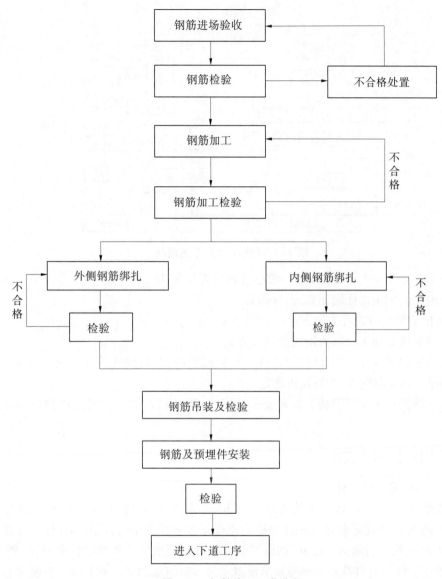

图 4-20 钢筋施工工艺流程

箍筋的优化：

在整个 U 形渡槽的钢筋绑扎过程中，由于大量的箍筋采取相互交叉绑扎的形式，形成了俗称的套中套结构，而且所有的箍筋必须将内外两层钢筋箍住，形成封闭，但实际上如果按照正常的绑扎顺序绑扎，箍筋内所有的钢筋、钢绞线束都无法安装，甚至将箍筋全部破坏变形，对施工质量造成很大影响，为此，对箍筋进行优化，修改加工为半开放形式，等内部钢筋绑扎完成后现场进行封闭绑扎，符合设计要求的同时，消除了绑扎难度，提高了工效。钢筋加工厂工艺流程见图 4-21。

钢筋弯转 90°时，最小弯转内直径满足下列要求：

（1）钢筋直径 $d$ 小于 16 mm 时，最小弯转内直径为 5$d$。

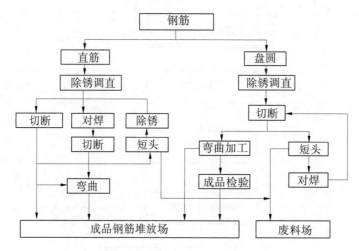

**图 4-21　钢筋加工厂工艺流程**

(2)钢筋直径 $d$ 大于 16 mm 时,最小弯转内直径为 $7d$。

(3)钢筋的加工保证端无弯折,杆顺直。

钢筋接头加工应符合下列规定:

(1)钢筋接头加工全部采用闪光对焊方式。

(2)钢筋端部在加工后有弯曲时,进行矫直或割除,端部轴线偏移不大于 $0.1d$,且不大于 2 mm。端头面整齐,并与轴线垂直。

(3)钢筋的加工按照钢筋下料表要求的形式尺寸进行,加工后的允许偏差不超过规定数值。

### 4.4.3　钢筋笼制作技术

#### 4.4.3.1　钢筋笼胎体设计

根据槽体体形尺寸,确定绑扎模具长为 30 m、高为 9 m、宽为 14.5 m,因槽体净宽为 9.3 m,在两侧各设置宽度为 2.6 m 的稳定支撑架兼顾操作平台(见图 4-22)。支撑架采用 DN48 钢管,模具骨架采用 └ 10# 槽钢根据槽体钢筋图纸尺寸放样制作而成,└ 70 号等边角钢根据图纸钢筋直径和间排距要求设置卡槽,焊接在 └ 10# 槽钢上面。将模具骨架固定在两侧支撑架上,以增加模具的整体稳定性。在两侧钢管架上设置 4 层工作平台,层高 1.8 m,每层铺设竹胶板和钢管固定并挂设安全网。在每层工作平台位置,设置伸缩式内侧工作平台,利用大直径钢管内套小直径钢管的原理制作而成,在钢筋绑扎时将伸缩节延长,铺设竹胶板,便于作业人员绑扎内侧钢筋,等钢筋绑扎完成后吊装时将伸缩节收回,解决了在内侧搭设施工平台重复搭拆的烦琐工作。

#### 4.4.3.2　钢筋笼绑扎

渡槽钢筋安装由 2 层钢筋网组成,先安装下层钢筋网,再安装上层钢筋网。钢筋安装按照设计图纸要求,分序依次安装,钢筋接头位置按规范要求布置,接头方式为绑扎连接和闪光对焊连接。

(1)首先绑扎两侧端头部位底层钢筋、端头侧面外侧钢筋及竖向箍筋,其次绑扎渐变

**图 4-22　渡槽钢筋绑扎模具**

段及标准段底层钢筋(U 形筋及纵向分部筋)。

(2)安装波纹管定位网片及第二层钢筋架立筋,安装波纹管及穿束钢绞线。

(3)安装内层 U 形筋、纵向分布筋、内外层钢筋间拉筋、箍筋等,绑扎混凝土垫块以保证钢筋保护层(垫块不少于 4 个/m²)。

(4)将绑扎完成验收合格的钢筋笼整体吊入模板后再在模板内绑扎 U 形槽槽口部位的部分钢筋。

钢筋安装时保护层采用加垫同强度等级水泥砂浆垫块控制,保证钢筋保护层满足设计图纸要求,垫块相互错开,呈梅花形布置,间排距按 0.5 m 控制。渡槽顶部人行道板钢筋在钢筋笼吊入制槽台座后,按主筋和分布筋依次分序进行绑扎。

## 4.4.4　预应力钢绞线及波纹管安装

根据槽体结构特性,纵向圆锚钢绞线采取先安装波纹管后人工穿束的施工顺序,纵向扁锚和环向扁锚采取先人工穿束后整体吊装就位的施工顺序。对穿束完成的波纹管挂牌标识,分别存放。波纹管及钢绞线的安装与钢筋安装同步进行,利用测量放线进行波纹管和钢绞线定位,定位加固采用水平分布筋和部分定位网片配合使用,安装方便且减少了钢筋用量,混凝土浇筑后波纹管的位置无变化,定位效果良好。

### 4.4.4.1　**渡槽预应力布置形式**

渡槽钢绞线均采用 φ$^s$15.2 低松弛有黏结钢绞线。具体布置分类如下:

第 1 榀槽身纵向共布置 27 孔钢绞线,其中槽底部布置 21 孔 8 φ$^s$15.2 圆锚钢绞线,槽上部纵向布置 6 孔 5 φ$^s$15.2 扁锚钢绞线;槽身环向布置 119 孔 3 φ$^s$15.2 扁锚钢绞线。

由于环向预应力布置过于密集,影响混凝土浇筑,自第 2 榀渡槽开始,环向锚索布置形式变更为 71 孔 5 φ$^s$15.2 钢绞线,纵向不变。

2011 年 11 月,对渡槽纵向预应力锚索数量进行了优化调整,调整后的布置形式为槽底部由 21 孔 8 φ$^s$15.2 变为 17 孔 8 φ$^s$15.2 和 2 孔 6 φ$^s$15.2,槽上部纵向扁锚由 6 孔 5 φ$^s$15.2 变为 12 孔 5 φ$^s$15.2。环向预应力总数不变,对间距进行了调整。变更前、后锚索布置截面图如图 4-23 所示。

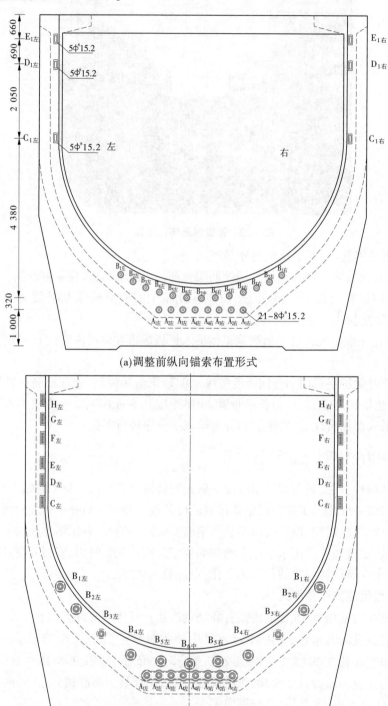

(a)调整前纵向锚索布置形式

(b)调整后纵向锚索布置形式

**图 4-23　变更前、后锚索布置截面**　（单位：mm）

沙河梁式渡槽预应力布置形式由于设计变更,共有三种布置形式,具体张拉应力钢绞线布置见表4-9~表4-11。

表 4-9　沙河梁式渡槽单榀槽身预应力钢绞线布置形式

| 序号 | 预应力筋 | 布置形式 | 规格 | 束数 | 孔道净长（m） | 备注 |
|---|---|---|---|---|---|---|
| 1 | 钢绞线 | 环向扁锚 | 3Φ^s15.2 | 119 | 20.09 | 共 1 榀 |
| 2 | 钢绞线 | 纵向扁锚 | 5Φ^s15.2 | 6 | 29.96 | |
| 3 | 钢绞线 | 纵向圆锚 | 8Φ^s15.2 | 21 | 29.96 | |

表 4-10　沙河梁式渡槽单榀槽身预应力钢绞线布置形式

| 序号 | 预应力筋 | 布置形式 | 规格 | 束数 | 孔道净长（m） | 备注 |
|---|---|---|---|---|---|---|
| 1 | 钢绞线 | 环向扁锚 | 5Φ^s15.2 | 71 | 20.09 | 共 94 榀 |
| 2 | 钢绞线 | 纵向扁锚 | 5Φ^s15.2 | 6 | 29.96 | |
| 3 | 钢绞线 | 纵向圆锚 | 8Φ^s15.2 | 21 | 29.96 | |

表 4-11　沙河梁式渡槽单榀槽身预应力钢绞线布置形式

| 序号 | 预应力筋 | 布置形式 | 规格 | 束数 | 孔道净长（m） | 备注 |
|---|---|---|---|---|---|---|
| 1 | 钢绞线 | 环向扁锚 | 5Φ^s15.2 | 71 | 20.09 | 共 93 榀 |
| 2 | 钢绞线 | 纵向扁锚 | 5Φ^s15.2 | 12 | 29.96 | |
| 3 | 钢绞线 | 纵向圆锚 | 6Φ^s15.2 | 2 | 29.96 | |
| 4 | 钢绞线 | | 8Φ^s15.2 | 17 | 29.96 | |

### 4.4.4.2　预应力钢绞线下料

预应力钢绞线下料长度由槽场技术人员计算、经槽场技术负责人审核后交施工作业班组配料。钢绞线的下料长度根据渡槽结构体形、张拉工艺及张拉设备等因素确定,纵向钢绞线下料长度按 31.2 m 控制,环向钢绞线下料长度按 21.4 m 控制。

下料前将钢绞线包装铁皮拆去,拉出钢绞线头,由 2~3 名工人牵引至工作台缓慢拉出钢绞线,按技术部门下达的下料尺寸画线、下料。预应力钢绞线切断采用砂轮切割机,钢绞线切断前端头先用铁丝绑扎,再进行切断,避免在切割过程造成长短不一现象。

钢绞线下料后,进行梳整、编号、编束,确保钢绞线顺直、不扭转和交叉。编束用软钢丝绑扎,绑扎时从一端平齐向另一端推进,每隔 1.5 m 绑扎一道,铁丝扣弯向钢绞线内侧,编束后挂牌标识,分别存放,防止错用。

### 4.4.4.3　预应力穿束

穿束前先对波纹管下料并进行波纹管充水检查,检查波纹管是否存在孔洞、裂纹和沙眼等质量问题。检查合格后开始穿束,人工扶正钢束,安装自制穿束套头,防止穿束过程中钢绞线头划破波纹管,穿束后控制两端外露长度一致。

### 4.4.4.4　波纹管安装

波纹管为 HDPE 高密度聚乙烯塑料波纹管,波纹管壁厚 2.5 mm,分圆形和扁形两种。

物理力学性能符合《高密度聚乙烯树脂》(GB 11116—1989)的规定,材料各项性能见表 4-12。

表 4-12　HDPE 高密度聚乙烯塑料波纹管各项性能检测统计

| 序号 | 检测名称 | 单位 | 检测结果 |
|---|---|---|---|
| 1 | 材料密度 | $t/m^3$ | ≥0.942 |
| 2 | 抗拉强度 | MPa | ≥20 |
| 3 | 抗伸弹性模量 | MPa | ≥150 |
| 4 | 冲击强度 | $kg/cm^2$ | ≥25 |
| 5 | 环刚比 | $kN/m^3$ | ≥6 |
| 6 | 摩阻系数 | | ≤0.15 |

在渡槽钢筋安装的同时进行波纹管安装,槽体底层钢筋网安装完成后,安装预应力波纹管定位钢筋网片(见图 4-24),钢筋网片按照设计体形尺寸在制作平台制作完成,安装要求精度±5 mm,网片安装完成后,进行波纹管安装,纵向波纹管根据设计位置,人工安装;环向波纹管采用 80 t 龙门吊吊装至模具内,人工依次安装。安装完成后由质检人员检查安装位置,对不满足要求的进行调整,位置符合设计尺寸要求后进行加固,保证波纹管在钢筋笼吊装过程中位置不产生变化。钢筋笼制作完成后如图 4-25 所示。

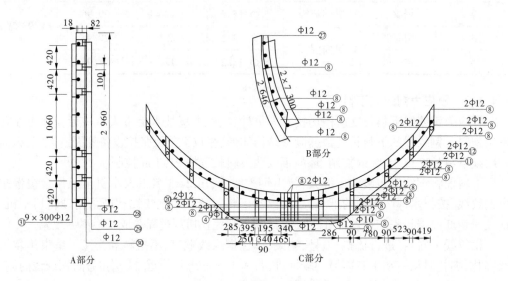

图 4-24　钢筋定位网片

### 4.4.4.5　安装过程主要难点及措施

槽片结构尺寸大,环向和纵向预应力结构,钢筋笼中穿束后的塑料波纹管顺直度很难保证,锚索预应力张拉损失很难控制在设计要求范围内。对此共采取以下措施:

(1)加密波纹管定位网片,将定位网片间距由原来的 1.2 m 加密到环向间距 0.3 m,纵向间距 0.5 m,保证波纹管及预应力钢绞线顺直。

图 4-25　钢筋笼制作完成

（2）在波纹管与锚垫板间增加保护套并用铅丝扎紧,防止波纹管在此处松脱,造成进浆堵管,增加预应力损失甚至造成断丝。

（3）特制钢绞线穿束波纹管保护套,避免在穿束过程中钢绞线戳破波纹管,造成进浆堵管,增加预应力损失甚至造成断丝。

（4）增加钢绞线穿束波纹管操作人员,缩短人员间距,避免因间距过大致使波纹管拖地,与地面剐蹭造成破损,造成进浆堵管,增加预应力损失甚至造成断丝。

## 4.4.5　钢筋笼提吊技术

钢筋笼在钢筋绑扎台座上绑扎完成后,使用 2 台 80 t 龙门吊联合吊装到制槽台座。钢筋笼起吊需要特制钢筋笼吊具,吊具材料采用 28b 工字钢,吊具设计重量为 8 t,大钩吊点设置 8 个,单个大钩受力为 11 t,钢筋笼吊点布置 84 个,纵向间距为 1.5 m,横向间距为 2 m(钢筋笼吊点可根据实际情况增加),单钩重量为 0.953 t。吊装前检查各吊点吊链紧固程度,使其受力基本一致,减小钢筋笼变形。钢筋笼吊装见图 4-26。

### 4.4.5.1　荷载分析

钢筋笼起吊时荷载有钢筋笼重量、吊具自重、风载,其中 $P_1$ 指钢筋笼重量,为 80 t(含预应力筋重量);$P_2$ 指吊具自重,为 8 t。

### 4.4.5.2　吊具设计

吊具长 30 m,宽 6 m,高 1.28 m。吊具上布置大钩吊点 8 个,钢筋笼吊点 84 个。

单个大钩吊点受力 $= (P_1 + P_2)/8 = (80 + 8)/8 = 11(t) = 107\ 873.15\ N$

单个钢筋吊点受力 $= P_1/84 = 80/84 = 0.952\ 3(t)$

单根主梁荷载按均布荷载计算:

$$(P_1 + P_2)/4/30 = 0.733(t) = 7\ 191.54\ N/m$$

图 4-26　钢筋笼吊装

#### 4.4.5.3　纵向计算

单根工字钢受力分为两部分,即钢筋吊点处力与大钩吊点处力,大钩吊点为集中荷载;钢筋吊点比较多,可按均布荷载计算。计算简图见图 4-27。

工字钢弹性模量取 220 GPa,安全系数取 1.5,工字钢许用应力 157 MPa。

弯曲截面系数 $W_x = M_{max}/157 = 251.93\ cm^3$,小于 28b 工字钢系数 534 $cm^3$。

最大正应力 $M_{max}/534 = 74.07\ MPa$,小于 157 MPa。

结构满足要求。

#### 4.4.5.4　大钩吊钩吊耳焊缝验算(公式编辑)

吊耳焊缝长为 140 mm。采用双面焊,材料厚度为 20 mm。

材料强度:抗拉强度 120 $N/mm^2$,抗剪强度 120 $N/mm^2$。

$N_{抗剪力}$ 和 $N_{最大抗拉}$ 都用大钩单钩受力 107 873.15 N。

焊缝正应力 = 107 873/(140×20) = 38.526($N/mm^2$)。

抗拉满足要求。

焊缝剪应力 = 38.526 $N/mm^2$。

抗剪满足要求。

### 4.4.6　拉杆预制与安装

#### 4.4.6.1　拉杆结构

单榀槽体共计有拉杆 13 根,体形为 0.5 m×0.5 m×8 m,采用与渡槽槽身同强度等级混凝土浇筑,单榀渡槽拉杆混凝土工程量 20.5 $m^3$。

#### 4.4.6.2　拉杆预制

拉杆预制工序主要包括模板校验、钢筋制安、混凝土浇筑、养护等。钢筋绑扎在拉杆预制场钢筋绑扎平台完成,采用 10 t 龙门吊吊运到拉杆定型模板内。混凝土入仓采用混凝土搅拌车直接卸料入仓,$\phi$ 50 mm 软轴插入式振捣器振捣。待混凝土强度达到设计强度的 80% 后脱模,吊运至拉杆存放区进行养护。待槽体钢筋笼吊装完成后,将拉杆用平

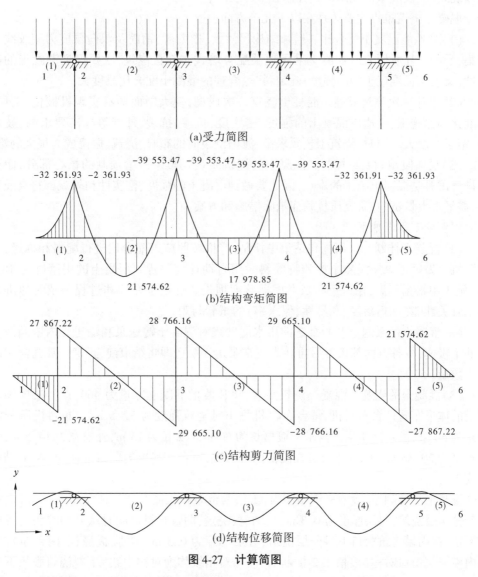

(a)受力简图

(b)结构弯矩简图

(c)结构剪力简图

(d)结构位移简图

图 4-27　计算简图

板车运输至制槽区,汽车吊吊装至设计位置。

# 4.5　混凝土浇筑

## 4.5.1　综述

混凝土的浇筑质量是整个渡槽预制的核心部分。根据设计要求,槽体混凝土采用 C50 高性能混凝土,必须满足抗冻融、抗渗性、抗氯离子渗透性、抗裂性、抗钢筋锈蚀和抗碱-骨料反应的耐久性等要求。槽体混凝土浇筑应采用混凝土搅拌车运送,混凝土泵+布料机+振捣设备的浇筑系统,采用 2 套独立的搅拌、浇筑系统配置,分层连续推移的方式,连续浇筑,一次成型。浇筑时间控制在 6 h 以内。

混凝土浇筑难点主要体现在以下几个方面:

(1)高性能混凝土配合比。槽片结构尺寸大、槽壁薄、钢筋及双向预应力钢绞线布置密集,预制槽片所用 C50 混凝土采用地泵配合塔式布料机浇筑,既要保证混凝土的高流动性,又要保证混凝土的高强度,确定科学、合理的混凝土配合比难度大。

(2)槽体一次浇筑成型。混凝土浇筑一次成型,使大断面槽身实现机械化、工厂化、标准化预制施工,对槽体混凝土的强度、密实度、抗渗、抗裂、外观等标准要求高,技术复杂、施工难度大。同时,浇筑工艺要求高,渡槽浇筑时的布料、浇筑、振捣成为很大的难点。

(3)反弧段预制质量控制。混凝土的浇筑质量是整个渡槽预制的核心部分,而反弧段排气困难是混凝土施工的难点,因此要做到混凝土的强度、密实性和外观都符合质量要求,需经过大量试验,研究质量顽症消除措施和方案。

主要施工程序如下:

(1)混凝土拌制。采用拌和站集中拌制,严格按照施工配合比进行配料和称量,并在计算机上做好记录。混凝土拌和物配料采用自动计量装置。混凝土的坍落度为 18 ~ 22 cm,施工中根据气温、输送距离来考虑坍落度损失。混凝土在拌和过程中及时地进行混凝土有关性能(如坍落度、和易性、保水率)的试验与观察。

(2)混凝土的泵送。开始泵送前用水泥砂浆对混凝土输送泵和输送管内壁润滑。泵送处于慢速,待各方面都正常后再转入正常泵送。泵送即将结束前,正确计算尚需用的混凝土数量。

(3)混凝土的浇筑。混凝土浇筑布置:单片渡槽混凝土方量为 460 $m^3$。根据场地和渡槽的体形布置两台布料机,每台布料机每小时浇筑强度为 37.5 $m^3$。布料机所配混凝土泵为 60 泵,满足浇筑强度需求。渡槽长为 30 m,1/2 长为 15 m,外模宽为 14.5 m,对角线长度为 20.86 m。两台布料机在渡槽两端布置,每台布料机的覆盖半径为 24 m,满足布料要求。

混凝土浇筑顺序:渡槽浇筑顺序为:①用两台布料机同时浇筑渡槽端头部分,端头部分共分 4 层浇筑,每层厚度为 0.3 m。②底板浇筑,两台布料机同时从渡槽端头向渡槽中间部位,在内模浇筑窗口下料分层浇筑,分层厚度为 0.3 m。③腹板浇筑,两台布料机先从内模浇筑窗口对称(渡槽 1/2 横断面、渡槽对角线均为对称中线)下料浇筑腹板下半部分,然后从翼板部分下料浇筑上半部分。④两台布料机同时对称下料浇筑翼板。

渡槽浇筑高度方向共分 31 层浇筑。单层厚度为 30 cm。纵向共分两段,以渡槽中心线为合龙点。单段长度为 15 m。

(4)混凝土振捣。混凝土振捣顺序同混凝土浇筑顺序。振捣方式根据浇筑部位分为两种,底板部分采用插入式振捣,腹板部分采用附壁式振捣和浇筑窗口插入式振捣。翼板部分采用插入式振捣。振捣根据下料情况及时振捣。

## 4.5.2　配合比设计(添加剂选型、现场浇筑试验)

渡槽 C50W8F200 混凝土配合比设计,通过研究以水泥为主体的多元材料不同组合混凝土配合比参数对抗裂性能的关系影响,优选自身抗裂性良好的高性能混凝土配合比,然后进行现场生产性实体试验和渡槽 1∶1 原型试验,优化配合比;通过现场施工、温控、蒸养等防裂技术研究,形成一整套水工大体积薄壁结构高性能混凝土防裂抗裂施工技术成果,使渡槽质量得到可靠保证。

#### 4.5.2.1 添加剂选型

通过配合比理论设计计算、实际使用原材料配合比调整及后期多个模拟渡槽反弧段混凝土试验块浇筑,确定最终采用在 U 形槽片反弧段以下部位使用一级配骨料配合粗砂添加天然纤维的配合比,结合反弧段以上部位使用一级半粗骨料配合粗砂并添加天然纤维的配合比方案。

1. 混凝土各种掺料选择

(1)天然纤维素。天然纤维技术参数要求纤维素纤维平均长度不大于 3 mm,比表面积>20 000 $cm^2/g$。依据《评定受限纤维增强混凝土塑性收缩开裂的标准试验方法》(ASTM C1579—2006)以及《水工混凝土试验规程》(DL/T 5150—2017)。使用由美国土木工程协会(ACI)提出,以 ASTM C1579 规范形式制定的试验方法,用于比较纤维混凝土板与基准混凝土板在早期塑性阶段的表面开裂情况,经多次现场混凝土拌和试验选型,最终在上海瑞高实业发展有限公司生产的水工专用抗裂纤维 CTF-850 型和上海罗洋新材料科技有限公司提供的 UF500 纤维素纤维中确定了使用上海罗洋新材料科技有限公司提供的 UF500 纤维素纤维。

(2)减水剂(复合型):聚羧酸高性能减水剂与低碱水泥的适应性相当敏感,0.05%的掺量变化对混凝土的性能影响便很大,掺量少会出现板结、无流动度现象,掺量大会出现泌水、离析、抓地现象,不适合的外加剂掺量势必会造成混凝土和易性差。依据以往工程经验得出的外加剂不同掺量与抗压强度比的关系,减水剂(复合型)采用山西黄河 HJSX-A、湖北艾肯 PC-3301P,掺量 0.8%~0.85%。引气剂掺量根据抗冻指标采用 0.002 8%~0.003%复合在引气剂内。集减水、引气、消泡效果为一体的综合减水剂,其减水率 27%、混凝土和易性良好的条件下含气量 6%、15 min 坍落度损失 3 cm、30 min 损失 4 cm、初凝时间 8 h 24 min、3 d 抗压强度达到设计强度的 80%、消泡效果良好的外加剂配方,为后期混凝土配合比试验顺利进行提供了保障。含气量:按照《水工混凝土施工规范》(DL/T 5144—2015)规定选取的含气量控制指标:F50 按 3.5±0.5%,F100 按 4.0±0.5%,F150 按 4.5±0.5%,F200 按 5.0±0.5%,出机含气量均按上限控制。

(3)骨料:受合同限制,骨料选用甲方砂石料厂供应的大营料场粗砂、5~20 mm 碎石和 20~30 mm 碎石。

(4)水泥:使用南召水泥厂 P·O 42.5 低碱水泥。

(5)粉煤灰:使用姚孟电厂 I 级粉煤灰。

2. 最终配合比

(1)强度等级:C50F200W8。

(2)使用部位:槽身混凝土。

(3)级配:一级半。

(4)坍落度:180~220 mm。

(5)水胶比:0.30。

（6）粉煤灰掺量：15%。

（7）砂率：43%。

（8）骨料比例：小石45%，中石55%。

（9）减水剂：1.4%。

（10）设计密度：2 400 kg/m³。

（11）水泥用量：417 kg/m³。

（12）粉煤灰用量：74 kg/m³。

（13）水用量：147 kg/m³。

（14）砂用量：746 kg/m³。

（15）5~20 mm碎石用量：452 kg/m³。

（16）20~30 mm碎石用量：557 kg/m³。

（17）天然纤维用量：0.9 kg/m³。

（18）减水剂用量：6.86 kg/m³。

图4-28　模拟渡槽反弧段试验块

#### 4.5.2.2　现场浇筑试验

整个U形渡槽由底板、反圆弧段（见图4-28）、直墙段、顶部人行道板、端肋等5部分组成，各个部位的浇筑特点均不相同，采取单一的混凝土配合比是难以满足各个部位对混凝土和易性要求的。因此，根据渡槽浇筑过程中及浇筑完成后的实际情况，结合建筑物的结构特点，通过现场试验总结，分区、分部位选择不同要求的混凝土配合比，具体如下：

（1）针对底板混凝土相对入仓、振捣方便的部位，采用坍落度相对小（180 mm）、一级半级配的混凝土入仓，两端端肋部位由于钢筋钢绞线密集，适当调整混凝土坍落度至200 mm，同时加强混凝土入仓振捣。

（2）针对圆弧段混凝土相对入仓困难、体形复杂的部位，采用坍落度相对大（220 mm）、级配小（一级配）的混凝土入仓；根据浇筑过程中及浇筑后外观检查发现，该部位相对混凝土浇筑厚度偏大，尤其在常规段内部空间相对较大，高坍落度、小级配混凝土容易出现较厚的浮浆现象，由于入仓方式的限制，对混凝土浇筑分层控制也有不利的影响，通过现场试验，将该部位混凝土调整为采用坍落度相对大（220 mm）、1.5级配的混凝土入仓，同时加强入仓振捣。

（3）针对直墙段混凝土相对入仓落差大、混凝土厚度薄的部位，采用坍落度相对大（220 mm）、级配小（一级配）的混凝土入仓。

（4）在进行顶部人行道板混凝土浇筑时，为了避免出现过厚的浮浆、表面裂缝等现象，在距离顶部1.5 m范围内采用坍落度相对小（180 mm）、1.5级配的混凝土入仓。

### 4.5.3　混凝土浇筑施工技术

#### 4.5.3.1　渡槽浇筑布料分层设计

在进行混凝土浇筑时，分层厚度的控制有利于振捣达到理想的效果。在预制渡槽的浇筑施工中，按照不同部位选择合理的布料入仓方式、振捣方案，同时严格控制分层厚度,以满足振捣要求和各层混凝土的层间结合质量。其具体的分层方案为:底板分 2 层(总厚度 90 cm)浇筑;反圆弧段第 1 排窗口以下分 2 层浇筑;第 1 排窗口关闭到第 2 排窗口,分 3 层浇筑;第 2 层窗口关闭到第 3 层窗口,分 4 层浇筑;第三层窗口关闭到顶部人行道板,分 8 层浇筑。

### 4.5.3.2 渡槽窗口和振捣设计

#### 1. 窗口设计

沙河 U 形渡槽结构形式特殊,高度 9.2 m,浇筑混凝土时,仓内空间狭小(厚度为 35~50 cm),钢筋密集,不能直观地看到混凝土在仓内的情况。为了能很好地控制下料的准确性和振捣的密实性,减少下料高度带来的混凝土离析,在内模板上设置 120 个 40 cm×40 cm 的窗口(窗口水平间距为 1.3 m,垂直间距为 1.0~1.5 m,呈梅花形布置),作为混凝土的入仓布料口和振捣棒的插入口,能满足布料和振捣的要求。

#### 2. 振捣

振捣是保证混凝土密实性的关键。该工程为了使渡槽达到内实外美的效果,除应用插入式振捣器(见图 4-29)外,还在内外模板不同的位置共布置了 360 个辅助式高频振捣器。辅助式振捣器控制柜见图 4-30。在施工过程中,采用以插入式振捣器为主、辅助式振捣器为辅的方式进行振捣,达到了很好的效果。

图 4-29 插入式软轴振捣器

### 4.5.3.3 混凝土浇筑工艺流程

槽体混凝土采用纵向分段(两台布料机各控制渡槽 15 m 范围内的混凝土入仓)、竖向分层、对称循环布料、连续浇筑、一次成型的浇筑工艺。U 形渡槽整个浇筑过程及振捣器分布如图 4-31 所示。

#### 1. Ⅰ部位混凝土浇筑

Ⅰ部位在端头分 3 层浇筑,在标准段分 2 层浇筑。浇筑时,从过流面底部注入混凝土,用插入式振捣器进行振捣,同时开启底部辅助振捣器。在支座板埋件部位,从端头窗口放入插入式振捣棒加强振捣。Ⅰ部位浇筑完后,人工进行第一次混凝土面平整。同时,按照先浇先盖的原则安装好压模,保证在反圆弧段浇筑时可以进行密集的振捣,使模板下

图 4-30　辅助式振捣器控制柜

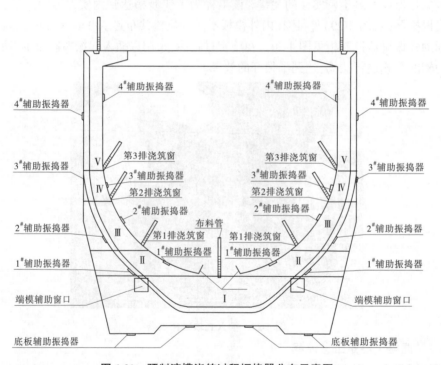

图 4-31　预制渡槽浇筑过程振捣器分布示意图

口不翻浆。

2. Ⅱ部位混凝土浇筑

Ⅱ部位从第 1 排浇筑窗下料,分 2 层进行浇筑。在浇筑混凝土的同时,开启外模 1# 辅助振捣器,将插入式振捣器自内模第 1 排窗口插入进行振捣。Ⅱ部位混凝土振捣是否密实,以内模的角模处泛浆为准,并配以听手锤敲击声音进行检查。振捣合格后,清理窗口洒落的混凝土,并关闭第 1 排浇筑窗口。然后,依次开启内模 1# 辅助式振捣器,频率 150 Hz、时长 10 s 振 1 次,Ⅱ部位浇筑完成。

3. Ⅲ部位混凝土浇筑

从第 2 排浇筑窗卸料,分 3 层浇筑Ⅲ部位。在浇筑混凝土的同时,开启外模 2#辅助式振捣器,将插入式振捣器自内模第 2 排窗口插入,进行加强振捣。振捣合格后,清理洒落的混凝土,并关闭第 2 排浇筑窗口。然后,依次开启内模 2#辅助式振捣器,频率 150 Hz、时长 10 s 振 1 次,Ⅲ部位浇筑完成。

4. Ⅳ部位混凝土浇筑

从第 3 排浇筑窗口卸料,分 3 层浇筑Ⅳ部位。在浇筑混凝土的同时,开启外模 3#辅助式振捣器,将插入式振捣器自内模第 3 排窗口插入,进行加强振捣(需要特别注意窗口两侧盲区的振捣)。振捣合格后,清理洒落的混凝土,并关闭第 3 排浇筑窗口。然后,依次开启内模 3#辅助式振捣器,频率 150 Hz、时长 10 s 振 2 次。Ⅳ部位浇筑完成。

在Ⅳ部位第一层浇筑完成后,可以按照先盖先拆、后盖后拆的原则,对过流面进行人工分段翻模和压模拆除,并及时进行第二次人工收面,保证弧面顺畅、光洁。

5. Ⅴ部位混凝土浇筑

从顶部凹槽模板处卸料,分 8 层浇筑Ⅴ部位。将插入式振捣器从顶部插入振捣,同时开启内外模 4#辅助式振捣器,帮助下料并振捣。对该部位的卸料厚度一定要注意控制,每搅拌车(6 m³)布一个循环,同时特别注意在振捣棒上做标记,以保证振捣棒的插入深度满足振捣要求。该部位浇筑全部完成后,应做好顶板面的人工收面工作。

## 4.5.4 混凝土浇筑过程中出现的问题及处理措施

(1)控制反弧段 1 排窗口以下混凝土浇筑质量避免表面气泡、蜂窝、麻面、脱皮等问题产生所采取的措施,详见 4.3.3 脱模技术(反弧段引气)。

(2)控制反弧段 1 排窗口以上至直线段部分混凝土密实度所采取的措施。

受槽片结构、模板形式和槽片钢筋及双向预应力钢绞线布置密集等因素限制,不可能进行开放式混凝土浇筑,可供混凝土布料和振捣的模板窗口小且数量少,在槽片混凝土浇筑一次完成的前提下,很难保证槽片混凝土的密实度。共采取以下措施:

①调整附着式振捣器数量、位置及与插入式振捣器配合时机、振捣时间,避免过振。

②在 2 排和 3 排窗口间增开小振捣窗口,在模板端头和外模增开振捣、下料窗口,保证插入式振捣器作用范围内能够覆盖全部槽片。原内模见图 4-32,增开小振捣窗口的内模见 4-33。

③增加插入式振捣器和振捣人员数量,保证振捣及时、到位,与布料同步。

④增加现场专职巡视检查模板和附着式振捣器人员,发现松动及时紧固。

(3)控制反弧段混凝土表面出现褶皱、印痕所采取的措施。

槽片反弧段粘贴模板布部分反复出现模板布褶皱、翻模板部位反复出现长条形模板布印痕。共采取以下措施:

①加强模板布粘贴工序质量控制,避免因粘贴不平整在混凝土表面形成印痕。

②掌握好模板布粘贴时机,尽可能随贴随用,缩短模板布粘贴后裸露在外的时间,避免模板布松脱造成黏结力下降而在浇筑过程中松脱形成褶皱,在混凝土表面形成印痕。

③在反弧段顶端设置模板布压条,在翻模处设置紧固铅丝,自上而下撑紧模板布,避

图 4-32　原内模

图 4-33　增开振捣小窗

免模板布松脱形成褶皱,在混凝土表面形成印痕。

### 4.5.5　混凝土浇筑注意事项

(1)混凝土浇筑入模时下料要均匀,注意与振捣相配合,混凝土的振捣与下料交错进行,每次振捣按混凝土所浇筑的部位使用相应区段上的振动器。

(2)在槽体混凝土浇筑过程中,指定专人检查模板、钢筋,发现螺栓、支撑等松动则及时拧紧。发现漏浆须及时堵严,钢筋和预埋件如有移位应及时调整并保证位置正确。

(3)混凝土振捣时间:每点振捣时间 20~30 s,以混凝土不再沉落、不出现气泡、表面呈现浮浆为度,防止过振、漏振。

(4)操作插入式振动器时应快插慢拔,振动棒移动距离不超过振动棒作用半径的 1.5倍,振动时振动棒上下略为抽动,振动棒插入深度以进入前次浇筑的混凝土面层下 50~100 mm 为准,与侧模保持 50~100 mm 的距离。当一次振捣完毕需变更振捣棒在混凝土拌和物中的水平位置时,应边振动边竖向缓慢提出振动棒,不得将振捣棒放在拌和物内平拖,不得用振捣棒驱赶混凝土。

（5）槽体端部由于钢筋密集,采用 $\phi$30 mm 插入式振捣器加强振捣,确保支座板部位混凝土密实。

（6）插入式振捣棒严禁紧贴模板进行振捣,严禁触碰预留孔管,避免振捣棒触碰底模板,避免槽体表面出现柱状和点状色差。

（7）混凝土振捣完成后,应及时修整、抹平混凝土裸露面,待定浆后再抹第二遍并压光、拉毛。抹面时严禁洒水,并防止过度操作影响表面混凝土的质量。

（8）混凝土入模温度。

①浇筑混凝土时,须避免模板和新浇混凝土直接受阳光照射,保证混凝土入模前模板和钢筋的温度以及附近的局部气温均不超过 35 ℃。混凝土入模温度不超过 30 ℃,夏季混凝土浇筑应安排在傍晚而避开炎热的白天浇筑。

②在低温条件下（当昼夜平均气温低于 5 ℃ 或最低气温低于 -3 ℃ 时）浇筑混凝土时,采取在罐车料桶、布料机管道上包裹棉布保温的措施,防止混凝土提前受冻。

# 4.6　蒸压养护技术

## 4.6.1　综述

混凝土养护采用保湿、保温养护。移出台座前采用蒸汽养护,移出台座后采用自然养护。混凝土浇筑完毕后采用养护棚封闭梁体,蒸养管道沿槽体纵向在模板内外侧自下而上设置蒸养管道,锅炉房内布置 4 t、2 t 锅炉各一台,蒸养过程严格按建筑技术要求中蒸汽养护的静停阶段→升温阶段→恒温阶段→降温阶段四个阶段进行操作,0.5 h 测温一次,并做好过程控制和养护记录。

由于梁式预制渡槽的特殊性,在槽场临建施工时,安装蒸汽管路,用 5 t 锅炉送气。在渡槽混凝土浇筑完毕后,采用蒸汽养护方法进行混凝土蒸汽养护,时间按不小于 48 h 控制。

混凝土蒸汽养护采用蒸气养护棚封闭制槽台座,同时,严格按蒸汽养护的静停阶段→升温阶段→恒温阶段→降温阶段四个阶段进行操作。同时,严格按照升温、降温阶段温度变化速率不大于 10 ℃/h、恒温阶段温度不低于 40 ℃ 控制。

## 4.6.2　蒸汽养护控制指标的确定

混凝土浇筑完毕后采用养护棚封闭梁体,梁式渡槽 U 形槽身必须采用蒸汽养护方式。严格按建筑施工规范中蒸汽养护的静停阶段→升温阶段→恒温阶段→降温阶段四个阶段进行操作,半小时测温一次,并做好过程控制和养护记录。

静停期:梁体混凝土浇筑完毕至混凝土初凝之前的养护期为静停期。静停期间保持棚内温度不低于 5 ℃,浇筑完 6 h 后方可升温。静停期可向棚内供给少量的蒸汽,将棚内温度控制在 20 ℃ 以内。

升温期:温度由静停期升至规定的恒温阶段为升温期。升温、降温要匀速,严格控制升温和降温速度,升温速度不得大于 10 ℃/h。

恒温期:恒温时棚内温度为(40±2)℃,不得超过 45 ℃;梁体芯部混凝土温度不得超过 60 ℃;恒温期一般保持 8~10 h,具体时间可根据试验确定。恒温加热阶段要保持 90%~100% 的相对湿度。混凝土从开始升温到降温结束的整个过程中,槽体两端与跨中和槽体内、外侧之间相对温差不大于 10 ℃。

降温期:按规定恒温时间,取出随梁养护的混凝土检查试件经试验达到混凝土脱模强度后,停止供汽开始降温,降温速度不大于 10 ℃/h。停止养护后出仓的槽身温度与外界的温度差不应超过 10 ℃。如检查试件达不到脱模强度的要求,则按实验室的通知延长恒温时间,直至混凝土达到脱模强度后方能降温。降温至 25 ℃ 以下,且梁体表面温度与环境温度之差不超过 15 ℃ 时,方可撤除保温设施和测试仪表。当温差在 10 ℃ 以上,但小于 15 ℃ 时,拆除模板后的混凝土表面宜采取临时覆盖措施。

蒸养结束后,根据气候条件进行洒水或自然养护,洒水养护时间不少于 14 d 后转入自然养护,自然养护时,梁体表面用草袋或麻袋覆盖,并在其上覆盖塑料薄膜。当环境温度在 5 ℃ 以上时,可采用洒水养护。水温与表面混凝土之间的温差不得大于 15 ℃。梁体洒水次数以保持混凝土表面充分潮湿为度,一般情况下,白天为 1~2 h 一次,晚上为 4 h 一次;当环境温度低于 5 ℃ 时严禁对梁体洒水,全部喷涂养护液养护。

## 4.6.3 槽体养护

槽体养护分为蒸汽养护和自然养护,养护期间,重点加强混凝土的湿度和温度控制,尽量缩短表面混凝土的暴露时间,及时对混凝土暴露面进行紧密覆盖(可采用麻布、篷布、土工布等,具体根据季节选定),防止表面水分蒸发。暴露面保护层混凝土初凝前,卷起覆盖物,用抹子搓压表面至少两遍,使之平整后再次覆盖,此时注意覆盖物不得直接接触混凝土表面,直至混凝土终凝以后。

(1)混凝土的蒸汽养护。

①槽体养护采用 DZL14-1.25-AⅢ 型蒸汽锅炉,锅炉首次使用前必须进行烘炉和煮炉,避免裂损,并清除锅炉内部的铁锈、油垢及杂物以保证锅炉正常运行。

②槽体混凝土浇筑完毕后,立即覆盖养护罩。

③蒸汽养护时,槽体芯部混凝土温度不超过 60 ℃,个别最大不超过 65 ℃。

④槽体混凝土蒸养分为四个阶段:

a. 静停阶段:混凝土浇筑完毕后静停 4 h。在冬季,当环境温度低于 5 ℃ 时,浇筑完毕后须进行低温预养,预养温度为 5~10 ℃。

b. 升温阶段:升温速度每小时不超过 10 ℃;测温频率为 1 次/半小时。

c. 恒温阶段:30~48 h,恒温养护期间蒸汽温度不超过 45 ℃,槽体芯部混凝土温度不超过 60 ℃。

d. 降温阶段:降温速度不大于 10 ℃/h,须从恒温降至与自然的气温相差不大于 15 ℃,测温频率为 1 次/半小时。

(2)混凝土从开始升温到降温结束的整个过程中,槽体两端与跨中和渡槽内、外侧之间相对温差不大于 15 ℃。

（3）渡槽在预制及蒸养过程中，渡槽两端与跨中和渡槽内、外侧之间相对温差不大于15 ℃。

（4）渡槽混凝土蒸养在升温过程中，升温速度要均匀，每半小时观察一次温度表，根据读数适当调整蒸汽阀门。

（5）渡槽蒸养结束后，根据气候条件进行洒水或自然养护，洒水养护时间不少于 14 d 后转入自然养护；当环境温度低于 5 ℃时严禁对槽体洒水，全部喷涂养护液养护。

（6）洒水养护。

① 在环境温度高于 5 ℃时，且能保证槽体不致开裂的情况下，采用洒水养护。

②渡槽养护用水与拌制槽体混凝土用水相同。

③洒水次数以混凝土表面湿润状态为度。白天宜 1~2 h 一次，晚上为 4 h 一次。

④混凝土终凝后的持续保湿养护时间按表 4-13 执行。

表 4-13　混凝土终凝后的持续保湿养护时间

| 大气潮湿($RH \geq 50\%$)无风、无阳光直晒 | | 大气干燥($RH < 50\%$)有风、或阳光直晒 | |
|---|---|---|---|
| 日平均气温 $t$(℃) | 潮湿养护期限(d) | 日平均气温 $t$(℃) | 潮湿养护期限(d) |
| $5 \leq t < 10$ | 14 | $5 \leq t < 10$ | 21 |
| $10 \leq t < 20$ | 10 | $10 \leq t < 20$ | 14 |
| $t \geq 20$ | 7 | $20 \leq t$ | 10 |

⑤在对渡槽进行洒水养护的同时，要对随渡槽养护的混凝土试件进行洒水养护，使试件与槽体混凝土强度同步增长。

⑥槽体蒸养脱模后的洒水养护：

a. 槽体蒸养脱模后，当槽体表面温度与环境相对温差超过 15 ℃时，槽体须予以覆盖。

b. 在冬季和炎热季节混凝土拆模后，若天气产生骤然降温，则采取保温（寒季）隔热（夏季）措施，防止混凝土表面温度受环境因素（如暴晒、气温骤降等）影响而发生剧烈变化，保证养护期间混凝土的芯部与表层、表层与环境之间的温差不超过 15 ℃，任何时候要保证淋注于混凝土表面的养护水温度与混凝土表面温度相差小于 15 ℃，直至混凝土强度达到设计要求。

c. 养护期间，由专人负责对养护过程进行严格的监控记录，并执行岗位责任制。

## 4.6.4　蒸汽养护施工过程中出现的问题及处理措施

槽片混凝土采用蒸汽养护，因槽片结构尺寸大，蒸养棚体积大，槽壁厚度差别大（断面尺寸端头最大 1.2 m，槽壁最小 0.35 m），混凝土内部温度差别大，精确控制槽片各部位混凝土内外温度差难度大。

通过安全监测单位在部分监测槽各部位中设置温度计监测混凝土内温，中国水利水电第四工程局在蒸养棚各部位设置温度计监测外温，浇筑及养护过程中全程记录，根据计算分析后得出的各部位温差，调整蒸养棚蒸汽输送口位置，并采用土工膜将蒸养棚分割成若干独立蒸养区，增加局部温度，提高蒸汽利用率，使得混凝土内外温差控制在设计允许范围内，保证槽体养护质量。

# 第 5 章　（梁式渡槽）预应力施工

## 5.1　概　述

沙河渡槽是南水北调中线干线工程沙河南—黄河南的重要控制性工程,位于河南省鲁山县城东约 5 km 处,总干渠桩号 SH(3)0+000~SH(3)11+938.1,全长 11.938 km;其中明渠长 2.888 km、建筑物长 9.05 km。总设计水头差 1.881 m,其中渠道占用水头0.111 m、建筑物占用水头 1.77 m。设计流量 320 m³/s,加大流量 380 m³/s。

沙河梁式渡槽为双线 4 槽,上部槽身为 U 形双向预应力混凝土简支结构,U 形槽直径8 m,壁厚 35 cm,局部加厚至 90 cm,槽高 8.3~9.2 m,槽顶每间隔 2.5 m 设 0.5 m×0.5 m的拉杆,单跨跨径 30 m,共 47 跨;大郎河梁式渡槽共 10 跨,结构布置同沙河梁式渡槽;沙河、大郎河 U 形槽共计 228 榀。

沙河渡槽段 U 形槽槽身为双向预应力 C50 混凝土结构。单片槽纵向预应力钢绞线共 27 孔,其中槽身底部 21 孔为 8 $\phi^s$15.2,采用圆形锚具,圆形波纹管;底部 21 孔分为两排,上排孔道间距 400 mm,下排孔道间距 340 mm。槽身上部 6 孔为 5 $\phi^s$15.2,采用扁形锚具,扁形波纹管。环向预应力钢绞线除第一榀渡槽为 119 孔单孔 3 根 $\phi^s$15.2 钢绞线外,自第 2 榀渡槽起环向预应力钢绞线均为 71 孔单孔 5 根 $\phi^s$15.2 钢绞线,采用扁形锚具,扁形波纹管,孔道间距 420 mm。纵向预应力钢绞线线型为直线,环向为直线+半圆+直线。

### 5.1.1　预应力张拉设计参数

预应力钢绞线张拉控制应力 $\sigma_{con}$ =0.75×$f_{ptk}$ =1 395 MPa,$f_{ptk}$ 为本工程选用的 $\phi^s$15.2 预应力钢绞线的标准强度,为 1 860 MPa,其中纵向圆锚设计张拉力按 $\sigma_{con}$ 控制,为 156.2 t;纵向扁锚按 $\sigma_{con}$ 控制,为 97.65 t;环向扁锚设计张拉力按 1.03$\sigma_{con}$ 进行控制,为 100.58 t。

纵向、环向预应力钢绞线张拉均为五级张拉。纵向锚索张拉分级:0→0.1$\sigma_{con}$→0.25$\sigma_{con}$→0.5$\sigma_{con}$→0.75$\sigma_{con}$→1.0$\sigma_{con}$;环向锚索张拉分级:0→0.1$\sigma_{con}$→0.25$\sigma_{con}$→0.5$\sigma_{con}$→0.75$\sigma_{con}$→1.03$\sigma_{con}$。

预应力钢束张拉时应力增加的速率控制在 100 MPa/min 以下,卸荷速率每分钟不应超过最大张拉应力的 1/5。

槽身横断面图和槽身平面图见图 5-1 和图 5-2。

### 5.1.2　预应力张拉技术要求

#### 5.1.2.1　张拉对结构混凝土的要求

混凝土结构的强度不低于设计强度的 80%时,方可进行初张拉;混凝土结构的强度达到设计强度的 100%,混凝土弹性模量达到设计值、龄期不少于 10 d 时方可进行终张拉。张拉前，必须提交同期试样混凝土强度报告。

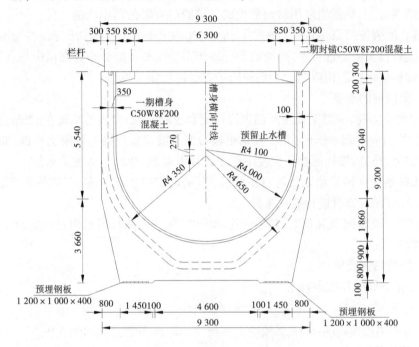

图 5-1　槽身横断(剖)面图

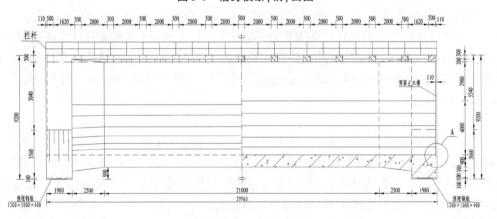

图 5-2　槽身纵断(剖)面图　（单位:mm）

#### 5.1.2.2　张拉机具

各束钢绞线单根预紧采用专用的钢绞线单根张拉穿心前卡式千斤顶,扁锚整体张拉采用专用的扁锚整体张拉穿心后卡式千斤顶,圆锚整体张拉采用专用的圆锚整体张拉穿心式千斤顶。

用于预应力锚索施工的设备主要包括油泵、千斤顶、工具锚、限位板。其中油泵型号为 ZB4-800,千斤顶最大张拉力为 3 000 kN,压力表采用 1.6 级抗震型压力表,限位板及工具锚夹具在第 1~6 榀渡槽预应力初终张拉及第 7~12 榀渡槽预应力初张拉施工中选择开封亚光预应力股份有限公司生产的产品,第 7~12 榀渡槽的补偿张拉及后续渡槽预应力张拉施工的限位板选择柳州欧维姆机械股份有限公司生产的产品,12 榀渡槽之后限位板及工具锚夹具、工具锚均采用柳州欧维姆机械股份有限公司生产的产品。

千斤顶、油表按照每月且张拉次数不超过 200 次进行率定,其中千斤顶委托国家金属制品质量监督检验中心进行率定,油表委托郑州市质量技术监督检验测试中心进行率定,实际施工时根据率定的相应匹配关系和回归方程进行张拉控制。

### 5.1.2.3 张拉前的准备

(1)加预应力前,应对千斤顶及油表进行配套校验,其压力表的精度在±2%范围内。

(2)张拉前应清理承压面,并检查锚垫板后面及波纹管边缘的混凝土质量,如有空鼓现象,应及时修补,待修补混凝土强度不低于设计强度的80%时,方允许张拉。

(3)张拉前应会同专业人员进行试张拉,当确定张拉工艺合理、张拉伸长值正常,并无有害裂缝出现时,方可进行成批张拉。

(4)应有特殊情况紧急预案,如出现连续滑丝、断丝或伸长值超出设计值±6%等情况应有相应的预案。

### 5.1.2.4 张拉总体要求

预应力钢绞线张拉控制应力 $\sigma_{con}$ 为

$$\sigma_{con} = 0.75 \times f_{ptk} = 1\,395 \text{ MPa}$$

其中,$f_{ptk}$ 为本工程选用的 $\Phi^s 15.2$ 预应力钢绞线的标准强度,为 1 860 MPa。

### 5.1.2.5 伸长量控制

当钢绞线弹性模量 $ES$ 采用 $1.95 \times 10^4$ N/mm², 钢绞线与波纹管摩擦系数 $\mu$ 采用 0.15,孔道每米长度局部偏差的摩擦系数 $k$ 采用 0.001 5 时,槽身纵向钢绞线理论张拉伸长量为 211.9 mm,环形钢绞线理论张拉伸长量为 132.4 mm,该伸长量应根据现场 $ES$、$\mu$、$k$ 做进一步复核、调整。若实际伸长量超出复核后理论伸长量的±6%时,应停止施工,待查明原因采取相应措施后方可继续张拉。

### 5.1.2.6 张拉次序

预应力钢束张拉时应力增加的速率控制在 100 MPa/min 以下,槽身纵向、环向钢绞线编号见图 5-3、图 5-4,当混凝土强度达到设计强度的 80% 时,拆除端模、内模,松开外模紧固件,先进行纵向钢绞线初张拉,而后进行环向钢绞线初张拉。初张拉后移出制槽台座,在存槽台座上,当混凝土指标达到设计要求时进行终张拉,张拉前都应进行单根预紧。应确保预紧时两张拉端为同一根钢绞线。要求同步、对称、双向同时张拉,每次张拉不少于两条钢束。预应力施加过程中应保持两端伸长量基本一致。预紧后做伸长量标记,以后每一张拉阶段,都测量并校核伸长值。具体张拉过程见表 5-1。

张拉顺序的合理性应经现场张拉试验确定,以确定合理的张拉工艺。张拉中,每根钢束滑丝或断丝不应超过一根,且其总量不得超过截面钢丝总数的 1%。

## 5.1.3 预应力损失的计算方法

在《铁路桥涵施工技术规划》(TB 10203—2002)中是按测力计锚固前和锚固后的荷载差值为锚固的回缩损失 $A$(该损失包括钢束回缩损失、承压的锚垫板变形损失),即

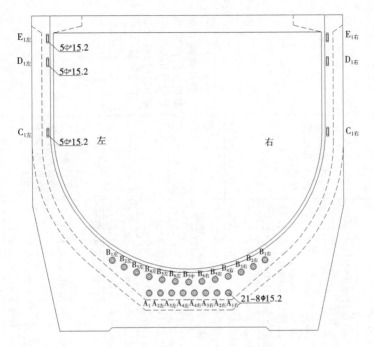

图 5-3　纵向预应力钢筋布置及编号

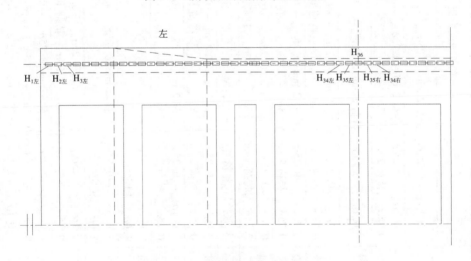

图 5-4　环向预应力钢筋布置及编号

$$锚固回缩损失\ A = \frac{锚固前拉力 - 锚固后拉力}{锚固前拉力} \times 100\%$$

若以预应力设计控制张拉力值来计算,所得到的锚固回缩损失 $B$ 为

$$较设计控制力差值损失\ B = \frac{设计张拉控制力 - 锚固后拉力}{设计张拉控制力} \times 100\%$$

表 5-1　槽身钢绞线张拉次序

| 张拉阶段 | 钢绞线编号 | 钢绞线应力值 | 张拉时混凝土要求 | 备注 |
|---|---|---|---|---|
| 初张拉 | $B_1$、$B_3$、$B_5$、$B_6$、$B_7$ 两边向中间对称张拉 | $0.1\sigma_{con} \rightarrow 0.25\sigma_{con}$，持荷 2 min；$0.25\sigma_{con} \rightarrow 0.5\sigma_{con}$，持荷 2 min | 蒸养结束后，≥80% 设计强度 | 钢绞线张拉前都应单根预紧，预紧应力 $0.1\sigma_{con}$，在各张拉阶段分别记录伸长量 |
| | $E_1$ 左右对称张拉 | $0.1\sigma_{con} \rightarrow 0.25\sigma_{con}$，持荷 2 min；$0.25\sigma_{con} \rightarrow 0.5\sigma_{con}$，持荷 2 min；$0.5\sigma_{con} \rightarrow 0.75\sigma_{con}$，持荷 2 min；$0.75\sigma_{con} \rightarrow 1.0\sigma_{con}$，持荷 10 min，补张至 $1.0\sigma_{con} \rightarrow$ 锁定 | | |
| | $A_1$、$A_3$ 两边向中间对称张拉 | $0.1\sigma_{con} \rightarrow 0.25\sigma_{con}$，持荷 2 min | | |
| | $D_1$ 左右对称张拉 | $0.1\sigma_{con} \rightarrow 0.25\sigma_{con}$，持荷 2 min；$0.25\sigma_{con} \rightarrow 0.5\sigma_{con}$，持荷 2 min；$0.5\sigma_{con} \rightarrow 0.75\sigma_{con}$，持荷 2 min；$0.75\sigma_{con} \rightarrow 1.0\sigma_{con}$，持荷 10 min，补张至 $1.03\sigma_{con}$，锁定 | | |
| | $H_1$、$H_3$、…、$H_{21}$ 两边向中间对称张拉 | $0.1\sigma_{con} \rightarrow 0.25\sigma_{con}$，持荷 2 min；$0.25\sigma_{con} \rightarrow 0.5\sigma_{con}$，持荷 2 min；$0.5\sigma_{con} \rightarrow 0.75\sigma_{con}$，持荷 2 min；$0.75\sigma_{con} \rightarrow 1.0\sigma_{con}$，持荷 10 min，补张至 $1.03\sigma_{con}$，锁定 | | |
| | $H_2$、$H_4$、…、$H_{20}$ 两边向中间对称张拉 | $0.1\sigma_{con} \rightarrow 0.25\sigma_{con}$，持荷 2 min；$0.25\sigma_{con} \rightarrow 0.5\sigma_{con}$，持荷 2 min；$0.5\sigma_{con} \rightarrow 0.75\sigma_{con}$，持荷 2 min；$0.75\sigma_{con} \rightarrow 1.0\sigma_{con}$，持荷 10 min，补张至 $1.03\sigma_{con}$，锁定 | | |
| | | 初张拉后，将槽身调离制槽台座，放于存槽台座，释放自重 | | |
| 终张拉 | $B_2$、$B_4$ 两边向中间对称张拉 | $0.1\sigma_{con} \rightarrow 0.25\sigma_{con}$，持荷 2 min；$0.25\sigma_{con} \rightarrow 0.5\sigma_{con}$，持荷 2 min；$0.5\sigma_{con} \rightarrow 0.75\sigma_{con}$，持荷 2 min；$0.75\sigma_{con} \rightarrow 1.0\sigma_{con}$，持荷 10 min，补张至 $1.0\sigma_{con} \rightarrow$ 锁定 | 设计强度，弹性模量达到设计值，且龄期不少于 10 d | |
| | $A_2$、$A_4$ 两边向中间对称张拉 | $0.1\sigma_{con} \rightarrow 0.25\sigma_{con}$，持荷 2 min；$0.25\sigma_{con} \rightarrow 0.5\sigma_{con}$，持荷 2 min；$0.5\sigma_{con} \rightarrow 0.75\sigma_{con}$，持荷 2 min；$0.75\sigma_{con} \rightarrow 1.0\sigma_{con}$，持荷 10 min，补张至 $1.0\sigma_{con} \rightarrow$ 锁定 | | |
| | $B_1$、$B_3$、$B_5$、$B_6$、$B_7$ 两边向中间对称张拉 | $0.5\sigma_{con} \rightarrow 0.75\sigma_{con}$，持荷 2 min；$0.75\sigma_{con} \rightarrow 1.0\sigma_{con}$，持荷 10 min，补张至 $1.0\sigma_{con}$，锁定 | | |
| | $A_1$、$A_3$ 两边向中间对称张拉 | $0.5\sigma_{con} \rightarrow 0.75\sigma_{con}$，持荷 2 min；$0.75\sigma_{con} \rightarrow 1.0\sigma_{con}$，持荷 10 min，补张至 $1.0\sigma_{con}$，锁定 | | |
| | $C_1$ 左右对称张拉 | $0.1\sigma_{con} \rightarrow 0.25\sigma_{con}$，持荷 2 min；$0.25\sigma_{con} \rightarrow 0.5\sigma_{con}$，持荷 2 min；$0.5\sigma_{con} \rightarrow 0.75\sigma_{con}$，持荷 2 min；$0.75\sigma_{con} \rightarrow 1.0\sigma_{con}$，持荷 10 min，补张至 $1.0\sigma_{con} \rightarrow$ 锁定 | | |
| | $H_{23}$、$H_{25}$、…、$H_{35}$ 两边向中间对称张拉 | $0.1\sigma_{con} \rightarrow 0.25\sigma_{con}$，持荷 2 min；$0.25\sigma_{con} \rightarrow 0.5\sigma_{con}$，持荷 2 min；$0.5\sigma_{con} \rightarrow 0.75\sigma_{con}$，持荷 2 min；$0.75\sigma_{con} \rightarrow 1.0\sigma_{con}$，持荷 10 min，补张至 $1.03\sigma_{con}$，锁定 | | |
| | $H_{22}$、$H_{24}$、…、$H_{36}$ 两边向中间对称张拉 | $0.1\sigma_{con} \rightarrow 0.25\sigma_{con}$，持荷 2 min；$0.25\sigma_{con} \rightarrow 0.5\sigma_{con}$，持荷 2 min；$0.5\sigma_{con} \rightarrow 0.75\sigma_{con}$，持荷 2 min；$0.75\sigma_{con} \rightarrow 1.0\sigma_{con}$，持荷 10 min，补张至 $1.03\sigma_{con}$，锁定 | | |

# 5.2 预应力施工

沙河渡槽段 U 形槽，单片槽纵向预应力钢绞线共 27 孔，其中槽身底部 21 孔为 8 $\Phi^s$15.2，采用圆形锚具，圆形波纹管；底部 21 孔分为两排，上排孔道间距 400 mm，下排孔道间距 340 mm。槽身上部 6 孔为 5 $\Phi^s$15.2，采用扁形锚具，扁形波纹管。环向预应力钢绞线共 71 孔，环向钢绞线均为 5 $\Phi^s$15.2，采用扁形锚具，扁形波纹管，孔道间距 420 mm。纵向预应力钢绞线线型为直线，环向为直线+半圆+直线。纵向与环向钢绞线均采用两端张拉。

预应力钢绞线孔道采用 HDPE 高密度聚乙烯塑料波纹管。波纹管壁厚不小于 2 mm，物理力学性能应符合 GB 11116—89 的规定，材料密度不小于 0.942 t/m$^3$，抗拉强度不小于 20 MPa，抗伸弹性模量不小于 150 MPa，冲击强度不小于 25 kJ/cm$^2$，环刚度不小于 6.3 kN/m$^3$，与钢绞线的摩阻系数不大于 0.15。

锚具采用夹片式群锚，根据气温和混凝土施工情况采用预张拉、初张拉和终张拉三个阶段进行。生产初期，应至少对两孔渡槽进行管道摩阻、喇叭口摩阻等预应力瞬时损失进行测试，以保证施加预应力准确。

## 5.2.1 钢筋制安、预应力波纹管安装固定及预应力筋穿束

常规预应力施工程序是在钢筋加工环节，在钢筋网架绑扎施工过程中将预应力波纹管安装固定，待混凝土浇筑完成后，预应力张拉前，进行预应力筋穿束。

根据槽体结构特性，沙河渡槽段 U 形槽结构尺寸特殊（顺水流方向长 30 m，高 9.3 m，宽 9.2 m，最小截面宽度 0.35 cm），钢筋密集，无法采用常规施工工艺。需要预应力筋先穿束波纹管，然后与钢筋网架同时绑扎固定完成。

纵向圆锚钢绞线采取先安装波纹管后人工穿束，纵向扁锚和环向扁锚采取先人工穿束后整体吊装就位的施工顺序。对穿束完成的波纹管挂牌标示，分别存放。

钢筋、预应力波纹管及钢绞线使用经监理工程师批复同意使用的合格产品，钢筋规格主要有 $\Phi$32、$\Phi$25、$\Phi$20、$\Phi$18、$\Phi$16、$\Phi$12、$\Phi$10、$\Phi$8 组成。波纹管为 HDPE 高密度聚乙烯塑料波纹管，波纹管壁厚 2.5 mm，分圆形和扁形两种。物理力学性能符合 GB 11116—89 的规定，钢筋在钢筋加工场按照设计图纸要求制作成型，运输至钢筋绑扎胎具人工安装（见表 5-2）。

表 5-2 HDPE 高密度聚乙烯塑料波纹管各项性能检测统计

| 序号 | 检测名称 | 单位 | 检测结果 |
| --- | --- | --- | --- |
| 1 | 材料密度 | t/m$^3$ | ≥0.942 |
| 2 | 抗拉强度 | MPa | ≥20 |
| 3 | 抗伸弹性模量 | MPa | ≥150 |
| 4 | 冲击强度 | kg/cm$^2$ | ≥25 |
| 5 | 环刚比 | kN/m$^3$ | ≥6 |
| 6 | 摩阻系数 | | ≤0.15 |

钢绞线按照《预应力混凝土用钢绞线》(GB/T 5224—2014)要求，钢绞线为 $\Phi^s$15.2 低

松弛预应力钢绞线,极限张拉力为 1 860 MPa。

### 5.2.1.1　钢筋检验

对不同批号、不同规格的钢筋分批按规定进行检验,检验合格后进行制作。

### 5.2.1.2　钢筋储存

钢筋运入加工场后,按不同等级、牌号、规格及生产厂家分批次分别堆放,并设立标识牌,专人管理。钢筋加工场设置彩钢瓦防雨棚,地面设置高 30 cm 的混凝土条形基础,将已进场的钢筋放至基础之上,避免钢筋污染。

### 5.2.1.3　钢筋制安

钢筋加工完成后,在特制的钢筋绑扎模具内绑扎完成,再利用 2 台 80 t 门机将钢筋笼整体吊入模板。

根据 U 形槽片结构尺寸,特别设计定制了本工程独有的钢筋绑扎模具,具体制作特征如下:

绑扎模具长 30 m,高 9 m,宽 14.5 m,在两个 U 形槽壁外侧各设置宽度为 2.6 m 的稳定支撑架兼顾操作平台。支撑架采用 DN48 钢管,模具骨架采用[10#槽钢根据槽体钢筋图纸尺寸放样制作而成,L70#等边角钢根据图纸钢筋直径和间排距要求设置卡槽,焊接在[10#槽钢上面。将模具骨架固定在两侧支撑架上,以增加模具的整体稳定性。在两侧钢管架上设置 4 层工作平台,层高 1.8 m,每层铺设竹胶板和钢管固定并挂设安全网。在每层工作平台位置,设置伸缩式内侧工作平台,利用大直径钢管内套小直径钢管的原理制作而成,在钢筋绑扎时将伸缩节延长,铺设马道板,便于作业人员绑扎内侧钢筋,等钢筋绑扎完成后将伸缩节收回。

钢筋加工均在钢筋加工厂房内进行,钢筋加工完成后,由人工倒运至钢筋绑扎胎具附近(见图 5-5),再利用 80 t 门机将钢筋吊入胎具,进行人工绑扎。

图 5-5　渡槽钢筋绑扎胎具

渡槽钢筋由 2 层钢筋网组成,槽体端头钢筋进行了加密。钢筋安装时先安装下层钢筋网,再安装上层钢筋网。钢筋安装按照设计图纸要求,分序依次安装,钢筋接头按规范要求错开,采用钢筋绑扎和闪光对焊两种方式进行连接。

垫块控制,保证钢筋保护层满足设计图纸要求,垫块相互错开,呈梅花形布置,间排距按 0.5 m 控制。

#### 5.2.1.4　预应力钢绞线制束

钢绞线制束工艺流程:备料→放盘→下料截断→编束。

钢绞线的下料长度可按下式计算,并通过试用后进行修正:

$$L = L_1 + 2L_2 + 2L_3 + 2L_4$$

式中:$L$ 为钢绞线下料长度,mm;$L_1$ 为管道长度,mm;$L_2$ 为锚板厚度;$L_3$ 为千斤顶工作长度(油顶高度+限位板的有效高度);$L_4$ 为长度富余量,可取 100 mm。

按每束规定根数和长度,用 22 号铁线编扎,近张拉端 2 m 以内每隔 0.5 m 一道,其余每隔 1.5 m 绑扎一道,使编扎成束顺直不扭转。成束后,将钢绞线用人工抬移至堆放地点,以直线状态按梁跨分类存放于垫木上。搬运时,各支点距离不得大于 3 m,端悬长度不得大于 1.5 m。

预应力钢绞线下料长度由槽场技术人员计算,经槽场技术负责人审核后交施工作业班组配料。

钢绞线的下料长度根据渡槽结构体形、张拉工艺及张拉设备等因素确定,纵向钢绞线下料长度按 31.2 m 控制,环向钢绞线下料长度按 21.4 m 控制。

下料前将钢绞线包装铁皮拆去,拉出钢绞线头,由 2~3 名工人牵引在调直台上缓缓拉出钢绞线,按技术部门下达的下料尺寸画线、备料。预应力钢绞线切断采用砂轮切割机,钢绞线切断前端头先用铁丝绑扎,再行切断,避免在切割过程中造成长短不一现象。

钢绞线下料后,进行梳整、编束,确保钢绞线顺直、不扭转和交叉。编束用 22 号铁丝绑扎,绑扎时从一端平齐向另一端推进,每隔 1.5 m 扎一道,铁丝扣弯向钢绞线内侧,编束后挂牌标示,分别存放,防止错用。钢绞线质量标准见表 5-3。

表 5-3　钢绞线质量标准

| 序号 | 项目 | 标准 |
|---|---|---|
| 1 | 钢绞线外观质量 | 无氧化铁皮,无严重锈蚀,无机械损伤和油迹;钢绞线内无折断、横裂和相互交叉的钢丝。无散头;钢绞线直径为 15.20 mm,直径允许偏差为+0.4 mm,−0.2 mm |
| 2 | 束中各根钢绞线长度差 | 5 mm |
| 3 | 下料长度 | ±10 mm |

#### 5.2.1.5　预应力穿束

穿束前先对波纹管下料并进行波纹管充水检查,检查检测波纹管是否存在孔洞、裂纹和沙眼等质量问题。检查合格后开始穿束,人工扶正钢束,安装自制穿束套头,防止穿束过程中钢绞线头划破波纹管,穿束后控制钢绞线两端外露长度一致。

(1)钢绞线束穿束前先将波纹管下料、连接。保证管道畅通,钢束穿束顺利。

(2)钢束在移运过程中,采用多支点支承,支点间距2.5m,端部悬出长度1.0 m,严禁在地面上拖拉,以免创伤钢绞线。在储存、运输和安装过程中,应采取防止锈蚀、污染及损伤的措施。

(3)人工扶正钢束、波纹管后对穿,即可将钢束拉入管道,两端外露长度要基本一致(见图5-6)。

图 5-6　预应力穿束

(4)在穿束过程中,如遇到钢束穿不进去的情况,则立即查明原因,若是波纹管变形引起的,则必须开刀修孔或更换,然后穿入钢束,对有开刀部位的波纹管需黏结牢固。

(5)根据结构特性,纵向圆锚钢绞线采取先安装波纹管后人工穿束的组成,纵向扁锚和环向扁锚采取先人工穿束后整体吊装就位的组成。

### 5.2.1.6　波纹管安装

在渡槽钢筋安装的同时进行波纹管安装,槽体底层钢筋网安装完成后,安装预应力波纹管定位钢筋网片,钢筋网片按照设计体形尺寸在制作平台上制作完成,网片安装完成后,进行波纹管安装,纵向波纹管根据设计位置,人工安装;环向波纹管采用80 t龙门吊吊装至胎具内,人工依次安装。安装完成后由质检人员检查安装位置,对不符合设计要求的进行调整,位置符合设计尺寸要求后进行加固,保证波纹管在钢筋笼吊装过程中位置不发生变化,加固后做好波纹管安装施工记录,由质检人员和旁站监理签字确认。

### 5.2.1.7　钢筋笼提吊就位

钢筋笼在钢筋绑扎胎具上绑扎完成后,使用2台80 t龙门吊联合抬吊到制槽台座外模内。

钢筋笼起吊需要特制钢筋笼吊具(见图5-7),吊具材料采用28b型工字钢,吊具设计质量8 t,大钩吊点设置8个,单个大钩受力为11 t,钢筋笼吊点布置84个,纵向间距为1.5 m,横向间距为2 m,单钩质量0.953 t。

渡槽顶部人行道板钢筋在钢筋笼吊入制槽台座后开始绑扎,按主筋和分布筋依次分序进行绑扎。

图 5-7　钢筋笼吊装

## 5.2.2　预应力张拉

沙河梁式渡槽预应力采用后张法施工,张拉阶段分第 1 批次(初张拉)和第 2 批次(终张拉),锚索包括纵向圆锚、纵向扁锚和环向扁锚三种布置形式。具体如下:

第 1 榀(按预制顺序编号)预制渡槽纵向共布置 27 孔锚索,其中槽底部布置 21 孔 8 $\Phi^s15.2$ 圆形锚索,上部布置 6 孔 5 $\Phi^s15.2$ 扁形锚索;环向布置 119 孔 3 $\Phi^s15.2$ 扁形锚索。第 2~81 榀(按预制顺序编号)预制渡槽环向锚索布置形式变更为 71 孔 5 $\Phi^s15.2$ 扁形锚索,纵向不变。自第 82 榀(按预制顺序编号)渡槽后,渡槽纵向底部圆锚由 21 孔 8 $\Phi^s15.2$ 变为 17 孔 8 $\Phi^s15.2$+和 2 孔 6 $\Phi^s15.2$,对锚索之间的位置进行调整,槽上部纵向扁锚由 6 孔 5 $\Phi^s15.2$ 变为 12 孔 5 $\Phi^s15.2$。环向预应力锚索总数不变,对锚索布置间距进行了调整。调整前后纵向锚索布置形式如图 5-8、图 5-9 所示。

### 5.2.2.1　渡槽预应力张拉控制应力

根据《预应力混凝土用钢绞线》(GB/T 5224—2014)的要求,本分部工程用的钢绞线结构为 1×7,公称直径为 15.2 mm,公称截面面积为 140 mm$^2$,强度等级为 1 860 MPa,Ⅱ级松弛,设计张拉应力取值为 75%的强度等级。

2011 年 7 月 5 日,南水北调中线干线工程建设管理局组织召开预应力张拉专家咨询会,根据会议意见,对沙河梁式渡槽预应力锚索张拉控制进行了优化调整,为弥补预应力损失,对张拉控制应力进行调整,根据设计通知单沙 S-2011-17,对调整前的环向预应力锚索超张拉至 $1.03\sigma_{con}$,调整后的环向预应力锚索超张拉至 $1.05\sigma_{con}$,纵向锚索均超张拉至 $1.03\sigma_{con}$。

预应力设计调整前、后单榀渡槽预应力结构布置形式及张拉控制应力见表 5-4、表 5-5。

### 5.2.2.2　渡槽预应力张拉工艺流程

预应力施工工艺流程如图 5-10 所示。

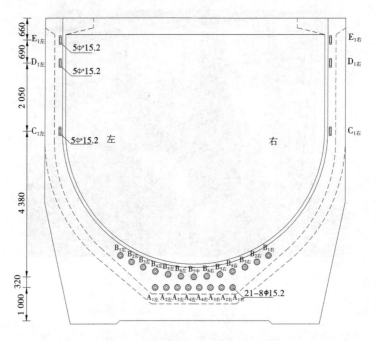

图 5-8　调整前纵向锚索布置形式

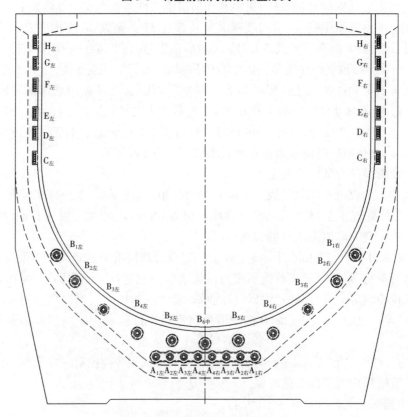

图 5-9　调整后纵向锚索布置形式

表 5-4　预应力设计调整前单榀渡槽预应力结构布置形式及张拉控制应力

| 序号 | 预应力筋 | 布置形式 | 规格 | 束数 | 孔道净长<br>（m） | 总张拉控制<br>应力（kN） | 理论伸长<br>值（mm） | 备注 |
|---|---|---|---|---|---|---|---|---|
| 1 | 钢绞线 | 环向扁锚 | 5Φ15.2 | 71 | 20.09 | 1 025.3 | 146.7 | |
| 2 | 钢绞线 | 纵向扁锚 | 5Φ15.2 | 6 | 29.96 | 1 005.8 | 227.1 | |
| 3 | 钢绞线 | 纵向圆锚 | 8Φ15.2 | 21 | 29.96 | 1 609.3 | 227.1 | |

表 5-5　预应力设计调整后单榀渡槽预应力结构布置形式及张拉控制应力

| 序号 | 预应力筋 | 布置形式 | 规格 | 束数 | 孔道净长<br>（m） | 总张拉控制<br>应力（kN） | 理论伸长<br>值（mm） | 备注 |
|---|---|---|---|---|---|---|---|---|
| 1 | 钢绞线 | 环向扁锚 | 5Φ15.2 | 71 | 20.09 | 1 025.3 | 146.7 | |
| 2 | 钢绞线 | 纵向扁锚 | 5Φ15.2 | 12 | 29.96 | 1 005.8 | 227.1 | |
| 3 | 钢绞线 | 纵向圆锚 | 6Φ15.2 | 2 | 29.96 | 1 207.0 | 227.1 | |
| 4 | 钢绞线 | 纵向圆锚 | 8Φ15.2 | 17 | 29.96 | 1 609.3 | 227.1 | |

### 5.2.2.3　渡槽预应力张拉准备

1. 材料准备

预应力张拉主要材料包括预应力钢绞线、工作锚、工具锚、锚垫板、限位板和夹片等。材料选用经监理工程师批准的生产厂家，材质符合《预应力筋用锚具、夹具和连接器》（GB/T 14370—2000）标准要求。对进场材料按照《预应力筋用锚具、夹具和连接器》（GB/T 14370—2000）要求，进行检测并报监理工程师，批准后开始使用。

2. 预应力张拉设备准备

预应力张拉主要设备有 ZB4-500 型电动油泵、YCW300C-200 型千斤顶和张拉油表。油表选用 0.40 级防震型压力表，量程为 0~60 MPa，最小分度值不大于 0.5 MPa，表盘直径大于 150 mm。油表和千斤顶在施工前委托国家金属制品质量监督检验中心进行联合率定，确定预应力张拉力计算回归方程式。联合率定频次有效期不超过 1 个月，且张拉不超过 200 次作业控制，频次符合规范要求。

千斤顶与已校正过的油表配套编号。千斤顶、油压表、油泵安装好后，试压 3 次，每次加压至最大使用压力的 110%，加压后维持 5 min，其压力下降不超过 3%，即可进行正式校正工作。千斤顶校正采用顶压机校正法。千斤顶校正系数 K 小于 1.05 时，则按实际数采用；如校正系数 K 大于 1.05，则该千斤顶不得使用，重新检修并校正。

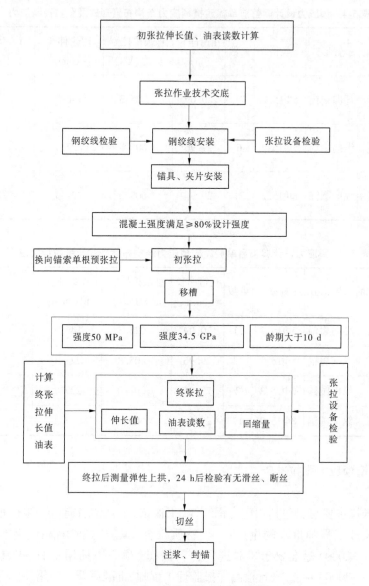

图 5-10　预应力施工工艺流程

#### 5.2.2.4　渡槽预应力张拉技术要求

在渡槽预应力施工过程中设计单位先后下发了《U 形预制槽预应力混凝土施工技术要求》和《U 形预制槽预应力混凝土施工技术要求（B 版）》,两个技术要求的主要区别在于第 1 榀渡槽环向预应力为 119 束单束 3 根,而自第 2 榀渡槽开始环向预应力调整为 71 束单束 5 根,因此在 B 版技术要求上对环向预应力锚索的布置和张拉的顺序进行了调整。

根据设计要求,待混凝土强度达到设计强度的 80% 后拆除内模和端头模板,并将外模板渐变段部分拆除,以便于提槽机吊具扁担梁的穿入。此时进行预应力初张拉,初张拉结束后,提槽机提起扁担梁将渡槽移至存槽台座,并采用洒水（冬季采用覆盖棉毡）养护。

待混凝土强度达到 50 MPa,混凝土弹性模量 $E_h$ 达到 35.5 GPa 后进行终张拉。

在初张拉、终张拉前,钢绞线单根预紧,预紧应力 $0.1\sigma_{con}$,在各张拉阶段分别记录伸长量。

(1)初张拉。当槽体混凝土强度达到设计强度的 80%(40 MPa)且弹性模量达到设计要求(35.5 GPa)后进行初张拉。初张拉后移至存槽区。

(2)终张拉。张拉前实施混凝土强度、弹性模量、混凝土龄期"三控",即张拉前槽体混凝土强度及弹性模量均达到设计要求,且龄期为不少于 10 d。终张拉的混凝土强度达到 50 MPa,混凝土弹性模量 $E_h$ 达到 35.5 GPa 后开始张拉。张拉中实施张拉力控制和钢绞线的伸长值校核的"双控"措施。

张拉采用两端同步、左右对称、同时达到同一荷载值,同步率控制,张拉顺序按照图纸要求进行。

### 5.2.2.5　预应力张拉程序

(1)张拉操作前,先安装工作锚,检查工作锚和钢绞线顺直,保证无扭结和交叉现象,把夹片装入工作锚,用钢套管沿钢绞线把夹片敲击整齐,然后装入限位板,检查限位板槽深与钢绞线直径要相匹配,防止刮伤钢绞线。

(2)安装千斤顶,使千斤顶与孔道中心对齐,安装工具锚和工具夹片,夹紧钢绞线,同时就位液压油泵。

(3)张拉前由质检人员检查千斤顶和油表联合率定的油表读数,将读数通知单粘贴在对应的油表油泵的明显位置。

(4)操作油泵,使千斤顶缓慢进油至初始油压,在此过程中调正千斤顶,使千斤顶与锚具对中,管道、锚具、千斤顶三者同心。

(5)开始张拉,张拉采用两端同步,两侧张拉千斤顶同时分级加载方法进行,保持千斤顶升、降压速度一致,使两端同时达到同一荷载值,张拉操作时由一人统一指挥,以保证其同步张拉,不同步率控制在 10% 以内,张拉顺序按照图纸要求进行。

(6)预应力张拉应力控制顺序。

第一批次(初张拉):纵向圆锚 0→初应力 10%$\sigma_{con}$(做伸长量标记、持荷 2 min)→初应力 25%(做伸长量标记、持荷 2 min)→初应力 60%$\sigma_{con}$(做伸长量标记、持荷 2 min)→初应力 103%$\sigma_{con}$(做伸长量标记、持荷 5 min)→第一分钟卸荷至 75%→第二分钟卸荷至 2 MPa(测回缩量)→回油锚固(一端回油锁定,另一端补压后回油)。

纵向扁锚 0→初应力 10%$\sigma_{con}$(做伸长量标记、持荷 2 min)→初应力 25%(做伸长量标记、持荷 2 min)→初应力 60%$\sigma_{con}$(做伸长量标记、持荷 2 min)→初应力 103%$\sigma_{con}$(做伸长量标记、持荷 5 min)→第一分钟卸荷至 75%→第二分钟卸荷至 2 MPa(测回缩量)→回油锚固(一端回油锁定,另一端补压后回油)。

环向扁锚 0→单根预紧初应力 10%$\sigma_{con}$(锁定)→初应力 25%(做伸长量标记、持荷 2 min)→初应力 60%$\sigma_{con}$(做伸长量标记、持荷 2 min)→初应力 105%$\sigma_{con}$(做伸长量标记、持荷 5 min)→第一分钟卸荷至 75%→第二分钟卸荷至 2 MPa(测回缩量)→回油锚固(两端同时回油锁定)。

第二批次(终张拉)与第一批次(初张拉)方法相同。

（7）张拉过程中,控制力以油表读数为主,伸长值进行校核,部分槽体伸长值超过
±6%时,停止张拉,查明原因后继续张拉并做好了施工记录。张拉至设计控制应力时,持
荷 10 min,在持荷状态下,发现部分油压下降,便立即补至张拉控制应力,认真检查有无滑
丝、断丝现象。

（8）张拉完成后,填写张拉记录表,项目部初检、复检、终检人员及旁站监理人员签
字,保证了原始数据记录准确,记录清晰,具有可追溯性。在工作锚外侧的钢绞线上用油
漆做上记号,24 h 后检查滑丝和断丝现象,确认无滑丝和断丝后割掉多余钢绞线,切断位
置按距夹片 3~4 cm 控制,钢绞线切割采用砂轮切割机作业。

## 5.2.3　预应力孔道灌浆

### 5.2.3.1　灌浆材料

预应力张拉完成后, 48 h 内进行孔道真空辅助压浆。灌浆材料使用 P·O 42.5 硅酸
盐水泥,孔道灌浆材料为 HJ-MA 型压浆剂,水采用井水,配合比按照 0.1∶1∶0.385（压
浆剂∶水泥∶水）的比例搅拌,水胶比为 0.35,浆液性能设计指标见表 5-6。

表 5-6　浆液性能设计指标

| 序号 | 项目 | 性能指标 |
|---|---|---|
| 1 | 水胶比 | <0.4 |
| 2 | 凝结时间 | 初凝≥3 h,终凝≤24 h |
| 3 | 水泥浆稠度 | 14~18 s |
| 4 | 泌水率 | 3 h 不大于1%,最大不超过2%,24 h 为0 |
| 5 | 抗压强度 | 7 d≥30 MPa,28 d≥50 MPa |
| 6 | 抗腐蚀性 | 对钢绞线无腐蚀 |
| 7 | 抗冻融性能 | F200 |
| 8 | 24 h 最大自由收缩率 | <1.5% |
| 9 | 标准养护条件下浆体自由膨胀率 | 0~0.1% |

### 5.2.3.2　施工工艺

孔道压浆程序如下:

清除管道内杂物及积水→清理锚垫板上的灌浆孔→确定抽真空端及灌浆端,安装引
出管、阀门和接头→搅拌水泥浆→抽真空→灌浆泵灌浆→出浆稠度检测,关闭抽真空端所
有的阀门→灌浆泵保压→关闭灌浆泵及灌浆端阀门→拆卸外接管路、灌浆泵→浆体初凝
后拆卸阀门并清洗。

### 5.2.3.3　压浆施工

确定抽吸真空端及压浆端,在两端锚座上安装压浆罩、压浆管、堵阀和快换接头。必

须检查并确保所安装阀门能安全开启及关闭。

压浆时槽体温度不低于 5 ℃,灌浆时水泥浆温度为 10~25 ℃,当气温高于 35 ℃时,压浆在夜间进行。

在安装完盖帽及设备后拧开排水口,利用高压风将管道可能存在的水分吹出;将接驳在真空泵负压容器上的三向阀的上端出口用透明喉管连接到抽真空端的快换接头上。用真空泵吸真空,启动真空泵,开启出浆端接在接驳管上的阀门。关闭入浆端的阀门。抽吸真空度要求达到 -0.08~ -0.1 MPa,并保持稳定,停泵 1 min,若压力表能保持不变即可认为孔道能达到并维持真空。

启动电机使搅拌机运转,然后加水,再缓慢均匀地加入灌浆剂(不得整袋一下倒入,更不能将灌浆剂袋掉入搅拌筒内)。拌和时间不少于 2 min,然后将调好的灌浆剂放入下层压浆罐,下层压浆罐进口处设过滤网,滤去杂物以防止堵塞管道,过滤网孔格不大于 2.5 mm×2.5 mm。

启动灌浆泵,开始灌浆。灌浆时按先下后上的顺序压浆(真空泵仍保持连续作业),即由一端压入灌浆剂,待抽真空端的透明网纹管中有浆体经过时,关闭空气滤清器前端的阀门,稍候打开排气阀直至水泥浆顺畅流出。当另一端溢出的稀浆变浓(与灌入的浆体相同时)之后,封闭出浆口,继续压浆使压力达到 0.5~0.6 MPa,持压 2 min 且无漏浆情况时,关闭进浆阀门卸下输浆胶管。

浆体初凝后(约 5 h,具体时间根据气温由试验确定),拆卸并清理安装在压浆端及出浆端的球阀,彻底冲洗压浆设备及工具(见图 5-11)。出浆口流动度检测见图 5-12。

图 5-11　空压机吹环锚孔内积水

图 5-12　出浆口流动度检测

## 5.2.4　预应力封锚

终张拉后,在 3 d 内进行封锚。封锚采用强度等级不低于 C50 的无收缩混凝土填塞。

施工步骤:锚具穴槽表面凿毛处理→锚具防水处理→安装封锚钢筋→填塞混凝土→养护→对新旧混凝土结合部进行防水处理。

封锚前,对锚具穴槽表面进行凿毛(宜在梁端钢模拆卸后立即进行)处理,并将灰、杂物以及支承板上浮浆清除干净。然后在纵向预应力筋锚具及与锚垫板接触处四周采用 881-1 型聚氨酯防水涂料进行防水处理。安装封锚钢筋后,采用低流动度的 C50 无收缩混凝土对锚孔进行填塞。填塞混凝土分层筑实,表面平整。混凝土凝固后,采用保湿养护不少于 7 d,在封堵混凝土四周、长方边处不得有收缩裂纹。最后,对新旧混凝土结合部采用聚氨酯防水涂料进行防水处理。

对于封锚现浇二期混凝土在规定的环境温度下施工,混凝土采用拌和站集中拌和,混凝土运输车运到现场浇筑封锚二期混凝土,采用平板振动器振捣工艺,确保伸缩装置及封锚二期混凝土与槽体整体连接。混凝土顶面采用人工抹面、收光。混凝土养护采用麻袋覆盖,洒水养护。

## 5.3　预应力监测

### 5.3.1　概述

#### 5.3.1.1　测力计安装概况

沙河梁式渡槽原型试验槽于 2010 年 12 月 5 日开始浇筑。2010 年 12 月 19 日进行首榀槽锚索张拉时,发现预留锚具槽尺寸无法满足测力计安装,由于模板改造工期的原因,直到第 5 榀槽于 2011 年 3 月 28 日开始锚索张拉时首台测力计才安装到位,于 4 月 7 日完成第 5 榀槽所有测力计的安装,此后按设计要求频次对测力计进行测读。注:第 5 榀槽张拉时采用开封产限位板、工具锚及不防震压力表。

测力计与油压千斤顶联合率定后,截止到 2011 年 10 月底,先后安装了第 26 榀槽、第 28 榀槽、第 44 榀槽上的测力计,共计 50 台。

另外,为配合环形试验台预应力试验,在安装工程槽测力计的同时,监测承担单位积极与厂家沟通:生产和改进专用方形测力计(5 孔测力计→中空测力计→3 孔测力计)、精加工垫板、增加定位器等。预应力试验于 2011 年 10 月 21 日完成现场测试工作,仪器安装情况见表 5-7。

**表 5-7　仪器安装情况统计**

| 安装部位 | | 单位 | 数量 | 时间 | 备注 |
|---|---|---|---|---|---|
| 26 榀槽 | 纵向圆形测力计 | 台 | 10 | 2011 年 6 月 15~17 日 | 均采用了新的千斤顶及防震压力表(1.6 级) |
| | 环向方形测力计 | 台 | 6 | | |
| 28 榀槽 | 纵向圆形测力计 | 台 | 10 | 2011 年 6 月 23~26 日 | |
| | 环向方形测力计 | 台 | 6 | | |
| 44 榀槽 | 纵向圆形测力计 | 台 | 10 | 2011 年 8 月 27 日、2011 年 9 月 19 日 | 采用 0.4 级防震压力表 |
| | 环向方形测力计 | 台 | 8 | 2011 年 8 月 28 日~9 月 1 号 | |
| 环向试验台 | 锚索测力计 | 台·次 | 160 | 2011 年 9 月 21 日~10 月 21 日 | |
| | 钢索计 | 支·次 | 67 | | |

#### 5.3.1.2　测力计布置概况

锚索测力计的布置情况见图 5-13~图 5-15,图中仪器编号以第 5 榀槽为例进行标注,

$D_*^P$ 为仪器编号，$H_*$ 为环向锚索编号，$A_*$、$B_*$ 为纵向锚索编号，下文中 $D_{6-*}^P$ 为第 26 榀仪器编号、$D_{28-*}^P$ 为第 28 榀仪器编号、$D_{16-*}^P$ 为第 44 榀仪器编号；其中仪器编号 $D_{*-1}^P \sim D_{*-10}^P$ 为纵向测力计，仪器编号 $D_{*-15}^P \sim D_{*-20}^P$ 为环向测力计（注：第 44 榀槽环向测力计编号为 $D_{16-11}^P \sim D_{16-18}^P$）。

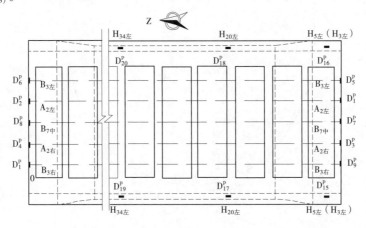

图 5-13　锚索测力计（第 5、26、28 榀）平面布置图

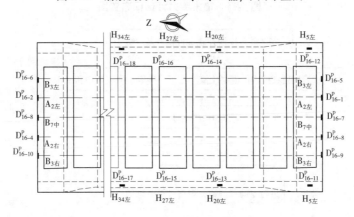

图 5-14　锚索测力计（第 44 榀）平面布置图

## 5.3.2　工程槽测力计安装及监测成果

### 5.3.2.1　测力计安装

测力计安装流程见图 5-16、图 5-17，安装示意图见图 5-18～图 5-20。

第 44 榀槽方形测力计安装时主要进行了 3 点改进：①采用定做的定位器，该定位器能保证测力计与工作锚的对中误差小于 2 mm；②在测力计、工作锚、垫块、过渡板及千斤顶等设备安装过程中，利用水平尺进行调整，使其保持水平，尽量减小偏心荷载的影响；③省去在测力计下方的校平垫板，扩大锚垫板凹槽尺寸，使测力计能直接放于锚垫板凹槽内。

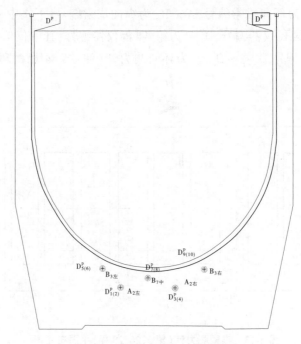

**图 5-15　锚索测力计剖面布置图**

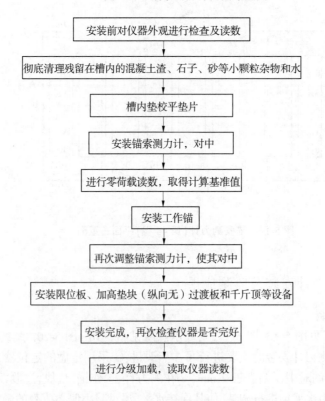

**图 5-16　第 26、28 榀槽测力计安装流程**

第 44 榀槽圆形测力计主要安装流程及工艺保持不变。

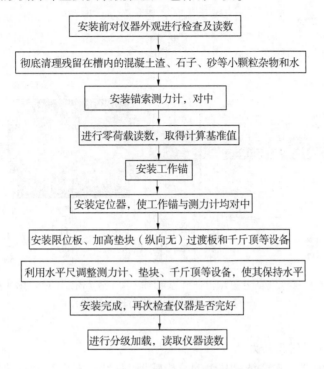

安装前对仪器外观进行检查及读数

↓

彻底清理残留在槽内的混凝土渣、石子、砂等小颗粒杂物和水

↓

安装锚索测力计，对中

↓

进行零荷载读数，取得计算基准值

↓

安装工作锚

↓

安装定位器，使工作锚与测力计均对中

↓

安装限位板、加高垫块（纵向无）过渡板和千斤顶等设备

↓

利用水平尺调整测力计、垫块、千斤顶等设备，使其保持水平

↓

安装完成，再次检查仪器是否完好

↓

进行分级加载，读取仪器读数

**图 5-17　第 44 榀槽测力计安装流程**

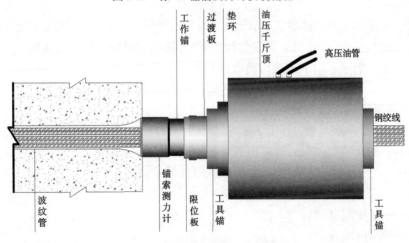

**图 5-18　纵向锚索测力计安装图**

### 5.3.2.2　数据整理

第 5 榀、13 榀锚索测力计没有进行联合率定，测力计测值采用厂家提供的公式计算，第 26 榀、28 榀、44 榀以及环形试验台锚索测力计测值采用联合率定拟合公式计算，频率模数均采用 4 支传感器测值的均值。

1.基准值选择

锚索测力计以仪器零荷载时的测值作为基准值。

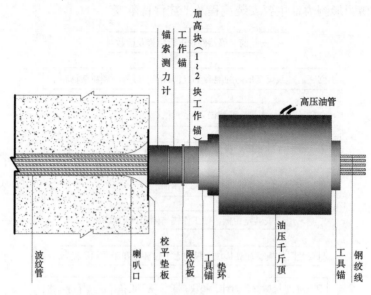

注:第44榀槽安装时在测力计与工作锚间装定位器并省去测力计下方的校平垫板

**图 5-19  环向锚索测力计安装图**

2.计算方法

1)第5榀、13榀锚索测力计

锚索测力计内置4支高精度基康钢弦传感器,通过4支均匀分布的传感器测量作用在其上的总荷载。

读数设备用 BGK408 读数仪,读取的测值与锚索测力计所受荷载成反比。测力计一般可以不考虑其温度影响,当温度变化较大时,计算受力时应考虑温度影响。

考虑温度影响时采用下式进行荷载计算:

$$P = G \times (R_1 - R_0) + K \times (T_1 - T_0)$$

式中　$P$——温度修正后的荷载,kN;

　　　　$G$——仪器率定系数,kN/Digit;

　　　　$R_0$——初始读数,Digit,取零荷载时各振弦测值的平均值;

　　　　$R_1$——当前读数,Digit,取当前各振弦测值的平均值;

　　　　$K$——仪器温度系数,kN/℃;

　　　　$T_0$——初始温度,℃;

　　　　$T_1$——当前温度,℃。

2)第26榀、28榀、44榀及环形试验台锚索测力计

采用联合率定的回归方程进行计算。

### 5.3.2.3  监测成果统计

1.纵向圆形测力计监测数据

纵向锚索测力计监测数据统计表见表5-8。

表 5-8 纵向锚索测力计监测数据统计

| 槽号 | 测力计编号 | 设计控制力值（t） | 终张测力计测值（t） | 卸载后测力计测值（t） | 预应力损失比（%） | 较设计值差值之比（%） | 张拉工具 | 备注 |
|---|---|---|---|---|---|---|---|---|
| 5 | $D_1^P$ | 156.24 | 148.12 | 131.78 | 11.03 | 15.66 | 1.开封产限位板、锚具；2.1.6级不防震压力表 | 1. 预应力损失比＝（终张拉荷载−卸载后荷载）/终张拉荷载 2. 较设计值差值之比＝（设计张拉荷载−卸载后荷载）/设计张拉荷载，以下均同 |
| | $D_2^P$ | | 140.72 | 130.51 | 7.26 | 16.47 | | |
| | $D_3^P$ | | 149.99 | 138.6 | 7.59 | 11.29 | | |
| | $D_4^P$ | | 153.74 | 139.85 | 9.03 | 10.49 | | |
| | $D_5^P$ | | 145.86 | 134.41 | 7.85 | 13.97 | | |
| | $D_6^P$ | | 144.56 | 136.21 | 5.78 | 12.82 | | |
| | $D_7^P$ | | 159.52 | 148.26 | 7.06 | 5.11 | | |
| | $D_8^P$ | | 157.07 | 145.82 | 7.16 | 6.67 | | |
| | $D_9^P$ | | 149.64 | 139.31 | 6.90 | 10.84 | | |
| | $D_{10}^P$ | | 147.5 | 137.17 | 7.00 | 12.21 | | |
| 26 | $D_{6-3}^P$ | | 152.94 | 141.86 | 7.24 | 9.20 | 1.开封产限位板、锚具；2.1.6级防震压力表 | |
| | $D_{6-4}^P$ | | 156.7 | 143.97 | 8.12 | 7.85 | | |
| | $D_{6-1}^P$ | | 151.3 | 142.02 | 6.13 | 9.10 | 1. OVM限位板、锚具；2.1.6级防震压力表 | |
| | $D_{6-2}^P$ | | 152.07 | 142.94 | 6.00 | 8.51 | | |
| | $D_{6-5}^P$ | | 152.72 | 141.1 | 7.61 | 9.69 | | |
| | $D_{6-6}^P$ | | 152.85 | 144.92 | 5.19 | 7.25 | | |
| | $D_{6-7}^P$ | | 155.65 | 149.34 | 4.05 | 4.42 | | |
| | $D_{6-8}^P$ | | 157.64 | 150.28 | 4.67 | 3.81 | | |
| | $D_{6-9}^P$ | | 155.86 | 146.16 | 6.22 | 6.45 | | |
| | $D_{6-10}^P$ | | 157.59 | 150.14 | 4.73 | 3.90 | | |
| 28 | $D_{28-7}^P$ | 160.93 | 147.84 | 143.97 | 2.62 | 7.85 | 1.OVM限位板、锚具；2.1.6级防震压力表 | |
| | $D_{28-8}^P$ | | 151.81 | 143.54 | 5.45 | 8.13 | | |
| | $D_{28-1}^P$ | | 162.19 | 159.28 | 1.79 | 1.02 | 1.OVM限位板、锚具；2.1.6级防震压力表；3.该测值为8月6日补张后测值 | |
| | $D_{28-2}^P$ | | 160.08 | 157.95 | 1.34 | 1.85 | | |
| | $D_{28-3}^P$ | | 156.36 | 153.90 | 1.57 | 4.37 | | |
| | $D_{28-4}^P$ | | 160.71 | 152.03 | 5.40 | 5.53 | | |
| | $D_{28-5}^P$ | | 155.67 | 146.45 | 5.92 | 9.00 | | |
| | $D_{28-6}^P$ | | 157.42 | 156.92 | 0.31 | 2.49 | | |
| | $D_{28-9}^P$ | | 155.39 | 146.29 | 5.86 | 9.10 | | |
| | $D_{28-10}^P$ | | 158.03 | 155.81 | 1.40 | 3.18 | | |
| 44 | $D_{16-1}^P$ | | 154.01 | 148.38 | 3.66 | 7.80 | 1.OVM限位板、锚具；2.0.4级防震压力表 | |
| | $D_{16-2}^P$ | | 157.29 | 149.43 | 5.00 | 7.15 | | |
| | $D_{16-3}^P$ | | 152.99 | 142.38 | 6.94 | 11.53 | | |
| | $D_{16-4}^P$ | | 153.52 | 142.88 | 6.93 | 11.21 | | |
| | $D_{16-5}^P$ | | 154.7 | 147.12 | 4.90 | 8.58 | | |
| | $D_{16-6}^P$ | | 156.91 | 146.79 | 6.45 | 8.79 | | |
| | $D_{16-7}^P$ | | 160.39 | 148.70 | 7.29 | 7.60 | | |
| | $D_{16-8}^P$ | | 159.91 | 145.63 | 8.93 | 9.51 | | |
| | $D_{16-9}^P$ | | 153.78 | 145.11 | 5.64 | 9.83 | | |
| | $D_{16-10}^P$ | | 157.94 | 147.68 | 6.50 | 8.23 | | |

第 28 榀槽 $A_{2左}$、$A_{2右}$、$B_{3左}$、$B_{3右}$ 锚索在 8 月 6 日进行补张,张拉控制力为 160.93 t(原张拉力为 156.24 t),表 5-8 中所反映数据为补张后数据,本节中数据分析以该数据为基础。

第 44 榀槽 $A_{2左}$、$A_{2右}$、$B_{7中}$ 锚索于 8 月 15 日张拉完毕后,监测数据显示预应力损失偏大(主要原因为新队伍未熟练张拉工艺),已安装完成的测力计卸掉重新进行联合率定后,于 8 月 27 日采用 0.4 级防震压力表及熟练张拉队伍完成张拉工作,表 5-8 中数据为 8 月 27 日张拉数据。8 月 15 数据可作为参考,具体见表 5-9。

表 5-9　第 44 榀槽第一次张拉数据统计(8 月 15 日)

| 测力计编号 | $D_{16-1}^{P}$ | $D_{16-2}^{P}$ | $D_{16-3}^{P}$ | $D_{16-4}^{P}$ | $D_{16-7}^{P}$ | $D_{16-8}^{P}$ |
|---|---|---|---|---|---|---|
| 锚索编号 | $A_{2左南}$ | $A_{2左北}$ | $A_{2右南}$ | $A_{2右北}$ | $B_{7中南}$ | $B_{7中北}$ |
| 自由状态 | 0.00 | 0.00 | 0.00 | 0.00 | 0.00 | 0.00 |
| 一级张拉 | 25.60 | 26.49 | 30.15 | 31.49 | 32.44 | 31.12 |
| 二级张拉 | 82.41 | 81.60 | 85.37 | 85.63 | 86.52 | 85.35 |
| 三级张拉 | 148.97 | 147.84 | 153.01 | 155.40 | 166.11 | 151.60 |
| 静载 10 min | 147.49 | 147.37 | 152.31 | 154.31 | — | — |
| 补张 | 150.93 | 149.67 | 154.91 | 158.16 | — | — |
| 锁定 | 138.67 | 141.00 | 147.49 | 147.40 | 142.28 | 144.70 |
| 损失比(%) | 8.12 | 5.79 | 4.79 | 6.81 | 16.75 | 4.77 |

**注:**采用 1.6 级防震压力表。

2. 环向圆形测力计监测数据

环向圆形测力计监测数据见表 5-10。

### 5.3.2.4　工程槽监测成果分析

1. 预应力损失范围

第 5 榀槽:纵向锚索张拉控制力为 156.24 t,回缩 6 mm 时的理论锚固损失为 5.6%,由于多种原因(油表、夹片、卸荷速率等)张拉完成后,实测预应力损失在 5.78%~11.03%,损失均高于设计值;环向锚索张拉控制力为 100.58 t,理论(回缩 6 mm)锚固回缩损失为 18.5%,张拉完成后,实测预应力损失在 26.51%~43.46%,预应力损失较大。

第 26 榀槽:通过采取更换配套机具(夹片、限位板)、改善张拉工艺(静停、慢速卸荷)、增加测力计垫板(中空 4 mm 厚)、对测力计和张拉机具进行联合率定等措施,该榀槽锚索张拉完成后,实测数据显示:纵向预应力损失主要集中在 4.66%~6.89%(均值 5.99%),与理论计算值 5.6%十分接近;环向预应力损失主要集中在 19.67%~21.94%(均值 20.80%),较理论计算值 18.5%稍偏大,但较第 5 榀环向预应力损失已大幅减小。

表 5-10 环向锚索测力计监测数据统计

| 槽号 | 测力计编号 | 设计控制力值(t) | 终张测力计测值(t) | 卸载后测力计测值(t) | 预应力损失比(%) | 较设计值差值之比(%) | 张拉工具 | 备注 |
|---|---|---|---|---|---|---|---|---|
| 5 | $D_{15}^P$ | | 100.17 | 56.87 | 43.23 | 43.46 | 1. 开封产限位板、工具锚；2.1.6 级不防震压力表 | 1. 预应力损失比 =（终张拉荷载−卸载后荷载）/终张拉荷载；2. 较设计值差值之比 =（设计张拉荷载−卸载后荷载）/设计张拉荷载，以下均同 |
| | $D_{16}^P$ | | 76.33 | 51.58 | 32.42 | 48.72 | | |
| | $D_{16}^P$(修正后) | | 109.83 | 74.22 | 32.42 | 26.21 | | |
| | $D_{17}^P$ | | 94.74 | 66.18 | 30.15 | 34.20 | | |
| | $D_{18}^P$ | | 88.8 | 57.19 | 35.60 | 43.14 | | |
| | $D_{19}^P$ | | 90.01 | 62.24 | 30.85 | 38.12 | | |
| | $D_{20}^P$ | | 90.89 | 66.79 | 26.52 | 33.60 | | |
| 26 | $D_{6-15}^P$ | 100.58 | 102.28 | 80.55 | 21.25 | 19.91 | 1. OVM 限位板、工具2.1.6 级防震压力表 | |
| | $D_{6-16}^P$ | | 101.37 | 81.72 | 19.38 | 18.75 | | |
| | $D_{6-17}^P$ | | 102.5 | 82.83 | 19.19 | 17.65 | | |
| | $D_{6-18}^P$ | | 100.96 | 80.32 | 20.44 | 20.14 | | |
| | $D_{6-19}^P$ | | 99.67 | 77.56 | 22.18 | 22.89 | 1. 开封产限位板、工具锚；2.1.6 级防震压力表 | |
| | $D_{6-20}^P$ | | 103.39 | 80.25 | 22.38 | 20.21 | | |
| 28 | $D_{28-15}^P$ | | 73.33 | 54.93 | 25.09 | 45.39 | 1. OVM 限位板、工具锚；2.1.6 级防震压力表 | |
| | $D_{28-16}^P$ | | 84.22 | 62.5 | 25.79 | 37.86 | | |
| | $D_{28-15}^P$ | | 90.19 | 70.74 | 21.57 | 29.67 | | |
| | $D_{28-16}^P$ | | 90.32 | 69.97 | 22.53 | 30.43 | | |
| | $D_{28-17}^P$ | | 93.91 | 68.24 | 27.33 | 32.15 | | |
| | $D_{28-18}^P$ | | 90.32 | 67.56 | 25.20 | 32.83 | | |
| | $D_{28-19}^P$ | | 91.66 | 74.57 | 18.64 | 25.86 | | |
| | $D_{28-20}^P$ | | 84.34 | 61.01 | 27.66 | 39.34 | | |
| 31 | 西 | | 90.5 | 66.79 | 26.20 | 33.60 | 1. OVM 限位板、工具锚；2.0.4 级防震压力表 | |
| | 东 | | 94.41 | 72.53 | 23.18 | 27.89 | | |
| 44 | $D_{16-11}^P$ | 102.53 | 86.14 | 69.10 | 19.77 | 32.60 | | |
| | $D_{16-12}^P$ | | 96.15 | 76.45 | 20.49 | 25.44 | | |
| | $D_{16-13}^P$ | | 85.92 | 71.26 | 17.06 | 30.50 | | |
| | $D_{16-14}^P$ | | 89.38 | 67.63 | 24.34 | 34.04 | | |
| | $D_{16-15}^P$ | | 98.46 | 78.99 | 19.78 | 22.96 | | |
| | $D_{16-16}^P$ | | 94.57 | 74.87 | 20.84 | 26.98 | | |
| | $D_{16-17}^P$ | | 98.44 | 79.39 | 19.35 | 22.56 | | |
| | $D_{16-18}^P$ | | 104.35 | 81.59 | 21.81 | 20.42 | | |

注：表中第 28 榀槽 $H_{34左}$ 于 8 月 7 日补张时，出现断丝；$D_{28-20}^P$ 为中空型测力计。第 44 榀槽于 8 月 28 日张拉时，$H_{3左}$、$H_{20左}$ 出现断丝现象。

第 28 榀槽：通过采取进一步改善工艺（单根预紧、加厚测力计垫板）、改进测力计（由 5 孔变为中空）、后期补张（控制力为 160.93 t）等措施，该榀槽锚索张拉完成后，实测数据显示：纵向预应力损失主要集中在 1.51%~5.66%（均值 3.17%），基本在理论计算值 5.6%以内；环向预应力损失主要集中在 20.91%~26.73%（均值 23.82%），较理论计算值 18.5%偏大，但较第 5 榀环向预应力损失仍有较大改善。

第 44 榀槽：通过采取更改油压表精度（1.6 级改为 0.4 级）、锚垫板凹槽尺寸（较测力计尺寸大 1~2 mm）、提高张拉控制力（纵向为 160.93 t，环向为 102.53 t）等措施，该榀槽锚索张拉完成后,实测数据显示:纵向预应力损失主要集中在 4.80% ~ 7.17%(均值 6.22%),与理论计算值 5.6% 十分接近;环向预应力损失主要集中在 18.99% ~ 21.87% (均值 20.43%),较理论计算值 18.5% 稍偏大,环向预应力损失有较大改善。

综合以上实测数据,删除部分异常测值,对其进行综合统计分析,分析结果见表 5-1 ~ 表 5-14。

表 5-11 纵向圆锚测值分析

| 槽号 | 测力计编号 | 设计控制力值(t) | 终张测力计测值(t) | 卸载后测力计测值(t) | 预应力损失比(%) |
|---|---|---|---|---|---|
| 26 | $D_{6-3}^P$ | | 152.94 | 141.86 | 7.24 |
| | $D_{6-4}^P$ | | 156.7 | 143.97 | 8.12 |
| | $D_{6-1}^P$ | | 151.3 | 142.02 | 6.13 |
| | $D_{6-2}^P$ | | 152.07 | 142.94 | 6.00 |
| | $D_{6-5}^P$ | | 152.72 | 141.1 | 7.61 |
| | $D_{6-6}^P$ | | 152.85 | 144.92 | 5.19 |
| | $D_{6-7}^P$ | | 155.65 | 149.34 | 4.05 |
| | $D_{6-8}^P$ | | 157.64 | 150.28 | 4.67 |
| | $D_{6-9}^P$ | | 155.86 | 146.16 | 6.22 |
| | $D_{6-10}^P$ | | 157.59 | 150.14 | 4.73 |
| 28 | $D_{28-7}^P$ | 156.24 | 147.84 | 143.97 | 2.62 |
| | $D_{28-8}^P$ | | 151.81 | 143.54 | 5.45 |
| | $D_{28-1}^P$ | | 157.47 | 154.64 | 1.79 |
| | $D_{28-2}^P$ | | 155.42 | 153.35 | 1.34 |
| | $D_{28-3}^P$ | | 151.81 | 149.42 | 1.57 |
| | $D_{28-4}^P$ | | 156.03 | 147.60 | 5.40 |
| | $D_{28-5}^P$ | | 151.14 | 142.18 | 5.92 |
| | $D_{28-6}^P$ | | 152.83 | 152.35 | 0.31 |
| | $D_{28-9}^P$ | | 150.86 | 142.03 | 5.86 |
| | $D_{28-10}^P$ | | 153.43 | 151.27 | 1.40 |
| 44 | $D_{16-1}^P$ | | 149.52 | 144.06 | 3.66 |
| | $D_{16-2}^P$ | | 152.71 | 145.08 | 5.00 |
| | $D_{16-3}^P$ | | 148.53 | 138.23 | 6.94 |
| | $D_{16-4}^P$ | | 149.05 | 138.72 | 6.93 |
| | $D_{16-5}^P$ | | 150.19 | 142.83 | 4.90 |
| | $D_{16-6}^P$ | | 152.34 | 142.51 | 6.45 |
| | $D_{16-7}^P$ | | 155.72 | 144.37 | 7.29 |
| | $D_{16-8}^P$ | | 155.25 | 141.39 | 8.93 |
| | $D_{16-9}^P$ | | 149.30 | 140.88 | 5.64 |
| | $D_{16-10}^P$ | | 153.34 | 143.38 | 6.50 |

表 5-12 纵向圆锚测值统计分析

| 力值 | 终张后力值(t) | 锚固后力值(t) |
|---|---|---|
| 置信区间(95%) | [151.94,154.05] | [143.53,146.77] |
| 置信区间(90%) | [152.12,153.87] | [143.81,146.50] |
| 均值(t) | 152.997 | 145.151 |
| 标准差 | 2.818 99 | 4.336 71 |
| 备注 | 样本数量为 30 | |

纵向圆锚经样本分析（T 值检验）知,终张后均值为 153.00 t,标准差为 2.82,置信区间(95%)为[151.94,154.05];锚固后均值为 145.15 t,标准差为 4.34,置信区间(95%)为[143.53,146.77]。

5-13 环向扁锚测值分析

| 槽号 | 测力计编号 | 设计控制力值(t) | 终张测力计测值(t) | 卸载后测力计测值(t) | 预应力损失比(%) |
|---|---|---|---|---|---|
| 26 | $D_{6-15}^{P}$ | | 102.28 | 80.55 | 21.25 |
| | $D_{6-16}^{P}$ | | 101.37 | 81.72 | 19.38 |
| | $D_{6-17}^{P}$ | | 102.5 | 82.83 | 19.19 |
| | $D_{6-18}^{P}$ | | 100.96 | 80.32 | 20.44 |
| | $D_{6-19}^{P}$ | | 99.67 | 77.56 | 22.18 |
| | $D_{6-20}^{P}$ | | 103.39 | 80.25 | 22.38 |
| 28 | $D_{28-15}^{P}$ | | 90.19 | 70.74 | 21.57 |
| | $D_{28-16}^{P}$ | | 90.32 | 69.97 | 22.53 |
| | $D_{28-17}^{P}$ | | 93.91 | 68.24 | 27.33 |
| | $D_{28-18}^{P}$ | 100.58 | 90.32 | 67.56 | 25.2 |
| | $D_{28-19}^{P}$ | | 91.66 | 74.57 | 18.64 |
| 44 | $D_{16-11}^{P}$ | | 84.50 | 67.78 | 19.77 |
| | $D_{16-12}^{P}$ | | 94.32 | 74.99 | 20.49 |
| | $D_{16-13}^{P}$ | | 84.28 | 69.90 | 17.06 |
| | $D_{16-14}^{P}$ | | 87.68 | 66.34 | 24.34 |
| | $D_{16-15}^{P}$ | | 96.58 | 77.49 | 19.78 |
| | $D_{16-16}^{P}$ | | 92.77 | 73.44 | 20.84 |
| | $D_{16-17}^{P}$ | | 96.56 | 77.88 | 19.35 |
| | $D_{16-18}^{P}$ | | 102.36 | 80.04 | 21.81 |

表 5-14　环向扁锚测值统计分析

| 力值 | 终张后力值(t) | 锚固后力值(t) |
|---|---|---|
| 置信区间(95%) | [92.03,98.04] | [72.21,77.49] |
| 置信区间(90%) | [92.55,97.51] | [72.67,77.03] |
| 均值(t) | 95.03 | 74.85 |
| 标准差 | 6.24 | 5.47 |
| 备注 | 样本数量为 19 | |

环向扁锚经样本分析(T 值检验)知,纵张后均值为 95.03 t,标准差为 6.24,置信区间(95%)为[92.03,98.04];锚固后均值为 74.85 t,标准差为 5.47,置信区间(95%)为[72.21,77.49]。

2. 与设计控制力的差异范围

锚索测力计与油压千斤顶是两套不同的测力系统,测力计为振弦式仪器,精度高[不低于±(0.25%~±0.5%)F·S],油压千斤顶以压力表读数显示力值,精度偏低;另外,测力计与千斤顶所测力值的部位(锚上力与锚下力)也不相同,故两者必然会产生差异。本节所做分析均认定千斤顶最终施加力即为设计张拉控制力。

纵向圆锚设计张拉控制力分为 156.24 t、160.93 t。其中,第 5 榀槽、第 26 榀槽、第 28 榀槽(仅 $D_{28-7}^P$、$D_{28-8}^P$)张拉采用 156.24 t;第 28 榀槽(除 $D_{28-7}^P$、$D_{28-8}^P$)、第 44 榀槽张拉采用 160.93 t。

环向扁锚设计张拉控制力分为 100.58 t、102.53 t。其中,第 5 榀槽、第 26 榀槽、第 28 榀槽张拉采用 100.58 t,第 44 榀槽张拉采用 102.53 t。

表 5-15　纵向圆形测力计与设计控制张拉力差值统计

| 槽号 | 测力计编号 | 设计控制力值(t) | 终张测力计测值(t) | 终张测值与设计控制力差值(t) | 均值(t) |
|---|---|---|---|---|---|
| 5 | $D_1^P$ | 156.24 | 148.12 | 8.12 | 6.57 (1.16~10.17) |
| | $D_2^P$ | 156.24 | 140.72 | 15.52 | |
| | $D_3^P$ | 156.24 | 149.99 | 6.25 | |
| | $D_4^P$ | 156.24 | 153.74 | 2.5 | |
| | $D_5^P$ | 156.24 | 145.86 | 10.38 | |
| | $D_6^P$ | 156.24 | 144.56 | 11.68 | |
| | $D_7^P$ | 156.24 | 159.52 | -3.28 | |
| | $D_8^P$ | 156.24 | 157.07 | -0.83 | |
| | $D_9^P$ | 156.24 | 149.64 | 6.6 | |
| | $D_{10}^P$ | 156.24 | 147.5 | 8.74 | |

**续表 5-15**

| 槽号 | 测力计编号 | 设计控制力值(t) | 终张测力计测值(t) | 终张测值与设计控制力差值(t) | 均值(t) |
|---|---|---|---|---|---|
| 26 | $D_{6-3}^P$ | 156.24 | 152.94 | 3.3 | 1.71<br>(-0.45~3.86) |
| | $D_{6-4}^P$ | 156.24 | 156.7 | -0.46 | |
| | $D_{6-1}^P$ | 156.24 | 151.3 | 4.94 | |
| | $D_{6-2}^P$ | 156.24 | 152.07 | 4.17 | |
| | $D_{6-5}^P$ | 156.24 | 152.72 | 3.52 | |
| | $D_{6-6}^P$ | 156.24 | 152.85 | 3.39 | |
| | $D_{6-7}^P$ | 156.24 | 155.65 | 0.59 | |
| | $D_{6-8}^P$ | 156.24 | 157.64 | -1.4 | |
| | $D_{6-9}^P$ | 156.24 | 155.86 | 0.38 | |
| | $D_{6-10}^P$ | 156.24 | 157.59 | -1.35 | |
| 28 | $D_{28-7}^P$ | 156.24 | 147.84 | 8.4 | 3.44<br>(0.68~5.29) |
| | $D_{28-8}^P$ | 156.24 | 151.81 | 4.43 | |
| | $D_{28-1}^P$ | 160.93 | 162.19 | -1.26 | |
| | $D_{28-2}^P$ | 160.93 | 160.08 | 0.85 | |
| | $D_{28-3}^P$ | 160.93 | 156.36 | 4.57 | |
| | $D_{28-4}^P$ | 160.93 | 160.71 | 0.22 | |
| | $D_{28-5}^P$ | 160.93 | 155.67 | 5.26 | |
| | $D_{28-6}^P$ | 160.93 | 157.42 | 3.51 | |
| | $D_{28-9}^P$ | 160.93 | 155.39 | 5.54 | |
| | $D_{28-10}^P$ | 160.93 | 158.03 | 2.9 | |
| 44 | $D_{16-1}^P$ | 160.93 | 154.01 | 6.92 | 4.79<br>(2.44~7.13) |
| | $D_{16-2}^P$ | 160.93 | 157.29 | 3.64 | |
| | $D_{16-3}^P$ | 160.93 | 152.99 | 7.94 | |
| | $D_{16-4}^P$ | 160.93 | 153.52 | 7.41 | |
| | $D_{16-5}^P$ | 160.93 | 154.7 | 6.23 | |
| | $D_{16-6}^P$ | 160.93 | 156.91 | 4.02 | |
| | $D_{16-7}^P$ | 160.93 | 160.39 | 0.54 | |
| | $D_{16-8}^P$ | 160.93 | 159.91 | 1.02 | |
| | $D_{16-9}^P$ | 160.93 | 153.78 | 7.15 | |
| | $D_{16-10}^P$ | 160.93 | 157.94 | 2.99 | |

表 5-16　环向方形测力计与设计控制张拉力差值统计

| 槽号 | 测力计编号 | 设计控制力值(t) | 终张测力计测值(t) | 终张测值与设计控制力差值(t) | 均值(t) |
|---|---|---|---|---|---|
| 5 | $D_{15}^P$ | 100.58 | 100.17 | 0.41 | 10.42 (5.31~15.53) |
| | $D_{16}^P$ | 100.58 | 76.33 | 24.25 | |
| | $D_{17}^P$ | 100.58 | 94.74 | 5.84 | |
| | $D_{18}^P$ | 100.58 | 88.8 | 11.78 | |
| | $D_{19}^P$ | 100.58 | 90.01 | 10.57 | |
| | $D_{20}^P$ | 100.58 | 90.89 | 9.69 | |
| 26 | $D_{6-15}^P$ | 100.58 | 102.28 | −1.7 | −1.12 (−2.14~−0.09) |
| | $D_{6-16}^P$ | 100.58 | 101.37 | −0.79 | |
| | $D_{6-17}^P$ | 100.58 | 102.5 | −1.92 | |
| | $D_{6-18}^P$ | 100.58 | 100.96 | −0.38 | |
| | $D_{6-19}^P$ | 100.58 | 99.67 | 0.91 | |
| | $D_{6-20}^P$ | 100.58 | 103.39 | −2.81 | |
| 28 | $D_{28-15}^P$ | 100.58 | 90.19 | 10.39 | 10.46 (9.30~16.24) |
| | $D_{28-16}^P$ | 100.58 | 90.32 | 10.26 | |
| | $D_{28-17}^P$ | 100.58 | 93.91 | 6.67 | |
| | $D_{28-18}^P$ | 100.58 | 90.32 | 10.26 | |
| | $D_{28-19}^P$ | 100.58 | 91.66 | 8.92 | |
| | $D_{28-20}^P$ | 100.58 | 84.34 | 16.24 | |
| 44 | $D_{16-11}^P$ | 102.53 | 86.14 | 16.39 | 8.35 (4.14~15.38) |
| | $D_{16-12}^P$ | 102.53 | 96.15 | 6.38 | |
| | $D_{16-13}^P$ | 102.53 | 85.92 | 16.61 | |
| | $D_{16-14}^P$ | 102.53 | 89.38 | 13.15 | |
| | $D_{16-15}^P$ | 102.53 | 98.46 | 4.07 | |
| | $D_{16-16}^P$ | 102.53 | 94.57 | 7.96 | |
| | $D_{16-17}^P$ | 102.53 | 98.44 | 4.09 | |
| | $D_{16-18}^P$ | 102.53 | 104.35 | −1.82 | |

第 5 榀槽:纵向圆锚测力计实测值与张拉力差值集中在 1.16~10.17 t,平均差值为 6.57 t;环向扁锚测力计实测值与张拉力差值集中在 5.31~15.53 t,平均差值为 10.42 t,环向扁锚差值大于纵向圆锚差值。

第 26 榀槽:测力计和油压千斤顶配套联合率定后,纵向圆锚测值与张拉力差值集中在-0.45~3.86 t,平均差值为 1.71 t;环向扁锚测力计实测值与张拉力差值集中在-2.14~-0.09 t,平均差值为-1.12 t,较设计张拉力稍大。可知通过联合率定等措施可减小两套系统间误差,缩小差值。

第 28 榀槽:纵向圆锚测值与张拉力差值集中在 0.68~5.29 t,平均差值为 3.44 t,差值相对较小,这主要与 8 月 6 日进行补张(张拉力为 160.93 t)有关;环向扁锚测力计实测值与张拉力差值集中在 9.30~16.24 t,平均差值为 10.46 t,环向差值与第 5 榀槽环向相似。

第 44 榀槽:通过提高油表精度、扩大锚垫板凹槽尺寸等措施,纵向圆锚测力计实测值与张拉力差值集中在 2.44~7.13 t,平均差值为 4.79 t;环向扁锚测力计实测值与张拉力差值集中在 4.14~15.38 t,平均差值为 8.35 t。

综合以上分析及统计分析结果可知,纵向圆锚实测值集中在(95%置信度)151.94~154.05 t,差值为 2.19~4.40 t;环向扁锚实测值集中在(95%置信度)92.03~98.04 t,差值为 2.54~8.55 t。

3. 主要影响因素分析

1) 影响预应力损失的主要因素

(1) 夹片、工具锚、限位板及压力表防震的影响。第 5 榀槽夹片、工具锚、限位板均采用开封产,1.6 级不防震油表,纵向损失 5.78%~11.03%,环向损失 26.51%~43.46%;第 26 榀槽夹片、工具锚、限位板均采用 OVM 产,1.6 级不防震油表,纵向损失 4.66%~6.89%,环向损失 19.67%~21.94%。采取上述措施后损失明显降低。

(2) 加大锚垫板尺寸、定位器的影响。第 44 榀槽环向扁锚,通过采用加大锚垫板凹槽尺寸(较测力计尺寸大 1~2 mm),使用定位器、水平尺使测力计、工具锚、限位板、垫块(1~2 块工具锚)及千斤顶等设备在保持对中、水平等措施后,环向损失为 18.99%~21.87%,较第 28 榀环向损失(为 20.91%~26.73%),有所降低。

(3) 张拉熟练程度及对中的影响。第 44 榀槽 $A_{2左}$、$A_{2右}$、$B_{7中}$ 锚索于 8 月 15 日张拉完毕后,损失 5.54%~12.45%,后对张拉队伍进行培训,测力计卸掉后重新于 8 月 27 日采用 0.4 级防震压力表及熟练张拉队伍完成张拉工作,损失 4.80%~7.17%。

(4) 提高控制力进行补张的影响。第 28 榀槽纵向锚索于 7 月 27 日张拉(控制力为 156.24 t),完成后,损失为 2.49%~5.54%;8 月 6 日重新进行补张(控制力为 160.93 t),完成后,损失为 1.51%~5.66%。

2) 影响测力计与控制力差值的主要因素

(1) 系统误差。锚索测力计与油压千斤顶是两套不同的测力系统,第 26 榀槽、第 28 榀槽、第 44 榀槽测力计均与千斤顶进行了配套联合率定,其损失均小于第 5 榀槽。

(2) 偏心误差。锚索偏心时,将很难对测力计、工具锚、限位板、垫块(1~2 块)等进行对中调整,这样千斤顶加压时,将很难垂直施力,而测力计只能测到竖向压力,造成测力计与千斤顶之间测值产生误差。

（3）油表读数误差。第 5 榀槽采用 1.6 级不防震压力表、第 44 榀槽采用 0.4 级防震压力表,第 44 榀槽预应力损失基本与理论值一致,而第 5 榀槽损失均大于理论值。

（4）千斤顶误差。当油表显示达到设计张拉控制力时,并不能确定其值即为设计张拉力,有时会偏差很大。大桥局现场试验时曾出现当油表达到设计力（97.65 t）时,测力计仅达到 60 t 左右,且伸长值也明显偏小,后经重新标定,测值基本一致。

### 5.3.3　试验台仪器安装及监测成果

环形预应力试验台安装有圆形测力计、方形测力计及钢索计,其主要测试锚固回缩损失、孔道摩阻、锚圈口损失、预应力沿程变化等项目。试验用方形测力计采用北京基康仪器股份有限公司改进后的 3 孔测力计。

#### 5.3.3.1　仪器安装

测力计主要安装方法及流程与第 44 榀槽相同。

钢索计是用来监测钢绞线的变形,利用夹具把钢索计固定于钢索上,主要安装步骤如下:①安装前,确保仪器安装部位的钢绞线没有损伤并应去除毛刺、油脂;②将传感器穿入夹具,预拉（读数在 2 500~4 000）;③传感器固定于钢绞线上,保证与钢绞线平行;④在仪器周围的钢绞线上涂抹黄油,减小周围钢绞线对夹具的摩擦;⑤安装完毕,进行初始读数并仔细记录。

#### 5.3.3.2　数据整理

测力计数据整理见 2.2 节。钢索计安装完毕后的零荷载初始读数为其基准值,变形计算公式为:

$$D = C \times (R_1 - R_0)$$

式中　$R_1$——当前读数;
　　　$R_0$——初始读数,通常在安装完成后获得;
　　　$C$——率定系数。

#### 5.3.3.3　监测成果统计

测力计及钢索计监测数据见附录一、附录二。

### 5.3.4　试验台监测成果分析

#### 5.3.4.1　预应力损失范围

1. 直线圆锚

圆形测力计主要安装方法与第 44 榀相同。

直线圆锚张拉控制力为 160.93 t,采用单根预紧后一端整体分级张拉,试验共完成 3 组,根据不同计算公式对监测结果进行了分析,具体见表 5-17。

**表 5-17 直线圆锚预应力损失统计**

直线圆锚损失比(%)

| 类别 | | 锚固回缩损失 | | 与控制力差值之比 | |
|---|---|---|---|---|---|
| | | 单次测试值 | 均值 | 单次测试值 | 均值 |
| 联合率定方程计算 | 被动端 | 5.28 | 5.57 | 12.31 | 11.51 |
| | | 5.70 | | 11.15 | |
| | | 5.72 | | 11.05 | |
| | 主动端 | 9.26 | 9.32 | 13.38 | 12.06 |
| | | 9.32 | | 11.73 | |
| | | 9.37 | | 11.07 | |
| 利用系数计算 | 被动端 | 5.39 | 5.68 | 13.24 | 12.43 |
| | | 5.81 | | 12.08 | |
| | | 5.83 | | 11.98 | |
| | 主动端 | 9.36 | 9.42 | 15.06 | 13.75 |
| | | 9.43 | | 13.43 | |
| | | 9.48 | | 12.77 | |

从不同计算方法看,利用方程计算预应力损失比(包括被动端和主动端)均较系数计算的偏小,但差别不大;从主、被动端来看,主动端损失比均高于被动端,差别相对偏大。综合分析可知:联合率定能提高整个张拉系统精度,能一定程度减小误差;加载方式对预应力损失影响相对较大;直线圆锚被动端锚固回缩损失比为 5.57%,主动端损失比为9.32%,平均损失比在 8%左右。

2. 直线扁锚

方形测力计采用改进后的 3 孔测力计,主要安装方法与 44 榀基本相同,在测力计上下面均安装加厚(35 mm)中空垫板。

直线扁锚张拉控制力为 100.58 t,采用单根预紧后一端整体分级加载,共完成 3 组试验,根据不同计算公式对监测结果进行了分析,具体见表 5-18。

直线扁锚预应力损失比变化规律与直线圆锚相同,即从不同计算方法看,其利用方程计算预应力损失(包括被动端和主动端)较系数计算的略偏小,但差别不大;从主、被动端来看,主动端损失比均高于被动端,差别相对偏大。

综合分析可知:联合率定能提高张拉系统精度,一定程度减小误差;加载方式对预应力损失影响相对较大;直线扁锚被动端锚固回缩损失比为 2.91%,主动端损失比为7.31%,平均损失比在 5%左右。

3. 环向扁锚

环向扁锚张拉控制力为 100.58 t,采用单根预紧后两端同时整体分级张拉,共完成 6组现场测试,利用不同计算公式对测试结果进行了分析,具体见表 5-19。

**表 5-18　直线扁锚预应力损失统计**

直线圆锚损失比(%)

| 类别 | | 锚固回缩损失 | | 与控制力差值之比 | |
|---|---|---|---|---|---|
| | | 单次测试值 | 均值 | 单次测试值 | 均值 |
| 联合率定方程计算 | 被动端 | 2.93 | 2.91 | 18.36 | 16.87 |
| | | 2.81 | | 18.55 | |
| | | 2.98 | | 13.70 | |
| | 主动端 | 7.49 | 7.39 | 14.85 | 13.68 |
| | | 7.48 | | 14.94 | |
| | | 7.20 | | 11.24 | |
| 利用系数计算 | 被动端 | 2.94 | 2.91 | 20.49 | 18.88 |
| | | 2.80 | | 20.54 | |
| | | 2.99 | | 15.61 | |
| | 主动端 | 7.52 | 7.45 | 16.09 | 14.90 |
| | | 7.56 | | 16.13 | |
| | | 7.26 | | 12.47 | |

**表 5-19　环向扁锚预应力损失统计**

环向扁锚预应力损失比(%)

| 类别 | 锚固回缩损失 | | 与控制力差值之比 | | 备注 |
|---|---|---|---|---|---|
| | 利用系数计算 | 联合率定方程计算 | 利用系数计算 | 联合率定方程计算 | |
| 西侧上部 | 14.93 | 14.90 | 13.14 | 16.44 | |
| | 15.30 | 15.10 | 14.65 | 16.64 | |
| | 29.12 | 28.80 | 14.21 | 16.21 | 异常 |
| 西侧下部 | 16.74 | 16.53 | 14.32 | 16.32 | |
| | 16.36 | 16.16 | 11.53 | 13.64 | |
| | 16.10 | 16.05 | 12.81 | 15.87 | |
| 东侧上部 | 11.65 | 11.62 | 8.59 | 12.13 | |
| | 13.15 | 12.74 | 19.57 | 19.88 | |
| | 15.31 | 14.37 | 25.19 | 22.77 | |
| 东侧下部 | 13.83 | 13.92 | 12.74 | 16.75 | |
| | 14.59 | 14.70 | 15.79 | 19.74 | |
| | 15.61 | 15.32 | 18.62 | 14.78 | |
| 平均损失比(%) | 16.10 | 15.90 | 14.78 | 16.94 | 未剔除异常值 |
| | 14.65 | 14.45 | 15.06 | 17.14 | 剔除异常值 |
| 最大值 | 16.74 | 16.53 | 25.19 | 22.77 | 剔除异常值 |
| 最小值 | 11.65 | 11.62 | 8.59 | 12.13 | 剔除异常值 |

从表 5-19 可以看出，①环向扁锚预应力损失规律与直线圆锚、直线扁锚均相同，即：利用方程计算预应力损失较利用系数计算的损失略偏小；②由于两端同时张拉，同束钢绞线的两端预应力损失基本一致。

综合分析可知：联合率定能相对减小预应力损失，环向扁锚平均预应力损失比为 14.45%，其中最大损失比为 16.53%，最小为 11.62%。

### 5.3.4.2 与设计控制力的差异范围

在进行直线圆锚的各项试验中，因未能取得钢索计测值，故无法与钢索计测值进行对比，但差值（圆形测力计实测值与张拉力之差）与工程槽统计结果基本一致，见 5.3.2.3 节；环向锚索与控制力差值范围在 5.3.4.3 节中介绍，本节主要介绍直线扁锚测力计、钢索计与控制力的差异情况。测力计安装于试验台直线扁锚的两个端部，测值代表两端工作锚下部荷载；钢索计安装于试验台扁锚钢绞线（选 3 根）中部，测值代表钢绞线中部（点）所受荷载。环形试验台共完成 6 组直线扁锚（安装钢索计）测试，测试结果统计见表 5-20。

表 5-20 直线扁锚荷载实测值与张拉力差值统计

| 荷载类别 | | 设计张拉控制力(t) | 钢索计 | | 测力计 | | | |
|---|---|---|---|---|---|---|---|---|
| | | | 荷载(t) | 钢索计荷载与设计力差值(t) | 荷载(系数计算) | 系数计算荷载与设计力差值(t) | 联合率定方程计算 | 方程计算荷载与设计力差值(t) |
| 空拉试验 | 第一次张拉 | 100.58 | 91.9 | −8.7 | 105.4 | 4.8 | 109.3 | 8.7 |
| | 第二次张拉 | 100.58 | 92.2 | −8.4 | 106.1 | 5.5 | 109.7 | 9.1 |
| | 第三次张拉 | 100.58 | 84.4 | −16.2 | 105.6 | 5.0 | 109.6 | 9.0 |
| 锚固回缩试验 | 第一次张拉 | 100.58 | 83.0 | −17.6 | 101.0 | 0.4 | 103.6 | 3.1 |
| | 第二次张拉 | 100.58 | 88.9 | −11.7 | 104.3 | 3.7 | 107.1 | 6.5 |
| | 第三次张拉 | 100.58 | 87.3 | −13.3 | 101.0 | 0.4 | 103.7 | 3.1 |

从表 5-20 中可以看出：①受孔道摩阻影响，钢索计测值均小于张拉控制力，差值在 −15.7～−9.6 t 之间，平均差值为 −12.65 t；②测力计测值较张拉控制力偏大，利用系数计算结果平均偏大 3.30 t，利用方程计算结果平均偏大 6.58 t，测值偏大受现在张拉情况（油表读数、更换液压油）影响。

### 5.3.4.3 应力沿程分布

由于试验台现场条件限制，仅能选择 2 根环向钢绞线安装钢索计进行预应力试验，分别在环形试验台 0°、90°和 180°部位安装钢索计；另外，由于开口较小、90°部位钢绞线仍为环形等原因对钢索计读数有较大影响，分析时已剔除异常值。具体结果见表 5-21。

表 5-21　环向钢绞线各点应力分布统计

| 类别 | 终张后测值(103%)(t) | | | | | 卸载后(t) | | | | |
|---|---|---|---|---|---|---|---|---|---|---|
| 仪器 | 测力计 | 钢索计 | | | 测力计 | 测力计 | 钢索计 | | | 测力计 |
| 位置 | 西侧 | 0° | 90° | 180° | 东侧 | 西侧 | 0° | 90° | 180° | 东侧 |
| 1 | 33.76 | 33.5 | — | 37.3 | 41.94 | 26.3 | 28.9 | — | 32.2 | 36.17 |
| 2 | 34.17 | 35.3 | — | 37.2 | 42.21 | 29.32 | 31.2 | — | 25.2 | 36.11 |
| 3 | 34.75 | 35.8 | 27.4 | 37.4 | 43.24 | 30.74 | 31 | 27.8 | 33.4 | 38.12 |
| 平均值 | 34.23 | 34.87 | 27.4 | 37.3 | 42.46 | 28.79 | 30.37 | 27.8 | 30.27 | 36.8 |

从表 5-21 中看出:①油表显示达到张拉力时,钢绞线不同部位所受荷载不同,90°位置荷载为 27.40 t,端部测力计均值为 38.35 t,表现出中间(90°位置)最小,向两端逐渐增大,端部受力最大的规律;②卸荷锁定后,钢绞线所受荷载整体变小,90°位置荷载为 27.8 t,端部测力计均值为:32.8 t,基本呈现中间最小,向两端逐渐增大的规律;③钢索计数据采集是在卸荷过程中瞬间完成,这时钢绞线与孔道的反摩擦力较大,且在中间位置反摩擦力最大,故卸荷前后,钢绞线中间位置荷载分别为 27.4 t、27.8 t,无明显变化。

## 5.3.5　关于测力计稳定性的说明

### 5.3.5.1　实验室率定

仪器进场后,均在实验室进行率定,率定目的之一即为检验测力计的稳定性,稳定性检验方法如下:①超量程 10%预压三次;②分 5 级进行逐级加载,读数并记录,达到测力计量程后,再分 5 级进行逐级卸载,读数并记录,该循环进行 3 次;③对加载、卸载取得数据(30 次),逐级进行比较,各级数据最大差值不超过仪器量程的 1%即为合格。截至目前,所安装测力计各级数据最大差值均不超过其量程的 1%,说明测力计稳定性很好。

### 5.3.5.2　现场测试

从现场测试数据看,测力计测值大小不均匀,有些甚至差别较大,出现这种情况称为"不稳定"是不合适的,称为"实测数据波动大"比较合理。经分析,出现"实测数据波动大"由以下三种原因引起:①对中,当测力计与钢绞线不在同一轴线上时,会出现偏心现象,所测荷载偏小,偏心现象越严重,则实测荷载越偏小,这就造成了数据波动;②联合率定后,整个系统(有测力计、油表、千斤顶及其配套油泵、油管等)若更换较多的设备,如:阀门、液压油、油管等,都会增加系统误差,故数据波动也受系统误差影响;③油表读数不稳定是数据波动的主要影响因素,即使采用 0.4 级防震压力表,该误差仍然较大。

### 5.3.5.3　长期观测结果

锚索锁定后到第二天的锚索测力计测值变化较大,环向锚索测力计测值减少 1~12 kN,纵向锚索测力计测值减少 10~20 kN,其后测值变幅逐步减小。但一个月后测值基本随温度变化而变化,数据稳定,这再次说明测力计是稳定性很好,不存在测力计"不稳定"的情况。

## 5.3.6　关于第五榀槽预应力损失较大的说明

### 5.3.6.1　限位板影响

沙河第 5 榀槽采用开封产限位板,纵向损失 5.78% ~ 11.03%;第 26 榀采用 OVM 限位板(其他主要工序未变),纵向损失 4.66% ~ 6.89%。开封限位板凹槽较 OVM 限位板深 1 ~ 2 mm,这就造成使用开封限位板时夹片多回缩 1 ~ 2 mm,从而引起锁定后预应力损失较大,通过类比第 5 榀、第 26 榀槽纵向损失,可知开封限位板导致的预应力损失在 3% 左右。

### 5.3.6.2　偏心影响

6 月 26 日在第 28 榀槽($H_{20左}$)所测试验结果显示,钢绞线偏心后环向预应力损失为 25% ~ 27%,经统计分析工程槽环向预应力损失主要集中在 20% ~ 23%,通过类比可知,钢绞线偏心导致的预应力损失在 4% 左右。另外,钢绞线偏心极易导致断丝现象,第 44 榀槽 $H_{20左}$ 张拉出现断丝情况,最大损失为 24%,而该槽其他钢束环向损失均值约为 20%,可知钢绞线断丝可导致 4% 左右的损失,若出现两种工况叠加,造成的预应力损失将大大高于 4%。

### 5.3.6.3　张拉偶然误差影响

第 44 榀槽 $A_{2左}$、$A_{2右}$、$B_{7中}$ 锚索于 8 月 15 日由新队伍张拉完毕后,损失 5.54% ~ 12.45%,后对张拉队伍进行培训,测力计卸掉后于 8 月 27 日重新张拉,损失 4.80% ~ 7.17%。可知由人为偶然因素导致的误差在 3% 左右。

第 5 榀槽环向预应力损失均值为 34.11%,最小为 26.52%,最大为 43.23%,若扣除限位板及偏心造成的预应力损失,其损失均值在 26% 左右,与其他工程槽环向损失基本一致;另外,第 5 榀槽最大损失 43.23%,为个别情况,考虑极端情况,若扣除限位板、偏心及张拉偶然误差的影响,其损失在 32% 左右。故第 5 榀槽预应力损失偏大主要由限位板、偏心引起,个别仪器损失由张拉过程中的偶然误差引起。

## 5.3.7　采取的改进措施

(1)对测力计和油压千斤顶进行配套联合率定,减小两套系统间误差。

(2)对方形测力计进行改进,先由 5 孔改为中空,后经现场测试后被现场工作组否定,再由 5 孔改为 3 孔,经环形试验台试验表明效果较好。

(3)自行设计并定做定位器,该定位器可保证工作锚与测力计的对中误差不超过 2 mm。

(4)利用水平尺逐步校核锚垫板、测力计、工具锚、限位板、垫块、过渡环及千斤顶等设备的安装情况,保证其受力面水平。

(5)加大锚垫板尺寸(较测力计尺寸大 1 ~ 2 mm),并洗平垫板凹槽,改善测力计受力面。

(6)设计并加工中空加厚(35 mm)垫板,安装与测力计上下面部位,改善受力条件。

(7)更换压力表,由 1.6 级不防震压力表更换为 1.6 级防震压力表,后更换为 0.4 级防震压力表。

### 5.3.8 结论与建议

#### 5.3.8.1 结论

（1）第 5 榀槽以外，工程槽纵向预应力损失均值在 3.17%～6.22%，基本接近理论值 5.6%，环向预应力损失均值在 20.34%～23.83%，高于理论值 18.5%。

（2）经过统计分析，工程槽纵向圆锚实测值集中在（95%置信度）151.94～154.05 t，差值为 2.19～4.40 t；环向扁锚实测值集中在（95%置信度）92.03～98.04 t，差值为 2.54～8.55 t。

（3）环形试验台试验结果表明：利用系数计算结果相对偏小，直线圆锚、直线扁锚以及环向扁锚预应力损失平均值分别为：8%、5%、14.45%。

（4）测力计在实验室率定及卸载后长期读数均表明稳定性较好，现场测试数据有波动，主要由油表读数误差引起。

（5）限位板、锚索偏心及偶然误差是导致第 5 榀槽预应力损失较大的主要原因。

#### 5.3.8.2 建议

（1）对测力计与油压千斤顶进行配套联合率定，计算结果采用联合率定方程处理。

（2）适当增加环向预应力监测根数。

## 5.4 预应力试验研究

### 5.4.1 施工单位现场张拉工艺复核验证试验

2011 年 4 月 22 日，发现第 5 榀渡槽测力计读数与现场张拉油表读数存在较大偏差时，第 1～6 榀渡槽的预应力张拉施工及第 7～12 榀渡槽的初张拉施工已经完成，为了复核验证正在进行的张拉工艺的合理性，施工单位进行了两次张拉工艺复核验证试验，其中第一次邀请了锚具厂家、钢绞线厂家在 4# 制槽台座对第 12 榀渡槽 $H_{34左}$、$H_{36中}$ 两束环锚进行了无测力计的张拉工艺试验；第二次由建管、监理、设计、监测、施工单位共同参与，对第 13 榀渡槽 $H_{31左}$ 环锚在三孔环锚测力计监控下进一步复核验证张拉工艺的合理性。具体张拉过程及结果说明如下。

#### 5.4.1.1 第一次张拉工艺复核验证试验

张拉过程描述：第一次张拉对第 12 榀渡槽 $H_{34左}$、$H_{36中}$ 两束环锚进行了试验，张拉时采取预紧后分四级两端同时张拉（$0.25\sigma \rightarrow 0.50\sigma \rightarrow 0.75\sigma \rightarrow 1.00\sigma$），工作锚采用 OVM，限位板采用开封亚光预应力股份有限公司生产的限位板，其中前三级张拉持荷 2 min，最终张拉持荷 10 min 后补张至设计张拉力，每级张拉均测量钢绞线伸长值，回油、锁定时第一分钟回油至 $0.75\sigma$，第二分钟回油至 2 MPa，然后锁定。具体张拉结果见表 5-22、表 5-23。

### 表 5-22　第 12 榀渡槽 $H_{34左}$ 锚索张拉情况

锚索编号：$H_{34左东}$；千斤顶编号：$1^{\#}$；压力表编号：641；无测力计

| 张拉分级 | 压力表读数（MPa） | 张拉力（kN） | 实测长度（mm） | 递增值（mm） | 累计递增值（mm） | 稳压时间（min） | 理论伸长值（mm） | 伸长误差（%） |
|---|---|---|---|---|---|---|---|---|
| 初始 | | | 0 | | | | | |
| 0.10 | 1.58 | 58.6 | | | | | 14.0 | |
| 0.25 | 4.18 | 146.5 | 18 | | 17 | 2 | 35.0 | |
| 0.50 | 8.50 | 293.0 | 36 | 18 | 35 | 2 | 70.0 | −7.1 |
| 0.75 | 12.83 | 439.4 | 58 | 22 | 57 | 2 | 105.1 | 0.8 |
| 1.00 | 17.67 | 585.9 | 76 | 18 | 75 | 10 | 144.3 | −0.2 |
| | | | 66 | 回缩值 6 mm | | | 持荷 10 min 后补压回油、锁定 | |

锚索编号：$H_{34左西}$；千斤顶编号：$3^{\#}$；压力表编号：641；无测力计

| 张拉分级 | 压力表读数（MPa） | 张拉力（kN） | 实测长度（mm） | 递增值（mm） | 累计递增值（mm） | 稳压时间（min） | 理论伸长值（mm） | 伸长误差（%） |
|---|---|---|---|---|---|---|---|---|
| 初始 | 0 | | 0 | | | | | |
| 0.10 | 1.87 | 58.6 | | | | | 14.0 | |
| 0.25 | 4.49 | 146.5 | 25 | | 17 | 2 | 35.0 | |
| 0.50 | 8.85 | 293.0 | 38 | 13 | 30 | 2 | 70.0 | −7.1 |
| 0.75 | 13.20 | 439.4 | 57 | 19 | 49 | 2 | 105.1 | 0.8 |
| 1.00 | 18.08 | 585.9 | 77 | 20 | 69 | 10 | 144.3 | −0.2 |
| | | | 69 | 回缩值 4 m | | | 持荷 10 min 后补压回油、锁定 | |

　　结论：根据分级张拉油表读数、测得的伸长值偏差、回缩值及回油锁定的判断，经几家单位研究，认为张拉工艺过程合理，张拉结果合格，厂家建议使用新张拉工具，即柳州 OVM 生产的限位板进行后续施工。

#### 5.4.1.2　第二次张拉工艺复核验证试验

　　张拉过程描述：第一次张拉对第 13 榀渡槽 $H_{31左}$ 环锚进行了试验，试验时在三孔测力计监控下进行，张拉时采取预紧后分四级两端同时张拉（$0.25\sigma \rightarrow 0.50\sigma \rightarrow 0.75\sigma \rightarrow 1.00\sigma$），工作锚采用 OVM，限位板采用 OVM 限位板，其中前三级张拉持荷 2 min，最终张拉持荷 10 min 后补张至设计张拉力，每级张拉均测量钢绞线伸长值，回油、锁定时第一分钟回油至 $0.75\sigma$，第二分钟回油至 2 MPa，然后锁定。具体张拉结果见表 5-24。

**表 5-23　第 12 榀渡槽 H₃₆中锚索张拉情况**

锚索编号：H₃₆中东；千斤顶编号：1#；压力表编号：641；无测力计

| 张拉分级 | 压力表读数（MPa） | 张拉力（kN） | 实测长度（mm） | 递增值（mm） | 累计递增值（mm） | 稳压时间（min） | 理论伸长值（mm） | 伸长误差（%） |
|---|---|---|---|---|---|---|---|---|
| 初始 | | | 0 | | | | | |
| 0.10 | 1.58 | 58.6 | | | | | 14.0 | |
| 0.25 | 4.18 | 146.5 | 20 | | 17 | 2 | 35.0 | |
| 0.50 | 8.50 | 293.0 | 38 | 18 | 35 | 2 | 70.0 | -1.4 |
| 0.75 | 12.83 | 439.4 | 53 | 15 | 50 | 2 | 105.1 | -1.9 |
| 1.00 | 17.67 | 585.9 | 76 | 23 | 73 | 10 | 144.3 | 1.8 |
| | | | 66 | 回缩值 6 mm | | | 持荷 10 min 后补压回油、锁定 | |

锚索编号：H₃₆中西；千斤顶编号：3#；压力表编号：641；无测力计

| 张拉分级 | 压力表读数（MPa） | 张拉力（kN） | 实测长度（mm） | 递增值（mm） | 累计递增值（mm） | 稳压时间（min） | 理论伸长值（mm） | 伸长误差（%） |
|---|---|---|---|---|---|---|---|---|
| 初始 | 0 | | 0 | | | | | |
| 0.10 | 1.87 | 58.6 | | | | | 14.0 | |
| 0.25 | 4.49 | 146.5 | 20 | | 17 | 2 | 35.0 | |
| 0.50 | 8.85 | 293.0 | 37 | 17 | 34 | 2 | 70.0 | -1.4 |
| 0.75 | 13.20 | 439.4 | 56 | 19 | 53 | 2 | 105.1 | -1.9 |
| 1.00 | 18.08 | 585.9 | 77 | 21 | 74 | 10 | 144.3 | 1.8 |
| | | | 70 | 回缩值 3 m | | | 持荷 10 min 后补压回油、锁定 | |

结论：根据分级张拉油表读数、测得的伸长值偏差、回缩值及回油、锁定的判断，经几家单位研究，认为张拉工艺过程合理，张拉结果合格；同时根据三孔测力计读数，回油锁定后应力与设计应力（三束钢绞线经换算设计应力为 58.6 t）相比差 18.3%，与测力计测的最大值相比损失比为 19.6%；经几家单位研究，认为张拉合格，后续施工张拉应按照此工艺继续进行。

现场张拉工艺复核验证试验结论：

纵向圆锚的测力计构造在实践中得到了较多的应用，积累了较多的经验，其测值读数与油表读数比较吻合；环向扁锚测力计在使用中受构造限制实际现场环境中对测力计读数精度影响较大，使得测力计读数随机性大，不稳定。因此，需对测力计底部垫板或测力计宽度、构造进行充分匹配研究，通过进一步试验后确定其对测力计读数的准确性的影响程度。

**表 5-24　第 13 榀渡槽 $H_{31左}$ 锚索张拉情况**

锚索编号：$H_{31左东}$；千斤顶编号：$1^{\#}$；压力表编号：641；三孔测力计

| 张拉分级 | 压力表读数（MPa） | 张拉力（kN） | 实测长度（mm） | 递增值（mm） | 累计递增值（mm） | 稳压时间（min） | 理论伸长值（mm） | 伸长误差（%） | 测力计读数 |
|---|---|---|---|---|---|---|---|---|---|
| 初始 | | | 0 | | | | | | |
| 0.10 | 1.36 | 58.6 | 10 | | 7 | | 14.0 | | 4.62 |
| 0.25 | 2.91 | 146.5 | 24 | 14 | 21 | 2 | 35.0 | | 15.11 |
| 0.50 | 5.50 | 293.0 | 42 | 18 | 39 | 2 | 70.0 | 5.3 | 28.77 |
| 0.75 | 8.09 | 439.4 | 60 | 18 | 57 | 2 | 105.1 | 5.7 | 43.26 |
| 1.00 | 10.39 | 585.9 | 76 | 16 | 73 | 10 | 144.3 | 5.7 | 63.87 |
| | | | 74 | 回缩值 2 mm | | | 持荷 10 min 后回油、锁定 | | 61.85 |
| | | | | | | | | | 52.58 |

锚索编号：$H_{31左西}$；千斤顶编号：$2^{\#}$；压力表编号：9006；三孔测力计

| 张拉分级 | 压力表读数（MPa） | 张拉力（kN） | 实测长度（mm） | 递增值（mm） | 累计递增值（mm） | 稳压时间（min） | 理论伸长值（mm） | 伸长误差（%） | 测力计读数 |
|---|---|---|---|---|---|---|---|---|---|
| 初始 | 0 | | 0 | | | | | | |
| 0.10 | 10 | 58.6 | 10 | | 7 | | 14.0 | | 3.71 |
| 0.25 | 20 | 146.5 | 20 | 10 | 17 | 2 | 35.0 | | 10.94 |
| 0.50 | 37 | 293.0 | 37 | 17 | 34 | 2 | 70.0 | 5.3 | 28.02 |
| 0.75 | 56 | 439.4 | 56 | 19 | 53 | 2 | 105.1 | 5.7 | 45.98 |
| 1.00 | 81 | 585.9 | 81 | 25 | 78 | 10 | 144.3 | 5.7 | 55.07 |
| | | | 82 | 回缩值 4 m | | | 持荷 10 min 后回油、锁定 | | 54.02 |
| | | | | | | | | | 43.22 |

## 5.4.2　预应力现场试验研究

### 5.4.2.1　试验目的

发现第 5 榀渡槽测力计读数与现场张拉油表读数存在较大偏差后，为对 U 形渡槽扁形预应力的钢束、测力计的敏感性测试研究，通过对扁形测力计在不同规格垫板下与千斤顶张拉力一致性的测试研究，推荐测力计垫板的最优方案。对渡槽 U 形预应力钢束 3 种波纹管的摩阻损失比较分析，对预应力锚固损失与夹片回缩量的关系进行分析。

### 5.4.2.2 试验依据

(1)《公路钢筋混凝土及预应力混凝土桥涵设计规范》(JTGD 62—2004)。

(2)《公路桥涵施工技术规范》(JTJ 041—2000)。

(3)《液压千斤顶检定规程》(JJG 621—2005)。

(4)《负荷传感器试验方法》(GB 5604—1985)。

### 5.4.2.3 测力计和千斤顶校准

在进行试验前,对试验所需的测力计和千斤顶进行校准,检验测力计的性能是否满足试验需要。

测力计由委托方提供。试验有两种锚具:用于 5 $\phi^s$15.2 的扁锚锚具,用于 8 $\phi^s$15.2 的圆形锚具。试验根据试验的要求,需要两种规格的测力计:用于 5 $\phi^s$15.2 钢束的测力计 4 个,用于 8 $\phi^s$15.2 钢束的测力计 3 个。

千斤顶由委托方提供,共 2 套张拉设备,包括千斤顶、油泵、油表。

校准在河南水利勘测设计研究院内进行,校准所用试验机为 MTS6000 kN 试验机,试验机精度为 0.5%。

对千斤顶和测力计分别进行校准后,再对测力计和千斤顶进行联合校准,将测力计、千斤顶、预应力筋和锚具同时安装在试验台座上,使用千斤顶进行张拉,对测力计与千斤顶油表所示力值的一致性进行检验,即进行孔道摩阻系数测试、孔道摩阻损失的组成测试。

张拉时,预应力钢束与管道壁接触面间产生摩擦力引起预应力损失,称为孔道摩阻损失。主要有两种形式:一是由于曲线处钢束张拉时对管道壁施以正压力而引起的摩擦,其值随钢束弯曲角度总和而增大,阻力较大;二是由于管道对其设计位置的偏差致使接触面增大,从而引起摩擦阻力,其值一般相对较小。

从理论上讲,直线预应力孔道没有摩阻损失,但由于施工中孔道位置的偏差及孔道不光滑等,在实际张拉时仍会与孔道壁接触而产生摩阻损失,此项称为孔道偏差影响(长度影响)摩阻损失,其值一般相对较小。

### 5.4.2.4 试验原理

孔道摩阻试验数据的计算分析如下:

张拉时,预应力束距固定端距离为 $x$ 的任意截面上有效拉力为

$$P_x = P_k e^{-(\mu\theta+kx)}$$

式中:$P_x$ 为计算截面预应力束的拉力,测量时取至固定端;$P_k$ 为张拉端预应力束的拉力;$\theta$ 为从张拉端至计算截面的孔道弯角之和,rad;$x$ 为从张拉端至计算截面的孔道长度,m;$\mu$ 为预应力束与孔道壁的摩阻系数;$k$ 为孔道对设计位置的偏差系数。

令 $A = P_x/P_k = e^{-(\mu\theta+kx)}$,则有 $-\ln A = \mu\theta + kx$,再令 $Y = -\ln A$,由此,对于同一片梁不同孔道的测量可得一系列方程式:

$$\left.\begin{aligned}\mu\theta_1 + kx_1 - Y_1 &= 0\\ \mu\theta_2 + kx_2 - Y_2 &= 0\\ &\vdots\\ \mu\theta_n + kx_n - Y_n &= 0\end{aligned}\right\}$$

由于存在测试上的误差,上列方程式的右边不等于零,假定:

$$
\left.
\begin{array}{c}
\mu\theta_1 + kx_1 - Y_1 = \Delta F_1 \\
\mu\theta_2 + kx_2 - Y_2 = \Delta F_2 \\
\vdots \\
\mu\theta_n + kx_n - Y_n = \Delta F_n
\end{array}
\right\}
$$

根据最小二乘法原理,则有

$$
(\mu\theta_1 + kx_1 - Y_1)^2 + \cdots + (\mu\theta_n + kx_n - Y_n)^2 = \sum_{i=1}^{n}(\Delta F_i)^2
$$

当$\dfrac{\partial \sum(\Delta F_i)^2}{\partial \mu} = 0$且$\dfrac{\partial \sum(\Delta F_i)^2}{\partial k} = 0$时,$\sum(\Delta F_i)^2$取得最小值,由此可得

$$
\left.
\begin{array}{c}
\mu\sum\theta_i^2 + k\sum x_i\theta_i - \sum Y_i\theta_i = 0 \\
\mu\sum x_i\theta_i + k\sum x_i^2 - \sum Y_i x_i = 0
\end{array}
\right\}
$$

解方程组即可得$\mu$、$k$值。

### 5.4.2.5　试验方法

本次试验通过测定孔道张拉束主动端与被动端实测压力值,根据规范规定的公式计算偏差系数$k$和摩擦系数。

试验时所用的张拉设备和测力计由委托方提供,张拉操作由试验梁上预应力张拉人员进行。测力计试验前在 MTS-6000 kN 试验机上进行了严格的标定。

试验预应力束两端均安装测力计和张拉千斤顶。在试验开始时,预应力束两端同时张拉至设计张拉控制荷载的 10%,然后将一端封闭作为被动端,以另一端作为主动端,分级加载至设计张拉控制荷载。每级荷载到位后,均读取两端测力计读数。主动端、被动端互换后再测试一次。然后根据两端测力计读数计算出孔道摩阻损失。孔道摩阻测试的方法见图 5-20。

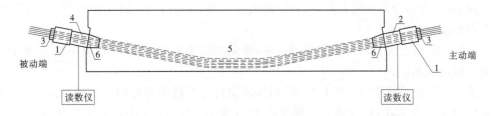

1—千斤顶;2—1#测力计;3—工具锚;4—2#测力计;5—梁体;6—喇叭口

**图 5-20　孔道摩阻试验示意图**

孔道摩阻需选择 4 根纵向预应力钢束和 4 根环形预应力钢束进行测试。槽身中的环形预应力钢束在跨中、1/4 跨、1/8 跨、端部四个位置各选取一束。纵向预应力钢束应选择 5 $\phi^s$15.2 钢束 2 根、8 $\phi^s$15.2 钢束 2 根进行测试。采用扁形波纹管的预应力束,不同厂家的波纹管应至少选择一束。

### 5.4.2.6　锚圈口摩阻损失测试

在试验束的张拉端安装 2 个测力计,1 个在工作锚内,另 1 个在工作锚外,张拉时 2 个测

力计的荷载示值之差即为锚圈口摩阻损失。锚圈口摩阻损失测力计的安装见图 5-21。

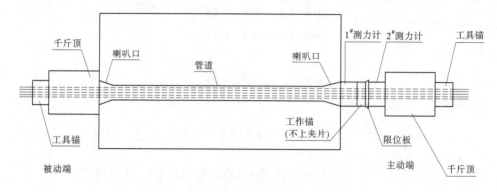

**图 5-21　锚圈口摩阻损失测试传感器布置**

锚圈口摩阻损失测试应根据锚具的不同形式进行分组测试：5 $\Phi^s15.2$ 钢束选择一根进行测试，8 $\Phi^s15.2$ 钢束选择一根进行测试。

### 5.4.2.7　锚固回缩损失测试

在锚固预应力钢束时，钢束端头拉力从千斤顶传递给锚具，不可避免地要引起钢束少量的回缩，承压的锚垫板也可能被压进梁端混凝土，这些原因引起预应力钢束缩短，从而导致预应力损失，称为锚固回缩损失。

试验方法：试验时在预应力钢束的工作锚具与锚垫板之间安装 1 个测力计，分级张拉（$0 \rightarrow 0.2P_k \rightarrow 0.5P_k \rightarrow 0.8P_k \rightarrow 1.0P_k$，$1.0P_k$ 之前每级持荷 2~5 min，$1.0P_k$ 持荷至传感器读数稳定）至设计吨位后放张，测量测力计锚固前和锚固后的数值，换算成对应的荷载，锚固前后测得的荷载差值即为锚固回缩损失。

锚固回缩损失的计算方法为

$$锚固回缩损失 = \frac{锚固前拉力 - 锚固后拉力}{锚固前拉力} \times 100\%$$

试验时，在预应力束锚固前后，测量钢束伸长值，其差值为锚固回缩量，分析锚固回缩损失与回缩量的关系。

在渡槽槽身上选择环形预应力束一根、纵向预应力束 5 $\Phi^s15.2$ 规格一根、8 $\Phi^s15.2$ 规格一根进行测试。

为了更好地测试锚固回缩损失，需制作试验台座对锚固回缩损失单独测试。试验台座长度为 3 m，矩形截面，内布置一根 5 $\Phi^s15.2$ 预应力钢束、一根 8 $\Phi^s15.2$ 预应力钢束。

试验台座采用与槽身相同的混凝土制作，普通钢筋按照图 5-22、图 5-23 布置，锚下的环形钢筋和加强钢筋应与槽身相同。

对试验小梁中的预应力束分别测试锚固回缩损失和锚圈口损失。

预应力伸长量测试：

在测量孔道摩阻的同时，对预应力束的伸长量进行测试。每根需进行孔道摩阻测试的预应力束均进行预应力伸长量测试。

扁形测力计的敏感性测试研究：

由于在槽身的预应力束张拉的过程中，发现测力计所测量的荷载与千斤顶油表读数

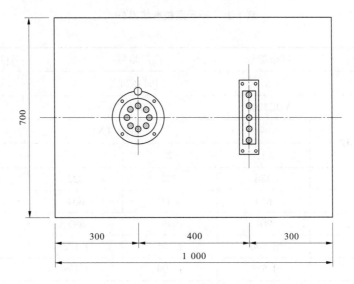

图 5-22　试验小梁截面布置　（单位:mm）

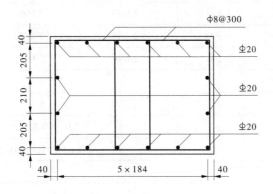

图 5-23　普通钢筋布置　（单位:mm）

不一致的情况,可能与测力计截面和预应力束锚板形状不一致有关。扁锚下安装扁形测力计,而扁形测力计对安装条件要求较高,与校准时的安装稍有不同,测试得到的力值会发生较大改变。针对此种现象,采用不同的安装方式,加装不同厚度的和大小的垫板,分别使用测力计测量荷载,以确定测力计对安装条件的敏感性,并确定最佳的垫板厚度。

初步拟定分 4 种不同厚度和大小的垫板进行测试。

无黏结预应力束的预应力损失测试:根据本次试验的结果,可考虑进行无黏结预应力束的预应力损失测试。试验方法同上。

### 5.4.2.8　试验结果

1.千斤顶校准结果

本次试验有 4 个千斤顶进行校准,分别对应 4 个油表。校准结果见表 5-25～表 5-28。

表 5-25　千斤顶校准结果(一)

温度:31 ℃

| 名称 | 规格型号 | 出厂编号 | 制造厂 |
|---|---|---|---|
| 压力指示器 | | 1911524 | |
| 千斤顶 | YDC3000 | 0001 | |

| 指示器示值(MPa) | 负荷(kN) | | | |
|---|---|---|---|---|
| | 1 | 2 | 3 | 平均 |
| 5 | 326 | 328 | 322 | 325 |
| 10 | 614 | 603 | 604 | 607 |
| 15 | 904 | 896 | 897 | 899 |
| 20 | 1 190 | 1 201 | 1 178 | 1 190 |
| 25 | 1 526 | 1 499 | 1 498 | 1 508 |
| 30 | 1 801 | 1 801 | 1 791 | 1 798 |
| 35 | 2 112 | 2 092 | 2 098 | 2 101 |
| 40 | 2 393 | 2 388 | 2 405 | 2 395 |
| 45 | 2 704 | 2 696 | 2 698 | 2 699 |

| 示值重复性 $R(\%)$ | 2.0 |
|---|---|
| 内插误差 $I(\%)$ | 1.3 |
| 相关系数 $r$ | 0.999 95 |
| 校准方程 | $y = 0.016\ 79\tilde{x}0.216\ 5$ |
| 千斤顶工作状态 | 主动 |

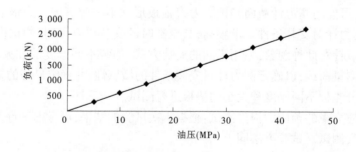

注:校准方程中, $x$ 为荷载值,kN; $y$ 为压力指示器示值,MPa。

**表 5-26 千斤顶校准结果（二）**

温度：31 ℃

| 名称 | 规格型号 | 出厂编号 | 制造厂 | |
|---|---|---|---|---|
| 压力指示器 | | 1911533 | | |
| 千斤顶 | YDC3000 | 0002 | | |

| 指示器示值（MPa） | 负荷（kN） | | | |
|---|---|---|---|---|
| | 1 | 2 | 3 | 平均 |
| 5 | 314 | 311 | 316 | 314 |
| 10 | 588 | 586 | 585 | 586 |
| 15 | 887 | 880 | 873 | 880 |
| 20 | 1 166 | 1 166 | 1 166 | 1 166 |
| 25 | 1 449 | 1 452 | 1 458 | 1 453 |
| 30 | 1 766 | 1 737 | 1 743 | 1 749 |
| 35 | 2 038 | 2 033 | 2 035 | 2 035 |
| 40 | 2 337 | 2 323 | 2 337 | 2 332 |
| 45 | 2 606 | 2 636 | 2 622 | 2 621 |

| 示值重复性 $R$（%） | 1.7 |
|---|---|
| 内插误差 $I$（%） | 0.9 |
| 相关系数 $r$ | 0.999 97 |
| 校准方程 | $y = 0.017\ 27\bar{x}0.211\ 5$ |
| 千斤顶工作状态 | 主动 |

注：校准方程中，$x$ 为荷载值，kN；$y$ 为压力指示器示值，MPa。

### 表 5-27　千斤顶校准结果(三)

温度:31 ℃

| 名称 | 规格型号 | 出厂编号 | 制造厂 |
|---|---|---|---|
| 压力指示器 | | 1911525 | |
| 千斤顶 | YDC3000 | 0003 | |

| 指示器示值(MPa) | 负荷(kN) | | | |
|---|---|---|---|---|
| | 1 | 2 | 3 | 平均 |
| 5 | 301 | 307 | 307 | 305 |
| 10 | 591 | 584 | 594 | 590 |
| 15 | 889 | 888 | 905 | 894 |
| 20 | 1 180 | 1 174 | 1 195 | 1 183 |
| 25 | 1 468 | 1 477 | 1 479 | 1 475 |
| 30 | 1 775 | 1 772 | 1 760 | 1 769 |
| 35 | 2 056 | 2 059 | 2 062 | 2 059 |
| 40 | 2 353 | 2 367 | 2 352 | 2 357 |
| 45 | 2 653 | 2 660 | 2 637 | 2 650 |

| 示值重复性 $R$(%) | 1.9 |
|---|---|
| 内插误差 $I$(%) | 1.1 |
| 相关系数 $r$ | 0.999 99 |
| 校准方程 | $y = 0.017\ 05x - 0.153\ 5$ |
| 千斤顶工作状态 | 主动 |

注:校准方程中,$x$ 为荷载值,kN;$y$ 为压力指示器示值,MPa。

表 5-28　千斤顶校准结果（四）

温度:31 ℃

| 名称 | 规格型号 | 出厂编号 | 制造厂 |
|---|---|---|---|
| 压力指示器 | | 1911516 | |
| 千斤顶 | YDC3000 | 0004 | |

| 指示器示值（MPa） | 负荷（kN） | | | |
|---|---|---|---|---|
| | 1 | 2 | 3 | 平均 |
| 5 | 339 | 336 | 337 | 337 |
| 10 | 602 | 605 | 602 | 603 |
| 15 | 895 | 889 | 905 | 896 |
| 20 | 1 174 | 1 159 | 1 171 | 1 168 |
| 25 | 1 467 | 1 473 | 1 479 | 1 473 |
| 30 | 1 745 | 1 758 | 1 759 | 1 754 |
| 35 | 2 065 | 2 065 | 2 082 | 2 071 |
| 40 | 2 352 | 2 359 | 2 373 | 2 361 |
| 45 | 2 671 | 2 674 | 2 658 | 2 668 |

| 示值重复性 $R$（%） | 1.9 |
|---|---|
| 内插误差 $I$（%） | 1.8 |
| 相关系数 $r$ | 0.999 82 |
| 校准方程 | $y = 0.017\ 11\bar{x} 0.338\ 9$ |
| 千斤顶工作状态 | 主动 |

注:校准方程中,$x$ 为荷载值,kN;$y$ 为压力指示器示值,MPa。

**2. 测力计校准结果**

测力计校准结果见表 5-29~表 5-34。

表 5-29　测力计校准结果(一)

温度:28 ℃

| 名称 | 规格型号 | 出厂编号 | 制造厂 |
|---|---|---|---|
| 测力计 | BGK-4900 | 118321 | 基康仪器股份有限公司 |

| 负荷(kN) | 频率模数 | | | |
|---|---|---|---|---|
| | 1 | 2 | 3 | 平均 |
| 0 | 7 316.5 | 7 312.0 | 7 309.5 | 7 312.7 |
| 200 | 7 048.7 | 7 042.4 | 7 039.8 | 7 043.6 |
| 400 | 6 784.1 | 6 779.2 | 6 801.0 | 6 788.1 |
| 600 | 6 516.3 | 6 510.8 | 6 513.5 | 6 513.5 |
| 800 | 6 245.7 | 6 240.4 | 6 236.1 | 6 240.7 |
| 1 000 | 5 971.2 | 5 965.2 | 5 963.0 | 5 966.4 |
| 1 200 | 5 696.9 | 5 691.7 | 5 689.6 | 5 692.7 |
| 1 400 | 5 423.4 | 5 418.7 | 5 417.1 | 5 419.7 |
| 1 600 | 5 140.3 | 5 131.6 | 5 137.8 | 5 136.6 |

| 重复性 $R$(%FS) | 1.00 |
|---|---|
| 非直线度 $L$(%FS) | 0.49 |
| 相关系数 $r$ | -0.999 950 |
| 校准方程 | $y=-0.735\ 496\tilde{x}+5\ 385.7$ |

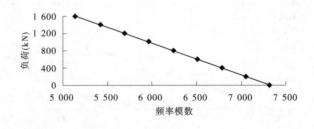

注:频率模数均为四个应变传感器读数的平均值。校准方程中 $y$ 为荷载值,kN;$x$ 为频率模数。

**表 5-30 测力计校准结果(二)**

温度:28 ℃

| 名称 | 规格型号 | 出厂编号 | 制造厂 |
|---|---|---|---|
| 测力计 | BGK-4900 | 118336 | 基康仪器有限公司 |

| 负荷(kN) | 频率模数 | | | |
|---|---|---|---|---|
| | 1 | 2 | 3 | 平均 |
| 0 | 7 436.0 | 7 436.3 | 7 435.4 | 7 435.9 |
| 200 | 7 153.1 | 7 154.7 | 7 154.3 | 7 154.0 |
| 400 | 6 875.5 | 6 875.1 | 6 875.3 | 6 875.3 |
| 600 | 6 598.4 | 6 598.4 | 6 598.8 | 6 598.5 |
| 800 | 6 321.4 | 6 321.4 | 6 320.9 | 6 321.2 |
| 1 000 | 6 042.5 | 6 042.2 | 6 042.5 | 6 042.4 |
| 1 200 | 5 765.3 | 5 765.5 | 5 765.4 | 5 765.4 |
| 1 400 | 5 489.9 | 5 489.3 | 5 489.7 | 5 489.6 |
| 1 600 | 5 207.6 | 5 208.3 | 5 208.7 | 5 208.2 |
| 重复性 $R$(%FS) | 0.07 | | | |
| 非直线度 $L$(%FS) | 0.12 | | | |
| 相关系数 $r$ | -0.999 998 | | | |
| 校准方程 | $y = -0.719\ 418\tilde{x} + 5\ 347.6$ | | | |

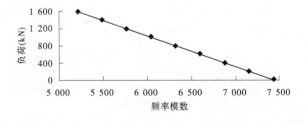

注:频率模数均为四个应变传感器读数的平均值。校准方程中 $y$ 为荷载值,kN;$x$ 为频率模数。

**表 5-31　测力计校准结果(三)**

温度:28 ℃

| 名称 | 规格型号 | 出厂编号 | 制造厂 |
|---|---|---|---|
| 测力计 | BGK-4900 | 118388 | 基康仪器有限公司 |

| 负荷(kN) | 频率模数 | | | |
|---|---|---|---|---|
| | 1 | 2 | 3 | 平均 |
| 0 | 7 429.6 | 7 429.2 | 7 430.0 | 7 429.6 |
| 200 | 7 116.7 | 7 115.8 | 7 116.3 | 7 116.3 |
| 400 | 6 803.0 | 6 801.2 | 6 800.6 | 6 801.6 |
| 600 | 6 516.0 | 6 514.5 | 6 514.2 | 6 514.9 |
| 800 | 6 240.5 | 6 239.1 | 6 238.8 | 6 239.5 |
| 1 000 | 5 969.7 | 5 968.7 | 5 968.7 | 5 969.0 |
| 1 200 | 5 705.5 | 5 705.5 | 5 705.5 | 5 705.5 |

| 重复性 $R$(%FS) | 0.14 |
|---|---|
| 非直线度 $L$(%FS) | 1.35 |
| 相关系数 $r$ | −0.999 521 |
| 校准方程 | $y = -0.711\,654x + 5\,248.3$ |

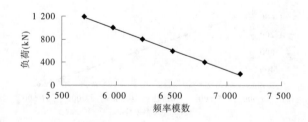

注:频率模数均为四个应变传感器读数的平均值。校准方程中 $y$ 为荷载值,kN;$x$ 为频率模数。

表 5-32 测力计校准结果（四）

温度:28 ℃

| 名称 | 规格型号 | 出厂编号 | 制造厂 |
|---|---|---|---|
| 测力计 | BGK-4900 | 118384 | 基康仪器有限公司 |

| 负荷(kN) | 频率模数 | | | |
|---|---|---|---|---|
| | 1 | 2 | 3 | 平均 |
| 0 | 7 468.0 | 7 468.6 | 7 469.2 | 7 468.6 |
| 200 | 7 217.7 | 7 217.7 | 7 217.4 | 7 217.6 |
| 400 | 6 966.4 | 6 967.1 | 6 966.9 | 6 966.8 |
| 600 | 6 722.1 | 6 722.0 | 6 721.6 | 6 721.9 |
| 800 | 6 480.2 | 6 480.2 | 6 479.8 | 6 480.1 |
| 1 000 | 6 241.8 | 6 241.2 | 6 241.0 | 6 241.3 |
| 1 200 | 6 000.5 | 5 999.7 | 5 999.3 | 5 999.8 |

| | |
|---|---|
| 重复性 $R(\%\mathrm{FS})$ | 0.08 |
| 非直线度 $L(\%\mathrm{FS})$ | 0.37 |
| 相关系数 $r$ | $-0.999\ 965$ |
| 校准方程 | $y=-0.822\ 784x+6\ 134.1$ |

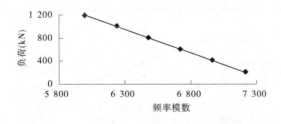

注:频率模数均为四个应变传感器读数的平均值。校准方程中 $y$ 为荷载值,kN;$x$ 为频率模数。

**表 5-33　测力计校准结果(五)**

温度:28 ℃

| 名称 | 规格型号 | 出厂编号 | 制造厂 |
|---|---|---|---|
| 测力计 | BGK-4900 | 118393 | 基康仪器有限公司 |

| 负荷(kN) | 频率模数 | | | |
|---|---|---|---|---|
| | 1 | 2 | 3 | 平均 |
| 0 | 7 409.6 | 7 409.9 | 7 410.7 | 7 410.1 |
| 200 | 7 174.1 | 7 174.8 | 7 174.9 | 7 174.6 |
| 400 | 6 940.3 | 6 940.2 | 6 939.6 | 6 940.0 |
| 600 | 6 698.1 | 6 697.4 | 6 696.8 | 6 697.4 |
| 800 | 6 453.0 | 6 451.8 | 6 451.5 | 6 452.1 |
| 1 000 | 6 209.3 | 6 208.1 | 6 207.5 | 6 208.3 |
| 1 200 | 5 966.1 | 5 965.2 | 5 965.5 | 5 965.6 |

| 重复性 $R(\%FS)$ | 0.13 |
|---|---|
| 非直线度 $L(\%FS)$ | 0.31 |
| 相关系数 $r$ | −0.999 978 |
| 校准方程 | $y = -0.824\ 896x + 6\ 122.0$ |

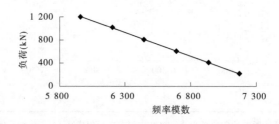

注:频率模数均为四个应变传感器读数的平均值。校准方程中 $y$ 为荷载值,kN;$x$ 为频率模数。

**表** 5-34　**测力计校准结果(六)**

温度:28 ℃

| 名称 | 规格型号 | 出厂编号 | 制造厂 |
|---|---|---|---|
| 测力计 | BGK-4900 | 118377 | 基康仪器有限公司 |

| 负荷(kN) | 频率模数 | | | |
|---|---|---|---|---|
| | 1 | 2 | 3 | 平均 |
| 0 | 7 482.0 | 7 481.1 | 7 480.8 | 7 481.3 |
| 200 | 7 288.8 | 7 287.7 | 7 287.3 | 7 287.9 |
| 400 | 7 069.4 | 7 067.6 | 7 066.5 | 7 067.8 |
| 600 | 6 832.3 | 6 830.1 | 6 828.0 | 6 830.1 |
| 800 | 6 588.5 | 6 584.7 | 6 583.5 | 6 585.5 |
| 1 000 | 6 341.0 | 6 337.8 | 6 336.0 | 6 338.3 |
| 1 200 | 6 091.4 | 6 088.7 | 6 087.5 | 6 089.2 |

| 重复性 $R(\%FS)$ | 0.36 |
|---|---|
| 非直线度 $L(\%FS)$ | 0.99 |
| 相关系数 $r$ | -0.999 778 |
| 校准方程 | $y=-0.830\ 293x+6\ 262.8$ |

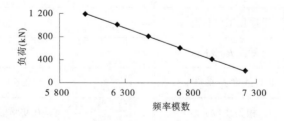

注:频率模数均为四个应变传感器读数的平均值。校准方程中 $y$ 为荷载值,kN; $x$ 为频率模数。圆形测力计在校准过程中,有一个测力计发生故障,未能完成校准。

3. 联合校准结果

联合校准结果见表 5-35~表 5-40。

表 5-35　联合校准结果(一)

| 名称 | 规格型号 | 出厂编号 | 制造厂 |
|---|---|---|---|
| 压力指示器 | | 1911524 | |
| 千斤顶 | YDC3000 | 1 | |
| 测力计 | BGK-4900 | 118321 | |

| 油表(MPa) | 负荷(kN) | | | | 测力计读数 | | | |
|---|---|---|---|---|---|---|---|---|
| | 1 | 2 | 3 | 平均 | 1 | 2 | 3 | 平均 |
| 0 | 0 | 0 | 0 | 0 | 7 321.1 | 7 309.1 | 7 308.6 | 7 312.9 |
| 5 | 313 | 307 | 313 | 311 | 6 917.8 | 6 894.9 | 6 921.2 | 6 911.3 |
| 10 | 609 | 608 | 602 | 606 | 6 505.6 | 6 475.7 | 6 483.2 | 6 488.2 |
| 15 | 895 | 895 | 894 | 894 | 6 080.4 | 6 084.2 | 6 069.0 | 6 077.9 |
| 20 | 1 222 | 1 220 | 1 221 | 1 221 | 5 698.7 | 5 698.6 | 5683.3 | 5 693.5 |
| 25 | 1 518 | 1 517 | 1 518 | 1 518 | 5 265.6 | 5 259.0 | 5 298.8 | 5 274.5 |
| 27.5 | 1 658 | 1 657 | 1 646 | 1 654 | 5 090.6 | 5 093.2 | 5 080.9 | 5 088.2 |

| | 示值重复性 $R(\%)$ | 2.22 |
|---|---|---|
| | 内插误差 $I(\%)$ | 1.56 |
| 千斤顶 | 相关系数 $r$ | 0.999 837 |
| | 校准方程 | $y = 0.016\ 61\bar{x} - 0.093\ 5$ |
| | 千斤顶工作状态 | 主动 |
| | 重复性 $R(\%FS)$ | 1.79 |
| 测力计 | 非直线度 $L(\%FS)$ | 0.59 |
| | 相关系数 $r$ | $-0.999\ 622$ |
| | 校准方程 | $y = -0.743\ 394x + 5\ 436.5$ |

注:频率模数均为四个应变传感器读数的平均值。

表 5-36　联合校准结果（二）

| 名称 | 规格型号 | 出厂编号 | 制造厂 | | |
|---|---|---|---|---|---|
| 压力指示器 | | 1911533 | | | |
| 千斤顶 | YDC3000 | 2 | | | |
| 测力计 | BGK-4900 | 118336 | | | |

| 油表(MPa) | 负荷(kN) | | | | 测力计读数 | | | |
|---|---|---|---|---|---|---|---|---|
| | 1 | 2 | 3 | 平均 | 1 | 2 | 3 | 平均 |
| 0 | 0 | 0 | 0 | 0 | 7 428.1 | 7 422.0 | 7 427.8 | 7 425.9 |
| 5 | 302 | 302 | 300 | 301 | 7 025.7 | 7 033.3 | 6 996.4 | 7 018.5 |
| 10 | 597 | 586 | 584 | 589 | 6 618.7 | 6 603.0 | 6 605.8 | 6 609.2 |
| 15 | 877 | 877 | 877 | 877 | 6 203.9 | 6 200.8 | 6 216.3 | 6 207.0 |
| 20 | 1 165 | 1 156 | 1 154 | 1 158 | 5 807.6 | 5 799.5 | 5 791.7 | 5 799.6 |
| 25 | 1 475 | 1 468 | 1 468 | 1 471 | 5 414.5 | 5 414.1 | 5 422.9 | 5 417.2 |
| 27.5 | 1 625 | 1 610 | 1 608 | 1 615 | 5 181.1 | 5 187.5 | 5 225.0 | 5 197.9 |

| | 示值重复性 $R(\%)$ | 2.08 |
|---|---|---|
| 千斤顶 | 内插误差 $I(\%)$ | 1.21 |
| | 相关系数 $r$ | 0.999 885 |
| | 校准方程 | $y = 0.017\ 12\tilde{x} - 0.069\ 9$ |
| | 千斤顶工作状态 | 主动 |
| 测力计 | 重复性 $R(\%FS)$ | 1.97 |
| | 非直线度 $L(\%FS)$ | 0.58 |
| | 相关系数 $r$ | -0.999 726 |
| | 校准方程 | $y = -0.725\ 206x + 5\ 383.2$ |

注：频率模数均为四个应变传感器读数的平均值。

表 5-37　联合校准结果(三)

| 名称 | 规格型号 | 出厂编号 | 制造厂 |
|---|---|---|---|
| 压力指示器 | | 1911524 | |
| 千斤顶 | YDC3000 | 1 | |
| 测力计 | BGK-4900 | 118388 | |

| 油表(MPa) | 负荷(kN) | | | | 测力计读数 | | | |
|---|---|---|---|---|---|---|---|---|
| | 1 | 2 | 3 | 平均 | 1 | 2 | 3 | 平均 |
| 0 | 0 | 0 | 0 | 0 | 7 430.8 | 7 422.8 | 7 422.7 | 7 425.4 |
| 4 | 251 | 253 | 250 | 251 | 7 034.7 | 7 028.2 | 7 009.5 | 7 024.1 |
| 8 | 484 | 490 | 497 | 490 | 6 682.5 | 6 679.9 | 6 694.2 | 6 685.5 |
| 12 | 734 | 723 | 722 | 726 | 6 362.0 | 6 364.2 | 6 339.9 | 6 355.4 |
| 16 | 968 | 970 | 970 | 969 | 6 000.0 | 6 022.1 | 6 003.2 | 6 008.4 |
| 20.5 | 1 238 | 1 243 | 1 246 | 1 242 | 5 657.0 | 5 639.6 | 5 651.6 | 5 649.4 |

| | | |
|---|---|---|
| 千斤顶 | 示值重复性 $R(\%)$ | 2.52 |
| | 内插误差 $I(\%)$ | 0.54 |
| | 相关系数 $r$ | 0.999 981 |
| | 校准方程 | $y = 0.016\ 66\tilde{x} - 0.159\ 41$ |
| | 千斤顶工作状态 | 主动 |
| 测力计 | 重复性 $R(\%FS)$ | 1.42 |
| | 非直线度 $L(\%FS)$ | 0.58 |
| | 相关系数 $r$ | -0.999 893 |
| | 校准方程 | $y = -0.718\ 295x + 5\ 293.2$ |

**注:** 频率模数均为四个应变传感器读数的平均值。

表 5-38 联合校准结果(四)

| 名称 | 规格型号 | 出厂编号 | 制造厂 |
|---|---|---|---|
| 压力指示器 | | 1911533 | |
| 千斤顶 | YDC3000 | 2 | |
| 测力计 | BGK-4900 | 118384 | |

| 油表(MPa) | 负荷(kN) | | | | 测力计读数 | | | |
|---|---|---|---|---|---|---|---|---|
| | 1 | 2 | 3 | 平均 | 1 | 2 | 3 | 平均 |
| 0 | 0 | 0 | 0 | 0 | 7 456.6 | 7 464.7 | 7 482.4 | 7 467.9 |
| 4 | 240 | 244 | 244 | 243 | 7 148.5 | 7 157.8 | 7 146.7 | 7 151.0 |
| 8 | 475 | 471 | 479 | 475 | 6 884.2 | 6 888.6 | 6 872.5 | 6 881.8 |
| 12 | 702 | 699 | 708 | 703 | 6 583.1 | 6 584.8 | 6 583.8 | 6 583.9 |
| 16 | 949 | 929 | 935 | 938 | 6 301.7 | 6 307.5 | 6 301.9 | 6 303.7 |
| 20.5 | 1 209 | 1 198 | 1 217 | 1 208 | 6 002.2 | 5 990.9 | 5 990.6 | 5 994.6 |

| | 项目 | 数值 |
|---|---|---|
| 千斤顶 | 示值重复性 $R\%$ | 2.08 |
| | 内插误差 $I(\%)$ | 0.67 |
| | 相关系数 $r$ | 0.999 946 |
| | 校准方程 | $y = 0.017\ 13\tilde{x} - 0.118\ 25$ |
| | 千斤顶工作状态 | 主动 |
| 测力计 | 重复性 $R(\%FS)$ | 1.10 |
| | 非直线度 $L(\%FS)$ | 0.66 |
| | 相关系数 $r$ | $-0.999\ 747$ |
| | 校准方程 | $y = -0.827\ 690x + 6\ 161.9$ |

**注**:频率模数均为四个应变传感器读数的平均值。

表 5-39　联合校准结果(五)

| 名称 | 规格型号 | 出厂编号 | 制造厂 | | |
|---|---|---|---|---|---|
| 压力指示器 | | 1911525 | | | |
| 千斤顶 | YDC3000 | 3 | | | |
| 测力计 | BGK-4900 | 118393 | | | |

| 油表(MPa) | 负荷(kN) | | | | 测力计读数 | | | |
|---|---|---|---|---|---|---|---|---|
| | 1 | 2 | 3 | 平均 | 1 | 2 | 3 | 平均 |
| 0 | 0 | 0 | 0 | 0 | 7 410.8 | 7 424.5 | 7 423.9 | 7 419.7 |
| 4 | 254 | 253 | 253 | 253 | 7 114.0 | 7 104.7 | 7 105.1 | 7 107.9 |
| 8 | 496 | 485 | 485 | 489 | 6 831.4 | 6 815.9 | 6 837.2 | 6 828.2 |
| 12 | 737 | 728 | 736 | 734 | 6 550.2 | 6 546.2 | 6 539.0 | 6 545.2 |
| 16 | 960 | 958 | 955 | 958 | 6 241.3 | 6 250.6 | 6 237.5 | 6 243.1 |
| 20.5 | 1 233 | 1 235 | 1 244 | 1 237 | 5 933.4 | 5 921.2 | 5 926.7 | 5 927.1 |

| 千斤顶 | 示值重复性 $R$(%) | 2.23 |
|---|---|---|
| | 内插误差 $I$(%) | 0.85 |
| | 相关系数 $r$ | 0.999 904 |
| | 校准方程 | $y=0.016\,82\bar{x}-0.248\,51$ |
| | 千斤顶工作状态 | 主动 |
| 测力计 | 重复性 $R$(%FS) | 1.43 |
| | 非直线度 $L$(%FS) | 0.51 |
| | 相关系数 $r$ | −0.999 700 |
| | 校准方程 | $y=-0.826\,914x+6\,134.2$ |

注:频率模数均为四个应变传感器读数的平均值。

表 5-40　联合校准结果(六)

| 名称 | 规格型号 | 出厂编号 | 制造厂 | | | | |
|---|---|---|---|---|---|---|---|
| 压力指示器 | | 1911516 | | | | | |
| 千斤顶 | YDC3000 | 4 | | | | | |
| 测力计 | BGK-4900 | 118377 | | | | | |
| 油表(MPa) | 负荷(kN) | | | | 测力计读数 | | |
| | 1 | 2 | 3 | 平均 | 1 | 2 | 3 | 平均 |
| 0 | 0 | 0 | 0 | 0 | 7 473.5 | 7 475.1 | 7 474.1 | 7 474.2 |
| 4 | 250 | 251 | 257 | 253 | 7 224.9 | 7 230.9 | 7 228.6 | 7 228.1 |
| 8 | 488 | 485 | 485 | 486 | 6 968.7 | 6 967.4 | 6 968.0 | 6 968.0 |
| 12 | 728 | 711 | 727 | 722 | 6 674.5 | 6 679.7 | 6 661.4 | 6 671.9 |
| 16 | 942 | 958 | 947 | 949 | 6 403.1 | 6 400.7 | 6 384.6 | 6 396.1 |
| 20.5 | 1 232 | 1 224 | 1 225 | 1 227 | 6 079.3 | 6 065.0 | 6 079.6 | 6 074.6 |

| | 示值重复性 $R(\%)$ | 2.59 |
|---|---|---|
| | 内插误差 $I(\%)$ | 0.81 |
| 千斤顶 | 相关系数 $r$ | 0.999 921 |
| | 校准方程 | $y = 0.016\,99\tilde{x} - 0.260\,74$ |
| | 千斤顶工作状态 | 主动 |
| | 重复性 $R(\%FS)$ | 1.32 |
| 测力计 | 非直线度 $L(\%FS)$ | 0.88 |
| | 相关系数 $r$ | $-0.999\,851$ |
| | 校准方程 | $y = -0.837\,640x + 6\,312.6$ |

注:频率模数均为四个应变传感器读数的平均值。

　　将联合校准的结果与测力计单独校准的结果比较,各方程的系数相差不大,但是重复性和非直线度均有所变大,说明联合校准时,测力计和千斤顶串联,受到千斤顶的精度影响,整个系统的精度低于测力计的精度要求,不利于测力计的校准。考虑试验时情况,本次试验不采用联合校准的结果,联合校准结果仅按合同要求向业主提交。

　　4.锚圈口摩阻损失测试结果

　　在试验台座上进行的圆锚锚圈口摩阻损失测试结果见表 5-41。

表 5-41　试验台座上圆锚锚圈口摩阻损失测试结果

| 次数 | 荷载等级 | 锚具外测力计(kN) | 锚具内测力计(kN) | 损失(%) |
|---|---|---|---|---|
| 1 | 0.8 | 1 219.7 | 1 204.9 | 1.21 |
| 1 | 1.0 | 1 516.0 | 1 494.8 | 1.39 |
| 2 | 0.8 | 1 213.8 | 1 182.4 | 2.59 |
| 2 | 1.0 | 1 508.1 | 1 452.7 | 3.68 |
| 平均值 | | | | 2.22 |

在 28# 渡槽上进行的圆锚锚圈口摩阻损失测试结果见表 5-42。

表 5-42　28# 渡槽上圆锚锚圈口摩阻损失测试结果

| 次数 | 荷载等级 | 锚具外测力计(kN) | 锚具内测力计(kN) | 损失(%) |
|---|---|---|---|---|
| 1 | 0.8 | 1 259.5 | 1 211.3 | 3.82 |
| 1 | 1.0 | 1 544.3 | 1 513.5 | 1.99 |
| 2 | 0.8 | 1 276.0 | 1 228.3 | 3.73 |
| 2 | 1.0 | 1 564.3 | 1 535.8 | 1.82 |
| 平均值 | | | | 2.84 |

综合表 5-27 和表 5-28,圆锚锚圈口摩阻损失平均值为 2.53%。

在试验台座上进行的扁锚锚圈口损失测试结果见表 5-43。

表 5-43　试验台座上扁锚锚圈口摩阻损失测试结果

| 次数 | 荷载等级 | 锚具外测力计(kN) | 锚具内测力计(kN) | 损失(%) |
|---|---|---|---|---|
| 1 | 0.8 | 804.1 | 751.2 | 6.58 |
| 1 | 1.0 | 1 003.6 | 941.1 | 6.22 |
| 2 | 0.8 | 799.0 | 765.7 | 4.17 |
| 2 | 1.0 | 1 001.9 | 956.4 | 4.53 |
| 平均值 | | | | 5.25 |

在 44# 渡槽上的 $H_{23左}$ 和 $H_{25左}$ 两束预应力筋上进行的圆锚锚圈口摩阻损失测试结果见表 5-30。

综合表 5-43 和表 5-44,圆锚锚圈口摩阻损失平均值为 5.08%。

5. 喇叭口损失测试结果

根据业主要求,在试验台座上进行了喇叭口损失测试,测试原理为:因为台座中的预应力管道很短,所以忽略台座中预应力管道的摩阻,认为预应力损失全部为喇叭口所带来的损失,即主动端与被动端测力计的差值为两个喇叭口的损失值。测力计的安装方式见图 5-24。

表 5-44　44#渡槽上扁锚锚圈口摩阻损失测试结果

| 索号 | 次数 | 荷载等级 | 锚具外测力计(kN) | 锚具内测力计(kN) | 损失(%) |
|------|------|----------|------------------|------------------|---------|
| H23左 | 1 | 0.8 | 823.4 | 775.8 | 5.78 |
| | | 1.0 | 1 020.5 | 955.9 | 6.33 |
| | 2 | 0.8 | 822.3 | 786.0 | 4.42 |
| | | 1.0 | 1 016.5 | 966.4 | 4.92 |
| H25左 | 1 | 0.8 | 790.5 | 752.0 | 4.87 |
| | | 1.0 | 984.5 | 942.2 | 4.29 |
| | 2 | 0.8 | 782.5 | 755.6 | 3.43 |
| | | 1.0 | 982.3 | 929.6 | 5.36 |
| 平均值 | | | | | 4.93 |

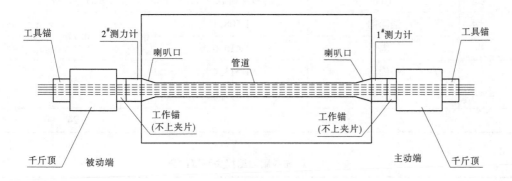

图 5-24　喇叭口损失测试测力计安装图

单个喇叭口的预应力损失按下式计算:

$$单个喇叭口损失 = 1 - \sqrt{\frac{被动端测力计荷载}{主动端测力计荷载}} \times 100\%$$

圆锚喇叭口损失测试结果如表 5-45 所示,扁锚喇叭口损失测试结果如表 5-46 所示。

表 5-45　圆锚喇叭口损失测试结果

| 次数 | 荷载等级 | 主动端测力计(kN) | 被动端测力计(kN) | 单个喇叭口损失(%) |
|------|----------|------------------|------------------|---------------------|
| 1 | 0.8 | 1 172.4 | 1 163.5 | 0.38 |
| | 1.0 | 1 471.6 | 1 458.2 | 0.46 |
| 2 | 0.8 | 1 194.1 | 1 177.4 | 0.70 |
| | 1.0 | 1 492.7 | 1 461.1 | 1.06 |
| 平均值 | | | | 0.65 |

**表 5-46　扁锚喇叭口损失测试结果**

| 次数 | 荷载等级 | 主动端测力计(kN) | 被动端测力计(kN) | 单个喇叭口损失(%) |
|------|----------|------------------|------------------|-------------------|
| 1 | 0.8 | 849.4 | 755.5 | 5.69 |
| 1 | 1.0 | 1 046.1 | 941.9 | 5.11 |
| 2 | 0.8 | 860.1 | 705.8 | 9.41 |
| 2 | 1.0 | 1 080.8 | 908.2 | 8.33 |
| 平均值 | | | | 7.14 |

扁锚的喇叭口损失明显大于圆锚。

6.锚固回缩损失测试结果

锚固回缩损失测试结果见表 5-47、表 5-48。

**表 5-47　圆锚锚固回缩损失测试结果**

| 次数 | 工况 | 测力计荷载(kN) | 回缩损失(%) |
|------|------|----------------|-------------|
| 1 | 锚固前 | 1 508.1 | 6.11 |
| 1 | 锚固后 | 1 416.0 | 6.11 |
| 2 | 锚固前 | 1 513.4 | 6.37 |
| 2 | 锚固后 | 1 417.0 | 6.37 |
| 平均值 | | | 6.24 |

**表 5-48　扁锚锚固回缩损失测试结果**

| 次数 | 工况 | 测力计荷载(kN) | 回缩损失(%) |
|------|------|----------------|-------------|
| 1 | 锚固前 | 941.8 | 20.7 |
| 1 | 锚固后 | 747.1 | 20.7 |
| 2 | 锚固前 | 933.5 | 23.1 |
| 2 | 锚固后 | 717.5 | 23.1 |
| 平均值 | | | 21.9 |

7.孔道摩阻测试结果

选择 28# 渡槽 $A_2$ 预应力筋进行孔道摩阻测试，$A_2$ 预应力筋规格为 8-φ 15.2，圆形锚具，无转角，塑料波纹管。孔道摩阻测试结果如表 5-49 所示。

由于 $A_2$ 预应力筋为直线筋，$A_{2左}$ 和 $A_{2右}$ 长度相等，所以可简化公式，得

$$k = \overline{Y}/x = 0.000\ 92$$

即预应力孔道偏差系数为 0.000 92。

表 5-49　圆锚孔道摩阻测试结果

| 预应力筋编号 | 次数 | 荷载等级 | 主动端荷载 $P_k$(kN) | 被动端荷载 $P_x$(kN) | $A = P_x/P_k$ | $Y = -\ln A$ |
|---|---|---|---|---|---|---|
| $A_{2左}$ | 1 | 0.6 | 905.9 | 890.0 | 0.982 5 | 0.017 62 |
| | | 0.8 | 1 211.3 | 1 192.7 | 0.984 7 | 0.015 46 |
| | | 1.0 | 1 513.5 | 1 490.3 | 0.984 7 | 0.015 43 |
| | 2 | 0.6 | 915.0 | 880.5 | 0.962 2 | 0.038 52 |
| | | 0.8 | 1 228.3 | 1 194.7 | 0.972 6 | 0.027 73 |
| | | 1.0 | 1 535.8 | 1 496.2 | 0.974 2 | 0.026 14 |
| $A_{2右}$ | 1 | 0.6 | 895.2 | 865.3 | 0.966 5 | 0.034 04 |
| | | 0.8 | 1 196.2 | 1 164.4 | 0.973 4 | 0.026 97 |
| | | 1.0 | 1 523.4 | 1 484.9 | 0.974 7 | 0.025 63 |
| | 2 | 0.6 | 867.6 | 827.6 | 0.953 9 | 0.047 18 |
| | | 0.8 | 1 158.1 | 1 120.6 | 0.967 7 | 0.032 86 |
| | | 1.0 | 1 496.6 | 1 464.0 | 0.978 2 | 0.022 03 |

　　对于扁形预应力束,选择 44# 渡槽纵向 6 根、环向 6 根预应力筋进行孔道摩阻测试,预应力筋规格为 5-φ 15.2,扁形锚具,塑料波纹管。12 根预应力筋按波纹管生产厂家的不同分成三组,分组如表 5-50 所示。

表 5-50　扁形预应力筋孔道摩阻测试分组

| 生产厂家 | 预应力筋形状 | 预应力筋编号 |
|---|---|---|
| 河北艺通橡塑有限公司 | 直线 | $E_{1左}$、$E_{1右}$ |
| | U 形 | $H_{23左}$、$H_{25左}$ |
| 天津市海利德管业有限公司 | 直线 | $C_{1左}$、$C_{1右}$ |
| | U 形 | $H_{27左}$、$H_{34左}$ |
| 柳州欧维姆机械股份有限公司 | 直线 | $D_{1左}$、$D_{2右}$ |
| | U 形 | $H_{29左}$、$H_{31左}$ |

　　孔道摩阻测试结果如表 5-31~表 5-33 所示。

表 5-51 扁形预应力筋孔道摩阻测试结果(一)

| 厂家 | 编号 | 次数 | 等级 | 主动端<br>(kN) | 被动端<br>(kN) | $A=P_x/P_k$ | $Y=-\ln A$ |
|---|---|---|---|---|---|---|---|
| 河北艺通橡塑<br>有限公司 | $E_{1右}$ | 1 | 0.6 | 561.3 | 311.4 | 0.554 836 | 0.589 083 |
| | | | 0.8 | 740.3 | 414.1 | 0.559 368 | 0.580 948 |
| | | | 1.0 | 931.5 | 527.1 | 0.565 863 | 0.569 403 |
| | | 2 | 0.6 | 552.7 | 347.1 | 0.628 083 | 0.465 083 |
| | | | 0.8 | 733.6 | 462.1 | 0.629 965 | 0.462 092 |
| | | | 1.0 | 930.4 | 590.1 | 0.634 178 | 0.455 426 |
| | $E_{1左}$ | 1 | 0.6 | 504.9 | 409.4 | 0.810 959 | 0.209 537 |
| | | | 0.8 | 697.5 | 551.2 | 0.790 278 | 0.235 371 |
| | | | 1.0 | 889.7 | 690.8 | 0.776 429 | 0.253 05 |
| | | 2 | 0.6 | 496.8 | 382.2 | 0.769 342 | 0.262 22 |
| | | | 0.8 | 705.1 | 536.5 | 0.760 945 | 0.273 194 |
| | | | 1.0 | 915.9 | 685.2 | 0.748 055 | 0.290 279 |
| | $H_{23左}$ | 1 | 0.6 | 571.6 | 297.3 | 0.520 145 | 0.653 648 |
| | | | 0.8 | 775.8 | 410.4 | 0.529 044 | 0.636 684 |
| | | | 1.0 | 955.9 | 523.5 | 0.547 638 | 0.602 14 |
| | | 2 | 0.6 | 593.8 | 322.5 | 0.543 161 | 0.610 35 |
| | | | 0.8 | 786.0 | 412.4 | 0.524 659 | 0.645 006 |
| | | | 1.0 | 966.4 | 511.8 | 0.529 554 | 0.635 72 |
| | $H_{25左}$ | 1 | 0.6 | 563.2 | 307.4 | 0.545 727 | 0.605 636 |
| | | | 0.8 | 752.0 | 420.8 | 0.559 579 | 0.580 57 |
| | | | 1.0 | 942.2 | 538.3 | 0.571 293 | 0.559 853 |
| | | 2 | 0.6 | 726.5 | 335.8 | 0.462 189 | 0.771 781 |
| | | | 0.8 | 755.6 | 468.5 | 0.620 034 | 0.477 981 |
| | | | 1.0 | 929.6 | 568.2 | 0.611 239 | 0.492 268 |

计算得以下三种情况：

$$\left.\begin{array}{l} \mu = 0.110 \\ k = 0.012\ 9 \end{array}\right\}$$

表 5-52　扁形预应力筋孔道摩阻测试结果（二）

| 厂家 | 编号 | 次数 | 等级 | 主动端（kN） | 被动端（kN） | $A = P_x / P_k$ | $Y = -\ln A$ |
|------|------|------|------|------|------|------|------|
| 天津市海利德管业有限公司 | $C_{1右}$ | 1 | 0.8 | 729.1 | 459.8 | 0.630 672 | 0.460 969 |
| | | | 1.0 | 933.0 | 603.7 | 0.647 039 | 0.435 349 |
| | | 2 | 0.6 | 501.6 | 362.6 | 0.722 972 | 0.324 385 |
| | | | 0.8 | 687.1 | 508.4 | 0.739 965 | 0.301 153 |
| | | | 1.0 | 855.2 | 648.5 | 0.758 222 | 0.276 779 |
| | $C_{1左}$ | 1 | 0.6 | 519.6 | 311.6 | 0.599 728 | 0.511 279 |
| | | | 0.8 | 736.6 | 466.5 | 0.633 307 | 0.456 8 |
| | | | 1.0 | 946.8 | 640.8 | 0.676 83 | 0.390 335 |
| | | 2 | 0.6 | 532.1 | 408.0 | 0.766 802 | 0.265 527 |
| | | | 0.8 | 735.9 | 557.6 | 0.757 754 | 0.277 397 |
| | | | 1.0 | 931.8 | 691.9 | 0.742 51 | 0.297 719 |
| | $H_{27左}$ | 1 | 0.6 | 563.9 | 248.1 | 0.439 932 | 0.821 135 |
| | | | 0.8 | 735.3 | 357.0 | 0.485 498 | 0.722 58 |
| | | | 1.0 | 909.8 | 454.3 | 0.499 326 | 0.694 496 |
| | | 2 | 0.6 | 568.0 | 269.4 | 0.474 24 | 0.746 041 |
| | | | 0.8 | 741.0 | 372.4 | 0.502 475 | 0.688 21 |
| | | | 1.0 | 911.5 | 459.8 | 0.504 457 | 0.684 273 |
| | $H_{34左}$ | 1 | 0.6 | 551.7 | 243.0 | 0.440 524 | 0.819 79 |
| | | | 0.8 | 749.9 | 353.7 | 0.471 688 | 0.751 438 |
| | | | 1.0 | 932.3 | 447.8 | 0.480 284 | 0.733 378 |
| | | 2 | 0.6 | 553.1 | 257.3 | 0.465 13 | 0.765 437 |
| | | | 0.8 | 732.1 | 351.9 | 0.480 71 | 0.732 492 |
| | | | 1.0 | 920.2 | 448.4 | 0.487 317 | 0.718 841 |

计算得

$$\left.\begin{array}{l} \mu = 0.158 \\ k = 0.012\ 1 \end{array}\right\}$$

表 5-53　扁形预应力筋孔道摩阻测试结果

| 厂家 | 编号 | 次数 | 等级 | 主动端（kN） | 被动端（kN） | $A = P_x/P_k$ | $Y = -\ln A$ |
|---|---|---|---|---|---|---|---|
| 柳州欧维姆机械股份有限公司 | $D_{1右}$ | 1 | 0.6 | 519.5 | 389.3 | 0.749 304 | 0.288 611 |
| | | | 0.8 | 704.9 | 539.8 | 0.765 691 | 0.266 976 |
| | | | 1.0 | 893.9 | 685.1 | 0.766 428 | 0.266 015 |
| | | 2 | 0.6 | 562.3 | 459.5 | 0.817 241 | 0.201 821 |
| | | | 0.8 | 761.4 | 639.9 | 0.840 46 | 0.173 805 |
| | | | 1.0 | 946.6 | 820.2 | 0.866 507 | 0.143 285 |
| | $D_{1左}$ | 1 | 0.6 | 603.3 | 408.7 | 0.677 432 | 0.389 447 |
| | | | 0.8 | 785.9 | 563.9 | 0.717 478 | 0.332 013 |
| | | | 1.0 | 973.5 | 729.7 | 0.749 591 | 0.288 228 |
| | | 2 | 0.6 | 585.3 | 444.2 | 0.758 982 | 0.275 778 |
| | | | 0.8 | 771.2 | 603.5 | 0.782 561 | 0.245 183 |
| | | | 1.0 | 958.0 | 772.0 | 0.805 854 | 0.215 853 |
| | $H_{29左}$ | 1 | 0.6 | 605.4 | 237.6 | 0.392 425 | 0.935 409 |
| | | | 0.8 | 827.9 | 347.6 | 0.419 842 | 0.867 877 |
| | | | 1.0 | 1 029.5 | 443.8 | 0.431 131 | 0.841 343 |
| | | 2 | 0.6 | 575.5 | 303.7 | 0.527 823 | 0.638 993 |
| | | | 0.8 | 750.7 | 368.0 | 0.490 265 | 0.712 809 |
| | | | 1.0 | 947.5 | 478.2 | 0.504 684 | 0.683 822 |
| | $H_{31左}$ | 1 | 0.6 | 565.8 | 235.6 | 0.416 353 | 0.876 222 |
| | | | 0.8 | 752.4 | 326.8 | 0.434 394 | 0.833 803 |
| | | | 1.0 | 944.3 | 414.2 | 0.438 644 | 0.824 068 |
| | | 2 | 0.6 | 546.5 | 245.1 | 0.448 583 | 0.801 661 |
| | | | 0.8 | 736.7 | 334.2 | 0.453 574 | 0.790 597 |
| | | | 1.0 | 934.6 | 431.0 | 0.461 187 | 0.773 953 |

计算得

$$\left.\begin{array}{l} \mu = 0.199 \\ k = 0.008\ 6 \end{array}\right\}$$

从上述孔道摩阻试验测试结果来看,各厂家生产的塑料波纹管摩阻系数并无明显差别。如果将这三家的波纹管的测试结果放在一起进行统计分析,分析得孔道摩阻系数为

$$\left. \begin{array}{l} \mu = 0.156 \\ k = 0.011\ 1 \end{array} \right\}$$

扣除喇叭口损失后再算孔道摩阻系数。

从这次预应力测试的结果来看,圆形的预应力束孔道摩阻、锚圈口损失均较小,满足规范要求,孔道偏差系数略小于规范取值,说明成孔道质量较好,线形与设计值吻合。而扁形的预应力束情况较为复杂,孔道摩阻损失高于规范取值,锚圈口的损失也比圆锚要大。

通过喇叭口损失测试结果可知,扁形锚具在使钢绞线向两边分开的过程中产生了较大的预应力损失,在计算时可以将此作为单独一项进行计算。在进行总的预应力损失计算时,主动端张拉力先扣除喇叭口损失,再计算孔道摩阻损失。按照该方法计算时,孔道摩阻系数应采用表 5-54~表 5-56 的值。

表 5-54 扣除喇叭口损失后孔道摩阻系数计算

| 厂家 | 编号 | 次数 | 等级 | 主动端 (kN) | 被动端 (kN) | $A = P_x/P_k$ | $Y = -\ln A$ |
|---|---|---|---|---|---|---|---|
| 河北艺通橡塑有限公司 | $E_{1右}$ | 1 | 0.6 | 521.2 | 335.4 | 0.643 44 | 0.440 93 |
| | | | 0.8 | 687.5 | 446.0 | 0.648 69 | 0.432 79 |
| | | | 1.0 | 865.0 | 567.6 | 0.656 23 | 0.421 25 |
| | | 2 | 0.6 | 513.2 | 373.6 | 0.728 38 | 0.316 93 |
| | | | 0.8 | 681.2 | 497.6 | 0.730 56 | 0.313 94 |
| | | | 1.0 | 864.0 | 635.4 | 0.735 45 | 0.307 27 |
| | $E_{1左}$ | 1 | 0.6 | 468.8 | 440.9 | 0.940 46 | 0.061 38 |
| | | | 0.8 | 647.7 | 593.6 | 0.916 48 | 0.087 22 |
| | | | 1.0 | 826.2 | 743.9 | 0.900 42 | 0.104 90 |
| | | 2 | 0.6 | 461.3 | 411.6 | 0.892 20 | 0.114 07 |
| | | | 0.8 | 654.7 | 577.8 | 0.882 46 | 0.125 04 |
| | | | 1.0 | 850.5 | 737.9 | 0.867 51 | 0.142 12 |
| | $H_{23左}$ | 1 | 0.6 | 530.8 | 320.2 | 0.603 21 | 0.505 49 |
| | | | 0.8 | 720.4 | 442.0 | 0.613 53 | 0.488 53 |
| | | | 1.0 | 887.7 | 563.7 | 0.635 09 | 0.453 99 |
| | | 2 | 0.6 | 551.4 | 347.3 | 0.629 90 | 0.462 20 |
| | | | 0.8 | 729.8 | 444.1 | 0.608 44 | 0.496 85 |
| | | | 1.0 | 897.4 | 551.1 | 0.614 12 | 0.487 57 |
| | $H_{25左}$ | 1 | 0.6 | 523.0 | 331.0 | 0.632 88 | 0.457 48 |
| | | | 0.8 | 698.3 | 453.2 | 0.648 94 | 0.432 42 |
| | | | 1.0 | 874.9 | 579.7 | 0.662 52 | 0.411 70 |
| | | 2 | 0.6 | 674.7 | 361.6 | 0.536 00 | 0.623 63 |
| | | | 0.8 | 701.6 | 504.5 | 0.719 05 | 0.329 83 |
| | | | 1.0 | 863.3 | 611.9 | 0.708 85 | 0.344 11 |

计算得以下三种情况:

$$\left.\begin{array}{l} \mu = 0.095 \\ k = 0.008\ 0 \end{array}\right\}$$

表 5-55　扣除喇叭口损失后孔道摩阻系数计算(一)

| 厂家 | 编号 | 次数 | 等级 | 主动端<br>(kN) | 被动端<br>(kN) | $A = P_x/P_k$ | $Y = -\ln A$ |
|---|---|---|---|---|---|---|---|
| 天津市海利德管业有限公司 | $C_{1右}$ | 1 | 0.8 | 677.0 | 495.2 | 0.731 39 | 0.312 81 |
| | | | 1.0 | 866.4 | 650.1 | 0.750 37 | 0.287 19 |
| | | 2 | 0.6 | 465.8 | 390.5 | 0.838 42 | 0.176 23 |
| | | | 0.8 | 638.0 | 547.5 | 0.858 13 | 0.153 00 |
| | | | 1.0 | 794.2 | 698.3 | 0.879 30 | 0.128 63 |
| | $C_{1左}$ | 1 | 0.6 | 482.5 | 335.6 | 0.695 50 | 0.363 12 |
| | | | 0.8 | 684.0 | 502.3 | 0.734 44 | 0.308 65 |
| | | | 1.0 | 879.2 | 690.1 | 0.784 91 | 0.242 18 |
| | | 2 | 0.6 | 494.1 | 439.4 | 0.889 25 | 0.117 37 |
| | | | 0.8 | 683.4 | 600.5 | 0.878 76 | 0.129 24 |
| | | | 1.0 | 865.3 | 745.1 | 0.861 08 | 0.149 56 |
| | $H_{27左}$ | 1 | 0.6 | 523.6 | 267.2 | 0.510 19 | 0.672 98 |
| | | | 0.8 | 682.8 | 384.4 | 0.563 03 | 0.574 43 |
| | | | 1.0 | 844.8 | 489.2 | 0.579 06 | 0.546 34 |
| | | 2 | 0.6 | 527.4 | 290.1 | 0.549 97 | 0.597 89 |
| | | | 0.8 | 688.1 | 401.0 | 0.582 72 | 0.540 06 |
| | | | 1.0 | 846.4 | 495.1 | 0.585 01 | 0.536 12 |
| | $H_{34左}$ | 1 | 0.6 | 512.3 | 261.7 | 0.510 87 | 0.671 64 |
| | | | 0.8 | 696.4 | 380.9 | 0.547 01 | 0.603 28 |
| | | | 1.0 | 865.7 | 482.2 | 0.556 98 | 0.585 22 |
| | | 2 | 0.6 | 513.6 | 277.0 | 0.539 41 | 0.617 28 |
| | | | 0.8 | 679.8 | 379.0 | 0.557 48 | 0.584 34 |
| | | | 1.0 | 854.5 | 482.9 | 0.565 14 | 0.570 69 |

$$\left.\begin{array}{l} \mu = 0.142 \\ k = 0.007\ 2 \end{array}\right\}$$

表 5-56　扣除喇叭口损失后孔道摩阻系数计算(二)

| 厂家 | 编号 | 次数 | 等级 | 主动端(kN) | 被动端(kN) | $A = P_x/P_k$ | $Y = -\ln A$ |
|---|---|---|---|---|---|---|---|
| 柳州欧维姆机械股份有限公司 | $D_{1右}$ | 1 | 0.6 | 482.4 | 419.2 | 0.868 96 | 0.140 46 |
| | | 1 | 0.8 | 654.6 | 581.3 | 0.887 97 | 0.118 82 |
| | | 1 | 1.0 | 830.1 | 737.8 | 0.888 82 | 0.117 86 |
| | | 2 | 0.6 | 522.1 | 494.9 | 0.947 75 | 0.053 67 |
| | | 2 | 0.8 | 707.0 | 689.1 | 0.974 68 | 0.025 65 |
| | | 2 | 1.0 | 879.0 | 883.3 | — | — |
| | $D_{1左}$ | 1 | 0.6 | 560.2 | 440.1 | 0.785 61 | 0.241 29 |
| | | 1 | 0.8 | 729.8 | 607.2 | 0.832 05 | 0.183 86 |
| | | 1 | 1.0 | 904.0 | 785.8 | 0.869 29 | 0.140 07 |
| | | 2 | 0.6 | 543.5 | 478.4 | 0.880 18 | 0.127 62 |
| | | 2 | 0.8 | 716.2 | 649.9 | 0.907 53 | 0.097 03 |
| | | 2 | 1.0 | 889.6 | 831.4 | 0.934 54 | 0.067 70 |
| | $H_{29左}$ | 1 | 0.6 | 562.2 | 255.9 | 0.455 09 | 0.787 25 |
| | | 1 | 0.8 | 768.8 | 374.3 | 0.486 89 | 0.719 72 |
| | | 1 | 1.0 | 956.0 | 478.0 | 0.499 98 | 0.693 19 |
| | | 2 | 0.6 | 534.4 | 327.1 | 0.612 11 | 0.490 84 |
| | | 2 | 0.8 | 697.1 | 396.3 | 0.568 56 | 0.564 65 |
| | | 2 | 1.0 | 879.8 | 515.0 | 0.585 28 | 0.535 67 |
| | $H_{31左}$ | 1 | 0.6 | 525.4 | 253.7 | 0.482 84 | 0.728 07 |
| | | 1 | 0.8 | 698.7 | 352.0 | 0.503 76 | 0.685 65 |
| | | 1 | 1.0 | 876.9 | 446.0 | 0.508 69 | 0.675 91 |
| | | 2 | 0.6 | 507.4 | 264.0 | 0.520 22 | 0.653 51 |
| | | 2 | 0.8 | 684.1 | 359.9 | 0.526 01 | 0.642 44 |
| | | 2 | 1.0 | 867.9 | 464.2 | 0.534 83 | 0.625 80 |

$$\left.\begin{array}{l} \mu = 0.181 \\ k = 0.004\ 0 \end{array}\right\}$$

将三家波纹管的测试结果放在一起进行统计分析,分析得孔道摩阻系数为

$$\left.\begin{array}{l} \mu = 0.140 \\ k = 0.006\ 2 \end{array}\right\}$$

这里只是提出一种新的计算方式,此种计算方式与规范并不一致,是否可行,还需要

进一步进行研究。

8. 预应力筋伸长量测试结果

在测试孔道摩阻系数的同时,进行预应力筋伸长量的测试。

测试孔道摩阻时单端张拉,其理论伸长量可分段积分进行计算。

1)直线段的伸长量

设直线段起点的应力为 $\sigma_c$,直线段长 $L_1$,则其伸长量为

$$\Delta L_1 = \int_0^{l_1} \frac{\sigma_c}{E} e^{-kx} dx = \frac{\sigma_c(1 - e^{-kl_1})}{Ek}$$

式中:$E$ 为预应力筋的弹性模量;$dx$ 为预应力束与孔道壁的摩阻系数;$k$ 为孔道对设计位置的偏差系数。

2)曲线段的伸长量

设曲线段起点的应力为 $\sigma_d$,曲线段转角为 $\varphi$,半径为 $R$,则曲线段的伸长量为

$$\Delta L_2 = \int_0^{\varphi} \frac{\sigma_d}{E} e^{-(\mu\theta+kR\varphi)} R d\theta = \frac{\sigma_d R[1 - e^{-(\mu\varphi+kR\varphi)}]}{E(\mu + kR)}$$

3)工作段伸长量

$$\Delta L_0 = \frac{\sigma_k}{E} S$$

式中:$S$ 为工作段长度,包括锚板、千斤顶及工具锚长度;$\sigma_k$ 为张拉控制应力。

4)总伸长量

$$\Delta L = \sum \Delta L_0 + \sum \Delta L_1 + \sum \Delta L_2$$

实际计算伸长量时,取钢绞线弹性模量 $E = 1.95 \times 10^5$ MPa。

按上面的方法分别计算圆形截面的预应力筋、扁形截面的预应力筋的理论伸长量。

(1)圆形截面的预应力筋 $A_{2左}$、$A_{2右}$。

$A_2$ 预应力筋为直线筋,取工作段长度 $S = 0.7$ m,主动端的工作段伸长量为

$$\Delta L_{01} = \frac{\sigma_k}{E} S = \frac{1\ 395}{1.95 \times 10^5} \times 0.7 = 0.005(\text{m}) = 5\text{ mm}$$

根据实测孔道摩阻系数 $k = 0.000\ 92$,预应力筋长度 $l = 29.96$ m,则直线段的伸长量为

$$\Delta L_1 = \int_0^l \frac{\sigma_k}{E} e^{-kx} dx = \frac{\sigma_k(1 - e^{-kl})}{Ek} = \frac{1\ 395 \times (1 - e^{-0.000\ 92 \times 29.96})}{1.95 \times 10^5 \times 0.000\ 92} = 0.211(\text{m}) = 211\text{ mm}$$

被动端的工作段伸长量

$$\Delta L_{02} = \frac{\sigma_k e^{-kl}}{E} S = \frac{1\ 395 \times e^{-0.000\ 92 \times 29.96}}{1.95 \times 10^5} \times 0.7 = 0.005(\text{m}) = 5\text{ mm}$$

总伸长量为

$$\Delta L = \Delta L_{01} + \Delta L_1 + \Delta L_{02} = 221(\text{mm})$$

(2)扁形截面的预应力筋 $C_1$、$D_1$、$E_1$。

预应力筋为直线筋,取工作段长度 $S = 0.7$ m,主动端的工作段伸长量为

$$\Delta L_{01} = \frac{\sigma_k}{E} S = \frac{1\ 395}{1.95 \times 10^5} \times 0.7 = 0.005 (\text{m}) = 5\ \text{mm}$$

根据实测孔道摩阻系数 $k = 0.011\ 1$，预应力筋长度 $l = 29.96\ \text{m}$，则直线段的伸长量为

$$\Delta L_1 = \int_0^l \frac{\sigma_k}{E} e^{-kx} dx = \frac{\sigma_k (1 - e^{-kl})}{Ek} = \frac{1\ 395 \times (1 - e^{-0.011\ 1 \times 29.96})}{1.95 \times 10^5 \times 0.011\ 1} = 0.182 (\text{m}) = 182\ \text{mm}$$

被动端的工作段伸长量为

$$\Delta L_{02} = \frac{\sigma_k e^{-kl}}{E} S = \frac{1\ 395 \times e^{-0.011\ 1 \times 29.96}}{1.95 \times 10^5} \times 0.7 = 0.004 (\text{m}) = 4\ \text{mm}$$

总伸长量为 $\Delta L = \Delta L_{01} + \Delta L_1 + \Delta L_{02} = 191\ \text{mm}$

（3）扁形截面预应力筋 $H_{23左}$、$H_{25左}$、$H_{27左}$、$H_{29左}$、$H_{31左}$、$H_{34左}$。

预应力筋为 U 形筋，取工作段长度 $S = 0.7\ \text{m}$，主动端的工作段伸长量为

$$\Delta L_{01} = \frac{\sigma_k}{E} S = \frac{1\ 395}{1.95 \times 10^5} \times 0.7 = 0.005 (\text{m}) = 5\ \text{mm}$$

实测孔道摩阻系数 $k = 0.011\ 1$，$\mu = 0.156$，靠近主动端的直线段长度 $l_1 = 3.4\ \text{m}$，其伸长量为

$$\Delta L_{11} = \int_0^{l_1} \frac{\sigma_k}{E} e^{-kx} dx = \frac{\sigma_k (1 - e^{-kl_1})}{Ek} = \frac{1\ 395 \times (1 - e^{-0.011\ 1 \times 3.4})}{1.95 \times 10^5 \times 0.011\ 1} = 0.024 (\text{m}) = 24\ \text{mm}$$

曲线段起始点应力 $\sigma_d = \sigma_k e^{-kl_1} = 1\ 343.3\ \text{MPa}$，转角 $\varphi = \pi$，半径 $R = 4.23\ \text{m}$，其伸长量为

$$\Delta L_2 = \int_0^{\varphi} \frac{\sigma_d}{E} e^{-(\mu\theta + kR\varphi)} R d\theta = \frac{\sigma_d R [1 - e^{-(\mu\varphi + kR\varphi)}]}{E(\mu + kR)}$$

$$= \frac{1\ 343.3 \times 4.23 \times (1 - e^{-0.156 \times 4.23 - 0.011\ 1 \times 4.23 \times \pi})}{1.95 \times 10^5 \times (0.156 + 0.011\ 1 \times 4.23)} = 0.068 (\text{m}) = 68\ \text{mm}$$

靠近被动端的直线段长度 $l_2 = 3.4\ \text{m}$，起始点应力 $\sigma_c = \sigma_d e^{-\mu\varphi - kR\varphi} = 710.0\ \text{MPa}$，其伸长量为

$$\Delta L_{12} = \int_0^{l_2} \frac{\sigma_c}{E} e^{-kx} dx = \frac{\sigma_c (1 - e^{-kl_2})}{Ek} = \frac{710.0 \times (1 - e^{-0.011\ 1 \times 3.4})}{1.95 \times 10^5 \times 0.011\ 1} = 0.012 (\text{m}) = 12\ \text{mm}$$

被动端工作段的起始点应力 $\sigma_s = \sigma_c e^{-kl_2} = 683.7\ \text{MPa}$，其伸长量为

$$\Delta L_{02} = \frac{\sigma_s}{E} S = \frac{683.7}{1.95 \times 10^5} \times 0.7 = 0.002 (\text{m}) = 2\ \text{mm}$$

总伸长量 $\Delta L = \Delta L_{01} + \Delta L_{11} + \Delta L_2 + \Delta L_{12} + \Delta L_{02} = 111\ \text{mm}$

各预应力筋的实侧伸长量和理论伸长量见表 5-43。

从表 5-47 可知，直线筋的伸长量实测值与理论值一致，可满足规范差值在 6% 的要求，U 形筋的实测伸长量有 4 次测量值与理论值的差别大于 6%，这是因为小曲率的 U 形预应力筋的伸长量不同于其他类型的预应力筋，在预应力筋的弯道处有强大的径向压力，塑料波纹管弯道部分内侧波纹基本被压平，U 形预应力压入边壁产生了几何变形。

U 形预应力筋的伸长量平均值为 113.6 mm，与理论伸长量相差 2.6 mm，因此建议对

U 形预应力筋的伸长量的理论值增加 3 mm,仍用现行规范确定的±6%的张拉伸长偏差值来控制 U 形预应力筋的张拉伸长值。

**表 5-57　各预应力筋的伸长量**

| 编号 | 次数 | 实测伸长量（mm） | 理论伸长量（mm） | 实测值与理论值的差值 |
|---|---|---|---|---|
| H_{23左} | 1 | 118 | 111 | 6.3% |
| | 2 | 108 | | −2.7% |
| H_{25左} | 1 | 119 | | 7.2% |
| | 2 | 120 | | 8.1% |
| H_{27左} | 1 | 120 | | 8.1% |
| | 2 | 113 | | 1.8% |
| H_{29左} | 1 | 108 | | −2.7% |
| | 2 | 110 | | −0.9% |
| H_{31左} | 1 | 115 | | 3.6% |
| | 2 | 110 | | −0.9% |
| H_{34左} | 1 | 114 | | 2.7% |
| | 2 | 109 | | −1.8% |
| E_{1右} | 1 | 180 | 191 | −6.0% |
| | 2 | 186 | | −2.7% |
| D_{1右} | 1 | 201 | | 5.5% |
| | 2 | 188 | | −1.6% |
| C_{1右} | 1 | 196 | | 2.7% |
| | 2 | 183 | | −4.4% |
| E_{1左} | 1 | 184 | | −3.8% |
| | 2 | 188 | | −1.6% |
| D_{1左} | 1 | 198 | | 3.8% |
| | 2 | 198 | | 3.8% |
| C_{1左} | 1 | 191 | | 0 |
| | 2 | 186 | | −2.7% |
| A_{2左} | 1 | 231 | 221 | 5.5% |
| | 2 | 220 | | −0.5% |
| A_{2右} | 1 | 226 | | 2.7% |
| | 2 | 218 | | −1.6% |

扁形测力计的敏感性分析。

取扁形测力计,编号118393,进行如下几项测试:

(1)在试验机上旋转测力计放置的方向,对比前后测力计读数的变化。

(2)沿测力计长边方向移动少许距离,使测力计偏心受压,对比测力计读数的变化。

(3)沿测力计短边方向移动少许距离,使测力计偏心受压,对比测力计读数的变化。

(4)在测力计下方一侧放置垫片,使测力计不均匀受压,对比测力计读数的变化。

各种方式的测试结果如表 5-58 所示。

表 5-58　敏感性测试结果

| 测试方式 | 试验机荷载值(kN) | 测力计 | | 误差(kN) |
|---|---|---|---|---|
| | | 频率模数 | 按方程计算荷载(kN) | |
| 原值 | 0 | 7 402.4 | — | — |
| | 200 | 7 175.5 | 203.0 | 3.0 |
| | 400 | 6 924.6 | 409.9 | 9.9 |
| | 600 | 6 685.6 | 607.1 | 7.1 |
| | 800 | 6 444.9 | 805.7 | 5.7 |
| | 1 000 | 6 212.7 | 997.2 | −2.8 |
| | 1 200 | 5 969.3 | 1 198.0 | −2.0 |
| 旋转 90° | 0 | 7 398.9 | — | — |
| | 200 | 7 172.5 | 205.5 | 5.5 |
| | 400 | 6 930.4 | 405.2 | 5.2 |
| | 600 | 6 689.9 | 603.6 | 3.6 |
| | 800 | 6 440.8 | 809.0 | 9.0 |
| | 1 000 | 6 206.0 | 1 002.7 | 2.7 |
| | 1 200 | 5 974.7 | 1 193.6 | −6.4 |
| 长边侧移 3 mm | 0 | 7 397.0 | — | — |
| | 200 | 7 173.9 | 204.3 | 4.3 |
| | 400 | 6 923.0 | 411.3 | 11.3 |
| | 600 | 6 676.9 | 614.3 | 14.3 |
| | 800 | 6 451.4 | 800.3 | 0.3 |
| | 1 000 | 6 217.1 | 993.6 | −6.4 |
| | 1 200 | 5 976.3 | 1 192.2 | −7.8 |

续表 5-58

| 测试方式 | 试验机荷载值(kN) | 测力计 | | 误差(kN) |
|---|---|---|---|---|
| | | 频率模数 | 按方程计算荷载(kN) | |
| 短边侧移 3 mm | 0 | 7 395.2 | — | — |
| | 200 | 7 169.1 | 208.3 | 8.3 |
| | 400 | 6 906.5 | 424.9 | 24.9 |
| | 600 | 6 670.0 | 620.0 | 20.0 |
| | 800 | 6 425.3 | 821.9 | 21.9 |
| | 1 000 | 6 188.4 | 1 017.3 | 17.3 |
| | 1 200 | 5 951.9 | 1 212.3 | 12.3 |
| 不均匀受压 | 0 | 7 394.2 | — | — |
| | 200 | 7 291.5 | 107.3 | −92.7 |
| | 400 | 7 149.6 | 224.4 | −175.6 |
| | 600 | 6 775.5 | 533.0 | −67.0 |
| | 800 | 6 562.0 | 709.1 | −90.9 |
| | 1 000 | 6 341.6 | 890.9 | −109.1 |
| | 1 200 | 6 120.5 | 1 073.3 | −126.7 |

从测试结果来看,旋转扁形测力计的方向后测试值误差最小,几乎无任何影响。沿短边方向侧移比沿长边方向侧移后的测试值误差更大,这是因为扁形测力计两个方向长度不同,在相同的移动距离下,沿短边侧移会使测力计受力更不均匀。

最后一种情况是采用石棉板垫在测力计下(见图 5-25),只垫测力计约 1/3 的截面面积,石棉板厚度约 1 mm,受压后厚度小于 1 mm。此种情况下测力计的测试结果产生了很大的误差,已经不能反映真实的荷载。

各种测试结果说明测力计安装位置有少许偏差时对测力计测试结果的影响有限,而接触面的不平整会对测力计产生不可预知的影响。

施工时,扁形的锚垫板铸造后,未对锚垫板与锚具的接触面进行进一步的加工,接触面不够平整,安装测力计时测力计也处于不均匀的受压状态。

要想测力计能够准确测量荷载,应该首先使测力计均匀受压,这是影响测量的重要因素。有两种方式解决这个问题:

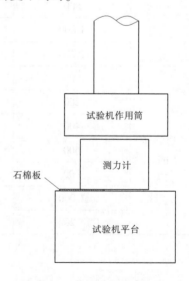

图 5-25　不均匀受压示意图

（1）在测力计和锚垫板之间加入垫板，减少锚垫板的不平整对测力计的影响。

（2）对锚垫板进行加工，使锚垫板的受力面平整。

在测试的过程中，根据实际条件，有部分扁形预应力筋的测试采用第一种方式，部分采用了第二种方式。采用第一种方式时使用了两种厚度的垫板，分别为 10 mm 厚和 25 mm 厚。实际使用时，两种方式均能满足测力计的使用要求，减少不均匀受压的状况，两种方式都能改善测试条件，之间未发现明显不同。两种厚度的垫板使用时也未发现测试结果之间有明显不同。

#### 5.4.2.9 试验结论

根据试验的结果，可得出以下结论：

（1）千斤顶和测力计的校准结果表明，千斤顶的测力计均能满足使用要求，可以正常使用。

（2）圆锚的锚圈口损失 2.53%，扁锚的锚圈口损失 5.08%。

（3）圆形喇叭口的损失为 0.65%，扁形喇叭口的损失为 7.14%。

（4）直线形预应力筋锚固回缩损失为 6.24%，U 形预应力筋锚固回缩损失为 21.9%。

（5）圆形塑料波纹管孔道偏差系数为 0.000 92。三个厂家的扁形塑料波纹管的摩阻系数和偏差系数分别为：

河北艺通橡塑有限公司
$$\left.\begin{array}{l} \mu = 0.110 \\ k = 0.012\ 9 \end{array}\right\}$$

天津市海利德管业有限公司
$$\left.\begin{array}{l} \mu = 0.158 \\ k = 0.012\ 1 \end{array}\right\}$$

柳州欧维姆机械股份有限公司
$$\left.\begin{array}{l} \mu = 0.199 \\ k = 0.008\ 6 \end{array}\right\}$$

将三家波纹管的测试结果一起进行统计分析，孔道摩阻系数为
$$\left.\begin{array}{l} \mu = 0.156 \\ k = 0.011\ 1 \end{array}\right\}$$

（6）直线形预应力筋的伸长量与理论值的偏差在 ±6% 之间，建议对 U 形预应力筋的伸长量的理论值增加 3 mm，仍用现行规范确定的 ±6% 的张拉伸长偏差值来控制 U 形预应力筋的张拉伸长值。

（7）影响扁形测力计测量准确性的重要因素为受压面的平整度，当受压面明显不平整时，测力计测量值与真值有较大出入。采用加入垫板或对将锚垫板的受压面加工平整均可改善测力计的受力条件。

### 5.4.3 大型 U 形预制渡槽现场预应力张拉试验研究

#### 5.4.3.1 试验目的

南水北调中线渡槽的特点是体形大，荷载大。对矩形渡槽，一般均需布置纵向、横向和竖向预应力钢筋；对 U 形渡槽，一般布置有纵向、环向预应力钢筋，且每一方向的预应力钢筋根（束）数多，张拉吨位大。沙河渡槽作为南水北调中线总干渠控制性工程之一，其大跨度薄壁深梁三维预应力 U 形结构，各部位应力分布与施工工艺复杂，如此超大断面结构国内外无已建工程实例，同时槽身双向预应力结构，尤其是环向每孔 5 根扁锚钢束施工张拉控制，无已建工程成熟经验，张拉控制尤为关键。因此，为验证并优化结构设计、

完善施工工艺,结合渡槽施工,现场开展了大型预制 U 形渡槽预应力张拉试验研究,通过试验研究验证工程安全,为工程质量和工期控制提供技术支持,同时将促进我国大型预应力渡槽设计施工技术水平的提高。

综合质量、工期、安全、技术进步及总体效益的考虑,结合南水北调沙河渡槽工程施工,通过进行现场预应力张拉试验研究,为设计和施工提供可靠的技术支持,完善 现场预应力张拉施工技术、施工工艺,确保预应力施工质量。

围绕大型预应力 U 形槽预应力张拉试验研究的任务,现场制作了环形试验台,主要开展了以下几方面的研究工作:

(1)现场工程槽体上的预应力张拉试验研究,主要进行波纹管摩阻试验、锚圈口损失试验、锚固损失试验。

(2)环形试验台的预应力张拉试验研究,主要实测圆锚锚圈口、扁锚锚圈口、喇叭口、孔道摩阻、锚固回缩等预应力各项损失。

(3)通过现场预应力张拉试验研究成果对比分析预应力张拉各种实测损失值的大小,并提出预应力张拉工艺改进措施。

### 5.4.3.2　试验准备

#### 1.试验采用仪器及联合率定

千斤顶油表、测力计与率定要求:试验用的仪器采用现场施工所用仪器,包括千斤顶、油压表(一对)及测力计(圆、扁各一对),千斤顶由主体工程施工单位提供,油压表要求采用 0.4 级高精度抗震压力表。测力计由现场安全监测单位负责提供。试验前由有省部级相应资质的实验室完成千斤顶油表和千斤顶的单独率定,完成千斤顶与测力计在实验室高精度压力机下的联合率定工作。实验室率定后还要在现场张拉检验施工条件下千斤顶油表与测力计读数的实际匹配性能。

#### 2.试验用锚具、夹具、钢绞线、限位板

设备与试验材料均由施工单位提供并经监理检验认可。锚具重复张拉其性能应同时满足:锚具效率系数大于 95%;组装件受力段长度极限总应变小于等于 2%;夹具效率系数大于等于 92%。

锚具、夹具、钢绞线性能应符合《预应力筋锚具、夹具和连接器应用技术规程》(JGJ 85—2010)、《预应力混凝土用钢绞线》(GB/T 5224—2003)的要求。对试验用的钢绞线施工单位提供该批次的弹性模量及钢绞线产品说明,配套用的限位板要求使用与锚板厂家配套的产品。

#### 3.环形试验台

沙河 U 形槽环形试验台座为 C50 预应力钢筋混凝土结构,由 U 形段、矩形段组成,整体浇筑。其中 U 形部分壁厚 0.5 m、内径 3.85 m、外径 4.35 m、高 1.0 m;矩形段长 10 m、宽 1.4 m、高 1.0 m。环形台座包含环形预应力钢束和纵向预应力钢束,环形预应力钢束共两孔,编号分别为 $H_1$、$H_2$,每孔为 $5×\phi15.2$,线形为直线+半圆+直线,半圆孔道半径 4.23 m,直线长度为 3.25 m,环形钢束与工程槽槽身环向锚索完全相同;纵向预应力钢束为直线束,共两孔,编号分别为 ZB、ZY,每孔钢束长 10 m,一孔为 5 $\phi15.2$,另一孔为 8 $\phi15.2$。环形试验台见图 5-26~图 5-28。

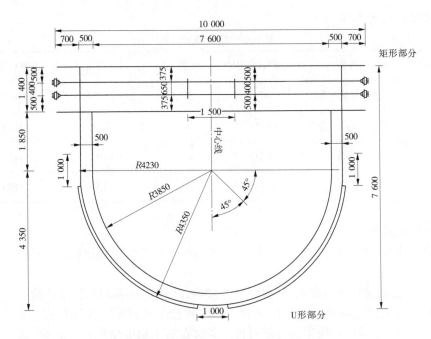

图 5-26　环形试验台平面图　（单位：mm）

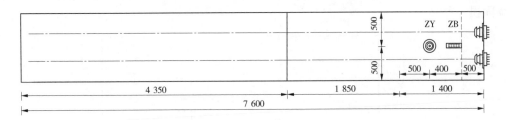

图 5-27　环形试验台立面图　（单位：mm）

图 5-28　环形试验台座实物

台座钢束特性见表 5-59。

表 5-59　台座钢束特性

| 钢束编号 | 线形 | 钢绞线型号 | 根数 | 长度(m) | 张拉端锚具 |
|---|---|---|---|---|---|
| $H_1$ | 直线+半圆+直线 | $\phi^s 15.2$ | 5 | 3.25+13.29+3.25 | BM15-5 |
| $H_2$ | 直线+半圆+直线 | $\phi^s 15.2$ | 5 | 3.25+13.29+3.25 | BM15-5 |
| ZY | 直线 | $\phi^s 15.2$ | 8 | 10 | M15A-8 |
| ZB | 直线 | $\phi^s 15.2$ | 5 | 10 | BM15-5 |

4.试验采用的工程槽

前期张拉施工时,在第 28 榀槽、第 44 榀槽进行了孔道摩阻、锚圈口损失、锚固损失等试验。

### 5.4.3.3　槽身波纹管孔道摩阻、锚圈口损失、喇叭口损失、锚固回缩损失试验

沙河 U 形渡槽先期施工时在第 28 榀、第 44 榀槽上进行了波纹管孔道摩阻试验,并对不同厂家的波纹管孔道摩阻进行了对比。同时在施工现场浇筑了 3 m 的试验小梁(见图 5-29),进行了当时预应力张拉施工工艺水平下所用锚具锚圈口损失、喇叭口损失、锚固损失等测试。

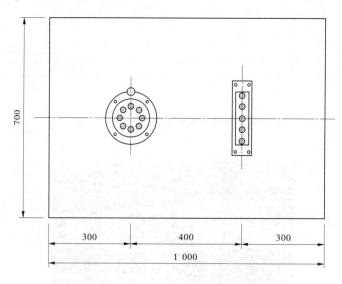

**图 5-29　试验小梁截面布置**　(单位:mm)

1.锚圈口损失、喇叭口损失、锚固回缩损失试验

1)锚圈口摩阻损失测试结果

在试验台座上进行的圆锚锚圈口摩阻损失测试仪器布置图见图 5-30,测试结果见表 5-60。

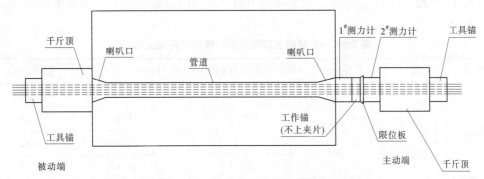

**图 5-30　试验台座上圆锚锚圈口损失测试结果**

**表 5-60　试验台座上圆锚锚圈口损失测试结果**

| 次数 | 荷载等级 | 锚具外测力计（kN） | 锚具内测力计（kN） | 损失（%） |
|---|---|---|---|---|
| 1 | 0.8 | 1 219.7 | 1 204.9 | 1.21 |
| | 1.0 | 1 516 | 1 494.8 | 1.39 |
| 2 | 0.8 | 1 213.8 | 1 182.4 | 2.59 |
| | 1.0 | 1 508.1 | 1 452.7 | 3.68 |
| 平均值 | | | | 2.22 |

在 28# 渡槽上进行的圆锚锚圈口摩阻损失测试结果见表 5-61。

**表 5-61　28# 渡槽上圆锚锚圈口摩阻损失测试结果**

| 次数 | 荷载等级 | 锚具外测力计（kN） | 锚具内测力计（kN） | 损失（%） |
|---|---|---|---|---|
| 1 | 0.8 | 1 259.5 | 1 211.3 | 3.82 |
| | 1 | 1 544.3 | 1 513.5 | 1.99 |
| 2 | 0.8 | 1 276 | 1 228.3 | 3.73 |
| | 1 | 1 564.3 | 1 535.8 | 1.82 |
| 平均值 | | | | 2.84 |

圆锚锚圈口损失平均值为 2.53%。

在试验台座上进行的扁锚锚圈口损失测试结果见表 5-62。

**表 5-62　试验台座上扁锚锚圈口摩阻损失测试结果**

| 次数 | 荷载等级 | 锚具外测力计（kN） | 锚具内测力计（kN） | 损失（%） |
|---|---|---|---|---|
| 1 | 0.8 | 804.1 | 751.2 | 6.58 |
| | 1 | 1 003.6 | 941.1 | 6.22 |
| 2 | 0.8 | 799 | 765.7 | 4.17 |
| | 1 | 1 001.9 | 956.4 | 4.53 |
| 平均值 | | | | 5.25 |

在 44# 渡槽上的 $H_{23左}$ 和 $H_{25左}$ 两束预应力筋上进行的扁锚锚圈口摩阻损失测试,结果见表 5-63。

表 5-63　44# 渡槽上扁锚锚圈口摩阻损失测试结果

| 索号 | 次数 | 荷载等级 | 锚具外测力计(kN) | 锚具内测力计(kN) | 损失(%) |
|---|---|---|---|---|---|
| $H_{23左}$ | 1 | 0.8 | 823.4 | 775.8 | 5.78 |
| | | 1 | 1 020.5 | 955.9 | 6.33 |
| | 2 | 0.8 | 822.3 | 786 | 4.42 |
| | | 1 | 1 016.5 | 966.4 | 4.92 |
| $H_{25左}$ | 1 | 0.8 | 790.5 | 752 | 4.87 |
| | | 1 | 984.5 | 942.2 | 4.29 |
| | 2 | 0.8 | 782.5 | 755.6 | 3.43 |
| | | 1 | 982.3 | 929.6 | 5.36 |
| 平均值 | | | | | 4.93 |

扁锚锚圈口损失平均值为 5.08%。

2) 喇叭口损失测试结果

在试验台座上进行了喇叭口损失测试,台座中的预应力管道很短(见图 5-31),所以忽略台座中预应力管道的摩阻,认为预应力损失全部为喇叭口所带来的损失,即主动端与被动端测力计的差值为两个喇叭口的损失值。

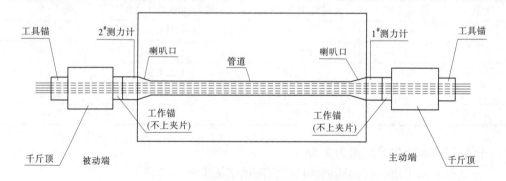

图 5-31　喇叭口损失测试测力计安装图

单个喇叭口的预应力损失按以下公式计算

$$单个喇叭口损失 = 1 - \sqrt{\frac{被动端测力计荷载}{主动端测力计荷载}} \times 100\%$$

圆锚和扁锚喇叭口损失测试结果见表 5-64、表 5-65。

圆锚喇叭口损失平均值为 0.65%,扁锚喇叭口损失平均值为 7.14%,扁锚的喇叭口损失明显大于圆锚。

表 5-64　圆锚喇叭口损失测试结果

| 次数 | 荷载等级 | 主动端测力计(kN) | 被动端测力计(kN) | 单个喇叭口损失(%) |
|---|---|---|---|---|
| 1 | 0.8 | 1 172.4 | 1 163.5 | 0.38 |
| 1 | 1 | 1 471.6 | 1 458.2 | 0.46 |
| 2 | 0.8 | 1 194.1 | 1 177.4 | 0.70 |
| 2 | 1 | 1 492.7 | 1 461.1 | 1.06 |
| 平均值 | | | | 0.65 |

表 5-65　扁锚喇叭口损失测试结果

| 次数 | 荷载等级 | 主动端测力计(kN) | 被动端测力计(kN) | 单个喇叭口损失(%) |
|---|---|---|---|---|
| 1 | 0.8 | 849.4 | 755.5 | 5.69 |
| 1 | 1 | 1 046.1 | 941.9 | 5.11 |
| 2 | 0.8 | 860.1 | 705.8 | 9.41 |
| 2 | 1 | 1 080.8 | 908.2 | 8.33 |
| 平均值 | | | | 7.14 |

3) 锚固回缩损失测试结果

圆锚锚固损失平均值为 6.24%(见表 5-66)，扁锚锚固损失平均值为 21.90%(见表 5-67)。

表 5-66　圆锚锚固回缩损失测试结果

| 次数 | 工况 | 测力计荷载(kN) | 回缩损失(%) |
|---|---|---|---|
| 1 | 锚固前 | 1 508.1 | 6.11 |
| 1 | 锚固后 | 1 416 | 6.11 |
| 2 | 锚固前 | 1 513.4 | 6.37 |
| 2 | 锚固后 | 1 417 | 6.37 |
| 平均值 | | | 6.24 |

表 5-67　扁锚锚固回缩损失测试结果

| 次数 | 工况 | 测力计荷载(kN) | 回缩损失(%) |
|---|---|---|---|
| 1 | 锚固前 | 941.8 | 20.70 |
| 1 | 锚固后 | 747.1 | 20.70 |
| 2 | 锚固前 | 933.5 | 23.10 |
| 2 | 锚固后 | 717.5 | 23.10 |
| 平均值 | | | 21.90 |

**2. 不同厂家波纹管孔道摩阻试验**

**1）孔道摩阻损失组成**

张拉时,预应力钢束与管道壁接触面间产生摩擦力引起预应力损失,称为孔道摩阻损失。主要有两种形式:一是曲线处钢束张拉时对管道壁施以正压力而引起的摩擦,其值随钢束弯曲角度总和而增加,阻力较大;二是管道对其设计位置的偏差致使接触面增大,从而引起摩擦阻力,其值一般相对较小。

从理论上讲,直线预应力孔道没有摩阻损失,但由于施工中孔道位置的偏差及孔道不光滑等,在实际张拉时仍会与孔道壁接触而产生摩阻损失,此项称为孔道偏差影响(长度影响)摩阻损失,其值一般相对较小。孔道摩阻试验示意图见图5-32。

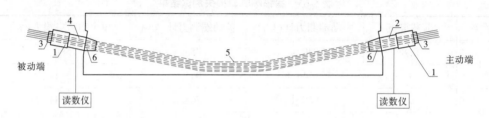

被动端　　　　　　　　　　　　　　　　　　　　　　　　　　主动端

读数仪　　　　　　　　　　　　　　　　　　　读数仪

1—千斤顶;2—测力计;3—工具锚;4—2$^{\#}$测力计;5—梁体;6—喇叭口

**图 5-32　孔道摩阻试验示意图**

**2）试验原理**

孔道摩阻试验数据的计算分析如下:

张拉时,预应力束距固定端距离为 $x$ 的任意截面上有效拉力为

$$P_x = P_k e^{-(\mu\theta + kx)}$$

式中: $P_x$ 为计算截面预应力束的拉力,测量时取至固定端; $P_k$ 为张拉端预应力束的拉力; $\theta$ 为从张拉端至计算截面的孔道弯角之和,rad; $x$ 为从张拉端至计算截面的孔道长度,m; $\mu$ 为预应力束与孔道壁的摩阻系数; $k$ 为孔道对设计位置的偏差系数。

令 $A = P_x/P_k = e^{-(\mu\theta + kx)}$ ,则有 $-\ln A = \mu\theta = kx$ ,再令 $Y = -\ln A$ ,由此,对于同一片梁不同孔道的测量可得一系列方程式:

$$\left.\begin{array}{r} \mu\theta_1 + kx_1 - Y_1 = 0 \\ \mu\theta_2 + kx_2 - Y_2 = 0 \\ \vdots \\ \mu\theta_n + kx_n - Y_n = 0 \end{array}\right\}$$

由此存在测试上的误差,上列方程式的右边不等于零,假定

$$\left.\begin{array}{r} \mu\theta_1 + kx_1 - Y_1 = \Delta F_1 \\ \mu\theta_2 + kx_2 - Y_2 = \Delta F_2 \\ \vdots \\ \mu\theta_n + kx_n - Y_n = \Delta F_n \end{array}\right\}$$

根据最小二乘法原理,有

$$(\mu\theta_1 + kx_1 - Y_1)^2 + \cdots + (\mu\theta_n + kx_n - Y_n)^2 = \sum_{i=1}^{n}(\Delta F_i)^2$$

当 $\dfrac{\partial \sum(\Delta F_i)^2}{\partial \mu} = 0$ 且 $\dfrac{\partial \sum(\Delta F_i)^2}{\partial k} = 0$ 时，$\sum(\Delta F_i)^2$ 取得最小值，由此可得

$$\left.\begin{array}{l} \mu \sum \theta_i^2 + k \sum x_i\theta_i - \sum Y_i\theta_i = 0 \\ \mu \sum x_i\theta_i + k \sum x_i^2 - \sum Y_i x_i = 0 \end{array}\right\}$$

解方程组即可得 $\mu$、$k$ 值。

3) 孔道摩阻

(1) 圆形孔道摩阻。

选择 28# 渡槽底部 $A_2$ 号圆锚预应力筋进行孔道摩阻测试，$A_2$ 预应力筋规格为 8-$\phi$ 15.2，圆形锚具，无转角，塑料波纹管。圆锚孔道摩阻测试结果见表 5-68。

表 5-68　圆锚孔道摩阻测试结果

| 预应力筋编号 | 次数 | 荷载等级 | 主动端荷载 $P_k(\text{kN})$ | 被动端荷载 $P_x(\text{kN})$ | $A = P_x/P_k$ | $Y = -\ln A$ |
|---|---|---|---|---|---|---|
| $A_{2左}$ | 1 | 0.6 | 905.9 | 890.0 | 0.982 5 | 0.017 62 |
| | | 0.8 | 1 211.3 | 1 192.7 | 0.984 7 | 0.015 46 |
| | | 1.0 | 1 513.5 | 1 490.3 | 0.984 7 | 0.015 43 |
| | 2 | 0.6 | 915.0 | 880.5 | 0.962 2 | 0.038 52 |
| | | 0.8 | 1 228.3 | 1 194.7 | 0.972 6 | 0.027 73 |
| | | 1.0 | 1 535.8 | 1 496.2 | 0.974 2 | 0.026 14 |
| $A_{2右}$ | 1 | 0.6 | 895.2 | 865.3 | 0.966 5 | 0.034 04 |
| | | 0.8 | 1 196.2 | 1 164.4 | 0.973 4 | 0.026 97 |
| | | 1.0 | 1 523.4 | 1 484.9 | 0.974 7 | 0.025 63 |
| | 2 | 0.6 | 867.6 | 827.6 | 0.953 9 | 0.047 18 |
| | | 0.8 | 1 158.1 | 1 120.6 | 0.967 7 | 0.032 86 |
| | | 1.0 | 1 496.6 | 1 464.0 | 0.978 2 | 0.022 03 |

由于 $A_2$ 预应力筋为直线筋，$A_{2左}$ 和 $A_{2右}$ 长度相等，所以可简化上节中的公式，得

$k = \overline{Y}/x = 0.000\ 92$，即圆锚孔道偏差系数为 0.000 92。

(2) 扁形孔道摩阻。

对于扁形预应力束，选择 44# 渡槽纵向 6 根、环向 6 根预应力筋进行孔道摩阻测试，预应力筋规格为 5-$\phi$ 15.2，扁形锚具，塑料波纹管。12 根预应力筋按波纹管生产厂家的不同分成三组（见表 5-69）。扁形预应力筋孔道摩阻测试结果见表 5-70~表 5-72。

表 5-69　扁形预应力筋孔道摩阻测试分组

| 生产厂家 | 预应力筋形状 | 预应力筋编号 |
|---|---|---|
| 河北艺通橡塑有限公司<br>（现场施工用波纹管） | 直线 | $E_{1左}$、$E_{1右}$ |
| | U 形 | $H_{23左}$、$H_{25左}$ |
| 天津市海利德管业有限公司 | 直线 | $C_{1左}$、$C_{1右}$ |
| | U 形 | $H_{27左}$、$H_{34左}$ |
| 柳州欧维姆机械股份有限公司 | 直线 | $D_{1左}$、$D_{2右}$ |
| | U 形 | $H_{29左}$、$H_{31左}$ |

表 5-70　扁形预应力筋孔道摩阻测试结果（一）

| 厂家 | 编号 | 次数 | 等级 | 主动端<br>（kN） | 被动端<br>（kN） | $A=P_x/P_k$ | $Y=-\ln A$ |
|---|---|---|---|---|---|---|---|
| 河北艺通橡塑有限公司 | $E_{1右}$ | 1 | 0.6 | 561.3 | 311.4 | 0.554 836 | 0.589 083 |
| | | | 0.8 | 740.3 | 414.1 | 0.559 368 | 0.580 948 |
| | | | 1 | 931.5 | 527.1 | 0.565 863 | 0.569 403 |
| | | 2 | 0.6 | 552.7 | 347.1 | 0.628 083 | 0.465 083 |
| | | | 0.8 | 733.6 | 462.1 | 0.629 965 | 0.462 092 |
| | | | 1 | 930.4 | 590.1 | 0.634 178 | 0.455 426 |
| | $E_{1左}$ | 1 | 0.6 | 504.9 | 409.4 | 0.810 959 | 0.209 537 |
| | | | 0.8 | 697.5 | 551.2 | 0.790 278 | 0.235 371 |
| | | | 1 | 889.7 | 690.8 | 0.776 429 | 0.253 05 |
| | | 2 | 0.6 | 496.8 | 382.2 | 0.769 342 | 0.262 22 |
| | | | 0.8 | 705.1 | 536.5 | 0.760 945 | 0.273 194 |
| | | | 1 | 915.9 | 685.2 | 0.748 055 | 0.290 279 |
| | $H_{23左}$ | 1 | 0.6 | 571.6 | 297.3 | 0.520 145 | 0.653 648 |
| | | | 0.8 | 775.8 | 410.4 | 0.529 044 | 0.636 684 |
| | | | 1 | 955.9 | 523.5 | 0.547 638 | 0.602 14 |
| | | 2 | 0.6 | 593.8 | 322.5 | 0.543 161 | 0.610 35 |
| | | | 0.8 | 786.0 | 412.4 | 0.524 659 | 0.645 006 |
| | | | 1 | 966.4 | 511.8 | 0.529 554 | 0.635 72 |
| | $H_{25左}$ | 1 | 0.6 | 563.2 | 307.4 | 0.545 727 | 0.605 636 |
| | | | 0.8 | 752.0 | 420.8 | 0.559 579 | 0.580 57 |
| | | | 1 | 942.2 | 538.3 | 0.571 293 | 0.559 853 |
| | | 2 | 0.6 | 726.5 | 335.8 | 0.462 189 | 0.771 781 |
| | | | 0.8 | 755.6 | 468.5 | 0.620 037 | 0.477 981 |
| | | | 1 | 929.6 | 568.2 | 0.611 239 | 0.492 268 |

计算得

$$\left.\begin{array}{l} \mu = 0.110 \\ k = 0.012\,9 \end{array}\right\}$$

表 5-71　扁形预应力筋孔道摩阻测试结果(二)

| 厂家 | 编号 | 次数 | 等级 | 主动端（kN） | 被动端（kN） | $A = P_x/P_k$ | $Y = -\ln A$ |
|---|---|---|---|---|---|---|---|
| 天津市海利德管业有限公司 | $C_{1右}$ | 1 | 0.8 | 729.1 | 459.8 | 0.630 672 | 0.460 969 |
| | | | 1 | 933.0 | 603.7 | 0.647 039 | 0.435 349 |
| | | 2 | 0.6 | 501.6 | 362.6 | 0.722 972 | 0.324 385 |
| | | | 0.8 | 687.1 | 508.4 | 0.739 965 | 0.301 153 |
| | | | 1 | 855.2 | 648.5 | 0.758 222 | 0.276 779 |
| | $C_{1左}$ | 1 | 0.6 | 519.6 | 311.6 | 0.599 728 | 0.511 279 |
| | | | 0.8 | 736.6 | 466.5 | 0.633 307 | 0.456 8 |
| | | | 1 | 946.8 | 640.8 | 0.676 83 | 0.390 335 |
| | | 2 | 0.6 | 532.1 | 408.0 | 0.766 802 | 0.265 527 |
| | | | 0.8 | 735.9 | 557.6 | 0.757 754 | 0.277 397 |
| | | | 1 | 931.8 | 691.9 | 0.742 51 | 0.297 719 |
| | $H_{27左}$ | 1 | 0.6 | 563.9 | 248.1 | 0.439 932 | 0.821 135 |
| | | | 0.8 | 735.3 | 357.0 | 0.485 498 | 0.722 58 |
| | | | 1 | 909.8 | 454.3 | 0.499 326 | 0.694 496 |
| | | 2 | 0.6 | 568.0 | 269.4 | 0.474 24 | 0.746 041 |
| | | | 0.8 | 741.0 | 372.4 | 0.502 475 | 0.688 21 |
| | | | 1 | 911.5 | 459.8 | 0.504 457 | 0.684 273 |
| | $H_{34左}$ | 1 | 0.6 | 551.7 | 243.0 | 0.440 524 | 0.819 79 |
| | | | 0.8 | 749.9 | 353.7 | 0.471 688 | 0.751 438 |
| | | | 1 | 932.3 | 447.8 | 0.480 284 | 0.733 378 |
| | | 2 | 0.6 | 553.1 | 257.3 | 0.465 13 | 0.765 437 |
| | | | 0.8 | 732.1 | 351.9 | 0.480 71 | 0.732 492 |
| | | | 1 | 920.2 | 448.4 | 0.487 317 | 0.718 841 |

计算得

$$\left.\begin{array}{l} \mu = 0.158 \\ k = 0.012\,1 \end{array}\right\}$$

表 5-72　扁形预应力筋孔道摩阻测试结果

| 厂家 | 编号 | 次数 | 等级 | 主动端（kN） | 被动端（kN） | $A = P_x/P_k$ | $Y = -\ln A$ |
|---|---|---|---|---|---|---|---|
| 柳州欧维姆机械股份有限公司 | $D_{1右}$ | 1 | 0.6 | 519.5 | 389.3 | 0.749 304 | 0.288 611 |
| | | | 0.8 | 704.9 | 539.8 | 0.765 691 | 0.266 976 |
| | | | 1 | 893.9 | 685.1 | 0.766 428 | 0.266 015 |
| | | 2 | 0.6 | 562.3 | 459.5 | 0.817 241 | 0.201 821 |
| | | | 0.8 | 761.4 | 639.9 | 0.840 46 | 0.173 805 |
| | | | 1 | 946.6 | 820.2 | 0.866 507 | 0.143 285 |
| | $D_{1左}$ | 1 | 0.6 | 603.3 | 408.7 | 0.677 432 | 0.389 447 |
| | | | 0.8 | 785.9 | 563.9 | 0.717 478 | 0.332 013 |
| | | | 1 | 973.5 | 729.7 | 0.749 591 | 0.288 228 |
| | | 2 | 0.6 | 585.3 | 444.2 | 0.758 982 | 0.275 778 |
| | | | 0.8 | 771.2 | 603.5 | 0.782 561 | 0.245 183 |
| | | | 1 | 958.0 | 772.0 | 0.805 854 | 0.215 853 |
| | $H_{29左}$ | 1 | 0.6 | 605.4 | 237.6 | 0.392 425 | 0.935 409 |
| | | | 0.8 | 827.9 | 347.6 | 0.419 842 | 0.867 877 |
| | | | 1 | 1 029.5 | 443.8 | 0.431 131 | 0.841 343 |
| | | 2 | 0.6 | 575.5 | 303.7 | 0.527 823 | 0.638 993 |
| | | | 0.8 | 750.7 | 368.0 | 0.490 265 | 0.712 809 |
| | | | 1 | 947.5 | 478.2 | 0.504 684 | 0.683 822 |
| | $H_{31左}$ | 1 | 0.6 | 565.8 | 235.6 | 0.416 353 | 0.876 222 |
| | | | 0.8 | 752.4 | 326.8 | 0.434 394 | 0.833 803 |
| | | | 1 | 944.3 | 414.2 | 0.438 644 | 0.824 068 |
| | | 2 | 0.6 | 546.5 | 245.1 | 0.448 583 | 0.801 661 |
| | | | 0.8 | 736.7 | 334.2 | 0.453 574 | 0.790 597 |
| | | | 1 | 934.6 | 431.0 | 0.461 187 | 0.773 953 |

计算得

$$\left.\begin{array}{l} \mu = 0.199 \\ k = 0.008\ 6 \end{array}\right\}$$

从上述孔道摩阻试验测试结果来看,各厂家生产的塑料波纹管摩阻系数有一定差别。从摩擦系数 $\mu$ 来看,河北艺通波纹管摩擦系数最小;从偏摆系数 $k$ 来看,柳州欧维姆波纹管偏摆系数最小。$\mu$ 值与 $k$ 值相互关联,$\mu$ 值大则 $k$ 值小。

#### 5.4.3.4 环形试验台预应力张拉工艺试验

经前期预应力张拉试验及分析,预应力损失偏大的原因是存在系统误差、偏心误差、精度误差等,采取了如下措施改进张拉工艺:

(1)对测力计和油压千斤顶进行配套联合率定,减小两套系统之间的误差。

(2)对方形测力计进行改进,由 5 孔改为 3 孔,环形试验台实验实测值表明,3 孔测力计对降低锁定后损失比有利。

(3)为确保测力计与工具锚在同一轴线上,设计并定做定位器,该定位器可保证工作锚与测力计的快速对中,且对中误差可控制在 2 mm 左右。定位器实物及结构图见图 5-33。

(4)为改善测力计的受力边界条件,设计并定做了 50 mm 后中空加厚垫板(见图 5-34),该垫板采用软钢材料,保证测力计与受力面平整结合以便荷载均匀传递。

图 5-33 定位器实物及结构图

图 5-34 加厚垫板实物及结构图

(5)利用水平尺(见图 5-35)逐步校核锚垫板、测力计、工具锚、限位板、垫块、过渡环及千斤顶等设备的安装情况,保证其受力面水平。

图 5-35 水平尺调平

试验内容包括扁锚锚圈口损失、圆锚锚圈口损失、扁锚喇叭口损失、孔道摩阻、锚固回缩损失、钢索计试验等(见表 5-73、表 5-74)。

表 5-73 锚圈口损失、喇叭口损失、回缩损失试验过程

| 项目 | 试验次数 | 钢束编号 |
|---|---|---|
| 扁锚锚圈口损失 | 13 | ZB |
| 圆锚锚圈口损失 | 4 | ZY |
| 扁锚喇叭口损失 | 6 | ZB |
| 环向扁锚孔道摩阻 | 13 | H1、H2 |
| 直线圆锚孔道摩阻 | 6 | ZY |
| 直线扁锚锚固回缩 | 7 | ZB |
| 直线圆锚锚固回缩 | 4 | ZY |
| 环向扁锚锚固回缩 | 6 | H1、H2 |

表 5-74 钢索计试验过程

| 项目 | 试验次数 | 钢束编号 |
|---|---|---|
| 直线扁锚空拉(3 根钢绞线、3 支钢索计) | 3 | ZB |
| 直线圆锚空拉(5 根钢绞线、2 支钢索计) | 2 | ZY |
| 直线扁锚锚圈口损失(3 根钢绞线、2 支钢索计) | 9 | ZB |
| 直线扁锚锚固回缩(3 根钢绞线、3 支钢索计) | 3 | ZB |
| 直线圆锚锚固回缩(5 根钢绞线、2 支钢索计) | 4 | ZB |
| 环向扁锚锚固回缩(2 根钢绞线、2 支钢索计) | 3 | H1 |

试验仪器布置见图 5-36~图 5-43。

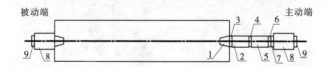

1—喇叭口;2—测力计;3—中空垫板;4—试验用工作锚(装夹片)+限位板;

5—2#测力计；6—工作锚(不装夹片)；7—限位板;8—千斤顶;9—工具锚

图 5-36 锚圈口摩阻损失测试仪器布置

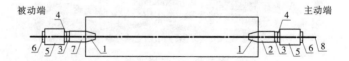

1—喇叭口;2—1#测力计;3—试验用工作锚(装夹片);

4—限位板;5—千斤顶;6—工具锚;7—2#测力计;8—钢绞线

图 5-37 直线扁锚喇叭口损失仪器布置

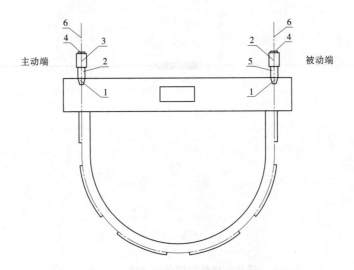

1—喇叭口;2—1#测力计;3—千斤顶;4—工具锚;5—2#测力计;6—钢绞线

**图 5-38 环形孔道摩阻试验示意图**

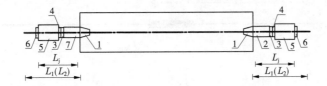

1—喇叭口;2—1#测力计;3—工作锚;4—限位板;

5—千斤顶;6—工具锚;7—2#测力计

**图 5-39 纵向锚索回缩损失仪器布置**

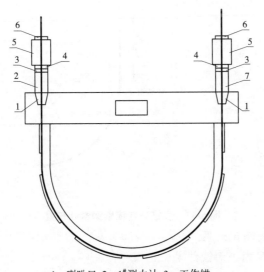

1—喇叭口;2—1#测力计;3—工作锚;

4—限位板;5—千斤顶;6—工具锚;7—2#测力计;

**图 5-40 环向锚索回缩损失仪器布置**

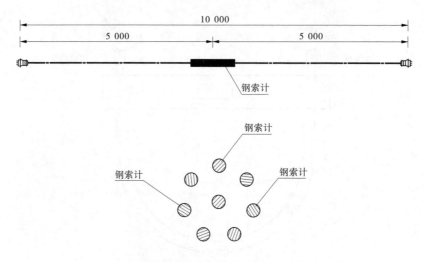

图 5-41　圆锚直线锚索钢索计布置　（单位:mm）

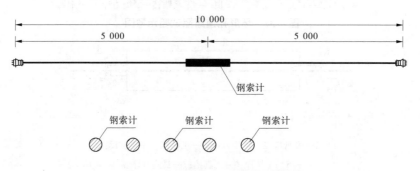

图 5-42　扁锚直线锚索钢索计布置

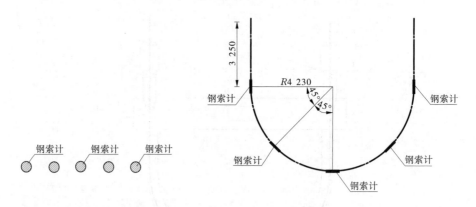

图 5-43　扁锚环向锚索钢索计布置

1.锚圈口摩阻损失测试结果

1)圆锚锚圈口摩阻损失测试结果

在环形试验台上进行的圆锚锚圈口损失测试结果见表 5-75,千斤顶荷载张拉等级取后四级;其中两测力计间误差为将两测力计叠加进行张拉,在各荷载等级下测力计间读数误差,损失计算中已扣除该项误差。

表 5-75　圆锚锚圈口摩阻损失测试结果

| 次数 | 荷载等级 | 锚具外测力计(t) | 锚具内测力计(t) | 两测力计间误差(t) | 损失(%) |
|---|---|---|---|---|---|
| 1 | 0.60 | 95.08 | 89.50 | 1.47 | 4.32 |
| | 0.75 | 117.73 | 111.47 | 1.73 | 3.85 |
| | 0.90 | 140.50 | 134.49 | 1.70 | 3.07 |
| | 1.03 | 161.81 | 154.62 | 1.49 | 3.52 |
| 2 | 0.60 | 94.59 | 89.26 | 1.47 | 4.08 |
| | 0.75 | 117.81 | 111.90 | 1.73 | 3.55 |
| | 0.90 | 140.54 | 134.62 | 1.70 | 3.00 |
| | 1.03 | 160.73 | 152.86 | 1.49 | 3.97 |
| 3 | 0.60 | 92.86 | 87.90 | 1.47 | 3.76 |
| | 0.75 | 116.06 | 110.45 | 1.73 | 3.34 |
| | 0.90 | 138.52 | 132.00 | 1.70 | 3.48 |
| | 1.03 | 158.60 | 152.23 | 1.49 | 3.08 |
| 平均值 | | | | | 3.58 |

$$锚圈口损失 = \frac{锚具外测力计-锚具内测力计-测力计误差}{锚具外测力计}\times100\%$$

由试验结果可知,环形试验台圆锚锚圈口损失为 3.58%。

2)扁锚锚圈口摩阻损失测试结果

在环形试验台座上进行的扁锚锚圈口损失测试结果见表 5-76,千斤顶荷载张拉等级取后四级,计算公式如下:

$$锚圈口损失 = \frac{锚具外测力计-锚具内测力计}{锚具外测力计}\times100\%$$

表 5-76　扁锚锚圈口摩阻损失测试结果

| 次数 | 荷载等级 | 锚具外测力计(t) | 锚具内测力计(t) | 损失(%) |
|---|---|---|---|---|
| 1 | 0.60 | 62.88 | 56.31 | 10.45 |
| | 0.75 | 76.49 | 68.02 | 11.07 |
| | 0.90 | 90.62 | 85.31 | 5.86 |
| | 1.03 | 102.9 | 98.02 | 4.74 |
| 2 | 0.60 | 65.07 | 56.5 | 13.17 |
| | 0.75 | 77.06 | 71.47 | 7.25 |
| | 0.90 | 90.54 | 85.36 | 5.72 |
| | 1.03 | 102.68 | 98.13 | 4.43 |

**续表 5-76**

| 次数 | 荷载等级 | 锚具外测力计(t) | 锚具内测力计(t) | 损失(%) |
|---|---|---|---|---|
| 3 | 0.60 | 60.94 | 55.97 | 8.16 |
| | 0.75 | 75.13 | 71.17 | 5.27 |
| | 0.90 | 88.57 | 85.42 | 3.56 |
| | 1.03 | 100.92 | 98.52 | 2.38 |
| 平均值 | | | | 6.84 |

由试验结果可知,扁锚锚圈口损失为 6.84%。

3)与 28 榀、44 榀、试验小梁锚圈口摩阻损失对比

28 榀、44 榀及试验小梁测试扁锚锚圈口损失平均值为 5.08%,圆锚锚圈口损失平均值为 2.53%(见表 5-77)。

**表 5-77　两次试验锚圈口损失对比**

| 项目 | 锚具 | 型号 | 锚圈口损失(%) |
|---|---|---|---|
| 28 榀、44 榀、3 m 小梁 | 圆锚 | M15A-8 | 2.53 |
| 环形试验台 | | | 3.58 |
| 28 榀、44 榀、3 m 小梁 | 扁锚 | BM15-5 | 5.08 |
| 环形试验台 | | | 6.84 |

环形试验台上无论圆锚还是扁锚,锚圈口损失均比前次试验结果略大。这是因为前次锚圈口试验时,工作锚内未装夹片;环形试验台试验工作锚内装了夹片。夹片的存在,势必会对钢绞线产生少量摩擦,从而导致本次测试结果相对于大桥局锚圈口测试结果略大。

2.扁锚喇叭口损失测试结果

1)扁锚喇叭口损失测试结果

在环形试验台座上进行的扁锚喇叭口损失测试结果见表 5-78,千斤顶荷载张拉等级取后两级,计算公式如下:

$$单个喇叭口损失 = 1 - \sqrt{\frac{被动端测力计荷载}{主动端测力计荷载}} \times 100\%$$

**表 5-78　扁锚喇叭口损失测试结果**

| 次数 | 荷载等级 | 主动端(1) | 被动端(1) | 损失(%) |
|---|---|---|---|---|
| 1 | 0.75 | 83.20 | 79.39 | 2.32 |
| | 1.03 | 105.41 | 100.30 | 2.45 |
| 2 | 0.75 | 81.08 | 78.11 | 1.85 |
| | 1.03 | 104.69 | 99.36 | 2.58 |
| 平均值 | | | | 2.30 |

由试验结果可知,扁锚喇叭口损失为 2.30%。

2) 与 28 榀、44 榀、试验小梁扁锚喇叭损失对比

28 榀、44 榀及试验小梁测试扁锚喇叭口损失平均值为 7.14%。本次试验扁锚喇叭口损失与大桥局试验扁锚喇叭口损失对比见表 5-79。

表 5-79 扁锚喇叭口损失对比

| 项目 | 锚具 | 型号 | 喇叭口损失(%) |
|------|------|------|--------------|
| 28 榀、44 榀、3 m 小梁 | 扁锚 | BM15-5 | 7.14 |
| 环形试验台 | | | 2.30 |

本次试验扁锚喇叭口损失比前次试验小,扁形锚垫板未进行洗平加工,锚垫板表面的不平整可能会使测力计处于不均匀的受力状态,会对测力计读数产生未知的影响。

3. 孔道摩阻测试结果

1) 直线圆锚孔道摩阻测试结果

在环形试验台上进行的直线圆锚摩阻系数测试结果见表 5-80,千斤顶荷载张拉等级取后三级。

表 5-80 直线圆锚摩阻系数测试结果

| 次数 | 荷载级别 | 主动端 $P_k(t)$ | 被动端 $P_x(1)$ | $A = P_x/P_k$ | $Y = -\ln A$ |
|------|----------|-----------------|-----------------|---------------|--------------|
| 1 | 0.75 | 117.09 | 114.26 | 0.975 83 | 0.024 47 |
| | 0.9 | 140.67 | 137.04 | 0.974 19 | 0.026 14 |
| | 1.03 | 161.13 | 156.88 | 0.973 62 | 0.026 73 |
| 2 | 0.75 | 116.68 | 113.72 | 0.974 63 | 0.025 7 |
| | 0.9 | 139.92 | 136.24 | 0.973 7 | 0.026 65 |
| | 1.03 | 160.2 | 156.03 | 0.973 97 | 0.026 37 |
| 3 | 0.75 | 115.01 | 112.29 | 0.976 35 | 0.023 93 |
| | 0.9 | 137.87 | 134.72 | 0.977 15 | 0.023 11 |
| | 1.03 | 156.62 | 153.18 | 0.978 04 | 0.022 21 |
| 4 | 0.75 | 114.69 | 113.73 | 0.991 63 | 0.008 41 |
| | 0.9 | 139.76 | 135.32 | 0.968 23 | 0.032 28 |
| | 1.03 | 155.14 | 153.91 | 0.992 07 | 0.007 96 |
| 5 | 0.75 | 114.02 | 113.19 | 0.992 72 | 0.007 31 |
| | 0.9 | 136.18 | 135.17 | 0.992 58 | 0.007 44 |
| | 1.03 | 155.66 | 154.51 | 0.992 61 | 0.007 42 |
| 6 | 0.75 | 114.4 | 113.53 | 0.992 4 | 0.007 63 |
| | 0.9 | 135.63 | 134.63 | 0.992 63 | 0.007 4 |
| | 1.03 | 154.48 | 153.34 | 0.992 62 | 0.007 41 |

由于该锚索为直线筋,可简化计算得

$$k = \overline{Y}/x = 0.001\ 77$$

式中:$\overline{Y}$ 为 Y 的平均值;$x$ 为直线筋长度,10 m;直线圆锚孔道偏差系数 $k$ 为 0.001 77,计算中主、被动端未扣除圆锚喇叭口损失,故该项 $k$ 值已包含圆锚喇叭口损失在内。

2)直线扁锚孔道摩阻测试结果

在环形试验台座上进行的直线圆锚摩阻系数测试结果见表 5-81。

表 5-81 直线扁锚摩阻系数测试结果

| 次数 | 荷载级别 | 主动端 $P_k$(t) | 被动端 $P_x$(1) | $A = P_x/P_k$ | $Y = -\ln A$ |
|---|---|---|---|---|---|
| 1 | 0.75 | 79.39 | 83.2 | 0.954 2 | 0.046 87 |
| | 1.03 | 100.3 | 105.41 | 0.951 5 | 0.049 69 |
| 2 | 0.75 | 78.11 | 81.08 | 0.963 4 | 0.037 32 |
| | 1.03 | 99.36 | 104.69 | 0.949 1 | 0.052 25 |

由于该锚索为直线筋,简化计算得

$$k = \overline{Y}/x = 0.004\ 65$$

式中:$\overline{Y}$ 为 Y 的平均值;$x$ 为直线筋长度,10 m;直线圆锚孔道偏差系数 $k$ 为 0.004 65,计算中主、被动端未扣除扁锚喇叭口损失,故该项 $k$ 值已包含圆锚喇叭口损失在内。

3)环向扁锚孔道摩阻测试结果

环向扁锚孔道摩阻测试结果见表 5-82~表 5-86。

表 5-82 上部曲线扁锚摩阻系数测试结果(取直线扁锚 $k$ 值)(一)

| 次数 | 荷载级别 | 主动端(1) | 被动端(1) | 圆弧主动端 $P_k$(t) | 圆弧被动端 $P_x$(1) | $A = P_x/P_k$ | $Y = -\ln A$ |
|---|---|---|---|---|---|---|---|
| 1 | 0.75 | 72.22 | 44.33 | 71.09 | 45.04 | 0.633 6 | 0.456 4 |
| | 0.9 | 85.53 | 51.67 | 84.19 | 52.49 | 0.623 5 | 0.472 3 |
| | 1.03 | 97.94 | 60.22 | 96.4 | 61.18 | 0.634 6 | 0.454 7 |
| 2 | 0.75 | 71.88 | 45.1 | 70.75 | 45.82 | 0.647 6 | 0.434 5 |
| | 0.9 | 85.78 | 53.34 | 84.43 | 54.19 | 0.641 8 | 0.443 5 |
| | 1.03 | 98.91 | 61.71 | 97.36 | 62.69 | 0.644 | 0.440 1 |
| 3 | 0.75 | 72.54 | 45.14 | 71.4 | 45.86 | 0.642 3 | 0.442 7 |
| | 0.9 | 85.16 | 52.87 | 83.82 | 53.71 | 0.640 8 | 0.445 1 |
| | 1.03 | 97.62 | 59.89 | 96.09 | 60.85 | 0.633 2 | 0.456 9 |

续 5-82

| 次数 | 荷载级别 | 主动端(1) | 被动端(1) | 圆弧主动端 $P_k$(t) | 圆弧被动端 $P_x$(1) | $A=P_x/P_k$ | $Y=-\ln A$ |
|---|---|---|---|---|---|---|---|
| | 0.75 | 74.13 | 43.86 | 72.97 | 44.56 | 0.610 7 | 0.493 2 |
| 4 | 0.9 | 89.54 | 52.66 | 88.13 | 53.5 | 0.607 | 0.499 2 |
| | 1.03 | 100.05 | 58.73 | 98.48 | 59.67 | 0.605 9 | 0.501 1 |
| | 0.75 | 73.97 | 44.76 | 72.81 | 45.47 | 0.624 6 | 0.470 7 |
| 5 | 0.9 | 90.59 | 54.4 | 89.17 | 55.27 | 0.619 8 | 0.478 3 |
| | 1.03 | 100.77 | 60.43 | 99.19 | 61.39 | 0.619 | 0.479 7 |
| | 0.75 | 72.79 | 44.2 | 71.65 | 44.9 | 0.626 7 | 0.467 2 |
| 6 | 0.9 | 88.28 | 53.38 | 86.89 | 54.23 | 0.624 1 | 0.471 4 |
| | 1.03 | 99.83 | 60.05 | 98.26 | 61.01 | 0.620 9 | 0.476 7 |

将直线扁锚 $k=0.004\ 653$ 值代入计算可得，上部曲线扁锚摩阻系数 $\mu=0.137$。

表 5-83　上部曲线扁锚摩阻系数测试结果（取直线圆锚 $k$ 值）（二）

| 次数 | 荷载级别 | 主动端(1) | 被动端(1) | 圆弧主动端 $P_k$(t) | 圆弧被动端 $P_x$(1) | $A=P_x/P_k$ | $Y=-\ln A$ |
|---|---|---|---|---|---|---|---|
| | 0.75 | 72.22 | 44.33 | 71.79 | 44.6 | 0.621 3 | 0.476 |
| 1 | 0.9 | 85.53 | 51.67 | 85.02 | 51.98 | 0.611 4 | 0.492 |
| | 1.03 | 97.94 | 60.22 | 97.35 | 60.58 | 0.622 3 | 0.474 3 |
| | 0.75 | 71.88 | 45.1 | 71.45 | 45.37 | 0.635 | 0.454 1 |
| 2 | 0.9 | 85.78 | 53.34 | 85.27 | 53.66 | 0.629 4 | 0.463 1 |
| | 1.03 | 98.91 | 61.71 | 98.32 | 62.08 | 0.631 5 | 0.459 7 |
| | 0.75 | 72.54 | 45.14 | 72.1 | 45.41 | 0.629 8 | 0.462 3 |
| 3 | 0.9 | 85.16 | 52.87 | 84.65 | 53.19 | 0.628 3 | 0.464 7 |
| | 1.03 | 97.62 | 59.89 | 97.03 | 60.25 | 0.620 9 | 0.476 5 |
| | 0.75 | 74.13 | 43.86 | 73.69 | 44.12 | 0.598 8 | 0.512 8 |
| 4 | 0.9 | 89.54 | 52.66 | 89 | 52.98 | 0.595 2 | 0.518 8 |
| | 1.03 | 100.05 | 58.73 | 99.45 | 59.08 | 0.594 1 | 0.520 7 |
| | 0.75 | 73.97 | 44.76 | 73.53 | 45.03 | 0.612 4 | 0.490 3 |
| 5 | 0.9 | 90.59 | 54.4 | 90.05 | 54.73 | 0.607 8 | 0.497 9 |
| | 1.03 | 100.77 | 60.43 | 100.17 | 60.79 | 0.606 9 | 0.499 3 |
| | 0.75 | 72.79 | 44.2 | 72.35 | 44.47 | 0.614 6 | 0.486 8 |
| 6 | 0.9 | 88.28 | 53.38 | 87.75 | 53.7 | 0.612 | 0.491 |
| | 1.03 | 99.83 | 60.05 | 99.23 | 60.41 | 0.608 8 | 0.496 3 |

将直线圆锚 $k=0.001\,77$ 值代入计算可得,上部曲线扁锚摩阻系数 $\mu=0.147$。

**表 5-84　下部曲线扁锚摩阻系数测试结果(取直线扁锚 $k$ 值)(一)**

| 次数 | 荷载级别 | 主动端(1) | 被动端(1) | 圆弧主动端 $P_k(t)$ | 圆弧被动端 $P_x(1)$ | $A=P_x/P_k$ | $Y=-\ln A$ |
|---|---|---|---|---|---|---|---|
| 1 | 0.75 | 66.44 | 40.2 | 65.4 | 40.84 | 0.624 5 | 0.470 8 |
|  | 0.9 | 79.81 | 47.61 | 78.56 | 48.37 | 0.615 7 | 0.485 |
|  | 1.03 | 92.03 | 54.48 | 90.59 | 55.35 | 0.611 | 0.492 6 |
| 2 | 0.75 | 66.44 | 41.19 | 65.4 | 41.85 | 0.639 9 | 0.446 5 |
|  | 0.9 | 80.49 | 48.89 | 79.23 | 49.67 | 0.626 9 | 0.466 9 |
|  | 1.03 | 91.8 | 55.08 | 90.36 | 55.96 | 0.619 3 | 0.479 2 |
| 3 | 0.75 | 66.08 | 41.68 | 65.04 | 42.34 | 0.651 | 0.429 2 |
|  | 0.9 | 80.36 | 49.5 | 79.1 | 50.29 | 0.635 8 | 0.452 9 |
|  | 1.03 | 92.15 | 55.97 | 90.7 | 56.86 | 0.626 9 | 0.467 |
| 4 | 0.75 | 72.64 | 37.3 | 71.5 | 37.89 | 0.53 | 0.634 9 |
|  | 0.9 | 86.96 | 44.35 | 85.6 | 45.06 | 0.526 4 | 0.641 7 |
|  | 1.03 | 98.41 | 49.89 | 96.87 | 50.69 | 0.523 3 | 0.647 7 |
| 5 | 0.75 | 72.6 | 37.29 | 71.46 | 37.88 | 0.530 1 | 0.634 6 |
|  | 0.9 | 86.9 | 44.96 | 85.54 | 45.68 | 0.534 | 0.627 3 |
|  | 1.03 | 98.51 | 49.92 | 96.96 | 50.72 | 0.523 | 0.648 1 |

将直线扁锚 $k=0.004\,653$ 值代入计算可得,下部曲线扁锚摩阻系数 $\mu=0.151$。

**表 5-85　下部曲线扁锚摩阻系数测试结果(取直线圆锚 $k$ 值)(二)**

| 次数 | 荷载级别 | 主动端(1) | 被动端(1) | 圆弧主动端 $P_k(t)$ | 圆弧被动端 $P_x(1)$ | $A=P_x/P_k$ | $Y=-\ln A$ |
|---|---|---|---|---|---|---|---|
| 1 | 0.75 | 66.44 | 40.2 | 66.04 | 40.44 | 0.612 4 | 0.490 4 |
|  | 0.9 | 79.81 | 47.61 | 79.33 | 47.87 | 0.603 8 | 0.504 6 |
|  | 1.03 | 92.03 | 54.48 | 91.48 | 54.81 | 0.599 1 | 0.512 2 |
| 2 | 0.75 | 66.44 | 41.19 | 66.04 | 41.44 | 0.627 5 | 0.466 1 |
|  | 0.9 | 80.49 | 48.89 | 80.01 | 49.19 | 0.614 8 | 0.486 5 |
|  | 1.03 | 91.8 | 55.08 | 91.25 | 55.41 | 0.607 3 | 0.498 8 |
| 3 | 0.75 | 66.08 | 41.68 | 65.68 | 41.93 | 0.638 4 | 0.448 8 |
|  | 0.9 | 80.36 | 49.5 | 79.88 | 49.8 | 0.623 4 | 0.472 5 |
|  | 1.03 | 92.15 | 55.97 | 91.6 | 56.31 | 0.614 7 | 0.486 6 |

续表 5-85

| 次数 | 荷载级别 | 主动端(1) | 被动端(1) | 圆弧主动端 $P_k$(t) | 圆弧被动端 $P_x$(1) | $A = P_x/P_k$ | $Y = -\ln A$ |
|---|---|---|---|---|---|---|---|
| 4 | 0.75 | 72.64 | 37.3 | 72.2 | 37.53 | 0.519 7 | 0.654 5 |
|  | 0.9 | 86.96 | 44.35 | 86.44 | 44.62 | 0.516 2 | 0.661 3 |
|  | 1.03 | 98.41 | 49.89 | 97.82 | 50.19 | 0.513 1 | 0.667 3 |
| 5 | 0.75 | 72.6 | 37.29 | 72.16 | 37.52 | 0.519 9 | 0.654 2 |
|  | 0.9 | 86.9 | 44.96 | 86.38 | 45.23 | 0.523 6 | 0.646 9 |
|  | 1.03 | 98.51 | 49.92 | 97.92 | 50.22 | 0.512 9 | 0.667 7 |

　　将直线圆锚 $k = 0.001\ 77$ 值代入计算可得,下部曲线扁锚摩阻系数 $\mu = 0.169$。对上、下部两孔扁锚摩阻孔道系数进行均值。

表 5-86　曲线扁锚摩阻系数测试结果

| 钢束编号 | $k$ | $\mu$ | $\mu$ 均值 |
|---|---|---|---|
| 上部环锚($H_1$) | 0.046 53 | 0.137 | 0.142 |
| 下部环锚($H_2$) | 0.046 53 | 0.147 |  |
| 上部环锚($H_1$) | 0.001 77 | 0.149 | 0.159 |
| 下部环锚($H_2$) | 0.001 77 | 0.169 |  |

　　由试验结果可知,环向扁锚波纹管与孔道壁之间的摩擦系数 $\mu$ 在已有的主、被动端测力数据下与孔道局部偏差系数 $k$ 值相关,$k$ 值越大则 $\mu$ 值越小,$k$ 值越小则 $\mu$ 值越大。

　　4) 与 28 榀、44 榀、试验小梁孔道摩阻测试结果对比

　　在 28 榀、44 榀及试验小梁上环向扁锚孔道摩阻测试结果 $k = 0.012\ 9$,$\mu = 0.110$。环形试验台扁锚孔道摩阻测试结果与 28 榀槽等试验结果、郑州金属制品研究院材料实验室试验结果、其他类似工程试验结果及《水工混凝土结构设计规范》(SL 191—2008)取值对比见表 5-87。

表 5-87　孔道摩阻对比

| 项目 | $k$ | $\mu$ |
|---|---|---|
| 本次试验 | 0.046 53 | 0.142 |
|  | 0.001 77 | 0.159 |
| 28 榀、44 榀、3 m 小梁 | 0.012 9 | 0.11 |
| 金属制品试验 | 0.012 9 | 0.180 8 |
| 淇河倒虹吸 | 0.001 5 | 0.12 |
| 规范 | 0.001 5 | 0.14~0.17 |

环形试验台环向扁锚 $k$ 值比规范值 0.001 5 大，$\mu$ 值在规范值 0.14~0.17，只比下限值略大；28 榀槽、44 榀槽等试验结果 $k$ 值比规范值高一个数量级，$\mu$ 值比规范值小。由于沙河 U 形槽钢绞线只有两种线形：直线、直线+半圆+直线，只有利用直线锚索先计算出 $k$ 值而后代入环形锚索计算出 $\mu$ 值。若直线锚索 $k$ 值偏小，则 $\mu$ 值偏大；若直线锚索 $k$ 值偏大，则 $\mu$ 值偏小。

直线锚索 $k$ 值与 $A = P_x/P_k$（主、被动端测力计比值）相关。$A$ 值越大，$k$ 值越小；$A$ 值越小，$k$ 值越大。28 榀槽等测试结果纵向 30 m 直线扁锚主、被动端测力计比值在 20%~30%。一般来说，30 m 直线筋主、被动端比值应在 10% 以内，所以这是造成 28 榀槽测试结果 $k$ 值偏大，$\mu$ 值偏小的原因，可能与扁锚锚垫板不平整有关。

28 榀槽等试验、环形试验台、金属制品研究院测试孔道摩阻下环向锚索各部位有效应力见表 5-88。由计算结果可知，环形试验台试验结果与 28 榀槽等试验结果基本相当，金属制品研究院测试孔道有效应力最小，计算采用金属制品研究院测试孔道摩阻略偏于安全。

表 5-88　不同测试孔道摩阻下有效应力对比

| 项目 | 角度(°) | 控制应力(MPa) | 摩擦损失(MPa) | 有效应力(MPa) |
|---|---|---|---|---|
| 本次试验 | 0 | 1 436.85 | 20.09 | 1 318.48 |
| | 15 | | 54.64 | 1 263.84 |
| | 30 | | 107.02 | 1 211.46 |
| | 45 | | 157.23 | 1 161.25 |
| | 60 | | 205.36 | 1 113.12 |
| | 75 | | 251.49 | 1 066.99 |
| | 90 | | 295.71 | 1 022.76 |
| 大桥局 | 0 | 1 436.85 | 5.60 | 1 332.97 |
| | 15 | | 63.44 | 1 269.53 |
| | 30 | | 123.86 | 1 209.11 |
| | 45 | | 181.40 | 1 151.57 |
| | 60 | | 236.21 | 1 096.76 |
| | 75 | | 288.41 | 1 044.56 |
| | 90 | | 338.12 | 994.85 |
| 金属制品 | 0 | 1 436.85 | 54.96 | 1 283.61 |
| | 15 | | 54.13 | 1 229.48 |
| | 30 | | 105.97 | 1 177.64 |
| | 45 | | 155.63 | 1 127.98 |
| | 60 | | 203.20 | 1 080.41 |
| | 75 | | 248.76 | 1 034.85 |
| | 90 | | 292.40 | 991.21 |

注：计算中已扣除扁锚锚圈口损失。

4. 锚固回缩损失测试结果

1) 测试结果

在环形试验台座上进行的直线钢束(ZB、ZY)、曲线钢束($H_1$、$H_2$)锚固回缩损失测试结果见表 5-89~表 5-92,计算公式：

$$锚固回缩损失 = \frac{锚固前测力计读数 - 锚固后测力计读数}{锚固前测力计读数} \times 100\%$$

表 5-89 直线扁锚锚固回缩测试结果

| 次数 | 锚固前(1) | 锚固后(1) | 回缩损失(%) |
|---|---|---|---|
| 1 | 92.58 | 85.64 | 7.5 |
| 2 | 92.46 | 85.55 | 7.47 |
| 3 | 96.2 | 89.27 | 7.2 |
| 平均值 | | | 7.39 |

表 5-90 直线圆锚锚固回缩测试结果

| 次数 | 锚固前(1) | 锚固后(1) | 回缩损失(%) |
|---|---|---|---|
| 1 | 153.62 | 139.39 | 9.26 |
| 2 | 156.66 | 142.06 | 9.32 |
| 3 | 157.91 | 143.11 | 9.37 |
| 平均值 | | | 9.32 |

由测试结果可知,10 m 长直线扁锚锚固回缩损失为 7.39%;10 m 长直线圆锚锚固回缩损失为 9.32%。

表 5-91 上部环向扁锚锚固回缩测试结果

| 次数 | 锚固前(1) | 锚固后(1) | 回缩损失(%) |
|---|---|---|---|
| 1 | 98.75 | 83.84 | 15.1 |
| 2 | 98.76 | 84.04 | 14.9 |
| 3 | 92.36 | 80.59 | 12.74 |
| 4 | 100 | 88.38 | 11.62 |
| 平均值 | | | 13.59 |

表 5-92　下部环向扁锚锚固回缩测试结果

| 次数 | 锚固前(1) | 锚固后(1) | 回缩损失(%) |
|---|---|---|---|
| 1 | 100.84 | 84.17 | 16.53 |
| 2 | 103.6 | 86.86 | 16.16 |
| 3 | 100.8 | 84.62 | 16.05 |
| 4 | 97.26 | 83.73 | 13.91 |
| 5 | 94.64 | 80.73 | 14.7 |
| 6 | 101.22 | 85.71 | 15.32 |
| 平均值 | | | 15.45 |

由测试结果可知，$H_1$ 环向扁锚锚固回缩损失为 13.59%；$H_2$ 环向扁锚锚固回缩损失为 15.45%。

2)与 28 榀、44 榀、试验小梁锚固回缩损失测试结果对比

3 m 小梁圆锚锚固回缩损失为 6.24%，环向扁锚锚固回缩损失为 21.90%。由于本次试验直线圆锚长度为 10 m，与 3 m 试验小梁锚固回缩损失不具备对比性，故只比较环向扁锚锚固回缩损失，见表 5-93~表 5-95，与理论值对比如下。

表 5-93　扁锚锚固回缩损失对比

| 项目 | 锚具 | 型号 | 锚固回缩损失(%) |
|---|---|---|---|
| 环形试验台 | 扁锚 | BM15-5 | 13.59 |
| | | | 15.45 |
| 28 榀、44 榀、3 m 小梁 | 扁锚 | BM15-5 | 21.90 |

表 5-94　上部环向扁锚锚固回缩损失与理论值对比

| 次数 | 锚固前(1) | 理论值(1) | 回缩(mm) | 锚固后(1) | 理论值(1) | 回缩损失(%) | 理论值(%) |
|---|---|---|---|---|---|---|---|
| 1 | 98.75 | 93.7 | 2 | 83.84 | 87.07 | 15.1 | 7.08 |
| 2 | 98.76 | 93.7 | 4 | 84.04 | 81.35 | 14.9 | 13.18 |
| 3 | 92.36 | 93.7 | 6 | 80.59 | 76.55 | 12.74 | 18.3 |
| 4 | 100 | 93.7 | 4 | 88.38 | 81.35 | 11.62 | 13.18 |
| 平均值 | | | | | | 13.59 | 12.93 |

注：锚固前理论值计算已扣除扁锚锚圈口损失。

表 5-95　下部环向扁锚锚固回缩损失与理论值对比

| 次数 | 锚固前 (1) | 理论值 (1) | 回缩 (mm) | 锚固后 (1) | 理论值 (1) | 回缩损失 (%) | 理论值 (%) |
|---|---|---|---|---|---|---|---|
| 1 | 100.84 | 93.7 | 5 | 84.17 | 78.86 | 16.53 | 15.84 |
| 2 | 103.6 | 93.7 | 5 | 86.86 | 78.86 | 16.16 | 15.84 |
| 3 | 100.8 | 93.7 | 5 | 84.62 | 78.86 | 16.05 | 15.84 |
| 4 | 97.26 | 93.7 | 3 | 83.73 | 84.07 | 13.91 | 10.28 |
| 5 | 94.64 | 93.7 | 4 | 80.73 | 81.35 | 14.7 | 13.18 |
| 6 | 101.22 | 93.7 | 4 | 85.71 | 81.35 | 15.32 | 13.18 |
| 平均值 | | | | | | 15.45 | 14.03 |

注:锚固前理论值计算已扣除扁锚锚圈口损失。

本次试验环向扁锚锚固回缩损失均值为 14.52%,28 榀槽测试结果为 21.90%,本次试验理论计算均值为 13.48%。本次试验结果与理论计算值相差 1.04%,但与 28 榀槽试验结果相差较大。

5.钢索计测试结果

1)直线钢束钢索计测试结果

在环形试验台座上进行的直线扁锚、直线圆锚空拉,钢索计测试结果见表 5-96、表 5-97,千斤顶张拉荷载等级取后三级,理论计算值中已扣除锚圈口损失、孔道摩阻损失。

表 5-96　直线扁锚空拉钢索计测试结果

| 荷载等级 | 0.75 | 0.9 | 1.03 |
|---|---|---|---|
| 钢索计(1) | 14.03 | 16.43 | 18.74 |
| | 12.8 | 15.76 | 18.05 |
| | 12.57 | 15.42 | 17.78 |
| | 12.8 | 15.18 | 17.42 |
| | 13.15 | 16.07 | 18.33 |
| | 13.38 | 16.17 | 18.4 |
| | 14.06 | 16.55 | 18.95 |
| | 13.48 | 16.51 | 18.95 |
| | 13.2 | 16.11 | 18.5 |
| 平均值(1) | 13.27 | 16.02 | 18.35 |
| 理论值(1) | 13.63 | 16.36 | 18.72 |

**表 5-97　直线圆锚空拉钢索计测试结果**

| 荷载等级 | 0.75 | 0.9 | 1.03 |
|---|---|---|---|
| 钢索计(1) | 13.03 | 15.73 | 17.91 |
|  | 12.59 | — | 17.26 |
| 平均值(1) | 12.81 | 15.73 | 17.59 |
| 理论值(1) | 14.02 | 16.82 | 19.25 |

　　由测试结果可知,直线扁锚空拉时钢索计实测值与理论值吻合较好,最大相差 0.37 t;直线圆锚空拉时钢索计实测值与理论计算值最大相差 1.66 t。由于钢索计尺寸限制,扁锚内只能安装 3 根绞线,每根绞线安装一支钢索计,3 根绞线平行布置,钢索计之间无接触影响;而圆锚内安装 5 根绞线,2 根绞线安装了钢索计,张拉时绞线"扭"在一起,钢索计与绞线之间局部接触,从而导致测试结果与理论值偏差较扁锚有所增大。

　　2)环向钢束钢索计测试结果

　　在环形试验台座上进行的曲线扁锚(2 根绞线)张拉,千斤顶张拉荷载等级取后三级,钢索计测试结果见表 5-98。

**表 5-98　环向扁锚张拉时钢索计测试结果**

| 部位 | 0° | | | 90° | | | 180° | | |
|---|---|---|---|---|---|---|---|---|---|
| 荷载等级 | 0.75 | 0.9 | 1.03 | 0.75 | 0.9 | 1.03 | 0.75 | 0.9 | 1.03 |
| 钢索计(1) | 10.8 | 13 | 16.6 | | | | 12.8 | 15.6 | 17.7 |
|  | 12.3 | 15.5 | 18.2 | | | | 11.7 | 14.8 | 17.7 |
|  | 11.2 | 13.2 | 16.9 | 9.4 | 11.4 | 13.7 | 12.9 | 15.8 | 18.7 |
|  | 11.2 | 14 | 17.1 | | | | 14.7 | 17.6 | 19.6 |
|  | 11.7 | 15 | 17.9 | | | | 15.4 | 17.6 | 19.5 |
| 平均值(1) | 11.44 | 14.14 | 17.34 | 9.4 | 11.4 | 13.7 | 13.5 | 16.28 | 18.64 |
| 理论值(1) | 13.44 | 16.12 | 18.46 | 10.42 | 12.51 | 14.32 | 13.44 | 16.12 | 18.46 |
| 较理论值误差(%) | -14.88 | -12.28 | -6.07 | -9.79 | -8.87 | -4.33 | 0.45 | 0.99 | 0.98 |

　　环向扁锚张拉时,曲线部分 0° 及 90° 处随着荷载千斤顶张拉力的逐渐增大,钢索计力值与理论值误差越来越小;在最后一级张拉力时,0° 处钢索计力值与理论值相差 1.12 t,90° 处钢索计力值与理论值相差 0.62 t。曲线部分 180° 处随着荷载千斤顶张拉力的逐渐增大,钢索计力值与理论计算值误差无明显变化,在最后一级张拉力时,180° 处钢索计力值与理论值相差 0.18 t。

　　在环形试验台座上进行的曲线扁锚(2 根绞线)张拉至最后一级荷载及放张时,测力计测试结果见表 5-99。

表 5-99　环向扁锚放张拉时测力计测试结果

| 次数 | 锚固前（1） | 理论值（1） | 回缩（mm） | 锚固后（1） | 理论值（1） | 回缩损失（%） | 理论值（%） |
|---|---|---|---|---|---|---|---|
| 1 | 41.94 | 40.23 | 1 | 36.17 | 36.17 | 13.76 | 10.09 |
| 2 | 42.21 | 40.23 | 3 | 36.11 | 33.63 | 14.45 | 16.41 |
| 3 | 43.24 | 40.23 | 2 | 38.12 | 34.83 | 11.84 | 13.43 |
| 4 | 33.76 | 40.23 | 3 | 26.3 | 33.63 | 22.1 | 16.41 |
| 5 | 34.17 | 40.23 | 3 | 29.32 | 33.63 | 14.19 | 16.41 |
| 6 | 34.75 | 40.23 | 3 | 30.74 | 33.63 | 11.54 | 16.41 |
| 平均值 | | | | | | 14.65 | 14.86 |

锚固前至张拉最后一级荷载时测力计与理论值相差最大为 6.47 t,最小为 1.71 t;锚固后测力计与理论值相差最大为 7.33 t,最小为 0;锚固回缩理论均值为 14.86%, 实测均值为 14.65%,两者相差 0.21%。

### 5.4.3.5　槽身纵向锚索锁定工艺试验

在第 26 榀槽进行了纵向锚索锁定工艺试验,共试验了 4 孔锚索。其中,3 孔锚索均按两端同时张拉至控制力值,持荷后两端同时慢速分级卸载;1 孔锚索采用两端同时张拉至控制力值,持荷后一端固定、一端慢速分级卸载后,另一端再补张至控制力值。具体张拉试验数据见表 5-100。由试验可知,对纵向锚索而言,两端同时张拉、一端卸载另一端补张的张拉工艺比两端同时张拉、同时卸载工艺能减少回缩损失,损失比约减少 2%。

表 5-100　第 26 榀槽纵向锚索锁定工艺试验监测数据统计结果

| 测力计编号 | 设计控制力值（kN） | 终张拉测力计测值（kN） | 卸载后测力计测值（kN） | 损失比（%） | 卸载方法 | 设备厂家 |
|---|---|---|---|---|---|---|
| DP6-1 | 1 562.4 | 1 513 | 1 420.2 | 6.1 | 两端同时慢速 | |
| DP6-2 | 1 562.4 | 1 520.7 | 1 429.4 | 6 | 分级卸载 | |
| DP6-5 | 1 562.4 | 1 527.2 | 1 411 | 7.6 | 两端同时慢速 | |
| DP6-6 | 1 562.4 | 1 528.5 | 1 449.2 | 5.2 | 分级卸载 | |
| DP6-7 | 1 562.4 | 1 556.5 | 1 493.4 | 4.1 | 一端卸载,另一端再补张,慢速分级卸载 | 锚具厂家限位板、锚具 |
| DP6-8 | 1 562.4 | 1 576.4 | 1 502.8 | 4.7 | | |
| DP6-9 | 1 562.4 | 1 558.6 | 1 461.6 | 6.2 | 两端同时慢速 | |
| DP6-10 | 1 562.4 | 1 575.9 | 1 501.4 | 4.7 | 分级卸载 | |

### 5.4.3.6 伸长量量测方法试验

环形试验台测试环向扁形钢束(5 根绞线)锚固回缩损失的同时,进行了环向扁形钢束的理论伸长值测试,其理论伸长量的计算过程如下:

环向钢束线形为直线+半圆+直线,两端同时张拉,故理论伸长量=(工作段伸长量+直线段伸长量+1/4 圆弧端伸长量)×2。

取张拉端工作长度 $S=0.85$ m,张拉端工作段伸长量:

$$\Delta L_1 = \frac{\sigma_k}{E_s}S = \frac{1\ 436.85}{1.95 \times 10^5} \times 0.85 = 6.26(\text{mm})$$

根据实测孔道摩阻 $k=0.004\ 653$, $\mu=0.142$,直线段长度为 3.25 m,则直线段伸长量为

$$\Delta L_2 = \int_0^{l_1} \frac{\sigma_k}{E_s}e^{-kl_1}dx = \frac{\sigma_k(1-e^{kl_1})}{E_s \times k} = \frac{1\ 436.85 \times (1-e^{-0.004\ 653 \times 3.25})}{1.95 \times 10^5 \times 0.004\ 653} = 23.76(\text{mm})$$

曲线段起点应力: $\sigma_d = \sigma_k e^{-kl_1} = 1\ 415.29$ MPa,角度 $\varphi = \pi/2$ 半径, $R=4.23$ m,其伸长量为

$$\Delta L_3 = \int_0^{\varphi} \frac{\sigma_d}{E_s}e^{-(kR\varphi+\mu\varphi)}Rd\varphi = \frac{\sigma_d R[1-e^{-(kR\varphi+\mu\varphi)}]}{E_s(\mu+kR)}$$

$$= \frac{1\ 415.29 \times [1-e^{-(0.004\ 653 \times 4.23 \times \pi/2 + 001\ 42 \times \pi/2)}]}{1.95 \times 10^5 \times (0.004\ 653 \times 4.23 + 0.014\ 2)} = 42.59(\text{mm})$$

总伸长量 $\Delta L = (\Delta L_1 + \Delta L_2 + \Delta L_3) \times 2 = 145.2(\text{mm})$。各预应力筋实测伸长量和理论伸长量见表 5-101。

表 5-101　实测伸长量与理论伸长量对比

| 钢束编号 | 实测伸长量(mm) | 理论伸长量(mm) | 实测值与理论值的差值(%) |
|---|---|---|---|
| $H_1$ | 149 | | 2.62 |
| $H_1$ | 154 | | 6.06 |
| $H_1$ | 150 | | 3.31 |
| $H_2$ | 150 | 145.2 | 3.31 |
| $H_2$ | 146 | | 0.55 |
| $H_2$ | 154 | | 6.06 |

环向钢束实测伸长值平均值为 15.5 mm,与理论伸长值相差 5.3 mm,有 2 次测试值与理论值的差值大于6%,且6次测试结果均比理论伸长值大。通过截取张拉后的扁形波纹管,可以看出在张拉阶段,环向钢束在曲线部位会对波纹管产生强大的径向压力,波纹管内侧部分出现了"压痕"(见图 5-44)。

通过对"压痕"进行测量,测量结果见表 5-102。

图 5-44 扁形波纹管"压痕"

表 5-102 波纹管"压痕"测量结果

| 测量部位 | 测量值 1（mm） | 测量值 2（mm） | 测量值 3（mm） | 测量值 4（mm） | 测量值 5（mm） | 测量值 6（mm） | 测量值 7（mm） | 测量值 8（mm） |
|---|---|---|---|---|---|---|---|---|
| 1 | 0.6 | 0.6 | 0.42 | 0.51 | 0.45 | — | — | — |
| 2 | 1.38 | 0.7 | 0.8 | 0.6 | 0.2 | 0.58 | | |
| 3 | 0.8 | 1.3 | 0.4 | 0.51 | 0.53 | 0.62 | 0.46 | 0.46 |
| 4 | 0.52 | 0.6 | 0.22 | 0.42 | 0.22 | 0.31 | | |
| 5 | 0.7 | 0.2 | 0.18 | 0.32 | 0.29 | — | — | |

"压痕"深度平均值为 0.53 mm；通过分析可知，"压痕"对环向钢束伸长量的影响主要由两部分组成：

（1）环向钢束整体向张拉端平移，平移长度为"压痕深度"，即钢束每端伸出 0.53 mm，则 $2 \times 0.53 = 1.06$（mm）。

（2）环向钢束曲线部分半径减小，钢束整体长度不变，减小的那部分即为钢束张拉端伸出的长度，即 $\pi \times 0.53 = 1.67$（mm）。

上述两部分叠加，即 $1.06 + 1.66 = 2.72$（mm），故"压痕"对环向钢束伸长量影响为 2.72 mm，应在理论伸长量上增加 2.72 mm。伸长量增加后 6 次测试试验结果均满足不超过 ±6% 的要求。

### 5.4.3.7 试验研究结论

沙河 U 形渡槽前期在第 28 榀、第 44 榀槽上进行波纹管孔道摩阻试验，并对不同厂家的波纹管孔道摩阻进行了对比，其中河北艺通波纹管 $\mu = 0.11$、$k = 0.012\,9$，天津海利德波纹管 $\mu = 0.158$、$k = 0.012\,1$，柳州欧维姆波纹管 $\mu = 0.199$、$k = 0.008\,6$。从上述孔道摩阻试验测试结果来看，各厂家生产的塑料波纹管摩阻系数有一定差别：从摩擦系数 $\mu$ 来看，河北艺通波纹管摩擦系数最小；从偏摆系数 $k$ 来看，柳州欧维姆波纹管偏摆系数最小。沙河渡槽工程通过不同厂家波纹管摩阻试验成果优选了摩阻系数较小的河北艺通波纹管大面积施工，降低了预应力张拉损失。

　　分别在原型试验槽及环形试验台上进行预应力各项损失测试,其中圆锚锚圈口损失平均值为 2.53%,扁锚锚圈口损失平均值为 5.08%;圆锚喇叭口损失平均值为 0.65%,扁锚喇叭口损失平均值为 7.14%;圆锚锚固损失平均值为 6.24%,扁锚锚固损失平均值为 21.9%。预应力张拉中可适当提高张拉控制应力以抵消部分锚圈口损失或喇叭口损失,沙河 U 形渡槽纵向预应力筋张拉控制应力提高 3%,即张拉至 1 562.4 kN,环向预应力筋张拉控制应力提高 5%,即张拉至 1 025.3 kN;能够抵消各项预应力损失问题。

　　通过对测力计、千斤顶联合率定,提高油表精度,增加定位器,增加中空垫板,校核锚垫板、测力计、工具锚、限位板、千斤顶等张拉机具同轴对中等措施,经环形试验台直线圆锚、直线扁锚及环向扁锚锚固回缩试验,回缩损失与理论值符合良好,验证了预应力张拉工艺改善效果。将环形试验台经验证的张拉工艺应用至后续 U 形渡槽张拉施工中,经改进的张拉工艺可减小摩阻损失。

　　在第 26 榀槽进行了纵向锚索锁定工艺试验,共试验了 4 孔锚索。其中 3 孔锚索均按两端同时张拉至控制力值,持荷后两端同时慢速分级卸载;1 孔锚索采用两端同时张拉至控制力值,持荷后一端固定、一端慢速分级卸载后,另一端再补张至控制力值。由试验可知,对纵向锚索而言,两端同时张拉、一端卸载另一端补张的张拉工艺比两端同时张拉、同时卸载工艺能减少回缩损失,损失比约减少 2%。根据试验结果,改进了 U 形渡槽纵向筋张拉工艺,两端同时张拉,一端先锁定,另一端补张。

　　环形试验台测试环向扁形钢束(5 根绞线)锚固回缩损失,实测伸长量平均为 150.5 mm,比理论伸长量平均大 5.3 mm,且 6 次测试结果均比理论伸长量大。通过截取张拉后的扁形波纹管,可以看出在张拉阶段,环向钢束在曲线部位会对波纹管产生强大的径向压力,波纹管内侧部分会被挤压,从而影响张拉伸长量。通过张拉试验及数据统计分析,环向筋在张拉时扁形波纹管被压入约 0.53 mm,环向筋理论伸长量应相应增加 2.72 mm。因此,对于环向预应力张拉,波纹管内壁的压缩效应对钢绞线的伸长量有一定影响,为确保张拉控制质量,在总伸长量计算中应适当考虑。

# 5.5　钢筋绑扎胎具、吊具研究

　　沙河 U 形梁式渡槽高 9.4 m,宽 9.3 m,长 29.96 m,混凝土量 461 m³,每片重约 1 200 t,是世界上最大的预制渡槽。在渡槽钢筋绑扎过程中,钢筋绑扎净重达 65 t,槽身钢筋、端肋条钢筋以及纵向、环向定位网片共计约 14 000 根,其间隙在 15~60 mm。

　　针对梁式渡槽的特殊体形、特殊重量、特殊布置结构,以及沙河梁式渡槽工期紧、任务重、标准高等特点,对此进行了专门立项研究,独立设计研究出在满足南水北调梁式渡槽设计要求的同时,能够高效满足施工进度要求的钢筋绑扎胎具与吊具。该项成果的应用具有标准工厂化生产作业等特点。

## 5.5.1　钢筋绑扎胎具制作工艺

　　在充分考虑胎具的稳定与安全的前提下,根据槽体钢筋的直径和间排距设计胎具卡槽的位置(见图 5-45),卡槽刻在 70# 等边角钢上面。70# 等边角钢使用 10# 槽钢做背楞,两侧固定在钢管架上,槽体钢筋的绑扎在绑扎胎具上进行,钢筋绑扎胎具布置在制槽区的南端头位置。单个钢筋绑扎胎具长 30 m,宽 14.5 m。

## 5.5.2　钢筋笼吊具

钢筋笼起吊采用特制的钢筋笼吊具,吊具材料采用 28 b 型工字钢,吊具设计重量为 8 t,大钩吊点设置 8 个,单个大钩受力为 11 t,钢筋笼吊点布置 84 个,纵向间距为 1.5 m,横向间距为 2 m(钢筋笼吊点可根据实际情况增加),单钩重量为 0.953 t。钢筋笼吊具如图 5-46 所示。

图 5-45　绑扎胎具

图 5-46　钢筋笼吊具

钢筋笼在钢筋绑扎胎具上绑扎成型并经验收合格后,使用 2 台 80 t 龙门吊联合吊装到制槽台座(见图 5-47)。吊装前检查各吊点、吊链紧固程度,使其受力基本一致,减小钢筋笼变形。吊装过程如图 5-48 所示。

图 5-47　钢筋笼加吊点

图 5-48　钢筋笼提吊

## 5.5.3　钢筋吊具计算说明

### 5.5.3.1　荷载分析

钢筋笼起吊时荷载有钢筋笼重量、吊具自重、风载,其中,$P_1$ 指钢筋笼重量,为 80 t

(含预应力筋重量),$P_2$ 指吊具自重,为 8 t。

### 5.5.3.2 吊具设计

吊具长为 30 m,宽 6 m,高 0.28 m。吊具上布置大钩吊点 4 个,钢筋笼吊点 84 个。

单个大钩吊点受力 $=(P_1+P_2)/8=(80+8)/8=11(\text{t})=107\ 873.15\ \text{N}$

单个钢筋吊点受力 $=P_1/84=80/84=0.952\ 3(\text{t})$

单根主梁荷载按均布荷载计算 $=(P_1+P_2)/4/30=0.733(\text{t})=7\ 191.54\ \text{N/m}$

### 5.5.3.3 纵向计算

单根工字钢受力分为两部分,即钢筋吊点处力与大钩吊点处力,大钩吊点为集中荷载,钢筋吊点比较多,可按均布荷载计算。计算简图见图 5-49~图 5-52。

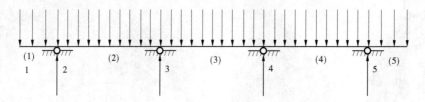

图 5-49 受力简图

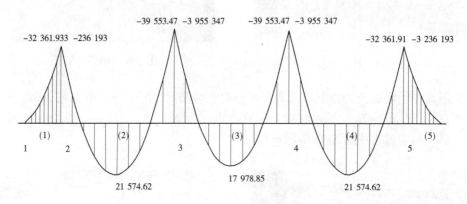

图 5-50 结构弯矩简图

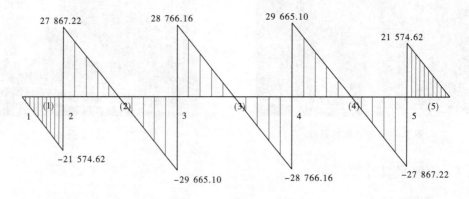

图 5-51 结构剪力简图

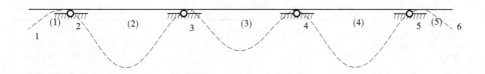

**图 5-52 结构位移简图**

#### 5.5.3.4 结论

工字钢弹性模量取 220 GPa,安全系数取 1.5,工字钢许用应力为 157 MPa。

弯曲截面系数 $W_x = M_{max}/157 = 251.93 (\text{cm}^3)$,小于 28b 工字钢系数 534 $\text{cm}^3$。

最大正应力 $M_{max}/534 = 74.07(\text{MPa})$,小于 157 MPa。

所以结构满足要求。

#### 5.5.3.5 大钩吊钩吊耳焊缝验算

吊耳焊缝长 $L_w = 140$ mm。采用双面焊,材料厚度为 20 mm。

材料强度:抗拉强度 $f_t^w = 120 \text{ N/mm}^2$,抗剪强度 $f_v^w = 120 \text{ N/mm}^2$。

$N^\sigma$ 最大抗拉和 $N^\tau$ 抗剪力都用大钩单钩受力 107 873.15 N。

焊缝正应力 $\sigma = \dfrac{N^\sigma}{L_w t} = 107\,873/(140 \times 20) = 38.526 \ (\text{N/mm}^2)$。

$\sigma < f_t^w \sigma < f_t^w$,抗拉满足要求。

焊缝剪应力 $\tau = \dfrac{N^\tau}{L_w t} = 38.526 \text{ N/mm}^2$。

$\sigma < f_v^w \sigma < f_v^w$,抗剪满足要求。

#### 5.5.3.6 工字钢焊缝验算

纵向工字钢采用对接焊缝,计算见表 5-103。

**表 5-103 工字钢焊缝验算**

| | | 28b 工字钢焊接强度计算 | | | | |
|---|---|---|---|---|---|---|
| (1) | 节点信息 | | 单位 | | | |
| | 弯矩 $M =$ | 39.556 | kN·m | | | |
| | 轴力(压力)$N =$ | 27.97 | kN | | | |
| | 剪力 $V =$ | 29.667 | kN | | | |
| (2) | 截面信息 | | | | | |
| | 腹板高 $H =$ | 280 | mm | | | |
| | 翼板宽 $W =$ | 124 | mm | | | |
| | 腹板厚 $t_b =$ | 10 | mm | | | |
| | 翼板厚 $t_w =$ | 13.7 | mm | | | |
| (3) | 材质 | 16Mn | | | | |

续表 5-103

28b 工字钢焊接强度计算

| | | 普通 | | | | | | |
|---|---|---|---|---|---|---|---|---|
| | | Q235 | | | | | | |
| (4) | 材质特性 | | | | | | | |
| | 抗剪强度 $f_v^w =$ | 120 | N/mm$^2$ | | | | | |
| | 抗拉强度 $f_t^w =$ | 120 | N/mm$^2$ | | | | | |
| (5) | 截面特性 | | | | | | | |
| | 面积 $A_w =$ | 61.976 | cm$^2$ | | | | | |
| | 面积距 $S_w =$ | 347.469 | cm$^3$ | | | | | |
| | 惯性距 $I_w =$ | 9 156.23 | cm$^4$ | | | | | |
| | 抗弯模量 $W_w =$ | 595.721 | cm$^3$ | | | | | |
| | 翼缘面积距 $S_1 =$ | 249.469 | cm$^3$ | | | | | |
| (6) | 计算各应力值 | | | | | | | |
| | 拉力作用下应力 $\sigma_N =$ | 4.513 04 | N/mm$^2$ | | | | | |
| | 弯矩作用下应力 $\sigma_M =$ | 66.400 2 | N/mm$^2$ | | | | | |
| | 腹板端部正应力 $\sigma_1 =$ | 60.481 7 | N/mm$^2$ | | | | | |
| | 腹板端部剪应力 $\tau_1 =$ | 8.083 01 | N/mm$^2$ | | | | | |
| | 剪应力 $\tau_{max} =$ | 11.258 3 | N/mm$^2$ | < | $f_v^w =$ | 120 | N/mm$^2$ |
| | 正应力 $\sigma_{max} =$ | 70.913 3 | N/mm$^2$ | < | $f_t^w =$ | 120 | N/mm$^2$ |
| | 翼板腹板相交处折算应力 = | 66.485 4 | N/mm$^2$ | < | $1.1f_t^w =$ | 132 | N/mm$^2$ |
| | 中和轴处折算应力 = | 20.015 4 | N/mm$^2$ | < | $1.1f_t^w =$ | 132 | N/mm$^2$ |
| (7) | 验算结果 | TRUE | | | | | | |

## 5.5.4 应用效果

钢筋绑扎胎具、吊具研究成果成功应用于 U 形梁式渡槽的钢筋制安工程中,减少了钢筋绑扎施工难度,减少了钢筋绑扎占用制槽台座时间,加大了制槽台座模板利用率,同时随着绑扎工艺的成熟,标准化的绑扎工艺保障了钢筋绑扎的施工质量,对实际施工生产创造出较高的经济效益和良好的环保效果,成功实现胎具、吊具的预期设计目标,对同行业、同领域等建筑施工工程中的大体积构造物钢筋制安工程有着较高的参考价值。

## 5.6 预应力损失监测数据偏大问题的研究与解决

### 5.6.1 预应力张拉施工过程中出现张拉监测数据偏大

从沙河 U 形梁式渡槽监测渡槽(第 5 榀、第 13 榀、第 26 榀、第 28 榀、第 31 榀)的预应力张拉过程中出现张拉监测数据来看,纵向锚固损失与锚固损失设计值比较接近,环向两者有一定差异,尤其是第 5 榀,测力计显示的损失值是比较大的。

#### 5.6.1.1 第 5 榀渡槽监测情况

1. 锚索测力计布置情况

第 5 榀槽共安装锚索测力计 8 套 16 台(同一束锚索两端各一台),其中 5 套 10 台是圆形($D_1^P \sim D_{10}^P$),安装在纵向锚索 $A_{2左}$、$A_{2右}$、$B_{3左}$、$B_{3右}$、$B_{7中}$ 上,设计张拉力是 156.24 t;3 套 6 台是方形($D_{15}^P \sim D_{20}^P$),安装在环向锚索 $H_{5左}$、$H_{20左}$、$H_{34左}$ 上,设计张拉力为 100.58 t。具体位置见表 5-104 及图 5-53、图 5-54。

表 5-104 锚索测力计布置

| 测力计编号 | $D_1^P$ | $D_2^P$ | $D_3^P$ | $D_4^P$ | $D_5^P$ | $D_6^P$ | $D_7^P$ | $D_8^P$ | $D_9^P$ | $D_{10}^P$ | $D_{15}^P$ | $D_{16}^P$ | $D_{17}^P$ | $D_{18}^P$ | $D_{19}^P$ | $D_{20}^P$ |
|---|---|---|---|---|---|---|---|---|---|---|---|---|---|---|---|---|
| 锚索编号 | $A_{2左}$ | | $A_{2右}$ | | $B_{3左}$ | | $B_{7中}$ | | $B_{3右}$ | | $H_{5左}$ | | $H_{20左}$ | | $H_{34左}$ | |
| 目前方位 | 南 | 北 | 南 | 北 | 南 | 北 | 南 | 北 | 南 | 北 | 西 | 东 | 西 | 东 | 西 | 东 |
| 锚索方向 | 纵向 | | | | | | | | | | 环向 | | | | | |

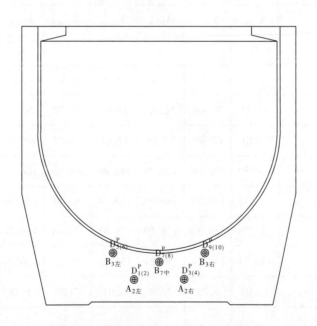

图 5-53 槽身纵向预应力锚索测力计布置

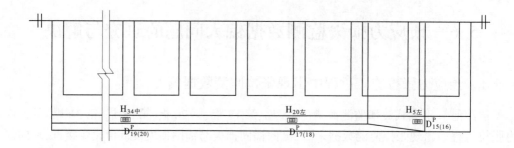

图 5-54　槽身环向预应力锚索测力计布置

**2.监测数据**

锚索测力计监测数据的第一行到第七行分别为：自由状态(零荷载)、一级张拉值、二级张拉值、三级张拉值、四级张拉值、五级张拉值、卸载后的值。监测数据见表 5-105、表 5-106。

从监测数据可以看出，纵向布设的锚索测力计锚固回缩损失 $A$ 最大的是 $D_1^P$，为 11.03%，最小的是 $D_6^P$，为 5.78%；环向布设的锚索测力锚固回缩损失较大，其中损失最大的是 $D_{15}^P$，为 43.23%，损失最小的是 $D_{20}^P$，为 26.51%。

卸载后测值较设计控制力差值损失 $B$，纵向差值损失最大的是 $D_2^P$，为 16.47%，最小的是 $D_7^P$ 中，为 5.11%，环向差值损失最大的是 $D_{16}^P$，为 48.72%，最小的是 $D_{20}^P$，为 33.60%。

表 5-105　锚索测力计监测数据(一)　　　　(单位:t)

| 编号 | $D_1^P$ | $D_2^P$ | $D_3^P$ | $D_4^P$ | $D_5^P$ | $D_6^P$ | $D_9^P$ | $D_{10}^P$ |
|---|---|---|---|---|---|---|---|---|
| 锚索编号 | $A_{2左南}$ | $A_{2左北}$ | $A_{2右南}$ | $A_{2右北}$ | $B_{3左南}$ | $B_{3左北}$ | $B_{3右南}$ | $B_{3右北}$ |
| 自由状态 | 0 | 0 | 0 | 0 | 0 | 0 | 0 | 0 |
| 一级 | 5.72 | 5.22 | 14.15 | 14.56 | 3.74 | 4.04 | 14.71 | 12.73 |
| 二级 | 32.35 | 27.96 | 36.30 | 36.68 | 28.50 | 29.21 | 36.75 | 34.80 |
| 三级 | 70.81 | 63.49 | 72.29 | 73.61 | 66.87 | 67.82 | 73.35 | 71.12 |
| 四级 | 110.39 | 102.50 | 110.24 | 112.42 | 106.89 | 106.43 | 109.14 | 106.57 |
| 五级 | 148.12 | 140.72 | 149.99 | 153.74 | 145.86 | 144.56 | 149.64 | 147.50 |
| 卸载后 | 131.78 | 130.51 | 138.60 | 139.85 | 134.41 | 136.21 | 139.31 | 137.17 |
| 设计张拉值 | 156.24 | 156.24 | 156.24 | 156.24 | 156.24 | 156.24 | 156.24 | 156.24 |
| 锚固回缩损失 $A$(%) | 11.03 | 7.25 | 7.59 | 9.04 | 7.85 | 5.78 | 6.90 | 7.00 |
| 较设计控制力差值损失 $B$(%) | 15.66 | 16.47 | 11.29 | 10.49 | 13.97 | 12.82 | 10.84 | 12.21 |

表 5-106　锚索测力计监测数据（二）　　　　（单位：t）

| 编号 | $D_7^P$ | $D_8^P$ | $D_{15}^P$ | $D_{16}^P$ | $D_{17}^P$ | $D_{18}^P$ | $D_{19}^P$ | $D_{20}^P$ |
|---|---|---|---|---|---|---|---|---|
| 锚索编号 | $B_{7中南}$ | $B_{7中北}$ | $H_{5左西}$ | $H_{5左东}$ | $H_{20左西}$ | $H_{20左东}$ | $H_{34左西}$ | $H_{34左东}$ |
| 自由状态 | 0 | 0 | 0 | 0 | 0 | 0 | 0 | 0 |
| 一级 | 18.41 | 16.08 | 18.84 | 2.82 | 11.51 | 4.51 | 4.13 | 8.81 |
| 二级 | 44.58 | 42.23 | 28.47 | 14.50 | 24.25 | 15.81 | 16.10 | 21.50 |
| 三级 | 79.60 | 77.22 | 56.28 | 38.18 | 46.93 | 39.20 | 41.14 | 44.68 |
| 四级 | 121.89 | 119.47 | 80.46 | 57.51 | 65.37 | 61.27 | 63.61 | 65.17 |
| 五级 | 159.52 | 157.07 | 100.17 | 76.33 | 94.74 | 88.80 | 90.01 | 90.89 |
| 卸载后 | 148.26 | 145.82 | 56.87 | 51.58 | 66.18 | 57.19 | 62.24 | 66.79 |
| 设计张拉值 | 156.24 | 156.24 | 100.58 | 100.58 | 100.58 | 100.58 | 100.58 | 100.58 |
| 锚固回缩损失 $A(\%)$ | 7.06 | 7.17 | 43.23 | 32.42 | 30.15 | 35.59 | 30.86 | 26.51 |
| 较设计控制力差值损失 $B(\%)$ | 5.11 | 6.67 | 43.46 | 48.72 | 34.20 | 43.14 | 38.12 | 33.60 |

### 5.6.1.2　第 13 榀渡槽监测情况

鉴于第 5 榀上的锚索测力计监测数据反映环向预应力损失较大，为找出环向预应力损失较大原因，由监理部组织，建管、设计、监测、施工单位参加，于 2011 年 4 月 28 日在第 13 榀渡槽上进行试验验证。由于现场没有 5 孔锚索测力计，故现场临时采用 3 孔的方形锚索测力计（设计张拉值 58.6 t）进行试验测试，试验改用 OVM 限位板，采用五级张拉，静载 10 min 后卸载的张拉工艺，于 2011 年 4 月 29 日拆除，监测数据见表 5-107。

表 5-107　试验锚索测力计监测数据　　　　（单位：t）

| 时间<br>（年-月-日 T 时：分） | 位置 | | 备注 |
|---|---|---|---|
| | 西 | 东 | |
| 2011-04-28 T17:58 | 55.07 | 63.87 | 五级张拉 |
| 2011-04-28 T18:08 | 54.02 | 61.85 | 静载 10 min |
| 2011-04-28 T18:13 | 43.22 | 52.58 | 卸载后 |
| 锚固回缩损失 $A(\%)$ | 21.52 | 17.67 | |
| 较设计控制力差值损失 $B(\%)$ | 26.24 | 10.27 | |

### 5.6.1.3　第 26 榀渡槽张拉及监测情况

在完成张拉千斤顶油表与第一批锚索测力计联合率定后，6 月 15 日和 6 月 17 日对第 26 榀槽共 16 台锚索测力计进行安装，其中 $D_{6-1}^P \sim D_{6-10}^P$ 为纵向，共 10 台，设计张拉力为 156.24 t，$D_{6-15}^P \sim D_{6-20}^P$ 为环向共 6 台，设计张拉力为 100.58 t，仪器安装位置与第 5 榀槽相同。监测数据见表 5-108、表 5-109。

表 5-108　　第 26 榀槽锚索测力计监测数据(一)　　　　(单位:t)

| 锚索测力计编号 | $D_{6-1}^P$ | $D_{6-2}^P$ | $D_{6-3}^P$ | $D_{6-4}^P$ | $D_{6-5}^P$ | $D_{6-6}^P$ | $D_{6-9}^P$ | $D_{6-10}^P$ |
|---|---|---|---|---|---|---|---|---|
| 锚索编号 | $A_{2左南}$ | $A_{2左北}$ | $A_{2右南}$ | $A_{2右北}$ | $B_{3左南}$ | $B_{3左北}$ | $B_{3右南}$ | $B_{3右北}$ |
| 自由状态 | 0 | 0 | 0 | 0 | 0 | 0 | 0 | 0 |
| 一级张拉 | 31.07 | 29.88 | 31.73 | 33.34 | 32.68 | 30.78 | 26.89 | 28.72 |
| 二级张拉 | 71.44 | 71.76 | 71.01 | 73.18 | 72.70 | 69.78 | 70.36 | 71.79 |
| 三级张拉 | 111.63 | 111.38 | 113.26 | 116.15 | 113.87 | 110.12 | 112.50 | 113.70 |
| 四级张拉 | 152.45 | 151.66 | 153.12 | 156.82 | 153.34 | 149.44 | 155.43 | 156.24 |
| 静载 10 min 后 | 151.75 | 151.20 | 152.70 | 155.85 | 152.00 | 148.90 | 154.54 | 155.86 |
| 补张 | 151.67 | 151.19 | 152.86 | 156.39 | 153.10 | 149.15 | 155.41 | 156.30 |
| 锁定 | 142.34 | 142.04 | 141.75 | 143.66 | 141.49 | 141.27 | 145.75 | 148.88 |
| 设计张拉值 | 156.24 | 156.24 | 156.24 | 156.24 | 156.24 | 156.24 | 156.24 | 156.24 |
| 锚固回缩损失 $A$(%) | 6.15 | 6.05 | 7.27 | 8.14 | 7.58 | 5.28 | 6.22 | 4.75 |
| 较设计控制力差值损失 $B$(%) | 8.90 | 9.09 | 9.27 | 8.05 | 9.44 | 9.58 | 6.72 | 4.71 |

表 5-109　　第 26 榀槽锚索测力计监测数据(二)　　　　(单位:t)

| 锚索测力计编号 | $D_{6-7}^P$ | $D_{6-8}^P$ | $D_{6-15}^P$ | $D_{6-16}^P$ | $D_{6-17}^P$ | $D_{6-18}^P$ | $D_{6-19}^P$ | $D_{6-20}^P$ |
|---|---|---|---|---|---|---|---|---|
| 锚索编号 | $B_{7中南}$ | $B_{7中北}$ | $H_{5左西}$ | $H_{5左东}$ | $H_{20左西}$ | $H_{20左东}$ | $H_{34左西}$ | $H_{34左东}$ |
| 自由状态 | 0 | 0 | 0 | 0 | 0 | 0 | 0 | 0 |
| 一级张拉 | 28.60 | 28.70 | 22.82 | 19.73 | 19.47 | 20.56 | 14.66 | 13.05 |
| 二级张拉 | 69.92 | 71.77 | 46.80 | 43.63 | 44.73 | 45.37 | 38.54 | 40.84 |
| 三级张拉 | 155.54 | 157.06 | 73.00 | 70.39 | 72.92 | 72.93 | 69.10 | 65.34 |
| 四级张拉 | 共三级张拉 | | 101.14 | 100.63 | 102.09 | 101.88 | 97.89 | 96.87 |
| 静载 10 min 后 | 154.91 | 156.13 | 99.33 | 99.71 | 100.52 | 100.29 | | |
| 补张 | 155.23 | 156.73 | 100.89 | 100.72 | 101.64 | 102.05 | 98.69 | 98.98 |
| 回油到 2 MPa | 150.04 | 153.32 | 80.97 | 82.01 | | | | |
| 补张 | 152.60 | 156.00 | | | | | | |
| 锁定 | 148.90 | 149.36 | 79.03 | 80.94 | 81.89 | 81.08 | 75.76 | 75.84 |
| 锚固回缩损失 $A$(%) | 2.42 | 4.26 | 21.66 | 19.63 | 19.42 | 20.54 | 23.24 | 23.38 |
| 补张 | | | | | | | 97.70 | 101.94 |
| 静载 5 min 后 | | | | | | | 97.06 | 100.34 |

续表5-109　　　　　　　　　　　　　　　　　　(单位:t)

| 锚索测力计编号 | $D^P_{6-7}$ | $D^P_{6-8}$ | $D^P_{6-15}$ | $D^P_{6-16}$ | $D^P_{6-17}$ | $D^P_{6-18}$ | $D^P_{6-19}$ | $D^P_{6-20}$ |
|---|---|---|---|---|---|---|---|---|
| 锚索编号 | $B_{7中南}$ | $B_{7中北}$ | $H_{5左西}$ | $H_{5左东}$ | $H_{20左西}$ | $H_{20左东}$ | $H_{34左西}$ | $H_{34左东}$ |
| 补张 | | | | | | | 99.09 | 101.26 |
| 回油到2 MPa | | | | | | | 79.08 | 79.76 |
| 锁定 | | | | | | | 76.77 | 78.55 |
| 设计张拉值 | 156.24 | 156.24 | 100.58 | 100.58 | 100.58 | 100.58 | 100.58 | 100.58 |
| 锚固回缩损失 $A$(%) | | | | | | | 22.53 | 22.43 |
| 较设计控制力差值损失 $B$(%) | 4.69 | 4.41 | 21.42 | 19.53 | 18.58 | 19.38 | 23.67 | 21.90 |

从监测数据可知:纵向锚索 $D^P_{6-4}$ 锚固回缩损失 $A$ 最大,为8.14%;$D^P_{6-7}$ 锚固回缩损失 $A$ 最小,为2.42%。环向锚索预应力锚固回缩损失 $A$ 相对较大,其中 $D^P_{6-19}$、$D^P_{6-20}$ 第一次锁定后的损失比分别为23.24%、23.38%;补张后,$D^P_{6-19}$、$D^P_{6-20}$ 第二次锁定后的损失比分别为22.53%、22.43%,$D^P_{6-17}$ 损失比最小,为19.42%。

锁定后测值较设计张拉力还有一定的差距,纵向 $D^P_{6-6}$ 差值损失 $B$ 最大,为9.58%,$D^P_{6-8}$ 差值损失 $B$ 最小,为4.41%,环向 $D^P_{6-19}$ 差值损失 $B$ 最大,为23.67%,$D^P_{6-17}$ 差值损失 $B$ 最小,为18.58%。

### 5.6.1.4　第28榀渡槽张拉及监测情况

1.6月23日试验及监测情况

6月23日下午,在专家的指导下,参建各方对第28榀渡槽 $H_{3左}$、$H_{20左}$ 进行了张拉监测试验。具体施工过程如下:

试验1:首先对环向锚索 $H_{3左}$ 进行试验,安装方法具体见图5-55~图5-57。然后整体张拉至 $0.25\sigma_{con}$→$0.5\sigma_{con}$→$1.03\sigma_{con}$,持荷10 min后补张至 $1.03\sigma_{con}$ 回油锚固(第一分钟卸荷至 $0.75\sigma_{con}$,第二分钟卸荷至2 MPa,然后全部卸荷),张拉工作完成后,锚索测力计 $D^P_{28-15}$(东)所测力值为77.70 t,锚索测力计 $D^P_{28-16}$(西)所测力值为90.39 t,均与设计控制张拉力差距较大。锁定后锚索测力计 $D^P_{28-15}$(东)所测力值为58.93 t,锚固回缩损失 $A$ 为24.16%;锚索测力计 $D^P_{28-16}$(西)所测力值为68.15 t,锚固回缩损失 $A$ 为24.60%。

试验2:专家现场分析后提出,在环向锚索 $H_{20左}$ 进行试验时,将锚索测力计下方的校平垫板(3 mm厚钢板)改为锚具(厚5 cm),使5根钢绞线实现分束,改善锚索测力计工作的边界条件,未安装工作夹片,然后整体张拉至 $0.25\sigma_{con}$→$0.5\sigma_{con}$→$1.03\sigma_{con}$。张拉完成后,锚索测力计 $D^P_{28-17}$(东)所测力值为102.60 t,锚索测力计 $D^P_{28-18}$(西)所测力值为99.04 t,与设计控制张拉力接近。

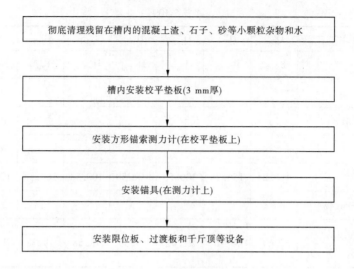

图 5-55　设备安装顺序流程

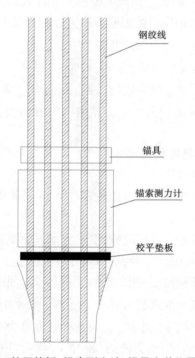

图 5-56　校平垫板、锚索测力计、锚具安装位置示意图

试验 3：由于对环向锚索 $H_{20左}$ 进行更换垫板的尝试取得了较好的效果，后经专家分析决定，对已锁定的 $H_{3左}$ 锚索进行单根卸载，将 2 台锚索测力计下方的校平垫板（3 mm 厚钢板）换成锚具（厚 5 cm），安装步骤同 $H_{20左}$，然后整体张拉至 $0.25\sigma_{con}\rightarrow0.5\sigma_{con}\rightarrow1.03\sigma_{con}$。张拉完成后，锚索测力计 $D_{28-15}^{P}$（东）所测力值为 100.07 t，锚索测力计 $D_{28-16}^{P}$（西）所测力值为 102.19 t，与设计控制张拉力也非常接近，与更换垫板前所测力值相差较大（见表 5-110）。

表 5-110　第 28 榀槽锚索测力计监测数据　　　　　　　（单位：t）

| 方位 | 东 | 西 | 东 | 西 | 东 | 西 |
|---|---|---|---|---|---|---|
| 锚索测力计编号 | $D^P_{28-15}$（底部安装垫片） | $D^P_{28-16}$（底部安装垫片） | $D^P_{28-15}$（底部安装锚具） | $D^P_{28-16}$（底部安装锚具） | $D^P_{28-17}$（底部安装锚具） | $D^P_{28-18}$（底部安装锚具） |
| 锚索编号 | $H_{3左}$ | | $H_{3左}$ | | $H_{20左}$ | |
| 自由状态 | 0 | 0 | 0 | 0 | 0 | 0 |
| 一级张拉 | 12.29 | 17.76 | 25.65 | 24.37 | 25.17 | 23.80 |
| 二级张拉 | 30.85 | 43.08 | 48.57 | 52.42 | 49.15 | 50.67 |
| 三级张拉 | 78.52 | 90.10 | 100.07 | 102.19 | 102.60 | 99.04 |
| 静载 10 min 后 | 77.77 | 88.99 | | | | |
| 补张 | 77.70 | 90.39 | | | | |
| 东端回油到 2 MPa | 60.15 | | | | | |
| 西端回油到 2 MPa | | 69.67 | | | | |
| 卸载后 | 58.93 | 68.15 | | | | |
| 锚固回缩损失 $A$(%) | 24.16 | 24.60 | | | | |
| 较设计控制力差值损失 $B$(%) | 41.41 | 32.24 | | | | |

综合以上数据分析：锚索测力计的张拉力显示，与测力计和垫板之间接触面的不平整度有一定关系，尽管测力计的精度及稳定性经过历次鉴定试验证明是稳定的。试验 1 采用在锚索测力计下安装校平垫板，其主要作用是找平测力计底部接触面，不能起到对 5 根钢绞线进行分束的效果；通过试验 2 和试验 3 可知，锚索测力计下方垫上锚具（厚 5 cm），能将钢绞线较好地分开，钢绞线能够很好地平行穿过测力计，改善了锚索测力计受力的边界条件。通过试验 1、试验 2、试验 3 可知，采取措施将钢绞线分开，改善锚索测力计的工作环境，可减小测力计与千斤顶的误差。由此，专家建议制作与测力计匹配的垫板，下层放入与锚垫板凹槽同等尺寸的垫片（厚 5 mm），上层再放比测力计尺寸稍大的垫片（厚 10 mm），继续进行进一步验证。

2.6 月 26 日试验及监测情况

根据 6 月 24 日专家建议，6 月 26 日对第 28 榀渡槽 $B_{7中}$、$H_{3左}$、$H_{20左}$ 进行了张拉监测试验。具体过程如下：

在第 28 榀渡槽纵向预应力采取一端张拉，纵向锚索测力计 $D^P_{28-7}$ 安装在南端、$D^P_{28-8}$ 安装在北端，由于千斤顶最大行程只有 200 mm，不能满足锚索设计伸长量（220 mm），未能完成一端张拉试验。实际采取南端先张拉至千斤顶最大行程，北端再张拉至设计张拉值。

环向张拉试验采用在锚垫板凹槽内放入同等尺寸的垫片，厚 5 mm，再放入比测力计尺寸稍大的垫片，厚 10 mm，采用两端分级张拉，安装示意图见图 5-56。

第 28 榀槽监测数据见表 5-111、表 5-112。

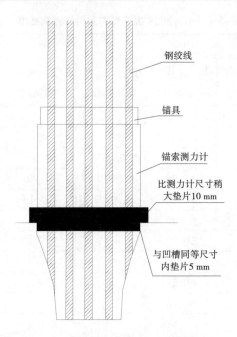

图 5-57　第 28 榀槽环向锚索测力计安装位置示意图

表 5-111　第 28 榀槽纵向锚索测力计监测数据　　　　　　　（单位:t）

| 方位 | 南 | 北 |
|---|---|---|
| 锚索测力计编号 | $D_{28-7}^{P}$ | $D_{28-8}^{P}$ |
| 锚索编号 | $B_{7中}$ | |
| 南端一级张拉 | 30.53 | 29.46 |
| 南端二级张拉 | 70.59 | 68.36 |
| 南端三级张拉 | 108.40 | 104.86 |
| 静载 10 min 后 | 107.96 | 104.82 |
| 南端拉到 25.8 MPa | 138.76 | 134.26 |
| 北端拉到 27.5 MPa | 145.54 | 147.77 |
| 北端拉到 100% | 153.58 | 155.46 |
| 静载 10 min 后 | 153.05 | 154.82 |
| 南端回油到 2 MPa | 146.62 | 151.70 |
| 北端补张 | 150.04 | 155.18 |
| 北端回油到 2 MPa | 148.07 | 147.21 |
| 卸载 | 146.09 | 146.73 |
| 锚固回缩损失 $A$(%) | 2.63 | 5.44 |
| 较设计控制力差值损失 $B$(%) | 6.5 | 6.09 |

表 5-112 第 28 榀槽环向锚索测力计监测数据 （单位:t）

| 方位 | 东 | 西 | 东 | 西 |
|---|---|---|---|---|
| 锚索测力计编号 | $D_{28-15}^{P}$ | $D_{28-16}^{P}$ | $D_{28-17}^{P}$ | $D_{28-18}^{P}$ |
| 锚索编号 | $H_{3左}$ | | $H_{20左}$ | |
| 一级张拉 | 26.29 | 22.66 | 19.82 | 23.53 |
| 二级张拉 | 49.26 | 48.80 | 46.40 | 46.13 |
| 三级张拉 | 67.47 | 72.23 | 73.27 | 70.97 |
| 四级张拉 | 93.64 | 100.51 | 100.76 | 96.90 |
| 静载 10 min 后 | 92.25 | 99.46 | 98.70 | 95.04 |
| 两端同时补张 | 95.66 | 100.52 | 100.07 | 96.34 |
| 西端回油到 2 MPa | 93.85 | 80.10 | 99.85 | 74.03 |
| 西端卸载 | 93.69 | 79.68 | 99.98 | 72.96 |
| 东端补张 | 96.90 | 81.04 | 100.68 | 73.00 |
| 卸载后 | 77.05 | 79.64 | 74.84 | 73.41 |
| 锚固回缩损失 $A(\%)$ | 20.48 | 20.77 | 25.67 | 23.80 |
| 较设计控制力差值损失 $B(\%)$ | 23.39 | 20.82 | 25.59 | 27.01 |
| 备注 | 放与凹槽同样尺寸的垫片,厚 5 mm,然后放比测力计外部尺寸稍大的厚 10 mm 垫片 | | 放与凹槽同样尺寸的垫片,厚 5 mm,然后放比测力计外部尺寸稍大的厚 10 mm 垫片 | |

综合以上数据分析:纵向锚索试验表明采用两端分开张拉锁定,预应力损失有所减小。环向锚索试验表明测力计下部安装垫片后,由于消除了测力计偏心对测值的影响,使测力计测值与压力表值趋于接近,但对预应力损失的改善程度尚不明显,还需进一步试验。

### 5.6.1.5 第 31 榀渡槽张拉及监测情况

6 月 28 日上午,参建各方再次进行试验,在第 31 榀槽环向锚索 $H_{29左}$ 上安装锚索测力计进行了试验,下部安装工具锚具(厚 5 cm),再安装测力计,最后安装锚具,监测数据见表 5-113。

表 5-113 第 31 榀槽纵向锚索测力计监测数据 （单位:t）

| 方位 | 西 | 东 |
|---|---|---|
| 锚索测力计厂家编号 | 118270 | 118269 |
| 锚索编号 | $H_{29左}$ | |
| 一级张拉 | 21.50 | 19.33 |
| 二级张拉 | 44.82 | 44.89 |
| 三级张拉 | 70.44 | 71.61 |

**续表 5-113**

| 方位 | 西 | 东 |
|---|---|---|
| 锚索测力计厂家编号 | 118270 | 118269 |
| 锚索编号 | $H_{29左}$ | |
| 四级张拉 | 96.69 | 100.05 |
| 持荷 10 min 后 | 97.01 | 98.50 |
| 补张 | 98.73 | 100.30 |
| 回油到 2 MPa | 76.46 | 79.17 |
| 卸载后 | 74.35 | 78.11 |
| 锚固回缩损失 $A$(%) | 24.69 | 22.12 |
| 较设计控制力差值损失 $B$(%) | 26.08 | 22.34 |

由表 5-113 数据可看出,测值最大值比较接近设计张拉值(100.58 t),但卸载后预应力损失仍没有明显的降低。

### 5.6.1.6　对渡槽的预应力损失估算

根据第 5 榀、26 榀、28 榀渡槽的锚索测力计监测读数,按照监测数据的平均值对各榀渡槽的预应力损失分别按两种计算方法进行估算,计算结果见表 5-114、表 5-115。

**表 5-114　测力计纵向张拉统计**　　　　　　　　　　　　　　　(单位:t)

| 项目 | 5 榀槽 | | 26 榀槽 | | 28 榀槽 | | 总平均值 |
|---|---|---|---|---|---|---|---|
| | 平均值 | 最大值 | 平均值 | 最大值 | 平均值 | 最大值 | |
| 设计张拉控制力 | 156.24 | | | | | | |
| 锚固前拉力 | 149.67 | 140.72 | 153.47 | 149.15 | 152.61 | 150.04 | 151.92 |
| 锚固后拉力 | 138.19 | 130.51 | 144.54 | 141.27 | 146.41 | 146.09 | 143.05 |
| 锚固损失 $A$(%) | 7.67 | 7.25 | 5.81 | 5.28 | 4.035 | 2.63 | 5.84 |
| 较设计张拉力差值损失 $B$(%) | 11.55 | 16.47 | 7.49 | 9.58 | 6.29 | 6.5 | 8.44 |
| 锚固损失设计值(%) | 5.6% | | | | | | |

**注:**1. 最大值为较设计张拉力差值损失 $B$ 的最大值对应的监测数据。

　　2. 平均值为每项监测数据的平均值。

　　3. 总平均值为第 5 榀、26 榀、28 榀渡槽总的平均值。

从表 5-114、表 5-115 看出:纵向锚固损失与锚固损失设计值比较接近,环向两者有一定差异,尤其是第 5 榀,测力计显示的损失值是比较大的。同时认为预应力锚固损失应按铁路规范计算,因为测力计本身读数的系统性,能较准确说明预应力真实的锚固损失。

表 5-115　测力计环向张拉统计　　　　　　　（单位:t）

| 项目 | 5 榀槽 | | 26 榀槽 | | 28 榀槽 | | 总平均值 |
|---|---|---|---|---|---|---|---|
| | 平均值 | 最大值 | 平均值 | 最大值 | 平均值 | 最大值 | |
| 设计张拉控制力 | 100.58 | | | | | | |
| 锚固前拉力 | 90.16 | 76.33 | 100.94 | 99.09 | 98.61 | 96.34 | 96.57 |
| 锚固后拉力 | 60.14 | 51.58 | 79.09 | 76.77 | 76.24 | 73.41 | 71.82 |
| 锚固损失 $A$(%) | 33.13 | 32.42 | 21.31 | 22.53 | 22.69 | 23.80 | 25.63 |
| 较设计张拉力差值损失(%) | 40.21 | 48.72 | 20.75 | 23.67 | 24.2 | 27.01 | 28.59 |
| 锚固损失设计值(%) | 18.5 | | | | | | |

注:1. 最大值为较设计张拉力差值损失 $B$ 的最大值对应的监测数据。

　　2. 平均值为每项监测数据的平均值。

　　3. 总平均值为第 5 榀、26 榀、28 榀渡槽总的平均值。

## 5.6.2　预应力张拉监测数据偏大的原因分析

(1)关于钢绞线在张拉锁定前测力计测得最大力值没有达到设计最大张拉力的问题。

根据沙河渡槽预应力混凝土施工技术要求(B 版)及有关规范规定,预应力张拉采用双控制,即严控张拉应力,再利用伸长量来进行校核。张拉使用的千斤顶、油泵及油表都是经过专门检测机构标定的,张拉施工是在监理全程旁站下进行的,油表读数、伸长误差都正常,证明实际施工张拉力是按设计张拉控制力施加的,满足设计要求。

在沙河渡槽已进行的测力计与油压千斤顶的张拉力读数现场测试中,尤其是在环向预应力测试中,很多存在较大差值,但仅以测力计的读数来确认钢束被施加的预应力没有达到张拉控制力,可能产生误导。理由如下:

一是测力计与油压千斤顶都进行了联合标定,通过标定,在实验室条件下均是满足工程要求的。测力计精度高于油压千斤顶,油压千斤顶虽然精度不高,但适应性较好,读数稳定性好,千斤顶油表读数是可信的。

二是环向测力计结构设计不太适应现场锚垫支撑的边界条件,在不相适应的监测环境下,测得数据波动较大。环向测力计形状为长方形,长×宽×高为185 mm×60 mm×119 mm,为5孔形式。通过一系列预应力张拉工艺试验,特别是6月23日在第28榀渡槽工艺试验中出现了与第5榀渡槽相似的情况,即第28榀渡槽环向钢绞线张拉时,油表读数已达到设计张拉力,但测力计读数远未达到,偏差较大,该过程经过专家现场见证并提出建议:改变测力计下的垫板厚度(由3 mm厚钢垫板换成50 mm厚锚具),其余条件保持不变。结果获得完全不同的数据,后者数据设计值、油表读数、测力计读数三者互相吻合,而前者数据最大相差已大于20%。对此专家认为,测力计受外部环境影响是造成其差异过大的原因,虽然测力计的精度和稳定性经历次标定试验证明也是稳定的,但是测力计的结构设计不太适应现场锚垫支撑的边界条件。原因是钢束从喇叭口出来后,由于钢束间距必须变大后穿过布置有5孔的垫板和测力计,进入工作锚,钢束的变向必然产生水平向分力,该分力作用于垫板和测力计,而测力计的读数只是竖向测力读数,极可能影响测力计的正常工作。若按测力计读数控制,继续加大张拉力,极有可能造成断丝、滑脱现象,甚至发生安全事故。

三是通过一系列预应力张拉工艺试验证明,采用不同的卸载锁定速度对预应力监测数据差异影响较小;采用不同的张拉工具,对环向监测数据有一定影响。采用两端张拉,一端先卸载锁定,另一端补张后卸载锁定较两端同时张拉、同时卸载锁定,有利于减小预应力损失。

(2)预计施工中能稳定达到的预应力损失。

根据表 5-114、表 5-115 对安装锚索测力计的渡槽张拉统计以及前期和下一步计划所采取的各种措施,在预应力张拉施工中,纵向预应力损失能够控制在 8% 以内,环向预应力损失能够控制在 25% 以内,相信是可以实现的。同时根据专家意见和下一步试验情况,通过参建各方的努力,进一步控制并减小预应力损失。

### 5.6.3　所采取的措施及取得的经验

(1)加大预应力锚索张拉力,弥补预应力损失。

对沙河梁式渡槽预应力锚索张拉控制进行优化调整。调整预应力锚索张拉力:纵向锚索张拉控制应力由 $\sigma_{con}$ 调整为 $1.03\sigma_{con}$,环向锚索张拉控制应力由 $1.03\sigma_{con}$ 调整为 $1.05\sigma_{con}$,通过加大预应力锚索张拉力,弥补预应力损失。

(2)在槽片 4 个支座上部位置,增加配筋(见图 5-58),提高整体性。

**图 5-58　槽片支座增加配筋**

(3)根据现场试验调整张拉分级。

纵向、环向锚索张拉分级由原五级张拉调整为四级张拉;环向锚索张拉时保持两端同时张拉、同时锁定不变;纵向锚索张拉时保持两端张拉不变,但纵向锚索由两端同时锁定调整为一端先锁定,一端补张再锁定,以减小预应力损失。

(4)提出张拉锁定前测力计与千斤顶油表读数的差值允许范围。

针对部分安装锚索测力计的槽节在张拉阶段出现测力计与千斤顶油表读数相差过大

的情况,提出张拉阶段锁定前测力计与千斤顶油表读数的差值要求,并对安装锚索测力计的孔道锚具安装、预应力张拉控制提出施工要求。

(5)优化环向扁锚测力计结构。

多次邀请北京(基康)公司和有关专家到现场调研讨论,进行测力计的设计改进与产品研制,并在现场进行反复试验测试:扁锚测力计先由 5 孔改为中空,经现场测试和厂家分析,认为中空测力计结构设计不尽理想。后又经各方讨论,决定在扁锚工作锚尺寸不变(长×宽×高 = 155 mm×45 mm×50 mm),原 5 孔测力计平面尺寸不变的基础上进行改进,将测力计的 5 孔改为 3 孔,中孔不变,两侧两个孔连通(见图 5-59)。该样品 3 孔测力计已在环形试验台上与有关试验一起进行了测试,效果良好。

(6)要求安全监测单位现场及时提供观测数据,及时计算反馈张拉损失信息。

(7)定制中空加厚锚垫板。

鉴于铸铁件扁锚锚垫板平整度达不到测力计精度要求,对测力计读数有一定影响这一问题,在锚垫板与测力计间加装定制加工中空加厚(35 mm)垫板,改善受力条件,效果较好。

(8)定制工作锚限位板。

由于测力计厂家不同意在测力计上设限位槽,在测力计上增加工作锚限位板,提高工作锚与测力计对中精度;在张拉过程中锁死工作锚与测力计相对位置,保证对中误差不超过 2 mm。

(a)原使用5孔测力计

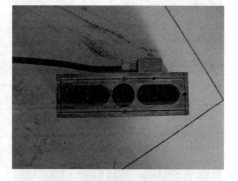

(b)现使用3孔测力计

(c)环锚定位板

(d)扁锚定位板

图 5-59 改造工具(一)

（9）每次张拉施工前,必须对锚索测力计和张拉千斤顶油表进行联合率定。

（10）张拉施工用千斤顶全部配置高精度防震油压表(精度为 0.4 级,见图 5-60)。

(a)原使用1.6级油表　　　　　　　　(b)现使用0.4级高精度油表

**图 5-60　升级油表**

（11）使用与 OVM 配套的张拉工具。采用同一厂家(OVM)生产的夹片、工具锚、限位板(见图 5-61)。

(a)原扁锚工作锚板　　　　　　　　　(b)现OVM扁锚工作锚板

 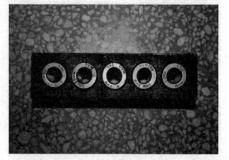

(c)原扁锚工作锚板配普通夹片　　　　(d)现OVM扁锚工作锚板配OVM夹片

**图 5-61　改造工具(二)**

（12）纵向锚索采用两端同步张拉后,一端先锚固锁定,另一端补张后再锚固锁定,有效减小预应力损失。

（13）厂家根据测力计外形尺寸,将锚垫板槽进行铣平精加工,同时提高测力计安装平整度和对中精度(见图 5-62)。

（14）千斤顶下组合加工传力连接件,尽可能减少传力连接件数量等。

图 5-62 铣平后的锚垫板

（15）控制波纹管顺直度。

槽片结构尺寸大，环向和纵向预应力结构，钢筋笼中穿束后的塑料波纹管顺直度很难保证，锚索预应力张拉损失很难控制在设计要求范围内。为此，加密波纹管定位网片，将定位网片间距由原来的 1.2 m 加密到环向间距 0.3 m，纵向间距 0.5 m，保证波纹管及预应力钢绞线顺直（见图 5-63）。

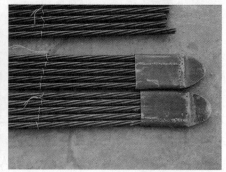

(a)调整后加密的定位网片　　　(b)特制钢绞线穿束波纹管保护套

图 5-63 改进后图片

（16）定制扁锚钢绞线穿束波纹管保护套。

为避免波纹管在混凝土浇筑过程中进浆堵管，影响预应力损失，甚至造成预应力张拉过程中断丝，特制钢绞线穿束波纹管保护套，避免在穿束过程中钢绞线戳破波纹管，造成进浆堵管。

（17）在波纹管与锚垫板间增加保护套并用胶条扎紧（见图 5-64），防止波纹管在此处松脱，造成进浆堵管，增加预应力损失甚至造成断丝。

（18）在环向波纹管与锚板件上定制保护套，并用胶带固定（见图 5-65）。

避免浇筑过程中混凝土浆沿钢绞线通过锚垫板进入波纹管，造成进浆堵管增加预应力损失甚至造成断丝。

（19）波纹管完成穿束后，进行吹风检查。

穿束钢绞线的环向波纹管吊入钢筋绑扎胎具完成定位后，逐束充水检查完整性，若发现存在破损,及时进行修补。

(a)锚垫板与波纹管间加保护套并缠胶条

(b)特制保护套

**图 5-64 改进接口**

(a)环向钢绞线加裸露部分封套

(b)对破损波纹管进行保护

**图 5-65 改进封包**

(20)避免波纹管穿束过程中破损。

增加钢绞线穿束波纹管操作人员,缩短人员间距,避免因间距过大致使波纹管拖地,与地面刮蹭造成破损,造成进浆堵管,增加预应力损失甚至造成断丝(见图 5-66)。

(a)多人配合钢绞线穿束波纹管

(b)预应力锚垫板预留槽模板

**图 5-66 改进工艺**

(21)优化锚垫板预留槽模板。

更换环向预应力锚垫板预留槽整体模板,模板间采用螺栓连接并连续编号(见图 5-67)、固定特定预制台座使用,保证模板有足够刚度,避免锚垫板因定位不准确造成预应力损失过大。

**图 5-67 锚垫板预留槽模板编号**

(22)增加钢绞线定位支架。

根据设计图纸,槽体上设置有双向预应力,其中纵向沿槽体横断面自下而上设置有 27 束,环向沿槽体纵向设置有 119 束,为了减小预应力张拉的孔道摩阻力,预应力钢绞线安装位置的偏差要求控制在 3 mm 以内,这就增加了钢绞线安装施工的难度,尤其是环向钢绞线的定位控制。为了保证钢绞线就位的精度,传统的定位方式难以满足技术条款的要求,在施工过程中内外层钢筋持续受到扰动,因此参照高速铁路定位支架的形式,在钢筋加工场加工了定位支架(见图 5-68)用于钢绞线的定位。由于环向钢绞线数量大,每束钢绞线必须增设单独的定位支架,根据钢筋量计算,单片槽身所需增加定位网片大约9.5 t,占槽体钢筋的 14.7%。

**图 5-68 加工成型的定位支架**

# 第6章　槽片运输与安装

## 6.1　概　述

　　沙河梁式渡槽线路长,断面尺寸大、质量大,更适合机械化规模作业。参照我国公路、铁路大型架桥机的设计与施工经验,通过对渡槽安装工法的关键环节和主要影响因素(包括提槽、架槽、运槽以及提槽吊点、架槽导梁支撑、运漕安全性)进行综合分析,沙河U形槽采用架槽机施工方案,提出了大直径U形槽槽顶运输的"槽上运槽"创新思路,架槽施工填补了水利工程建设史上大型渡槽架槽机、提槽机、运槽车成套设备运用的空白,同时在槽体过渡段上采用兜带式扁担梁特制吊具,解决了提吊关键技术问题。

　　槽片架设时,首先由提槽机将槽片从存槽区吊运至运槽车上,然后由运槽车将槽片运至架槽机处,最后通过架槽机进行槽片的架设。渡槽提运架主要施工过程如下:

　　(1)在制槽场进行槽片的预制工作,槽片的预制为多个(每3~4个为一个施工组),在制槽场和渡槽槽墩之间设置提槽机转场轨道。

　　(2)提槽机进入制槽场内,在所提槽片的位置停止。提槽机主梁上的4台卷扬台车共同提升单榀槽片,卷扬台车在驱动电机减速器的作用下沿着主梁上的轨道将渡槽提运至提槽机门架中央位置,从而保证整个设备的中心不会偏移,增加提槽作业的稳定性。

　　(3)提槽机和槽片沿着轨道向前以5 m/min的速度运行,当遇到轨道交叉处需要进行提槽机的横移转轨操作时,提槽机主门架下部的4台轨道行走小车中心处的回转支撑装置的顶升油缸开始工作,油缸支撑盘在液压的作用下顶在轨道交叉处的周转台座上,将轨道行走小车顶起,直至提槽机行走小车的轨道完全脱离轨道面。此时,支腿同轨道行走小车的连接机构一起落在油缸支撑盘上,整个提槽机的质量都由4个回转顶升装置来支撑。在转向机构的作用下,支腿同轨道行走小车的连接机构绕着油缸支撑盘中心轴线旋转90°,此时轨道行走小车的轨道轮对准与原轨道垂直的新轨道处,然后油缸盘在液压缸作用下收回,轨道行走小车轨道轮落在新轨道处,此时提槽机的横移转轨过程结束,经过大致两次横移转轨的过程后,提槽机将渡槽提运至渡槽槽墩处,然后停止。

　　(4)提槽机卷扬台车沿着主梁上的轨道运行,将渡槽架设在槽墩上。重复(2)~(4)施工步骤,将至少6~8片槽片安装在槽墩上。

　　(5)在已经架设完毕的槽片上方铺设轨道,提槽机将A、B运槽台车提运至轨道上方,用连系梁将A、B运槽台车连接为一个整体运槽机,随后将架槽机整体转场至渡槽槽墩处,将架槽机导梁上的顶推装置架在槽墩处。

　　(6)提槽机提运来的槽片放置在运槽台车支撑梁上方,随后运槽车驮着槽片沿着已架设完毕的渡槽上的轨道前行至架槽机处。

　　(7)架槽机2台MDE325+325门式起重机沿着导梁上的轨道移动至运槽机渡槽上

方,共同将槽片提起,随后门式起重机和槽片共同移动到槽片的放置位置,起重机卷扬机吊着槽片下落至槽墩上,完成后续渡槽的架设过程。

# 6.2　场地布置

## 6.2.1　制槽场沿正线布置

通过对沙河梁式渡槽进口段建筑物结构布置形式的分析,发现渡槽进口通过进口渐变段、闸室等与填筑渠道相连接,具有足够的空间来布置制槽场。同时沿渡槽进口段布置制槽场,主要占用了永久施工用地,可以大大减少临时施工用地的征迁,有利于工程成本的控制和环境保护,除占用明渠施工部位而影响进度外,完全能解决因占用临时施工用地带来的不便。通过对本工程总体施工进度进行分析,本工程包括沙河及大郎河两个部位的槽片预制,沙河进口段的建筑物混凝土施工及进口段渠道的填筑施工并不处于关键线路上,在完成沙河渡槽预制后,仍需将相关的制槽设施及提运架设备转移至大郎河进行后续渡槽预制,进口段部位施工时间充裕。

对制槽区与存槽区布置相互间的关系进行分析,可考虑采取同一条线路布置或者垂直布置。二者比较,采取垂直布置缺点相对较多,主要有:与同一线路布置比较仍然占用了较多的临时施工用地;所有预制成形的渡槽均存在转向要求,需要增加移槽设备,增加了吊运次数,不利于成形渡槽质量保证;通过分析周围的地形条件,制槽场施工道路布置困难等。最终选择的布置方案为:将制槽区与存槽区布置在同一线路上,沿渠道正线布置,主要有利性包括:

(1)减少了槽片运输的时间,有利于整体进度计划的目标实现。

(2)减少了成形槽片的吊运次数,集中布置选择轮轨式的运输设备,渡槽成品质量的保障性加强。

(3)降低了槽片运输、移槽施工设备及施工道路布置要求,缩小了临时施工用地的征用范围,降低了施工成本。

(4)槽片预制、槽片提运转移架设流程顺畅,加快环节衔接,提高机械设备的利用率,促进机械流水线化作业高效的充分发挥。

(5)制槽场集中布置,有利于附属设施的布置。

## 6.2.2　制槽区布置形式

制槽区全长 228.5 m,宽度 36 m,占地面积 8 226 $m^2$,需要布置制槽台座 5 个(单个面积 550 $m^2$),内模存放台座 3 个(单个面积 320 $m^2$),钢筋绑扎胎具 2 个(单个面积 500 $m^2$),钢绞线加工区 1 个,布置的建筑物较多,空间相对狭窄。同时,制槽区内作业工序繁多,钢筋制安、预应力筋安装、钢筋笼吊装、模板拆除及安装、模板整修、混凝土入仓设备就位、预应力初张拉等各种工序之间穿插,相互存在一定干扰,对制槽区内布置提出了更高的要求。

针对实际制槽区内各个建筑物的结构分析,充分考虑槽片预制工艺流程间的工序衔接,对制槽区内建筑物采取矩形布置及品字形布置进行了充分分析研究,最终以双线品字形布置,制槽台座与内膜存放台座间隔布置,充分实际两条预制生产线:一条布置 3 个制槽台座、2 个内模存放台座,一条布置 2 个制槽台座、1 个内模存放台座,其两条生产线的制槽台座、内模存放台座之间均以品字形布置,钢筋绑扎胎具及钢绞线加工区设置于制槽区的端部,整个制槽区内空间相对充裕,混凝土入仓设备进出制槽区线路清晰有序,模板拆除及安装工艺简明合理,为预制槽体的顺利开展奠定了基础,具体如图 6-1 和图 6-2 所示。

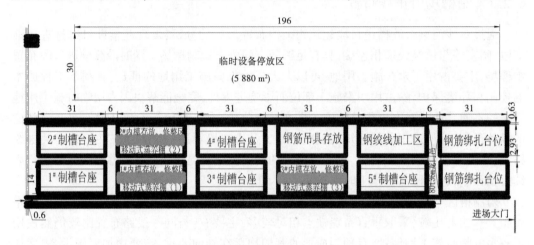

图 6-1　制槽区原布置图

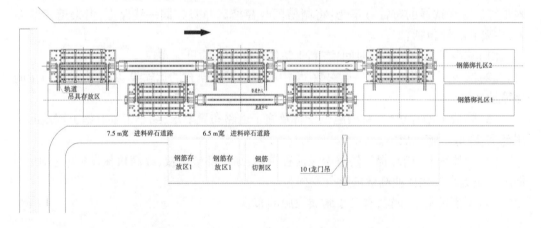

图 6-2　制槽区品字形布置

### 6.2.3　转向区的设置

沙河渡槽采取两联四槽布置形式,采用工厂化流水线预制、提运架设备架设槽片的整体方案,提槽机的具体形式对整个制槽场及制槽区架设区连接布置起到至关重要的作用。渡槽单联宽度 22.4 m,两联之间距离 2.6 m,两联总宽度 47.4 m,如按原定方案提槽机覆盖整个两联下部结构,其跨度最小为 58 m,对提槽机承重大梁的制作和安装提出了很高的要求;延长存槽区的占用长度 36 m,增加提槽运槽时间;对设备基础提出了更高的要求,提高了安全风险等。

通过对结构布置的充分研究,解决上述问题的关键是减小提槽机的工作跨度,增加转向功能,需要在转向区增加临时存放台座,增加了成形槽片的吊运次数,对渡槽工程质量存在一定不利影响;延长了提槽机的作业时间,对工程进度不利,同时增加了运行成本,最终通过多次分析研究,要求厂家对提槽机增加重载转向功能,即提槽机在提槽状态下进行转向,通过在制槽场顺水流方向和垂直水流方向轨道交叉部位设置钢垫墩,并且在提槽机4 条门腿底部设置转向装置来实现,具体见图 6-3、图 6-4。重载转向,节省了在转向区一次提槽和放槽的时间,加快槽体转运速度;避免了在转向区设置临时槽体存放台座的设置,避免了与轨道之间交叉设置的难题,节省了工程成本;而且对于槽体的整体质量是有利的。

图 6-3　提槽机顶升千斤顶

图 6-4　转向基础座

## 6.2.4　制槽场建筑物基础设置

制槽场内建筑物基础主要包括制槽台座、存槽台座、内模存放台座及轨道基础,其中制槽台座及内模存放台座采用板式基础,轨道基础采用条形基础,存槽台座采用独立基础。

鉴于整个制槽场布置在渠道正线,后期要进行进口段建筑物及渠道的填筑施工,在满足承载力的条件下,制槽场建筑物基础的拆除也是设计的关键,因此在基础设计阶段要充分考虑永临结合、便于拆除等因素。

(1)便于拆除设计。对于板式基础,根据其承载结构的不同,增加沉降缝,减小基础的整体性;对于条形基础,单个条形基础的长度要以满足后期拆除为宗旨,沙河轨道基础单个长度 9.1 m,并利用基础预埋钢板作为后期拆除吊耳;对于存槽台座的单独基础,将上、下部分分离,便于后期拆除。

(2)通过对制槽区地质情况的复勘,存槽台座的地基基础承载力不能满足设计要求,必须进行地基处理,结合主体基础处理的 CFG 桩,经过沟通,存槽台座的基础利用原设计的 CFG 桩,共节省 CFG 桩 5 760 m(30×16×12),约节省成本 50 万元。

(3)优化提槽机轨道布置。成品渡槽采取提槽机提运,运槽车运槽,架槽机进行现场架设的施工方案,通过对提槽机轨道的延伸,在梁式渡槽的起点部位设置喂槽区来完成,一方面要满足喂槽及后期设备拆除的需要,另一方面将下部结构施工过程中开挖的深基础对轨道基础的不利影响降低到最小。通过对架槽的施工顺序、提运架设备的特性及喂槽工况的分析,对延伸轨道段的长度进行分析研究,确定了喂槽区的作业方案:提槽机轨道延伸至 1#~2#槽墩,延伸长度 42 m,采用提槽机辅助架槽机架设 0#~1#槽墩间 4 榀渡槽,然后采用提槽机喂槽运槽车进行后续渡槽的架设。通过方案的优化,减少了轨道基础及轨道铺设,降低了轨道基础处理难度和安全风险。

# 6.3  设备性能参数及安装

沙河梁式渡槽采用 1 200 t 渡槽架设成套装备进行运输和安装,1 200 t 渡槽架设成套装备包括 ME1300 型提槽机、DY1300 型运槽车和 DF1300 型架槽机。

## 6.3.1  主要性能参数

### 6.3.1.1  ME1300 型提槽机

ME1300 型提槽机为门架式整体起重装备,由 2 个主梁上的 4 台起升台车共同抬吊 1 榀渡槽,完成槽片在制槽场和工地跨线、跨墩、移线等位置的起吊、转移,前 2 榀渡槽架设以及为运槽车装槽等工作。同时,可以借助其他辅助吊具实现架槽机的拼装、转线及运槽车的拼装任务。主要技术参数见表 6-1。

表 6-1  ME1300 型提槽机主要技术参数

| 序号 | 名称 | 参数 |
|---|---|---|
| 1 | 额定起重量(t) | 2×650 |
| 2 | 跨度(m) | 36 |
| 3 | 起升高度(m) | 35.8 |
| 4 | 满载/空载起升速度(m/min) | 0~0.5/1~1.0 |
| 5 | 满载/空载起重小车运行速度(m/min) | 0~3.0/0~6.0 |
| 6 | 满载/空载大车运行速度(m/min) | 0~6.7/0~12.0 |
| 7 | 额定全部安装功率(kW) | 640 |
| 8 | 自重(t) | 980 |
| 9 | 总体尺寸:长(m)×宽(m)×高(m) | 35.02×42.955×45.53 |

### 6.3.1.2  DY1300 型运槽车

运槽车在已架设好的渡槽(上面已预铺好钢轨)固定轨道上运行,主要用于渡槽的搬运施工,兼有整体驮运架槽机返回制槽场的功能。两个运槽台车在主结构方面完全一致,区别在于运槽台车 A 的支撑梁上是两个固定支撑点,以形成槽片运输过程的两点;运槽台车 B 的支撑梁上是两个串联油路的支撑平衡油缸,以形成槽片运输过程中的一点。这样就可以保证渡槽运输过程的三点平衡。整台设备由 32 个走行小车构成,分别安装在两个运槽台车上。在运槽时,两个运槽台车通过台车连系梁固定在一起,保持两个台车的固定轴距,当需要运槽台车整体驮运架槽机时,可以拆掉台车连系梁。主要技术参数见表 6-2。

表 6-2 DY1300 型运槽车主要技术参数

| 序号 | 名称 | 参数 |
|---|---|---|
| 1 | 额定载重量(t) | 2×650 |
| 2 | 满载时运行速度(m/min) | 0~13.3 |
| 3 | 空载时运行速度(m/min) | 0~24 |
| 4 | 工作时最大允许风压(N/m²) | 250 |
| 5 | 非工作时最大允许风压(N/m²) | 800 |
| 6 | 轮轨跨距(m) | 8.35+1.35+8.35 |
| 7 | 适应纵坡(%) | +0.5 |
| 8 | 发电机功率(kW) | 165 |
| 9 | 自重(t) | 240.15 |
| 10 | 总体尺寸:长(m)×宽(m)×高(m) | 33.91×18.825×3.59 |

### 6.3.1.3 DF1300 型架槽机

DF1300 型架槽机由导梁、2 台 MDE325+325 门式起重机、液压和电控洗系统组成,下导梁安放在已预制好槽墩的支撑台座上,由 2 个形成门形的连系梁把 2 个导梁连接在一起,形成刚性结构,2 台门式起重机的 2 个天车将运送到的渡槽起吊,依靠大车走行机构在下导梁上纵向移动到下一跨,天车横向移动实现渡槽的横向位移、安装,单跨 4 个渡槽全部安装完毕,在顶推油缸的作用下移动架槽机到下一跨。主要技术参数见表 6-3。

表 6-3 DF1300 型架槽机主要技术参数

| 序号 | 名称 | 参数 |
|---|---|---|
| 1 | 额定起重量(t) | 2×650 |
| 2 | 跨度(m) | 20.8 |
| 3 | 升起高度(m) | 15 |
| 4 | 满载/空载起升速度(m/min) | 0~0.75/0~1.5 |
| 5 | 满载/空载起重小车运行速度(m/min) | 0~3.0/0~6.0 |
| 6 | 满载/空载大车运行速度(m/min) | 0~3.0/0~6.0 |
| 7 | 额定全部安装功率(kW) | 320+320 |
| 8 | 最大额定同时输出功率(kW) | 148+148=296 |
| 9 | 自重(t) | 1 050 |
| 10 | 总体尺寸:长(m)×宽(m)×高(m) | 91.451×25.9×34.16 |

### 6.3.2　提槽机设备安装

#### 6.3.2.1　吊装前准备

（1）按照方案后所附的布置图布置 8 个锚点，锚点到支腿的距离不应小于 35 m；支腿在地面组装的部件包括立柱、梯子平台等。影响吊装的梯子平台的部件及司机室、配电室等预留到主梁安装后安装。

（2）拉缆风绳的过程如下：用汽车吊将支腿分别提升，与大车行走系统螺栓连接，吊车减重 10%，开始拉缆风绳。支腿两侧的 4 台 10 t 手拉葫芦同时拉动，对称牵引，地面轨道方向上架 2 架经纬仪由测量员做垂直度监控；基本平衡后，手动微调，期间吊车逐步减力，测量支腿的摆动幅度减小到 5 cm 时，静止观察 10 min，无异常可以摘钩。

（3）在支腿吊装、固定后，在地面组装主梁，将几段主梁组装成长度为 41.60 m 的 1 号主梁和 2 号主梁。主梁用道木支撑，主梁下盖板须高于轨道，主梁端头的地板栏杆预留，等待主梁安装后安装，主梁组装完成后检查螺栓的紧固力矩达标，做吊装准备。

（4）吊装前要做好以下事项：

①现场施工人员施工组织完整、责任分工明确，进行了吊装技术交底工作，做好安全检查、安全施工的物资准备；测量人员到位、测量仪器满足。

②大型吊车司机、指挥人员提前对吊装场地进行勘察，对安装方案进行讨论；已确认安装场地的地基及通道满足吊车的提升和站位；预吊部件重量不超越吊车的起吊能力。

③吊绳、缆风绳、吊钩、卡环、扳手及大锤等工具准备充分，并做好安全检查。

④缆风绳锚点的施工资料由责任人签字验收合格，现场检查符合要求。提槽机的支腿系统的吊点做过安全检查，与钢丝绳交接的部位有护角防护。缆风绳已预装在支腿锚点上。

⑤提槽机的地面拼装工作已验收，具备吊装要求。

⑥提吊安装一周内的天气预报满足吊装要求，风力小于 5 级。

#### 6.3.2.2　安装流程图及安装顺序

1. 安装流程图

1 300 t 提槽机安装流程见图 6-5。

2. 安装顺序

（1）安装、调整好 1 300 t 提槽机运行轨道。

（2）完成地锚制安。

（3）准备好安装作业需要的工具、设备和图纸。

（4）分别拼装支腿上爬梯、工作平台。

（5）按节段编号顺序逐节拼装 2 根主梁。

（6）安装大车走行部分。

（7）支腿（门架）安装调整并拉好缆风绳，单件安装，空中拼装。

（8）主梁安装，用 2 台 500 t 汽车吊吊装两主梁，用 100 t 汽车吊安装主梁连系梁。

（9）安装起升系统：安装天车车架小车行走系统、卷扬机、钢丝绳、吊具。

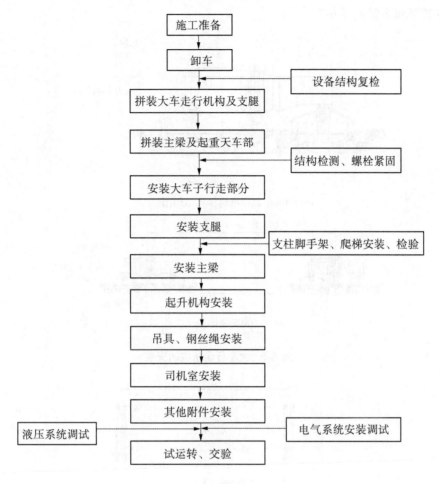

**图 6-5　1 300 t 提槽机安装流程**

（10）安装配电箱、司机室、爬梯、栏杆及终端锚固等设施，接线调试。

### 6.3.2.3　吊装方案

检查提槽机大车轨道及基础的平面位置、标高、跨度、坡度、直线度、平行度等是否符合设计和安装要求；对提槽机大车轨道和车挡进行详细检查，是否符合《起重设备安装工程施工及验收规范》（GB 50278—2010），然后按拟定的安装工艺进行安装。选择开阔、平整的场地拼装提槽机，检查地面基础承载力能否满足要求。

1. 大车走行机构安装

按安装尺寸放出垂直于轨道的安装中心线，并一直保留到安装结束，缆风锚点要对称于中心线的两边。先按位置尺寸安装大车走行机构，再安装回转机构（见图 6-6）。装顶升油缸、接通临时电源顶升调整，将大车行走机构车轮轮缘靠轨道的同一侧。

精确调整走行机构及均衡梁中部回转支座的位置、标高，测量平行度、跨距、对角线距离满足要求。将走行台车上夹轨器与轨道锚固锁死，车轮与轨道接触处塞楔木防止台车移位，均衡梁设置临时撑杆支撑架。

完成以上安装后，利用汽车吊分别安装支腿下横梁，等待支腿安装。

安装平面布置见图 6-7。

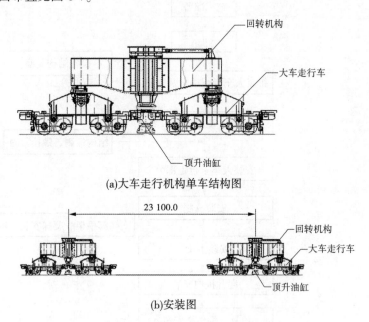

(a)大车走行机构单车结构图

(b)安装图

图 6-6　大车行走机构的安装

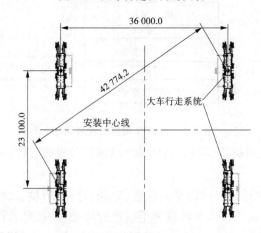

图 6-7　安装平面布置图

2. 支腿安装

先将支腿下横梁吊装在大车走行系统上,加支架与地面锚固。

方法一:支腿与横梁分别进行吊装,在空中进行拼装。工作平台及垂直爬梯应预先拼装在支腿上。在横梁与立柱连接处预先搭设好临时工作平台。

方法二:分别将下(中)支腿与横梁在地面拼装成 H 形,分层吊装,上支腿与横梁分别吊装,在空中进行组拼。

(1)起吊前在立柱上、下两端侧面画中心线,作为测量基准线,用来检测起吊后立柱的垂直度,清理组装时留在固定支腿上的工器具及杂物,防止起吊中有物件落下。

（2）吊装前将缆风绳捆绑在中（上）横梁与支腿连接的根部,跨内 2 根,跨外 2 根。

（3）钢丝绳与立柱之间加护角,护角焊接在立柱上或者用铁丝拴上,防止起吊或松钩时坠落。

（4）支腿吊起、垂直后摆动吊车大臂缓缓接近大车走行系统,与大车走行系统上的横梁对位,先用锥形冲钉销接,再装螺栓连接。此时大车走行机构必须锁死在轨道上。4 根缆风绳将活动支腿固定,吊车减力 10%,快速紧固连接螺栓。考虑到吊装主梁时缆风绳不能与吊车主臂碰撞,缆风绳捆绑在上立柱下端,在拉紧缆风绳时要用经纬仪观测支腿的垂直度,保证垂直度在允许的范围内。

（5）支腿固定好后。地面测量员观察支腿垂直度,支腿相对静止,因风力的摆动幅度小于 50 cm,观察 10 min 后,门架稳定后起重工沿爬梯上到捆绑点将钢丝绳松开,吊车收钩。

（6）测量调整立柱的垂直度在 ±10 mm 以内。经纬仪架在离开支腿 30 m 处的大车轨道正中。观察支腿立柱上的中心线,根据偏差方向,拉紧或者松开缆风绳,吊钩逐步卸载。立柱垂直度达到要求后,摘钩,吊车移位,起吊另一侧的支腿。

（7）支腿下、中立柱用 200 t 汽车吊进行吊装,作业半径 16 m,大臂长度 35.5 m,额定荷载 31 t,实际重量为 22.79 t;支腿上立柱用 200 t 汽车吊进行吊装,作业半径 16 m,大臂长度 44.2 m,额定荷载 26 t,实际重量:刚性支腿上立柱为 15 t,柔性支腿为 18 t,均满足吊装要求。

3. 主梁吊装

单根主梁重 125 t,用 2 台 500 t 汽车吊抬吊。

（1）吊装前检查主梁各部分的连接螺栓是否按照要求拧紧,主梁的各项尺寸是否符合设计要求;检查活动支腿一端上下铰座的安装是否符合设计要求。

（2）2 台吊车按照方案后面的附图所示站车,刚性支腿侧 500 t 汽车吊主臂伸 57.7 m,吊装作业半径为 16 m,额载 79 t,吊耳位置距刚性支腿梁端 0.8 m,荷载 53.6 t;500 t 汽车吊主臂伸 57.7 m,吊装半径 16 m,额载 79 t,吊耳位置距柔性支腿梁端部 5.77 m,荷载 71.4 t。满足吊装要求。

（3）2 台汽车吊车各挂 2 根 10 m 长 φ32 mm-6×37+FC-1 670 MPa 的钢丝绳,弯成 8 股起吊,捆绑时护角用铁丝捆绑在钢丝绳上,防止起吊过程中坠落。主梁两端各栓一根牵引绳,以便随时调整主梁的位置。

（4）主梁吊起时,当主梁下盖板底面离开地面约 0.20 m 时停止起钩;再次检查吊车和主梁各个部件,如无异常情况则继续起钩。主梁超越大车走行时,刚性支腿侧 500 t 吊车转位,再起吊。

（5）当主梁底部超过支腿顶面时,缓缓地将主梁吊到支腿顶面约 100 mm 处,调整并用仪器检查主梁和支腿法兰孔的位置,螺栓孔基本对正后,刚性支腿一端的主梁先缓缓下落,距离法兰面 20 mm 时孔精确对位,再穿锥形冲钉定位,符合设计位置后吊车缓缓卸力;另一端在安装人员的扶持下引导铰座对位,必要时用 3 t 手拉葫芦牵引。最后将主梁落在支腿上,卸力 70%,用经纬仪观测支腿的垂直度。

(6)当垂直度不在允许范围内时,起钩将主梁吊起,适量调整支腿缆风绳,保证主梁在支腿上落实后支腿的垂直度在允许范围内。调整达到要求后,将主梁底座与支腿用螺栓连接,柔性支腿一端将销轴穿入铰座。

(7)主梁吊装到位检查、紧固、焊接后2台500 t汽车吊松钩,转换场吊装另一条主梁。

(8)汽车吊转移场地后,同步起钩将另一条主梁吊起,当主梁吊到支腿顶面后,缓慢移动接近连系梁与连接面贴合,打上冲钉,用螺栓连接。之后缓慢松钩并调整,刚性支腿一端先落,法兰孔对位,穿锥形冲钉,柔性腿一端铰座孔位置要对正,最后主梁落实在支腿顶面。

(9)第二条主梁吊装期间,地面的测量人员要及时监控支腿垂直度,500 t吊车卸力要缓慢进行。

(10)两条主梁吊装完毕,2台500 t汽车吊摘钩。两根主梁安装完毕用100 t汽车吊分别吊装2根连系梁和司机室。

4. 提槽机提升系统的吊装

提槽机的天车在地面吊装完成后,用500 t汽车吊一次吊装完成。

(1)在地面上铺枕木,分别组装天车走行机构。用楔木垫平连系铰座、测量铰座标高、中心距合格后,吊装车架、装销轴,装定滑轮系、卷扬机。

(2)用1台500 t汽车吊,最大吊重天车45 t,用2根20 m长$\phi$32 mm的钢丝绳,钢丝绳扣2弯4股/根配1个20 t卸扣捆绑在平台横梁上,捆绑时在钢丝绳与主梁之间用胶皮或木片隔开。

(3)起吊天车平台过主梁顶面时,缓慢转动吊车主臂,将平台天车按照设计要求放在主梁的轨道上并将车轮与轨道锁死。之后加装天车安全反钩装置。

其他3台天车依此顺序吊装,完毕后接临时电源装引绳,引钢丝绳装动滑轮组。

天车平台吊装完毕,500 t汽车吊车退场。

5. 电气设备安装

在机械构件的组装完成后,开始连接电路板和电气设备。

在所有的电气设备安装和连接完成后,用电压表检查电路供给电压。

在安装完成后,所有的安全装置都要单独检查并适当设置,特别是载荷限制器、起升限制开关、制动系统、急停按钮、超速开关、大车走行防撞击系统、天车走行限位开关、报警装置、风速仪,以上电控装置要求逐项进行综合调试,逐项自检验收,并做记录。

### 6.3.2.4　缆风绳的选用、布置与受力计算

(1)本工程选用缆风绳的计算参考了《桅杆缆风绳的选择计算》。

(2)根据经验先预选缆风绳,即$\phi$28 mm-6×37+FC-1 670 MPa的钢丝绳,每根钢丝绳长55 m(实效长度48 m)。缆风绳与地面的夹角不大于45°,缆风绳用10 t手拉葫芦与地锚连接。钢丝绳端头用钢丝绳夹28 KTH GB/T 5976—1986固定,每端的钢丝绳夹数量不少于5个,绳夹之间的距离为150 mm。

(3)依文献介绍:缆风绳长度小于 50 m 钢丝绳的垂度可以忽略不计,由于本工程缆风绳长接近 50 m,为了安全,计算相对保守。

①缆风绳工作拉力计算:

$$S = \sigma_b \Phi A/K = 1\,400 \times 0.82 \times 294/4 = 8.44 \times 10^4 < 10\ t$$

式中:$\sigma_b = 1\,400$ MPa;$\Phi = 0.82$;$A$ 为钢丝绳总断面面积,$A = 294$ mm²。工作安全系数 $K = 4$。

假定在上述安全系数下,缆风绳拉力为 8~10 t,钢丝绳的变形符合虎克定律,弹性模量用 $ES$ 表示,当支腿受风力或外力影响产生形变而发生位移 $\Delta L$ 时缆风绳的拉力增量计算如下:

$$\Delta S = 2 \times (ES \times A \times \Delta L)/L = 4\,280\ kg$$

式中:$ES = 0.7 \times 10^5$ MPa;$\Delta L = 50$ mm,假定位移 100 mm,取其一半,考虑绳长有下垂影响。钢丝绳总断面面积 $A = 294$ mm²;$L = 48$ m。

②支腿偏力计算。

支腿总重 110 t,重心在 20 m 高处,则支腿位移 100 mm 时的偏力

$$F_{max} = 100 \times 0.1/20 = 0.5(t)(忽略)$$

重点是风力下对支腿的水平力 $P_w$。

风载荷:$P_w = CK_h A$

式中:$C$ 为风力系数,查表得 $C = 1.4$;$K_h$ 为风力高度变化系数,查表得 $K_h = 1.62$;$q$ 为计算风压;$A$ 为起重机垂直于风向的迎风面积。

$$A = 2 \times 2.3(宽) \times 35(高) = 161(m^2)$$

计算风压:$q = 0.63v^2$(本工程中允许工作风速设定为 5 级以下)

式中:$v$ 为计算风压,$v = 8 \sim 10.7$ m/s;

因为

$$q = 0.63 \times 552 = 63(N/m^2)$$

所以风载荷:

$$P_w = CK_h qA = 1.4 \times 1.62 \times 63 \times 161 = 2\,300(kg)$$

$$P_w < \Delta S = 4\,280\ kg$$

故安全,符合要求。

#### 6.3.2.5　安装用吊绳的受力计算和安全系数核算

(1)2 台 500 t 汽车吊各挂 4 弯 8 股 $\phi$32 mm-6×37+FC-1 670 MPa 的钢丝绳抬吊主梁,主梁总重 125 t,刚性支腿侧 500 t,汽车吊负荷 53.6 t,柔性支腿侧 500 t 汽车吊负荷 71.4 t。钢丝绳破断力总和 8×504×0.82×1.249 = 4 129.49(kN)。

刚性支腿侧 500 t 吊绳安全系数 = 8×504×0.82×1.249/(50×9.8) = 8.4>6。

柔性支腿侧 500 t 吊绳安全系数 = 8×504×0.82×1.249/(70×9.8) = 6.01>6

(2)100 t 吊 4 股/根使用,钢丝绳破断力总和 8×504×0.82×1.249 = 4 129.49(kN)。安全系数 = 4×504×0.82×1.249/(30×9.8) = 7.0>6。

(3)缆风绳 $\phi$28 mm-6×37+FC-1 670 MPa,破断力总和 386×0.82×1.249 kN,单股使用,安全系数 = 386×0.82×1.249/(10×9.8) = 4.0>3.5。

#### 6.3.2.6　安装控制指标

安装控制指标见表 6-4。

表 6-4 安装控制指标

| 名称及代号 | | | 允许偏差(mm) | 简图 |
|---|---|---|---|---|
| 主梁腹板的局部平面度 | | | 主梁腹板不应有严重不平,其局部平面度,在离受压翼缘板 $H/3$ 以内不大于 $0.7\delta$,其余区域不大于 $1.2\delta$ | |
| 起重机跨度 ($S=36$ m) | | $S \leqslant 10$ m | ±2 | |
| | | $S > 10$ m | $\pm[2+0.1 \times (S-10)]$ | |
| 主梁上拱度 $F$ ($F=S/1\,000$) | | | $-0.1F \sim +0.4F$ | |
| 大车车轮水平偏斜 $\tan\varphi$ | 机构工作级别 | $M_2 \sim M_4$ | $\leqslant 0.000\,8$ | |
| 箱梁对角线的相对差 $\lvert L_1 - L_2 \rvert$ | 正轨箱形梁 | | 8 | |
| 主梁旁弯度 $f$ | 正轨箱形梁 | | $S_z/2\,000$ | |
| 同一端梁下大车车轮同位差 | | | 3 | |

续表 6-4

| 名称及代号 | | | | 允许偏差(mm) | 简图 |
|---|---|---|---|---|---|
| 小车轨距 $K$(m) | 正轨箱形梁 | 跨端 | | ±2 | |
| | | 跨中 | $S \leqslant 19.5$ | +1 ~ +5 | |
| | | | $S > 19.5$ | +1 ~ +7 | |
| 同一截面上小车轨道高低差 $c$ | | $K \leqslant 2.0$ | | 3 | |
| | | $2.0 < K \leqslant 6.6$ | | 0.001 5$K$ | |
| | | $K > 6.6$ | | 10 | |

## 6.3.3　架槽机设备安装

### 6.3.3.1　安装前准备工作

(1)现场施工人员施工组织完整、责任分工明确,进行了吊装技术交底工作,做好安全检查、安全施工的物资准备,包括安全帽、安全带、安全警戒、应急准备的需要。测量人员到位、测量仪器满足。

(2)大型吊车司索工、指挥员、司机对吊装场地做勘察,对安装方案进行讨论;已确认安装场地的地基及通道满足吊车的提升和站位;预吊部件的重量不超越吊车的起吊能力。

(3)吊绳、缆风绳、吊钩、卡环、吊篮、钢钎、扳手、大锤等安装工具准备充分,并做好安全检查。

(4)架槽机的地面拼装工作已验收,具备吊装要求。

(5)吊车提前进场,吊车自身的安全检查合格,试运行正常。

(6)提吊安装一周内的天气预报满足吊装要求,风力小于 5 级。

### 6.3.3.2　安装顺序及工艺

安装顺序及工艺为:安装准备工作→导梁支承座临时基础施工→支承座安装→导梁拼装→门架安装→1#650 门机台车拼装→主梁拼装→门腿拼装→起升机构拼装吊装→电气系统安装→2#门机同上的工序拼装→液压系统安装→其他附属设备安装→调试→整体转场至右线施工面→试验→验收。

#### 6.3.3.3　主要安装工艺

**1. 导梁支承座及支撑座基础安装**

架槽机每根导梁上有 4 个支承座,用于导梁与桥墩的连接,稳定导梁。支撑座与桥墩用精轧螺纹钢连接。在安装场地布置有 6 个临时基础,用于架槽机导梁拼装。根据架槽机安装布置图测量放线,开挖基础,然后进行基础混凝土施工,浇筑前要安装好精轧螺纹钢。在混凝土达到龄期以后安装支撑座。

**2. 导梁安装**

导梁主要由后连系架、几段导梁节、导梁前后端梁、支撑座、前连系架、扶梯、牵引机构、顶推机构和转换顶组件等组成。每根下导梁由 5 根导梁节和前后导梁端梁组成,总长度为 86.5 m。

导梁最重单元为导梁 4 号节,重量 21.385 t。

后连系架为可开启式连系架,保证运槽车能够将渡槽顺利地运送到喂槽区,然后关闭后连系架,保证下导梁在架槽过程中有足够的连接强度。后连系架主要由立柱、翻转横梁、油缸卡座、顶管、爬梯栏杆、翻转油缸和工具油缸等组成。工具油缸主要是实现销轴的插拔。

导梁节为下导梁的重要组成部分,每一侧的下导梁共由 5 段导梁节组成,每根导梁节由于所处的位置不同,在局部细节上有所不同,有些导梁节有门吊锚固安装孔,有的是吊具吊点孔,组装时位置次序不可搞错。导梁节均为箱形梁结构。

前连系架为固定连系架,是保证下导梁在架槽过程中有足够的连接强度的重要部件之一。前连系架主要由前端立柱和前联系横梁组成。

牵引机构的功能就是保证导梁过完孔后将支撑座倒换顺利完成。牵引机构主要由铰座、底架、栏杆、卷扬机、导向滑轮等组成。

顶推机构的功能就是保证导梁能够完成架槽机过孔。顶推机构主要由顶推油缸、顶推铰座、销轴和顶推靴等组成。

转换顶组件的功能就是将下导梁顶起,保证支撑座能与墩帽平台脱离。转换顶组件主要由液压油缸和油缸垫座组成。

导梁拼装方向:沿渡槽架设方向为前方,前连系架位于北侧,后连系架位于南侧。

先将支撑座安装到临时基础上进行调整并固定。导梁用 50 t 汽车吊和 1 300 t 架槽机进行拼装。导梁在地面拼装完成后,用架槽机专用吊具整体吊装到墩台顶部。在 2 根导梁吊装完成后进行前后连系架安装。

**3. 门式起重机安装**

1 300 t 型架槽机由 2 台 MDE325+325 门式起重机,2 台门式起重机的结构形式完全一样。

MDE325+325 门式起重机主要由门架(包括主梁、支腿和下横梁)、爬梯栏杆、起升机构、单吊点吊具、双吊点吊具、大车走行机构、电控系统和液压系统等组成。

**4. 大车走行机构安装**

MDE325+325 门式起重机每侧有两条支腿,每条支腿下面安装有 1 台大车行走机构。大车行走机构由 3 台驱动台车、3 台被动台车、减速机、变频电机、门吊锁固装置、均衡梁、平衡梁、支撑座及缓冲器等部件构成。

在大车走行装置的外侧均衡梁下焊有门吊锁固架,在门吊不工作和架槽机过孔时及架槽机转线的工况下,可将门吊及其架槽机的下导梁固结在一起,以防门式起重机在下导梁的轨道上自由移动。

台车外侧装有两组缓冲器,与下导梁行走轨道端头的止轮挡块形成安全防撞装置。

导梁拼装合格后,在导梁上放出台车的安装位置点线,用 50 t 吊车或 1 300 t 提槽机把台车直接吊装到安装位置锁定,并进行临时支撑,以防止台车倾覆,然后吊装下横梁与台车进行连接。

5. 门架安装

MDE325+325 门式起重机(轮轨式)门架主要由主梁、支腿和下横梁组成。

整个主梁组件总长 23.4 m,高 3.07 m,宽 3.6 m,总重 48.725 t。

单体构件最大外形尺寸:10 m×3.07 m×2.4 m,最大重量 16.22 t。

主梁由下列部件组成:3 节钢箱梁,2 套接头。

主梁作为门式起重机的主要承载结构,由 1 根 10 m 长的主梁 2 号节和 2 根 6.7 m 长的主梁 1 号节组成。主梁采用箱形梁结构,接头采用 10.9 级 M30 高强度螺栓以及内、外节点板拼接。

在主梁钢箱梁顶部焊接有截面尺寸为 40 mm×100 mm 的轨道方钢,供天车在上面横向移动,端部有止轮挡块。

MDE325+325 门式起重机由两组相同的支腿组件组成。每个支腿组件均为固定支腿。

固定支腿安装在门式起重机主梁的两侧,与主梁刚性法兰连接。其底部的支腿横梁支撑在大车走行机构上。

固定支腿为箱式立柱。两组箱式立柱和下横梁连接。固定支腿立柱与主梁采用法兰螺栓刚性连接,支腿立柱上部承受一定的弯矩,因此采用上宽下窄的箱式结构。

支腿由两段支腿立柱连接而成,每段支腿立柱间采用法兰螺栓刚性连接。

支腿上的横梁上安装有电器控制柜平台,驾驶操作室安装在一侧支腿的侧面,使其对架槽和架槽机转线时不干涉,发电机组及安装平台安放在支腿横梁的下面。在支腿下横梁和支腿上设有爬梯栏杆和平台,以方便操作及检修人员上下。

支腿组件基本参数:

最大单节立柱外形尺寸:20.8 m×1.2 m×1.9 m(长×宽×高);

单根立柱重量:12.35 t。

用提槽机把主梁起吊到空中,主梁顶部高度 34 m。支腿利用 70 t 汽车吊进行吊装,吊装高度 31 m,在空中与主梁进行拼接,与主梁连接完成后与下横梁进行螺栓连接。用同样的方法安装另一侧的支腿。70 t 汽车吊大臂长 38.31 m,半径 9 m,额定荷载 14.1 t,满足起吊要求。

6. 起升系统

起升系统由车架、卷扬机组、定滑轮组、动滑轮组、钢丝绳、载荷限制器、液压泵站以及天车走行机构等组成,卷扬机组为 8 台 18 t 卷扬机分别安放在 4 个起升车架上。定滑轮组机构安装在车架上,每根主梁上有 2 台起升走行小车,每个起升小车上有 2 台卷扬机,每台卷扬机使用一根钢丝绳,每根钢丝绳分别与一组动、定滑轮相连接,滑轮组的倍率为 10。

2 台小车上的 4 台卷扬机共同吊运渡槽的一端 650 t(含吊具重量),2 台小车之间用连杆连接起来以保证 2 台小车之间及两组动、定滑轮组之间的定距。每个车架上的 2 台卷扬机分别在主梁的左、右两侧。钢丝绳一端固定在卷扬机上,通过动、定滑轮组之间的 10 次缠绕,钢丝绳另一端固定车架上。载荷限制器是安装在钢丝绳的车架固定端一侧的。液压泵站作为卷扬机上钳盘式制动器的动力源,固定在车架上。天车走行台车作为起升天车横移走行的驱动装置,采用 4 台相同的四轮驱动台车。

起升系统自重约 84 t。

起升系统用 1 300 t 架槽机整体吊装到门架主梁轨道上,并进行锁定。

### 7. 电气系统安装

在机械构件组装完成后,开始连接电路和电气设备。在所有的电气设备安装和连接完成后,用电压表检查电路供给电压。安装完成后,所有的安全装置都要单独检查并适当设置,特别是载荷限制器、起升限制开关、制动系统、急停按钮、超速开关、大车走行防撞击系统、天车走行限位开关、报警装置、风速仪。以上电控装置要求逐项进行综合调试,逐项自检验收,并做记录。

另一台门式起重机按照同样的工序进行安装。

### 6.3.3.4 其他附属结构安装

其他附属结构有液压控制系统、牵引机构、顶推机构、转换顶组件、扶梯栏杆等。在主结构部分形成后进行附属系统的安装,严格按照图纸中的要求以及国家的相关规范进行安装。

### 6.3.3.5 主要吊装用钢丝绳受力计算和安全系数核算

门架总重是 105 t,提槽机采用 4 个吊点进行起吊,钢丝绳夹角为 60°,每个吊点受力 31 t,单个吊点采用 2 弯 4 股 $\phi$ 32 mm-6×37+FC-1 700 MPa 的钢丝绳进行吊装。

钢丝绳的破断拉力总和:4×504×0.82×1.249=2 064(kN)。

钢丝绳吊用安全系数:4×504×0.82×1.249/(31×9.8)=6.7>6。

### 6.3.3.6 安装控制指标

安装控制指标见表 6-5。

## 6.3.4 运槽车设备安装

### 6.3.4.1 安装前的准备工作

(1)根据现场情况确定安装方案,并组织施工作业人员进行吊装前的技术交底。

(2)对现场施工作业人员进行分工,明确各自责任。

(3)派专人对安全施工的物资(例如安全帽、安全带、安全警戒及应急物品)进行全面检查,确保满足施工现场的需要。

(4)派专人对吊绳、吊钩、卡环、千斤顶、钢钎、扳手、大锤等安装工具进行全面检查,确保安装作业安全顺利进行。

表 6-5　安装控制指标

| 名称及代号 | | | 允许偏差(mm) | 简图 |
|---|---|---|---|---|
| 主梁腹板的<br>局部平面度 | | | 主梁腹板不应有严重不平,其局部平面度,在离受压翼缘板 $H/3$ 以内不大于 $0.7\delta$,其余区域不大于 $1.2\delta$ | |
| 起重机跨度<br>($S=20.8$ m) | | $S\leqslant26$ | ±8 | |
| | | $S>26$ | ±10 | |
| 主梁上拱度 $F$<br>($F=S/1\,000$) | | | $-0.1F \sim +0.4F$ | |
| 起重机跨度<br>$S_1 S_2$ 相对差 | | $S\leqslant26$ | 8 | |
| | | $S>26$ | 10 | |
| 大车车轮<br>水平偏斜 $\tan\varphi$ | 机构工<br>作级别 | $M_1$ | $\leqslant0.001$ | |
| | | $M_2 \sim M_4$ | $\leqslant0.000\,8$ | |
| | | $M_5 \sim M_8$ | $\leqslant0.000\,6$ | |
| 同一端梁下大<br>车车轮同位差 | | | 2 | |
| 小车<br>轨距<br>$K$(m) | 正轨<br>箱形梁 | 跨端 | ±2 | |
| | | 跨中 $S\leqslant19.5$ | $+1 \sim +5$ | |
| | | 跨中 $S>19.5$ | $+1 \sim +7$ | |
| 同一截面上<br>小车轨道<br>高低差 $c$ | | $K\leqslant2.0$ | 3 | |
| | | $2.0<K\leqslant6.6$ | $0.001\,5K$ | |
| | | $K>6.6$ | 10 | |

(5)测量人员到位,测量仪器及工具必须满足使用要求。

(6)确定运槽车部件拼装场地、拼装顺序等工作,确保部件到货后及时进行拼装作业。

(7)对 1 300 t 运槽车机各机构进行检查,确保拼装作业顺利进行。

(8)及时关注天气预报,确保拼装作业安全顺利进行。

### 6.3.4.2　安装顺序

安装顺序为:安装准备工作→驱动台车定位→下平衡梁组件安装→下连接梁组件安装→上连接梁组件安装→支撑梁安装→电气系统安装→运槽车 B 同上的工序拼装→吊运至施工面→台车连接杆的安装→液压系统安装→其他附属设备安装→调试→试验→验收。

### 6.3.4.3　安装工艺

DY1300 型运槽车是用于南水北调沙河和大郎河段渡槽运输、拖运架槽机转场等任务的专用设备。它由运槽台车 A、B 和连系梁两大部分组成。整台设备有 32 个走行小车,分别安装在 2 个运槽台车上。在运槽时,2 个运槽台车由台车连系梁固定在一起(保持 2 个台车的固定轴距);当需要运槽台车整体驮运架槽机时,可以拆掉台车连系梁。

根据现场条件,DY1300Y 运槽车安装作业主要采用 1 300 t 提槽机电动葫芦、主钩进行。

1.运槽台车的安装

运槽台车 A、B 均包含双驱走行小车(4 台)、单驱走行小车(12 台)、平衡梁、连接梁、支撑梁、支撑油缸(或支撑座)、顶升油缸、发电机组、驾驶室、液压系统等。运槽台车 A 支撑梁上的两个支撑点为刚性支撑台座,形成运槽车在运槽过程的两点支撑;运槽台车 B 的支撑梁上的两个支撑点为两个串联连接油路的液压支撑座,形成运槽车在运槽过程的单点支。

1)走行台车构成

DY1300 型运槽车有 32 个走行台车,其中 8 个为双驱动台车,其余为单驱动台车。整个运槽车有 40 个驱动轮、24 个从动轮,自重约为 1.72 t。

2)下平衡梁组件构成

DY1300 型运槽车有 32 个下平衡梁铰座组件和 8 个下平衡梁,平衡梁通过下平衡梁铰座组件把走行台车前后连接起来,同时能够保证走行小车能够在垂线方向可以自由转动。平衡梁采用箱形梁结构,保证支腿有足够的强度。

下平衡梁采用箱梁框架结构式,每个下平衡梁有 4 下平衡梁铰座组件与走行小车连接,保证运行小车的稳定性。

下平衡梁与下平衡梁铰座组件之间采用平面铰的方式连接,保证走行台车能够在铅锤方向自由转动,以保护车轮不会强行啃轨。

外形尺寸:8 660 mm×2 900 mm×710 mm(长×宽×高);

重量:3.345 t。

3)下连接梁及铰座组件构成

DY1300 型运槽车有 8 个下连接梁和 16 个下连接梁铰座组件,为了降低运槽车的高度,同时为了降低架槽机架槽门吊的工作高度和整体高度,下连接梁设计成了"螃蟹腿"

的形式。

每两个下连接梁通过连接梁连接在一起组成下连接梁组件,以保证运槽台车的整体稳定性,运输过程中可以拆解。

外形尺寸:9 125 mm×5 750 mm×1 770 mm(长×宽×高);

重量:4.950 t。

4)上连接梁及铰座组件构成

DY1300 型运槽车共有 4 个上连接梁和 8 个下连接梁铰座组件,为了降低运槽车的高度,同时为了降低架槽机架槽门吊的工作高度和整体高度,下连接梁设计成了"下凹梁"的形式。

外形尺寸:6 045 mm×1 500 mm×1 100 mm(长×宽×高);

重量:5.65 t。

5)支撑梁的构成

DY1300 型运槽车共有两组支撑梁,每个运槽台车上有一组支撑梁,每组支撑梁有两个支撑梁通过法兰对接而成,这样可以降低支撑梁的运输难度。在运槽台车的一组支撑梁上,两个支撑点为刚性支撑台座,另一个运槽台车的支撑梁上,两个支撑点为两个串联连接油路的液压支撑座。使渡槽运输时形成三点支承,避免渡槽受附加扭转应力。

2. 台车连系梁的构成

DY1300 型运槽车由 2 个运槽台车和 1 个台车连系梁构成 1 个完整的运槽设备,台车连系梁为桁架结构,共 4 组。台车连系梁桁架结构提前在地面组拼完毕,然后整体对拼时吊至槽体顶部,与 2 个运槽台车进行连接。

运槽过程由连系梁来保证 2 个运槽车上的定距和同步。当需要运槽车整体驮运架槽机时,就拆掉台车连系梁,由 2 个台车分别顶升驮起架槽机的 2 个前后连系梁。

3. 运槽车安装步骤

(1)根据图纸分别对结构件、销轴、止轴板等进行现场核对,并采用 1 300 t 提槽机将部件按要求吊至合适位置。

(2)将双驱动台车和单驱动台车按要求进行摆放,同时将下平衡梁组件按要求进行拼装。

(3)按要求将下连接梁组件进行拼装,并吊至下平衡梁顶部用下连接梁绞座与其固定。

(4)按要求将上连接梁组件进行拼装,并用上连接梁绞座与下连接梁进行固定。

(5)按要求将支撑梁组件进行拼装,并与上连接梁用螺栓进行固定,同时将连接梁支架安装完毕。

(6)按照图纸拼装要求将台车连系梁进行拼装。

(7)其他附属结构(液压系统、司机室等)的安装。

(8)采用 1 300 t 提槽机将已拼装完毕的运槽台车 A、B 吊至槽体顶部轨道上,同时将其固定。

(9)将拼装好的 4 组连系梁吊至槽体顶部的运槽台车 A、B 之间,用高强螺栓将其固定,保证 2 个台车运槽时的定距和同步。

(10)在所有的电气设备安装和连接完成后,用电压表检查电路供给电压,且所有的安全装置都要单独检查,最后进行综合调试和自检验收,并做好记录。

### 6.3.4.4　主要吊装用钢丝绳受力计算和安全系数核算

运槽车总重为310 t,主要由运槽台车A、运槽台车B、4组连接杆、发电机组、驾驶室、电控系统和液压控制系统组成。

结构件拼装作业主要采取地面小件组拼,其中地面小件拼装主要由1 300 t提槽机电动葫芦或起重小车进行;槽体顶面整体对拼,运槽台车A、B整体吊装由1 300 t提槽机2个小车进行抬吊,每个吊点采用2弯4股$\phi$32 mm-6×37+FC-1 670 MPa的钢丝绳进行吊装,单个吊点重量按55 t考虑,钢丝绳的破断拉力总和:2×4×504×0.82×1.249(kN)。钢丝绳吊用安全系数:2×4×504×0.82×1.249/(55×10) = 7.5>6。

# 6.4　施工工艺、工序

## 6.4.1　施工准备

(1)施工前,编制专门施工方案及相关作业指导书,进行技术交底。槽片出场验收合格后,做好提移槽片装车准备。

(2)槽片安装运输前,对轨道、压板、接头进行检查,同时对整车的机、电、液压系统及限位等进行检查,确保运槽作业安全高效进行。

(3)检查槽片安装使用水准仪、钢板尺、线锤、千斤顶压力表和接头、支座砂浆回填用导流槽等工器具是否齐全,对架槽机整车的机、电、液压系统及限位等进行检查,确保架槽作业安全高效进行。

(4)检查墩台放样点线、水准点、垫石高程、导梁支撑座台座高程、锚栓孔位和孔深检查、复测,做到渡槽安装满足设计要求。

## 6.4.2　渡槽安装程序

槽片安装施工工序包括提(移)槽、支座安装、运槽、安装对位、临时支撑千斤顶安放、落槽对位、调整、支座砂浆回填、千斤顶拆除等。

槽片提槽及支座安装均在槽场制存槽区完成。利用制槽场布置的1 300 t提槽机提槽完成1#线和2#线第1跨、第2跨的槽片安装,安装完成后在槽片顶面安装运槽车轨道,拼装运槽车,运槽车行走于已安装槽片顶面的运槽车轨道之上完成槽片运输,槽片安装时由1#线和2#线对称同时安装,运槽车和架槽机转线,直至全部完成安装。

在下部结构墩帽上布设架槽机导梁,2台650 t架槽机门吊大车行走于导梁之上,完成槽片安装作业。导梁采用液压顶伸装置在完成渡槽安装后顶伸前行,完成过孔作业。槽片提运架设工艺流程见图6-8。

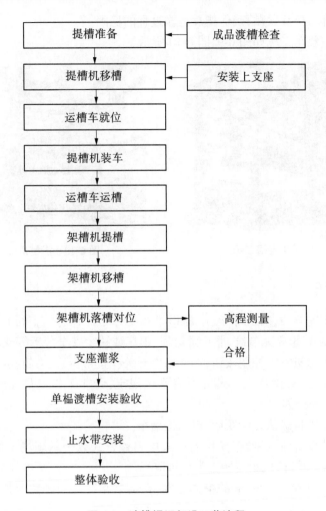

**图 6-8　渡槽提运架设工艺流程**

## 6.4.3　渡槽提移装车

### 6.4.3.1　提槽机架槽施工流程

提槽机在制槽场内由 2 个主梁上的 4 台起升台车共同抬吊一榀槽片,提槽机纵移、横移,安装前两跨槽片。在 1 号墩与 2 号墩之间利用提槽机安装架槽机及运槽车。

### 6.4.3.2　提槽机搬运渡槽装车施工流程

(1)将待架槽片提移,提起离开存槽台座高度在 30~50 cm 时,开始安装渡槽支座,待支座安装完成后,再将槽片吊起,提槽机大车行走至第 1 跨装车区位置,进行对位装车。

(2)装车时,提槽机将待安装槽片提移至超过运槽车最高点 30 cm,然后大车行走,将槽片吊至运槽车顶部。

(3)进行对位操作,保证吊具下扁担梁的横向中心线与运槽车横向中心线对正,纵向中心线与运槽车支撑梁顶部的支墩和千斤顶中心对正,控制误差不超过 5 mm。

(4)待渡槽对位完毕后,提槽机摘掉扁担梁退回制槽场,将 4 个支撑架安装在下扁担梁上,支撑架顶部与槽片紧贴,确保槽片运输过程的稳固。

提槽机提槽、装车工况如图6-9、图6-10所示。

图6-9 提槽机提槽工况

图6-10 提槽机装车工况

## 6.4.4 渡槽运输

(1)槽片装车完毕后,对支撑架、下扁担梁及支撑千斤顶等重点部位进行全面检查,确认吊运槽片的下扁担梁无裂纹、非正常磨损、损坏或缺少安全装置等现象。

(2)检查2个司机室内控制按钮,保证急停开关在正常位置,夹轨器已打开。

(3)每次作业之前,操作人员遵守所有安全规定,无非工作人员在运槽车上部的平台、梯子行走等不安全因素。

(4)在检查完毕且确认无问题后,启动运槽车。

(5)开始启动设备前,运槽车操作人员采用鸣铃方式以警示现场工作人员。开始启动发动机,先低速运转,待机组运转正常后再前行。

(6)对于运槽距离大于50 m的槽体运输,在运槽车行走至距离喂槽区50 m处即减速运行,低速接近喂槽区。

槽片运槽工况如图6-11所示。

## 6.4.5 架槽施工工艺

架槽机施工效果图见图6-12。

图6-11 槽片运槽工况

图6-12 架槽机施工效果图

### 6.4.5.1　架槽机喂槽

(1)运槽车驮运渡槽到达架槽机跟前时停下,2 台门吊保持 23.1 m 的间距行驶到提槽位置(见图 6-13)。

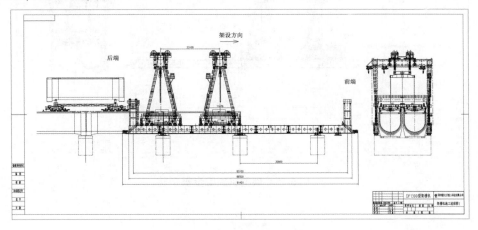

**图 6-13　架槽机施工步骤 1**

(2)下导梁后连系架上的翻转横梁在液压油缸的作用下打开,使得运槽车能够顺利地进入到架槽机的架槽龙门吊下面(见图 6-14)。

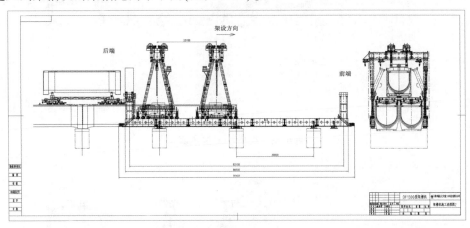

**图 6-14　架槽机施工步骤 2**

(3)运槽车慢速行驶到架槽机的 2 台架槽龙门吊下面,直到保证门吊能够起吊渡槽,同时翻转横梁,在液压油缸的作用下闭合并插好连接销轴(见图 6-15)。

(4)门吊起吊槽片向上提 100 mm 后,整体向前移动(见图 6-16)。

### 6.4.5.2　架槽机架槽

(1)2 台门吊起吊槽片整体向前运行到架槽位置,门吊在对位时必须保持 2 台门吊为微动或点动状态(见图 6-17)。

(2)将槽片下落到槽底与已架槽片上面快要平齐时停止下落,起升小车横移至架槽点上方停车(见图 6-18)。此时必须保证主梁下面的 3 台电动葫芦不能碰到吊具。

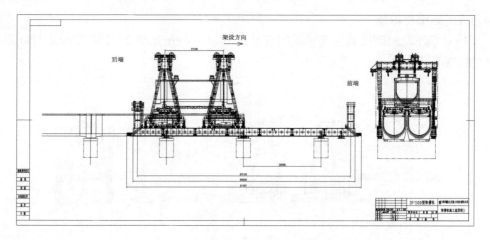

图 6-15　架槽机施工步骤 3

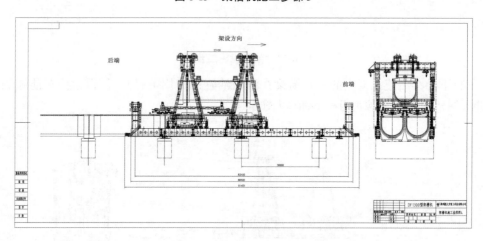

图 6-16　架槽机施工步骤 4

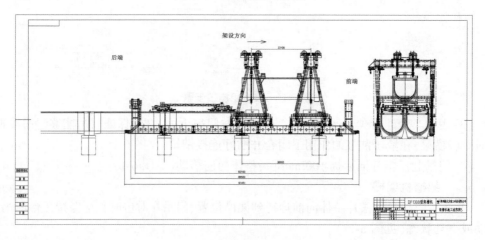

图 6-17　架槽机施工步骤 5

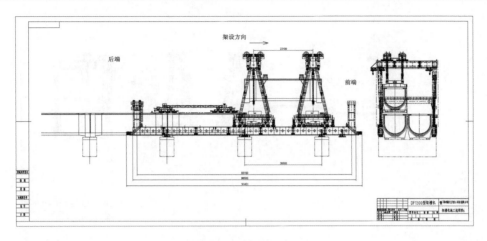

图 6-18　架槽机施工步骤 6

（3）槽片落到位后，把主梁下面的电动葫芦运行到吊具两端的正上方。吊具下落约 100 mm 距离，使扁担梁彻底脱离槽片底面（见图 6-19）。

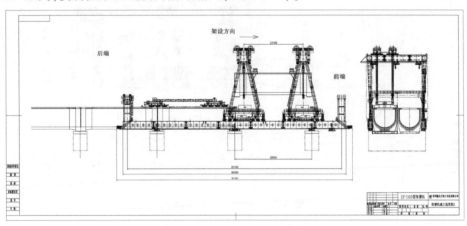

图 6-19　架槽机施工步骤 7

### 6.4.5.3　吊具下扁担梁的拆卸

（1）2 号、3 号电动葫芦上的钢丝绳放到扁担梁上，将卸扣连接好后，两边同时向上提下扁担梁，使得吊杆能够脱离下扁担梁（见图 6-20）。

（2）2 号、3 号电动葫芦提着下扁担梁继续下落一段距离，1 号电动葫芦的钢丝绳落下与下扁担梁连接好（见图 6-21）。

（3）把 2 号电动葫芦的钢丝绳解开，移到下扁担靠近支座的吊点耳板处，并连接好（见图 6-22）。

（4）1 号电动葫芦向上提升，2 号电动葫芦不动，3 号电动葫芦落绳，直到 3 号电动葫芦的钢丝绳不受力（见图 6-23）。

（5）拆掉 3 号电动葫芦与下扁担梁的连接，1 号电动葫芦不动，2 号电动葫芦落绳，直到 2 号电动葫芦的钢丝绳不受力（见图 6-24）。

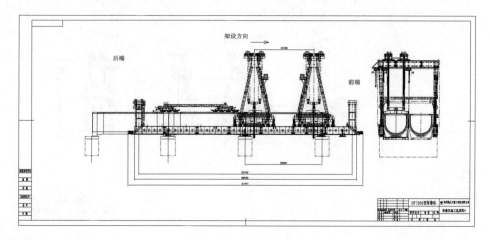

图 6-20　架槽机施工步骤 8

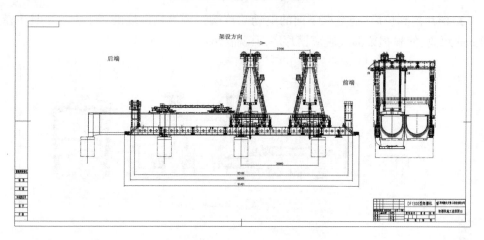

图 6-21　架槽机施工步骤 9

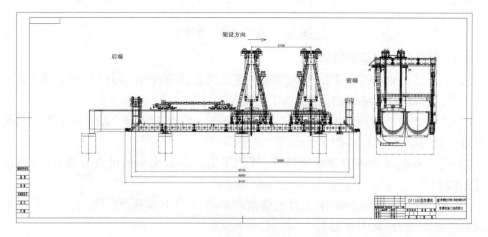

图 6-22　架槽机施工步骤 10

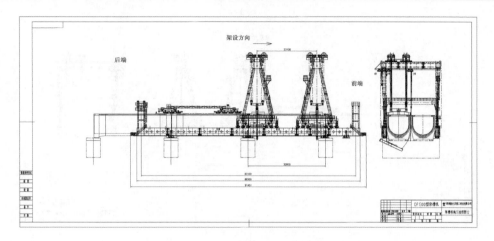

**图 6-23　架槽机施工步骤 10**

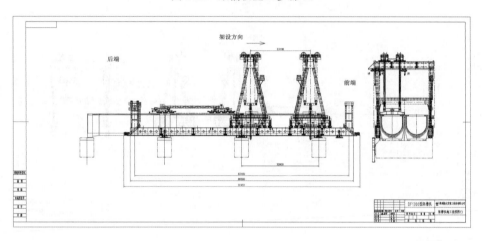

**图 6-24　架槽机施工步骤 12**

（6）拆掉 2 号电动葫芦与下扁担梁的连接，1 号电动葫芦提着下扁担梁上升，直到下扁担梁最下面高于槽片上表面停车。2 号电动葫芦的钢丝绳与下扁担梁另一端连接，起升系统小车横移到门吊的另一端（见图 6-25）。

（7）2 号电动葫芦起升，1 号电动葫芦下落，同时 2 号电动葫芦横移，直到下扁担梁呈水平位置时停车（见图 6-26）。

（8）1 号、2 号电动葫芦同时下落，把下扁担梁放在槽片上，摘掉 2 号电动葫芦与下扁担梁的连接，起升系统与吊具整体横移到下扁担梁的正上方（见图 6-27）。

（9）2 号电动葫芦在吊具另一端与下扁担梁连接好，1 号、2 号电动葫芦同时起升把下扁担梁抬起，之后与起升系统及吊具一起整体横移到门吊的正中间运槽车的上方，把下扁担梁放在运槽车上（见图 6-28）。

以上工作完成后，运槽车可以返回制槽场。2 个架槽门吊运行到喂槽位置，按上面的步骤架设第二榀渡槽。

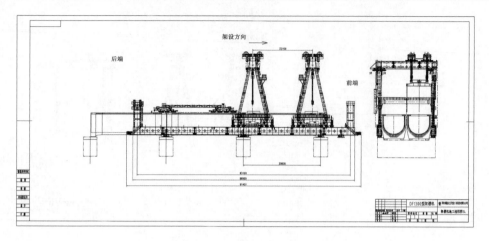

图 6-25　架槽机施工步骤 13

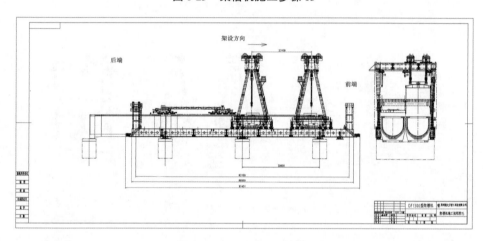

图 6-26　架槽机施工步骤 14

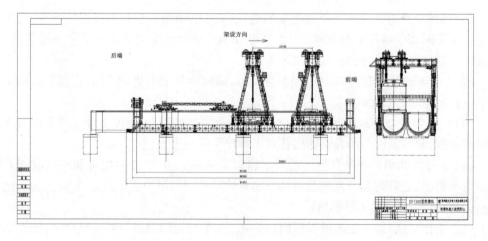

图 6-27　架槽机施工步骤 15

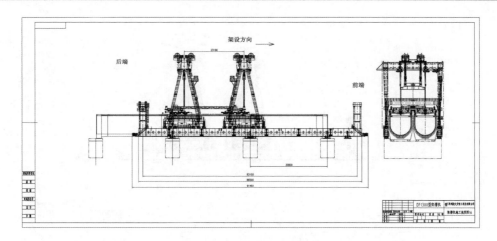

图 6-28　架槽机施工步骤 16

### 6.4.5.4　架槽机的过孔工序

（1）2 台龙门吊往导梁中间靠拢，将门吊走行大车上的固结孔对准导梁上的固结孔，用钢拉杆把导梁和 2 台门吊的大车分别固定好（见图 6-29）。

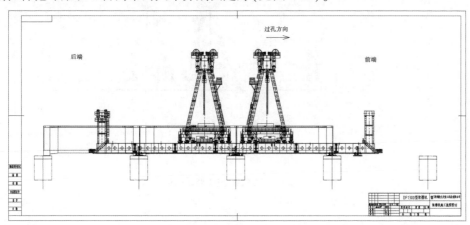

图 6-29　架槽机施工步骤 17

（2）启动导梁顶推油缸，导梁沿过孔方向向前移动 1 m 后，拔下顶推油缸活塞杆处顶推靴的销轴，让油缸活塞收回，再把顶推靴的销轴与下导梁连接好，继续顶推过孔步骤。直到导梁后端快要脱离支撑座。把转换顶组件和顶升油缸安装在导梁后端的槽墩上，顶起下导梁，把最后面的支撑座拆掉并吊挂在导梁上（见图 6-30）。

（3）继续启动导梁顶推油缸，按步骤（2）操作，直到把导梁前端推上槽墩（见图 6-31）。

（4）把转换顶组件和顶升油缸安装在导梁最前端的槽墩上，顶起下导梁，把最前面的支撑座安装在槽墩上（见图 6-32）。

（5）按上面的顶推导梁的步骤继续操作，直到架槽机到位（见图 6-33）。

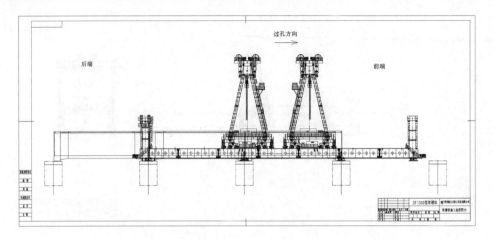

图 6-30　架槽机施工步骤 18

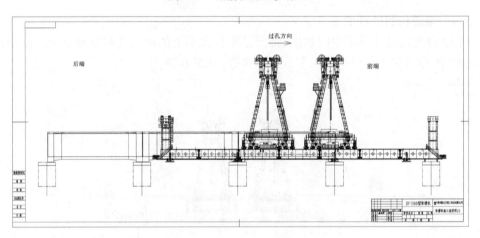

图 6-31　架槽机施工步骤 19

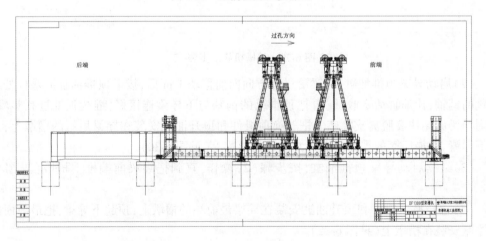

图 6-32　架槽机施工步骤 20

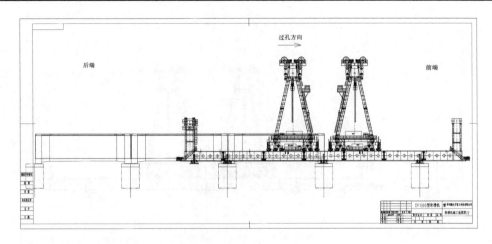

图 6-33　架槽机施工步骤 21

#### 6.4.5.5　支撑座倒换工序

（1）把转换顶组件和顶升油缸安装在 3 号支撑座的后端,顶起下导梁,把 3 号支撑座拆掉并拖离其槽墩（见图 6-34）。

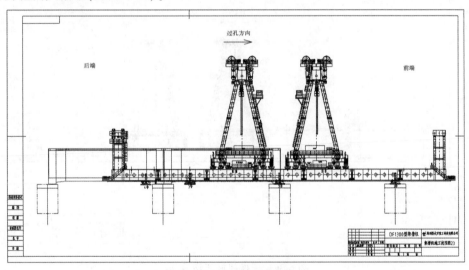

图 6-34　架槽机施工步骤 22

（2）把另一组转换顶组件和顶升油缸安装在原 3 号支撑座的前端,顶起下导梁后再把原 3 号支撑座的后端的组转换顶组件和顶升油缸拆除掉（见图 6-35）。

（3）把 4 号支撑座拖到槽墩上,对好位置后将其固定（见图 6-36）。

（4）拆除 4 号支撑座前端的转换顶组件和顶升油缸,使得导梁落在 4 号支撑座上。把 3 号支撑座拖到靠近 2 号支撑座的附近,准备下一个槽墩上的支撑座倒换工序（见图 6-37）。

以上步骤完成了一个槽墩上的支撑座的倒换工作,其余 2 个槽墩上的支撑座倒换工作完全按照以上步骤逐一完成。

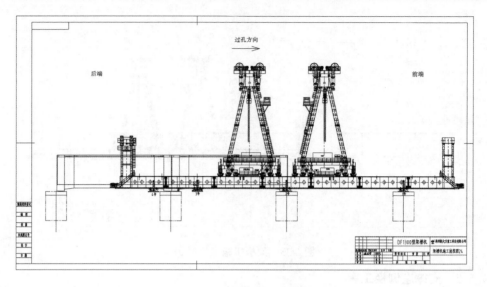

图 6-35　架槽机施工步骤 23

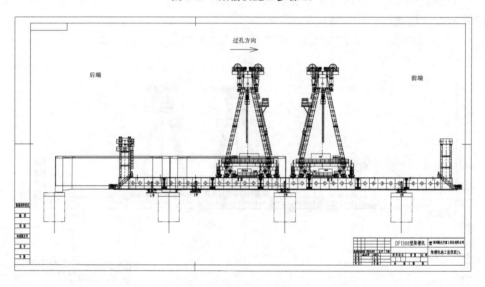

图 6-36　架槽机施工步骤 24

## 6.4.6　驮运架槽机返场工艺

### 6.4.6.1　驮运架槽机前的准备工作

（1）架槽机架完最后一孔槽片后，架槽机需要整体返回到制槽场，图 6-38 为架槽机架完最后一榀槽片后的状况。

（2）按要求将架槽机上的 2 台龙门吊与导梁固定好，见图 6-39。

（3）按照支撑座倒换工序完成支撑座由前往后的倒换工作，架槽机倒换完成支撑座后的状况见图 6-40。

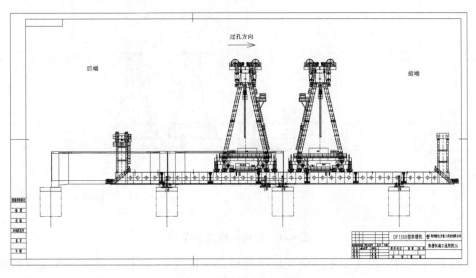

图 6-37  架槽机施工步骤 25

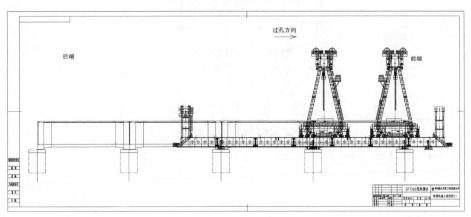

图 6-38  架槽机施工步骤 26

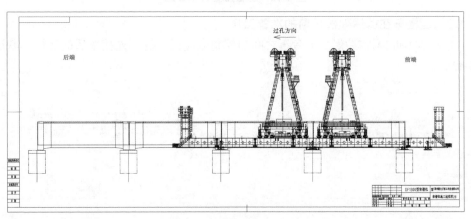

图 6-39  架槽机施工步骤 27

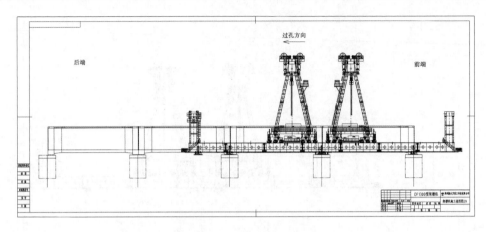

图 6-40　架槽机施工步骤 28

　　(4)按照架槽机过孔工序反向完成架槽机的一次过孔,架槽机反向过孔完成后的状况见图 6-41。

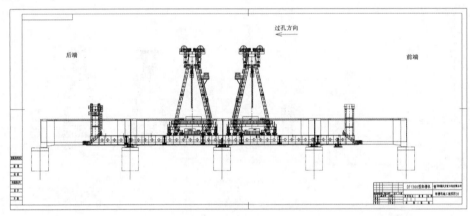

图 6-41　架槽机施工步骤 29

#### 6.4.6.2　运槽车在驮运架槽机前的准备工作

　　(1)运槽车拆掉连接梁、2 个台车之间的控制电缆线。拆掉连接梁后的运槽车状况见图 6-42。

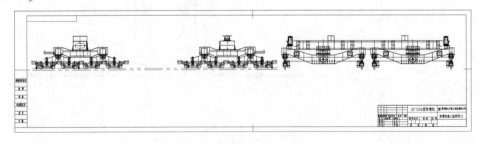

图 6-42　架槽机施工步骤 30

　　(2)如果渡槽高度为 9.2 m(沙河渡槽),则在运槽台车支撑梁两侧支撑油缸的下面架一个 400 mm 高的增高节（图号 DY1300-01.08.02 垫块），见图 6-43。

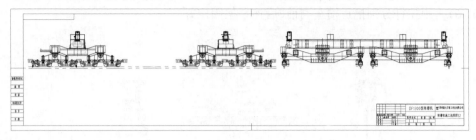

**图 6-43　架槽机施工步骤 31**

### 6.4.6.3　运槽车驮运架槽机

（1）2 台运槽车分别开到前、后连系架的下面，见图 6-44。

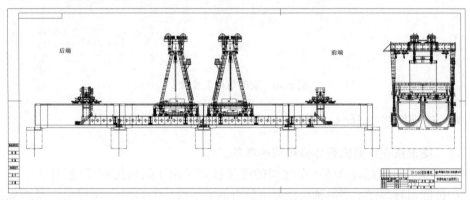

**图 6-44　架槽机施工步骤 32**

（2）2 台龙门吊分别开到前、后连系架的附近，分别与导梁固结好，见图 6-45。

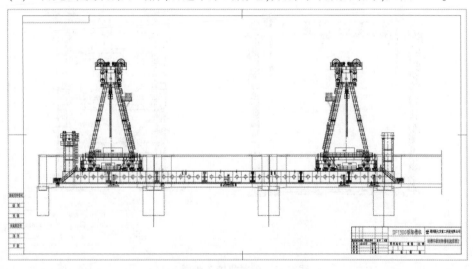

**图 6-45　架槽机施工步骤 33**

（3）2 台运槽台车上的驮运支撑油缸顶升 250～270 mm，把架槽机顶起脱离槽墩（见图 6-46）。用拉杆分别把运槽车与前、后连系架固定好。

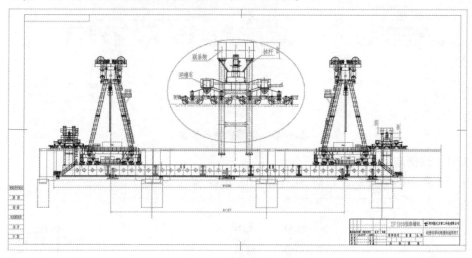

图 6-46　架槽机施工步骤 34

## 6.4.7　架槽机整体转线工艺

### 6.4.7.1　提槽机在架槽机整体转线前的准备工作

（1）提槽机拆除起升系统小车之间的连接横梁及两车间的控制线，使其 2 个小车各自独立，拆除吊具部件十字销轴拉板以下所有的零部件。图 6-47 为提槽机在架槽机整体转线前的准备状况之一。

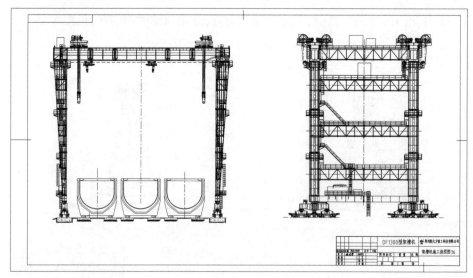

图 6-47　架槽机施工步骤 35

（2）提槽机纵移到已架设好的渡槽处，2 个起升小车横移到架槽机导梁的上面。

图 6-48 为提槽机在架槽机整体转线前的准备状况之二。

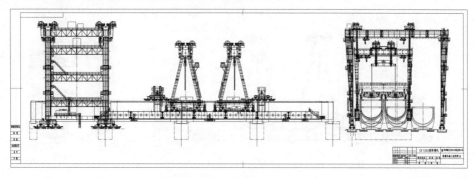

图 6-48　架槽机施工步骤 36

#### 6.4.7.2　架槽机在整体转线前的准备工作

（1）架槽机被驮运回制槽场后，首先要拆除主梁端头上的电动葫芦轨道拉杆机构，其后拆除前、后连系架与导梁的螺栓连接。图 6-49 为架槽机在整体转线前的准备状况之一。

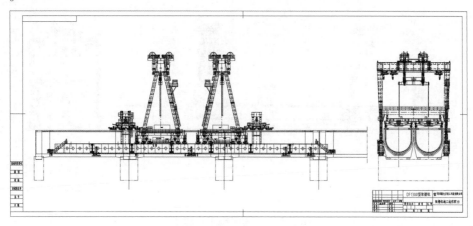

图 6-49　架槽机施工步骤 37

（2）2 台台车分别驮运着前、后连系架驶入架槽机两端原来的安装位置，用螺栓把前、后连系架与导梁分别固定好，然后运槽台车驶离架槽机。图 6-50 为架槽机在整体转线前的准备状况之二。

（3）拆除 2 台架槽龙门吊与导梁的固定连接，2 台门吊分别往架槽机的两端行驶一段距离，使得 2 台龙门吊的中心距为 49.405 m。然后把 2 台龙门吊分别用钢拉杆把门吊与主梁固结在一起。图 6-51 为架槽机在整体转线前的准备状况之三。

#### 6.4.7.3　架槽机整体转线工序

（1）提槽机行驶到架槽机的中间，换上专用吊具。把吊杆插入导梁的专用吊孔中，与 4 组吊具分别连接好，然后启动起升系统，把架槽机提起到底部超过渡槽顶面为止（见图 6-52）。

（2）提槽机整体提着架槽机行驶到制槽场的转向区，到达转向位置后停车（见图 6-53）。

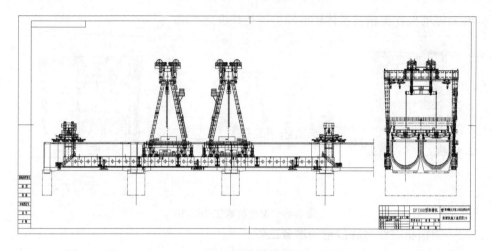

图 6-50　架槽机施工步骤 38

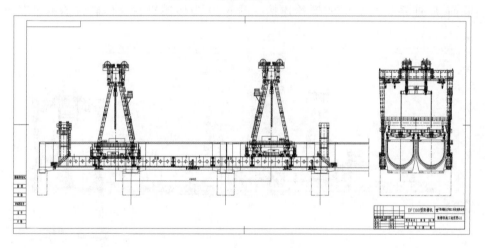

图 6-51　架槽机施工步骤 39

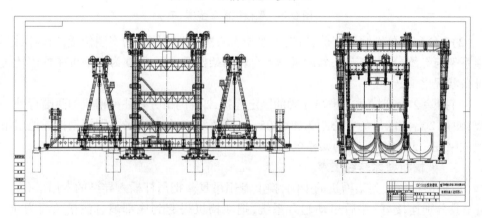

图 6-52　架槽机施工步骤 40

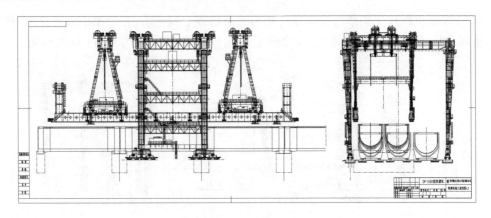

图 6-53　架槽机施工步骤 41

（3）提槽机支腿顶升油缸将提槽机的支腿顶起，走行大车与支撑回转装置在转向油缸的顶推下旋转 90°，对准横移轨道落下（见图 6-54）。

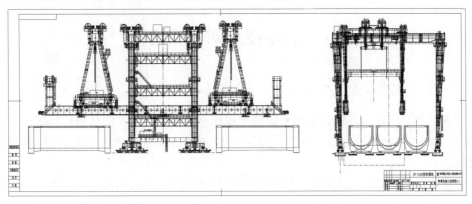

图 6-54　架槽机施工步骤 42

（4）提槽机横移到下一个纵移轨道线。按照上一工序的步骤再把走行大车与支撑回转装置反向旋转 90°（见图 6-55）。

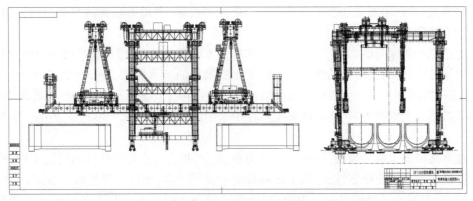

图 6-55　架槽机施工步骤 43

(5)提槽机纵移把架槽机整体搬运到另一条墩线上到位后,把架槽机放下,落在槽墩上,拆掉专用吊具,换上提槽吊具,按架槽工序换上或拆除其他的零部件(见图 6-56)。

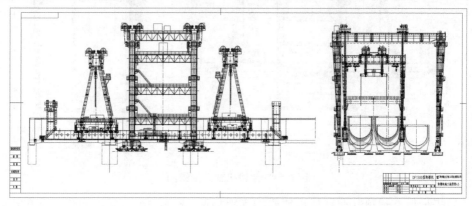

图 6-56　架槽机施工步骤 44

# 6.5　主要技术难点和创新

## 6.5.1　提槽机跨度优化技术

提槽机的主要作用是将预制成型的槽片提运至存槽区以及将成品槽片提运至运槽车上,是整个槽片预制架设的核心设备,也是提、运、架设备中安装难度最大、运行风险较高的设备。

根据招标投标阶段方案构想,提槽机采取跨双联运行方案,提槽机跨度为 58 m,提槽机的高度根据提槽机在提槽过程中需要,应高出制槽台座(约 12 m),同时考虑提吊槽片的高度(9.2 m)、吊具长度以及必要的安全距离等,提槽机净提吊高度 35 m。在工程施工准备阶段,通过方案反复分析、论证,发现如按照跨双联运行方式,提槽机的制造和安装难度将大幅度上升,提槽机顶部大横梁的吊装必须采取底部支撑、分段吊装、高空对接加固的安装方式,对起吊方案和起吊设备提出了更高的要求,占用了较长的安装时间,同时存在着较大的安全风险。

最终结合制槽场的布置、建筑物的结构布置等客观条件,将槽片提槽机由原跨双线改为跨单线方案,此时提槽机的跨度主要取决于制槽场的布置形式,与制槽台座宽度(14.5 m)、台座之间通道(3 m)、设备安全距离(4 m)直接相关,最终确定将提槽机跨度为 36 m,减小了提槽机大梁的重量,在具体施工过程中采用一台 500 t、一台 300 t 汽车吊一次吊装就位。

此方案降低了机身高度,减少了主梁的重量,解决了主梁及机身机构的稳定性,提高了提槽机运行的安全稳定性,降低了吊装难度和安装成本,加快了提槽机的安装进度(见表 6-6);同时减小了提槽机的动力驱动,降低了设备运行成本。此方案从根本上降低了安全风险,保障了工程的顺利进行。

表 6-6 跨度优化技术效果比较

| 跨线方式 | 质量 (t) | 跨度 (m) | 制造时间 (d) | 安装时间 (d) | 稳定性 | 安装难度 | 投入费用 (万元) |
|---|---|---|---|---|---|---|---|
| 双线 | 1 300 | 58 | 190 | 70 | 一般 | 大 | 1 265 |
| 单线 | 950 | 36 | 160 | 45 | 良好 | 较小 | 880 |

提槽机提槽状态图见图 6-57,提槽机主梁吊装图见图 6-58。

## 6.5.2 重载转向技术

提槽机的转向是连接制槽区与存槽区的关键环节。考虑到预制槽片体积大、质量大的特点,在最初方案考虑时,计划采取空载转向,即在转向区设置 2 个临时存放台座,当提槽机提槽至转向部位后,首先将槽体放置在临时存放台座上,待完成转向后再提槽至下一个转向部位,再次落槽至另一个临时存放台座,二次转向完成后提运至存放台座存

图 6-57 提槽机提槽状态图　　图 6-58 提槽机主梁吊装图

放。此方案将延长提槽机的运行时间,不考虑转向时间,每起落一次提槽状态大约需要 80 min,两次起落需要 160 min,对整个工程工期不利,增大了设备的运行成本,同时增加的两次起落槽片,对槽片本身的质量也造成较大的安全隐患。

经过多次方案论证和专家咨询,大胆尝试采用了重载转向方案(见图 6-59),即在纵向和横向轨道交叉处,设置转向基础,提槽机在提槽状态下,通过在 4 条门腿下设置的千斤顶将提槽机和槽片同时顶升,完成行走机构 90°转向后落下千斤顶,提槽机继续沿横向轨道行驶,大约每次重载转向约 20 min,通过重载转向减少了两次起落槽片,加快了提槽的速度,对保证渡槽的质量是有利的。

重载转向技术的应用在减少空间占用与转运区相关设施建设的同时,大大提高了大型设备的安全系数和灵活性,对降低槽片吊运的周期起到非常大的促进作用,至少较设转运区的情况节约时间 12 h,而且对整个梁式渡槽施工进度有较大的推动,对同行业同类型大吨位吊装设备多功能施工作业产生较大的参考价值。

图 6-59　重载转向

### 6.5.3　运架设备安装技术

架槽机和运槽车原计划在已经形成的渡槽下部结构墩帽上进行安装,由于架槽机和运槽车安装周期长(约 40 d),直接占用槽片架设的直线工期,对工程进度极其不利;同时在墩帽上安装将增加安装高度,势必提高对安装设备、辅助设施的要求,加大了安装成本,同时提高了安装的安全风险。

通过对架槽机和运槽车安装方案的反复分析,最终确定利用提槽机辅助进行安装,即在存槽区利用提槽机或汽车吊完成架槽机及运槽车的拼装,然后采用提槽机整体吊装至下部结构墩帽上进行施工,有效缩短了设备安装占用渡槽架设的时间,降低了安装成本,吊装过程见图 6-60、图 6-61。

图 6-60　提槽机整体提吊架槽机

图 6-61　提槽机整体提吊运槽车

用拥有吊装 1 300 t 能力的提槽机吊装重 1 200 t 的架槽机与重 200 t 的运槽车,大吨位设备整体进行吊装的案例在国内尚属首例。因地制宜,因势利导,针对提运架设备安装特点,中国水利水电第四工程局充分利用制槽场科学、合理布置空间与提槽机大吨位提运能力特点,优化传统设备安装工艺、方法,积极优化设备安装工序,充分利用提槽机进行安装作业,极为明显地加快了运架设备的安装进度和安全性,高效促进渡槽吊装工序的执行。同时该项技术的研究与成功应用,有效保障后期运架设备的拆除及转移,对工程整体的进展起到较大的促进效益。

目前,利用提槽机已成功完成一次运架设备的安装,两次架槽机运槽车设备的转线,一次运架设备的拆除,较原计划使用吊车的施工方法,至少提前的运架设备安装进度 1 个月,该方法对同行业类似安装工程有着较高的应用价值。

## 6.5.4　槽上运槽技术

槽上运槽(见图 6-62)是利用已建构筑物,在已架设完成的单联两槽槽片上安装 4 条轨道,4 条轨道布置在渡槽顶部,槽壁最小厚度 35 cm,运槽车驮运槽体行驶在 4 条轨道上,整个运槽车及槽体总重约 1 450 t,该项技术施工难度大,对槽片的预制质量是个关键的考验,也是沙河渡槽架设的一大创新。

图 6-62　槽上运槽

经过认真的分析论证和现场的实际运槽试验,该项技术完全合理可行。实践证明,槽上运槽工艺按预期目标实现,打破了常规预制件必须保护而不得重载的要求,充分利用槽顶有效空间,架设运槽轨道,充分利用已建构造物,同步推进渡槽的安装,在保证质量前题下,高效、安全地完成了槽片提运架的作业目标,预制件的安装填补了水利技术施工的空白。

## 6.5.5　运架设备转线关键技术

渡槽下部支撑结构受分期导流的影响,根据总进度计划安排,当渡槽架设至一期围堰范围内的 34# 跨时,二期围堰内的下部结构仍未形成,为了充分利用汛期的有效时间,保障槽片架设的顺利进行,进而达到确定槽片预制进度的目的,在渡槽右线架设完成 34# 跨后考虑将运架设备转线至左线进行架设。

鉴于提运架设备体形庞大、质量大,采用架槽机过孔移位方式消耗的时间长,而且根据总进度计划的调整安排,在整个槽片架设过程中将出现多达 6 次的转线施工。过孔移位方式将占用大量的关键线路工期,对整个工程的施工进度产生极其不利的影响,势必造成整个槽片预制期大量的人员、设备窝工,本身转线消耗大量的人力、物力,增加工程的投入。

通过多次分析研究,确定在完成 34# 跨渡槽架设后,将运槽车前后车分离解体,利用运槽车驮运架槽机返回槽场,再利用提槽机提吊架槽机和运槽车转线至左线施工,整个转线大约需要 10 d 时间,有效地减少了转线的时间,充分利用了汛期的施工时段,从而达到了加快施工进度和降低施工成本的目的。转线作业见图 6-63、图 6-64。

图 6-63　一期围堰内槽片架设

图 6-64　提槽机提架槽机转线

# 6.6　关键工序质量控制

(1)槽体初张拉后,即可进行槽片的移位工作,移槽吊具设置在槽底距两端 3 m 处,将吊具配置成三点起吊方式,用 1 300 t 双门式提槽机完成槽片移位。

(2)槽片存放前存槽台座的 4 个支撑柱应放置支撑橡胶板。

(3)预制槽片的强度达到设计强度的 80% 以后,才可对构件进行装运,卸车时应注意轻放,防止碰损。

(4)装卸、运输及储存梁式预制槽片时,其位置应正立,应按标定的上下记号安放。支承点应接近于构件本身设计的位置。梁式预制槽片存放在专用的台座上,只能单个单层放置。存放台座地基承载力要进行计算,并保证达到要求,应采取措施防止地面软化下沉而造成构件折裂破坏。

(5)安装前将对墩、台支座垫层表面及构件底面清理干净,支座垫石应用水灰比不大于 0.5 的 1∶3 水泥砂浆抹平,使其顶面标高符合图纸规定,抹平后的水泥砂浆在预制构件安装前必须进行养护,并保持清洁。

(6)梁式预制槽片的吊装设备在正式起吊安装前,应对其进行满载或超载的起吊试验,以检验起吊设备的可靠性,进一步完善操作方法。

(7)存槽支点设置在槽端底距槽端距离 1.0 m 处,提槽机兜底吊及运输支点设置在槽端底板距槽端距离 3.5 m 处。

(8)安全系数要求:

起升钢丝绳安全系数 $n \geq 6$;

吊杆拉伸应力安全系数 $n \geq 5$;

结构强度计算安全系数 $n \geq 1.5$;

机构传动零件安全系数 $n \geq 1.5$;

抗倾覆安全系数 $n \geqslant 1.5$；

起重机整机工作级别：A4；

起重机机构工作级别：$M_5$。

(9)渡槽安装允许偏差应符合表 6-7 的规定。

表 6-7　渡槽安装允许偏差

| 序号 | 检查项目 | 规定值或允许偏差 | 检查方法 |
|---|---|---|---|
| 1 | 支座中心偏位(mm) | 5 | 用尺量，每跨抽查 4~6 个支座 |
| 2 | 竖直度(%) | 1.2 | 吊垂线，每孔抽查 2 片 |
| 3 | 顶面纵向高程(mm) | +8,−5 | 每跨抽查 2 片，每片用水准仪测 3 点 |

# 第7章　止水安装

## 7.1　止水简介

渡槽是输送渠道水流跨越河渠、道路、山冲、谷口等的架空输水建筑物,是渠系建筑物中应用最广的交叉建筑物之一,除用于输送渠水进行农田灌溉、城镇生活用水、工业用水、跨流域输水外,还可供应排水和导流之用。随着渡槽采用壳槽、薄壁结构的日益增多,构件间的接头、接缝和槽壁防漏、防渗问题也随之增加。

目前,已建渡槽普遍存在较严重的渗漏问题,故有"十槽九漏"之称。分析表明,各种伸缩缝、沉降缝等接缝止水失效是引起渡槽渗漏的首要原因。渡槽伸缩缝漏水,影响渡槽安全运行,同时造成灌溉水资源的惊人浪费,影响灌区抗旱保收。伸缩缝漏水是渠道防渗工程产生病害的第一发生点,从伸缩缝中渗入渠基的水分会使渠基土处于饱和状态,引起渠体沉陷、破坏。在北方寒冷地区,还会发生由于渠基土冻胀而引起的渠床冻胀破坏。因此,伸缩缝的止水已成为渡槽设计的重要课题之一,关系到渡槽运行的安全性和耐久性。

槽身接缝止水形式有很多,按止水材料与接缝混凝土结合形式可以分为搭接型与镶嵌对接型两大类。搭接型是止水材料与接缝混凝土材料采用搭接形式结合在一起。镶嵌对接型是在接缝中嵌入止水材料。

搭接型止水结构形式按施工方法主要分为黏合式、埋入式和压板式三种。

黏合式止水是用胶将橡胶止水带或者其他材料粘贴在混凝土上并压紧,再回填防护砂浆(如沥青砂浆等)保护止水表层的一种结构形式。

黏合式搭接止水形式的止水效果主要取决于黏结的效果,应综合考虑胶黏剂与基材热膨胀系数尽可能匹配、化学结构成分与基材有一定的亲和性以及胶结部位的受力状况和使用环境等各种因素,还需选用技术性能满足要求、质量较好的胶黏剂。黏合式搭接止水结构形式的影响因素众多,任一因素都可能产生绕渗的问题,从而造成止水失败。

中部埋入式搭接止水是将止水带埋置于接缝槽身侧墙及底板混凝土中。主要的操作要求是止水带两侧的混凝土单独浇筑振捣,待一侧混凝土达到一定强度后,再浇筑另一侧混凝土。压板式止水结构存在以下问题:

压板式止水结构形式是在伸缩缝两侧预埋螺栓,通过螺母压紧扁钢,将止水带固定在接缝处。此种止水形式止水效果受紧固平整度与紧固力大小的制约,如能保证施工质量,可以做到不漏水,且适应接缝变形的性能较好,但维修时会造成麻烦,易发生螺栓锈蚀,更换止水带不便的问题。

沙河渡槽工程U形梁式渡槽采用的是搭接型止水形式,箱基渡槽和落地槽主要采用嵌缝式。本章主要介绍搭接型止水。

## 7.2 沙河渡槽工程 U 形梁式渡槽止水设计方案

沙河渡槽工程 U 形梁式渡槽为 U 形预应力钢筋混凝土结构。渡槽预制架设完成后,需要在槽体伸缩缝之间安装止水,初步止水施工方案在实际施工中遇到很多问题,经过对初步方案优化改进,并经过止水充水试验验证止水效果。

### 7.2.1 初步设计阶段止水设计方案

止水对渡槽建筑物尤其是预制渡槽是最难解决的关键技术,初步设计阶段槽身止水带为可更换式止水带,槽身端部留有止水槽,止水带底部复合 GB 黏结剂,前期止水槽内预埋螺栓,后期靠压板将止水带压紧以达到止水目的。初步设计阶段 U 形槽止水方案见图 7-1。

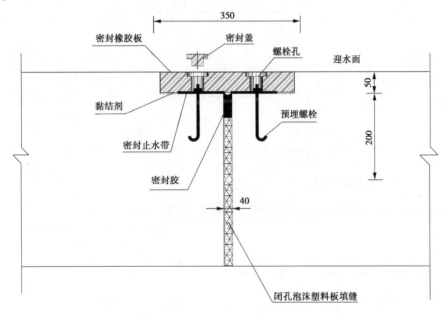

**图 7-1 初步设计阶段 U 形槽止水方案** （单位:mm）

### 7.2.2 招标设计阶段止水设计方案

招标设计阶段,设计单位结合承担的国家"十一五"大流量预应力渡槽设计和施工技术研究子课题内容之一止水研究成果,确定了沙河预制 U 形槽的止水结构采用后期安装可更换压板式 GB 复合橡胶止水带,槽身端部留有止水槽,止水槽宽度 110 mm、深 100 mm,通过后期在止水槽内植入螺栓,靠压板将止水带压紧以达到止水目的。初步设计、招标设计阶段止水方案见图 7-2、图 7-3。

招标设计阶段,槽身止水结构采用预埋螺栓压板式 U 形 GB 复合橡胶止水形式,止水带采用 GB 复合橡胶止水带,橡胶止水带厚 8 mm,止水带下方的 GB 材料厚 6 mm,GB 为柔性材料,能够起到找平以及在混凝土面与橡胶止水之间的黏结作用,对止水效果非常有

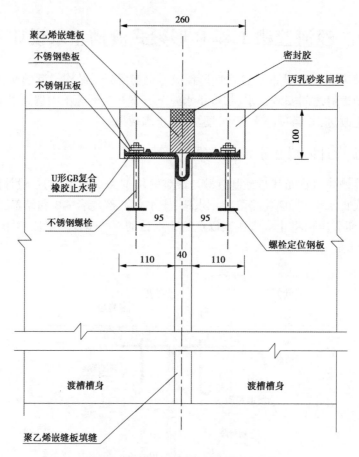

图 7-2　招标设计阶段 U 形槽止水方案　（单位：mm）

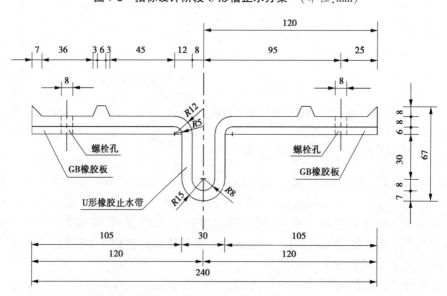

图 7-3　招标设计阶段 U 形止水带大样图　（单位：mm）

利,见图 7-3。预埋螺栓直径 10 mm,长 150 mm;不锈钢压板长宽为 30 mm,厚 5 mm,螺栓间距为 200 mm;不锈钢垫板长宽为 30 mm,厚 5 mm;螺栓定位钢板长、宽均为 40 mm,厚 4 mm。止水带"鼻子"上方填塞聚乙烯嵌缝板及密封胶,止水槽其余部分后期用丙乳砂浆回填,见图 7-2。橡胶止水带材料性能指标见表 7-1,聚硫密封胶材料性能指标见表 7-2,GB 材料性能指标见表 7-3,丙乳砂浆性能指标见表 7-4。

表 7-1　橡胶止水带性能指标

| 项目 | | | 指标 |
|---|---|---|---|
| 硬度(邵尔 A)(度) | | | 60±5 |
| 拉伸强度(MPa) | | | ≥15 |
| 扯断伸长率(%) | | | ≥380 |
| 压缩永久变形 | | 70 ℃,24 h,% | ≤35 |
| | | 23 ℃,168 h,% | ≤20 |
| 撕裂强度(kN/m) | | | ≥30 |
| 脆性温度(℃) | | | ≤−45 |
| 臭氧老化 50 pphm　20%　48 h | | | 2 级 |
| 热空气老化 | 70 ℃×168 h | 硬度变化(邵尔 A)(度) | ≤+8 |
| | | 拉伸强度(MPa) | ≥12 |
| | | 扯断伸长率(%) | ≥300 |
| 低温弯折(−20 ℃,2 h) | | | |
| 体积膨胀率(%) | | | |
| 缓膨膜遇水溶解时间(h) | | | |
| 反复浸水试验 | | 拉伸强度(MPa) | |
| | | 扯断伸长率(%) | |
| | | 体积膨胀率(%) | |

表 7-2　聚硫密封胶性能指标

| 项目 | 单位 | 技术指标 | 允许偏差(%) |
|---|---|---|---|
| 密度 | g/cm³ | ≥1.6 | ±0.1 |
| 适用期 | h | 2~6 | |
| 表干时间 | h | ≤24 | |
| 渗出性指数 | — | ≤4 | |
| 下垂度 | mm | ≤3 | |
| 低温柔性 | — | −40 ℃无裂纹 | 符合设计要求 |
| 黏结拉伸强度 | MPa | ≥0.2 | |
| 最大伸长率 | % | ≥300 | |
| 恢复率 | % | ≥80 | |
| 流淌性 | — | 不流淌 | |
| 无毒 | | | |

表 7-3　GB 复合密封止水材料物理力学性能及复合性能

| 序号 | 项目 | | | 单位 | 指标 | 试验方法 |
|---|---|---|---|---|---|---|
| 1 | 浸泡质量损失率、常温×3 600 h | 水 | | % | ≤2 | 见 DL/T 949 |
| | | 饱和 Ca(OH)₂ 溶液 | | % | ≤2 | |
| | | 10%NaCl 溶液 | | % | ≤2 | |
| 2 | 拉伸黏结性能 | 常温、干燥 | 断裂伸长率 | % | ≥300 | 见 GB/T 13477.8 |
| | | | 黏结性能 | — | 不破坏 | |
| | | 常温、浸泡 | 断裂伸长率 | % | ≥300 | |
| | | | 黏结性能 | — | 不破坏 | |
| | | 低温、干燥 | 断裂伸长率 | % | ≥300 | |
| | | | 黏结性能 | — | 不破坏 | |
| | | 300 次冻融循环 | 断裂伸长率 | % | ≥300 | 见 DL/T 949 |
| | | | 黏结性能 | — | 不破坏 | |
| 3 | 流淌值(下垂度) | | | mm | ≤2 | 见 GB/T 13477.6 |
| 4 | 施工度(针入度) | | | 1/10 mm | ≥70 | 见 GB/T 4059 |
| 5 | 密度 | | | g/cm³ | 1.15 | 见 GB 1033 |
| 6 | 复合剥离强度(常温) | | | N/cm | ≥10 | 见 GB/T 2790 见 GB/T 2791 |
| 7 | 与混凝土面黏结性能 | | | | 材料断裂但黏结面完好 | |

注:1. 常温指(23±2)℃。

2. 低温指(-20±2)℃。

3. 气温温和地区可以不做低温试验、冻融循环试验。

4. 硬化混凝土黏结性能(界面涂底胶)试验:材料断裂,黏结面完好。

表 7-4　丙乳砂浆性能指标

| 序号 | 项目 | 指标 |
|---|---|---|
| 1 | 抗压强度(MPa) | ≥40 |
| 2 | 抗折强度(MPa) | ≥10 |
| 3 | 抗拉强度(MPa) | ≥7 |
| 4 | 与旧混凝土黏结强度(MPa) | ≥2 |
| 5 | 抗渗性(加压 1.5 MPa,24 h)渗水高度(mm) | ≤3.5 |
| 6 | 抗冻性 | F200 |
| 7 | 极限拉伸率(×10⁻⁶) | 558~900 |
| 8 | 收缩变形 (×10⁻⁶) | ≤600 |

### 7.2.3　施工图阶段止水设计方案

2010 年 10 月 25~27 日,国务院南水北调工程建设委员会专家委员会在北京召开了沙河渡槽设计、施工技术咨询会,会议意见:"预制渡槽建的止水结构型式采用 GB 复合橡胶压板式止水结构型式是可行的,但应通过膨胀螺栓的纵向间距试验决定与压板刚度相应的螺栓间距,以保证止水防渗效果⋯⋯止水施工工艺是保证质量的关键⋯⋯"。

2011 年 6 月 8~11 日,国务院南水北调工程建设委员会专家委员会在河南郑州召开了渡槽设计施工技术咨询会,会议意见:"⋯⋯止水带压条外形应与止水嵌槽密贴,并适当加厚,以增加其刚度;加密布置压条上的螺栓,间距减为 5~10 cm⋯⋯伸缩缝止水施工中要严格控制施工工艺,确保施工质量⋯⋯"。

根据两次专家委员会咨询意见,在招标阶段设计方案基础上,进行了局部微调。取消了止水带背面的遇水膨胀橡胶止水条,增加了不锈钢压板及垫板,螺栓直径由 12 mm 调整为 10 mm。施工图阶段止水结构见图 7-4~图 7-10。

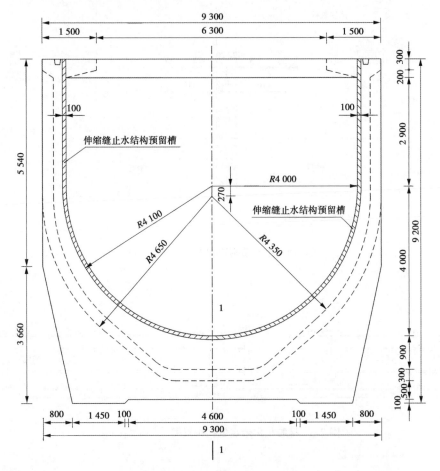

**图 7-4　槽身伸缩缝止水结构图**　（单位:mm）

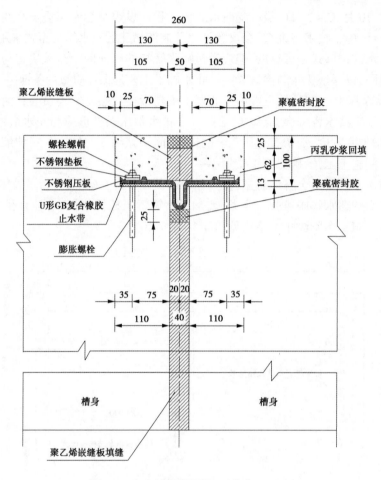

图 7-5  止水结构剖面图  （单位：mm）

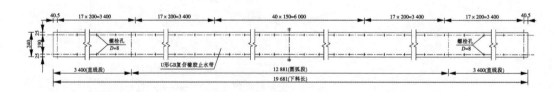

图 7-6  橡胶止水带定位孔布置图  （单位：mm）

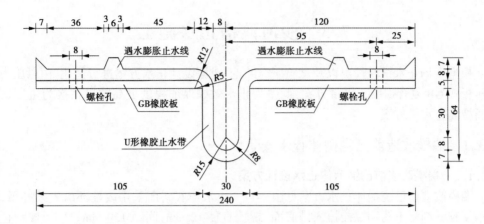

图 7-7　U 形 GB 复合橡胶止水带大样图　（单位：mm）

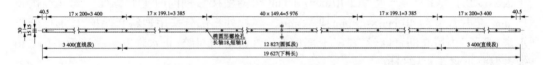

图 7-8　不锈钢压板大样图　（单位：mm）

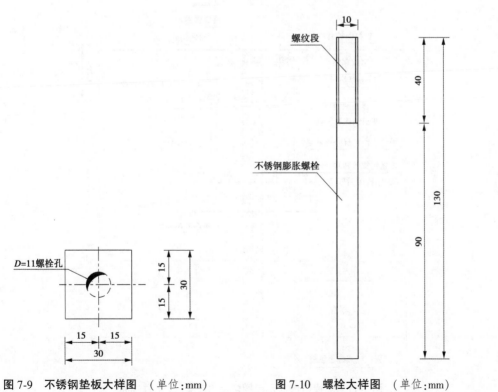

图 7-9　不锈钢垫板大样图　（单位：mm）　　　　　图 7-10　螺栓大样图　（单位：mm）

# 7.3 沙河渡槽止水施工

根据现场止水试验情况以及试验研究结论,对原设计止水方案进行优化,由以压为主的压板式 GB 复合橡胶止水带方案,调整为止水效果保证程度更高的以粘接为主压板式普通橡胶止水带方案。

## 7.3.1 端模改造前已浇槽体止水安装

### 7.3.1.1 端模改造前已浇槽体止水设计方案

端模改造前已浇槽体止水方案见图 7-11。止水槽底斜面采用改性环氧砂浆补平,用粘钢型胶黏剂将不锈钢螺栓植入槽底面,螺栓直径 12 mm,间距 150 mm。U 形橡胶止水带厚 7 mm,宽 240 mm,用粘钢型胶黏剂将止水带粘接在槽底面上。采用粘钢型胶黏剂将压板粘接在止水带上,压板为∟40 mm×4 mm 角钢粘接角钢同时上紧螺栓。螺栓螺帽高 15 mm,垫片尺寸为 40 mm×40 mm,厚 2 mm。螺栓外露部分采用塑料套保护,U 形橡胶止水带"鼻子"内填充沥青麻丝,鼻子上部填充泡沫板与密封胶,止水带安装完毕后采用 C30 细石混凝土将止水槽封填。

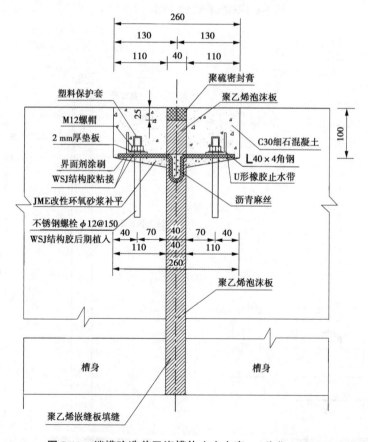

图 7-11　端模改造前已浇槽体止水方案　(单位:mm)

#### 7.3.1.2　端模改造前已浇槽体止水方案材料要求

端模改造前已浇槽体止水方案所用橡胶止水带、密封胶、丙乳砂浆、环氧砂浆、界面剂及粘钢型胶黏剂材料要求见表 7-5~表 7-9。

表 7-5　橡胶止水带性能指标

| 项目 | | 性能指标 |
|---|---|---|
| 硬度（邵尔 A）（度） | | 60±5 |
| 拉伸强度（MPa） | | ≥15 |
| 扯断伸长率（%） | | ≥380 |
| 压缩永久变形 | 70 ℃×24 h,% | ≤35 |
| | 23 ℃×168 h,% | ≤20 |
| 撕裂强度（kN/m） | | ≥30 |
| 脆性温度（℃） | | ≤-45 |
| 臭氧老化 50 pphm,20%,48 h | | 2 级 |
| 热空气老化 | 70 ℃×168 h 硬度变化（邵尔 A）度 | ≤+8 |
| | 拉伸强度（MPa） | ≥12 |
| | 扯断伸长率（%） | ≥300 |
| 低温弯折(-20 ℃,2 h) | | |
| 体积膨胀率（%） | | |
| 缓膨膜遇水溶解时间（h） | | |
| 反复浸水试验 | 拉伸强度（MPa） | |
| | 扯断伸长率（%） | |
| | 体积膨胀率（%） | |

表 7-6　聚硫密封胶性能指标

| 项目 | 单位 | 技术指标 | 允许偏差（%） |
|---|---|---|---|
| 密度 | g/cm³ | ≥1.6 | ±0.1 |
| 适用期 | h | 2~6 | |
| 表干时间 | h | ≤24 | |
| 渗出性指数 | — | ≤4 | |
| 下垂度 | mm | ≤3 | |
| 低温柔性 | — | -40 ℃无裂纹 | 符合设计要求 |
| 黏结拉伸强度 | MPa | ≥0.2 | |
| 最大伸长率 | % | ≥300 | |
| 恢复率 | % | ≥80 | |
| 流淌性 | — | 不流淌 | |
| 无毒 | | | |

表 7-7　粘钢型胶黏剂材料性能

| 项目 | | 性能指标 |
|---|---|---|
| 胶体性能 | 抗拉强度（MPa） | ≥30 |
| | 受拉弹性模量（GPa） | ≥3.5 |
| | 抗压强度（MPa） | ≥65 |
| | 抗弯强度（MPa） | ≥45,不呈脆性破坏 |
| | 伸长率（%） | ≥1.3 |
| | 固体含量（%） | ≥99 |
| 黏结能力 | 与混凝土正拉黏结强度（MPa） | ≥2.5,混凝土破坏 |

表 7-8　界面剂材料性能

| 项目 | 性能指标 |
|---|---|
| 抗拉强度（MPa） | ≥10 |
| 抗压强度（MPa） | ≥40 |
| 与混凝土正拉黏结强度（MPa） | ≥2.5,混凝土破坏 |
| 胶凝时间[（25±1）℃,min] | 60~180 |

表 7-9　改性环氧砂浆材料性能

| 项目 | 性能指标 |
|---|---|
| 抗拉强度（MPa） | ≥5 |
| 抗压强度（MPa） | ≥60 |
| 抗弯强度（MPa） | ≥20 |
| 与混凝土正拉黏结强度（MPa） | ≥2.5,混凝土破坏 |
| 防碳化性 | 表面不炭化 |
| 毒性监测 | 固化物实测无毒 |

### 7.3.1.3　端模改造前已浇槽体止水方案施工

（1）基础面处理。采用金刚片对原粘贴坡面进行打磨,彻底清除原粘贴面上的粘贴物及其他附属材料,直至露出新的混凝土面,并适当整形。用压缩空气对基础面进行吹净处理,并用丙酮（或酒精）擦净基面。

（2）坡面修整。基础面处理完成且充分干燥后方可进行坡面修整。

在结构缝内安装预留槽模板（泡沫板或其他可拆除材料），模板顶高与坡顶高度一致，并用压缩空气吹净。涂刷界面剂，根据施工进度情况，适当确定涂刷范围，界面胶的涂刷应薄而均匀。填充环氧砂浆，填充顺序为先槽底后两侧，循序推进。视压板长度确定施工段，当砂浆充填长度达到压板长度时，可进行压实定位处理，并逐段推进。拆除模板和槽缝填充料，砂浆表面修整且进行洁净处理。

（3）不锈钢螺栓安装。先在压杆段两端及中部放线，钻直径 16 mm 的孔，孔深 120 mm，清孔将植筋型胶黏剂注入孔内，将不锈钢丝杆装进孔内，直至有胶体溢出。其余孔按上述方法逐条施工将锚栓补齐。

（4）止水带安装。在橡胶止水带上打孔，孔的间距与安装好的不锈钢锚栓的间距尺寸相符。对橡胶止水带的粘贴面进行打磨处理，并用丙酮（或酒精）擦拭干净。在槽沟粘贴面粘钢型胶黏剂，胶层厚度 2~3 mm。由槽底向两侧顺序安装止水带，并逐段压实，止水带两侧应有胶体溢出。待胶体充分固化后可拆除施压顶固杆及压板，并进行洁净处理。

（5）止水带压杆制作及安装。止水带压杆采用 L 40 mm×4 mm 不锈钢角钢，加工前先在角钢翼缘一侧钻直径 16 mm 的孔，孔距为 150 mm。按槽底圆弧直径加工角钢，将其非孔翼缘侧切开，切割段距为 150 mm，切割缝宽 4 mm，并在放样弧线上进行弯曲处理，达到要求后即可安装。止水压杆由多段组成，多个圆弧段和两个直线段。在压杆粘贴面上涂粘钢型胶黏剂，涂层厚度 2~3 mm，然后安装在锚栓上，装好垫片和螺帽，调整定位后拧紧，直至两面有胶体溢出。

（6）待槽内胶体固化后，对槽内进行局部修整及清理。安装螺栓保护套、泡沫板、密封胶及止水槽填充材料施工。

## 7.3.2　端模改造后浇槽体止水安装

### 7.3.2.1　端模改造后浇槽体止水设计方案

端模改造后已浇槽体止水方案见图 7-12。止水槽底面预埋镀锌钢板，宽 60 mm，厚 6 mm；预埋钢板下有螺栓套筒，套筒高 50 mm，内径 14 mm，外径 30 mm；套筒下装有 φ 14 锚筋，长 200 mm；U 形橡胶止水带厚 7 mm，宽 320 mm，用粘钢型胶黏剂将止水带粘贴在预埋钢板及槽底面混凝土上。采用粘钢型胶黏剂将压板粘贴在止水带上，压板为 L 40×4 mm 角钢，黏结角钢同时上紧螺栓。螺栓螺帽高 15 mm，垫片尺寸为 40×40 mm，厚 2 mm。螺栓外露部分采用塑料套保护，U 形橡胶止水带"鼻子"内填充沥青麻丝，鼻子上部填充泡沫板与密封胶，止水带安装完毕后采用 C30 细石混凝土将止水槽封填。

### 7.3.2.2　端模改造后浇槽体止水方案材料要求

端模改造后浇槽体止水方案所用改性环氧砂浆、界面剂及粘钢型胶黏剂材料要求见表 7-10~表 7-12。

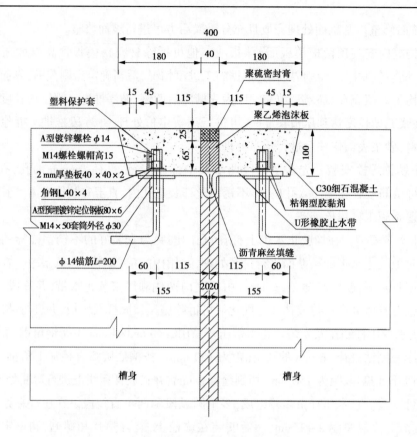

**图 7-12　端模改造后已浇槽体止水方案　（单位：mm）**

**表 7-10　聚硫密封胶性能指标**

| 项目 | 单位 | 技术指标 | 允许偏差(%) |
|---|---|---|---|
| 密度 | g/cm³ | ≥1.6 | ±0.1 |
| 适用期 | h | 2~6 | |
| 表干时间 | h | ≤24 | |
| 渗出性指数 | — | ≤4 | |
| 下垂度 | mm | ≤3 | |
| 低温柔性 | — | -40 ℃无裂纹 | 符合设计要求 |
| 黏结拉伸强度 | MPa | ≥0.2 | |
| 最大伸长率 | % | ≥300 | |
| 恢复率 | % | ≥80 | |
| 流淌性 | — | 不流淌 | |
| 无毒 | | | |

表 7-11　橡胶止水带性能指标

| 项目 | | | 性能指标 |
|---|---|---|---|
| 硬度(邵尔 A)度 | | | 60±5 |
| 拉伸强度(MPa) | | | ≥15 |
| 扯断伸长率(%) | | | ≥380 |
| 压缩永久变形 | | 70 ℃×24 h,% | ≤35 |
| | | 23 ℃×168 h,% | ≤20 |
| 撕裂强度(kN/m) | | | ≥30 |
| 脆性温度(℃) | | | ≤-45 |
| 臭氧老化 50 pphm,20%,48 h | | | 2 级 |
| 热空气老化 | 70 ℃×168 h | 硬度变化(邵尔 A)(度) | ≤+8 |
| | | 拉伸强度(MPa) | ≥12 |
| | | 扯断伸长率(%) | ≥300 |
| 低温弯折(-20 ℃,2 h) | | | |
| 体积膨胀率(%) | | | |
| 缓膨膜遇水溶解时间(h) | | | |
| 反复浸水试验 | | 拉伸强度(MPa) | |
| | | 扯断伸长率(%) | |
| | | 体积膨胀率(%) | |

表 7-12　粘钢型胶黏剂材料性能

| 项目 | | 性能指标 |
|---|---|---|
| 胶体性能 | 抗拉强度(MPa) | ≥30 |
| | 受拉弹性模量(GPa) | ≥3.5 |
| | 抗压强度(MPa) | ≥65 |
| | 抗弯强度(MPa) | ≥45,不呈脆性破坏 |
| | 伸长率(%) | ≥1.3 |
| | 固体含量(%) | ≥99 |
| 黏结能力 | 与混凝土正拉黏结强度(MPa) | ≥2.5,混凝土破坏 |

### 7.3.2.3　端模改造后浇槽体止水施工

(1)基础面处理。对止水槽基础面进行整平,若预埋钢板周围混凝土有裂缝应先进行修补;预埋钢板接头部位应打磨平整,不平整度不大于 1:8。

(2)镀锌螺栓安装。螺栓孔清孔后,将镀锌螺栓装进孔内,紧固力不小于 5 kg。

（3）止水带安装。在橡胶止水带上打孔，孔的间距与安装好的不锈钢锚栓的间距尺寸相符。对橡胶止水带的粘贴面进行打磨处理，并用丙酮（或酒精）擦拭干净。在槽沟粘贴面涂抹粘钢型胶黏剂，胶层厚度 2~3 mm。由槽底向两侧顺序安装止水带，并逐段压实，止水带两侧应有胶体溢出。待胶体充分固化后可拆除施压顶固杆及压板，并进行洁净处理。

（4）止水带压杆制作及安装。止水带压杆采用 ∟ 40 mm×4 mm 不锈钢角钢，加工前先在角钢翼缘一侧钻直径 16 mm 的孔，槽体弧线段孔距为 100 mm，直线段孔距为 150 mm。按槽底圆弧直径加工角钢，将其非孔翼缘侧切开，切割段距为 150 mm，切割缝宽 4 mm，并在放样弧线上进行弯曲处理，达到要求后即可安装。止水压杆由多段组成，多个圆弧段和两个直线段。在压杆粘贴面上涂粘钢型胶黏剂，涂层厚度 2~3 mm，然后安装在锚栓上，装好垫片和螺帽，调整定位后拧紧，紧固力不小于 5 kg，直至两面有胶体溢出。

（5）待槽内胶体固化后，对槽内进行局部修整及清理。安装螺栓保护套、泡沫板、密封胶及止水槽填充材料施工。

# 7.4　沙河渡槽止水原型试验

沙河梁式渡槽槽身结构复杂，施工难度高。为确保工程安全与顺利实施，有必要通过槽身原型试验，全面地、系统地掌握槽身各部位应力、应变与变形情况，验证设计和完善施工措施。同时通过试验选择可靠的止水型式及止水施工工艺。另外，沙河梁式渡槽作为"十一五"国家科技支撑计划项目"大流量预应力渡槽设计和施工技术研究"主要研究对象，原型试验对课题研究成果的应用也具有重大意义。

为验证渡槽止水带施工工艺，在存槽台座对第 1 榀、第 5 榀、第 6 榀、第 60 榀、第 82 榀渡槽进行充水试验，检测渡槽止水带施工工艺。

第 1 榀、第 5 榀、第 6 榀、第 60 榀渡槽为后植螺栓工艺，第 82 榀为预埋套筒工艺，通过试验和不断改进后，工艺成熟，渡槽止水带止水效果良好。

## 7.4.1　原型试验槽及堵头的结构与布置

沙河 U 形预制槽槽身止水试验通过试验跨槽身与两侧堵头开展工作。试验跨槽身呈南北向，槽身南、北端各设置一个堵头，槽身两端与堵头组成两条止水缝，南、北端各一条；试验布置见图 7-13、图 7-14。

原型试验模型为一跨 U 形槽身，槽身长 30 m，U 形断面，直径 8 m，净高 7.4 m，总高 8.3 m。根据施工队提供的资料，原型试验槽布置在梁式渡槽存槽区存槽台座 2~3 处，槽身由 4 个独立支墩支承（每个支座下 1 个），支墩与槽身间设 0.6 m×0.6 m 橡胶板连接；支墩为 C30 钢筋混凝土结构，尺寸为 1 m×1 m×1.1m（长×宽×高），支墩下设钢筋混凝土底梁，底梁尺寸为 9.25 m×4 m×1.1 m，两端 2 个支墩共用一底梁；基础采用 CFG 桩，桩径 0.5 m，桩间距 1.3 m，单桩长 12 m，顺槽向布置 3 根，横槽向布置 7 根。试验槽两端设堵头挡水，堵头采用 C30 钢筋混凝土结构，单侧堵头长 6.97 m，高 10.37 m，堵头与槽身连接处 2 m 长采用 U 形断面，以便与试验槽连接、安装止水带。其余为矩形断面。

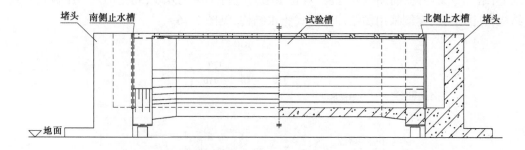

**图 7-13 止水试验槽布置图**

**图 7-14 现场止水槽与堵头**

## 7.4.2 第一次止水原型试验(第 1 榀槽)

第一次止水原型试验,在第 1 榀槽上进行,止水结构以初步设计为基础槽身止水结构,为压板式止水结构。

槽片南北端止水为压板式 GB 复合橡胶止水带方案,止水带宽 240 mm,厚 7 mm,止水带下复合 3 mm 厚 GB 胶。止水槽基面清理后,在槽底面打孔,孔距为 100 mm;后期用高强砂浆将 φ12 螺栓植入孔内;压板采用扁钢,厚度为 5 mm;垫板为 40 mm×40 mm,厚 2 mm;2011 年 9 月 4~13 日对第 1 榀槽进行了充水试验,至 6.05 m 设计水位时,槽身南北端出现小面积的渗漏现象;至满槽水位 7.4 m 时,南北端止水渗漏与设计水深下变化不大。后期经分析,南北端出现渗漏为止水槽底面为一斜面所致。

## 7.4.3 第二次止水原型试验(第 5 榀槽)

### 7.4.3.1 止水试验结构

在第 1 榀槽止水试验基础上,第二次止水试验采用的止水方案是在原设计方案的基础上,结合专家咨询、前期试验经验,对止水形式进行了优化修改,北侧仍采用压板式止水结构,见图 7-15;南侧采用黏结加压板式止水结构,见图 7-16。

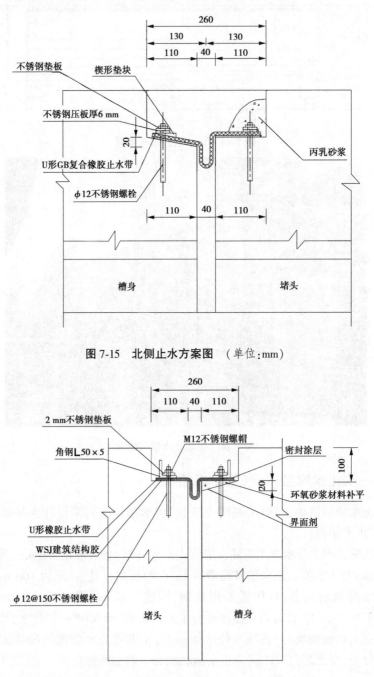

图 7-15　北侧止水方案图　（单位:mm）

图 7-16　南侧止水方案　（单位:mm）

此次止水试验用止水带取消了迎水面的遇水膨胀止水条,取消了止水带两侧的燕尾。止水带大样图见图 7-17、图 7-18。

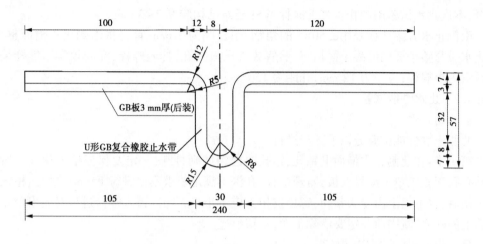

**图 7-17　北侧止水带大样图**　（单位：mm）

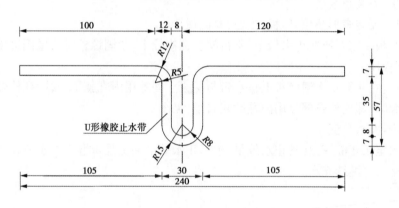

**图 7-18　南侧止水带大样图**　（单位：mm）

**1. 北侧止水**

北侧止水方案主要以由止水带、螺栓压板组成的防渗结构为主。止水带下面的 GB 柔性材料主要起密封、找平作用，与混凝土面能很好地结合，但根据前期 GB 片采用 5 mm、8 mm 试验结果，GB 层不宜过厚，因此本次止水试验对北侧止水带 GB 片调整后采用 3 mm，现场单独安装。

关于螺栓与压板，前期对螺栓进行了一系列试验，直径试验了 12 mm、14 mm，植入深度试验了 6 cm、8 cm、12 cm、14 cm；根据前期充水实际检验，直径采用 12 mm 即可，只要植入深度保证在 12 cm，抗拔、抗扭还是能满足实际需要的。因此，本次止水试验螺栓直径采用 12 mm，植入深度保证不少于 12 cm，植入部分加工为扁形。螺栓间距北侧止水带圆弧段 10 cm，直线段 10 cm。压板太厚也不利于施工，本次槽身北侧止水试验采用 6 mm，分段长度 100~200 cm，分缝设在螺栓孔处。

**2. 南侧止水**

南侧止水方案主要是由止水带与混凝土面黏结、螺栓压紧组成的粘锚体系。止水带下面的 WSJ 建筑结构胶主要起黏结、密封、找平作用，与混凝土面及橡胶止水带能很好的结合,本次止水试验南侧止水带下涂抹 WSJ 建筑结构胶厚 2~3 mm。

南侧止水方案压板采用∟50×5 的角钢,垫板厚为 2 mm;首先将南侧止水槽面整平,将止水带与整平后的混凝土面粘牢,然后放置压板打孔,拧入螺栓,灌胶填实。螺栓采用不锈钢内爆螺栓,直径为 12 mm,孔距为 150 mm。

### 7.4.3.2 止水性能试验

1. 北侧止水

北侧止水性能试验分以下 6 步进行。

第一步:在北侧止水槽面上钻孔,钻孔时遇钢筋则打断,一定要保证植入深度。对每个钻孔孔深施工单位编号上板,监理检查,孔深不满足要求不得进行下一道工序。植入砂浆固结后,自下而上由专人紧固,螺栓抗扭力应不小于 5 kg。植入螺栓过程对溢出至止水槽面上的砂浆,凝固前一定要清除干净,不留痕迹。

第二步:安装柔性 GB 板(3 mm 厚)。

第三步:安装止水带。

第四步:安装楔形垫块、压板、垫板、紧固螺栓。

要求压板一定要压在止水带上,不得架空在螺栓上,紧固螺栓时边紧固边用锤敲打压板,保证压板压实。

第五步:在北侧止水槽堵头上止水带与混凝土间隙用丙乳腻子勾缝,螺栓外露螺纹部分用胶带缠牢,螺栓外露部分用丙乳砂浆封填,见图 7-15。

第六步:充水验证。

先充水至 2.0 m 深,观察止水效果,根据止水效果决定是否继续充水或在止水槽内用丙乳砂浆密封再继续充水。

2. 南侧止水

南侧止水性能试验分以下 7 步进行。

第一步:采用金刚片对原粘贴坡面进行打磨,彻底清除原粘贴面上的粘贴物及其他附属材料,直至露出新的混凝土面,并适当整形。用压缩空气对基础面进行吹净处理,并用丙酮(或酒精)擦净基面。

第二步:基础面处理完成且充分干燥后方可进行坡面修整。在结构缝内安装预留槽模板(泡沫板或其他可拆除材料),模板顶高与坡顶高度一致,并用压缩空气吹净。涂刷 JME 界面胶,根据施工进度情况,适当确定涂刷范围,界面胶的涂刷应薄而均匀。填充 JME 环氧砂浆,填充顺序为先槽底后两侧,循序推进。视压板长度确定施工段,当砂浆充填长度达到压板长度时,可进行压实定位处理,并逐段推进。拆除模板和槽缝填充料,砂浆表面修整且进行洁净处理。

第三步:对橡胶止水带粘贴面进行打磨处理,并用丙酮(或酒精)擦拭干净。在槽沟粘贴面涂 WSJ 建筑结构胶,胶层厚度 2~3 mm。由槽底向两侧顺序安装止水带,并逐段压实。待胶体充分固化后可拆除施压顶固杆及压板,并进行洁净处理。

第四步:止水带压杆采用∟50 mm×5 mm 角钢,加工前先在角钢翼缘一侧钻直径 16 mm 的孔,孔距为 150 mm。按槽底圆弧直径加工角钢,将其非孔翼缘侧切开,切割段距为 150 mm,切割缝宽 4 mm,并在放样弧线上进行弯曲处理,达到要求后将切口电焊定型并焊实。止水压杆由三段组成,一个圆弧段和两个直线段,接头处用L 40 mm×4 mm 的角钢搭接。

　　第五步:将压杆安装在已粘贴好的止水带适当部位,先在压杆段两端及中部放线钻直径 16 mm 的孔,钻孔时遇钢筋则打断,一定要保证孔深。吹净后将不锈钢螺栓一端拧上内爆螺栓,在入孔段涂上 WSJ 建筑结构胶后装进孔内,并拧紧扩张定位。将压杆粘贴面涂上 WSJ 建筑结构胶后安装在锚栓上,装好垫片和螺帽,调整定位后拧紧。等其余孔按上述方法逐条施工将锚栓补齐。

　　第六步:待槽内胶体固化后,对槽内进行局部修整及清理。槽内洁净及干燥后采用 CPC 涂料涂刷 3 遍。涂层材料完全固化干燥后可进行装水试验。

　　第七步:充水验证。

　　先充水至 2.0 m 深,观察止水效果,根据止水效果决定是否继续充水或在止水槽内用丙乳砂浆密封再继续充水。

### 7.4.3.3　GB 复合密封止水材料性能与要求

　　GB 复合密封止水材料施工前,充分打磨平整,除去缝面上的灰、砂等杂物,用高压水枪冲洗干净,自然晾干,风干后再用;安装止水带前刷底胶(单组分粘接材料,GB 复合橡胶止水带的配套产品,由厂家提供,并在厂家指导下施工)。

　　GB 是中国水利水电科学研究院开发研制的止水密封材料,以特种橡胶为原料,具有独特性、高塑性、耐热性、耐寒性、耐老化性,还具有操作简便,无毒无味,耐水、黏附性能好等特点(见表 7-12)。GB 柔性填料还具有良好的黏结性能,与混凝土的黏结强度大于材料自身的拉伸强度,可确保在各种工况下黏结界面不发生破坏。同时,GB 柔性填料还具有优良的耐介质性,即耐水、耐碱盐浸泡,对环境具有很强的适用性,耐冻融循环,并具有一定的耐寒性和耐高温性。

表 7-13　GB 复合密封止水材料物理力学性能及复合性能

| 序号 | 项目 | | | 单位 | 指标 | 试验方法 |
|---|---|---|---|---|---|---|
| 1 | 浸泡质量损失率 常温,3 600 h | | 水 | % | ≤2 | 见 DL/T 949 |
| | | | 饱和 Ca(OH)$_2$ 溶液 | % | ≤2 | |
| | | | 10%NaCl 溶液 | % | ≤2 | |
| 2 | 拉伸黏结性能 | 常温、干燥 | 断裂伸长率 | % | ≥300 | 见 GB/T 13477.8 |
| | | | 黏结性能 | — | 不破坏 | |
| | | 常温、浸泡 | 断裂伸长率 | % | ≥300 | |
| | | | 黏结性能 | — | 不破坏 | |
| | | 低温、干燥 | 断裂伸长率 | % | ≥300 | |
| | | | 黏结性能 | — | 不破坏 | |
| | | 300 次冻融循环 | 断裂伸长率 | % | ≥300 | 见 DL/T 949 |
| | | | 黏结性能 | — | 不破坏 | |
| 3 | 流淌值(下垂度) | | | mm | ≤2 | 见 GB/T 13477.6 |

续表 7-13

| 序号 | 项目 | 单位 | 指标 | 试验方法 |
|---|---|---|---|---|
| 4 | 施工度(针入度) | 1/10 mm | ≥70 | 见 GB/T 4059 |
| 5 | 密度 | g/cm³ | 1.15 | 见 GB 1033 |
| 6 | 复合剥离强度(常温) | N/cm | ≥10 | 见 GB/T 2790<br>见 GB/T 2791 |
| 7 | 与混凝土面<br>粘接性能 | | 材料断裂,但<br>黏结面完好 | |

注:1. 常温指(23±2)℃。

2. 低温指(−20±2)℃。

3. 气温温和地区可以不做低温试验、冻融循环试验。

4. 硬化混凝土黏结性能(界面涂底胶)试验:材料断裂,黏结面完好。

#### 7.4.3.4 丙乳砂浆

施工时采用净浆打底,勾缝采用丙乳腻子,填充采用丙乳砂浆。

**1. 丙乳砂浆性能指标**

水泥采用 425 级普通硅酸盐水泥;砂子采用细砂,质地坚硬清洁、级配良好,最大粒径小于 2 mm,要求过筛;砂浆用水总量应考虑丙乳中的含水量。丙乳砂浆的丙乳掺入量为水泥重量的 30% 左右,具体通过试验确定。力学指标满足表 7-14 要求。

表 7-14　丙乳砂浆力学性能指标

| 序号 | 项目 | 指标 |
|---|---|---|
| 1 | 抗压强度(MPa) | ≥40 |
| 2 | 抗折强度(MPa) | ≥10 |
| 3 | 抗拉强度(MPa) | ≥7 |
| 4 | 与旧混凝土粘接强度(MPa) | ≥2 |
| 5 | 抗渗性(加压 1.5 MPa,24 h)渗水高度(mm) | ≤3.5 |
| 6 | 抗冻性 | F200 |
| 7 | 极限拉伸率($\times 10^{-6}$) | 558~900 |
| 8 | 收缩变形($\times 10^{-6}$)(mm) | ≤600 |

**2. 施工方法**

为保证质量应先用丙乳净浆打底,然后分层抹压丙乳砂浆,分层厚度根据填筑深度分为 3 层施工(实施过程中根据实施效果通过试验确定)。抹压时采用倒退法进行,即加压方向与刚建砂浆层前进方向相反,要求丙乳砂浆层密实,表面平整光滑,砂浆铺筑到位后,用力压实,随后抹面,注意向一个方向抹平,不要来回多次抹,可隔块跳开分段施工。

将止水槽内止水带两侧挤出的多余 GB 胶清除,并将止水槽清洗干净,晾干后用 1:2

(乳灰比)丙乳净浆勾缝。

丙乳砂浆抹压后约 4 h(表面略干)后,采用农用喷雾器进行水喷雾养护或用薄膜覆盖,养护 1 d 后再用毛刷在面层刷 1 道丙乳净浆,要求涂均、密封,注意采取合理的遮阳和保湿措施。

#### 7.4.3.5　试验过程及结论

1. 北侧止水方案

在第 1 榀槽止水试验基础上,对第 5 榀槽北端止水做了改进。在扁钢压板与止水带之间加入楔形垫块用来补平止水槽底面斜坡,螺栓直径采用 12 mm,植入深度保证不小于 12 cm,植入部分加工为扁形。螺栓间距北侧止水带圆弧段 10 cm,直线段 10 cm。扁钢压板太厚也不利于施工,本次槽身北侧止水试验采用 6 mm,分缝设在螺栓孔处。第 5 榀渡槽于 2012 年 2 月 10 日开始进行充水试验,2 月 19 日充至满槽水深,北端西侧止水有小面积的渗漏现象,北端东侧基本未出现渗漏现象。后期槽内水排空后对北端西侧止水进行查看,渗漏是槽身本体漏水造成的,止水本身并无漏水。

2. 南侧止水方案

第 5 榀槽南侧止水方案实施前需对施工造成的斜止水槽面补平,修补材料采用改性环氧,修补材料与原混凝土结合面涂刷界面剂;修补后在止水槽面打孔,孔距为 150 mm,用植筋胶将 Φ12 mm 不锈钢螺栓植入孔内;止水带厚度为 7 mm,宽度为 240 mm;角钢压板为 L 50 mm×5 mm,垫板为 40 mm×40 mm,厚度 2 mm;止水带与止水槽面、角钢压板与止水带间用粘钢型胶黏剂黏结,上紧垫板、螺帽。第 5 榀槽于 2012 年 2 月 10 日开始进行充水试验,于 2012 年 2 月 19 日充至满槽水深。南端止水在充至 4.0 m 水深时,西侧、东侧已出现渗漏现象;充至满槽水深 7.4 m 时,西侧、东侧出现大面积的渗漏现象;槽身南端本身严重漏水导致无法直观判断止水结构本身的渗漏情况。

### 7.4.4　第三次止水原型试验(第 60 榀槽)

2011 年 12 月至 2012 年 1 月对第 5 榀槽进行了止水试验,由于槽身端部混凝土局部存在缺陷,南、北侧止水带均有少量渗水现象,无法直观判断止水效果。

为此,在第 1 榀、第 5 榀止水工作的基础上采用第 60 榀槽与两侧堵头开展第三次止水试验。

#### 7.4.4.1　止水试验结构

1. 止水槽面处理及止水带安装

本次止水试验采用的止水方案是在第 5 榀槽南侧止水方案的基础上进行了优化修改,本次止水试验由武大巨成公司处理、安装。南侧止水方案见图 7-19,北侧止水方案见图 7-20,止水带大样图见图 7-21。

止水槽面处理及止水带安装分以下六步进行:

第一步:基础面处理。采用金刚片对原粘贴坡面进行打磨,彻底清除原粘贴面上的粘贴物及其他附属材料,直至露出新的混凝土面,并适当整形。用压缩空气对基础面进行吹净处理,并用丙酮(或酒精)擦净基面。

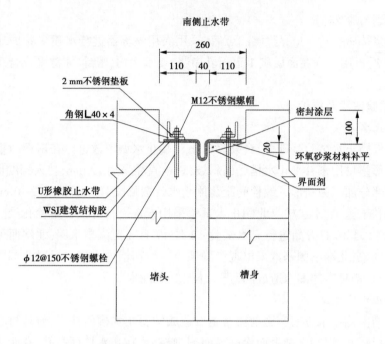

图 7-19　南侧止水方案　（单位：mm）

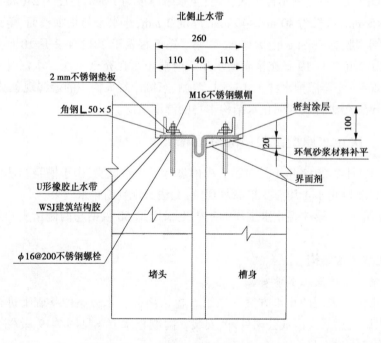

图 7-20　北侧止水方案　（单位：mm）

第二步：坡面修整。基础面处理完成且充分干燥后方可进行坡面修整。

在结构缝内安装预留槽模板（泡沫板或其他可拆除材料），模板顶高与坡顶高度一致，并用压缩空气吹净。涂刷 JME 界面胶，根据施工进度情况，适当确定涂刷范围，界面

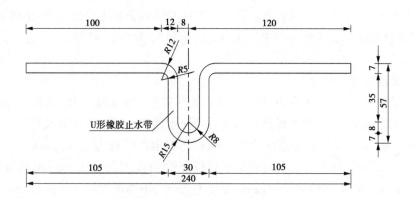

**图 7-21　止水带大样图**　（单位：mm）

胶的涂刷应薄而均匀。填充 JME 环氧砂浆,填充顺序为先槽底后两侧,循序推进。视压板长度确定施工段,当砂浆充填长度达到压板长度时,可进行压实定位处理,并逐段推进。拆除模板和槽缝填充料,砂浆表面修整且进行洁净处理。

第三步:不锈钢螺栓安装。先在压杆段两端及中部放线,南边钻直径 16 mm 的孔,北边钻直径 18 mm 的孔,孔深 120 mm,清孔将 WSJ 建筑结构胶注入孔内,将不锈钢丝杆装进孔内,直至有胶体溢出。等其余孔按上述方法逐条施工将锚栓补齐。

第四步:止水带安装。在橡胶止水带上打孔,孔的间距与安装好的不锈钢锚栓的间距尺寸相符。对橡胶止水带的粘贴面进行打磨处理,并用丙酮(或酒精)擦拭干净。在槽沟粘贴面上涂 WSJ 建筑结构胶,胶层厚度 2~3 mm。由槽底向两侧顺序安装止水带,并逐段压实。待胶体充分固化后可拆除施压顶固杆及压板,并进行洁净处理。

第五步:止水带压杆制作及安装。南边止水带压杆采用∟40 mm×4 mm 不锈钢角钢,加工前先在角钢翼缘一侧钻直径 16 mm 的孔,孔距为 150 mm。北边止水带压杆采用∟50 mm×5 mm 不锈钢角钢,加工前先在角钢翼缘一侧钻直径 18 mm 的孔,孔距为 200 mm。按槽底圆弧直径加工角钢,将其非孔翼缘侧切开,切割段距为 150 mm,切割缝宽 4 mm,并在放样弧线上进行弯曲处理,达到要求后即可安装。止水压杆由多段组成,多个圆弧段和两个直线段。在压杆粘贴面上涂 WSJ 建筑结构胶,涂层厚度 2~3 mm,然后安装在锚栓上,装好垫片和螺帽,调整定位后拧紧,直至两面有胶体溢出。

第六步:密封涂层处理。待槽内胶体固化后,对槽内进行局部修整及清理。采用塑性密封材料对压条两侧及紧固螺帽进行密封处理。

2. 止水带两侧防渗材料涂刷

南、北侧止水带安装后,在止水槽两侧各 1.5 m 迎水面范围内涂刷防渗材料。南侧止水槽两侧由武大巨成公司涂刷水性硅烷防水剂及 CPC 混凝土防碳化涂料;北侧止水槽两侧由中国水利水电科学研究院喷涂瑞德康七号防水剂。

待防渗材料养护完毕后可进行充水试验,若充水过程中槽身端部止水部位有明显渗漏点,应停止充水,待查明原因及处理后方可继续充水。

3. 槽身防渗材料涂刷

若充水过程中槽身有局部渗水点,待槽内水放空后在槽身 27 m 迎水面范围内涂刷防渗材料,北侧 13.5 m 由中国水利水电科学研究院喷涂瑞德康七号防水剂,南侧 13.5 m 由水电四局涂刷水泥基渗透结晶型防渗涂料。防渗材料养护完毕后再进行充水试验,验证防渗效果。

### 7.4.4.2　试验过程及结论

第 60 榀槽于 2012 年 3 月 20 日开始进行充水试验,2012 年 3 月 24 日达到满槽水位 7.4 m。止水带安装前,按第 5 榀槽处理方式将止水槽底面补平。南北端均采用黏结加压板方案,止水带厚度为 7 mm,宽度为 240 mm;北端角钢压板为 L 50 mm×5 mm,垫板为 40 mm×40 mm,厚度为 2 mm,不锈钢螺栓直径为 14 mm,孔距 200 mm;南端角钢压板为 L 40 mm×4 mm,垫板为 40 mm×40 mm,厚度为 2 mm,不锈钢螺栓直径为 12 mm,孔距 150 mm,具体施工方式同第 5 榀槽。第 60 榀槽在充水过程中,南、北端止水均未出现渗漏现象。

## 7.4.5　第四次止水原型试验(第 82 榀槽)

### 7.4.5.1　第四次止水原型试验背景

2011 年 9 月,因现场实测纵、环向锚索测力计损失较设计值偏大,设计单位根据现场实测测力计锚索损失及现场实测管道摩阻($\mu = 0.180\ 8$,$k = 0.001\ 29$)对槽身纵向、环向锚索做了调整,根据调整后的锚索布置对止水结构做了相应调整,U 形槽预留止水槽口宽由 260 mm 调整为 400 mm,底宽由 260 mm 调整为 350 mm;单条止水带厚度由 8 mm 调整为 10 mm,止水带宽度由 240 mm 调整为 320 mm,取消止水带迎水面遇水膨胀止水条、背水面 GB 复合材料、止水带迎水面燕尾,止水带背水面增加 3 mm 厚遇水膨胀止水条;止水带螺栓由后期打孔调整为前期预埋,同时止水槽面上前期预埋不锈钢镀锌定位钢板,止水带伸缩缝膨胀螺栓(直径 10 mm)调整为预埋螺栓(直径 14 mm),止水带伸缩缝螺栓螺帽直径由 10 mm 调整为 14 mm,止水带不锈钢压板厚度由 5 mm 调整为 6 mm、宽度由 30 mm 调整为 40 mm,止水带不锈钢垫板厚度由 5 mm 调整为 6 mm、宽度由 30 mm 调整为 40 mm。同时施工单位对槽身端部模板及环向锚槽进行了相应调整。第 82 榀槽为使用调整后的新模板浇筑的第 1 榀渡槽,有必要对第 82 榀渡槽进行充水试验以验证调整后的止水结构效果及锚索调整后的结构安全性。

### 7.4.5.2　试验方案

1. 北侧止水方案

北侧槽身止水带采用粘接方案,止水带背水面应不带遇水膨胀条,鉴于止水带已采购,北侧仍采用底部复合膨胀条止水带,止水方案见图 7-22。

槽身北侧止水带安装分以下两步进行:

第一步:止水带安装。在橡胶止水带上打孔,孔的间距与安装好的不锈钢锚栓的间距尺寸相符。对橡胶止水带的粘贴面进行打磨处理,并用丙酮(或酒精)擦拭干净。在槽沟粘贴面上粘贴 WSJ 建筑结构胶,胶层厚度 2~3 mm。由槽底向两侧顺序安装止水带,并逐段压实。待胶体充分固化后可拆除施压顶固杆及压板,并进行洁净处理。

第二步:止水带压杆制作及安装。止水带压杆采用 L 40 mm×4 mm 不锈钢角钢,加工

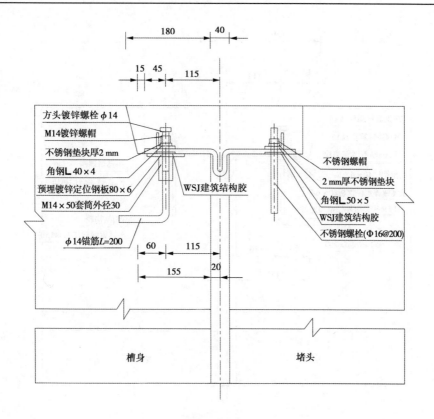

**图 7-22  北侧止水方案** （单位:mm)

前先在角钢翼缘一侧钻直径 16 mm 的孔,孔距为 100 mm(槽身上部直线段为 150 mm)。按槽底圆弧直径加工角钢,将其非孔翼缘侧切开,切割段距为 150 mm,切割缝宽 4 mm,达到要求后即可安装。在压杆粘贴面上涂 WSJ 建筑结构胶,涂层厚度 2~3 mm,然后安装在锚栓上,装好垫片和螺帽,调整定位后拧紧,直至两面有胶体溢出。

2. 南侧止水方案

南侧槽身止水带采用压紧方案,止水方案见图 7-23。

槽身南侧止水带安装分以下两步进行:

第一步:待止水槽基面打磨处理平整后,安装止水带。

第二步:安装压板垫板、紧固螺栓,紧固抗扭力不得小于 5 kg。要求压板一定要压在止水带上,不得架空在螺栓上,紧固螺栓时边紧固边用锤敲打压板,保证压板不架空。

### 7.4.5.3  试验过程及结论

第 82 榀槽为槽身端模改造后浇筑的第 1 榀渡槽,槽身充水试验时北端止水采用黏结加压板方案。端模改造后的槽身止水槽深 100 mm,顶宽 180 mm,底宽 155 mm。止水槽底部预埋了钢板,钢板下有套筒及锚筋连接。止水带宽 320 mm,厚 7 mm,施工时将止水带与槽底接触部位打磨平整,用粘钢型胶黏剂将止水带粘至槽底面,上紧角钢压板、螺帽。充水试验于 2012 年 10 月 23 日开始充水,10 月 27 日充至满槽水深。充水期间,止水带结构未出现渗漏现象。

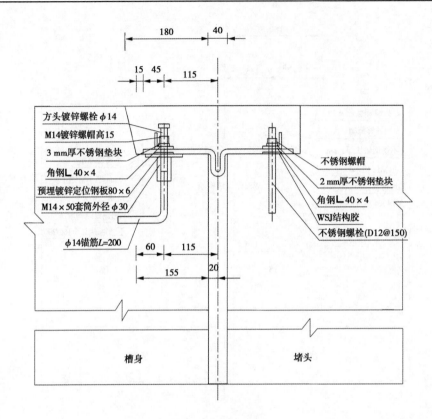

图 7-23　南侧止水方案

# 第 8 章　箱基渡槽施工

## 8.1　概　述

沙河渡槽箱基渡槽分为沙河—大郎河箱基渡槽和大郎河—鲁山坡箱基渡槽两部分。设计流量 320 m³/s,加大流量 380 m³/s,属Ⅰ等工程,主要建筑物级别为Ⅰ级。箱基一般每 20 m 一节,槽身采用矩形双槽布置形式,为 C30 钢筋混凝土结构,槽身净宽 2×12.5 m,槽身侧墙净高 7.8 m,槽身底板兼作涵洞顶板,侧墙为变断面形式,下部宽 1.25 m,上部宽0.4 m,侧墙顶部设净宽 1.5 m 人行通道。下部支承结构为箱形涵洞,洞身长与上部槽身对应,单联长 15.4 m,顺槽向每 3 孔一联,相应每节槽身单节长 20 m;涵洞孔宽 5.5~5.8m,孔高 5.5~9.1 m。沙河—大郎河箱基渡槽槽底比降 1/5 900,大郎河—鲁山坡落地槽槽底比降 1/6 100。箱基渡槽结构图见图 8-1。

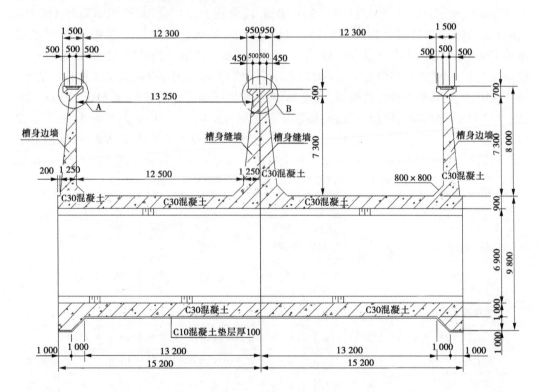

图 8-1　箱基渡槽结构图

沙河—大郎河箱基渡槽总长 3 534 m,共 178 跨, 桩号 SH(3)4+504.1~SH(3)8+

038.1。该段箱基渡槽起点接沙河梁式渡槽出口末端,渡槽轴线沿沙河梁式渡槽轴线向北,途经叶园村西至小詹营村南约 350 m 处转向东北,其轴线弯道半径为 1 000 m,圆心角47.2°,弧长 823.8 m。渡槽在詹营村的东南穿过将相河,后沿马庄村西到达大郎河右岸与大郎河梁式渡槽连接。渡槽在桩号 SH(3)6+695.6 处与将相河交叉,采用河穿槽形式连接;在桩号 SH(3)7+279.5 处与鲁平公路交叉,采用路穿槽形式连接。

大郎河—鲁山坡箱基渡槽总长 1 820 m,共 94 跨,桩号 SH(3)8+538.1~SH(3)10+358.1。槽轴线沿大郎河梁式渡槽轴线向东北方向延伸,经核桃园村东到张庄村北,而后折向偏东方向,其转弯处轴线弯道半径为 500 m,圆心角 36.97°,弧长 322.6 m,跨杏树沟前与鲁山坡落地槽相接。

# 8.2　工程地质条件

## 8.2.1　沙河—大郎河箱基渡槽

该段位于沙河左岸,穿越漫滩、Ⅰ级阶地、Ⅱ级阶地,地面高程 116.0~119.4 m,地质结构为土岩双层结构,岩性由第四系覆盖层和上第三系基岩组成,上部覆盖层厚 9~18 m。

分布桩号 SH(3)4+504.1~SH(3)8+038.1,全长 3 534 m。此段地面高程 116.0~119.4 m,建筑物基础底面高程 115.158~117.198 m,基础置于第①-1 层中细砂、第②层重粉质壤土、第③层砾砂、第④层中砂、第⑨层黄土状重粉质壤土、第(12)层中砂、第(13)-2层卵石之上,承载力标准值 $f_k$=65~400 kPa。其中第①-1 层中细砂、第②层重粉质壤土、第④层中砂、第⑫层中砂结构松散,强度低,其承载力标准值 $f_k$ 分别为 65 kPa、110 kPa、80kPa、110 kPa,对此均应做相应处理;第⑨层黄土状重粉质壤土,具中等湿陷性,地下水位位于建基面附近,受季节降水影响而变化,部分地段可能存在基坑涌水问题,根据地下水的变化情况,决定是否采取排水措施。各土岩体物理力学性参数建议值见表 8-1~表 8-3。

表 8-1　沙河渡槽各土、岩体物理性指标建议值

| 土、岩体单元 | 时代成因 | 物理性质 | | | | 液限 | 塑限 | 塑性指数 | 液性指数 |
| | | 天然含水量 | 天然干密度 | 比重 | 天然孔隙比 | | | | |
| | | $\omega$ (%) | $\rho_d$ (g/cm³) | $s$ | $e$ | $\omega_L$ (%) | $\omega_P$ (%) | $I_P$ | $I_L$ |
| ②重粉质壤土 | $Q_4^{1al+pl}$ | 22.8 | 1.58 | 2.72 | 0.730 | 29.8 | 16.9 | 12.9 | 0.49 |
| ⑤黄土状中粉质壤土 | $Q_4^{1al+pl}$ | 19.7 | 1.53 | 2.69 | 0.771 | 28.9 | 16.2 | 12.7 | 0.28 |
| ⑥重粉质壤土 | $Q_4^{1al+pl}$ | 20.8 | 1.61 | 2.70 | 0.698 | 30.1 | 15.8 | 14.3 | 0.34 |
| ⑦粉质黏土 | $Q_3^{1al}$ | 24.2 | 1.59 | 2.72 | 0.718 | 38.8 | 19.3 | 19.5 | 0.26 |
| ⑧黄土状轻粉质壤土 | $Q_3^{2al+pl}$ | 9.5 | 1.63 | 2.69 | 0.622 | 32.0 | 17.1 | 14.9 | -0.51 |

续表 8-1

| 土、岩体单元 | 时代成因 | 物理性质 | | | | 液限 | 塑限 | 塑性指数 | 液性指数 |
|---|---|---|---|---|---|---|---|---|---|
| | | 天然含水量 | 天然干密度 | 比重 | 天然孔隙比 | | | | |
| | | $\omega$ (%) | $\rho_d$ (g/cm³) | $s$ | $e$ | $\omega_L$ (%) | $\omega_P$ (%) | $I_P$ (%) | $I_L$ (%) |
| ⑨黄土状重粉质壤土 | $Q_3^{2al+pl}$ | 21.6 | 1.59 | 2.71 | 0.721 | 30.7 | 17.1 | 13.6 | 0.23 |
| ⑪重粉质壤土 | $Q_3^{2al+pl}$ | 24.0 | 1.57 | 2.72 | 0.721 | 31.3 | 16.6 | 15.7 | 0.63 |
| ⑭泥质砂砾岩砾质泥岩 | $N_1^L$ | 12.1 | 2.10 | | | | | | |
| ⑯-1 黏土岩 | $N_1^L$ | 19.9 | 1.66 | 2.73 | | | | | |
| ⑯-2 黏土岩 | $N_1^L$ | 19.7 | 1.72 | 2.75 | 0.619 | 50.8 | 26.0 | 25.7 | |

表 8-2 沙河渡槽各土体力学性指标建议值

| 土体单元序号 | 时代成因 | 土体单元 | 力学指标 | | | | 渗透系数 | 承载力标准值 | 桩基(钻孔灌注桩) | |
|---|---|---|---|---|---|---|---|---|---|---|
| | | | 压缩 | | 饱和快剪 | | | | 地基承载力基本容许值 | 桩侧土的摩阻力标准值 |
| | | | 压缩系数 | 压缩模量 | 黏聚力 | 内摩擦角 | | | | |
| | | | $a_{1-2}$ (MPa⁻¹) | $E_s$ (MPa) | $c$ (kPa) | $\varphi$ (°) | $K$ (cm/s) | $f_k$ (kPa) | $[f_{a0}]$ (kPa) | $q_{ik}$ (kPa) |
| ①-1 | $Q_4^{1al}$ | 中细砂 | | | | | | 65 | | |
| ①-4 | $Q_4^{2al+pl}$ | 轻壤土 | | | | | | 100 | | |
| ② | $Q_4^{1al+pl}$ | 重粉质壤土 | 0.45 | 4.36 | 10 | 16.5 | $1.31×10^{-4}$ | 110 | 120 | 40 |
| ③ | $Q_4^{1al+pl}$ | 砾砂 | | | | | $8.53×10^{-2}$ | 150 | 170 | 70 |
| ④ | $Q_4^{1al+pl}$ | 中砂 | | | | | | 80 | | |
| ⑤ | $Q_4^{1al+pl}$ | 黄土状中粉质壤土 | 0.66 | 2.8 | 7 | 21.0 | $2.32×10^{-4}$ | 130 | 150 | 15 |
| ⑥ | $Q_4^{1al+pl}$ | 重粉质壤土 | 0.29 | 7.9 | 16 | 20.0 | $6.14×10^{-6}$ | 140 | 165 | 30 |
| ⑦ | $Q_3^{1al+pl}$ | 粉质黏土 | 0.21 | 9.78 | 25.0 | 14.6 | $8.96×10^{-6}$ | 170 | 200 | 50~55 |
| ⑧ | $Q_3^{2al+pl}$ | 黄土状轻粉质壤土 | | 9.0 | 5.0 | 23.5 | | 150 | | |
| ⑨ | $Q_3^{2al+pl}$ | 黄土状重粉质壤土 | 0.39 | 6.67 | 25.3 | 16.1 | $5.84×10^{-5}$ | 160 | | |
| ⑩ | $Q_3^{2al+pl}$ | 中粉质壤土 | | | | | | 100 | | |

**续表 8-2**

| 土体单元序号 | 时代成因 | 土体单元 | 力学指标 | | | | 渗透系数 | 承载力标准值 | 桩基(钻孔灌注桩) | |
| | | | 压缩 | | 饱和快剪 | | | | | |
| | | | 压缩系数 | 压缩模量 | 黏聚力 | 内摩擦角 | | | 地基承载力基本容许值 | 桩侧土的摩阻力标准值 |
| | | | $a_{1-2}$ (MPa$^{-1}$) | $E_s$ (MPa) | $c$ (kPa) | $\varphi$ (°) | $K$ (cm/s) | $f_k$ (kPa) | $[f_{a0}]$ (kPa) | $q_{ik}$ (kPa) |
| ⑪ | $Q_3^{2al+pl}$ | 重粉质壤土(含碎石) | 0.31 | 5.45 | 21.5 | 12.9 | $8.22 \times 10^{-7}$ | 200 | | |
| ⑫ | $Q_3^{1al+pl}$ | 中砂 | | | | | | 110 | | |
| ⑬-1 | $Q_3^{1al+pl}$ | 卵石 | | | | | $8.65 \times 10^{-2}$ | 400 | | 240 |
| ⑬-2 | $Q_3^{1al+pl}$ | 卵石 | | | | | $8.65 \times 10^{-2}$ | 350 | 400 | 200 |

**表 8-3  沙河渡槽各岩体单元力学性指标建议值**

| 土体单元序号 | 时代成因 | 土体单元 | 力学指标 | | | | 泊松比 | 承载力标准值 | 桩基(钻孔灌注桩) | |
| | | | 压缩 | | 饱和快剪 | | | | | |
| | | | 黏聚力 | 内摩擦角 | 湿单轴抗压强度 | 弹性模量 | | | 地基承载力基本容许值 | 桩侧土的摩阻力标准值 |
| | | | $c$ (kPa) | $\varphi$ (°) | $R_湿$ | $E_s$ (MPa) | $\mu$ | $f_k$ (kPa) | $[f_{a0}]$ (kPa) | $q_{ik}$ (kPa) |
| ⑭ | $N_1^L$ | 泥质砂砾岩砾质泥岩 | | | 0.1~0.4 | 10~15 | 0.2~0.3 | 450 | 500 | 140 |
| ⑮ | $N_1^L$ | 砂岩 | | | | | | 250 | | |
| ⑯-1 | $N_1^L$ | 黏土岩 | 10 | 15 | 0.5~1.0 | 20~40 | 0.2~0.4 | 300 | 350 | 80 |
| ⑯-2 | $N_1^L$ | 黏土岩 | 10 | 16 | | | | 300 | 370 | 70 |
| ⑯-2 | $N_1^L$ | 砾质黏土岩 | | | | | | 400 | 470 | 90 |

## 8.2.2  大郎河—鲁山坡箱基渡槽段

该段桩号 SH(3)8+538.1~SH(3)10+358.1,全长 1 820 m,位于沙河左岸Ⅱ级阶地上,地面高程一般为 117.4~119.3 m,地质结构由第四系覆盖层和上第三系软岩组成。建筑物采用箱基涵洞式渡槽,基础底面高程 116.123~119.017 m,基础置于第⑨层黄土状重粉质壤土、⑨-1 层含碎石的重粉质壤土中,其承载力标准值 $f_k = 160 \sim 200$ kPa。第⑨层土具中等湿陷性。另外,在桩号 SH(3)9+825 及 SH(3)10+125 附近,第⑩层中粉质壤土标贯击数 2~3 击,为软弱土地基。

# 8.3 基础开挖

沙河箱基渡槽基坑开挖工程主要包括:箱基渡槽主体开挖、基础处理工程开挖、河道整治工程、穿槽路渠沟工程、沿槽运行维护道路及临建工程开挖等。沙河箱基渡槽基坑开挖共 98.5 万 $m^3$,其中沙河—大郎河箱基渡槽土石方开挖 54.6 万 $m^3$,于 2010 年 6 月 14 日开始进行土方开挖施工,2013 年 7 月 11 日完成该段土方开挖施工;大郎河—鲁山坡箱基渡槽土石方开挖 43.9 万 $m^3$,于 2010 年 10 月 11 日开始进行土方开挖施工,2012 年 11 月 6 日完成该段土方开挖施工。

## 8.3.1 土方开挖

### 8.3.1.1 施工区域划分

沙河箱基渡槽段开挖,考虑到施工布置、施工影响因素、工程地质、施工便利性等多方面,土方开挖共分 7 个区域进行,其中沙河—大郎河箱基渡槽分 5 个区域,大郎河—鲁山坡箱基渡槽分 2 个区域。具体如下:

1. 沙河—大郎河箱基渡槽段

Ⅰ区:桩号 SH(3)4+504.1~SH(3)5+224.1,土方开挖深度 3.2~5.1 m;

Ⅱ区:桩号 SH(3)5+224.1~SH(3)5+924.1,土方开挖深度 1.6~4.2 m;

Ⅲ区:桩号 SH(3)5+924.1~SH(3)6+644.1,土方开挖深度 2.1~5.0 m;

Ⅳ区:桩号 SH(3)6+644.1~SH(3)7+338.1,土方开挖深度 1.8~5.0 m;

Ⅴ区:桩号 SH(3)7+338.1~SH(3)8+038.1,土方开挖深度 1.8~4.6 m。

该段土方开挖底口宽度均为 34.42 m,由于开挖土层较薄且方量不大,挖掘设备采用 1.0 $m^3$ 液压反铲和 3.0 $m^3$ 装载机,并辅助用 162 kW 的推土机兼顾各个作业面,开挖渣料采用 10 t 自卸车运输。

2. 大郎河—鲁山坡箱基渡槽段

Ⅵ区:桩号 SH(3)8+538.1~SH(3)9+518.1,土方开挖深度 1.5~4.4 m;

Ⅶ区:桩号 SH(3)9+518.1~SH(3)10+358.1,土方开挖深度 1.8~5.1 m。

### 8.3.1.2 施工准备

(1)施工前仔细查明地上、地下有无管线及其他影响施工的建筑物,对施工有影响的要提前拆除或改迁,同时注意开挖边界以外的建筑物是否安全。

(2)开挖前首先测量放线,依据设计挖深及边坡坡率推算测出开挖边界,并及早完成堑顶截水沟的修建。由高到低,从上至下,由外向里逐层开挖,最后削坡至边坡设计线,严禁掏底开挖。

(3)剥除开挖区地表植被、腐殖土及其他不能作填料的土层,弃运弃土场。

(4)根据测设路线中桩、设计图表定出堑顶边线、边沟位置桩。在距渡槽中心一定安全距离设置控制桩。对于深挖地段,每挖深 6 m,复测中心桩一次,测定其标高及宽度,以控制边坡的坡比。

（5）堑坡开挖前要修好临时性、永久性排水沟相结合的排水系统，防止雨水浸泡。

### 8.3.1.3 开挖施工程序

土方明挖按照"自上而下，由表及里，分层分部开挖"的原则进行。施工程序为：测量放样→植被（表土）清理→管井布置→修筑排水沟→分层开挖→边坡整修、支护→基坑路铺垫、挖除→深层土开挖→检查验收。

### 8.3.1.4 开挖方法

土方开挖施工按照施工规划方案分区分段进行。开挖方法如图8-2所示。

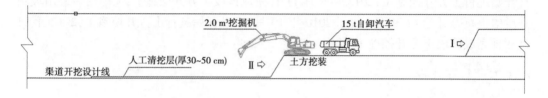

图8-2 土方开挖方法示意图

（1）依据设计结构开挖图，开挖深度2.5~5.0 m，采用自上而下分两层进行施工，上层厚度0.4~0.5 m（表层土），下层厚度2.0~4.5 m（开挖层）。开挖成一定的坡势以利排水，保证边坡稳定。

（2）表层采用推土机剥除，集中堆放，挖掘机装，自卸汽车外运至堆料场集中堆放以备复耕所用；有用料采用挖掘机装，自卸汽车运至填筑地段沿槽堆放；无用料采用挖掘机装，自卸汽车运至弃渣场。

（3）土方开挖采用2.0 m³液压挖掘机直接挖装，出渣采用15 t自卸汽车运输。沟槽开挖施工采用人工挖装，出渣采用15 t以下自卸汽车运输。基坑内出渣临时道路随开挖面而布置，随修随用。

（4）开挖进度充分考虑结构混凝土的施工进度，一个循环为60~80 m。

（5）土方开挖临近设计高程时，预留30~50 cm保护层（开挖时间在冬季低温季节，厚度适当增加），采用人工清挖至底板基础高程。易风化崩解的土层，开挖后不能及时回填的，应保留保护层至下道工序施工前再修整挖除。

（6）对地下水渗水量较大的施工段，开挖前先沿槽施工两侧外围50 cm×50 cm（深×底宽）梯形排水沟，然后沿渡槽两侧开挖贴坡降水沟，沟底高程比开挖设计底板高程低50 cm，并每隔50 m设2 m³集水井，采用潜水泵抽排至外围排水沟或施工场外。

（7）对边坡局部范围存在淤泥及软弱土层的开挖施工，将淤泥及软弱土层全部挖除，再换填碎石土或壤土压实。

（8）排水沟、截排水沟施工。土方施工将经历雨季和汛期，为确保基坑基础不被外来水浸泡，在开口线外设置截流沟或挡水堤，防止地表水进入基坑；坑槽开挖施工时，设置必要的排水沟及集水井、坑，以便将地下水、渗水、雨水汇集至集水井、坑，然后用抽水泵抽排至开挖区外，从而保证开挖在干地施工。坑外排水沟分别在基坑左、右侧布置，采用人工配合挖掘机开挖；为保证排水沟防渗，沟槽开挖完成后沿内侧面铺设塑料薄膜，薄膜边缘延伸到坡顶用土袋压实,塑料薄膜采用农用聚乙烯薄膜,厚 0.12 mm。最后将抽排水引至地方排洪沟渠内导出。

## 8.3.2　土方调配

根据总体临时设施规划与布置及设计规划要求,将腐殖土、可利用渣料和弃置废渣分别运至指定地点分类堆存。渠道开挖可用土料应直接运至渠道填筑工作面,尽量避免二次倒运;建筑物基坑开挖土料用于基坑回填的部分,就近堆置于基坑附近。

(1)沙河—大郎河箱基渡槽 SH(3)4+504.1~SH(3)6+284.1 基础开挖土方约为 31.43 万 m³(自然方),其中 11.83 万 m³ 用于基坑的回填,10.16 万 m³ 用于基础换填,运输至临时堆料场,运距为 1~1.5 km,多余的 9.44 万 m³ 土料运至楼张弃土场,运距为 6 km。

(2)沙河—大郎河箱基渡槽 SH(3)6+284.1~SH(3)8+038.1 基础开挖土方约为 23.17 万 m³(自然方),其中 5.83 万 m³ 用于基坑的回填,16.16 万 m³ 用于基础换填,运输至临时堆料场,运距为 1~1.5 km,多余的 1.18 万 m³ 土料运至楼张弃土场,运距为 8 km。

(3)大郎河—鲁山坡箱基渡槽段 SH(3)8+538.1~SH(3)9+518.1 范围内的耕植土、废料及多余的开挖料共 23.15 万 m³,全部临时堆放在堆放场,有用料尽量协调换填使用,需备料的施工段沿渠临时堆放。

(4)大郎河—鲁山坡箱基渡槽段 SH(3)9+518.1~SH(3)10+358.1 范围内的耕植土、废料及多余的开挖料 20.75 万 m³,全部运到场地三街取土场兼弃渣场堆放,SH(3)10+358.1~SH(3)10+358.1 多余的有用料尽量协调换填使用,其余运到三街弃土场堆放。土方调配见表 8-4。

表 8-4　沙河箱基渡槽基础开挖土方调配

| 序号 | 部位 | | 单位 | 工程量 | 有用土 | 弃渣 | 土方填筑 | 换填 |
|---|---|---|---|---|---|---|---|---|
| 1 | 沙河—大郎河箱基渡槽 | SH(3)4+504.1~SH(3)6+284.1 | m³ | 314 300 | 219 900 | 94 400 | 118 300 | 101 600 |
| 2 | | SH(3)6+284.1~SH(3)8+038.1 | m³ | 231 700 | 219 900 | 11 800 | 58 300 | 161 600 |
| 3 | 大郎河—鲁山坡箱基渡槽 | SH(3)8+538.1~SH(3)9+518.1 | m³ | 231 528 | 127 145 | 104 383 | — | 233 100 |
| 4 | | SH(3)9+518.1~SH(3)10+358.1 | m³ | 207 484 | 105 955 | 101 529 | — | |
| 合计 | | | m³ | 985 012 | 672 900 | 312 112 | 176 600 | 496 300 |

# 8.4　施工期基坑降水

沙河箱基渡槽基础开挖建基面标高为 112~117.2 m,地下水埋深为 2.5~3.5 m。施工时为保证深基坑开挖、砂砾石换填、基础混凝土浇筑等作业顺利开展,确保施工安全,同时防止坡壁土体坍塌,避免产生流砂、管涌等不良水文地质现象,采取管井井点降水措施。

## 8.4.1　沙河箱基渡槽基坑降水参数确定

基坑左右侧按单排线型布置,根据地下水情况顺流向井间距 10~15 m,基坑左右侧井间距 41.5 m;井深 15~17 m,混凝土无砂管内径 330 mm,无砂管外径 420 mm,过滤器采用混凝土无砂管,长度为 9~10 m,沉砂管为混凝土实管,长度为 2~2.5 m;孔口管为混凝土实管,长度为 2.5~3.5 m;采用 3~5 mm 砾石做滤料。水泵采用 80 m³/h、120 m³/h、140 m³/h 潜水泵组合抽排水。

(1)采用《建筑基坑支护技术规程》(JTJ 120—99)中潜水完整井基涌水量计算。

目前,首段基坑降水区域为 SH(3)6+244.1~SH(3)6+324.1,该段基底标高为 113.38 m,而地下水埋深为 115.5 m 左右,基坑水位降深值取 8 m 左右。基坑管井布置见图 8-3、图 8-4。

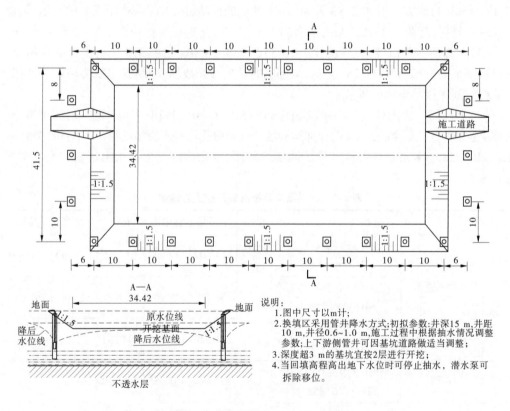

**图 8-3　基坑开挖降水井点布置图**

①根据《建筑基坑支护技术规程》(JTJ 120—99)中潜水完整井基坑涌水量计算公式计算基坑涌水量:

$$Q = 1.366K \frac{(2H - S)S}{\lg(1 + \dfrac{R}{r_0})} \tag{8-1}$$

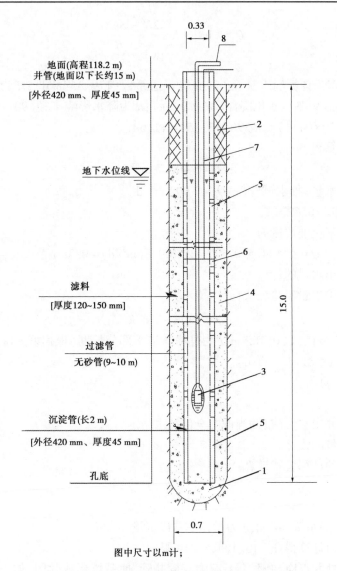

0.33

8

地面(高程118.2 m)
井管(地面以下长约15 m)

[外径420 mm、厚度45 mm]

2

7

地下水位线 ▽

5

6

滤料

[厚度120~150 mm]

4

过滤管

无砂管(9~10 m)

3

沉淀管(长2 m)

5

[外径420 mm、厚度45 mm]

孔底

1

15.0

0.7

图中尺寸以m计;

1—井孔;2—井口;3—潜水电泵;4—小砾石;5—沉砂管(混凝土管);
6—混凝土无砂管;7—电缆;8—出水管

**图 8-4　混凝土无砂管井构造图**

式中:$Q$ 为基坑涌水量,$m^3/d$;$K$ 为渗透系数(取降水试验推荐值的中值 125 m/d;$H$ 为潜水含水层厚度(取 11.5 m);$S$ 为基坑水位降深(取 8.0 m);$R$ 为降水影响半径(取降水试验推荐值的中值 60 m);$r_0$ 为基坑等效半径[$r_0 = 0.29 \times (a+b) = 0.29 \times (80+41.5) = 35.235(m)$],$a$、$b$ 分别为基坑的长边、短边。

代入数值计算得:

$$Q = 22\ 144.5\ m^3/d$$

②根据群井抽水试验计算的基坑涌水量与实际涌水量的比对,由公式:

$$Q_1 = 1.366K \frac{(2H-S)S}{\lg(1+\dfrac{R}{r_0})} \tag{8-2}$$

式中：$Q_1$ 为基坑理论计算涌水量，$\text{m}^3/\text{d}$；$K$ 为渗透系数（179.36 m/d）；$H$ 为潜水含水层厚度（取 11.50 m）；$S$ 为基坑水位降深（取 0.99 m）；$R$ 为降水影响半径（90.1 m）；$r_0$ 为基坑等效半径[$r_0 = 0.29 \times (a+b) = 0.29 \times (15+15) = 11.6$]。

代入数值计算得：

$$Q_1 = 5\,406.7\ \text{m}^3/\text{d}$$

基坑实际涌水量（抽水试验值）$Q_0 = 7\,992\ \text{m}^3/\text{d}$。

则比对系数 $Q_1/Q_0 = 0.677$。

③修正后的基坑涌水量为

$$Q = 22\,144.5/0.677 = 32\,709.8(\text{m}^3/\text{d}) = 0.38\ \text{m}^3/\text{s}$$

④设计单井出水量的计算。

根据管井的出水量经验公式：

$$q = 130\pi \cdot r_s l \sqrt[3]{K} \tag{8-3}$$

式中：$r_s$ 为过滤器半径，取 0.165 m；$l$ 为过滤器进水部分长度（根据群井降水时的经验取值 8 m）；$K$ 为渗透系数（125 m/d）。

代入数据，计算得：

$$q = 2\,694.1\ \text{m}^3/\text{d}$$

即为设计单井出水量（推测当群井全部抽水稳定后）。

⑤降水井数量的设计。

根据降水井的计算公式计算：

$$n = 1.1\frac{Q}{q} \tag{8-4}$$

式中：$Q$ 为基坑总涌水量，$\text{m}^3/\text{d}$；$q$ 为设计单井出水量，$\text{m}^3/\text{d}$。

分别代入数值计算得：$n = 13.4$，取 $n = 14$ 眼。

在基坑四角处井点应加密、上下游侧应设井管，使基坑形成封闭，如考虑每个角加 1 眼井、上下游侧各加 3 眼井，则采用的井点数量为 14+8＝22（眼）。

⑥管井点平均间距

$$D = \frac{2(L+B)}{n} = \frac{2 \times (86+41.5)}{22} = 11.6(\text{m})$$

（2）采用《建筑施工计算手册》（第 2 版）深井（管井）井点降水计算。

①根据平面计算假想半径 $x_0$ 为

$$x_0 = \sqrt{\frac{A}{\pi}} = \sqrt{\frac{100 \times 41.4}{\pi}} = 36.31(\text{m})$$

②降水系统总涌水量计算

$$Q = 1.366K \frac{(2H-S)S}{\lg R - \lg x_0} \tag{8-5}$$

式中:$Q$ 为基坑理论总涌水量,$m^3/d$;$K$ 为渗透系数(取降水试验推荐值的中值 125 $m/d$);$H$ 为潜水含水层厚度(取 11.50 m);$S$ 为基坑中心水位降深(取 3.12 m);$R$ 为抽水影响半径[取 60+36.31 = 96.31(m)];$x_0$ 为假想半径(取 36.31 m)。

经计算 $Q = 24\ 997.9\ m^3/d = 0.3\ m^3/s$。

③深井过滤器进水部分每米井的单位进水量:

$$q = 2\pi r \frac{\sqrt{k}}{15} = 2 \times 3.14 \times 0.165 \times 1 \times \frac{\sqrt{0.001\ 446\ 8}}{15} = 0.002\ 63(m^3/s) = 227.02\ m^3/d$$

④深井过滤器进水部分需要的总长度为

$$\frac{Q}{q} = \frac{0.3}{0.002\ 63} = 114.07(m)$$

⑤群井抽水单个深井过滤器长度计算。

群井抽水单个深井(管井)过滤器浸水部分长度可按下式计算:

$$h_0 = \sqrt{H^2 - \frac{Q}{\pi K n} \cdot \ln \frac{x_0}{nr}}$$

式中:$Q$ 为深井系统总涌水量;$H$ 为抽水影响半径 $R$ 的一点水位,m,取 $H = 11.5 - 3.12 = 8.38(m)$;$n$ 为深井数,个;$x_0$ 为假想半径,m;$r$ 为深井半径,m。

假定深井数进行试算:当井数为 16 个时,取 $H = 8.38\ m$,则

$$h_0 = \sqrt{8.38^2 - \frac{24\ 997.9}{130\pi \times 16} \times \ln \frac{36.31}{16 \times 0.165}} = 7.759(m)$$

此数值符合 $nh_0 = 16 \times 7.759 = 124.144(m) \geqslant \dfrac{Q}{q} = \dfrac{0.3}{0.002\ 68} = 111.94(m)$ 这一条件。

所以,井的深度钻孔打至 15 m。

单井出水量 $q = 227.02 \times 8 = 1\ 816.2(m^3/d)$。

在基坑四角处井点应加密、上下游侧设置井管,使基坑形成封闭,考虑每个角加 1 眼井、上下游侧各加 3 眼井,则采用的井点数量为 16+8 = 24(眼)。

综合上述计算结果,将本段降水参数拟定为:基坑左右侧按单排线型布置,顺流向井间距 10 m,基坑左右侧井间距 41.5 m;井深 15~16 m,混凝土无砂管内径 330 mm,无砂管外径 420 mm,过滤器采用混凝土无砂管,长度为 9~10 m,沉砂管为混凝土实管,长度为 2~2.5 m;孔口管为混凝土实管,长度为 2.5~3.5 m;采用 3~5 mm 砾石做滤料。考虑到造孔、安装、下泵、抽排等施工作业便捷,沉砂管、过滤管和孔口管管径、壁厚均选取一致。

## 8.4.2　管井井点施工方法

### 8.4.2.1　定孔位

定位放线由专人负责,根据降水井的平面布置图布设每口降水井。

### 8.4.2.2　成孔

采用 SPJ-12 型水井钻机,泥浆护壁,冲击钻进成孔,孔径直径 600 mm。

### 8.4.2.3　成井

降水井中上部井口管和下部沉砂管采用混凝土实管,按顺序依次沉放沉砂管、过滤管

和进口管。为防止泥沙进入井管,井管开始沉放时在井底放混凝土托盘,混凝土托盘与井管接触的地方用钢筋插结。每节井管相连处接口周围裹一层滤砂布。在井管下方接口周围附3道竹片,且用铁丝扎牢,以防井管下放时发生错节现象。为保证井管下放在井孔中不偏不斜,每隔5 m在井管外围设导正圈。井管下放时缓慢下放,严禁快放。若在下放时发生卡管、塌孔等异常现象需将井管拔出,下钻扫孔后再次安放。抽水管接头连接一定要牢固、严密,防止漏水。

### 8.4.2.4 填料

从井管四周同时均匀填入滤料,铁锹下料,填料时将井口暂时封盖,以防滤料填入其中,滤料采用3~5 mm的砾石,从井底连续填至距管井井口2.5 m左右处。管井顶部2.5 m左右井管与钻孔孔壁间的环状间隙,用优质黏土封堵。

### 8.4.2.5 洗井

洗井采用污水泵洗井法。洗井在填好滤料8 h内进行,采用空压机、活塞、潜水泵反复洗井,以排出护壁泥浆,使井壁恢复自然地层状态,水流畅通,洗井的标准以井内抽出的水清澈为准,洗井时间不得少4 h。

### 8.4.2.6 降水

降水井各井由于渗透系数较大,水流较快,可采用泵量偏大同时不停抽水法,下入4寸深井潜水泵实施抽降水。水泵安放前检查潜水泵转向、连接电缆、排水管、吊泵绳索,安全下放。泵体下放及起吊采用人工手摇辘轳,吊泵绳索采用6 mm²的钢丝绳。

安装完毕后放水泵至水面以下3 m开始试抽水(见图8-5、图8-6)。抽水过程中定时测定抽水量、水位等值,做好记录,试抽水满足要求后转入正常抽水。工程降水控制排水量由小渐大,水泵随水位降低逐渐下移,以确保施工面无水。降水期间应对抽水设备和运行状况进行维护检查,发现问题及时处理,使抽水设备始终处于正常运行状态,严禁降水期间随意停抽。

图8-5 现场抽水试验(一)

图8-6 现场抽水试验(二)

### 8.4.2.7 降水路径、电路设计

抽水路径及外排水线路的布设根据施工现场的实际情况合理布置,各管井通过潜水泵将地下水抽取后汇总到6寸主管道排入排水沟,临时排水沟布置于箱基渡槽左岸。

在各井点应设置单独开关箱,做到一机一闸一保护,以满足安全用电和停泵与开泵的用电的要求,具体为:电缆走向沿井位和排水管方向布设,每台泵配置一个控制开关,控制开关分组装箱,必要时在电路内连接水位自动控制器,以防止泵体空转烧坏电机;配电柜和每个操作箱需配备漏电保护装置。

#### 8.4.2.8　观测孔施工

井径 150 mm,井深 15 m,安装直径 48 mm 的塑料花管,打眼、包网、缠丝,环状间隙内填入 3~5 mm 的砾石。成孔后要求换浆彻底,对水位下降反应灵敏。

### 8.4.3　注意事项

(1)井管下放完成后,应及时充填砾料,以防井壁坍塌;井管与井壁间分层填充的砂砾滤料,粒径不能过大,并使其密实,以免把井底部泥土抽空,造成井管塌陷,影响深井正常工作。

(2)井管顶部要高出自然地面 500 mm 左右,以防雨水、泥沙流入井管内。

(3)由于基础施工时间较长,抽降水工作时间也会较长,注意观察地下水位变化情况,在满足施工要求时,可以停运部分水泵,但要对称运行,或改用较小流量水泵,保持水位。

(4)洗井是深井成井施工的一道关键工序,应在成井后 8 h 以后进行,并一次洗净。

(5)潜水泵在运行时要经常检查电缆线是否和井壁相碰,以防磨损后水沿电缆芯渗入电机而损坏电机,同时要定期检查密封的可靠性,以保证电机正常运转。

(6)管井布置在开挖边坡上,开挖时注意不应碰撞井管;随开挖高程的降低,若管井外露较多,可拆除 1~2 节。

## 8.5　基础处理

箱基渡槽段按照基础处理的形式分为混凝土灌注柱、CFG 桩、级配砂卵换填三种形式,其中沙河—大郎河箱基渡槽基坑开挖换填 16.16 万 $m^3$,钢筋混凝土灌注桩 280 根,基础造孔 12 622 m(桩径 0.6 m),土方回填 5.83 万 $m^3$;大郎河—鲁山坡箱基渡槽段换填级配砂卵石 22.94 万 $m^3$,换填级配碎石 0.38 万 $m^3$,C10 混凝土垫层 2 254 $m^3$,地基 CFG 桩 10 708 根,桩总长度 94 374.4 m。

### 8.5.1　换填地基处理

换填级配砂卵石段主要分布在箱基渡槽段。由于箱基渡槽基础属砾砂、中砂或黄土状重粉质壤土地层,其地基承载力不满足设计要求,且黄土状重粉质壤土具湿陷性,需进行地基处理。

#### 8.5.1.1　现场换填试验

1.试验目的

(1)验证合理的施工工艺、施工机具。

(2)提供砂卵石换填施工相关技术参数。

2.试验参数

沙河箱基渡槽进行 6 个碾压区域的砂卵石料填筑试验,分为 0.3 m、0.4 m、0.5 m 三种铺料厚度,每种铺料厚度分别按照 2 km/h 及 4 km/h 的碾压行驶速度先按 2 遍无振动静碾,再以 4 遍、6 遍、8 遍、10 遍的振动碾压进行试验,具体碾压试验参数见表 8-5。

表 8-5　碾压试验参数

| 序号 | 项目 | 试验参数 | | | | | |
|------|------|----------|---|---|---|---|---|
| 1 | 试验单元面积 | 180 m²(15 m×12 m) | | | | | |
| 2 | 试验单元厚度 | 0.3 m | | 0.4 m | | 0.5 m | |
| 3 | 振动碾型号规格 | LJ622S | | LJ622S | | LJ622S | |
| 4 | 振动碾行驶速度 | 2 km/h | 4 km/h | 2 km/h | 4 km/h | 2 km/h | 4 km/h |
| 5 | 压实遍数 | 4、6、8、10 | | 4、6、8、10 | | 4、6、8、10 | |

**3. 试验场地布置及单元划分**

砂卵石级配填筑碾压试验场地直接在填筑施工现场选取,桩号 SH(3)8+702.1~SH(3)8+760.1,选取面积 1 080 m² 作为试验场地,试验料铺填前首先进行填筑基面清理,将表面腐殖土及植被根等杂物清理干净,然后对试验场地进行整平和压实,采用振动碾、装载机整平,对基面的碾压碾压遍数≥6 遍,其表面平整度控制在 10 cm 内。试验场地分两个单元,每个试验单元大小均为 180 m²(15 m×12 m),短边垂直渠道方向分为两块,试验单元长边平行于总干渠轴线,每个试验单元内方格用白灰在外围画线标识,并对原始地形进行测量。在每个试验单元内划分方格大小为 2 m×2 m 的方格网,以便测量压实沉降量。

**4. 碾压填筑料室内试验**

**1) 砾石含量与控制干密度的关系**

根据设计提出的 $D_r \geq 0.75$ 和《土工试验规程》(SL/T 237—1999)防洪堤砂砾料按不同砾石含量与控制干密度试验。相对密度试验见图 8-7,砾石含量与控制干密度的关系见表 8-6。

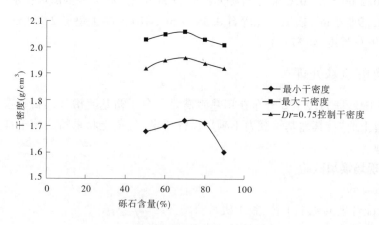

图 8-7　砾石含量与干密度关系曲线

表 8-6　砾石含量与控制干密度的关系

| 组数 | 相对密度 | 砾石含量<br>（%） | 最小干密度<br>（g/cm³） | 最大干密度<br>（g/cm³） | 控制干密度<br>（g/cm³） |
|---|---|---|---|---|---|
| 1 | 0.75 | 50 | 1.68 | 2.03 | ≥1.92 |
| 2 | 0.75 | 60 | 1.70 | 2.05 | ≥1.95 |
| 3 | 0.75 | 70 | 1.72 | 2.06 | ≥1.96 |
| 4 | 0.75 | 80 | 1.71 | 2.03 | ≥1.94 |
| 5 | 0.75 | 90 | 1.60 | 2.01 | ≥1.92 |

2）砂卵石料含水量与干密度的关系

通过对砂卵石料（砾石含量 70%）配制不同含水量进行试验,得出砂卵石料最优含水量在 3.7% 左右,详见表 8-7。含水量与干密度的关系见图 8-8。

表 8-7　含水量与干密度的关系

| 组数 | 类别 | 含水量（%） | 松散密度（g/cm³） | 振实密度（g/cm³） |
|---|---|---|---|---|
| 1 | | 2.5 | 1.68 | 2.03 |
| 2 | | 3.0 | 1.70 | 2.05 |
| 3 | 砂卵石 | 3.6 | 1.72 | 2.06 |
| 4 | | 4.1 | 1.71 | 2.04 |
| 5 | | 5.2 | 1.67 | 2.01 |

**注**:石子粒径为 5~20 mm。

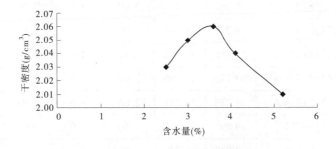

图 8-8　含水量与干密度关系

5.试验用砂卵石的选择及运输、堆放及摊铺

试验用砂卵石料由沙河料场供料。砂卵石的岩性特征为:紫红色、深灰色、灰白色的砂卵石,成分主要为石英砂岩、安山岩及少量的灰岩,颗粒都为次棱角状,粒径小者为 2 mm,一般为 10~50 mm,最大为 150~200 mm,砂卵石级配连续,不含植物残体、垃圾等杂质;采用 15 t 自卸汽车运输,用 CAT320 反铲挖掘机和 SD16 推土机铺料,挖运过程中保持车厢、轮胎的清洁。试验场由洒水车提供试验用水。砂卵石料运送至试验场后,按预先测量放样确定的分格区由专人指挥卸料。卸料采取后退法铺料的方式,卸料堆高度控制在 50 cm 以内。

采用挖掘机进行摊铺,摊铺厚度分别按 0.3 m、0.4 m、0.5 m 进行控制。每种厚度设试验单元 2 个,采用带刻度的钢钎现场控制摊铺厚度,人工配合修整,依标注高度在划定的试验单元内均匀平摊,摊铺时注意试验料的颗粒粗细分布均匀,碾压面应基本平整,铺料应在边线外侧各超填 30 cm,每个试验单元碾压面成 15 m×17 m 的长方形,并测量摊铺好的试验单元,记录试验单元的初始厚度、相对高程。

6. 碾压试验

试验用砂卵石料的碾压设备采用 LJ622S 型振动碾,该振动碾工作质量为 20 t。碾压试验分 6 组进行,试验单元厚度为 0.3 m、0.4 m、0.5 m 各 2 组,在各试验单元区布置 2 m×2 m 网格测点,并用颜色标记和编号。振动碾碾压时按照平行渠道轴线方向进行,相邻碾压轨迹连接处的碾压至少有 0.3 m 的搭接。砂卵石料摊铺好后先进行 2 遍无振预碾,然后对同一厚度下的每个单元振动碾压 4 遍、6 遍、8 遍、10 遍,在每一遍碾压后,详细测量记录各网格测点的相对高程变化,计算出每一次试验单元的平均沉降量,每次碾压后碾压取 12 组试样,根据不同铺层厚度,人工挖取深 25~30 cm、直径 15~18 cm 的坑,分别测定湿密度、含水量及干密度。

碾压试验数据见表 8-8 和表 8-9。

表 8-8　碾压试验数据统计(一)　　　　　碾压时速:2 km/h

| 铺料厚度 (m) | 碾压遍数 | 样点桩号 | 试样质量 (g) | 试样体积 (cm³) | 湿密度 (g/cm³) | 含水量 (%) | 干密度 (g/cm³) | 砾石含量 (%) | 相对密度 |
|---|---|---|---|---|---|---|---|---|---|
| 0.3 | 4 | SH(3)8+716 左 | 39 958 | 19 355 | 2.06 | 3.8 | 1.99 | 70 | 0.82 |
| | | SH(3)8+720 左 | 40 627 | 19 668 | 2.07 | 3.6 | 1.99 | 70 | 0.83 |
| | 6 | SH(3)8+710 左 | 38 965 | 18 795 | 2.07 | 3.7 | 2.00 | 70 | 0.85 |
| | | SH(3)8+721 左 | 38 975 | 18 767 | 2.08 | 3.6 | 2.00 | 70 | 0.86 |
| | 8 | SH(3)8+713 左 | 39 856 | 18 962 | 2.10 | 3.9 | 2.02 | 70 | 0.91 |
| | | SH(3)8+719 左 | 39 142 | 18 696 | 2.09 | 3.8 | 2.02 | 70 | 0.89 |
| | 10 | SH(3)8+710 左 | 39 036 | 18 753 | 2.08 | 3.6 | 2.01 | 70 | 0.87 |
| | | SH(3)8+722 左 | 40 095 | 19 076 | 2.10 | 3.9 | 2.02 | 70 | 0.91 |
| 0.4 | 4 | SH(3)8+725 左 | 38 042 | 18 782 | 2.03 | 3.5 | 1.96 | 70 | 0.73 |
| | | SH(3)8+736 左 | 38 894 | 19 107 | 2.04 | 3.9 | 1.96 | 70 | 0.74 |
| | 6 | SH(3)8+728 左 | 38 194 | 18 407 | 2.07 | 3.4 | 2.01 | 70 | 0.87 |
| | | SH(3)8+736 左 | 39 994 | 19 107 | 2.09 | 3.8 | 2.02 | 70 | 0.89 |
| | 8 | SH(3)8+727 左 | 40 896 | 19 655 | 2.08 | 3.1 | 2.02 | 70 | 0.90 |
| | | SH(3)8+735 左 | 41 227 | 19 668 | 2.10 | 3.6 | 2.02 | 70 | 0.91 |
| | 10 | SH(3)8+725 左 | 38 965 | 18 795 | 2.07 | 3.1 | 2.01 | 70 | 0.88 |
| | | SH(3)8+737 左 | 39 785 | 19 047 | 2.09 | 3.3 | 2.02 | 70 | 0.91 |

续表 8-8

| 铺料厚度（m） | 碾压遍数 | 样点桩号 | 试样质量（g） | 试样体积（cm³） | 湿密度（g/cm³） | 含水量（%） | 干密度（g/cm³） | 砾石含量（%） | 相对密度 |
|---|---|---|---|---|---|---|---|---|---|
| 0.5 | 4 | SH(3)8+740 左 | 39 956 | 19 942 | 2.00 | 3.1 | 1.94 | 70 | 0.70 |
| | | SH(3)8+752 左 | 39 542 | 19 606 | 2.02 | 3.8 | 1.94 | 70 | 0.70 |
| | 6 | SH(3)8+746 左 | 40 236 | 19 653 | 2.05 | 3.2 | 1.98 | 70 | 0.81 |
| | | SH(3)8+751 左 | 38 695 | 18 676 | 2.07 | 3.9 | 1.99 | 70 | 0.83 |
| | 8 | SH(3)8+747 左 | 39 642 | 19 082 | 2.08 | 3.1 | 2.01 | 70 | 0.89 |
| | | SH(3)8+754 左 | 39 794 | 19 107 | 2.08 | 4.1 | 2.00 | 70 | 0.85 |
| | 10 | SH(3)8+741 左 | 39 742 | 19 082 | 2.08 | 4.5 | 1.99 | 70 | 0.83 |
| | | SH(3)8+750 左 | 39 794 | 19 107 | 2.08 | 3.9 | 2.00 | 70 | 0.86 |

**表 8-9　碾压试验数据统计（二）**　　　　　　碾压时速:4 km/h

| 铺料厚度（m） | 碾压遍数 | 样点桩号 | 试样质量（g） | 试样体积（cm³） | 湿密度（g/cm³） | 含水量（%） | 干密度（g/cm³） | 砾石含量（%） | 相对密度 |
|---|---|---|---|---|---|---|---|---|---|
| 0.3 | 4 | SH(3)8+716 右 | 38 858 | 19 055 | 2.04 | 3.4 | 1.97 | 70 | 0.77 |
| | | SH(3)8+720 右 | 40 627 | 19 868 | 2.04 | 3.6 | 1.97 | 70 | 0.78 |
| | 6 | SH(3)8+710 右 | 38 865 | 18 895 | 2.06 | 3.7 | 1.98 | 70 | 0.80 |
| | | SH(3)8+721 右 | 39 375 | 19 167 | 2.05 | 3.1 | 1.99 | 70 | 0.83 |
| | 8 | SH(3)8+713 右 | 39 656 | 19 062 | 2.08 | 3.7 | 2.01 | 70 | 0.86 |
| | | SH(3)8+719 右 | 39 042 | 18 796 | 2.08 | 3.6 | 2.00 | 70 | 0.86 |
| | 10 | SH(3)8+710 右 | 39 136 | 18 853 | 2.08 | 3.6 | 2.00 | 70 | 0.86 |
| | | SH(3)8+722 右 | 40 095 | 19 276 | 2.08 | 3.9 | 2.00 | 70 | 0.85 |
| 0.4 | 4 | SH(3)8+725 右 | 38 542 | 19 382 | 1.99 | 3.9 | 1.91 | 70 | 0.61 |
| | | SH(3)8+736 右 | 38 694 | 19 207 | 2.01 | 3.3 | 1.95 | 70 | 0.72 |
| | 6 | SH(3)8+728 右 | 38 194 | 18 907 | 2.02 | 3.2 | 1.96 | 70 | 0.73 |
| | | SH(3)8+736 右 | 38 594 | 19 107 | 2.02 | 3.7 | 1.95 | 70 | 0.71 |
| | 8 | SH(3)8+727 右 | 39 496 | 19 355 | 2.04 | 3.1 | 1.98 | 70 | 0.79 |
| | | SH(3)8+735 右 | 39 627 | 19 468 | 2.04 | 3.3 | 1.97 | 70 | 0.77 |
| | 10 | SH(3)8+725 右 | 38 965 | 18 995 | 2.05 | 3.1 | 1.99 | 70 | 0.82 |
| | | SH(3)8+737 右 | 39 685 | 19 047 | 2.08 | 3.5 | 2.01 | 70 | 0.88 |

续表 8-9

| 铺料厚度（m） | 碾压遍数 | 样点桩号 | 试样质量（g） | 试样体积（cm³） | 湿密度（g/cm³） | 含水量（%） | 干密度（g/cm³） | 砾石含量（%） | 相对密度 |
|---|---|---|---|---|---|---|---|---|---|
| 0.5 | 4 | SH(3)8+740 右 | 36 956 | 19 242 | 1.92 | 3.1 | 1.86 | 70 | 0.46 |
|  |  | SH(3)8+752 右 | 37 542 | 19 606 | 1.91 | 3.9 | 1.84 | 70 | 0.40 |
|  | 6 | SH(3)8+746 右 | 38 436 | 19 553 | 1.97 | 3.5 | 1.90 | 70 | 0.57 |
|  |  | SH(3)8+751 右 | 38 195 | 19 176 | 1.99 | 4.2 | 1.91 | 70 | 0.61 |
|  | 8 | SH(3)8+747 右 | 38 142 | 19 382 | 1.97 | 3.1 | 1.91 | 70 | 0.60 |
|  |  | SH(3)8+754 右 | 38 694 | 19 107 | 2.03 | 4.3 | 1.94 | 70 | 0.69 |
|  | 10 | SH(3)8+741 右 | 39 142 | 19 282 | 2.03 | 4.1 | 1.95 | 70 | 0.71 |
|  |  | SH(3)8+750 右 | 39 294 | 19 307 | 2.04 | 3.8 | 1.96 | 70 | 0.74 |

经表 8-8 数据分析,碾压时速 2 km/h 时,0.3 m 铺料厚度碾压第 4 遍时即可达到相对密度 0.75 的设计要求;0.4 m 铺料厚度第 6 遍时可达到相对密度 0.75 的设计要求;0.5 m 铺料厚度要碾压第 6 遍时即可达到相对密度 0.75 的设计要求。

经表 8-9 数据分析,碾压时速 4k m/h 时,0.3 m 铺料厚度碾压第 4 遍时,可达到相对密度 0.75 的设计要求; 0.4 m 铺料厚度要碾压 8 遍才能满足相对密度 0.75 的设计要求; 0.5 m 铺料厚度达不到相对密度 0.75 的设计要求。

结论:

经对比沙河的砂卵石料室内试验数据和现场碾压试验数据。推荐碾压施工参数是:

(1)级配砂卵石含水量以 3%~4.5% 为宜,摊铺后由 YZ18F(18 t 以上)振动碾采用错距法工艺进行碾压,铺筑厚度为松铺 50 cm,碾压时行走速度控制在 2 km/h,每道碾压与上道碾压相重叠 1/2 轮宽,静碾 2 遍,强振碾 6 遍。检测方法采用灌水法。

(2)级配砂卵石含水量以 3%~4.5% 为宜,摊铺后由 LJ622S（20 t 以上)振动碾采用错距法工艺进行碾压,铺筑厚度为松铺 50 cm,碾压时行走速度控制在 4 km/h,每道碾压与上道碾压相重叠 1/2 轮宽,静碾 2 遍,强振碾 8 遍。检测方法采用灌水法。

通过以上施工方法,可满足砂砾料回填相对密度 $D_r \geq 0.75$。

### 8.5.1.2 换填砂卵石施工方法

填筑施工前应将基础面上的废渣、垃圾等清理干净。基础面有积水时,先将积水抽干,保证基底处于无水状态,并将淤泥挖除干净。回填基础底部应整平。

1. 施工放样

为保证换填基础断面几何尺寸的准确性,直线段设置边桩间距为 30 m,曲线段设置边桩间距为 15 m,并用红油漆标明里程桩号,同时测出横、纵断面高程。

2. 级配砂卵石运输

砂卵石运输前试验人员对每批次混合料进行各项检测,采用 15 t 自卸汽车将检验合格的混合料运至施工现场,采用倒退法卸料、铺料。

**3. 填筑料摊铺整平**

箱基涵洞内由人工或小型推土机进行摊铺、整平。

箱基结构外侧基坑填筑采用 PC200 挖掘机或装载机配合由推土机进行摊铺,摊铺厚度分别按照土方填筑碾压试验确定的相应的不同土料松铺层厚度分别进行控制。

具体控制标准为:确定箱基涵洞内壤土松铺厚度 20 cm,砾砂松铺厚度 15 cm。

箱基外侧壤土松铺厚度 40 cm,砾砂松铺厚度 50 cm。

对部分靠近渡槽结构物处的土方填筑,因断面比较小,呈倒三角断面,可采用装载机或反铲辅助进料、摊铺,人工配合整平,蛙夯机夯实。

**4. 碾压**

(1)箱基外侧机械碾压。

结合土方填筑碾压试验成果,箱基外侧机械碾压施工参数为:

碾压设备选用 LJ622S 型振动碾(工作重量 20 t),采用错距法工艺进行碾压,填筑料铺筑厚度为松铺 50 cm,碾压时行走速度控制在 2 km/h,每道碾压与上道碾压相重叠 1/2 轮宽,静碾 2 遍,强振碾压 8 遍,见图 8-9。

涵洞外侧靠近混凝土结构处振动碾无法碾压以及碾压不到位的死角采用蛙夯机夯实,其松铺厚度和夯实参数按照人工填筑参数进行施工。

(2)箱基涵洞碾压。

结合土方填筑碾压试验成果,箱基内人工夯实施工参数为:

夯实设备选用 HW-70W 型蛙夯机,壤土松铺厚度 20 cm,夯实 4 遍;砾砂松铺厚度 15 cm,夯实 4 遍。打夯前将回填料初步整平,打夯按一定方向进行一夯压半夯,夯夯相接,行行相连。在施工过程中,亦可采用小型推土机碾压或手扶式碾压机,结合生产性试验,确定碾压遍数。

图 8-9　砂砾料换填基础　　　　　　图 8-10　砂砾料换填基础检测

**8.5.1.3　箱基渡槽段基础处理检测情况**

箱基渡槽段共进行 109 个点的复合地基静载试验,检测复合地基承载力均符合设计要求。

## 8.5.2　水下混凝土灌注桩施工

沙河箱基渡槽水下灌注桩施工,位置分布在沙河—大郎河箱基渡槽 133#、134#、鲁平公路段、167#箱基渡槽[SH(3)7+684.1~SH(3)7+338.1、SH(3)7+978.1~SH(3)7+998.1]。灌注桩按照矩阵形式布置,桩径0.6 m,纵向桩间距2.2 m,横向桩间距2.1 m,C25混凝土灌注,桩穿过的地层从上至下依次为④$Q_4^{al+pl}$ 中砂、⑨$Q_3^{2al+pl}$ 黄土状重粉质壤土、⑫$Q_3^{al+pl}$ 中砂、⑬-2 $Q_3^{al+pl}$ 卵石;桩长分7.5 m、8.0 m、8.5 m和9.0 m四种,灌注桩共280根,合计12 622 m。

### 8.5.2.1 施工程序

施工程序为:施工准备工作→护筒埋设→泥浆制备→钻孔→检孔→清孔→钢筋笼制作、安装→灌注水下混凝土→桩身质量检测。

### 8.5.2.2 施工工艺

(1)施工工艺流程。钻孔灌注桩施工工艺流程见图8-11。

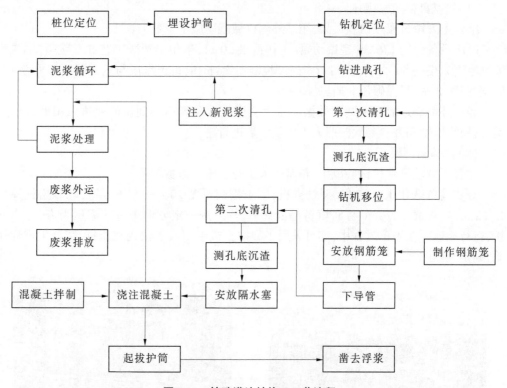

**图8-11  钻孔灌注桩施工工艺流程**

(2)根据本工程情况摩擦桩钻孔径0.6 m,采用CHZ-10型强制冲击钻造孔。钻机主要性能指标见表8-10。

**表8-10  CHZ-10型强制冲击钻技术性能**

| 项目 | 最大成孔直径(mm) | 提升能力(kN) | | 提升速度(m/min) | 动力(kW) | | 最大冲程(m) | 钻头最大质量(t) | 钻机质量(t) | 生产厂家 |
|---|---|---|---|---|---|---|---|---|---|---|
| | | 主卷扬机 | 副卷扬机 | | 主卷扬机 | 副卷扬机 | | | | |
| 技术参数 | 2 500 | 80 | 20 | 28~30 | 35 | 11 | 4 | 5.5 | 15 | 西安探矿机械厂 |

（3）成孔时采用隔孔跳跃式流水操作,保证安全距离,或按设计提出的施工顺序作业,以防止对邻桩产生影响。

（4）测量定位和护筒埋设。

①测量定位:采用尼康全站仪(精度±2+2×10$^6D$),利用指定的轴线交点作控制点,采用极坐标法进行放样,桩位方向距离误差小于 50 mm。测定护筒标高的误差不大于 10 mm。

②埋设护筒:护筒采用 6 mm 厚的钢板卷制而成,护筒埋入自然地面以下 1~1.5 m,高出地面 0.3~0.5 m,上部开设 1~2 个溢浆孔,外围用黏土夯实,确保护筒埋设位置准确,其中心与桩位中心允许误差不大于 20 mm。

（5）泥浆制备。本工程钻孔桩泥浆护壁采用原土制浆或膨润土泥浆。

① 泥浆性能指标。采用原土自然造浆,泥浆性能指标见表 8-11。

表 8-11　泥浆性能指标

| 层位 | 泥浆性能指标 | | | | |
|---|---|---|---|---|---|
| | 黏度 | 相对密度 | 含砂量(%) | 胶体率(%) | pH 值 |
| 壤土、黏土 | 18~24 | 1.10~1.20 | <3 | 96 | 7.5~8.0 |
| 壤土碎石和卵石层 | 22~30 | 1.20~1.40 | <4 | 95 | 8.0~11.0 |

②膨润土泥浆性能指标。泥浆配合比、拌制方法将通过施工现场生产性试验确定,初始配合比见表 8-12。

表 8-12　膨润土泥浆配合比　　　　　　　　　　　　（单位:kg）

| 材料名称 | 水 | 膨润土 | $Na_2CO_3$ | CMC | 备注 |
|---|---|---|---|---|---|
| 用量(kg) | 100 | 10 | 0.3 | 0.03 | |

施工作业时,不同阶段泥浆性能指标控制见表 8-13。

表 8-13　不同阶段泥浆性能指标控制

| 项目 | 密度（g/cm$^3$） | 马氏漏斗黏度（s） | 含砂量（%） | pH 值 | 失水量（mL/30 min） | 备注 |
|---|---|---|---|---|---|---|
| 新制泥浆 | ≤1.1 | 30~90 | 3 | 9.5~12 | ≤40 | |
| 施工过程中 | ≤1.25 | 30~90 | 5 | 6~12 | ≤50 | |

③新制泥浆膨化 24 h 方可使用。储浆池内泥浆经常搅动,防止离析沉淀,保持性能指标均一;不同阶段对泥浆性能进行不同项目的测试,具体测试项目根据现场监理指示进行。

④泥浆护壁钻孔期间,护筒内泥浆高出地下水面 1.0 m 以上;在受水位涨落影响时,加高护筒至最高水位 1.5 m 以上。

（6）成孔检查。桩孔成孔后对孔径、孔深和沉渣等质量指标进行复验,必须达到设计和施工规范要求后方可进行下道工序施工。

①孔深:钻孔前先用全站仪或水准仪确定护筒标高,并以此作为基点,按设计要求的孔底标高确定孔深,孔深偏差保证在设计规定值以内。

②沉渣厚度:以第二次清孔后测定量为准。

③孔径:用测孔器测量,若出现缩径现象则进行扫孔,符合要求方可进行下道工序施工。

(7)泥浆的维护与管理。泥浆实行专人管理,钻进中随时测定泥浆池泥浆性能,确保注入泥浆的性能指标。

成孔过程中,做好泥浆循环和净化回收工作。定期清理泥浆循环系统,防止对周围环境造成污染。孔内排出的泥浆,通过泥浆沟流入泥浆沉淀池,用 ZX200 型泥浆净化机(含振动筛和旋流器)进行泥浆净化处理,泥浆循环和沉淀的渣土专门安排人工进行打捞,处理后的渣土外运到指定弃渣场。

### 8.5.2.3 冲击钻成孔施工

冲击钻成孔施工,采用冲击式钻机或卷扬机带动一定重量的冲击钻头,在一定的高度内使钻头提升,然后突然使钻头自由降落,利用冲击动能冲挤土层或破碎岩层形成桩孔,再用掏渣筒或其他方法将钻渣岩屑排出,每次冲击之后,冲击钻头在钢丝绳转向装置带动下转动一定的角度,从而使桩孔得到规则的圆形断面。

1. 冲击钻进

(1)开孔时,低锤密击,如表土为壤土、黏土等软弱土层,可加黏土块夹小片石反复冲击造壁,孔内泥浆面保持稳定。

(2)每钻进 4~5 m 深度验孔一次,在更换钻头前或容易缩孔处均验孔。

2. 清除沉渣

排渣采用泥浆循环或掏渣筒等方法,抽渣筒排渣应及时补给泥浆。

3. 第一次清孔,与正循环钻孔灌注相同

(1)对不易坍孔的桩孔,用空气吸泥清孔。

(2)稳定性差的孔壁用泥浆循环或掏渣筒排渣。

(3)清孔时,孔内泥壁面高出地下水位 1.0 m 以上,当受水位涨落影响时,泥浆面高出最高水位 1.5 m 以上。

(4)检测孔壁。

(5)将钢筋笼安放孔中。

(6)插入导管。

(7)第二次清孔,与正循环钻孔灌注相同。

(8)灌注混凝土,拔出导管。

### 8.5.2.4 钢筋笼的制作与吊放

(1)钢筋笼按设计图纸制作,主筋采用单面焊接,搭接长度不小于 $10d$。钢筋接头错开 1 m 搭接,控制在同一截面上搭焊接头根数不多于主筋总根数的 50%。

(2)弯曲、变形钢筋要做调直处理,用控制工具标定主筋间距,以便在孔口搭焊时保持钢筋笼垂直度。

(3)每节钢筋笼点焊 3~4 组钢筋护壁环,每组 4 只,以保证混凝土保护层均匀。

(4)钢筋笼吊放采用活吊筋,钢筋笼入孔时,对准孔位徐徐轻放,避免碰撞孔壁。

（5）由于使用的钢筋不同,焊条根据母材的材质合理选用。每节钢筋笼焊接完毕后补足接头部位的箍筋,方可继续下笼。

（6）钢筋笼下设完毕,在孔口用吊筋固定以使钢筋笼定位,避免浇筑混凝土时钢筋笼上浮。

（7）根据施工图纸在钢筋笼内周边设置声波测试预埋管。

#### 8.5.2.5　混凝土灌注

1. 原材料及配合比

（1）本工程采用的混凝土强度等级为 C25,配合比由现场实验室根据设计要求和现场原材料,通过设计、试配、试验后提供,其水泥用量不小于 350 kg/m³,含砂率为 40%~50%。将配合比换算成每盘的配合比下达执行,配料时严格按配合比称量,不得随意变更。

（2）水泥选用水泥强度等级不低于 P·O 42.5 的普通硅酸盐水泥,按设计要求进行复检,复检合格方可使用。水泥在运输及堆放过程中均设置防雨、防潮措施,不同品种、强度等级、生产厂家的水泥分别堆放,严禁使用在同一根桩的混凝土中。

（3）碎石粒径采用 5~40 mm。砂选用级配合理、质地坚硬、颗粒洁净的中粗砂,砂的模数控制在 2.3~3.0。

（4）外加剂的选用符合规范要求并经适应性试验,确认合格后方可使用。

（5）严格按配合比称量砂、石、外加剂,加料达到允许偏差范围之内。投料时依次加入石、砂、水泥和外加剂,混凝土搅拌时间不小于 90 s。

（6）混凝土搅拌过程中及时测试坍落度和制作试块,每根桩一组 3 块。混凝土用 6 m³ 混凝土搅拌运输车运输,及时进行浇筑,入孔或孔口混凝土坍落度控制在 18~22 cm。

2. 混凝土浇筑

（1）浇筑采用导管法,导管下至距孔底 0.3 m 处,导管直径 25 cm。导管接头连接处加密封圈并上紧丝扣。

（2）灌注首盘混凝土前在导管内放一球塞,初浇量保证导管底口埋入混凝土中不小于 1 m。

（3）浇筑混凝土过程中,应做好混凝土灌注记录表,量测导管埋深,及时拆除导管,导管埋深控制在 3~8 m。

（4）灌注接近桩顶标高时,严格控制计算最后一次浇筑混凝土量,使桩顶标高比设计标高超高不小于 0.5 m。

（5）混凝土浇筑过程中防止钢筋笼上浮,混凝土面接近钢筋笼底部时保持导管埋深在 3 m 左右,并适当放慢浇筑速度,当混凝土面进入钢筋笼底端 1~2 m 时,适当提升导管,提升时要平稳,避免出料冲击过大或钩带钢筋笼。

#### 8.5.2.6　桩基的成桩检验

灌注桩施工结束后达到所用检测方式所需龄期时,对桩体进行相应的的检验和检测,箱基渡槽段共设计钢筋混凝土灌注桩 280 根,根据检测Ⅰ类桩 279 根,Ⅱ类桩 1 根,抽取 6 根桩基进行单桩竖向抗压静载试验检测,根据检测结果,均满足设计要求。

#### 8.5.2.7　施工主要疑难点和解决办法

本工程钻孔灌注桩基施工最大的技术难点之一为卵石层及覆盖层的造孔。卵石地层稳定性差,透水性好,地层复杂,卵石层及覆盖层与基岩接触带漏浆,渗漏严重,造孔塌孔

可能性较大,要采取合适的施工方法和技术措施:

(1)采用一次成孔工艺。开孔时先向孔内注浆,低锤勤击,加黏土块,反复冲击造壁,防止塌孔。

(2)黏土层采用小冲程(1 m 左右),加稀泥浆或清水,经常清洗钻头,防止粘钻、吸钻。碎石壤土层采用 1~2 m 冲程,泥浆密度保持在 1.3 g/cm³ 以上,勤冲、勤排渣。

(3)卵石层中采用 2~3 m 大冲程,勤排渣,加黏土,泥浆密度保持在 1.3~1.5 g/cm³,反复冲击钻孔造成竖密孔壁,防止漏水、塌孔。

(4)开始进入基岩时低锤勤击,以免偏斜,入完整基岩后采用高冲程(3~4 m)加大冲击能量,勤排渣。

(5)遇断层地层时采用小冲程(1~2 m),勤加黏土堵漏,避免孔内水位下降造成塌孔。

(6)采用泥浆泵循环排渣或掏渣筒掏渣,每进尺 0.5~1 m 排渣一次。同时及时补充泥浆,保证孔内泥浆液面高出地下水位 1 m 以上。

(7)产生斜孔、塌孔,立即停钻回填黏土、块石或片石反复冲击造壁,塌孔时加大泥浆密度(加黏土或加适量水泥),稳定孔壁后继续钻进。

(8)值班人员每隔 0.5 h 对钻进、泥浆、地质情况进行记录,遇到进展缓慢的情况提钻检查,查明原因。

### 8.5.3  CFG 桩施工

大朗河—鲁山坡箱基渡槽工程,SH(3)10+158.1~SH(3)10+318.1 段取消换填处理,只进行 CFG 桩桩基处理;SH(3)9+798.1~SH(3)10+158.1 由原来的换填处理变更换填面下部进行 CFG 桩桩基处理,铺设 30 cm 厚碎石褥垫层,在褥垫层上部浇筑 20 cm 厚 C10 混凝土,再以混凝土面为回填面进行级配砂卵石换填处理。具体见图 8-12、图 8-13。

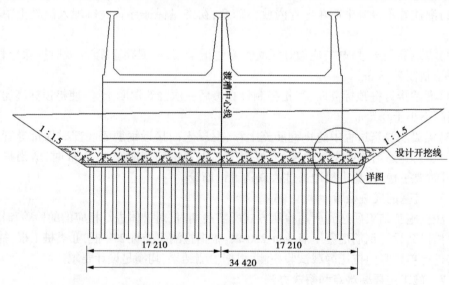

**图 8-12  处理典型断面图**  (单位:mm)

#### 8.5.3.1　施工准备及测量放样

（1）清表、平整场地。施工前先用推土机清除地表种植土、腐殖土，然后平整场地并用压路机碾压密实，要求施工面高出设计桩顶标高 20 cm，对局部平整后低于施工面标高的地段换填素土至场坪标高并用压路机分层碾压密实。场地做好排水设施，确保施工场地不积水。

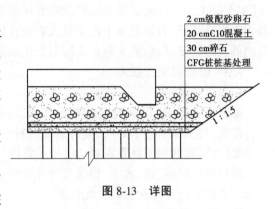

图 8-13　详图

（2）测量放样。根据设计图纸用全站仪精确放出灌注桩处理范围边线，中间桩位拉钢尺定位，插竹钉标识。

（3）桩位测量放样。根据已确定的试桩区域及桩位平面布置形式进行桩位放样。

#### 8.5.3.2　施工工艺流程及参数

（1）长螺旋钻施工灌注桩施工工艺流程见图 8-14。

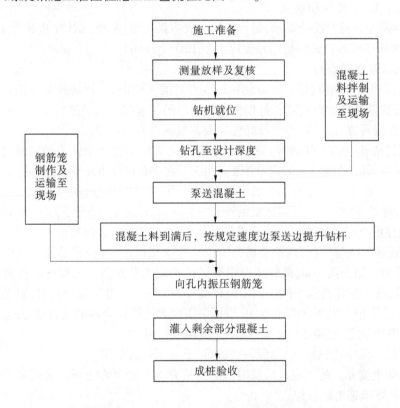

图 8-14　长螺旋钻施工灌注桩成桩施工流程

（2）施工技术参数：桩径 0.6 m，桩长 10.0 m，桩顶标高 115.776 m，桩底标高 105.776 m，钢筋笼长 10.84 m，笼顶标高 116.776 m，混凝土强度等级 C25，单桩设计方量 2.83 m³。

长螺旋钻施工成桩（长螺旋钻钻孔压混凝土后插放钢筋）基本原理：

用长螺旋钻机和带有中心管的长螺旋钻具钻至设计深度后，在暂不提升钻杆的情况下,用混凝土泵通过输送管和钻杆向孔底压灌普通细石混凝土或超流态混凝土,边压灌混凝土边提升钻杆,直至混凝土面达到没有塌孔危险的位置,起钻后用推压或振压的方法向孔内插入钢筋笼,然后灌入剩余孔段混凝土成桩。

### 8.5.3.3 CFG桩施工技术

1. 混合料拌制

混合料应按设计配合比经搅拌机拌和,坍落度、拌和时间应按工艺性试验确定的参数进行控制,且不得少于 1 min。搅拌的混合料必须保证混合料圆柱体能顺利通过刚性管、高强柔性管、弯管和变径管而到达钻杆芯管内。

原材料包括砂、石、水泥、粉煤灰和外加剂,施工前确定原材料的种类、品质,并将原材料送至实验室进行化验和配合比试验。

原材料一般要求:

水泥:42.5级普通硅酸盐水泥;

碎石:粒径 5~20 mm;

砂:含泥量小于 5%;

粉煤灰:Ⅱ级、Ⅲ级粉煤灰。

混合料强度应符合设计要求,每台机械一天应做一组(3块)试块(边长为 150 mm 的立方体),28 d 标准养护试件抗压强度应大于 $15.0 N/mm^2$。

2. 钻孔及泵送混合料

(1)钻机就位。钻机就位后,应使钻杆垂直对准桩位中心,现场控制采用在钻架上挂垂球的方法测量钻杆的垂直度。每根桩施工前现场工程技术人员进行桩位对中及垂直度检查,检查合格后方可开钻,并记录好桩位偏差和垂直度。

(2)钻进成孔。钻孔开始时,关闭钻头阀门,向下移动钻杆至钻头触地时启动马达钻进。先慢后快,同时检查钻孔的偏差并及时纠正。在成孔过程中发现钻杆摇晃或难钻时,应放慢进尺,防止桩孔偏斜、位移和钻具损坏。钻孔到设计孔深后报监理工程师确认。施工中记录好开钻时间、钻进速度、不同地质条件下的电流值、成桩瞬间电流,以进行地质复核。

(3)灌注混合料及拔管。钻孔至设计标高后,停止钻进,钻杆芯管充满混合料后开始拔管,并保证连续拔管,混合料的泵送量与拔管速度相匹配,混合料灌注过程中应保持混合料面始终高于钻头面 1 m,拔管速度根据试桩确定工艺参数。每根桩的投料量不小于设计灌注量,施工桩顶高程一般应高出设计高程 50 cm。在灌注混合料时,对于混合料的灌入量控制采用记录泵压次数的办法,根据泵压次数计算混合料的投料量,并记录好灌注时间、拔管提升速度、混凝土坍落度、混凝土实际灌注量。

(4)移机。灌注达到控制标高后移机进行下一根桩的施工。

(5)桩间土清除。施工完成后及时清除打桩弃土并运至弃土场。清运时不得扰动桩间土,不可破坏未施工的桩位。

(6)桩头截除、修整。施工完成 3~7 d 后使用小型挖掘机配合人工开挖桩间土。用全站仪将设计桩顶标高标记在桩身上,采用切割机在桩顶标高的部位切一圈,然后用钢钎等工具将桩头截断,截桩后采用人工修凿桩头。要求桩顶端浮浆清除干净,直至露出新鲜的混凝土面,清除浮浆后的有效长度满足设计要求。桩头修整至设计高程以上 3~5 cm 时,将桩顶从四周向中间修平至桩顶设计标高,桩顶高程允许偏差 0~20 mm。

（7）桩顶褥垫层（级配碎石）的铺设。CFG 桩浇筑完成并达到一定强度后，进行桩顶褥垫层的铺设。褥垫层为级配碎石，采用装载机配合人工的方式进行铺设，手扶式振动碾进行碾压。

#### 8.5.3.4　箱基渡槽段 CFG 桩基检测

箱基渡槽段共计设 CFG 桩基 10 708 根，根据规范要求，抽取不小于 1% 的桩基进行完整性检测，共计检测 1 092 根，其中 Ⅰ 类桩 1 055 根、Ⅱ 类桩 37 根，检测结果满足规范要求。

#### 8.5.3.5　施工主要疑难点和解决办法

本工程中由于卵石地层稳定性差，透水性好，地层复杂，存在卵石层及覆盖层与基岩接触带漏浆，渗漏严重，造孔塌孔、窜孔，导致造孔困难，以及卵石地层、高地下水位灌注成桩困难等疑难点。为解决以上问题，具体措施如下。

（1）在遇饱和粉土或粉性砂层成桩，防止混合料窜孔的施工措施：

①采取隔排、隔桩施工成桩方法，使成桩达到一定的间距。

②控制螺旋钻的钻进速度，减小对土层的过大扰动。

（2）保证施工质量，防止堵管、缩径和断桩的施工措施：

①拌和料配料时控制细骨料最大粒径不宜超过 25 mm，粉煤灰的掺加量控制在 70~90 kg/m³，混凝土坍落度控制在 160~200 mm，并根据拌和料可泵性调整泵送剂掺量。

②钻杆进入土层预定高程后，开始泵送混凝土，管内空气从排气阀排出，待钻杆芯管及输送管充满混凝土且呈连续体后，及时提钻，保证混凝土在一定压力下灌筑成桩。

③采用适宜的拔管速度，在拔管的同时，监控管内拌和料顶面高程的变化，防止管内拌和料随管上浮和空管提拔。

④导管的内壁应光滑，接头平顺，保证芯管内拌和料充盈度，保持管内混凝土有足够的泵压。

（3）在遇地下水位过高、地下含水过大成桩的施工措施：

①灌注混合料时，待钻杆芯管及输送管充满混凝土且呈连续体后方可提钻，保证混凝土在一定压力下均速提钻灌筑成桩，混合料灌注过程中保持混合料面始终高于钻头面 1.0 m。

②保持管内混凝土有足够的泵压，使孔内水随钻杆带出地表，引入排水沟。

③可采取施工区域两侧设排水沟或设井点强降水方法。排水沟大小和井点设置深度视地下水埋藏情况而定。

# 8.6　箱基渡槽混凝土施工

## 8.6.1　工程内容

混凝土施工项目主要包括箱基渡槽工程模板安拆、钢筋制安、混凝土浇筑等。

混凝土施工各种材料技术要求及规格型号如下：钢筋等级为 HPB235 和 HRB335；垫层混凝土强度等级为 C10，一级配；箱涵混凝土强度等级为 C30W6F150，渡槽混凝土强度等级为 C30W8F150，均为二级配；分缝材料为高压聚乙烯低发泡闭孔泡沫塑料板，型号

L-600;铜止水带规格为 490×1.2 mm;橡胶止水带规格为 350×10 mm;箱基渡槽结构缝宽 20 mm,在结构缝的槽身过流面部位为深 30 mm 的双组份聚硫密封胶结构。

主要工程项目及工程量见表 8-14。

表 8-14　主要工程项目及工程量

| 工程部位 | 项目名称 | 单位 | 合同工程量 | 实际完成工程量 |
|---|---|---|---|---|
| 沙河—大郎河箱基渡槽 | 垫层 C10 混凝土 | m³ | 11 048 | 11 048 |
| | 槽身 C30W8F150 混凝土 | m³ | 256 281 | 256 281 |
| | 涵洞 C30W6F150 混凝土 | m³ | 207 160 | 207 160 |
| | 钢筋制安 | t | 45 400 | 45 600 |
| | 铜止水 | m | 10 255 | 10 148 |
| | 橡胶止水 | m | 10 255 | 9 996 |
| | 闭孔泡沫板 | m³ | 1 855.52 | 1 855.52 |
| | 聚硫密封胶 | m³ | 6.1 | 22.86 |
| 大郎河—鲁山坡箱基渡槽 | 垫层 C10 混凝土 | m³ | 5 756.4 | 8 153.91 |
| | 槽身 C30W8F150 混凝土 | m³ | 103 385.1 | 103 868.3 |
| | 涵洞 C30W6F150 混凝土 | m³ | 116 584.2 | 114 259.54 |
| | 钢筋制安 | t | 22 447.9 | 22 034.85 |
| | 铜止水 | m | 3 115.75 | 5 357.62 |
| | 橡胶止水 | m | 3 380.13 | 5 263.76 |
| | 闭孔泡沫板 | m³ | 532.19 | 890.219 |
| | 聚硫密封胶 | m³ | 5 756.4 | 8 153.91 |

## 8.6.2　混凝土配合比确定

### 8.6.2.1　原材料性能检验

1. 水泥

沙河渡槽分为箱涵和槽身两部分,根据设计要求,箱基渡槽混凝土应采用低碱水泥,箱涵混凝土采用一般水泥。通过对水泥各项性能的富余系数、经济合理性以及厂家供货效率等综合因素分析,本工程选用河南郏县中联天广水泥有限公司的 P·O 42.5 水泥和河南孟电集团水泥有限公司的 P·O 42.5 水泥(低碱水泥),根据《通用硅酸盐水泥》(GB 175—2007)的要求,按照《水泥标准稠度用水量凝结时间安定性检验方法》(GB/T 1346—2001)、《水泥胶砂强度检验方法》(GB/T 17671—1999)、《水泥密度测定方法》(GB/T 208—1994)等,对水泥的标准稠度用水量、凝结时间、安定性、胶砂强度、密度进行检验,并依据南水北调中线干线工程标准《预防混凝土工程碱骨料反应技术条例》(试行)的规定,按照《水泥化学分析方法》(GB/T 176—2008)对水泥进行碱含量检验,所检项目符合要求,检验结果见表 8-15、表 8-16。

表 8-15　河南郏县中联天广水泥物理性能检测结果

| 检测项目 | 凝结时间 (min) | | 标准稠度用水量 (%) | 安定性 | 三氧化硫 (%) | 比表面积 (m²/kg) | 密度 (g/cm³) | 烧失量 (%) | 碱含量 (%) | 抗折强度 (MPa) | | 抗压强度 (MPa) | |
|---|---|---|---|---|---|---|---|---|---|---|---|---|---|
| | 初凝 | 终凝 | | | | | | | | 3 d | 8 d | 3 d | 28 d |
| 标准值 | ≥45 | 600 | — | 合格 | ≤3.5 | ≥300 | — | ≤5 | ≤0.60 | ≥3.5 | 6.5 | ≥17 | ≥42.5 |
| 实测值 | 177 | 255 | 26.3 | 合格 | 2.81 | 360 | 3.12 | 3.53 | 0.57 | 5.1 | 8.6 | 25.7 | 47.4 |

表 8-16　河南孟电集团水泥物理性能检测结果

| 检测项目 | 凝结时间 (min) | | 标准稠度用水量 (%) | 安定性 | 三氧化硫 (%) | 比表面积 (m²/kg) | 密度 (g/cm³) | 烧失量 (%) | 碱含量 (%) | 抗折强度 (MPa) | | 抗压强度 (MPa) | |
|---|---|---|---|---|---|---|---|---|---|---|---|---|---|
| | 初凝 | 终凝 | | | | | | | | 3 d | 8 d | 3 d | 28 d |
| 标准值 | ≥45 | 600 | — | 合格 | ≤3.5 | ≥300 | — | ≤5 | ≤0.60 | ≥3.5 | ≥6.5 | 17.0 | 42.5 |
| 实测值 | 146 | 234 | 26.0 | 合格 | 2.86 | 354 | 3.10 | 1.60 | 0.58 | 4.9 | 8.4 | 24.8 | 53.7 |

2. 细集料

选用宝丰大营料场生产的机制砂,依据《水工混凝土试验规程》(SL 352—2006)对宝丰大营机制砂样品进了颗粒级配、石粉含量、有害物质、坚固性、表观密度、饱和面干吸水率的性能检验,所检项目符合要求;检测结果见表 8-17,图 8-15 为机制砂颗粒级配曲线,属中砂Ⅱ区。

表 8-17　细集料性能检测结果

| 检测项目 | 表观密度 (kg/m³) | 饱和面干吸水率 (%) | 有机质含量 | 石粉含量 (%) | 轻物质含量 (%) | 坚固性 (%) | 硫化物及硫酸盐含量(%) | 云母含量 (%) | 细度模数 (F.M) |
|---|---|---|---|---|---|---|---|---|---|
| 标准值 | ≥2 500 | — | 不允许 | 6~18 | — | ≤8 | ≤1 | ≤2 | 2.4~2.8 |
| 实测值 | 2 690 | 1.0 | 合格 | 17.3 | 0.60 | 1 | 0.08 | 0 | 2.8 |

3. 碎石性能检测

选用产地宝丰大营的 5~20 mm、20~40 mm 碎石,依据《水工混凝土试验规程》(SL 352—2006)对宝丰大营的碎石进了颗粒级配,含泥量和泥块含量,有机质含量,坚固性,

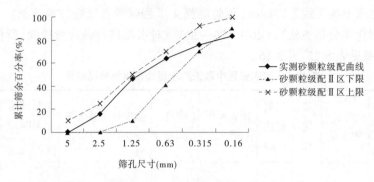

图 8-15    机制砂颗粒级配曲线

表观密度,压碎指标,饱和面干吸水率,超、逊径颗粒含量,针片状颗粒含量的性能检验,所检项目各项指标均符合要求;检测结果见表 8-18、表 8-19;图 8-16、图 8-17 为碎石 5～20 mm 和 20～40 mm 的颗粒级配曲线。由图 8-18 可知,5～20 mm 石子中径 10 mm 以上累计筛余率为 94.3%,超过规范要求的 40%～70%,因缺少 5～10 mm 的石子,可在 5～20 mm 石子中掺加一定比例的 5～10 mm 的小米石,混合后再进行颗粒级配试验。经颗粒级配试验确定,当 5～10 mm 小米石与 5～20 mm 石子的混合比例为 40∶60 时,石子级配及中径指标(62%)符合《水工混凝土施工规范》(DL/T 5144—2001)中 40%～70%的要求,见图 8-14,可以作为混凝土用骨料。

表 8-18    5～20 mm 碎石性能检测结果

| 检测项目 | 表观密度(kg/m³) | 饱和面干吸水率(%) | 压碎指标(%) | 坚固性(%) | 针片状颗粒含量(%) | 超径颗粒含量(%) | 逊径颗粒含量(%) | 硫化物及硫酸盐含量(%) | 有机质含量 | 含泥量(%) | 泥块含量(%) |
|---|---|---|---|---|---|---|---|---|---|---|---|
| 标准值 | ≥2 550 | — | ≤10 | ≤5 | ≤15 | 0 | ≤2 | ≤0.5 | 浅于标准色 | ≤1 | 不允许 |
| 实测值 | 2 780 | 0.6 | 8.0 | 3 | 2 | 0 | 0 | 0.08 | 合格 | 0.8 | 0 |

表 8-19    20～40 mm 碎石性能检测结果

| 检测项目 | 表观密度(kg/m³) | 饱和面干吸水率(%) | 压碎指标(%) | 坚固性(%) | 针片状颗粒含量(%) | 超径颗粒含量(%) | 逊径颗粒含量(%) | 硫化物及硫酸盐含量(%) | 有机质含量 | 含泥量(%) | 泥块含量(%) |
|---|---|---|---|---|---|---|---|---|---|---|---|
| 标准值 | ≥2 550 | — | ≤10 | ≤5 | ≤15 | 0 | ≤2 | ≤0.5 | 浅于标准色 | ≤1 | 不允许 |
| 实测值 | 2 780 | 0.6 | 8 | 2 | 8 | 0 | 0 | 0.07 | 合格 | 0.5 | 0 |

### 4. 粉煤灰

为改善混凝土的施工性能和耐久性,在混凝土中掺加粉煤灰,本次试验选用平顶山姚孟电厂生产的 Ⅱ 级粉煤灰;依据《用于水泥和混凝土中的粉煤灰》(GB/T 1596—2005)对粉煤灰的性能进行检验,其检测结果见表 8-20,所检项目符合 Ⅱ 级粉煤灰性能指标。

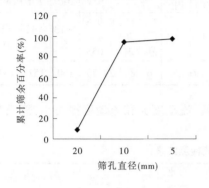

图 8-16　5~20 mm 碎石颗粒级配曲线

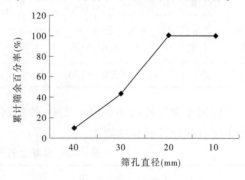

图 8-17　20~40 mm 碎石颗粒级配曲线

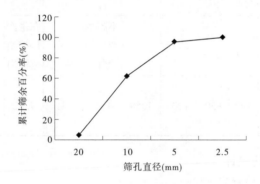

图 8-18　混合后 5~20 mm 碎石颗粒级配曲线

表 8-20　粉煤灰性能检测结果

| 检测项目 | 细度（%） | 需水量比（%） | 烧失量（%） | 含水量（%） | SO₃（%） | 碱含量（%） | 密度（g/cm³） | 安定性 |
|---|---|---|---|---|---|---|---|---|
| 技术要求 | ≤25.0 | ≤105 | ≤8.0 | ≤1.0 | ≤3.0 | ≤1.5 | — | ≤5.0 |
| 实测值 | 13.0 | 95 | 4.51 | 0.1 | 0.45 | 1.17 | 2.12 | 3.0 |

### 5. 外加剂

选用马贝建筑材料(上海)有限公司生产的 SP1 聚羧酸高效减水剂和 PT-C1 引气剂,依据《聚羧酸高性能减水剂》(JGJ/T 223—2007)和《混凝土外加剂》(GB 8076—2008)对以上两个外加剂进行性能检测,表 8-21 是掺量为 1.2% 时减水剂的性能检测结果,表 8-22 是掺量为 0.8/万时引气剂的性能检测结果,所检项目符合技术要求(固含量 $S > 25\%$ 时,控制在 $0.95S \sim 1.05S$;固含量 $S < 25\%$ 时,控制在 $0.90S \sim 1.10S$)。

表8-21　减水剂性能检测结果

| 检测项目 | 减水率（%） | | 泌水率比（%） | | 含气量（%） | 凝结时间差（min） | 28 d收缩率（%） | | 碱含量（%） | 氯离子含量（%） | 对钢筋锈蚀作用 | pH 值 | 含固量（%） | 抗压强度比（%） | | |
|---|---|---|---|---|---|---|---|---|---|---|---|---|---|---|---|---|
| | Ⅰ | Ⅱ | Ⅰ | Ⅱ | | | Ⅰ | Ⅱ | | | | | | 3 d | 7 d | 28 d |
| 性能指标 | ≥25 | ≥18 | ≤60 | ≤70 | ≤6.0 | >+120 | ≤100 | ≤120 | <10 | ≤0.6 | 无 | 在生产厂控制范围内 | 0.95S~1.05S | ≥135 | ≥125 | ≥120 |
| 实测值 | 25 | | 41 | | 2.0 | +150 | 102 | | 1.52 | 0.19 | 无 | 6.98 | 24.75 | 160 | 151 | 132 |

　　经所选水泥与外加剂适应性试验,外加剂掺量低、流动度大和流动度损失小,能满足混凝土配合比设计试验的要求。

表8-22　混凝土引气剂性能检测结果

| 检测项目 | 减水率（%） | 泌水率比（%） | 含气量（%） | 凝结时间之差（min） | | 28 d收缩率比（%） | 含量（%） | 氯离子含量（%） | 对钢筋锈蚀作用 | pH 值 | 含固量（%） | 抗压强度比（%） | | |
|---|---|---|---|---|---|---|---|---|---|---|---|---|---|---|
| | | | | 初凝 | 终凝 | | | | | | | 3 d | 7 d | 28 d |
| 性能指标 | ≥6 | ≤70 | ≥3.0 | −90~+120 | | ≤135 | <10 | 不超生产厂控制值 | 无 | 在生产厂控制范围内 | 0.90S~1.10S | ≥95 | ≥95 | ≥90 |
| 实测值 | 7.9 | 60 | 5.1 | +40 | +50 | 120 | 1.58 | 0.07 | 无 | 7.62 | 19.91 | 6 | 5 | 0 |

#### 8.6.2.2　混凝土配合比设计

1.混凝土配制强度的确定

　　根据《水工混凝土配合比设计规程》(DL/T 5330—2005),混凝土配制强度按照下式计算:

$$f_{cu,o} = f_{cu,k} + t\sigma \tag{8-6}$$

式中:$f_{cu,o}$为混凝土配制强度,MPa;$f_{cu,k}$为混凝土设计强度标准值,MPa;$t$为概率度系数,由给定的保证率 $P$ 选定,$t$—$P$ 关系依据表8-23选用;$\sigma$为混凝土抗压强度标准差,MPa,依据表8-24选用。

表8-23　$t$—$P$ 关系

| 概率度系数 $t$ | 0.525 | 0.675 | 0.840 | 1.0 | 1.040 | 1.280 | 1.645 | 2.0 | 3.0 |
|---|---|---|---|---|---|---|---|---|---|
| 保证率 $P$(%) | 70.0 | 75.0 | 80.0 | 84.1 | 85.0 | 90.0 | 95.0 | 97.7 | 99.9 |

表8-24　混凝土抗压强度标准差 $\sigma$ 选用

| 设计龄期混凝土抗压强度标准值(MPa) | ≤15 | 20~25 | 30~35 | 40~45 | 50 |
|---|---|---|---|---|---|
| 混凝土抗压强度标准差(MPa) | 3.5 | 4.0 | 4.5 | 5.0 | 5.5 |

按表 8-23 和表 8-24，当设计龄期为 28 d，混凝土抗压强度保证率为 95% 时，混凝土配制强度见表 8-25。

**表 8-25　混凝土配置强度一览表**

| 混凝土设计强度 | 概率度系数 $t$ | 混凝土抗压强度标准差 $\sigma$ | 混凝土配置强度（MPa） |
|---|---|---|---|
| C25 | 1.645 | 4.0 | 31.6 |
| C30 | 1.645 | 4.5 | 37.4 |

2. 水胶比的确定

在原材料的品种、质量和其他条件不变的情况下，水胶比的大小直接决定混凝土的强度和耐久性。确定水胶比的原则是：在满足设计规定的强度、抗渗等级、抗冻等级要求的前提下，尽可能选用较大的水胶比，依据《水工混凝土施工规范》（SL 677—2014）具有抗冻要求的混凝土水胶比应小于 0.5。水胶比可根据经验初步确定，再结合混凝土强度、抗渗、抗冻等项目的检测结果，对水胶比进行最后校核。

本次试验选定 C25 灌注桩的水胶比为 0.54、0.50、0.46；C30 常态混凝土的水胶比为 0.45、0.41、0.38；C30 泵送混凝土的水胶比为 0.43、0.40、0.37。

3. 单位用水量的确定

混凝土用水量的多少是控制混凝土拌和物流动性大小的主要因素。因此，确定单位用水量时，应根据混凝土坍落度的要求、石子最大粒径、砂石品质及级配、外加剂品种及掺量等，通过试拌确定。

4. 骨料的级配及砂率的确定

由于水工混凝土所用骨料粒径较大，一般分级生产和堆放，各级骨料的最佳级配可根据紧密堆积密度试验结果确定，若骨料级配良好，则空隙率和总比表面积都较小，可减少填充骨料空隙的灰浆量，相应降低用水量和胶凝材料用量，使混凝土的性能得到改善，经试验确定当小石、中石比例为 50%∶50% 时骨料的紧密堆积密度最大，见图 8-19；因此确定混凝土配合比所用骨料小石∶中石 = 50%∶50%。

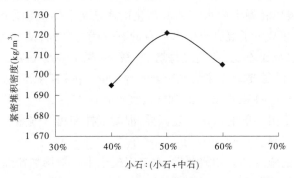

**图 8-19　小石、中石掺量与紧密堆积密度关系曲线**

表 8-26　最优砂率选择试验结果

| 项目 | C25 灌注桩 | | | C30W6F150 常态 | | | C30W8F150 泵送混凝土 | | |
|---|---|---|---|---|---|---|---|---|---|
| 砂率 | 39 | 41 | 43 | 33 | 35 | 37 | 40 | 42 | 44 |
| 坍落度 | 197 | 191 | 185 | 78 | 83 | 88 | 169 | 172 | 165 |
| 和易性 | 较好 | 好 | 较黏 | 较好 | 好 | 较黏 | 较差 | 好 | 黏 |
| 泌水 | 少量 | 没有 | 没有 | 没有 | 没有 | 没有 | 少量 | 没有 | 没有 |
| 最优砂率 | 41 | | | 35 | | | 42 | | |
| 备注 | 水胶比 0.50、$W=174$、减水剂 0.55%、粉煤灰 24.6% | | | 水胶比 0.41、$W=145$、减水剂 0.65%、引气剂 1.0/万、粉煤灰 24.3% | | | 水胶比 0.41、$W=136$、减水剂 0.75%、引气剂 0.7/万、粉煤灰 20.6% | | |

砂率表示砂和石之间的组合关系,砂率的变动会使骨料的总表面积发生明显的变化,对混凝土拌和物的流动性特别是黏聚性有很大的影响。因此,在确定混凝土的配合比时,必须选取最优砂率。然而影响最优砂率的因素很多,如石子品种、粒径、级配,砂细度模数、级配情况、水胶比的大小、施工要求的流动性、外加剂的掺用等。因此,尚不能用计算的方法得出准确的最优砂率。通常可先参考经验图表初步估计一个或几个砂率,然后通过混凝土拌和物和易性试验来确定。

5. 减水剂、引气剂及粉煤灰的掺量

为提高混凝土的性能、节约水泥、降低工程造价,常在混凝土中加入外加剂。本次试验选用的是马贝建筑材料(上海)有限公司生产的 SP1 聚羧酸减水剂,由于减水剂的减水率与减水剂的掺量、水泥品种及骨料的石粉含量(或含泥量)等有关,因此当现场原材料的情况发生变化时,减水剂掺量应通过试验调整,并达到混凝土设计要求的工作性能。依据厂家提供的掺量范围,经过试拌,考虑经济等各方面因素选择减水剂的掺量为胶凝材料总量的 0.55%~0.75%。

引气剂的作用是吸附在水—气界面,形成大量细微而稳定的气泡,在混凝土拌和物中均匀分散,互不连通,由于气泡能隔断混凝土中毛细管渗水通路,故能显著提高混凝土的抗渗性,气泡又能缓冲混凝土内水结冰所产生的水压力,从而使混凝土的抗冻性大为提高。然而气泡的存在减少了混凝土中水泥石的有效受力断面,使混凝土的强度降低。有资料表明,若保持水灰比不变,含气量每增加 1%,混凝土强度下降 3%~5%。因此,为保证强度、抗冻性同时满足要求应控制混凝土的含气量。依据《水工混凝土施工规范》(DL/T 5144—2015)的规定,F150 混凝土的含气量宜控制在 4%~5%。配制混凝土时应根据含气量检测的结果调整引气剂的掺量。经试拌,混凝土拌和物含气量在 4%~5% 时,引气剂的最佳掺量为胶凝材料总量的 0.7/万~1.0/万。

为改善混凝土的施工性能和耐久性,水工混凝土中经常掺加粉煤灰,以节约水泥并满足大体积混凝土的低热性要求。平顶山姚孟电厂生产的粉煤灰经检测符合 Ⅱ 级粉煤灰技术要求,依据《粉煤灰混凝土应用技术规范》(GBJ 146—1990)采用超量取代法,粉煤灰取代率为 10%~20%,超量替代系数 $K=1.3$,计算后最终粉煤灰掺量为胶凝材料总量的 15%~25%。

按照上述配合比确定原则,对沙河渡槽的四种混凝土分别进行设计与试配。依次见表 8-27~表 8-30,并根据试配结果确定最终配合比方案。

表 8-27  C25 灌注桩混凝土配合比

| 配比编号 | 每立方米混凝土材料用量(kg/m³) | | | | | | 水胶比 | 砂率(%) |
|---|---|---|---|---|---|---|---|---|
| | 水泥 | 水 | 粉煤灰 | 砂 | 石 | 减水剂 | | |
| S₂ | 242 | 174 | 79 | 789 | 1 113 | 1.77 | 0.54 | 41.5 |
| S₃ | 260 | 174 | 85 | 770 | 1 109 | 1.90 | 0.50 | 41.0 |
| S₄ | 285 | 175 | 92 | 750 | 1 102 | 2.07 | 0.46 | 40.5 |
| 备注 | 坍落度 180~220 mm,减水剂掺量为胶凝材料总量的 0.55% | | | | | | | |

注:水泥为河南郏县 P·O 42.5、中砂、碎石二级配小石:中石=50:50(砂、石为饱和面干状态)、粉煤灰Ⅱ级。

表 8-28  C30W6F150 常态混凝土配合比

| 配比编号 | 每立方米混凝土材料用量(kg/m³) | | | | | | | 水胶比 | 砂率(%) |
|---|---|---|---|---|---|---|---|---|---|
| | 水泥 | 水 | 粉煤灰 | 砂 | 石 | 减水剂 | 引气剂 | | |
| S7 | 244 | 145 | 79 | 677 | 1 203 | 2.10 | 0.032 | 0.45 | 36 |
| S9 | 265 | 145 | 85 | 648 | 1 205 | 2.28 | 0.035 | 0.41 | 35 |
| S11 | 288 | 145 | 94 | 619 | 1 202 | 2.48 | 0.038 | 0.38 | 34 |
| 备注 | 坍落度为 70~90 mm,减水剂掺量为 0.65%,引气剂掺量为 1.0/万 | | | | | | | | |

注:水泥为河南郏县 P·O 42.5、中砂、碎石二级配小石:中石=50:50(砂、石为饱和面干状态)、粉煤灰Ⅱ级。

表 8-29  C30W6F150 泵送混凝土配合比

| 配比编号 | 每立方米混凝土材料用量(kg/m³) | | | | | | | 水胶比 | 砂率(%) |
|---|---|---|---|---|---|---|---|---|---|
| | 水泥 | 水 | 粉煤灰 | 砂 | 石 | 减水剂 | 引气剂 | | |
| S22 | 255 | 137 | 65 | 813 | 1 078 | 2.40 | 0.026 | 0.43 | 43 |
| S23 | 270 | 136 | 70 | 786 | 1 085 | 2.55 | 0.027 | 0.40 | 42 |
| S25 | 295 | 136 | 75 | 755 | 1 086 | 2.77 | 0.030 | 0.37 | 41 |
| 备注 | 坍落度为 140~180 mm,减水剂掺量为 0.75%,引气剂掺量为 0.8/万。砂样为 5 月 25 日所送的经施工单位水洗后样品,石粉含量为 7.6% | | | | | | | | |

注:水泥为河南郏县 P·O 42.5、中砂、碎石二级配小石:中石=50:50(砂、石为饱和面干状态)、粉煤灰Ⅱ级。

### 8.6.2.3  试配结果与分析

表 8-31 和图 8-20 分别为 C25 灌注桩试配结果统计表和强度与胶水比关系曲线图;从 7 d 和 28 d 龄期抗压强度与水胶比相关关系分析结果看,7 d 和 28 d 龄期抗压强度均与水胶比呈线性关系。由回归方程计算得出满足 C25 灌注桩配置强度 31.6 MPa 的水胶

比为 0.509。

表 8-30    C30W8F150 泵送混凝土配合比

| 配比编号 | 每立方米混凝土材料用量（kg/m³） | | | | | | | 水胶比 | 砂率（%） |
| --- | --- | --- | --- | --- | --- | --- | --- | --- | --- |
| | 水泥 | 水 | 粉煤灰 | 砂 | 石 | 减水剂 | 引气剂 | | |
| S28 | 255 | 137 | 65 | 813 | 1 078 | 2.40 | 0.022 | 0.43 | 43 |
| S29 | 270 | 136 | 70 | 786 | 1 085 | 2.55 | 0.024 | 0.40 | 42 |
| S30 | 295 | 136 | 75 | 755 | 1 086 | 2.77 | 0.026 | 0.37 | 41 |
| 备注 | 坍落度为 140～180 mm，减水剂掺量为 0.75%，引气剂掺量为 0.7/万。砂样为 5 月 25 日所送的经施工单位水洗后样品，石粉含量为 7.6% | | | | | | | | |

注：水泥为河南孟电 P·O 42.5 中砂、碎石二级配小石：中石=50∶50（砂、石为饱和面干状态）、粉煤灰Ⅱ级。

表 8-31    C25 灌注桩混凝土试配结果

| 编号 | 坍落度实测值（mm） | 表观密度（kg/m³） | 含气量（%） | 抗压强度（MPa） | |
| --- | --- | --- | --- | --- | --- |
| | | | | 7 d | 28 d |
| S2 | 193 | 2 410 | 1.6 | 21.4 | 29.0 |
| S3 | 190 | 2 425 | 1.5 | 23.7 | 32.5 |
| S4 | 198 | 2 435 | 1.7 | 25.5 | 36.2 |

注：水泥为河南郏县 P·O 42.5、中砂、碎石二级配小石：中石=50∶50（砂、石为饱和面干状态）、粉煤灰Ⅱ级。

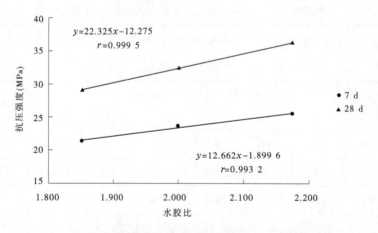

图 8-20    C25 灌注桩混凝土抗压强度与水胶比关系曲线

表 8-32 和图 8-21 分别为 C30W6F150 常态混凝土试配结果统计表和强度与胶水比关系曲线图。混凝土表观密度、坍落度、含气量、抗渗等级、抗冻等级均满足设计要求；从 7 d 和 28 d 龄期抗压强度与胶水比相关关系分析结果看，7 d 和 28 d 龄期抗压强度均与胶水比呈线性关系。由回归方程计算得出满足 C30W6F150 常态混凝土配置强度 37.4MPa 的水胶比为 0.421。

表 8-32 C30W6F150 常态混凝土试配结果

| 编号 | 坍落度实测值（mm） | 表观密度（kg/m³） | 含气量（%） | 抗渗等级 | 抗冻等级（F150） | | 抗压强度（MPa） | |
|---|---|---|---|---|---|---|---|---|
| | | | | | 质量损失率（%） | 相对动弹模数（%） | 7 d | 28 d |
| S7 | 90 | 2 380 | 4.3 | W10 | — | — | 25.1 | 34.8 |
| S9 | 85 | 2 385 | 4.5 | W11 | 1.0 | 90 | 27.2 | 38.3 |
| S11 | 82 | 2 390 | 4.6 | W12 | — | — | 29.4 | 41.9 |

注：水泥为河南郏县 P·O 42.5、中砂、碎石二级配小石：中石 = 50:50（砂、石为饱和面干状态）、粉煤灰Ⅱ级。

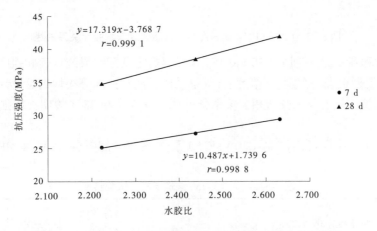

图 8-21 C30W6F150 常态混凝土抗压强度与水胶比关系曲线

表 8-33 和图 8-22 分别为 C30W6F150 泵送混凝土试配结果统计表和强度与水胶比关系曲线图。混凝土表观密度、坍落度、含气量、抗渗等级、抗冻性能均满足设计要求；从 7 d 和 28 d 龄期抗压强度与水胶比相关关系分析结果看，7 天和 28 天龄期抗压强度均与水胶比呈线性关系。

表 8-33 C30W6F150 泵送混凝土试配结果

| 编号 | 坍落度实测值（mm） | 坍落度 30 min 损失值（min） | 坍落度 60 min 损失值（mm） | 表观密度（kg/m³） | 含气量（%） | 抗渗等级 | 抗冻等级（F150） | | 抗压强度（MPa） | |
|---|---|---|---|---|---|---|---|---|---|---|
| | | | | | | | 质量损失率（%） | 相对动弹模数（%） | 7 d | 28 d |
| S22 | 175 | — | — | 2 360 | 4.6 | W9 | — | — | 26.8 | 34.7 |
| S23 | 170 | 73 | 110 | 2 365 | 4.6 | W10 | 0.8 | 91 | 28.5 | 38.0 |
| S25 | 178 | — | — | 2 375 | 4.9 | W10 | — | — | 30.1 | 42.5 |

注：水泥为河南郏县 P·O 42.5、中砂、碎石二级配小石：中石 = 50:50（砂、石为饱和面干状态）、粉煤灰Ⅱ级。

由回归方程计算得出满足 C30W6F150 泵送混凝土配置强度 37.4 MPa 的水胶比为 0.406。

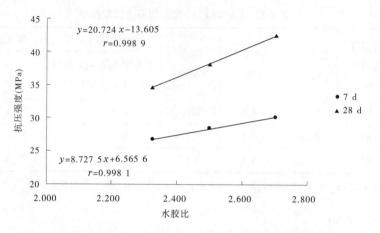

图 8-22　C30W6F150 泵送混凝土抗压强度与水胶比关系曲线

表 8-34 和图 8-23 分别为 C30W8F150 泵送混凝土试配结果统计表和强度与水胶比关系曲线图。混凝土表观密度、坍落度、含气量、抗渗等级、抗冻等级均满足设计要求;从 7 d 和 28 d 龄期抗压强度与水胶比相关关系分析结果看,7 d 和 28 d 龄期抗压强度均与水胶比呈线性关系。

由回归方程计算得出满足 C30W8F150 泵送混凝土配置强度 37.4 MPa 的水胶比为 0.410。

表 8-34　C30W8F150 泵送混凝土试配结果

| 编号 | 坍落度实测值 （mm） | 坍落度 30 min 损失值 （mm） | 坍落度 60 min 损失值 （mm） | 表观密度 （kg/m³） | 含气量 （%） | 抗渗等级 | 抗冻等级 （F150） | | 28 d 极限拉伸值 （×10⁻⁴） | 抗压强度 （MPa） | |
|---|---|---|---|---|---|---|---|---|---|---|---|
| | | | | | | | 质量损失率 （%） | 相对动弹模数 （%） | | 7 d | 28 d |
| S28 | 175 | — | — | 2 360 | 4.5 | W10 | — | — | — | 26.6 | 35.2 |
| S29 | 165 | 70 | 105 | 2 360 | 4.8 | W11 | 0.7 | 89 | 0.95 | 29.0 | 38.5 |
| S30 | 180 | — | — | 2 370 | 5.0 | W11 | — | — | — | 30.7 | 42.8 |

注:水泥为河南孟电 P·O 42.5 、中砂、碎石二级配小石:中石＝50:50（砂、石为饱和面干状态）、粉煤灰Ⅱ级。

#### 8.6.2.4　混凝土推荐配合比的确定

由回归方程计算出满足强度要求的混凝土水胶比,C25 灌注桩为 0.509、C30W6F150 常态混凝土为 0.421、C30W6F150 泵送混凝土为 0.406、C30W8F150 泵送混凝土为 0.410。考虑原材料变化和施工控制因素及混凝土性能试验结果,选取编号为 S3、S9、S23、S29 的配合比作为 C25 灌注桩、C30W6F150 常态混凝土、C30W6F150 泵送混凝土、C30W8F150 泵送混凝土的推荐用混凝土配合比。这四组配合比的水胶比分别为 0.50、0.41、0.40、0.40。

C25 灌注桩配合比,依据《公路桥涵施工技术规范》(JTJ 041—2000)的规定,对于掺有减水剂和粉煤灰的水下混凝土灌注桩水泥最小用量不宜小于 300 kg/m³,因此在保证水胶比

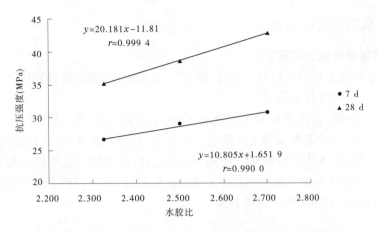

图 8-23 C30W8F150 泵送混凝土抗压强度与水胶比关系曲线

不变的前提下,对编号 S3 配合比进行适当调整。粉煤灰掺量由原来的 24.6% 降为 15%,增加水泥用量至 300 kg/m³,并进行试拌验证,试拌成果见表 8-35,由于调整了水泥和粉煤灰的比例,不仅对 28 d 混凝土强度不会造成不利影响,反而使混凝土的早期强度得到进一步保证,更有利于后期施工的顺利进行。表 8-36 为推荐混凝土配合比汇总。

表 8-35 C25 灌注桩混凝土试配成果

| 编号 | 混凝土强度等级 | 水胶比 | 每立方米混凝土材料用量(kg/m³) | | | | | | | 混凝土强度(MPa) | |
|---|---|---|---|---|---|---|---|---|---|---|---|
| | | | 水泥 | 水 | 粉煤灰 | 砂 | 石 | 减水剂 | 引气剂 | 7 天 | 28 天 |
| S3′ | C25 灌注桩 | 0.5 | 300 | 176 | 53 | 758 | 1 091 | 1.94 | — | 25.4 | 33.7 |

注:水泥 P·O 42.5、中砂、碎石二级配小石:中石 = 50:50(砂、石为饱和面干状态)、粉煤灰Ⅱ级。

表 8-36 推荐混凝土配合比汇总

| 编号 | 混凝土强度等级 | 每立方米混凝土材料用量(kg/m³) | | | | | | | 粉煤灰掺量(%) | 减水剂掺量(%) | 引气剂掺量(‰) |
|---|---|---|---|---|---|---|---|---|---|---|---|
| | | 水泥 | 水 | 粉煤灰 | 砂 | 石 | 减水剂 | 引气剂 | | | |
| S3′ | C25 灌注桩 | 300 | 176 | 53 | 758 | 1 091 | 1.94 | — | 15.0 | 0.55 | — |
| S9 | C30W6F150 常态混凝土 | 265 | 145 | 85 | 648 | 1 205 | 2.28 | 0.035 | 24.3 | 0.65 | 0.1 |
| S23 | C30W6F150 泵送混凝土 | 270 | 136 | 70 | 786 | 1 085 | 2.55 | 0.027 | 20.6 | 0.75 | 0.08 |
| S29 | C30W8F150 泵送混凝土 | 270 | 136 | 70 | 786 | 1 085 | 2.55 | 0.024 | 20.6 | 0.75 | 0.07 |

注:水泥 P·O 42.5、中砂、碎石二级配小石:中石 = 50:50(砂、石为饱和面干状态)、粉煤灰Ⅱ级。

### 8.6.3　箱基渡槽混凝土施工

#### 8.6.3.1　箱基渡槽施工主要程序

沙河箱基渡槽为矩形并行双槽结构,施工时双槽按左右槽单独分开作业,为减少施工干扰,施工过程一般错开 2~3 节。

沙河—大郎河箱基渡槽分为六层浇筑,分别为箱基底板、箱基侧墙(4 m 以上分两仓浇筑)、顶板(含部分箱基侧墙和槽身侧墙)、渡槽侧墙(分两仓浇筑)。垫层混凝土每块按一层浇筑;箱基底板浇筑至倒角及以上 30 cm 侧墙处;箱基侧墙浇筑到顶板倒角以下 80 cm 侧墙处;顶板浇筑到槽身底板倒角以上 30 cm 侧墙处(在并行槽中,先浇槽槽身内侧浇筑至顶板倒角以上 45 cm 处),见图 8-24。

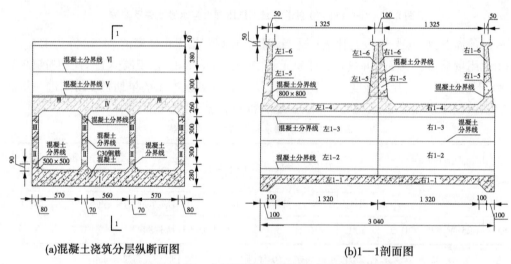

(a)混凝土浇筑分层纵断面图　　　　　　　　(b)1—1剖面图

图 8-24　沙河—大郎河箱基渡槽混凝土浇筑分层分块

大郎河—鲁山坡箱基渡槽段混凝土分为四层浇筑,分别为箱基底板、箱基侧墙和中隔墙、顶板(含部分箱基侧墙、中隔墙和槽身侧墙、缝墙)、渡槽槽身侧墙和缝墙。垫层混凝土每块按一层浇筑;箱基底板浇筑至倒角及以上 20 cm 侧墙和中隔墙处;箱基侧墙浇筑到顶板倒角以下 20 cm 侧墙和中隔墙处;顶板浇筑到槽身底板倒角以上 20 cm 侧墙处。见图 8-25。

#### 8.6.3.2　模板工程

1.模板设计

箱基涵洞部分模板主要采用以 P6015(5.0 mm 厚)为主,配置部分 P3015、P2015、P1015 国标模板及部分异型模板(面板 5.0 mm 厚);槽身部分主要采用大型钢模板(面板 5.0 mm 厚)和部分异型止水端模(面板 5.0 mm 厚)进行拼接。

(1)沙河—大郎河箱基渡槽分层配模具体方式。

①箱基渡槽底板外侧采用侧模包端模形式,通过散装国标钢模和部分异型模板进行拼装,套筒螺栓拉条加固,过流面采用钢管做样架控制;内侧八字模采用定型钢模板,竖背肋为 8# 槽钢,横向为双排钢管,拉条固定。

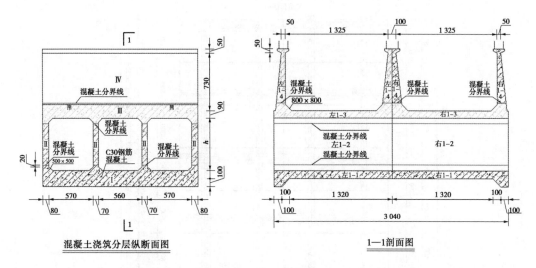

混凝土浇筑分层纵断面图　　　　　　　　　　　1—1剖面图

**图 8-25　大郎河—鲁山坡箱基渡槽混凝土浇筑分层分块**

②箱涵段侧墙、中墙采用 P6015 国标组合钢模,局部区域用小型钢模拼接,横、竖背肋为双 8# 槽钢,φ20 mm 拉杆穿墙对拉加固。考虑到本标段涵洞侧墙墙身高低不等,最低 5.5 m,最高 9.1 m。根据每个区段侧墙高度的种类及该高度渡槽总长进行通配。具体配置如下:

第一分区涵洞侧墙因整体高度偏高,模板按 3.6 m 进行配置,分两仓浇筑,模板可整体提升一次,模板设计如图 8-26~图 8-28 所示。

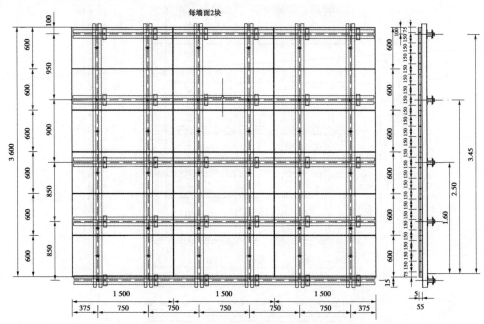

**图 8-26　一分区模块设计示意图(1)**

第二分区涵洞侧墙整体高度差异性较大,模板按 4.2 m 进行配置,6.2 m 以下(含 6.2 m)

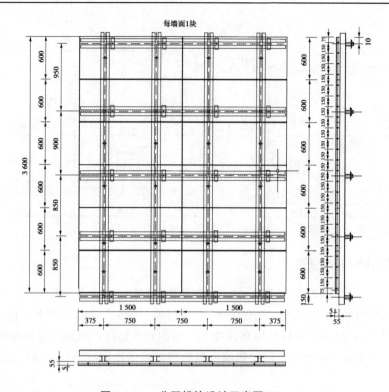

图 8-27　一分区模块设计示意图(2)

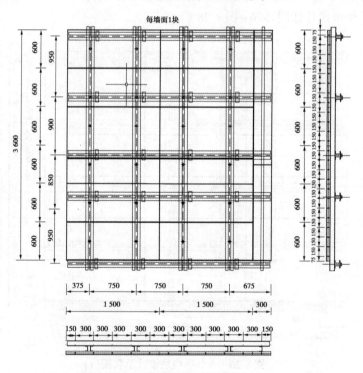

图 8-28　一分区模块设计示意图(3)

净高涵洞侧墙分一仓浇筑,其余净高侧墙分两仓浇筑,模板设计如回执单8-29、图8-30、图8-31所示。

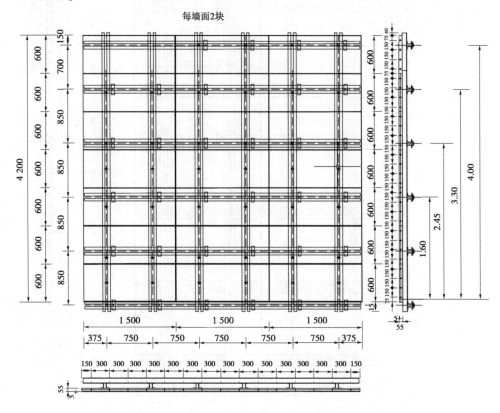

图 8-29 二、五分区模板设计示意图(1)

第三分区涵洞侧墙整体高度差异性较大,模板按4.6 m进行配置,6.6 m以下(含6.6 m)净高涵洞侧墙分一仓浇筑,其余净高侧墙分两仓浇筑,结构如图8-32、图8-33、图8-34所示。

第四分区涵洞侧墙净高分6.6 m和7.7 m两种,模板按4.6 m进行配置(模板设计同第三分区),6.6 m净高涵洞侧墙分一仓浇筑,7.7 m净高侧墙分两仓浇筑。

第五分区涵洞侧墙整体高度差异性较大,模板按4.2 m进行配置(模板设计同第二分区),6.2 m以下(含6.2 m)净高涵洞侧墙仅需一仓浇筑即可,其余净高侧墙分两仓浇筑。赶工时,新增作业面按第三分区涵洞侧墙模板进行配制。

③箱涵顶板采用WDJ碗扣式多功能强力钢管排架支撑(详见箱涵碗扣架支撑图),小型钢模配组合钢模作底模,顶板外侧端模采用55系列国标模板、异型模板及止水模板拼接方式。在并行槽中,先浇槽身内侧,浇筑至顶板倒角以上45 cm处,比后浇槽内侧底腋角高出约15 cm,方便后续施工。

④渡槽槽身侧墙采用大块钢模和端部止水异型模板拼接,φ20 mm拉杆穿墙对拉加固。此外,并行槽的后浇槽内侧墙身模板背部桁架支撑,上口及下口通过预埋螺栓套筒对拉。模板制作采用优质完好的材料,以满足模板强度、刚度、平整度的要求。模板安装精

每墙面1块

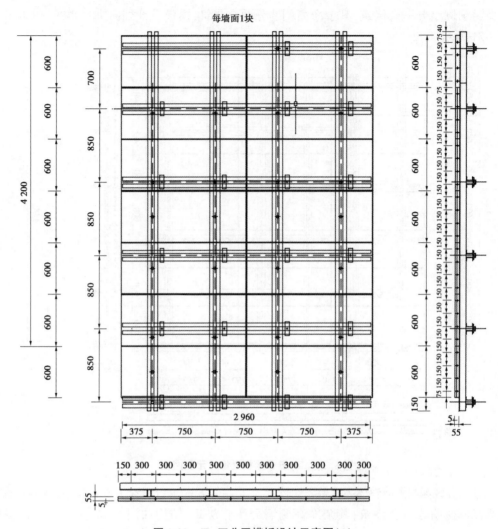

图 8-30 二、五分区模板设计示意图(2)

度在设计允许偏差范围内,模板支撑牢靠稳定,封闭严实不漏浆。模板拆除后及时清洗、清除固结的灰浆等杂物,并在混凝土开仓前涂刷脱模剂或新柴油。安装时应检查标高及轴线,确保模板安装精度及稳定。

(2)大郎河—鲁山坡箱基渡槽分层配模具体方式。

①基渡槽底板模板由边墙外侧模、内八字模和端模组成,边墙外侧模和边墙内八字模、中墙内八字模之间在上部通过 $\phi$16 mm 拉杆对拉固定,下部通过预埋件、拉杆和锥形套固定,端模包外侧模和八字模并通过螺栓连接在一起,用钢管斜顶端模以防止在浇筑时发生变形;过流面采用钢管做样架控制;内侧倒角八字模采用定型钢模板,竖肋和边肋采用 50 mm×5 mm 扁钢,横肋为 5# 槽钢(其中八字模的横肋为 50 mm×5 mm 扁钢),背楞采用 $\phi$48 mm 的钢管。

②箱涵段侧墙、中隔墙采用 P6015 国标组合钢模,局部区域用小型钢模拼接,其中横肋为 5# 槽钢, 竖肋和边肋均采用 50 mm×5 mm 扁钢, $\phi$16 mm 拉杆穿墙对拉加固,背楞采

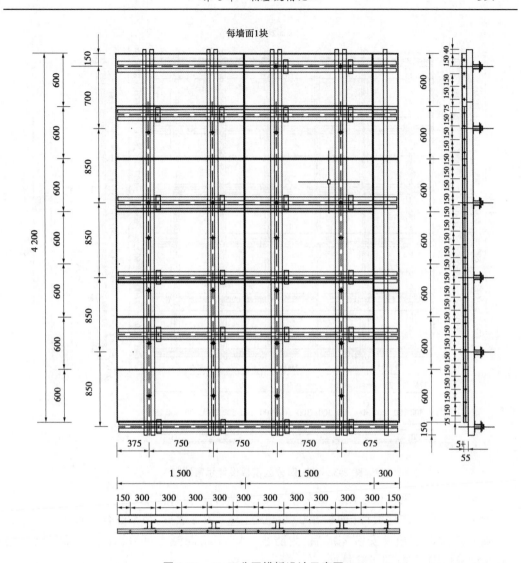

**图 8-31　二、五分区模板设计示意图(3)**

用双φ48 mm 的钢管。

③箱涵顶板采用 4 m 高的自制钢台车支撑和 WDJ 碗扣式钢管排架支撑小型钢模配组合钢模作底模;顶板外侧端模采用国标模板、异型模板、止水模板及定制的八字钢模。钢模面板厚度为 5 mm,其中横肋为 5# 槽钢,竖肋和和边肋采用 50 mm×5 mm 扁钢,φ16 mm 拉杆穿墙对拉加固,背楞采用双φ48 mm 的钢管。

④渡槽槽身侧墙采用定制的大块钢模和端部止水异型模板,侧墙之间采用φ25 mm 的精轧螺纹钢在上下两端对拉固定,模板厚度为 5 mm,竖肋和边肋均采用 80 mm×10 mm 扁钢, 横肋为 8# 槽钢,模板通过双向调节撑杆悬挂在台车架上。

2.模板安装

(1)涵洞模板。涵洞大块组合钢模板采用 16 t 或 25 t 汽车吊进行安拆,根据测量放样控制模板高程和方向;PVC 管套穿φ16 mm 对拉筋,对拉筋抽出重复使用。

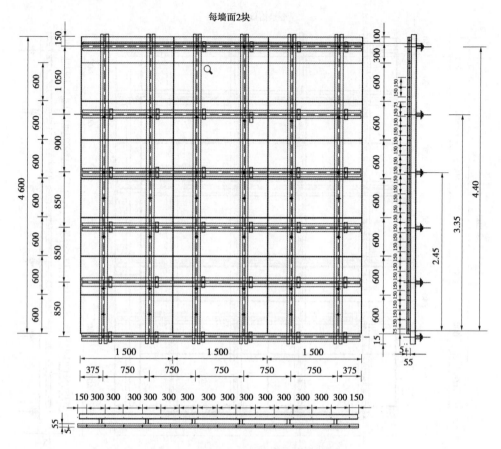

**图 8-32　三、四分区模板设计示意图(1)**

局部小块组合钢模板采用人工安拆,背肋为双钢管,拉杆固定。

涵洞顶板采用国标模板(面板 5.0 mm 厚),人工散支散拆,吊车配合垂直运输。

涵洞内"八"字角模安装完成后,为防止"八"字角混凝土翻浆,在水平面铺设一块 P3015 钢模压脚,初凝前拆除抹面。

(2)槽身模板。渡槽槽身侧墙采用定制的大块钢模和端部止水异型模板,侧墙之间采用 $\phi$ 25 mm 的精轧螺纹钢在上下两端对拉固定,PVC 管套穿对拉筋,对拉筋抽出重复使用,模板厚度为 5 mm,竖肋和边肋均采用 80 mm×10 mm 扁钢,横肋为 8# 槽钢,模板通过双向调节撑杆悬挂在台车架上,当进行下段混凝土施工时,模板可随台车快速移动到位,可省去人工拆模。

(3)端模板。涵洞及槽身端头采用已设计好的小块钢模板现场拼装和加固。

3. 模板拆除

混凝土强度达到设计或规范规定的拆模强度时进行模板拆除;大型模板采用吊车、小块模板人工拆除。

涵洞顶板模板人工调松顶托、拆除模板,在支架上部拆除部分支架形成通道,在涵洞出口端用钢管搭设工作平台,人工搬运模板至工作平台,吊车吊下码放整齐。

每墙面1块

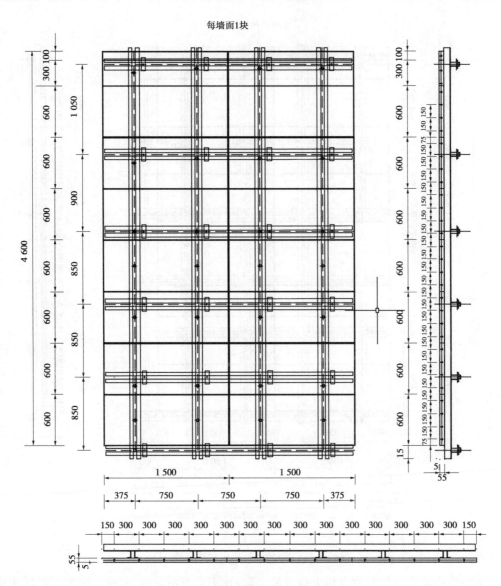

图 8-33　三、四分区模板设计示意图(2)

### 8.6.3.3　钢筋工程

1. 钢筋配料

依据设计蓝图和箱基渡槽分块分层进行钢筋配料。

2. 钢筋加工

钢筋在钢筋加场依据下料单进行制作加工,为了防止运输时造成混乱和便于安装,每一型号的钢筋必须捆绑牢固并挂牌明示。钢筋的表面确保洁净无损伤,在加工前采用除锈机或风砂枪将其表面的油渍、漆污、锈皮、鳞锈等清除干净。用于加工的钢筋原材料做到平直、无局部弯折。钢筋的调直按以下规定执行:

(1)采用冷拉方法调直钢筋时,Ⅱ级钢筋的冷拉率不宜大于 1%。

每墙面1块

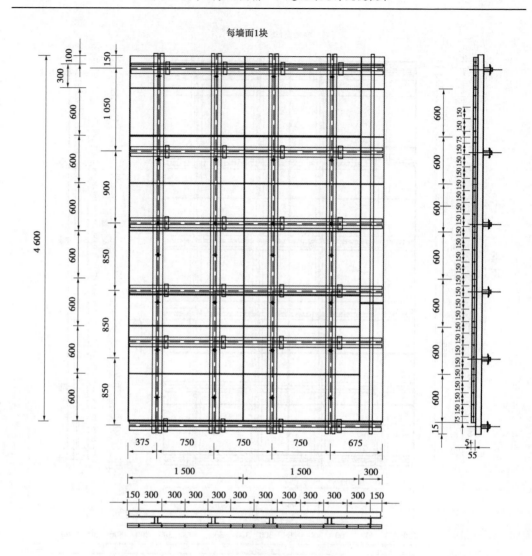

图 8-34 三、四分区模板设计示意图(3)

(2)冷拔低碳钢丝在调直机上调直后,其表面不得有明显擦伤,抗拉强度不得低于施工图纸的要求。

(3)钢筋加工的尺寸符合施工图纸的要求,加工后钢筋的允许偏差不得超过表 8-37 和表 8-38 的规定。

表 8-37 圆钢筋制成箍筋末端弯钩长度

| 箍筋直径(mm) | 受力钢筋直径(mm) | |
|---|---|---|
| | <25 | 28~40 |
| 5~10 | 75 | 90 |
| ≥12 | 90 | 105 |

表 8-38　加工后钢筋的允许偏差

| 序号 | 偏差名称 | 允许偏差值（mm） |
| --- | --- | --- |
| 1 | 受力钢筋全长净尺寸的偏差 | ±10 |
| 2 | 箍筋各部分长度的偏差 | ±5 |
| 3 | 钢筋弯起点位置的偏差 | ±25 |
| 4 | 钢筋转角的偏差 | 3 |

注:钢筋的弯钩弯折加工应符合有关规程、规范的规定。

3.钢筋加工程序

钢筋加工程序为:毛料钢筋进场→抽样复检→钢筋切断→钢筋弯曲→钢筋标识堆放→成品检验→出厂。

4.钢筋安装

用平板汽车或平板小拖车从钢筋加工场将经检查验收合格的成品钢筋运到施工部位,用 16 t 或 25 t 汽车吊运送到安装部位,根据施工蓝图和钢筋下料单进行钢筋清理、绑扎和焊接。钢筋安装顺序为:涵洞底板 → 箱基涵洞侧墙(中隔墙) → 顶板 → 槽身侧墙(缝墙)钢筋 → 人行道板钢筋。

为确保钢筋安装质量,防止钢筋在混凝土浇筑过程中发生变形、位移,在钢筋施工过程中,需要布置足量的架立钢筋(架立钢筋规格为 $\phi$16 mm 以上)以确保钢筋位置准确,保证墙板钢筋安装的精度,以满足规范及设计要求;钢筋保护层由同强度等级混凝土预制垫块支撑,侧墙壁内外层钢筋位置由架立筋或拉条固定,见图 8-35、图 8-36。

图 8-35

图 8-36

5.钢筋接头

依据箱基渡槽结构,在下部涵洞侧墙、槽身侧壁部位设置钢筋接头,现场连接。其他区域的接头如水平钢筋长度超 12 m,则设置钢筋接头,先连接后安装,安装时保证接头错开。

竖向钢筋采用直螺纹连接或电渣压力焊,水平钢筋采用闪光对焊或手工电弧焊。钢筋焊接接头及接头分布须满足规范及设计要求。钢筋直径小于 25 mm 的接头采用手工电弧焊,单面搭接焊时接头长度为 10$d$;双面搭接焊时接头长度为 5$d$;当钢筋直径大于 25 mm 时,接头采用套筒连接。

### 8.6.3.4　承重支撑设计与施工

1.承重排架设计与施工

1)承重排架设计

为确保施工进度及质量,根据现场特点结合施工单位经验经过支撑方案进行比较,沙河—大郎河箱基渡槽混凝土承重排架采用碗扣式落地满堂脚手架作支撑排架。碗口式支撑见图 8-37、图 8-38。

图 8-37　　　　　　　　　　　　　　　　　　图 8-38

经计算,碗扣式脚手架布置为:

槽身边墙下:60 cm×60 cm,步距 60 cm(承受槽身底板+侧墙首层施工荷载)。

槽身底板下:90 cm×90 cm,步距 120 cm。

立杆采用 LG300、LG120、LG60、LG90 四种型号,横杆采用 HG60、HG90 两种型号。

剪刀撑布置:纵向剪刀撑(15.2 m 方向)布置在排架外侧立面,左、右侧各设置 1 道;横向剪刀撑布置涵洞端部和支撑架间排距变化处,共计布置 4 道。

涵洞底模下用 8# 槽钢及 10# 工字钢作横梁和纵梁架立模板。

2)支撑排架搭设施工

(1)脚手架在搭设前按施工设计(支撑布置)的要求放线定位;放线后从涵洞跨中向四周搭设,或从一端向另一端搭设。

(2)脚手架搭设应按立杆、横杆、剪刀撑杆的顺序逐层搭设。立杆同横杆的连接靠碗扣接头锁定;当逐层施工到设计高程后,再安装顶托,最后安装底模的纵横肋梁。

(3)立杆为 LG-120、LG-300 两种主要规格。为使接头错开,立杆应分别用 LG-120 和 LG-300 交错布置,顶部根据涵洞设计高度用 LG60、LG90 补齐平。

(4)拼装过程中要求除随时检查横杆水平和立杆垂直外,还应随时注意水平框的直角度,避免脚手架的偏扭。

(5)施工过程中,支架人工进行搭拆,16 t 汽车吊配合吊运杆件,5 t 平板汽车及 3 m³ 装载机进行水平运输(转跨)。

3）支撑架检查与验收

（1）构配件进场质量检查重点。钢管管壁厚度、焊接质量、外观质量，可调托撑丝杆直径、与螺母配合间隙材质。

（2）支撑架整体检查重点。

①立杆与基础面的接触有无松动或悬空情况。

②立杆上碗扣是否可靠锁紧。

③剪刀撑搭设是否符合要求，扣件的拧紧程度；横向横杆是否延伸至侧墙。

4）支撑架拆除

（1）拆除前必须完成以下准备工作：

①全面检查支撑架连接、支撑体系等是否符合结构要求。

②拆除前由现场工区负责人逐级进行技术交底。

③清除支撑架上杂物及地面障碍物。

（2）拆除应符合以下要求：

①支撑拆除应在混凝土强度达到设计要求后进行；拆除顺序是：拆除底板下部约束→清除模板→拆除支撑架等。

②碗扣件拆除应从上往下逐层进行，严禁上下同时作业。分段拆除高差不应大于两步，对脚手架采取分段、分立面拆除时，对不拆除的脚手架两端应先设置横向斜支撑加固。

（3）卸料应符合以下要求：

①拆除的杆件应成捆用起重设备吊运到地面，严禁抛掷。

②运至地面的杆件应按规定的要求及时检查整修，并按长度随时堆码和存放，置于干燥通风处，防止锈蚀。

③拆除脚手架时，地面应设置围栏和警戒标志，并派专人看守，严禁非操作人员入内。

2. 承重支撑设计与施工

为确保施工进度及质量，根据现场特点结合施工单位经验经过支撑方案进行比较，大郎河—鲁山坡箱基渡槽涵洞顶板的承重支撑设计为：支撑下部采用 4 m 的自制钢架台车，在其上部采用碗扣式落地满堂脚手架作支撑排架。

1）支撑钢架台车设计

支撑钢架台车的顶部和底部采用 28# 工字钢，竖向方向采用 25# 工字钢，在工字钢与工字钢之间采用 10#、14#、16# 槽钢相连接。一台钢架台车支撑总长为 18 m，共分为 4 榀，榀与榀之间采用钢板和 M20 相连接，台车底部装有移动时用的轮子和支撑时用的千斤顶。

2）支撑钢架台车施工

①支撑钢架台车按照设计图项目部购买材料，由项目部综合队加工制作，在制作时要保证台车的质量。

②钢架台车加工完成经过质量验收之后，由 16 t 的汽车吊和 5 t 的载重汽车将其运输至箱基渡槽的浇筑现场。

③在轨道完成铺设后，由 16 t 的汽车吊将支撑钢架台车吊入浇筑仓面进行拼装。

④钢架台车在浇筑完成之后，先将一套钢架支撑台车拆分为 4 榀之后，由 16 t 的汽车

吊和 5 t 的载重汽车进行水平运输(转跨)。

3)支撑检查与验收

(1)构配件进场质量检查重点。工字钢与槽钢连接部位焊接质量、螺栓的连接质量、钢管管壁厚度、焊接质量、外观质量,可调托撑丝杆直径、与螺母配合间隙材质。

(2)支撑架整体检查重点:

①立杆与钢架台车的接触有无松动或悬空情况。

②立杆上碗扣是否可靠锁紧。

③剪刀撑搭设是否符合要求,扣件的拧紧程度;横向横杆是否延伸至侧墙。

④支撑钢架台车的整体稳定性,榀与榀、工字钢与槽钢之间螺栓连接是否拧紧。

⑤工字钢与槽钢之间的焊接质量。

4)支撑架拆除

(1)拆除前必须完成以下准备工作:

①全面检查支撑架连接、支撑体系等是否符合结构要求。

②拆除前由现场工区负责人逐级进行技术交底。

③清除支撑架上杂物及地面障碍物。

(2)拆除应符合以下要求:

①支撑拆除应在混凝土强度达到设计要求后进行;拆除顺序是:拆除底板下部约束→清除模板→拆除支撑架等。

②碗扣件拆除应从上往下逐层进行,严禁上下同时作业。分段拆除高差不应大于两步,对脚手架采取分段、分立面拆除时,对不拆除的脚手架两端应先设置横向斜支撑加固。

(3)卸料应符合以下要求:

①拆除的杆件应成捆用起重设备吊运到地面,严禁抛掷。

②运至地面的杆件应按规定的要求及时检查整修,并按长度随时堆码和存放,置于干燥通风处,防止锈蚀。

③拆除支撑时,地面应设置围栏和警戒标志,并派专人看守,严禁非操作人员入内。

### 8.6.3.5 止水带、闭孔泡沫板等预埋件

止水带的施工在模板、钢筋施工的同时穿插进行,利用加工成型的支撑固定止水带。

(1)橡胶止水带施工方法。止水带结构尺寸、各项性能指标应符合设计要求,现场按设计和规范要求安装就位并固定。橡胶止水带接头采用热压硫化接头,并检查接头不透水性。混凝土浇筑时,派专人值班,以保证止水带位置准确。

(2)紫铜止水片施工方法。箱基渡槽结构分缝设置铜片止水,在加工厂按设计要求尺寸制作铜片压制模具,将符合要求的铜片退火后放入模具内压制成型。现场人工按设计和规范要求进行安装,铜片止水采用双面氧焊,接头搭接长度不小于 20 mm。图 8-39 为紫铜止水焊接部位渗漏检验。

(3)聚乙烯闭孔泡沫板施工方法。在处理合格的结构缝面上将聚乙烯闭孔泡沫板固定牢固。

(4)聚硫密封胶施工方法。先采用泡沫板形成缝,待两侧混凝土均浇筑完毕后,清除 30 mm 深的泡沫板,并将缝面混凝土清洗干净并用风枪吹干缝面。然后人工向缝内灌入

图 8-39　紫铜止水焊接部位渗漏检验

聚硫密封胶抹压。

### 8.6.3.6　混凝土浇筑

1. 涵洞混凝土浇筑方法

涵洞混凝土强度等级为 C30W6F150,强制式搅拌站集中拌制供料,5 台 8 m³ 搅拌运输车水平运输,采用桁车式布料机入仓或采用 2 台混凝土拖泵泵送入仓,下料时对称同步,人工平仓振捣。

泵送料要尽量保持连续进行,泵的料斗内经常保持足够的混凝土料,以防止吸入空气形成阻塞。泵送过程中,施工人员通过信号灯和对讲机指挥泵机送料,如泵送过程中堵管,应立即查找原因,边泵送边沿线敲打泵管,必要时拆管清理疏通,重新接管。混凝土浇筑完毕后,用水清洗泵管和料斗。

当用 HBT60 混凝土泵泵送时,如拆接泵管间歇时间过长,则中途适当打泵,以免发生堵管;落料口采用软管或溜筒引至浇筑面上 2 m 以内,防止骨料分离。

在进行上部侧墙浇筑时,应使混凝土面均匀上升,相邻侧墙混凝土面高差不大于 50 cm。混凝土铺料厚度为 30~50 cm。

2. 涵洞底板垫层混凝土浇筑

在建基面联合验收合格后可进行涵洞底板垫层混凝土浇筑。垫层为一级配 C10 混凝土,厚度 10 cm。对于不处理区和强夯区建基面垫层搅拌运输车直接入仓下料;对于换填区和桩基部位建基面垫层采用搅拌运输车运送到现场,小型自卸汽车倒运入仓(避免重车压坏建基面)。采用人工平仓,使用平板振捣器和 φ50 mm 软轴振捣器振捣,人工用木拖耙收平仓面。

箱基渡槽段涵洞底板第一层浇筑底板至侧墙和中隔墙底倒角(八字角)以上 20 cm (30 cm)处;该层钢筋密集,且存在腋角,使混凝土下料、振捣受到影响。根据结构断面,分别在两个侧墙和两个中隔墙各布置 5 个下料点。

浇筑设备采用混凝土汽车泵,因泵送混凝土为大流动度混凝土,采用平仓法施工,下料从涵洞的一端开始向另一端推进布料;使用 φ50 mm 长软轴振捣器振捣,每层下料厚度 50 cm 以内并控制浇筑速度,见图 8-40。

混凝土泵送尽量保持连续进行,泵的料斗内经常保持足够的混凝土料,以防止吸入空气形成阻塞。泵送过程中,施工人员通过信号灯和对讲机指挥汽车泵送料,如泵送过程中堵管,应立即查找原因,边泵送边沿线敲打泵管,必要时拆管清理疏通,重新接管。混凝土浇筑完毕后,用水清洗泵管和料斗。

混凝土浇筑结束后,根据情况在混凝土流动度降低和初凝前对每条梁进行复振,以减少气泡,保证中隔墙底倒角(八字角)部位的浇筑质量。

**3. 涵洞侧壁混凝土浇筑**

涵洞侧壁分别为两个侧墙和两个中隔墙,混凝土浇筑至侧墙和中隔墙倒角以下20 cm(30 cm)处,依据设计高度分为1~2层进行浇筑。下料时每墙按4~5个下料点布料,从涵身的一端向另一端平铺推进,在立面上按50 cm厚分层上升;使用φ50 mm长软轴振捣器振捣,控制浇筑速度。人员下仓振捣,确保质量。

**4. 涵洞顶板(渡槽底板)混凝土浇筑**

(1)沙河—大郎河箱基渡槽段涵洞顶板(渡槽底板)混凝土浇筑方量为395~435 m³,为箱基渡槽单仓位最大方量。

①采用HBT60混凝土泵入仓,平仓浇筑。从槽身的一端向另一端平铺推进,在立面上按50 cm厚分层上升;φ50 mm长软轴振捣器振捣,控制浇筑速度。

②采用桁架式布料机入仓,平仓浇筑。按50 cm厚分层上升;使用φ50 mm长软轴振捣器振捣,控制浇筑速度和注意骨料分离。

(2)大郎河—落地槽箱基渡槽段涵洞顶板(渡槽底板)混凝土浇筑方量约384.42 m³,为箱基渡槽单仓位最大方量。混凝土浇筑至槽身倒角以上20 cm处。采用HBT60混凝土泵或混凝土泵车入仓,平仓浇筑见图8-41。从槽身的一端向另一端平铺推进,在立面上按50 cm厚分层上升,使用φ50 mm长软轴振捣器振捣,控制浇筑速度。

图8-40        图8-41

由于底板为过水断面,面积大、平整度要求高,人工需尽快收平、压光。

**5. 槽身侧墙和缝墙混凝土浇筑**

槽身净高为7.8 m,混凝土强度等级为C30W8F150,采用泵送入仓,平仓浇筑。

1)沙河—大郎河箱基渡槽段

分1仓浇筑,浇筑时从槽身的一端向另一端平铺推进,在立面上按50 cm厚分层上升,使用φ50 mm 长软轴振捣器振捣,并严格控制浇筑速度。混凝土方量约 233.08 m³。

为保证混凝土施工质量,尽量减少混凝土表面气泡,适时进行二次复振,即在混凝土正常振捣 15~30 min 后再进行一次振捣,以排除混凝土内的气泡,保证混凝土表面光洁度。

2)大郎河—落地槽箱基渡槽段

分两次进行混凝土浇筑。第二次浇筑高度在 3.0 m 左右,第一次因含槽顶走道板,平均高度为 3.6 m 左右。

槽身侧墙采用泵送入仓,平仓浇筑。从槽身的一端向另一端平铺推进,在立面上按 50 cm 厚分层上升;使用φ50 mm 长软轴振捣器振捣,控制浇筑速度。槽壁下层混凝土方量约 125 m³,上层混凝土方量约 106 m³。

为保证混凝土施工质量,尽量减少混凝土表面气泡,适时进行二次复振,即在混凝土正常振捣 15~30 min 后再进行一次振捣,以排除混凝土内的气泡,保证混凝土表面光洁度。由于底板为过水断面,面积大、平整度要求高,施工时用钢管或角钢作为样架固定在钢筋上,人工用滚筒和刮尺收平、压光。

### 8.6.3.7　混凝土养护

混凝土浇筑收仓 6~18 h 后,开始对混凝土进行洒水养护、塑料薄膜养护等,保持混凝土表面湿润,养护时间不少于 14 d。混凝土养护过程设专人负责并详细记录养护情况。

### 8.6.3.8　缝面处理

施工缝缝面选择人工凿毛或用高压水冲毛等方法加工成毛面,清除缝面上所有浮浆、松散物料及污染体,以露出粗砂粒或小石为准。缝面冲打毛后清洗干净,保持清洁、湿润,在浇筑上一层混凝土前,将层面松散物及积水清除干净后均匀铺设一层厚 2~3 cm 的水泥砂浆。砂浆强度等级应比同部位混凝土强度等级高一级,每次铺设砂浆的面积应与浇筑强度相适应,经铺设砂浆后 30 min 内被混凝土覆盖为限。

结构缝面处理时铲除缝面上的杂物,割除缝面上的金属件,并用水冲洗干净。当有蜂窝、麻面时凿去混凝土表面薄弱层,用高压水冲洗干净,使用预缩砂浆填补密实,使表面平整。

### 8.6.3.9　温度控制措施

混凝土的浇筑温度不宜超过 28 ℃且浇筑温度和最高温升均应满足施工图纸或规范的规定。

1.温控措施

1)降低混凝土浇筑温度

(1)搭设遮阳棚防止骨料暴晒,必要时可洒冷水冷却骨料。

(2)采用深层井水拌和混凝土。

(3)运输混凝土工具应有隔热遮阳措施。

(4)采取喷洒水雾等措施降低仓面气温,夏季混凝土浇筑尽量安排在当日 16:00 至次日 10:00。

2)降低混凝土的水化热温升

(1)选用优化的配合比,使用中低热水泥及高效减水缓凝剂、掺加 20% 的粉煤灰,降低水泥用量,以降低混凝土内水化热温升。

（2）加快入仓强度,控制浇筑层最大高度和间歇时间。

（3）为利于混凝土浇筑块的散热,上下层浇筑间歇时间为 3~7 d。

2. 混凝土冬季施工技术要求

1）低温季节施工期标准

按照《水工混凝土施工规范》(SL 677—2014)的规定,凡工程所在地区气温处于下述规定范围,即进入低温季节施工期:

（1）日平均气温连续 5 d 稳定在 5 ℃ 以下或最低气温连续 5 d 稳定在−3 ℃ 以下时。

（2）温和地区的日平均气温稳定在 3 ℃ 以下时。

2）低温季节混凝土施工要求及措施

（1）防冻和防裂:防止混凝土早期受冻、防止混凝土表面裂缝。

（2）混凝土浇筑温度:寒冷地区不宜低于 5 ℃,温和地区不宜低于 3 ℃。

（3）做好仓面混凝土加热保温工作以及温度测量工作。

## 8.6.4　碗口式脚手架安全稳定验算

沙河渡槽工程采用碗扣式支撑体系。槽板底距地表高度统一拟定为 8 m。

计算参数:

（1）混凝土自重:2 500 kg/m³(折合为 25 kN/m³)。

（2）碗扣式脚手架单重暂按 $\phi$ 48 mm×3.5 mm 的钢管考虑,单重为 3.84 kg/m(折合为 0.038 4 kN/m)。

扣架单重暂按 $\phi$ 48 mm×3.0 mm 的钢管考虑,单重为 3.33 kg/m(折合为 0.033 3 kN/m)。

（3）模板主龙骨的截面为 工 10($W$=49.0×10³ mm³、$I$=245×10⁴ mm⁴)、次龙骨的截面为 乚 8($W$=25.3×10³ mm³、$I$=101.3×10⁴ mm⁴)。

### 8.6.4.1　荷载计算

1. 荷载计算

1）混凝土结构荷载标准值

（1）渡槽底板混凝土自重(板厚 1 000 mm):1 m×25 kN/m³=25 kN/m²。

（2）槽身分缝墙混凝土自重(浇筑层高=1 000 mm):2.1 m×25 kN/m³=52.5 kN/m²。

（3）槽身边墙混凝土自重(浇筑层高=1 000 mm):2.1 m×25 kN/m³=52.5 kN/m²。

2）模板自重荷载

（1）槽底模板。

①槽底模板(G-70)自重:0.6 kN/m²。

②槽底模板次梁(槽钢 [ 8,中心间距暂按 750 mm 计算):0.079 kN/(m·根)。

③槽底模板主梁(工字钢 工 10,中心间距暂按 900 mm 计算):0.111 kN/(m·根)。

（2）槽身模板。

①槽身模板自重(外侧模 CJ-186、按与混凝土接触面积计算):(110 kg/m²)1.078 kN/m²。

3）施工荷载

施工荷载按 3 kN/m$^2$ 计取。

4）风荷载

忽略风荷载。

2. 荷载组合

1）板底荷载（计算范围按 1 200 mm×1 200 mm）

荷载构成：底板混凝土自重、底板模板自重、施工荷载。

（1）渡槽底板混凝土自重（板厚 1 000 mm）：25×1.2×1.2×1=36（kN）。

（2）底板模板自重（G-70）：0.6×1.2×1.2+0.079×2×1.2+0.111×1.4×1.2=0.86+0.19+0.19=1.24（kN）。

（3）施工荷载：3×1.2×1.2=4.32（kN）。

板底 1 200 mm×1 200 mm 范围内的荷载设计值 $N_1$：

$N_1=1.2×（①+②）+1.4×③=1.2×（36+1.24）+1.4×4.32=44.69+6.05=50.74（kN）$

2）渡槽侧墙底荷载

渡槽侧墙底荷载（侧墙 1 458 mm×2 100 mm，按侧墙底宽 1 458 mm、侧墙长 1 000 mm 计算荷载）。

荷载构成：侧墙混凝土自重、侧墙模板自重、施工荷载。

（1）渡槽侧墙混凝土自重（1 458 mm×2 100 mm）：（25×2.1）×1.458×1.0=76.55（kN）。

（2）侧墙模板自重（组合钢模）：

1.078×2.1（外侧模）×1+0.6×[1.73（八字模）+1.458（底模）]×1+0.111×1.4×1.458+0.079×2×1=4.56（kN）

（3）施工荷载：3×1.458×1=4.374（kN）

侧墙下底 1 458 mm×1 000 mm 范围内的荷载 $N_3$：

$N_2=1.2×（①+②）+1.4×③=1.2×（76.55+4.56）+1.4×4.374=97.33+6.12=103.45（kN）$

渡槽侧墙底荷载[侧墙 1 458 mm×（2 100 mm+3 100 mm），按侧墙底宽 1 458 mm，侧墙长 1 000 mm 计算荷载]

荷载构成：侧墙混凝土自重、侧墙模板自重、施工荷载。

（1）渡槽侧墙混凝土自重（1 458 mm×2 100 mm）：（25×2.1）×1.58×1.0=76.55（kN）。

（2）侧墙模板自重（G-70）：0.6×（1.73+1.458）×1+0.111×1.4×1.458+0.079×2×1=2.3（kN）。

（3）槽身侧墙首层混凝土自重（高 3 100 mm）：（3.1×25）×1×（0.86+1.22）/2=80.6（kN）。

（4）槽身模板自重：1.078×3.1×1×2=6.68（kN）。

（5）施工荷载：3×1.458×1=4.37（kN）。

侧墙下底 1 458 mm×1 000 mm 范围内的荷载 $N_3$：

$N_3 = 1.2 \times (① + ② + ③ + ④) + 1.4 \times ⑤ = 1.2 \times (76.55 + 2.3 + 80.6 + 6.68) + 1.4 \times 4.37 = 199.36 + 6.118 = 205.5(kN)$

#### 8.6.4.2　碗扣式脚手架计算

1. 立柱稳定性计算

碗扣架的荷载传递路线:结构荷载→模板→次钢肋→主工钢→托撑→立杆→混凝土地面。

脚手架立柱的计算长度系数 $\mu$ 按双排架取值: $\mu = 1.80$,脚手架的步距 $h_1 = 1\,200$ mm、 $h_2 = 1\,600$。

$\lambda_1 = \mu h_1 / i = 1.80 \times 1\,200 / 15.9 = 136$

$\lambda_2 = \mu h_2 / i = 1.80 \times 600 / 15.9 = 68$

查表 Q235 钢轴心受压构件的稳定系数: $\varphi_1 = 0.367$、 $\varphi_2 = 0.784$,立柱稳定承载力设计值:

$[N_1] = \varphi_1 A f_c = 0.367 \times (4.24 \times 100) \times 205 = 31.9(kN)(步距 1\,200\ mm)$

$[N_2] = \varphi_2 A f_c = 0.784 \times (4.24 \times 100) \times 205 = 65(kN)(步距 600\ mm)$

2. 板底脚手架设计(脚手架高度按 8 m 计算)

(1)柱距:1 200 mm×1 200 mm、步距 1 200 mm(按 8 根横杆计算)。

每根立柱根部荷载包括上部荷载、立杆自重、横杆自重。

①上部荷载:50.74 kN。

②立杆自重:1.2×0.038 4×8＝0.37(kN)

③横杆自重:1.2×0.038 4×1.2×2×8＝0.885(kN)

$N = ① + ② + ③ = 51.995$ kN

因为, $N = 51.995$ kN> $[N_1] = 31.9$

所以,柱距 1 200 mm×1 200 mm、步距 1 200 mm 的支撑布置尺寸不能满足要求。

(2)柱距:900 mm×900 mm、步距 1 200 mm(按 8 根横杆计算)。

每根立柱根部荷载包括上部荷载、立杆自重、横杆自重。

①上部荷载:[50.74/(1.2×1.2)]×0.9×0.9＝28.54(kN)

②立杆自重:1.2×0.038 4×8＝0.37(kN)

③横杆自重:1.2×0.038 4×0.9×2×8＝0.66(kN)

$N = ① + ② + ③ = 29.57$ kN

$N = 29.57$ kN< $[N_1] = 31.9$ (安全系数 $K = 1.08$)

3. 墙体底脚手架设计(脚手架高度按 8 m 计算)

(1)单层混凝土。沿侧墙底宽 1 458 mm 方向拟布置三排立杆,则柱间距暂定为 600 mm×600 mm,步距 1 200 mm。

每根立柱根部荷载构成:上部荷载、立杆自重、横杆自重。

①上部荷载:103.45 kN(600 mm×600 mm 的荷载折算值为 25.54 kN)

②立杆自重:1.2×0.038 4×8＝0.37(kN)

③横杆自重:1.2×0.038 4×(0.3+0.3)×2×8＝0.44(kN)

$N = ① + ② + ③ = 26.35(kN)$

$N = 26.35$ kN$>[N_1] = 31.9$(安全系数 $K = 1.21$)

（2）双层混凝土。沿侧墙底宽 1 458 mm 方向拟布置三排立杆,则柱间距暂定为 600 mm×600 mm,步距 1 200 mm。

每根立柱根部荷载包括上部荷载、立杆自重、横杆自重。

①上部荷载:205.5 kN(600 mm×600 mm 的荷载折算值为 50.8 kN)

②立杆自重:1.2×0.038 4×8＝0.37(kN)

③横杆自重:1.2×0.038 4×(0.3+0.3)×2×8＝0.44(kN)

$N = $①+②+③$ = 51.61$(kN)

$N = 51.61$ kN$>[N_1] = 31.9$(kN)

沿侧墙底宽 1 340 mm 方向拟布置三排立杆,则柱间距暂定为 600 mm×600 mm,步距 600 mm。

每根立柱根部荷载包括上部荷载、立杆自重、横杆自重。

①上部荷载:205.5 kN(600 mm×600 mm 的荷载折算值为 50.8 kN)

②立杆自重:1.2×0.038 4×8＝0.37(kN)

③横杆自重:1.2×0.038 4×(0.3+0.3)×2×14＝0.77(kN)

$N = $①+②+③$ = 51.94$ kN

$N = 51.94$ kN$>[N_2] = 65$(安全系数 $K = 1.25$)

施技阶段碗扣式脚手架布置如图 8-42 所示。

边墙下:60 cm×60 cm,步距 120 cm(单层)。

边墙下:60 cm×60 cm,步距 60 cm(双层)。

板下:90 cm×90 cm,步距 120 cm。

## 8.6.5　钢架支撑安全稳定验算

钢架支撑的纵向总长为 18.04 m,横向宽度为 4.154 m,总共由 4 榀相连接,榀与榀之间采用 M20 螺栓连接,其中第 1 榀的长度为 4.773 m,第 2 榀和第 3 榀的长度均为 4.946 m,第 4 榀的长度为 3.374 m,具体的结构形式如图 8-43 所示。

本次验算以第 1 榀台车支撑为例,第 1 榀台车支撑所承载的荷载如下:

混凝土荷载:980 kN;

钢模荷载:1.5 kN/m$^2$×5.7 m×4.773 m＝41 kN;

脚手架荷载:0.038 4 kN/m×72×2.9 m＝8.02 kN;

人员施加荷载:2.5 kN/m×5.7 m×4.773 m＝68 kN;

混凝土振动棒荷载:2.8 kN/m$^2$×5.7 m×4.773 m＝76.2 kN;

下料冲击力荷载:11.2 kN/m×0.9 m＝10.1 kN;

恒荷载:1.4×(980+41+8.02)＝1 440(kN);

活荷载:1.2×(68+76.2+10.1)＝185.2(kN)。

查资料可得:Q235 工字钢的容许弯曲应力$[\sigma_w] = 205$ MPa,容许剪应力$[\tau] = 120$ MPa。

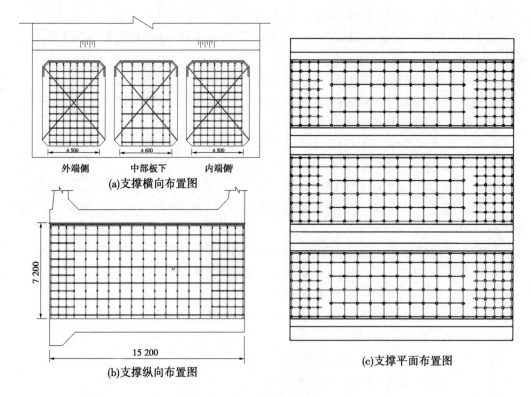

(a)支撑横向布置图　外端侧　中部板下　内端侧　4 500　4 600　4 500

(b)支撑纵向布置图　7 200　15 200

(c)支撑平面布置图

图 8-42　箱涵碗扣架支撑

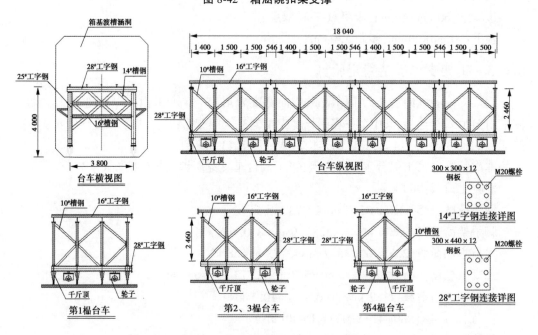

图 8-43　箱基涵洞混凝土台车详图

1. 验算顶部 16# 工字钢的稳定性

（1）弯矩的计算。

16# 工字钢的自重荷载为 4.9 kN，在纵向方向总共有 5 根工字钢承受上述荷载，每根工字钢承受的均布荷载为 68.2 kN/m，经过分析可知，其弯矩图见图 8-44。

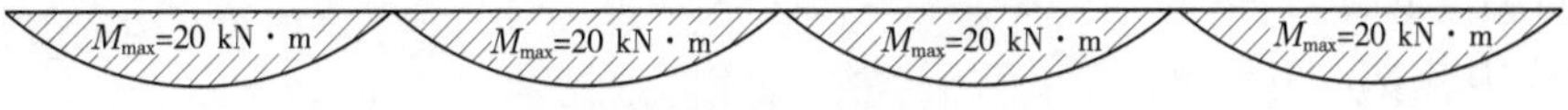

**图 8-44　16# 工字钢弯矩图**

$M_{max} = 20$ kN · m，$V_{max} = 50$ kN

（2）强度验算。

正应力验算：

$$\sigma = \frac{M_{max}}{w} = \frac{20 \text{ kN} \cdot \text{m}}{141 \text{cm}^3} = 141 \text{ MPa} < [\sigma_w] = 205 \text{ MPa}$$

剪力验算：

$$\tau = \frac{V_{max}}{h_w t_w} = \frac{50.25 \text{ kN}}{14 \text{ cm} \times 0.6 \text{ cm}} = 60 \text{ MPa} < [\tau] = 120 \text{ MPa}$$

（3）整体挠度验算。工字钢梁容许挠度 $[f] = l/400 = 1.2$ cm

对 5 片 16# 工字钢整体进行验算

$$f = \frac{5ql^4}{384EI} = \frac{5 \times (5 \times 68.2 \text{ kN/m}) \times (4.773 \text{ m})^4}{384 \times 200 \text{ GPa} \times 1130 \text{cm}^4 \times 5} < [f]$$

其中查表可得 $E = 200$ GPa（钢材），$I = 712$ cm$^4$。

由上述可得，16# 工字钢满足要求。

2. 验算顶部 28# 工字钢的稳定性

（1）同上可得所受力均布荷载 $q = 108$ kN/m，最大弯矩 $M_{max} = 22$ kN · m，$V_{max} = 105.3$ kN。

（2）强度验算。

正应力验算：

$$\sigma = \frac{M_{max}}{w} = \frac{22 \text{ kN} \cdot \text{m}}{508 \text{ cm}^3} = 43 \text{ MPa} < [\sigma_w] = 205 \text{ MPa}$$

剪力验算：

$$\tau = \frac{V_{max}}{h_w t_w} = \frac{105.3 \text{ kN}}{28 \text{ cm} \times 1 \text{ cm}} = 37.6 \text{ MPa} < [\tau] = 120 \text{ MPa}$$

（3）整体挠度验算。

工字钢梁容许挠度 $[f] = l/400 = 1.04$ cm。

对 4 片 28# 工字钢整体进行验算，$f = \dfrac{5ql^4}{384EI} = \dfrac{5 \times (4 \times 108 \text{ kN/m}) \times (4.154 \text{ m})^4}{384 \times 200 \text{ GPa} \times 7110 \text{ cm}^4 \times 4} = 0.012$ cm < $[f]$，其中查表可得 $E = 200$ GPa（钢材），$I = 7110$ cm$^4$。

由上述可得，28# 工字钢满足要求。

3. 验算底部 28# 工字钢的稳定性

可以看作其受的均布荷载为 351 kN/m。

(1)同上可得所受力均布荷载 $q = 351$ kN/m,最大弯矩 $M_{max} = 98.7$ kN/m,$V_{max} = 263.3$ kN。

(2)强度验算。

正应力验算:

$$\sigma = \frac{M_{max}}{w} = \frac{98.7 \text{ kN} \cdot \text{m}}{508 \text{ cm}^3} = 194 \text{ MPa} < [\sigma_w] = 205 \text{ MPa}$$

剪力验算:

$$\tau = \frac{V_{max}}{h_w t_w} = \frac{263.3 \text{ kN}}{28 \text{ cm} \times 1 \text{ cm}} = 94 \text{ MPa} < [\tau] = 120 \text{ MPa}$$

(3)整体挠度验算。

工字钢梁容许挠度 $[f] = l/400 = 1.04$ cm。

对 2 片 28# 工字钢整体进行验算,$f = \frac{5ql^4}{384EI} = \frac{5 \times (2 \times 351 \text{ kN/m}) \times (4.154 \text{ m})^4}{384 \times 200 \text{ GPa} \times 7\,110 \text{ cm}^4 \times 2}$

$= 0.039$ cm$< [f]$,其中查表可得 $E = 200$ GPa(钢材),$I = 7\,110$ cm$^4$。

由上述可得,28# 工字钢满足要求。

4. 验算 25# 工字钢(柱)的稳定性

通过受力分析可知,其受力情况见图 8-45。

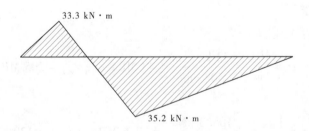

图 8-45　25# 工字钢(柱)受力图

其弯矩见图 8-46。

$$M_{max} = 35.2 \text{ kN} \cdot \text{m}, V_{max} = 53 \text{ kN}$$

图 8-46　25# 工字钢(柱)弯矩图

(1)强度验算。

正应力验算:

$$\sigma = \frac{M_{max}}{w} + \frac{N}{A} = \frac{35.2 \text{ kN} \cdot \text{m}}{402 \text{ cm}^3} + \frac{200 \text{ kN}}{48.54 \text{ cm}^2} = 129.2 \text{ MPa} < [\sigma_w]$$

（2）剪力验算。

$$\tau = \frac{V_{max}}{h_w t_w} = \frac{53 \text{ kN}}{22.4 \text{ cm} \times 0.8 \text{ cm}} = 30 \text{ MPa} < [\tau] = 120 \text{ MPa}$$

刚度验算：

$$\lambda = \frac{l_0}{i} = \frac{l_0}{\sqrt{\frac{I}{A}}} = \frac{303.5 \text{ cm}}{\sqrt{\frac{5020}{48.51 \text{ cm}^2}}} = 15 < [\lambda] = 150$$

满足要求。

5. 验算斜支撑 14# 槽钢的稳定性

经过分析，其受力情况为：轴向受压力 $F_1 = 30.5$ kN，剪力 $V = 37.5$ kN。

（1）强度验算。

正应力验算：

$$\sigma = \frac{N}{A_n} = \frac{30.5 \text{ kN}}{18.52 \text{ cm}^2} = 18 \text{ MPa} < [f] = 205 \text{ MPa}$$

剪力验算：

$$\tau = \frac{VS}{It_w} = \frac{37.5 \text{ kN} \times 87.1 \text{ cm}^3}{564 \text{ cm}^4 \times 0.6 \text{ cm}} = 91.5 \text{ MPa} < [\tau] = 120 \text{ MPa}$$

（2）刚度验算：

$$\lambda = \frac{l_0}{i} = \frac{l_0}{\sqrt{\frac{I}{A}}} = \frac{0.9 \text{ m}}{\sqrt{\frac{564 \text{ cm}^4}{80.5 \text{ cm}^2}}} = 34 < [\lambda] = 150$$

由上可得，斜支撑 14# 槽钢满足要求。

6. 验算 16# 槽钢的稳定性

同验算 16# 槽钢的计算一样，可知 16# 槽钢满足要求。

7.4 榀台车支撑所需的钢材料

4 榀台车支撑所需的钢材料见表 8-39。

表 8-39　4 榀台车支撑所需的钢材料

| 型号 | 总长（m） | 单位质量（kg/m） | 总质量（t） |
|---|---|---|---|
| 28a 工字钢 | 98.33 | 43.4 | 4.268 |
| 25a 工字钢 | 73.8 | 38.1 | 2.81 |
| 16a 工字钢 | 90.2 | 20.513 | 1.85 |
| 10# 槽钢 | 74.8 | 10 | 0.748 |
| 14a 槽钢 | 142.5 | 14.53 | 2.07 |
| 16a 槽钢 | 105 | 17.23 | 1.81 |
| 总计 | | | 13.556 |

### 8.6.6　箱基渡槽裂缝结构安全分析

混凝土施工完成后产生了横向裂缝和纵向裂缝,根据混凝土裂缝产生的原因需要具体分析不同的裂缝是否影响混凝土结构安全,针对沙河箱基渡槽存在的裂缝进行如下结构安全分析。

#### 8.6.6.1　计算工况

根据对初步设计阶段计算成果的分析,选取以下两种工况进行箱基渡槽结构安全复核。

基本组合:槽内加大水深。

特殊组合:槽内满槽水。

#### 8.6.6.2　结构力学法复核

1.典型槽节选择

根据裂缝检测资料,箱基渡槽裂缝开展方向均为顺渡槽水流方向,渡槽底板开裂对结构安全的影响主要表现在横槽向(沿涵洞方向)。

根据检测报告,第 34#右联、42#右联、70#左联、75#右联、97#右联渡槽底板裂缝沿纵向跨越整个节段,且是贯穿裂缝,最大裂缝宽度为 0.16 mm。经分析,选取缺陷最不利节段——第 70#节段作为典型槽节进行结构复核。

另外,第 70#右联、142#左联、144#左联渡槽底板裂缝虽未贯穿,但裂缝位置靠近侧墙,经分析,选取第 144#节段按裂缝贯穿的最不利情况进行复核。

2.计算模型及参数

第 70#节段典型槽节结构安全复核,计算模型考虑裂缝处底板高度范围内混凝土全部开裂,计算模型见图 8-47。

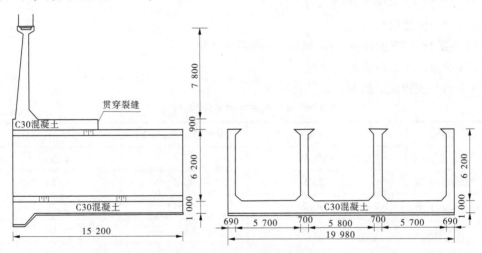

**图 8-47　70#左联箱基渡槽结构复核计算模型**　(单位:mm)

第 144#节段典型槽节结构安全复核,计算模型考虑裂缝处底板高度范围内混凝土全部开裂,计算模型见图 8-48。

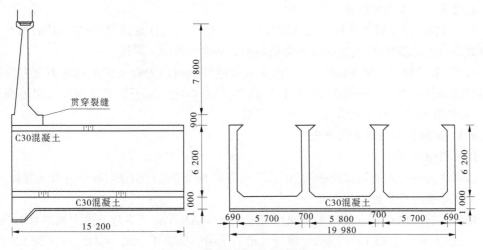

**图 8-48　144#左联箱基渡槽结构复核计算模型**　（单位:mm）

主要计算参数如下:

箱基渡槽混凝土强度等级为 C30,混凝土抗拉强度标准值 2.01 MPa,设计值 1.43 MPa;抗压强度标准值 20.1 MPa,设计值 14.3 MPa;混凝土密度取 2 450 kg/m³,泊松比取 0.167。钢筋采用 HRB335 螺纹钢筋,强度设标准值及设计值分别为 335 MPa、300 MPa。混凝土弹性模量为 30 000 MPa,钢筋弹性模量为 200 000 MPa。

结构自重荷载分项系数 1.05,水荷载、风荷载及人群荷载分项系数取 1.2;基本组合工况下结构承载力安全系数取 1.35,偶然组合工况下结构承载力安全系数取 1.15。正常使用极限状态混凝土拉应力限制系数取 0.85,截面抵抗矩塑性系数取 1.24,最大裂缝宽度≤0.3 mm。

3.计算成果分析

结构力学法复核选取两个模型,裂缝位于底板跨中部位的 70# 左联为模型一,裂缝位于底板边墙部位的 144# 左联为模型二,两个模型计算成果见表 8-40。

**表 8-40　箱基渡槽复核计算成果**

| 计算模型 | 裂缝位置 | 计算工况 | 计算内力（kN·m） | 实配筋截面抗弯承载力（kN·m） | 承载能力安全系数 | 底板下涵洞隔墙抗裂能力计算 | |
|---|---|---|---|---|---|---|---|
| | | | | | | 计算结构拉应力（MPa） | 结构拉应力限值（MPa） |
| 模型一 | 底板跨中 | 基本组合 | 5 184.2 | 72 825.09 | 14.05 | 0.189 | 2.119 |
| | | 特殊组合 | 7 182.56 | | 10.14 | × | × |
| 模型二 | 底板靠近边墙位置 | 基本组合 | 39 314.88 | | 1.85 | 1.434 | 2.119 |
| | | 特殊组合 | 51 502.89 | | 1.414 | × | × |

4. 结构力学法复核结论

(1)当裂缝位于渡槽底板中心线附近时,根据模型一的计算成果,箱基渡槽底板开裂后承载能力仍能满足要求,且裂缝不会沿涵洞侧墙进一步向下发展。

(2)当裂缝位于渡槽侧墙底部时,水荷载对侧墙侧向压力造成的横向弯矩全部作用于涵洞隔墙及底板上。根据模型二的计算成果,箱基渡槽底板开裂后承载能力仍能满足要求,且裂缝不会沿涵洞侧墙进一步向下发展。

### 8.6.6.3　钢筋混凝土有限元复核

1. 典型槽节选择

选取沙河—大郎河箱基渡槽第 70# 节段作为典型槽节进行钢筋混凝土有限元复核。

2. 计算模型及参数

箱基渡槽结构有限元复核采用通用有限元软件 ANSYS,三维数值模型如图 8-49(a)所示,总体模型共计 45 156 个单元,槽身与箱基采用三维块体单元 solid45,共计 38 820 个单元,渡槽底板上、下两层横向钢筋采用三维线单元 link8 真实模拟[如图 8-49(b)所示],共计 6 336 个单元,为考虑其余普通钢筋对渡槽结构刚度的影响,箱基渡槽槽体混凝土单元采用均化的钢筋混凝土弹性模量。

裂缝模拟方法:为模拟混凝土裂缝,在箱基渡槽实际开裂位置采用薄层单元法进行仿真,取该薄层宽 5 mm。偏安全计,有限元分析时裂缝部位薄层刚度取 0,即该部位混凝土基本不起作用,如图 8-50 所示。

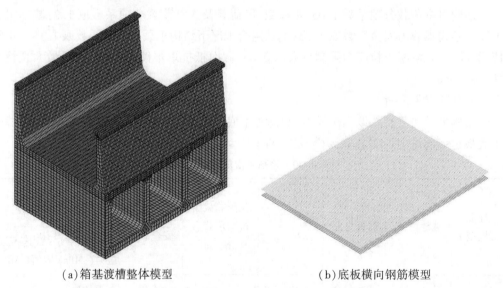

(a)箱基渡槽整体模型　　　　　　　(b)底板横向钢筋模型

**图 8-49　箱基渡槽有限元网格剖分示意图**

箱基渡槽混凝土强度等级为 C30,混凝土密度取 2 450 kg/m³,泊松比取 0.167,钢筋采用 HRB335 螺纹钢筋。

3. 计算成果分析

本次有限元计算建立渡槽无开裂和开裂后两套数值文件,采用多荷载工况的方式在一个计算文件中分别计算加大水深和满槽水两种工况,以下将无开裂和开裂后的计算成

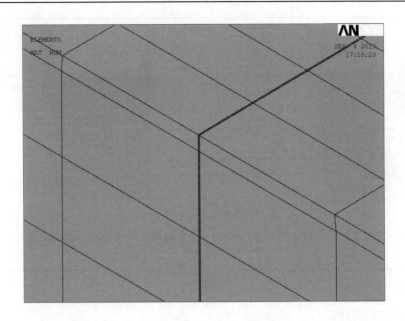

**图 8-50　混凝土裂缝单元示意图**

果进行对比分析。

1)加大水深

(1)混凝土横向应力分析。

箱基渡槽混凝土横向应力如图 8-51 所示。无初始裂缝时,渡槽底板横向中部裂缝附近混凝土最大拉应力 0.897 MPa,混凝土最大压应力-0.076 MPa;有初始裂缝时,渡槽底板横向中部裂缝附近混凝土最大拉应力 1.639 MPa,混凝土最大压应力-0.273 MPa。除既有开裂外,渡槽底板裂缝附近混凝土横向应力满足抗裂要求。

箱基渡槽跨中底板混凝土上、下表面应力除裂缝位置处存在差异,其余部位基本保持一致即既有开裂仅对裂缝小区域内存在影响,其余部位影响不大。

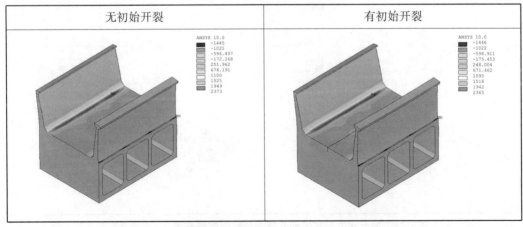

**图 8-51　渡槽加大水位混凝土横向应力**　(单位:kPa)

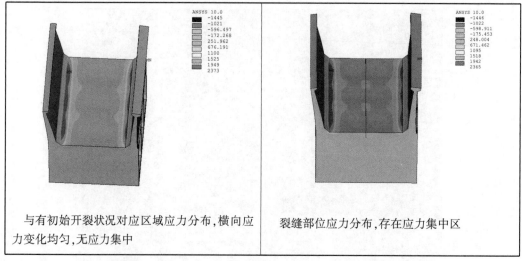

| | |
|---|---|
| 与有初始开裂状况对应区域应力分布,横向应力变化均匀,无应力集中 | 裂缝部位应力分布,存在应力集中区 |

续图 8-51

（2）钢筋应力分析。

箱基渡槽底板上、下层横向钢筋应力如图 8-52、图 8-53 所示。无初始裂缝时,裂缝位置横向钢筋应力上层为 $-1.868 \sim 2.555$ MPa、下层为 $-1.729 \sim 4.143$ MPa;有初始裂缝时,开裂位置处横向钢筋应力上层为 $-40.536 \sim 64.960$ MPa、下层为 $-56.785 \sim 201.435$ MPa。有初始裂缝时,钢筋拉应力有所增加,最大拉应力 271.94 MPa(考虑承载力安全系数 $K=1.35$ 后),但仍小于钢筋强度设计值 300 MPa。

| 无初始开裂 | 有初始开裂 |
|---|---|

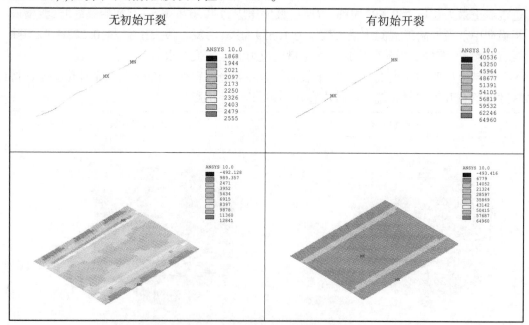

图 8-52 加大水位箱基渡槽底板上层横向钢筋应力 （单位:kPa）

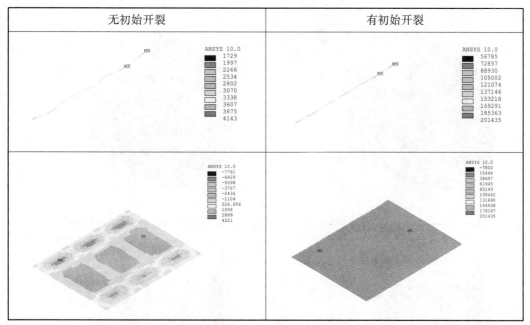

图 8-53　加大水位箱基渡槽底板下层横向钢筋应力　（单位:kPa）

箱基渡槽底板上、下层横向钢筋应力除裂缝及其附近区域存在差异外,其余部位基本保持一致,即既有开裂仅对裂缝小区域内存在影响,其余部位影响很小。

2)满槽水

(1)混凝土横向应力分析。

满槽水深箱基渡槽混凝土横向应力如图 8-54 所示,无初始裂缝时,裂缝对应位置处底板混凝土横向最大应力为 1.056 MPa,混凝土横向最小应力为 $-0.069\ 8$ MPa。有初始裂缝时,裂缝对应位置处底板混凝土横向最大应力为 2.07 MPa,混凝土横向最小应力为 $-0.306$ MPa。

箱基渡槽纵向跨中底板混凝土上、下表面混凝土横向应力除裂缝位置处存在差异外,其余部位基本保持一致,即既有开裂仅对裂缝小区域内存在影响,其余部位影响不大。

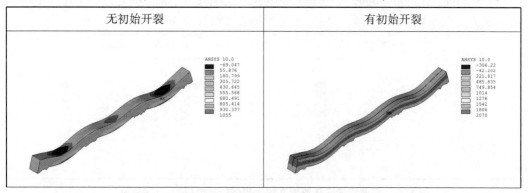

图 8-54　满槽水深箱基渡槽混凝土横向应力　（单位:kPa）

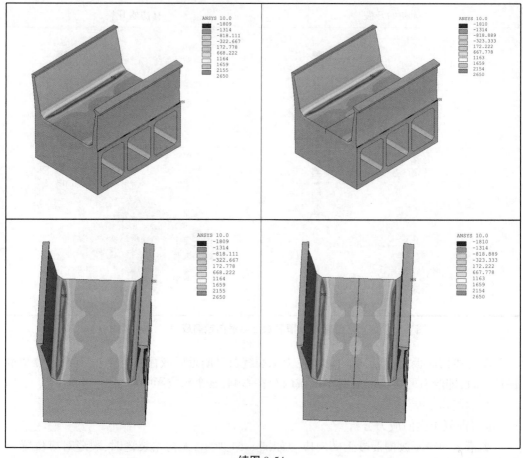

续图 8-54

（2）钢筋应力分析。

满槽水深箱基渡槽底板上、下层横向钢筋应力如图 8-55、图 8-56 所示。无初始裂缝时，裂缝位置横向钢筋应力上层为 $-2.221 \sim 3.004$ MPa、下层为 $-2.061 \sim 5.020$ MPa；有初始裂缝时，开裂位置处横向钢筋应力上层为 $-48.129 \sim 75.699$ MPa、下层为 $-68.369 \sim 239.698$ MPa。有初始裂缝时，裂缝位置钢筋拉应力有增加，最大拉应力 275.65 MPa（考虑承载力安全系数 $K=1.15$ 后），但仍小于钢筋强度设计值 300 MPa。

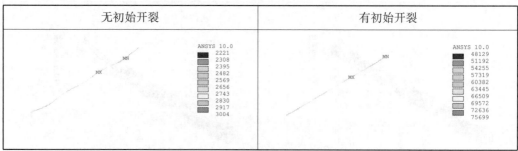

图 8-55　满槽水深箱基渡槽底板上层横向钢筋应力　（单位：kPa）

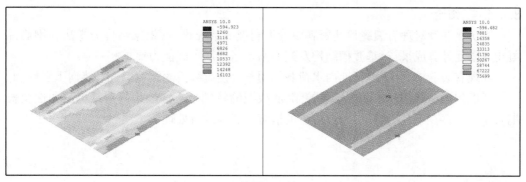

续图 8-55

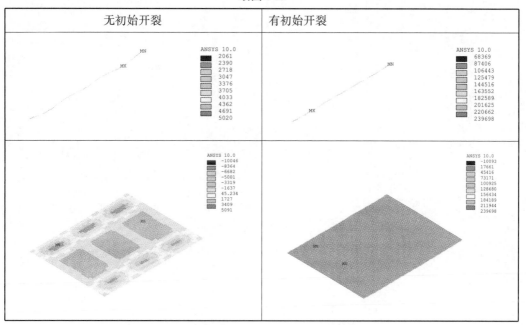

**图 8-56　满槽水深箱基渡槽底板下层横向钢筋应力**　（单位:kPa）

满槽水深箱基渡槽底板上、下层横向钢筋应力除裂缝及其附近区域存在差异外,其余部位基本保持一致,即既有开裂仅对裂缝小区域内存在影响,其余部位影响很小。

4. 钢筋混凝土有限元复核结论

对比分析无开裂状况和有开裂状况裂缝三维有限元分析成果,开裂对箱基渡槽除裂缝小区域内存在影响外,对其他区域的影响可予以忽略,远离裂缝区域,有无裂缝状态下箱基渡槽应力变化规律基本趋于一致。

在混凝土没有开裂的情况下,底板上、下层钢筋受力基本均匀,且应力值均不大。混凝土开裂后,槽身底板横向钢筋应力增长较多,但仍未超过钢筋设计强度值 300 MPa,总体来说,箱基渡槽结构承载能力仍能满足要求。

考虑到渡槽结构迎水面为抗裂控制,裂缝造成结构不满足正常使用极限状态要求,应采用可靠的措施对裂缝进行处理。

#### 8.6.6.4 结论

本次复核针对现有裂缝检测资料中最不利裂缝情况进行,根据结构力学法和钢筋混凝土有限元计算成果,箱基渡槽结构及配筋满足运行期承载能力要求。

在现有裂缝情况下,运行期内水荷载作用不会使裂缝沿涵洞侧墙进一步向下发展。

考虑到渡槽结构迎水面为抗裂控制,底板裂缝特别是贯穿性裂缝对结构耐久性及长期安全运行存在不利影响,应采取可靠的措施对裂缝进行处理。

# 第 9 章　落地槽

## 9.1　概　述

鲁山坡落地槽段轴线全长 1 530 m,其中进口连接段长 145 m,包括出口检修闸 15 m,闸前与箱基渡槽连接段 80 m,闸后与落地槽单槽连接段 50 m;落地槽长 1 335 m,出口渐变段长 50 m。闸前与箱基渡槽连接段横向分为两槽,槽身断面为矩形,单槽净宽 12.5 m,净高 7.8 m,侧墙顶部设净宽 1.5 m 的人行桥。检修闸为开敞式钢筋混凝土结构,分为 2 孔,单孔净宽 12.5 m,闸室长度 15 m,垂直水流方向宽度 28 m。闸底板高程 124.122 m,闸墩顶高程 132.622 m,闸墩高度 8.5 m。闸墩上设交通桥、检修桥及检修排架。检修闸门采用叠梁式闸门,起吊设备为电动葫芦,闸室右侧设检修门库。闸后与落地槽连接段长 50 m,采用渐变形式,分为 4 节,前两节为双槽,单槽宽 12.5 m;后两节为单槽,槽宽由 25.1 m 渐变为 22.2 m,与其后的落地槽连接。

落地槽长 1 335 m,槽底比降 1/7 600,槽身为 C30 钢筋混凝土矩形断面,单槽,净宽 22.2 m,侧墙高 8.1 m,两侧的墙顶设净宽 1.5 m 的人行道,两槽相邻的侧墙之间设人行桥板,人行道净宽 4 m,槽底厚 1.3 m,侧墙底部厚 1.2 m,顶部厚 0.5 m。落地槽左侧填土回填至施工开挖一级戗台,台宽 3 m,以 1:2.5~1:2 边坡向上削坡,每 6 m 一级,高边坡处设一级 5 m 宽马道,其他设 3 m 宽马道,坡脚处设截水沟;右侧墙外侧回填至与一级戗台平,顶宽 6 m,以 1:2~1:2.5 边坡与地面连接。

出口渐变段长 50 m,边墙采用直线扭曲面形式,为 C20 钢筋混凝土。边坡系数为 0~2,底宽 22.2~25 m,底板厚 0.5 m。渐变段始端为重力式挡土墙,墙高 8.5 m;末端为贴坡式挡土墙,墙厚 0.5~1.5 m,墙高与总干渠一级马道齐平。

## 9.2　工程地质条件

工程场区属山前斜坡场地,岩土特性具典型坡洪积物特点,岩性很不均一。根据鲁山坡落地槽段的地形、地貌及土、岩层组合特征,其地质结构均为土、岩双层结构。

1 段(SH10+358.1~SH11+045),地面高程一般为 121~149 m。上部为第四系砾质粉质黏土($Q_2^{dl+pl}$)、碎石($Q_2^{dl+pl}$)、砾质重粉质壤土($Q_3^{dl+pl}$)。下部为上第三系砾岩、砂岩($N_1^L$)、黏土岩($N_1^L$)及震旦系石英砂岩夹页岩($Z_2^y$)和太古界片麻岩(Arth)。总干渠渠底主要位于第三系砾岩、砂岩中,局部位于第四系壤土、碎石或震旦系石英砂岩夹页岩中。

2 段(SH11+045~SH11+305),地面高程一般为 121~137 m。上部为第四系粉质黏土($Q_2^{dl+pl}$)、重粉质壤土($Q_3^{dl+pl}$);下部为上第三系砾岩($N_1^L$)、黏土岩($N_1^L$)、砂岩($N_1^L$)及太古界片麻岩(Arth)。总干渠渠底主要位于第四系粉质黏土、壤土、碎石中,局部位于上第三系砾岩、砂岩中。

3段(SH11+305~SH11+665),地面高程一般为124~135 m。上部为第四系粉质黏土($Q_2^{dl+pl}$)、重粉质壤土($Q_3^{dl+pl}$);下部为上第三系砾岩($N_1^L$)、黏土岩($N_1^L$)、砂岩($N_1^L$),仅桩号SH11+400以前下部有片麻岩(Arth)分布。总干渠渠底主要位于上第三系砾岩、砂岩或黏土岩中,局部位于第四系粉质黏土、壤土、碎石中。

4段(SH11+665~SH11+938.1),地面高程一般为125~130 m。上部为第四系粉质黏土($Q_2^{dl+pl}$)、碎石($Q_3^{dl+pl}$)、重粉质壤土($Q_3^{dl+pl}$);下部为上第三系砾岩($N_1^L$)、砂岩($N_1^L$)。总干渠渠底主要位于第四系粉质黏土、壤土、碎石中。

鲁山坡落地槽段各土(岩)层物理力学参数见表9-1。

表 9-1 鲁山坡落地槽段各土(岩)层物理力学参数

| 土名 | 时代成因 | 力学性质 | | | | | | 渗透系数 | 承载力标准值 |
|---|---|---|---|---|---|---|---|---|---|
| | | 压缩系数 | 压缩模量 | 变形模量 | 泊松比 | 饱和快剪 | | | |
| | | | | | | 黏聚力 | 内摩擦角 | | |
| | | $\alpha_{1-2}$ (MPa$^{-1}$) | $E_s$ (MPa) | $E$ (MPa) | $\mu$ | $c$ (kPa) | $\varphi$ (°) | $K$ (cm/s) | $f_k$ (kPa) |
| 碎石 | $Q_4^{pl}$ | | | 10~15 | | | 水上35 水下28 | $8.0×10^{-4}$ | 250 |
| 中壤土 | $Q_4^{pl}$ | 0.45 | 5.0 | | | | | $5.0×10^{-5}$ | 100 |
| 重粉质壤土(砾质重粉质壤土) | $Q_3^{dl+pl}$ | 0.301 | 6.3 | | | 20.0 | 18.5 | $2.0×10^{-5}$ | 140(170) |
| 碎石 | $Q_3^{dl+pl}$ | | | 20~30 | | | 水上35 水下28 | | 300 |
| 粉质黏土 | $Q_2^{dl+pl}$ | 0.19 | 9.6 | | | 25.0 | 19.0 | $6.5×10^{-6}$ | 190 |
| 碎石 | $Q_2^{dl+pl}$ | | | 25~35 | | | 水上35 水下28 | $1.0×10^{-4}$ | 350 |
| 黏土岩 | $N_1^L$ | | | 20~30 | | 22.0 | 16.7 | $1.2×10^{-6}$ | 330 |
| 砾岩 | $N_1^L$ | | | 25~35 | | 8.0 | 29.0 | $5.0×10^{-4}$ | 400 |
| 砂岩 | $N_1^L$ | | | 15~25 | | 9.0 | 24.0 | $1.5×10^{-4}$ | 280 |
| 全风化片麻岩(土状) | Arth | | | 45 | | 26.0 | 15.0 | $4.0×10^{-5}$ | 260 |
| 强风化片麻岩 | Arth | | | 1 300 | | 60 | 30 | $1.0×10^{-6}$ | 400 |
| 石英砂岩 | $Z_2^y$ | | | 8 000 | 0.28 | | | $2.5×10^{-4}$ | 1 500 |
| 石英砂岩夹页岩 | $Z_2^y$ | | | 2 000 | | 40 | 24.0 | | 500 |

注:内摩擦角一栏中碎石为休止角。

# 9.3　落地槽设计

　　鲁山坡落地槽为单槽矩形槽,宽 22.2 m,高 8.1 m,根据沿线地质情况计算分析,其底板厚度分别取 1.2 m、1.3 m、1.45 m,以 1.3 m 厚底板为例进行计算,其横断面设计及细部尺寸见图 9-1。

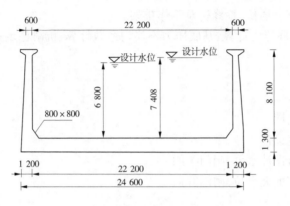

**图 9-1　落地槽结构图**　（单位:mm）

## 9.3.1　稳定验算

### 9.3.1.1　落地槽稳定验算

　　落地槽所受水平力对称,不需进行抗滑稳定计算,仅进行地基承载力验算。

　　鲁山坡地下水位 122.0 m 左右,槽基高程在 122.366~122.179 m,高于地下水位,基底与地下水位基本持平,计算时不考虑地下水位。

　　回填土湿容重采用 19.6 kN/m³,回填土综合内摩擦角采用 26°。

　　1.基底应力计算工况

　　基本组合 1:完建期,槽内无水。

　　基本组合 2:槽内设计水深 6.8 m,稳定地下水位。

　　特殊组合 1:槽内加大水深 7.425 m,稳定地下水位。

　　特殊组合 2:槽内满槽水 8.1 m,稳定地下水位。

　　2.计算方法

　　顺水流方向取 1m 槽身进行计算,基底压应力按偏心受压公式计算。

　　3.基底应力计算结果

　　基本组合 1:$\sigma_{max}=46$ kPa。

　　基本组合 2:$\sigma_{max}=107$ kPa。

　　特殊组合 1:$\sigma_{max}=113$ kPa。

　　特殊组合 2:$\sigma_{max}=119$ kPa。

4. 地基承载力复核

槽身基础位于石英砂岩、砾岩、碎石、粉质黏土层上,相应承载力标准值分别为 1 500 kPa、400 kPa、350 kPa、190 kPa,各种组合基底最大压应力分别为 46 kPa、107 kPa、113 kPa、119 kPa,各工况承载力能满足要求。

### 9.3.1.2 鲁山坡检修闸稳定计算

检修闸为 2 孔,单孔净宽 12.5 m,两孔各自独立,闸室长 15 m,横向总宽 18.7 m,闸墩高 8.5 m,上部布置有交通桥、检修桥及工作排架。

稳定计算包括基底压力计算、基底压力不均匀系数计算、抗滑稳定计算。侧向土压力按主动土压力考虑。

1. 计算工况

①基本组合:

基本组合 1:完建期。

基本组合 2:渠道设计水位,闸门全开。

基本组合 3:渠道设计水位,闸门关闭。

基本组合 4:渠道加大水位,闸门开启。

②特殊组合:

特殊组合 1:渠道加大水位,闸门关闭。

2. 稳定计算

稳定计算包括基底压力计算、基底压力不均匀系数验算、抗滑稳定计算。侧向土压力按主动土压力考虑。检修闸稳定计算结果见表 9-2。

表 9-2 检修闸稳定计算成果

| 计算工况 | 抗滑稳定安全系数 | | 基底最大压应力(kPa) | 基底最小压应力(kPa) | 基底平均压应力(kPa) | 地基承载力标准值(kPa) | 基底压力不均匀系数 | |
|---|---|---|---|---|---|---|---|---|
| | $K_c$ | $[K_c]$ | | | | | $\eta$ | $[\eta]$ |
| 基本组合 1 | 1.98 | 1.35 | 157.8 | 80.3 | 119.0 | | 2 | 2.0 |
| 基本组合 2 | 2.8 | 1.35 | 206.4 | 168.8 | 131.2 | | 1.6 | 2.0 |
| 基本组合 3 | 2.07 | 1.35 | 192.3 | 82.9 | 137.6 | 1 500 | 2.3 | 2.0 |
| 基本组合 4 | 2.86 | 1.35 | 209.9 | 134.3 | 172.1 | | 1.6 | 2.0 |
| 特殊组合 1 | 2.03 | 1.2 | 192.1 | 85.2 | 138.7 | | 2.2 | 2.5 |

出口检修闸建基面位于石英砂岩上,承载力标准值为 1 500 kPa。经计算,出口检修闸各项指标均满足要求。

### 9.3.1.3 出口渐变段挡土墙稳定计算

渐变段挡土墙始端为半重力式,末端为贴坡式,根据工程布置,重力式挡土墙最大高度为 8.1m,所受荷载主要有自重、水压力、土压力及地震力等,本地区地震烈度小于Ⅵ度,不计算地震力。稳定计算内容包括墙体抗滑、地基压应力计算等。

计算工况如下:

基本组合：

基本组合 1：完建期。

基本组合 2：墙前为设计水深，墙后地下水位。

基本组合 3：墙前为加大水深，墙后地下水位。

特殊组合：

特殊组合 1：总干渠检修。

墙身材料为 C20 钢筋混凝土，墙后填土，湿容重为 19.6 kN/m³，浮容重为 10.5 kN/m³，内摩擦角 26°，黏聚力 $c=0$，挡土墙建基面位于粉质黏土层，承载力标准值为 190 kPa，墙体与地基的滑动摩擦系数取 0.33。挡土墙稳定计算成果见表 9-3。

表 9-3　挡土墙稳定计算成果

| 计算工况 | 抗滑稳定安全系数 | | 基底最大压应力(kPa) | 基底最小压应力(kPa) | 基底平均压应力(kPa) | 地基承载力标准值(kPa) | 基底压力不均匀系数 | |
|---|---|---|---|---|---|---|---|---|
| | $K_c$ | $[K_c]$ | | | | | $\eta$ | $[\eta]$ |
| 基本组合 1 | 1.41 | 1.35 | 186.5 | 156.8 | 171.7 | | 1.19 | 2.0 |
| 基本组合 2 | 2.61 | 1.35 | 157.9 | 155.1 | 156.5 | 190 | 1.02 | 2.0 |
| 基本组合 3 | 2.91 | 1.35 | 163.2 | 151.1 | 157.2 | | 1.08 | 2.5 |
| 特殊组合 1 | 1.2 | 1.2 | 167.0 | 136.5 | 151.8 | | 1.22 | 2.5 |

经计算，各项稳定指标均满足要求。

#### 9.3.1.4　槽身地基处理

鲁山坡落地槽除前段基础为硬岩以外，其他部位基础均为软岩（砾岩或黏土岩），且在横断面的方向左侧基础为软岩，右侧基础为土，虽然槽身稳定及沉降计算均能满足要求，但槽基左右软硬不均，基础容易发生不均匀沉降，为保证安全，施工中，对于槽身基础左右软硬不均的，将土挖除，换填为级配砂卵石。对于白虎涧涵洞两侧的落地槽基础，由于软土层较厚，采用灌注桩处理。

另外，槽基局部为黏土岩，黏土岩具有弱—中等膨胀性，对于槽身基础有黏土岩的，黏土岩清除 1 m 厚，然后换填为级配砂卵石，保证槽身基础安全。

#### 9.3.1.5　槽基沉降计算

根据槽基地层情况选取不利的典型断面进行沉降计算。典型断面沉降计算结果见表 9-4。

表 9-4　槽基典型断面沉降计算成果

| 典型断面设计桩号 | 计算点位置 | 槽基岩性 | 槽基最终沉降量(cm) | 沉降差(cm) |
|---|---|---|---|---|
| SH11+472.8 | 槽身右侧 | 重粉质壤土 | 1.7 | 1.3 |
| | 槽身中心线 | 砾岩 | 3.0 | |
| SH11+830.6 | 槽身右侧 | 粉质黏土 | 1.6 | 1.4 |
| | 槽身中心线 | 粉质黏土 | 3.0 | |

经计算,槽身断面中心处及右侧部位最终沉降量均小于 5 cm,满足规范要求。

### 9.3.1.6 左岸边坡稳定计算

落地槽位于鲁山坡南麓近坡脚处,左岸边坡开挖高度一般都在 12 m 左右,最高约 40 m。边坡岩性复杂,多由黏性土、碎石、砾岩、全风化片麻岩组成。

1. 边坡级别

鲁山坡段左岸边坡高度和开挖范围较大,对总干渠的安全和正常运用有重大影响,根据《水利水电工程边坡设计规范》(SL 386—2007),确定其级别为 1 级。

2. 边坡运用条件

鲁山坡左岸边坡为不临水边坡,为安全起见,计算时不考虑落地槽,坡脚算至落地槽槽基处,对边坡运用条件的划分不考虑落地槽的因素。

根据工程的工作状况、作用力出现的概率和持续时间的长短,确定鲁山坡左岸边坡分为以下 2 种工况。

1)正常运用工况

常遇地下水位,边坡稳定渗流。

2)非常运用工况

预测地下高水位,排水失效。

3. 抗滑稳定安全系数标准

根据《水利水电工程边坡设计规范》(SL 386—2007)的规定,对 1 级边坡,正常运用条件抗滑稳定安全系数 1.30~1.25,非常运用条件况抗滑稳定安全系数 1.25~1.20。

4. 设计分段及计算参数选取

边坡稳定计算时土(岩)质条件、地下水位、边坡高度等进行设计分段,在每一设计段中选取典型断面进行计算。

计算参数根据《沙河渡槽段施工图阶段工程地质勘察报告》中各岩、土体物理力学成果,浸润线以上岩、土体各工况均采用自然快剪指标,浸润线以下岩、土体采用饱和快剪强度指标。各土层计算参数见表 9-5。

表 9-5 边坡稳定计算参数采用值

| 典型断面 | 时代 | 渠坡及渠底岩性 | 凝聚力 $c$ | 摩擦角 $\varphi$ | 天然密度 | 饱和密度 |
|---|---|---|---|---|---|---|
| SH10+600 | dlplQ2 | 碎石 | 0(0) | 35(28) | 20.8 | 21.1 |
| | dlplQ2 | 重粉质壤土 | 27(20) | 19.6(18.5) | 18.6 | 19.6 |
| | $N_1^L$ | 黏土岩 | 25(22) | 16.1(16.7) | 19.9 | 20.4 |
| | $N_1^L$ | 砾岩 | 15(8) | 32(29) | 20.6 | 21.2 |
| | Arth | 全风化片麻岩 | 28(26) | 18(15) | 20.7 | 21.1 |
| | Arth | 强风化片麻岩 | 60 | 30 | 20.7 | 21.1 |

续表 9-5

| 典型断面 | 时代 | 渠坡及<br>渠底岩性 | 凝聚力 c | 摩擦角 φ | 天然<br>密度 | 饱和<br>密度 |
|---|---|---|---|---|---|---|
| SH10+833 | dlplQ2 | 碎石 | 0(0) | 35(28) | 20.8 | 21.1 |
| | dlplQ2 | 重粉质壤土 | 27(20) | 19.6(18.5) | 18.6 | 19.6 |
| | $N_1^L$ | 砾岩 | 15(8) | 32(29) | 20.6 | 21.2 |
| | Arth | 全风化片麻岩 | 28(26) | 18(15) | 20.7 | 21.1 |
| | Arth | 强风化片麻岩 | 60 | 30 | 20.7 | 21.1 |
| SH11+353 | dlplQ2 | 粉质黏土 | 30(25) | 20(19) | 19.6 | 20.1 |
| | $N_1^L$ | 黏土岩 | 25(22) | 16.1(16.7) | 19.9 | 20.4 |
| | $N_1^L$ | 砾岩 | 15(8) | 32(29) | 20.6 | 21.2 |
| | Arth | 全风化片麻岩 | 28(26) | 18(15) | 20.7 | 21.1 |

5. 边坡计算方法

鲁山坡边坡地质条件复杂,多由黏性土、碎石、黏土岩、砾岩组成。考虑到本工程边坡以土质及全风化岩石为主,故边坡计算按瑞典圆弧法。

6. 边坡稳定计算成果

典型断面边坡稳定计算见表 9-6。

表 9-6　边坡稳定计算成果

| 典型断面 | 断面坡率 | | | | | | 安全系数 | |
|---|---|---|---|---|---|---|---|---|
| | $m_1$ | $m_2$ | $m_3$ | $m_4$ | $m_5$ | $m_6$ | 正常工况 | 非常工况 |
| SH10+600 | 1 | 2.5 | 2.5 | 2 | 2 | 2 | 1.54 | 1.29 |
| SH10+833 | 1 | 2.5 | 2 | 2 | 2 | | 1.42 | 1.31 |
| SH11+148 | 1.5 | 2 | 2 | | | | 1.31 | 1.26 |

注:$m_1$ 为临时边坡。

7. 左岸防护工程设计

落地槽位于鲁山坡南坡脚的斜坡上,为一傍山渠道,与建筑物轴线近垂直的冲沟发育,地形起伏较大。槽身左侧山坡开挖高度多在 12 m 左右,最高达 40 m。对于左岸边坡采取了必要的防护措施如下。

1)排水设计

工程场区属剥蚀残山斜坡地貌,地势上总体北高南低,地形上有利于地表水、地下水的排泄。边坡开挖后坡面变陡,为防止地表水集中下泄对坡面的冲蚀,以及坡面水下渗后降低土、岩体的强度影响边坡稳定,排水设计主要为坡面内的地表排水沟。

(1)为减小降雨在坡面产生的径流,在边坡外围设置底宽 1 m,边坡 1∶1,高 1 m 的截水沟,截水沟采用 M7.5 浆砌块石砌筑,厚度 0.3 m。

(2)为了顺利有效地排除降雨在坡面上产生的径流,在坡面的各级马道上设置纵向排水沟,所截水流沿槽身方向汇向两侧山间谷地。坡脚处排水沟为矩形断面,宽 1 m,沟深 1 m,采用 M7.5 浆砌块石砌筑,厚度 0.3 m,其他各级马道的排水沟也为矩形断面,沟宽均为 0.5 m,深 0.5 m。

(3)左岸边坡开挖高度较高,地下水对边坡稳定有着很大影响,降雨对边坡稳定也存在较大威胁,降雨入渗后,土体饱和后会增加斜坡自重,并降低其抗剪强度,致使边坡稳定性下降,故在左岸开挖边坡设置仰式排水孔。仰式排水孔仰角 5°,长 15 m,梅花形布置,间距 6 m,排水孔采用壁厚 2.7 mm、Φ 75PVC 花管,排水花管开孔率为 5%~6%,管外包裹土工布。

2)坡面防护设计

左岸边坡防护采用浆砌石拱行骨架结合人字形骨架防护,中间植草皮固坡,每个拱骨架间设置急流槽,将坡面水排至坡脚排水沟。

3)边坡安全监测

鲁山坡左岸边坡坡高较大,工程运行期(特别是雨季)应加强边坡安全监测及人工巡视,及时掌握边坡稳定情况。

## 9.3.2　槽身结构计算

槽身结构受力比较简单,侧墙按悬臂梁进行计算。

### 9.3.2.1　计算工况

基本组合:

基本组合 1:完建期。

基本组合 2:设计水位。

特殊组合:

特殊组合 1:加大水位。

特殊组合 2:满槽水。

各工况荷载组合见表9-7。

表 9-7　槽身结构计算荷载组合

| 荷载组合 | 计算工况 | 荷载 | | | | | | |
|---|---|---|---|---|---|---|---|---|
| | | 自重 | 外水压力 | 内水压力 | 土压力 | 扬压力 | 施工荷载 | 温度荷载 |
| 基本组合 | 完建期 | √ | | | √ | | √ | √ |
| | 设计水位 | √ | √ | √ | √ | √ | | √ |
| 特殊组合 | 加大水位 | √ | √ | √ | √ | √ | | √ |
| | 满槽水 | √ | | √ | | | | √ |

### 9.3.2.2　计算方法

槽身底板按弹性地基梁计算,采用链杆法计算,侧墙按照悬臂梁计算,底板根据不同基础的压缩模量或变形模量,分为硬岩、软岩、土进行计算,变形模量或压缩模量根据地质报告,分别取 1 300 MPa、25 MPa、9.6 MPa,对应不同的变形模量,底板厚度分别为 1.2 m、

1.3 m、1.45 m。计算时对于边荷载的考虑:按槽身侧墙外侧实际填土厚度和宽度进行计算,当边荷载使底板内力增加时,计入100%边荷载,当使底板内力减小时,不计边荷载。

侧墙按悬臂梁计算,土压力按主动土压力计算。

### 9.3.2.3　底板内力计算

按弹性地基梁计算出各种厚度的底板控制内力见表9-8。

表 9-8　底板控制工况内力

| 底板厚度 | 荷载组合 | 部位 | 控制工况 | 弯矩<br>(kN·m) | 安全系数 |
|---|---|---|---|---|---|
| 1.2 m | 基本组合 | 底板内侧 | 设计水深 | 230.0 | 1.65 |
| | | 底板外侧 | 完建期 | 157.9 | 1.65 |
| | 特殊组合 | 底板内侧 | 满槽水 | 488.4 | 1.45 |
| | | 底板外侧 | 满槽水 | 53.1 | 1.45 |
| 1.3 m | 基本组合 | 底板内侧 | 完建期 | 642.3 | 1.65 |
| | | 底板外侧 | 设计水深 | 855.4 | 1.65 |
| | 特殊组合 | 底板内侧 | 满槽水 | 518.1 | 1.45 |
| | | 底板外侧 | 加大水深 | 867.0 | 1.45 |
| 1.45 m | 基本组合 | 底板内侧 | 完建期 | 820.8 | 1.65 |
| | | 底板外侧 | 设计水深 | 1 217.1 | 1.65 |
| | 特殊组合 | 底板内侧 | 满槽水 | 496.9 | 1.45 |
| | | 底板外侧 | 加大水深 | 1 220.3 | 1.45 |

### 9.3.2.4　底板承载能力计算及正常使用极限状态验算

在基本荷载组合下,落地槽底板内侧按抗裂设计,外侧按限裂设计,最大裂缝宽度要求不超过0.2 mm,在特殊荷载组合下,底板内侧、外侧按限裂设计,最大裂缝宽度要求不超过0.2 mm。根据内力计算,不同地基条件下底板的配筋成果及裂缝宽度成果见表9-9。

表 9-9　配筋及裂缝宽度计算成果汇总

| 地基条件 | 部位 | 选配钢筋 | 抗裂安全系数 | 裂缝宽度(mm) |
|---|---|---|---|---|
| 地基为硬岩<br>(底板厚1.2 m) | 内侧 | 8 Φ 25 | 1.68 | — |
| | 外侧 | 8 Φ 28 | 5.29 | — |
| 地基为软岩<br>(底板厚1.3 m) | 内侧 | 8 Φ 25 | 1.48 | — |
| | 外侧 | 8 Φ 28 | × | 0.09 |
| 地基为土<br>(底板厚1.45 m) | 内侧 | 8 Φ 28 | 1.43 | — |
| | 外侧 | 8 Φ 32 | × | 0.08 |

根据计算成果,各种地基条件下,落地槽底板内侧均满足抗裂,外侧裂缝宽度不大于0.2 mm。

#### 9.3.2.5 侧墙内力计算

槽身侧墙按悬臂梁进行计算,土压力按主动土压力计算,侧墙墙厚填土高度为底板顶面以上5.5m,温度荷载按3°温差计算。侧墙厚1.2m。各工况下侧墙内力成果见表9-10。

表9-10 侧墙内力成果

| 工况 | 部位 | 弯矩（kN·m） | 安全系数 |
|---|---|---|---|
| 完建期 | 侧墙外侧 | 340.6 | 1.65 |
| 设计水深 | 侧墙内侧 | 442.9 | 1.65 |
| 加大水深 | 侧墙内侧 | 601.0 | 1.45 |
| 满槽水 | 侧墙内侧 | 804.5 | 1.45 |

#### 9.3.2.6 侧墙承载能力计算及正常使用极限状态验算

在基本荷载组合下,落地槽侧墙内侧按抗裂设计,外侧按限裂设计,最大裂缝宽度要求不超过0.2mm,在特殊荷载组合下,侧墙内侧、外侧按限裂设计,最大裂缝宽度要求不超过0.2mm。侧墙的配筋成果及裂缝宽度成果见表9-11。

表9-11 配筋及裂缝宽度计算成果汇总

| 控制工况 | 部位 | 选配钢筋 | 抗裂安全系数 | 裂缝宽度（mm） |
|---|---|---|---|---|
| 完建期 | 侧墙外侧 | 8Φ22 | 2.37 | — |
| 设计水深 | 侧墙内侧 | 8Φ25 | 1.85 | — |
| 满槽水 | 侧墙内侧 | 8Φ25 | × | 0.14 |

根据计算成果,落地槽侧墙外侧在各种工况下满足抗裂要求,侧墙内侧基本荷载条件下满足抗裂要求,在特殊荷载条件下满足最大裂缝宽度不大于0.2mm。

# 9.4 基坑开挖

根据工程开挖数量、工期要求、机械配备情况和地质条件合理安排开挖长度、开挖方式,充分准备,精心组织,集中力量进行机械化快速施工,做到"快开挖、早防护",确保边坡稳定和堑坡开挖工程质量。

堑坡施工先做好堑顶截、排水,并随时注意检查,截、排水设施绘出详图,放线施工;堑顶为土质或含有软弱夹层岩石时,截、排水沟及时铺砌或采取其他防渗措施,保证边坡稳定。

深堑坡段施工分级开挖,分级防护。根据工程设计的渡槽工程土石方调配方案,结合工程现场踏勘了解的情况,鲁山坡落地槽土质、软质岩挖方地段采用挖掘机挖装,装载机配合,自卸汽车运输的方式施工,将符合填料标准的开挖料运至利用地段作填方使用或运至临时施工场存放,多余及不符合标准的开挖料则运至弃土场;强风化石方堑坡地段开挖尽量采用挖掘机挖装,对坚硬的石方堑坡挖方则采用浅孔微差控制爆破、松动爆破的方式进行爆破,边坡采用光面爆破进行爆破,挖掘机和装载机进行挖装,自卸汽车运输到弃渣场或利用地段。开挖完成的鲁山坡见图 9-2。

图 9-2　开挖完成的鲁山坡

根据鲁山坡落地槽所处地形地貌及地质条件,将建筑物分为 6 个工程地质段,分别如下:

一段[SH(3)10+358.1~SH(3)10+400]:

总干渠渠底主要位于第四系砾质重粉质壤土($Q_3^{dl+pl}$)中,渠底左边线位于震旦系石英砂岩夹页岩($Z_2^y$)中。

该段地层主要为第四系砾质重粉质壤土($Q_3^{dl+pl}$)和震旦系石英砂岩夹页岩($Z_2^y$),开挖深度(中心线深度,下同)约 6 m,左岸边坡岩性为砾质重粉质壤土和石英砂岩夹页岩;构成地基和边坡的各种地层承载力、变形特性和抗剪强度差异较大,该段内杏树沟为一天然冲沟,沟内有节季节性细小潺流,雨季多有较大洪流。勘探期间,该段地下水位多高于渠底板。

该段主要存在地基不均匀及流槽左岸排水和施工排水问题。此外,尚应注意施工开挖边坡稳定问题。

本段上部主要为土质边坡,需注意开挖边坡圆弧状滑动和沿基岩面滑动的可能性,同时做好边坡周围的截排水措施。

二段[SH(3)10+400~SH(3)10+580]:

总干渠渠底主要位于上第三系砾岩($N_1^L$)和石英砂岩夹页岩($Z_2^y$)中,渠底左边线几乎全部坐在震旦系石英砂岩夹页岩($Z_2^y$)中。

本段为深挖方及高边坡渠道,最大开挖深度约 25 m,左岸挖方地层上部为第四系(砾质)粉质黏土和碎石,下部为上第三系砾岩、少量黏土岩及震旦系石英砂岩夹页岩($Z_2^y$),岩性很不均一。构成地基和边坡的各种地层承载力、变形特性和抗剪强度差异较大,另外,粉质黏土及黏土岩一般具弱—中等膨胀潜势。勘探期间,该段地下水位高于渠底板。

该段主要存在施工开挖边坡稳定、施工排水及地基不均匀问题,部分深挖方段尚需验证边坡整体稳定问题。

桩号 SH10+438.1~SH10+453.1 为检修闸,长 15 m,闸底板位于上第三系砾岩($N_1^L$)

和石英砂岩夹页岩($Z_2^y$)中。砾岩($N_1^L$)和石英砂岩夹页岩($Z_2^y$)的承载力标准值分别为400 kPa、500 kPa。

三段[SH(3)10+580～SH(3)11+055]：

总干渠渠底主要位于上第三系地层中，主要为砾岩($N_1^L$)，少量位于第四系土中，局部流槽右侧架空，需进行填方处理。

本段最大开挖深度约15 m，地层上部为第四系(砾质)重粉质壤土($Q_3^{dl+pl}$)、粉质黏土($Q_2^{dl+pl}$)，下部为上第三系砾岩、少量黏土岩和砂岩($N_1^L$)。天然地基岩性很不均一，再加上回填土，构成地基和边坡的各种地层承载力、变形特性和抗剪强度差异较大，另外，粉质黏土及黏土岩一般具弱—中等膨胀潜势。勘探期间，该段地下水位高于渠底板。

该段主要存在地基不均匀、施工开挖边坡稳定、施工排水问题。本段膨胀性岩土分布范围大，厚度大，影响边坡稳定。本段结尾SH(3)10+995～SH(3)11+055处边坡高度15 m，由具膨胀性的粉质黏土组成，边坡稳定问题较突出。

四段[SH(3)11+055～SH(3)11+266.5]：

该段地面高程一般为122～130 m。上部为第四系粉质黏土($Q_2^{dl+pl}$)、重粉质壤土($Q_3^{dl+pl}$)；下部为上第三系砾岩($N_1^L$)、黏土岩($N_1^L$)、砂岩($N_1^L$)及太古界片麻岩(Arth)。总干渠渠底主要位于第四系粉质黏土中，局部位于上第三系软岩中。

该段施工边坡开挖地层主要为第四系粉质黏土和黏土岩，边坡开挖深度一般小于10 m，粉质黏土和黏土岩具膨胀性。该段内白虎涧沟为一天然冲沟，沟内一般常年有细小潺流，雨季多有较大洪流，勘探期间，该段地下水位一般位于渠底板附近，但该段下部砾岩含水层存在局部承压性，2007年勘探期间LSP-16孔砾岩承压水溢出孔口约0.2 m。

该段边坡高度虽然有限，但主要为由膨胀性岩土组成的土质边坡，边坡稳定问题仍然突出。此外，尚存在地基不均匀、流槽左岸排水和施工排水问题。

五段[SH(3)11+266.5～SH(3)11+665]：

上部为(含砾)重粉质壤土($Q_3^{dl+pl}$)、第四系粉质黏土($Q_2^{dl+pl}$)；下部为上第三系砾岩($N_1^L$)、黏土岩($N_1^L$)，片麻岩(Arth)仅在桩号SH(3)11+480以前在钻孔揭露深度范围内有分布。总干渠渠底主要位于上第三系砾岩或透镜体状分布的黏土岩中。

该段主要以挖方为主，边坡地层主要为上第三系砾岩、黏土岩、第四系粉质黏土、壤土，第四系承载力标准值除碎石外一般为100～190 kPa，上第三系承载力标准值为280～400 kPa，天然地基承载力差异较大，另外粉质黏土及黏土岩一般具弱—中等膨胀潜势。

该段下部砾岩含水层存在局部承压性，2007年勘探期间LSP-33孔砾岩承压水溢出孔口约0.3 m，出水量约0.05 L/s。

该段地面高程一般为124～136 m，最大开挖深度约13 m，主要存在施工开挖边坡稳定、地基不均匀沉降、施工排水及岩土的膨胀问题。

六段[SH(3)11+665～SH(3)11+838.1]：

地面高程一般为125～130 m。上部为第四系(含砾)重粉质壤土($Q_3^{dl+pl}$)、碎石($Q_3^{dl+pl}$)、粉质黏土($Q_2^{dl+pl}$)；下部为上第三系砾岩($N_1^L$)、砂岩($N_1^L$)。总干渠渠底主要位于第四系粉质黏土、壤土、碎石中。

该段边坡开挖深度一般为2～7 m，边坡开挖地层主要为第四系粉质黏土、壤土和碎石。第四系承载力标准值为 100~350 kPa,粉质黏土一般具弱膨胀潜势,地下水位多位于渠底板附近。

## 9.4.1 土质堑坡及软石和强风化岩石堑坡开挖

鲁山坡落地槽段开挖按边坡分层进行,分级Ⅰ~Ⅸ边坡,每级边坡自上而下分层进行开挖,削坡层高控制在 4~6 m。土石方开挖按自上至下、分层分段依次施工原则。开挖前,沿山体修建出渣道路至堑顶,将堑顶截水沟施工完成,清除表层不小于 30 cm 腐殖土,并对开挖边线区域内的树木、树根、杂草、废渣、垃圾等进行清理,清基范围应根据实际地形及渠道横断面进行调整。土方开挖采用 CAT330(1.6 m³)挖掘机直接挖装,15 t 自卸汽车装运至临时堆放场及弃土场,并按有用料、无用料分别堆放,保护层预留 50 cm 厚采取人工配合机械精修削坡,采用 15 t 自卸汽车运输。

### 9.4.1.1 施工准备

(1)施工前仔细查明地上、地下有无管线及其他影响施工的建筑物,对施工有影响的要提前拆除或改迁,同时注意开挖边界以外的建筑物是否安全。

(2)开挖前首先测量放线,依据设计挖深及边坡坡率推算测出开挖边界,并及早完成堑顶截水沟的修建。由高到低、从上至下、由外向里逐层开挖,最后削坡至边坡设计线,严禁掏底开挖。

(3)剥除开挖区地表植被、腐殖土及其他不能作填料的土层,弃运弃土场。

(4)根据测设路线中桩、设计图表定出堑顶边线、边沟位置桩。在距渡槽中心一定安全距离设置控制桩。对于深挖地段,每挖深 6 m,复测中心桩一次,测定其标高及宽度,以控制边坡的坡比。

(5)堑坡开挖前要修好临时性、永久性排水沟相结合的排水系统,防止雨水浸泡。

### 9.4.1.2 开挖施工顺序

开挖施工顺序为:测量放线→清除表土→施工截水沟→挖运土石方→清理边坡→复核边坡位置→重复挖运至设计标高→地基处理→检测。

### 9.4.1.3 开挖方法

土质堑坡及软石和强风化岩石堑坡的开挖方法根据堑坡深度和纵向长度,结合土石方调配,开挖可选择横挖法、纵挖法和纵横混合开挖法,有用土方堑坡用推土机、装载机、自卸汽车将挖土方装运至填方段作为渡槽填料或运至临时堆放区存放,对土质坚硬地段采用推土机松动器松土施工,遇局部岩层坚硬地段采用潜孔钻机打眼,松动爆破施工。

(1)软石和强风化岩石堑坡采用挖掘机挖装、自卸汽车运输的方式进行开挖施工。

(2)短而深的地段采用分层横向开挖法,每层 2 m 左右。采用挖掘机、装载机配合自卸汽车运土,边开挖边修整边坡。

(3)长而深的堑坡采用纵挖法,先沿堑坡纵向挖掘通道,然后将通道向两侧拓宽,上层通道拓宽至堑坡边坡后,再开挖下层通道,如此纵向开挖至设计标高。

(4)堑坡开挖较浅,采用单层或双层横向全宽掘进方法,对堑坡整个宽度,沿路线纵向一端或两端向前开挖。

#### 9.4.1.4　开挖施工作业要点

（1）开挖过程中经常放线检查堑坡的宽度、边坡坡度，在机械开挖时坡面预留 50 cm 采用人工配合机械精修削坡，开挖完成后要及时支护，开挖坡面严禁超挖，保持坡面平顺。

（2）土石运到弃土场或填筑段，耕植土储存于规划存放区域内用于复耕或植被护坡。弃土场施工完成后，及时进行地表种植土的覆盖和植被防护，防止水土流失。

（3）堑坡开挖无论是人工或是机械作业，均须严格控制设计标高，严禁超挖。为保证基础处理的质量，机械开挖到距设计高程 50~150 cm 后再采用人工配合机械精修削坡至设计标高（按地基设计处理的有关规定执行）。

（4）堑坡开挖至预定标高（含预留厚度）后，平地机整平、压路机碾压一遍后进行基础处理。

（5）坡面中出现坑穴、凹槽应进行清理，用护坡同标号浆砌片石或混凝土嵌补。

（6）施工中严禁乱挖，扰动边坡，对高边坡进行变形观测，以便采取应急措施。

### 9.4.2　岩石堑坡的开挖

石方开挖采用梯段加预裂控制爆破，梯段高度结合马道布置划分。钻爆设备采用 D7 液压潜孔钻配 YQ-100B 型潜孔钻，预裂孔采用 YQ-100B 型轻型潜孔钻钻孔，马道及基础面预留 1.5~2.0 m 的保护层，采用手风钻开挖，表面人工撬挖。开挖料采用 CAT330（1.6 m³）挖掘机装渣，15 t 自卸汽车运至临时存放点。

#### 9.4.2.1　施工工艺流程

石方爆破施工工艺流程见图 9-3。

#### 9.4.2.2　开挖方法

（1）堑坡施工与填方施工相结合，堑坡开挖中性能符合要求的弃渣可作为填方填料，性能好的片石可以用于浆砌石施工。

（2）根据土石方调配方案和运距进行调配及机械机具的选择。

（3）堑坡边坡按设计坡比开挖，施工前准确放设边桩、撒石灰连线，开挖过程中要经常放线检查宽度、坡度，及时纠正偏差，避免超、欠挖，保持坡面平顺。对坡面中出现的坑穴、凹槽应清理杂物，坡面要嵌补平整。堑坡存在平台时按设计放出平台位置，堑坡平台向内做成一定坡度，确保不积水。

（4）堑坡采用纵向台阶开挖，较平缓地段的浅堑坡可不分层开挖，深堑坡地段采用纵向分台阶开挖，从上到下分层依次进行。开挖时从上而下，纵向开挖。如果岩层走向接近于线路方向、倾向与边坡相同且小于边坡时，逐层开挖，不得挖断岩层，并采取减弱施工振动的措施；在设有挡土墙的上述地段，采取短开挖或跳槽开挖法施工，并设临时支护。

（5）石方堑坡采用钻爆法施工，对深堑坡采取深孔爆破和浅孔分台阶爆破相结合的方法，浅堑坡采取浅孔爆破。对能用机械直接开挖的软石、土质堑坡，则采取机械开挖与人工配合开挖。

（6）堑坡开挖接近基面后修理成型；部分堑坡开挖后稳定性差，易坍塌和风化，采取不同类型的挡护和边坡防护。对此应根据具体情况进行开挖，一般应分段竖向开挖到位，及时施工挡护防护工程，或进行临时挡护防护，禁止拉长槽施工。

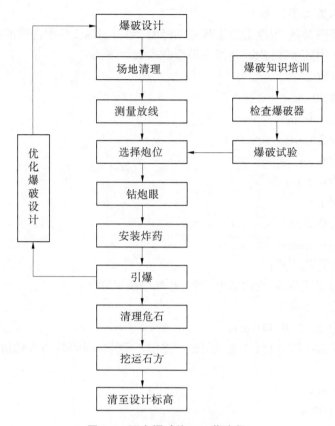

**图 9-3　石方爆破施工工艺流程**

### 9.4.2.3　堑坡爆破设计

堑坡石方开挖根据堑坡深度、规模及岩石的类别、风化程度、岩层的产状、倾角和节理发育程度等具体确定施工方法。石方面积较大、挖方较深且数量集中地段，采用深孔微差松动控制爆破，边坡爆破根据堑坡石质采用光面爆破(硬质岩石)或预裂爆破(软岩和中硬岩)；对挖深较浅和方量不大的陡峭边坡，采用浅孔微差松动控制爆破。开挖石方采用台阶松动控制爆破法，小型潜孔钻机配合手风钻钻孔，坡面预留光面爆破层。深挖地段，石方面积较大、挖方较深且数量集中，主要采用潜孔钻机钻孔，实施台阶式深孔微差松动控制爆破。对于其余地段挖深较浅和方量不大的边坡、渡槽面修整，采用风动凿岩机钻眼，浅孔微差松动控制爆破。为保证爆破效应，均采用大孔距、小排距、梅花形布孔，并采用导爆管毫秒雷管实施逐排微差爆破。为提高边坡稳定性和美观程度，在深挖堑坡采用预留光爆层法进行光面爆破，边坡设计有台阶时分台阶进行光爆，设计无台阶时，从堑坡顶沿坡面钻孔一次爆破到位。

1.爆破参数设计的原则

尽量减少或避免爆破对周围建筑物安全的影响；保证开挖边坡的平整及完整，保证建基面不受破坏；爆破石渣的块度应适合机械操作，满足高强度机械化施工的需要，同时，其块度和级配还要符合有关要求。满足总进度工期需要，符合设计技术文件、有关规程规范要求。

2. 开挖钻孔爆破参数设计

梯段松动爆破参数：根据类似工程成功经验，结合招标文件中提供的本工程地质地形条件及工程施工中的实践经验，初拟梯段爆破参数如下。

梯段爆破参数：

钻孔直径为 90 mm；

钻孔间距为 3.0 m；

钻孔排距为 2.0 m；

梯段高度为 6 m；

钻孔深度为 4.5 m；

钻孔角度为垂直；

超钻深度为 0.5 m；

药卷直径为 60 mm；

炸药种类为乳化炸药；

装药结构为连续装药，孔内非电雷管、孔外导爆索联网；

堵塞长度为 1.8 m；

炸药单耗为 $0.35 \sim 0.44$ kg/m$^3$。

边坡光面爆破参数：边坡开挖采用光面爆破，不耦合间隔装药方式进行爆破；初拟光面爆破参数如下。

光面爆破参数：

钻孔直径为 90 mm；

钻孔间距为 1.0 m；

钻孔深度为 8.5 m；

药卷直径为 32 mm；

炸药种类为 2$^#$岩石硝铵炸药；

装药结构为不耦合间隔装药，导爆索传爆；

线装药密度为 $250 \sim 300$ g/m；

堵塞长度为 1.2 m。

## 9.4.3 施工期降排水

### 9.4.3.1 堑坡开挖排水

开挖施工前做好截、排水沟，并与现有排水系统相连通。对截水沟外侧边缘 10 m 范围内坑凹采取回填平整，进行地表植被栽培，局部采取防雨布覆盖；每级边坡开挖后要及时进行支护，加强对边坡周围进行检查，确保边坡稳定。落地槽左岸在桩号 SH(3)10+772.8 断面附近，开挖高度很高，且边坡为黏土岩，具弱—中等膨胀潜势，局部强膨胀潜势，雨季施工时未完成换填或支护处理时采取防雨布覆盖，以免发生滑坡、突然坍塌事故。

大规模开挖前，先组织修建好排、截水沟，保证边坡顶部排水畅通，并准备一定量的彩色条布，防止边坡受山坡水流冲刷。

鲁山坡落地槽为高顺向坡开挖，且处于雨季施工，对支护要求极高，开挖一级完成后，要及时进行支护,做到开挖一段,支护一段,上层支护未完成,不得进行下层开挖。

在雨季施工中,接近开挖基础面时,留有足够的保护层。对于软弱的开挖边坡,适时进行支护。已形成的高边坡,应设一定数量的观测墩,进行经常性的监测。发现异常,及时采取切实可行的措施。

#### 9.4.3.2 基坑降排水

在基础开挖完成后,部分基坑内有积水,且地下水不断外涌。采取在基坑内挖集水坑的排水形式进行排水,保证工作面无积水,具体如下:

在每个基坑中间部位选取 2~3 个涌水量较大的涌水点,人工开挖集水坑,在各个涌水点与集水坑之间人工开挖深为 10 cm 的导水沟,集水坑内设置一台 QY-25 型抽水泵,将积水排至当地排水沟。

## 9.5 基础处理

落地槽地基主要由上第三系黏土岩、砾岩以及太古界片麻岩、震旦系石英砂岩、页岩组成,承载力较高,均在 300 kPa 以上。除沿线左排涵洞处外,落地槽地基绝大部分完全坐落在第三系软岩上,对于开挖过程中发现槽基局部边角存在左右软硬差别较大的部位:基础以砂岩(硬岩)为主的,把局部软岩清楚换填为素混凝土;基础以软岩为主,局部存在壤土的,清除边角全部壤土,换填为砂卵石,同时为了整个基础的协调变形,将软岩基础也清除 50 cm 一并换填为砂卵石。沿线设有排水涵洞处,两侧槽节单独分节,基础采用换填砂卵石或灌注桩处理。

### 9.5.1 砂卵石换填施工

#### 9.5.1.1 施工放样

为保证换填基础断面几何尺寸的准确性,直线段设置边桩间距为 30 m,曲线段设置边桩间距为 15 m,并用红油漆标明里程桩号,同时测出横、纵断面高程。

#### 9.5.1.2 级配砂卵石运输

砂卵石运输前试验人员对每批次混合料进行各项检测,采用 15 t 自卸汽车将检验合格的混合料运至施工现场,采用倒退法卸料、铺料。

#### 9.5.1.3 铺料整平

换填区按照网格化布料,用推土机或装载机摊铺、整平,使填层在纵向和横向平顺均匀。接触面坡比一般缓于 1:3。砂卵石松铺厚度按 50 cm 控制,松铺厚度做标高标记。

#### 9.5.1.4 碾压

砂卵石平整完成后采用 LJ622S 压路机进行碾压,根据碾压试验确定的施工参数进行施工,碾压采用进退错距法。碾压遵循先低后高的原则,从两侧向中间,纵向进退式进行,碾压时相邻两次轮迹重叠不小于 40 cm,接茬部位相互错开距离大于 50 cm,形成台阶或斜坡,并确保接茬处的施工质量。

每层碾压完毕后,立即进行质量检验,合格后进行下一层填筑施工。施工时地下水位降至开挖面以下 0.5 m。

### 9.5.2　钻孔灌注桩施工

鲁山坡落地槽白虎涧两侧基础为混凝土钻孔灌注桩结构形式。桩位按矩形排列,桩径 0.6 m,桩间距 2 m,C25 混凝土灌注,桩长 10 m,共 86 根。

#### 9.5.2.1　土方回填与护筒的定位

因施工部位为白虎涧开挖形成的基坑,灌注桩施工前基坑填筑低压缩性土至灌注桩施工高程,施工高程高于设计高程 1 m,分层回填碾压。

回填完成后施工测量人员进行桩位放样,安装护筒。护筒安装完毕后由测量人员与施工人员共同校正护筒位置和高程。

#### 9.5.2.2　泥浆制备与冲击成孔

在群桩附近设置泥浆制作场,泥浆由水、黏土和添加剂组成。废弃浆由排浆沟集中排至泥浆池附近沉淀处理,再用 2PNL 泥浆泵将剩余泥浆抽回泥浆池内。泥浆经常调试,泥浆性能指标见表 9-12,以此满足钻孔要求,其性能指标满足钻孔护壁要求。使用前对泥浆的容重进行测定。冲击钻成孔过程中保证泥浆的质量与循环。

表 9-12　泥浆性能指标

| 钻孔方法 | 地层情况 | 泥浆性能指标 | | | | | | | |
|---|---|---|---|---|---|---|---|---|---|
| | | 相对密度 | 黏度(Pa·s) | 含砂率(%) | 胶体率(%) | 失水率(mL/30 min) | 泥皮厚(mm/30 min) | 静切力(Pa) | 酸碱度 pH |
| 正循环 | 一般地层 | 1.05~1.20 | 16~22 | 8~4 | ≥96 | ≤25 | ≤2 | 1~2.5 | 8~10 |
| 冲击 | 易坍地层 | 1.20~1.40 | 22~30 | ≤4 | ≥95 | ≤20 | ≤3 | 3~5 | 8~11 |

根据测量定点安置冲击钻,检查冲击钻处的平整与稳固程度,保证钢丝绳连接牢固,检查冲击钻及供电线路的安全性能等。调整冲击钻顶部的起吊滑轮中心、转盘中心和桩位中心三者在同一直线上,偏差不大于±2 cm。一切准备就绪后开始钻孔。钻孔采取分班连续进行。钻孔完成后检查孔深、孔径、孔斜满足要求。

#### 9.5.2.3　清孔

钻孔至设计标高后,采用正循环进行换浆清孔,并保持一定泥浆高度,以防止塌孔。混凝土灌注前进行二次清孔,确保孔底沉渣和泥浆参数满足设计和规范要求。清孔后的孔底沉渣厚度小于 3 cm。

#### 9.5.2.4　钢筋笼的制作与安放

进场检验钢筋的出厂证书和检验报告,并按规定取样送实验室进行试验检测,检验合格后方可使用。钢筋笼制作前进行了模具制作和技术交底,并熟悉设计图纸,根据设计尺寸加工模具。由技术人员对作业班组进行交底工作,交底主要内容包括:钢筋的调直、钢筋笼的制作、焊接质量要求(如直径、间距等外形尺寸、焊缝长度、高度)及钢筋笼断面接头间距等。

钢筋笼现场进行加工,一次性加工成型,钢筋连接方式采用单面搭接焊和帮条焊接,主筋与主筋之间采用对接焊接,加强筋和箍筋与主筋之间采用点焊,钢筋笼现场加工完成后吊装定位。起吊设备能力满足钢筋笼重量的起吊要求。

#### 9.5.2.5　灌注水下混凝土

灌注前测定泥浆容重,保证泥浆容重在 $1.1 \sim 1.15 \ g/mm^3$ 时灌注混凝土。灌注混凝土使用专用灌注架,并使用吊车安装导管,利用混凝土罐车运输。首次灌注的混凝土使导管底埋入混凝土面 0.8 m 以上,然后连续灌注。灌注过程中,保证导管埋深在 2~6 m。施工中,施工人员使用测绳测量混凝土顶面高程,并与导管长度相比较,确保导管的埋置深度控制在合理的范围内。混凝土灌注高度高出桩顶设计标高 0.5~0.8 m。当灌注混凝土达到要求标高后,及时起拔导管和护筒,并将导管和护筒清除干净,清理好施工现场。

#### 9.5.2.6　桩头截除、修整

施工完成 3~7 d 后使用小型挖掘机配合人工开挖桩间土。用全站仪将设计桩顶标高打在桩身上,采用切割机在桩顶标高的部位切割一圈,然后使用风镐小型炮锤截除桩头并修整。桩顶端浮浆清除干净,直至露出新鲜的混凝土面,清除浮浆后的有效长度满足设计要求。桩头修整至设计高程以上 3~5 cm 时,将桩顶从四周向中间修平至桩顶设计标高。

# 9.6　钢筋工程

## 9.6.1　钢筋配料

根据设计蓝图和落地槽分块分层进行钢筋配料。钢筋弯曲或弯钩会使其长度发生变化,在配料中不能直接根据图纸中尺寸下料;必须了解对混凝土保护层、钢筋弯曲、弯钩等的规定,再根据图中尺寸计算其下料长度。

## 9.6.2　钢筋加工

钢筋在钢筋加工场依据下料单进行制作加工,为了防止运输时造成混乱和便于安装,每一型号的钢筋必须捆绑牢固并挂牌明示。钢筋的表面确保洁净无损伤,在加工前采用除锈机或风砂枪将其表面的油渍、漆污、锈皮、鳞锈等清除干净。用于加工的钢筋原材料做到平直、无局部弯折。钢筋的调直按以下规定执行:

(1)采用冷拉方法调直钢筋时,Ⅱ级钢筋的冷拉率不宜大于 1%。

(2)冷拔低碳钢丝在调直机上调直后,其表面不得有明显擦伤,抗拉强度不得低于施工图纸的要求。

(3)Ⅱ级及其以上钢筋的端头,当按设计要求弯转 90° 时,其最小弯转内直径应满足下列要求:

①钢筋直径小于 16 mm 时,最小弯转内直径为 $5d$。

②钢筋直径大于或等于 16 mm 时,最小弯转内直径为 $7d$。

③钢筋的加工必须保证端部无弯折,杆身顺直。

(4)弯起钢筋处的圆弧内半径宜大于 $12.5d$。

（5）钢筋加工的尺寸符合施工图纸的要求,加工后钢筋的允许偏差不得超过表 9-13 和表 9-14 的规定。

表 9-13　圆钢筋制成箍筋末端弯钩长度

| 箍筋直径（mm） | 受力钢筋直径（mm） | |
| --- | --- | --- |
| | <25 | 28~40 |
| 5~10 | 75 | 90 |
| ≥12 | 90 | 105 |

表 9-14　加工后钢筋的允许偏差

| 序号 | 项目 | 允许偏差值（mm） |
| --- | --- | --- |
| 1 | 受力钢筋全长净尺寸的偏差 | ±10 |
| 2 | 箍筋各部分长度的偏差 | ±5 |
| 3 | 钢筋弯起点位置的偏差 | ±25 |
| 4 | 钢筋转角的偏差 | 3 |

**注:**钢筋的弯钩弯折加工应符合有关规程、规范的规定。

钢筋加工的顺序为:毛料钢筋进场→抽样复检→钢筋切断→钢筋弯曲→钢筋标识堆放→成品检验→出场。

## 9.6.3　钢筋安装

用平板汽车或平板小拖车从钢筋加工场将经检查验收合格的成品钢筋运到施工部位,用 16 t 或 25 t 汽车吊运送到安装部位,根据施工蓝图和钢筋下料单进行钢筋清理、绑扎和焊接,连接段钢筋安装顺序为:底板钢筋安装→侧墙和缝墙钢筋安装;落地槽钢筋安装顺序为:底板钢筋安装→落地槽槽身钢筋安装;出口渐变段钢筋安装顺序为:底板钢筋安装→边墙钢筋安装。

为确保钢筋安装质量,防止钢筋在混凝土浇筑过程中发生变形、位移,在钢筋施工过程中,需要布置足量的架立钢筋(架立钢筋规格为 φ16 以上)以确保钢筋位置准确,保证墙板钢筋安装的精度,以满足规范及设计要求;钢筋保护层由同强度等级混凝土预制垫块支撑,侧墙壁内外层钢筋位置由架立钢筋或拉筋固定。安装完成的落地槽底板钢筋见图 9-4。

## 9.6.4　钢筋接头

依据落地槽结构,拟在进口连接段边墙和缝墙、落地槽槽身、出口渐变段部位设置钢筋接头,现场连接。其他区域的接头如水平钢筋长度超 12 m,需设置钢筋接头,先连接后安装,安装时保证接头错开。

竖向钢筋采用直螺纹连接或电渣压力焊,水平钢筋采用闪光对焊或手工电弧焊。钢筋焊接接头及接头分布须满足规范及设计要求。钢筋直径小于 25 mm 的接头采用手工

图 9-4 安装完成的落地槽底板钢筋

电弧焊,单面搭接焊时接头长度为 10$d$;双面搭接焊接头长度为 5$d$;当钢筋直径大于 25 mm 时,接头采用套筒连接,见图 9-5。

图 9-5 钢筋接头套筒连接

### 9.6.5 钢筋施工技术要求

(1)钢筋进场须提供产品质量证明、出厂检验报告且经复检合格才能使用。

(2)钢筋加工精度须满足设计及规范要求。

(3)钢筋规格、数量、绑扎间排距符合设计及规范要求。

(4)钢筋安装质量、焊接质量、接头位置等均满足规范要求,钢筋保护层达到设计要求。

(5)钢筋表面应洁净,使用前应将表面的油渍、漆污、锈皮、鳞锈等清除干净。

## 9.7 混凝土工程

落地槽进口连接段为矩形并行双槽结构(边墙和缝墙的结构不同),施工时双槽按左右槽单独分开作业,进口连接段总计 145 m。

落地槽段长 1 335 m,混凝土等级为 C30W6F150,单槽,净宽 22.2 m,侧墙高 8.1 m,

两侧的墙顶设净宽 1.5 m 的人行道,两槽相邻的侧墙之间设人行桥板,人行道净宽 4 m,槽底厚 1.3 m,侧墙底部厚 1.2 m,顶部厚 0.5 m。

出口渐变段长 50 m,边墙采用直线扭曲面形式。边坡系数为 0~2,底宽 22.2~25 m,底板厚 0.5 m,为 C20 混凝土。

落地槽进口连接段混凝土按设计要求分块施工,单槽混凝土分为两次浇筑:底板混凝土浇筑、边墙和缝墙混凝土浇筑,其中垫层混凝土每块按一层浇筑;底板混凝土浇筑至倒角及以上 20 cm 边墙和缝墙处,边墙和缝墙采用拼装大模板进行浇筑。

落地槽段混凝土按设计要求分为两次浇筑:底板混凝土浇筑、槽身段混凝土浇筑,其中垫层混凝土每块按一层浇筑;底板混凝土浇筑至倒角及以上 20 cm 槽身处,槽身段采用钢模台车进行浇筑。

落地槽出口渐变段按设计要求分为三次浇筑:底板混凝土浇筑、挡墙下部混凝土浇筑、挡墙上部混凝土浇筑,其中垫层混凝土每块按一层浇筑;施工缝大致设置在边墙的中部,出口渐变段采用拼装大模板进行浇筑。

## 9.7.1　模板工程

### 9.7.1.1　落地槽模板设计

落地槽进口连接段边墙和缝墙、出口渐变段主要采用以 P6015(5.0 mm 厚)为主,配置部分 P3015、P2015、P1015 国标模板以及部分异型模板(面板 5.0 mm 厚),背楞采用[12 和[8 的槽钢将钢模(P6015、P3015 等)进行加固,现场拼装成大块模板,确保其整体刚度,对拼接缝进行处理,以提高混凝土浇筑的外观质量;进口连接段底板和落地槽底板由定制的底板侧模、八字模和端模组成;落地槽槽身部分采用钢模台车进行浇筑,钢模板(面板 5.0 mm 厚)根据混凝土结构厂家设计并制作和部分异型止水端模进行拼接。

分层配模具体方式如下:

进口连接段底板、落地槽底板模板由底板侧模、八字模和端模组成,模板的面厚度为 5 mm,模板沿纵向长度为 15 m,模板采用侧模包端模的方式,底板侧模和八字模之间在上部通过 $\phi$ 16 mm(间距为 75 cm)拉杆对拉固定,下部通过预埋 $\phi$ 16 mm 地锚固定,用 $\phi$ 48 钢管斜顶端模以防止在浇筑时发生变形;内侧倒角八字模采用定型钢模板,竖肋和边肋均采用 50 mm×5 mm 扁钢,横肋为 5# 槽钢,背楞采用[12 槽钢。

进口段边墙和缝墙、出口渐变段挡墙和底板均采用 P6015 国标组合钢模,局部区域用小型钢模拼接,其中横肋为 5# 槽钢,竖肋和边肋均采用 50 mm×5 mm 扁钢,$\phi$ 16 mm 拉杆穿墙对拉加固,下部通过预埋件、拉杆和锥形套固定,背楞采用双[12 槽钢。

落地槽身侧墙采用定制的钢模台车和端部止水异型模板,侧墙之间采用 $\phi$ 42(间距为 75 cm)的拉杆在上下两端对拉固定,模板厚度为 5 mm,竖肋和边肋均采用 80 mm×8 mm 扁钢,横肋采用 8# 槽钢,模板通过双向调节撑杆悬挂在台车架上。安装完成的钢模台车见图 9-6。

模板制作采用优质材料,以满足模板强度、刚度、平整度的要求。模板安装精度必须在设计允许偏差范围内,模板支撑牢靠稳定,做到不漏浆。模板拆除后及时清洗、清除固结的灰浆等脏物,并在模板安装前涂刷脱模剂或新机油。安装时应检查标高及轴线,确保

图 9-6  安装完成的钢模台车

模板安装精度及稳定性。

### 9.7.1.2  钢模台车轨道铺设

（1）在落地槽底板混凝土浇筑时,预埋用来固定钢模台车轨道对称的 $\phi$ 16 mm×250 mm 的预埋件,预埋件 M16 前端螺纹长度为 60 mm,预埋件的间距为 2 m,如遇到伸缩结构缝,则做适当的调整。

（2）在混凝土浇筑前,要确定轨道预埋件位置是否准确,是否在允许的误差范围之内,在混凝土浇筑时要注意轨道预埋件的位置是否发生偏移,如位置发生偏移,需及时对其进行调整,使其在允许的误差范围之内。

（3）轨道选用 P38 kg/m 型钢轨,轨道铺设在箱基渡槽与落地槽内,高度为 134 mm。轨道用预埋螺栓与夹板进行固定,轨道中心距必须达到设计要求,误差不得大于 10 mm;轨道高程误差不得大于 20 mm;两轨道中心与渡槽中心误差不得大于 20 mm。

### 9.7.1.3  钢模台车的安装

当台车轨道铺设完成之后,就开始落地槽钢模台车的安装工作,其具体的安装步骤如下:

（1）完成行动轮及纵向主梁的安装,行走机构支承在车架的边纵梁上,钢模台车移动采用电机和减速机驱动车轮使钢模台车整体移动;行走轮中心应与轨道中心重合,误差不得大于 5 mm,中心距离为 16 400 mm。

（2）按照台车设计图纸,落地槽共用 7 段 2 m 长的侧模桁架;第一段（中间段）桁架的安装:先将对称的 2 段车架与主桁架在施工现场进行拼装,当拼装完成之后,用 2 辆 16 t 的汽车吊各吊一段进行主桁架之间的连接工作,至此完成第一段车架与主桁架的安装工作。

（3）当第一段车架与主桁架安装完成之后,以第一段桁架为中间段桁架,依次向两侧方向进行剩余段车架与主桁架的安装;安装顺序为:先安装车架,再安装桁架;在车架的安装过程中,保证支腿与车架的横、纵梁及各连系梁和双向调节杆的连接必须牢固,各固定螺栓必须拧紧;在桁架的安装过程中,必须保证各横、纵梁及各连系梁之间连系的牢固,各固定螺栓必须拧紧,其主桁架的中心线与落地槽中心线误差不得大于 5 mm,以保证渡槽钢模台车的稳定性。

(4)安装模板。等车架与主桁架安装以及主桁架上的行动小车安装完成之后,进行模板的安装工作,模板的安装顺序为先挂内模板后挂外模板,模板的长度为 2 m,槽身的侧墙模板安装完成之后,接着安装模板连接梁及各双向调节撑杆。

(5)模板及伸缩机构安装完成之后,安装液压泵站及液压管路,配接电气线路后整体调试。

(6)各部件的检查。台车安装完毕后,全面检查各部件连接是否有松动,各零件销子是否转动灵活,螺旋丝杆千斤顶伸缩是否达到设计要求,有关液压件及管道是否有渗漏,电气连接是否安全绝缘等;检查模板的平整度是否满足设计要求。

(7)检测各设计尺寸。检测台车各重要尺寸是否达到设计要求。

(8)对台车进行调试完成之后,才能投入施工进行混凝土的浇筑。

### 9.7.1.4　模板施工技术要求

(1)模板设计与制作必须满足稳定性、强度、刚度要求。

(2)模板加工制作精度满足相关规范的要求。

(3)模板每米的不平整度≤3 mm。

(4)模板的接缝应严密不漏浆,模板的安装精度符合规范要求。

(5)模板表面应干净并涂刷脱模剂或新机油。

(6)模板拼装时需用双面胶带,拆除时满足规范要求。

## 9.7.2　止水制作和安装

鲁山坡落地槽设两道止水,上层为遇水膨胀橡胶止水,下层为紫铜片止水。

紫铜片止水制作安装:在加工场按照设计尺寸制作紫铜片压制模具,利用模具压制成型。现场人工按设计和规范要求进行安装,止水带两侧的模板使用托架固定,使用双面氧焊焊接,搭接长度不小于 20 mm,搭接缝位置经过浸油试验检测,全部合格并满足规范要求。

橡胶止水带安装:按设计和规范要求安装就位并固定,止水带两侧的模板使用托架固定,防止在浇筑过程中止水带变形走样或沿止水带漏浆。

聚乙烯闭孔泡沫板安装:在处理合格的结构缝面上将聚乙烯闭孔泡沫板固定牢固。

聚硫密封胶施工:先采用泡沫板形成缝,待两侧混凝土均浇筑完毕后,清除 30 mm 深的泡沫板,将缝面混凝土清洗干净并用风枪吹干缝面。然后人工向缝内灌入聚硫密封胶抹压。

## 9.7.3　混凝土工程

鲁山坡落地槽依次浇筑垫层、底板、槽身。结构形式见图 9-7。

混凝土由 2 座 HZS90 型强制式拌和站集中供料,使用混凝土罐车进行水平运输,混凝土泵车进行垂直运输,浇筑时控制下料高度在 2 m 以内。

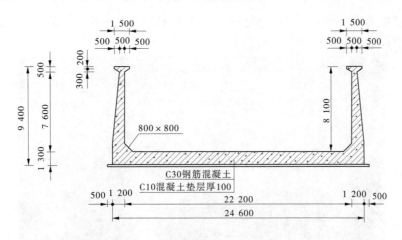

**图 9-7 鲁山坡落地槽典型断面图** （单位:mm）

#### 9.7.3.1 垫层混凝土浇筑

在建基面联合验收合格后可进行底板垫层混凝土浇筑。垫层为一级配 C10 混凝土,厚度 10 cm。对于不处理区,建基面垫层可采用混凝土罐车直接入仓下料;对于换填区和桩基部位建基面垫层拟采用混凝土罐车运送到施工现场,将混凝土放入自制的料斗中,再用长臂挖机将混凝土送至浇筑部位。采用人工平仓、平板振捣器和使用$\phi 50$ 软轴振捣器振捣、人工用木拖耙收平仓面。

#### 9.7.3.2 底板混凝土浇筑

第一层浇筑底板至倒角以上 20 cm 处;该层钢筋密集,且存在腋角,使混凝土下料、振捣受到影响。

混凝土罐车将混凝土运至现场之后,用混凝土泵车或混凝土泵将混凝土泵送到浇筑的各部位,从一端向另一端平铺推进,在立面上按 50 cm 厚分层上升;使用$\phi 50$ 长软轴振捣器振捣,控制浇筑速度。人员下仓振捣,以保障混凝土的浇筑振捣质量。

混凝土浇筑结束后,根据情况在混凝土流动度降低和初凝前对进口段边墙和缝墙八字倒角部位、落地槽槽身段八字倒角部位进行复振,以减少气泡,保证八字倒角部位的浇筑质量,以免产生蜂窝、麻面。

#### 9.7.3.3 进口连接段边墙和缝墙混凝土浇筑

进口连接段分别为两个边墙和两个缝墙,泵管从边墙和缝墙上部进入作业面,采用钢管固定牢固,当采用混凝土泵车时,泵管同样从边墙和缝墙上部进入作业面,下料时每墙按 4~5 个下料点布料,从一端向另一端平铺推进,在立面上按 50 cm 厚分层上升;$\phi 50$ 长软轴振捣器振捣,控制浇筑速度。人员下仓振捣,为保障混凝土的浇筑振捣质量,边墙浇筑时,可在垂直方向上中部,水平每隔 3 m 开一个用于振捣的窗口,防止漏振,确保混凝土浇筑质量。

#### 9.7.3.4 槽身混凝土浇筑

槽身净高为 8.1 m,混凝土强度等级 C30W6F150。采用泵送入仓,平仓浇筑。从槽身的一端向另一端平铺推进,在立面上按 50 cm 厚分层上升;$\phi 50$ 长软轴振捣器振捣,控制浇筑速度。为保证混凝土施工质量,尽量减少混凝土表面气泡,适时进行二次复振,即在混凝土正常振捣 15~30 min 后再进行一次振捣,以排除混凝土内的气泡,保证混凝土表面光洁度。槽身混凝土浇筑见图9-8。

图 9-8　落地槽槽身混凝土浇筑

### 9.7.3.5　出口渐变段挡墙混凝土浇筑

出口渐变段挡墙混凝土浇筑采用泵送入仓,平仓浇筑,混凝土罐车将混凝土运至现场之后,用混凝土泵车或混凝土泵将混凝土泵送到浇筑的各部位,从一端向另一端平铺推进,在立面上按 50 cm 厚分层上升;用 $\phi$ 50 长软轴振捣器振捣,控制浇筑速度。人员下仓振捣,以保障混凝土的浇筑振捣质量。

### 9.7.3.6　混凝土浇筑施工技术要求

(1)按设计和规范要求对原材料进行控制和检测,原材料碱含量必须控制在设计要求范围内。

(2)混凝土灌注入模,不得集中冲击模板或钢筋骨架,在浇筑过程中,应按浇筑程序分层均匀布料,出料口至浇筑层自由落下的高度不得大于 2 m,以防混凝土的离析分层。采用插入式振捣器振捣,混凝土灌注入模分层的厚度为 50 cm 左右;底板上腋角分两层下料振捣,减少抹角气泡数量。

(3)混凝土浇筑采用平仓法施工,下料从一端开始向另一端推进布料,混凝土浇筑分层厚度应根据结构特点、钢筋的疏密来决定,一般为振捣器有效振捣范围的 1.25 倍,最厚不超过 50 cm。

(4)混凝土坍落度控制。泵送控制在 16~18 cm,低温时段初凝时间控制在 8~10 h,高温时段初凝时间控制在 12~15 h,同时不合格的混凝土严禁入仓。

(5)使用插入式振捣器要快插慢拔,插点要均匀排列,不得遗漏,做到均匀振实,移动间距为 50 cm 左右。振捣上一层混凝土时应插入下层混凝土 5 cm,以消除层间接缝,振捣时间为 30 s 左右,以混凝土表面泛浆且不下沉为准。

（6）为保障混凝土的浇筑振捣质量，在边墙混凝土浇筑时，可在垂直方向上中部，水平每隔 3 m 开一个用于振捣的窗口，防止出现蜂窝、麻面，确保混凝土浇筑质量。

（7）混凝土浇筑必须连续进行，如必须间隔，应在前层混凝土初凝前，将上层混凝土浇筑完毕，间歇的最长时间不得超过 2 h，严禁私自留设施工缝，混凝土浇筑必须一次完成。

（8）混凝土浇筑时要经常观察模板、钢筋等有无变形、移动等情况，如发现情况应及时处理，并在已浇筑混凝土初凝前处理完毕。

（9）混凝土浇筑完毕后，应及时进行洒水养护。养护工作一般在混凝土浇筑完毕后 6~18 h 内开始，在炎热、干燥的气候条件下应提前到混凝土浇筑后 2~3 h，并采取可靠的遮阳防晒措施，如表面遮盖湿润的麻袋片等。

### 9.7.3.7 混凝土养护

混凝土浇筑收仓 6~18 h 后，开始对混凝土进行洒水养护，保持混凝土表面湿润。养护时间不少于 14 d。混凝土养护设专人负责，并做好养护记录。在施工过程中还可采用在混凝土表面铺设麻袋片等方式进行养护。

本工程施工过程中存在冬季时间长、气温很低、昼夜温差大的特点，在每年的冻结期 12 月下半月至次年 1 月不进行浇筑施工，当冬季进行混凝土浇筑时，要在已浇筑的混凝土块外表面、横缝面、顶面混凝土表面采用双层草袋或 EPE 粒状塑料保温被覆盖。

### 9.7.3.8 缝面处理

工作缝面选择人工凿毛或用高压水冲毛等方法加工成毛面，清除缝面上所有浮浆、松散物料及污染体，以露出粗砂粒或小石为准。缝面冲打毛后清洗干净，保持清洁、湿润，在浇筑上一层混凝土前，将层面松散物及积水清除干净后均匀铺设一层厚 2~3 cm 的水泥砂浆。砂浆强度等级应比同部位混凝土强度等级高一级，每次铺设砂浆的面积应与浇筑强度相适应，以铺设砂浆后 30 min 内被混凝土覆盖为限。

结构缝面处理时铲除缝面上的杂物，割除缝面上的金属件，并用水冲洗干净。当有蜂窝、麻面时凿去混凝土表面薄弱层，用高压水冲洗干净，使用预缩砂浆填补密实，使表面平整。必须等到已浇筑的混凝土强度不小于 2.5 MPa 时，才能在施工缝面上续浇新混凝土。

### 9.7.3.9 温度控制措施

混凝土的浇筑温度不宜超过 28 ℃且混凝土浇筑温度和最高温升均应满足施工图纸或规范的规定。

1. 降低混凝土浇筑温度

（1）搭设遮阳棚防止骨料暴晒，必要时可洒冷水冷却骨料。

（2）采用深层井水拌和混凝土。

（3）采用喷洒水雾等措施降低仓面气温，夏季混凝土浇筑尽量安排在当日 16:00 至次日 10:00 时。

（4）砂石料生产系统成品骨料堆料高度保持在 6 m 以上，以降低骨料温度。

（5）加快混凝土运输入仓及平仓振捣速度，减少混凝土出机后温度回升。

（6）混凝土运输采用混凝土搅拌运输车，减少混凝土在运输过程中的温升。

（7）仓面及时覆盖，避免阳光直射。

2. 降低混凝土的水化热温升

（1）选用优化的配合比，使用中低热水泥及高效减水缓凝剂、掺加 20% 的粉煤灰，降低水泥用量，以降低混凝土内水化热温升。

（2）加快入仓强度，控制浇筑层最大高度和间歇时间。

（3）为利于混凝土浇筑块的散热，上下层浇筑间歇时间为 3~7 d。

3. 混凝土冬季施工技术要求

根据当地气候环境特点，本工程施工过程中存在冬季时间长、气温很低、昼夜温差大的特点，在每年的冻结期 12 月下半月至次年 1 月不进行浇筑施工，其他时间施工措施如下：

（1）冬季混凝土施工，应尽量将混凝土浇筑时间控制在每天的高温时段。

（2）冬季混凝土施工，提高和控制混凝土入模温度，混凝土入模温度控制在 15~25 ℃。在低温季节拌制混凝土时，必要时加热水进行拌和，并注意混凝土拌和投料顺序，先加入骨料和加热的水，待搅拌一定时间后，水温降至 40 ℃ 左右时，再投入水泥继续搅拌至规定时间。

（3）砂石料生产系统成品骨料堆料高度保持在 6 m 以上，必要时砂堆采用帆布覆盖，保持内部砂石骨料恒温。

（4）冬季拌制混凝土时，可根据现场监理工程师的指示，调整混凝土配合比，掺加混凝土防冻剂。

（5）对基础块等其他重要部位，当日平均气温在 2~4 d 内连续下降 6 ℃ 以上时，对上述部位未满 28 d 龄期的混凝土表面进行早期保护。

（6）冬季混凝土施工，采用水化热低的水泥、降低水泥用量、掺加适量粉煤灰、降低浇筑速度并减小浇筑层厚度，采取覆盖保温材料等措施控制混凝土内外温差。

（7）控制层间温差，已浇筑层的混凝土温度，在被上一层混凝土覆盖前，不得低于 2 ℃。对混凝土浇筑块外表面、横缝面、顶面混凝土表面，采用双层草袋或 EPE 粒状塑料保温被覆盖。

（8）低温季节浇筑混凝土时，采用混凝土运输车辆上覆盖保温被等措施，减少混凝土运输过程中的温度损失。

（9）模板拆除应避免在夜间或寒潮来临气温骤降期间进行。特殊部位可采用晚拆模等措施，加强混凝土表面保护。

### 9.7.3.10 雨季施工技术要求

（1）中雨以上的雨天不得新开露天混凝土浇筑仓面（降雨强度大于 2 mm/h），有抗冲耐磨和抹面要求的混凝土不得在雨天施工。

（2）在小雨天气进行浇筑时，应采取下列措施：

①适当减少混凝土拌和用水量及出机口混凝土的坍落度，必要时应适当缩小混凝土的水胶比。

②加强仓内排水和防止周围雨水流入仓内。

③做好新浇筑混凝土面尤其是接头部位的保护工作。

（3）当降雨强度大于 2 mm/h 时，应立即中止混凝土入仓作业，已入仓混凝土应将表面覆盖以防止雨水混入并冲刷混凝土，并应尽快将入仓的混凝土平仓振捣密实。在混凝土浇筑过程中降雨强度小于 2 mm/h 时,可继续浇筑,但仓面必须采取防护措施并及时排除积水,减小雨水对混凝土的影响。降雨停止后混凝土恢复浇筑时,如果表面的混凝土尚未初凝,则应按照规范要求对混凝土表面进行适当的处理后重新开始浇筑混凝土,如果混凝土已经初凝,则按水平施工缝进行处理。

## 9.7.4　落地槽裂缝结构安全分析

由于各种原因,混凝土施工完成后产生了横向裂缝和纵向裂缝,根据混凝土裂缝产生的原因需要具体分析不同的裂缝是否影响混凝土结构安全,针对沙河渡槽落地槽存在的裂缝进行如下结构安全分析。

### 9.7.4.1　计算工况

根据对初步设计阶段计算成果的分析,选取以下四种工况进行落地槽结构安全复核。
基本组合 1:完建期,槽内无水。
基本组合 2:槽内设计水深 6.8 m,稳定地下水位。
基本组合 3:槽内加大水深 7.425 m,稳定地下水位。
特殊组合 1:槽内满槽水 8.1 m,稳定地下水位。

### 9.7.4.2　结构力学法复核

1.典型槽节选择

根据检测报告,第 56#、58#、64#、68#、76#、77#、78#、79#、81# 和 84# 槽节底板裂缝沿纵向跨越整个节段,除第 64# 节段裂缝深度达 30 cm 外,其余节段裂缝深度均不超过 20 cm。第 64# 节段开裂状况最危险,裂缝位置距左侧边墙外侧约 13.0 m,裂缝宽度 0.19 mm,缺陷类别Ⅲ类。因此,取 64# 节段作为典型槽节进行复核。

2.计算模型及参数

第 64# 节段典型槽节结构安全复核,计算模型考虑裂缝处底板高度范围内混凝土全部开裂,落地槽结构变为对称的两片 L 形梁,考虑到落地槽左右填土高度及边坡,选取左侧 L 形梁进行结构复核。计算模型见图 9-9。

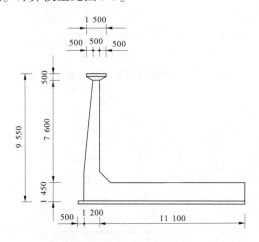

**图 9-9　64# 落地槽结构复核计算模型**　(单位:mm)

主要计算参数如下：

落地槽混凝土强度等级为 C30，混凝土抗拉强度标准值 2.01 MPa，设计值 1.43 MPa；抗压强度标准值 20.1 MPa，设计值 14.3MPa；混凝土密度取 2 450 kg/m³，泊松比取 0.167。钢筋采用 HRB335 螺纹钢筋，强度设标准值及计值分别为 335 MPa、300 MPa。混凝土弹性模量为 30 000 MPa，钢筋弹性模量为 200 000 MPa。

结构自重荷载分项系数取 1.05，水荷载、风荷载及人群荷载分项系数取 1.2；基本组合工况下结构承载力安全系数取 1.35，偶然组合工况下结构承载力安全系数取 1.15。正常使用极限状态混凝土拉应力限制系数取 0.85，截面抵抗矩塑性系数取 1.24，最大裂缝宽度≤0.3 mm。

落地槽地基主要由砾岩以及太古界片麻岩，震旦系石英砂岩、页岩组成，以砾岩为主，地基弹性模量取 25 MPa。

3.计算成果分析

1）落地槽稳定复核

考虑落地槽底板跨中顺水流向出现贯穿性裂缝，结构稳定复核结果见表 9-15。落地槽抗滑、抗倾及地基承载力均能满足要求。

表 9-15　落地槽稳定复核结果

| 工况 | $\sigma_{max}$(kPa) | $\sigma_{min}$(kPa) | $\sigma_{max}/\sigma_{min}$<br>（≤2.5/3） | 平均基底应力<br>（≤250 kPa） | 抗滑稳定<br>安全系数<br>（≥1.35/1.2） | 抗倾稳定<br>安全系数<br>（≥1.5） |
|---|---|---|---|---|---|---|
| 设计水位 | 155.48 | 71.50 | 2.17 | 113.49 | 9.26 | 17.24 |
| 加大水位 | 168.30 | 69.96 | 2.41 | 119.13 | 5.59 | 12.33 |
| 完建期 | 78.00 | 26.25 | 2.97 | 52.12 | 1.50 | 12.61 |
| 满槽水 | 183.69 | 66.75 | 2.75 | 125.22 | 3.92 | 9.28 |

2）落地槽结构复核

落地槽结构复核内容包括槽身侧墙结构计算及底板结构计算，计算模型为顺水流方向取 1 m 槽身，侧墙按悬臂板计算，底板采用弹性地基梁法计算。落地槽底板顺水流向裂缝不影响侧墙受力，不再复核，仅对底板进行结构复核。

落地槽底板弯矩及配筋计算成果见表 9-16。

表 9-16　落地槽底板弯矩及配筋计算成果

| 部位 | 计算工况 | 内力<br>弯距<br>（kN·m） | 配筋<br>计算面积<br>（cm²） | 实际<br>配筋 | 抗裂计算<br>抗裂 | 裂缝宽度<br>（mm） | 允许裂缝<br>宽度（mm） |
|---|---|---|---|---|---|---|---|
| 背水面 | 完建期 | 461.5 | 21 | 49.26 | × | 0.01 | 0.2 |
| | 设计水位 | 124.9 | 21 | 49.26 | × | 0 | 0.2 |
| 迎水面 | 加大水位 | 212.9 | 21 | 39.27 | √ | — | — |
| | 满槽水 | 414.9 | 21 | 39.27 | √ | — | — |

由表 9-16 可知，落地槽底板跨中顺水流向裂缝贯穿后，横向形成两个对称的 L 形受

力构件,经复核,出现裂缝后的落地槽结构承载能力仍能满足设计要求。

4. 结构力学法复核结论

落地槽底板跨中出现顺水流向裂缝对渡槽侧墙受力无影响。

根据结构力学法计算成果,落地槽底板顺水流向裂缝贯穿后,渡槽整体稳定仍能满足设计要求;渡槽结构承载能力仍能满足设计要求。

### 9.7.4.3　钢筋混凝土有限元复核

1. 典型槽节选择

选取落地槽第 64# 节段作为典型槽节进行钢筋混凝土有限元复核。

2. 计算模型及参数

取落地槽槽身和一定深度范围的地基土体(落地槽中心线两侧各 100 m,底板底面以下 50 m)共同建立三维有限元模型。

鲁山坡落地槽三维数值模型如图 9-10 所示,总体模型 436 491 个单元。槽身与土体均采用三维块体元 solid185,其中槽身不考虑开裂时 144 837 个单元,考虑开裂时 144 716 个单元,槽底 10 cm 厚 C10 混凝土垫层 12 100 个单元,地基土体 251 559 个单元。落地槽底板上下两层横向钢筋采用三维线单元 link180 真实模拟,共计 23 760 个单元。

混凝土裂缝模型:在落地槽实际开裂位置采用薄层单元法进行仿真,取该薄层宽 5 mm,考虑极端情况,假定裂缝贯通底板,裂缝薄层单元弹性模量取为 0,且裂缝单元不考虑竖向剪力传递。

计算模型主要参数:落地槽混凝土强度等级为 C30,混凝土密度取 2 450 kg/m³;槽底 10 cm 厚 C10 素混凝土垫层。钢筋采用 HRB335 螺纹钢筋。槽身基础位于砾岩上,相应承载力标准值为 280 kPa,压缩模量 30 MPa,泊松比 0.25。侧墙外侧回填中、重粉质壤土,高度为底板顶面以上 5.5 m,湿容重采用 19.6 kN/m³,回填土综合内摩擦角采用 28°。

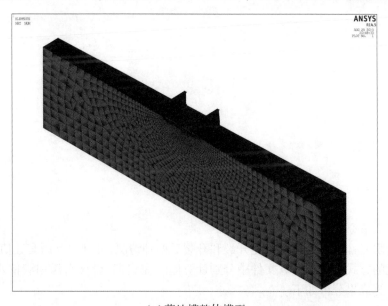

(a)落地槽整体模型

**图 9-10　落地槽结构有限元网格剖分示意图**

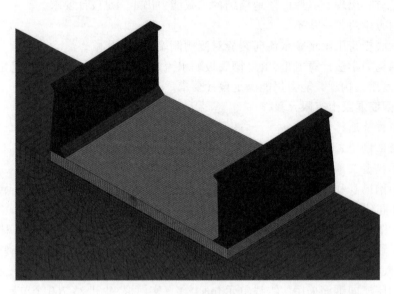

(b)落地槽槽体模型

(c)底板横向钢筋模型

续图 9-10

3.计算成果分析

本次有限元计算包括落地槽无开裂和开裂后两种情况,分别建立两套数值文件,采用多荷载工况的方式在一个计算文件中分别计算施工完建期、设计水深和满槽水深 3 种工况。主要计算成果分析如下。

1）完建期,槽内无水

（1）混凝土应力分析(横槽向)。

落地槽混凝土横向应力如图 9-11 所示。无初始裂缝时,在落地槽底板横向中部上表面混凝土横向应力达最大拉应力 1.27 MPa,下表面混凝土横向应力达最大压应力-1.30 MPa,施工完建期落地槽底板混凝土横向应力满足抗裂要求。有初始裂缝时,底板混凝土上表面裂缝两侧小区域存在较大的横向拉应力条带,最大横向拉应力 1.64 MPa,随着远离该区域,横向拉引力快速降低;底板混凝土下表面裂缝两侧存在最大横向压应力条带,最大值-1.73 MPa。除既有开裂外,施工完建期落地槽底板混凝土横向应力满足抗裂要求。

落地槽纵向跨中底板上、下表面混凝土横向应力除裂缝位置处存在差异外,其余部位基本保持一致(见图 9-12),即既有开裂仅对裂缝小区域内存在影响,其余部位影响不大。

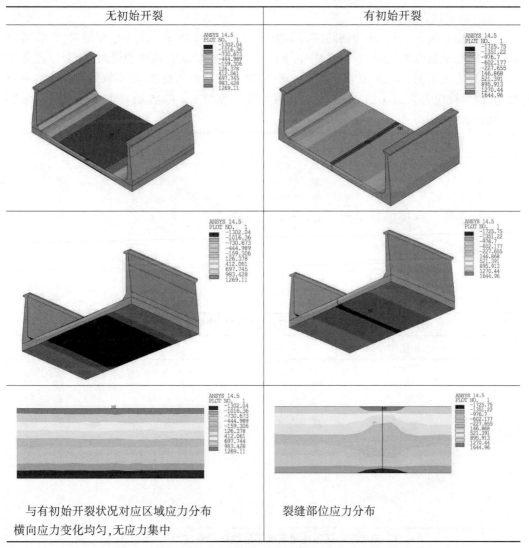

| 无初始开裂 | 有初始开裂 |
|---|---|
| | |
| 与有初始开裂状况对应区域应力分布 横向应力变化均匀,无应力集中 | 裂缝部位应力分布 |

图 9-11　施工完建期落地槽混凝土横向应力　(单位:kPa)

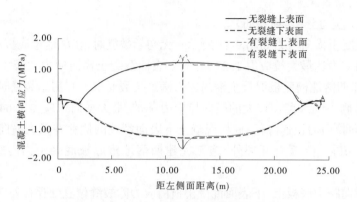

图 9-12　施工完建期落地槽跨中混凝土横向应力

（2）钢筋应力分析。

落地槽底板上、下层横向钢筋应力如图 9-13、图 9-14 所示。无初始裂缝时，开裂对应位置处横向钢筋应力上层为 7.15 MPa、下层为 -7.57 MPa；有初始裂缝时，开裂位置处横向钢筋应力上层为 74.23 MPa、下层为 -58.74 MPa。有初始裂缝时，尽管钢筋拉应力有所增加，最大拉应力为 100.21 MPa（考虑承载力安全系数 $K=1.35$ 后），但仍小于钢筋强度设计值 300 MPa。

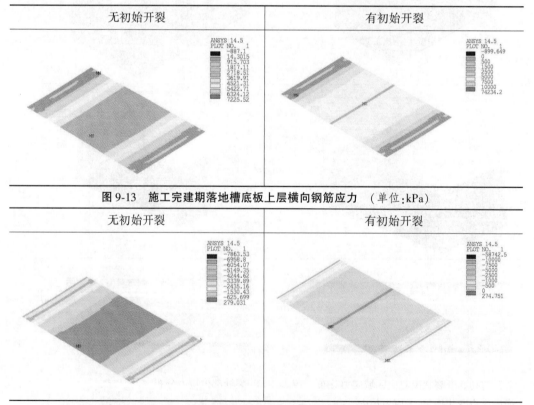

图 9-13　施工完建期落地槽底板上层横向钢筋应力　（单位：kPa）

图 9-14　施工完建期落地槽底板下层横向钢筋应力　（单位：kPa）

落地槽底板上、下层横向钢筋应力除裂缝及其附近区域存在差异外,其余部位基本保持一致(见图 9-15),即既有开裂仅对裂缝小区域内存在影响,其余部位影响很小。

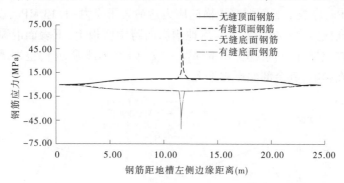

图 9-15　施工完建期落地槽横向钢筋应力

2)运行期,槽内设计水位

(1)混凝土应力分析(横槽向)。

设计水深落地槽混凝土横向应力如图 9-16 所示。无初始裂缝时,在落地槽底板与边墙连接贴脚区域混凝土横向拉应力达最大值 1.59 MPa,裂缝对应位置处底板上表面混凝土横向应力为 0.21 MPa,底板下表面混凝土横向应力达最大压应力-1.13 MPa,设计水深

| 无初始开裂 | 有初始开裂 |
| --- | --- |

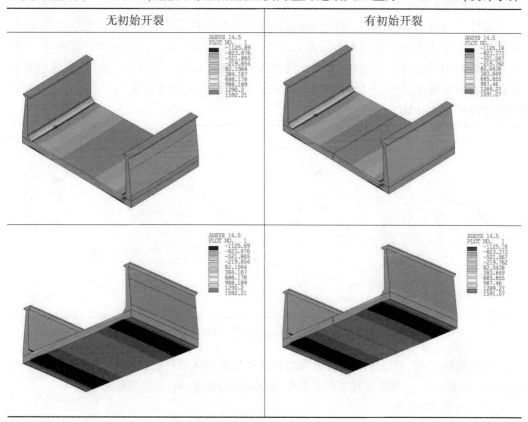

图 9-16　设计水深落地槽混凝土横向应力　(单位:kPa)

落地槽底板混凝土横向应力满足抗裂要求。有初始裂缝时,在落地槽底板与边墙连接贴脚区域混凝土横向拉应力达最大值 1.59 MPa,底板混凝土横向中部上表面存在横向拉应力极值 0.18 MPa,底板下表面混凝土横向应力达最大压应力 -1.13 MPa,设计水深落地槽底板混凝土横向应力满足抗裂要求。落地槽纵向跨中底板上、下表面混凝土横向应力除裂缝位置处存在差异外,其余部位基本保持一致(如图 9-17 所示),也即既有开裂仅对裂缝小区域内存在影响,其余部位影响不大。

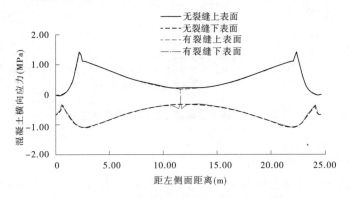

图 9-17　设计水深落地槽纵向跨中混凝土横向应力

(2)钢筋应力分析。

设计水深落地槽底板上、下层横向钢筋应力如图 9-18、图 9-19 所示。无初始裂缝时,开裂对应位置处横向钢筋应力上层为 1.33 MPa、下层为 -1.84 MPa;有初始裂缝时,开裂位置处横向钢筋应力上层为 9.05 MPa、下层为 -17.98 MPa。有初始裂缝时,裂缝位置钢筋拉应力略有增加,最大拉应力 12.22 MPa(考虑承载力安全系数 $K=1.35$ 后),远小于钢筋强度设计值 300 MPa。

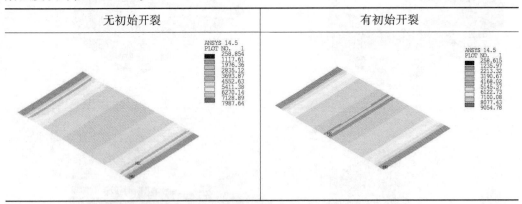

图 9-18　设计水深落地槽底板上层横向钢筋应力　(单位:kPa)

落地槽底板上、下层横向钢筋应力除裂缝及其附近区域存在差异外,其余部位基本保持一致(见图 9-20),即既有开裂仅对裂缝小区域内存在影响,其余部位影响很小。

3)运行期,满槽水

(1)混凝土应力分析(横槽向)。

　　满槽水时,落地槽混凝土横向应力如图 9-21 所示。无初始裂缝时,在落地槽底板与边墙连接贴脚区域混凝土横向拉应力达最大值 2.63 MPa,裂缝对应位置处底板上表面混凝土横向应力为 0.18 MPa,底板下表面混凝土横向应力达最大压应力-1.81 MPa。有初始裂缝时,在落地槽底板与边墙连接贴脚区域混凝土横向拉应力达最大值 2.63 MPa,底板混凝土横向中部上表面存在横向拉应力极值 0.19 MPa,底板下表面混凝土横向压应力达最大值-1.81 MPa。

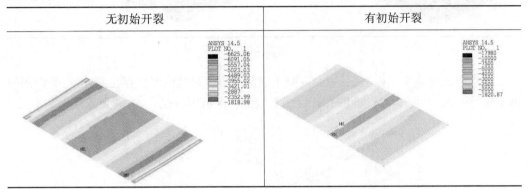

图 9-19　设计水深落地槽底板下层横向钢筋应力　（单位:kPa）

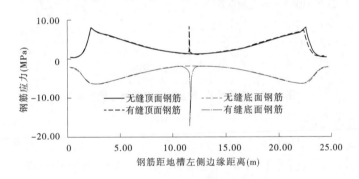

图 9-20　设计水深落地槽横向钢筋应力

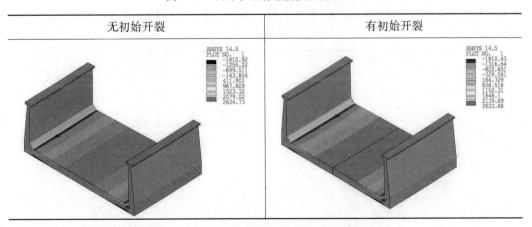

图 9-21　满槽水深落地槽混凝土横向应力

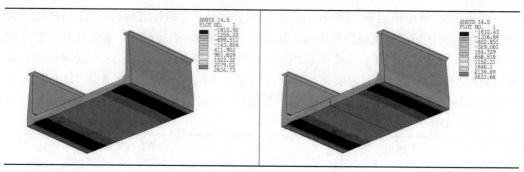

续图 9-21

落地槽纵向跨中底板上、下表面混凝土横向应力除裂缝位置处存在差异外,其余部位基本保持一致(如图 9-22),即既有开裂仅对裂缝小区域内存在影响,其余部位影响不大。

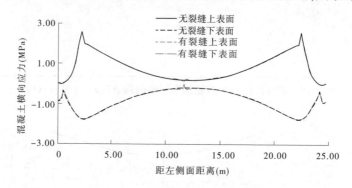

图 9-22　满槽水深落地槽跨中混凝土横向应力

(2)钢筋应力分析。

落地槽底板上、下层横向钢筋应力如图 9-23、图 9-24 所示。无初始裂缝时,开裂对应位置处横向钢筋应力上层为 1.25 MPa、下层为-1.02 MPa;有初始裂缝时,开裂位置处横向钢筋应力上层为 13.39 MPa、下层为-8.57 MPa。有初始裂缝时,裂缝位置钢筋拉应力略有增加,最大拉应力 15.40 MPa(考虑承载力安全系数 $K=1.15$ 后),远小于钢筋强度设计值 300 MPa。

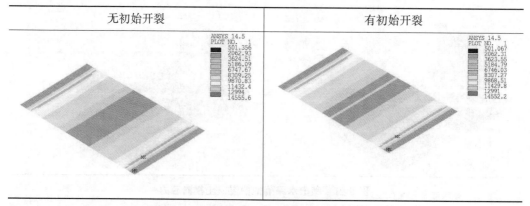

图 9-23　满槽水深落地槽底板上层横向钢筋应力　(单位:kPa)

| 无初始开裂 | 有初始开裂 |
|---|---|

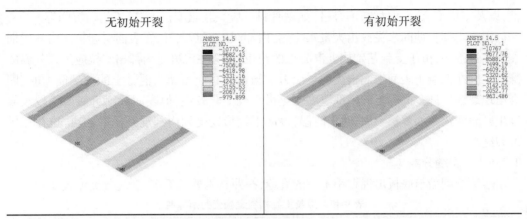

图 9-24　满槽水深落地槽底板下层横向钢筋应力　（单位:kPa）

落地槽底板上、下层横向钢筋应力除裂缝及其附近区域存在差异外,其余部位基本保持一致(见图 9-25),即既有开裂仅对裂缝小区域内存在影响,其余部位影响很小。

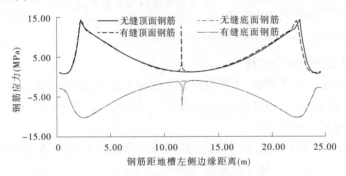

图 9-25　满槽水深落地槽横向钢筋应力

4. 钢筋混凝土有限元复核结论

落地槽钢筋混凝土有限元分析成果显示,除既有开裂缝外,其余部位混凝土应力仍满足要求;钢筋最大拉应力 100.21 MPa(考虑承载力安全系数 $K=1.35$ 后),小于钢筋强度设计值 300 MPa。落地槽结构仍然是安全的。

#### 9.7.4.4　结论

本次复核针对现有裂缝检测资料中最不利裂缝情况进行,结构力学法复核成果表明,落地槽底板跨中顺水流向开裂后,结构稳定、承载能力仍能满足设计要求。

钢筋混凝土有限元复核成果表明,落地槽底板跨中顺水流向开裂后,混凝土和钢筋应力均在设计允许范围内。

考虑到渡槽结构迎水面为抗裂控制,底板裂缝特别是贯穿性裂缝对结构耐久性及长期安全运行存在不利影响,应采取可靠的措施对裂缝进行处理。

### 9.7.5　裂缝处理技术

#### 9.7.5.1　裂缝成因分析

混凝土中产生裂缝有多种原因,主要是温度和湿度的变化、混凝土的脆性和不均匀性,以及结构不合理、原材料不合格(如碱骨料反应)、模板变形、基础不均匀沉降等。

　　混凝土硬化期间水泥放出大量水化热,内部温度不断上升,在表面引起拉应力。后期在降温过程中,由于受到基础或老混凝土的约束,又会在混凝土内部出现拉应力。气温的降低也会在混凝土表面引起很大的拉应力。当这些拉应力超出混凝土的抗裂能力时,即会出现裂缝。许多混凝土的内部湿度变化很小或变化较慢,但表面湿度可能变化较大或发生剧烈变化。如养护不周、时干时湿,表面干缩形变受到内部混凝土的约束,也往往导致裂缝。

### 9.7.5.2　裂缝分类

　　落地槽侧墙与底板出现大小不一的裂缝,按照技术要求规定,裂缝分类见表9-17。

表9-17　混凝土结构裂缝检查判别标准

| 项目 | Ⅰ类 | Ⅱ类 | Ⅲ类 |
|---|---|---|---|
| 钢筋混凝土 | 缝宽<0.2 mm;<br>缝长<100 cm;<br>缝深不超过钢筋保护层 | 缝宽0.2~0.4 mm;<br>缝长100~400 cm;<br>缝深超过钢筋保护层,小于结构厚度的1/2 | 缝宽>0.4 mm;<br>缝长>400 cm;<br>缝深大于结构厚度的1/2 |

### 9.7.5.3　裂缝处理方法及过程

　　裂缝处理措施方法主要有:Ⅰ类裂缝表面涂抹封闭法,采用露盾水泥基渗透结晶型防水涂料。Ⅱ类裂缝及以上裂缝注浆法,采用环氧树脂化学灌浆补强材料对裂缝进行灌注。

　　1.Ⅰ类裂缝封闭处理

　　(1)Ⅰ类裂缝封闭处理工艺流程:裂缝调查→涂刷水泥基渗透结晶性防水涂料→表面封闭→养护。

　　(2)Ⅰ类裂缝封闭处理步骤。

　　步骤1:打磨清理及基面湿润。

　　采用手提式砂轮机打磨至坚实的混凝土面,并清理干净;用水充分湿润处理过的待施工的施工基面,保持混凝土结构得到充分的湿润、润透,但不宜有明水。

　　步骤2:制浆。

　　①水泥基渗透结晶型防水涂料、粉料与干净的水(水内要求无盐、无有害成分)调和,混合时可用手电钻装上有叶片的搅拌棒或戴上胶皮手套用手及抹子搅拌。

　　②水泥基渗透结晶型防水涂料、粉料与水的调和比:按照容积比,涂刷时用5份料、2.5份水调和。

　　③水泥基渗透结晶型防水涂料灰浆的调制:将计量过的粉料与水倒入容器内,用搅拌物充分搅拌3~5 min,使拌和均匀;一次调料不宜过多(调成后不准再加水及粉料,一次成型),并要在20 min内用完。

　　步骤3:涂刷。

　　①水泥基渗透结晶型防水涂料涂刷时要用专用半硬的尼龙刷。

　　②涂刷时要注意来回用力,确保凹凸处满涂,并厚薄均匀。

　　③在平面或台阶处进行施工时须注意将水泥基渗透结晶型防水涂料涂刷均匀,阴阳

角处要涂刷均匀,不能有过厚的沉积,防止在过厚处出现开裂。

④一般要求涂刷 2 道,即在第 1 道涂料达到初步固化(1~2 h)后,进行第 2 道涂料涂刷。当第 1 道涂料干燥过快时,应浇水湿润后再进行第 2 道涂料涂刷。

步骤 4:检验。

①水泥基渗透结晶型防水涂料涂层施工完毕后,须检查涂层是否均匀,如有不均匀处,须进行修补。

②水泥基渗透结晶型防水涂料涂层施工完毕后,须检查涂层是否有暴皮现象,如有,暴皮部位需要清除,并进行基面再处理后,再次用水泥基渗透结晶型防水涂料涂刷。

③水泥基渗透结晶型防水涂料涂层的返工处理:返工部位的基面均需潮湿,如发现有干燥现象,则需喷洒水后再进行水泥基渗透结晶型防水涂料涂层的施工,但不能有明水出现。

步骤 5:养护。

①水泥基渗透结晶型防水涂料终凝后 3~4 h 或根据现场湿度而定,采用喷雾式洒水养护,每天喷水养护 3~5 次,连续 2~3 d,施工时要注意避免雨水冲坏涂层。

②施工过程中 48 h 内避免雨淋、霜冻、日晒、沙尘暴、污水及高温烘烤。

③养护期间不得碰撞防水层。

2. Ⅱ类裂缝与Ⅲ类裂缝灌胶处理

对宽度≥0.20 mm 的裂缝(Ⅱ类裂缝与Ⅲ类裂缝),采用环氧树脂化学灌浆补强材料对裂缝进行灌注,以达到对裂缝修补的目的。

(1)Ⅱ类裂缝与Ⅲ类裂缝灌注处理工艺流程:裂缝检查→清理裂缝→粘贴灌胶嘴→封闭裂缝→压气试验→灌浆→表面涂装。

(2)Ⅱ类裂缝与Ⅲ类裂缝灌注处理步骤。

步骤 1:清缝及裂缝表面处理。

将所有裂缝两边 30~40 mm 范围内的灰尘用毛刷或压缩空气清除干净,凿去浮浆,然后用丙酮清洗,清除裂缝周围的油污。

步骤 2:粘贴灌浆嘴。

灌浆嘴的间距根据缝长及缝宽确定,宽缝宜稀,窄缝宜密,一般在 350~400 mm。每条裂缝上至少应有一个进浆嘴和一个出浆嘴。

步骤 3:裂缝表面封闭。

为使混凝土缝隙完全充满浆液,并保证压力,同时保证浆液不外渗,必须对已处理过的裂缝表面用 K-801 胶底胶沿裂缝走向从上至下均匀涂刷两遍,形成宽 60~80 mm 的封闭带。

步骤 4:压气试验。

结构胶封闭带硬化后,需进行压气试验,气压控制在 0.2~0.5 MPa,对漏气部位进行再次封闭。

步骤 5:灌注胶液操作。

灌注裂缝采用空气泵压注法,压浆罐与灌浆嘴用聚氯乙稀高压透明管相连接,连接要求严密不漏气。在灌浆过程中注意控制压力逐渐升高,防止骤然加压裂缝扩大,压力宜控制在 0.2~0.5 MPa。

灌浆次序为:由低端逐渐压向高端,从一端开始压浆后,待另一端的灌浆嘴在排出裂缝内的气体后流出的浆液浓度与压入浆液浓度相同时,可关闭出浆嘴阀门,并保持压力1~3 min。

步骤 6:表面处理。

对于已灌完的裂缝,待浆液聚合固化后将灌浆嘴拆除,并将灌浆嘴处用胶泥抹平,待胶泥固化后进行表面打磨处理和养护。

3. 灌注裂缝参数

封闭状态:封闭带宽 60~80 mm,满足压气试验不漏气。

压浆嘴分布:间距 350~400 mm(宽缝宜稀,窄缝宜密)。

灌浆压力:宜控制在 0.2~0.5 MPa。

灌浆完成状态:不再进胶后保持压力 1~3 min。

### 9.7.5.4　处理效果检查

1. 外观检查

0.2 mm 以下裂缝采用表面涂抹法进行修补,修补完成后表面为一宽度 8~12 cm 的条带,表面较粗糙。0.2 mm 以上裂缝采用低压注浆法进行修补,修补时严格按注浆技术要求进行操作。涂抹法用露盾水泥基渗透结晶型防水涂料与混凝土结合后,可向混凝土内部渗透,在混凝土中形成不溶于水的结晶体,填塞毛细孔道,从而使混凝土致密、防水。水泥基渗透结晶型防水涂料处理过的混凝土多年后遇水,材料中的活性物质还能重新激活,混凝土中未完全水化的成分再产生结晶,封闭后期形成的裂缝。

2. 钻芯取样

对现场注浆法裂缝进行取样。拟对编号为 a、b、c 的三条裂缝处(处理后)的钻芯芯样进行劈裂抗拉强度试验,通过比较劈裂面与处理面的相对位置,以验证裂缝处理方法的有效性。

结合现场所取钻芯材料及试验要求,对现场所取钻芯材料进行加工,详细尺寸如下:

a:直径为 48 mm、长度为 48 mm。

b:直径为 55 mm、长度为 55 mm。

c:直径为 50 mm、长度为 40 mm。

对所取芯样进行了目测检查,缝内填充、胶结较好。

3. 声波测试

对落地槽裂缝进行声波检查,对每条裂缝布置修补前、修补后及附近无裂缝区域 3 条测线进行测试。

裂缝处声波试验分为不跨缝测线、跨缝测线。量测时根据实际情况采用黄油做耦合剂,沿测线向两端进行测试,测点间距为 200 mm、300 mm、400 mm、500 mm、600 mm。

### 9.7.5.5　结论

重点对比分析 a、b、c 裂缝处理前、处理后及附近区域无裂缝处的声波波速值,可以很明显得到波速值范围:无裂缝区>裂缝处理后>裂缝处理前,裂缝处理后声波波速值较处理前提高较多。

　　波速差距可能来源于灌浆材料与混凝土材料本身的波传导率的差异,表明裂缝处理方法是有效的。

　　钻芯试件劈裂抗拉强度的平均值约为 2.553 4 MPa,达到了相应混凝土强度等级的要求。

　　对比混凝土样芯劈裂试验前的灌浆线和劈裂试验后的破裂面,可以发现劈裂试验的破裂面与灌浆线完全不重合,同时灌浆线完整,证明了灌浆处理方法的正确性和合理性。

### 9.7.5.6　小结

　　(1)裂缝治理首先要分析产生裂缝的原因;然后结合建筑物的防水等级要求,根据裂缝的特点和防水材料性能及施工工艺选择相应的防水材料和施工工艺。

　　(2)根据孔隙大小和施工现场的渗漏情况,选择可灌性各异的化学灌浆材料进行灌浆处理,可最大程度地保护混凝土不受水的侵蚀。水溶性聚氨酯化学灌浆材料具有良好的亲水性,遇水可分散、乳化进而凝固,在防渗漏工程中得到了广泛应用。

　　(3)当混凝土内部的渗水通道和缝隙非常细小难以封闭时,可采用嵌填弹、塑性及刚性密封材料或涂刷高分子防水涂料等工艺作为辅助手段从混凝土缝面进行防渗处理。

　　(4)"灌、堵、嵌、涂相结合裂缝治理技术"是从工程实践中总结出来的一种防水技术。工程实践证明,这是一种工艺简便、行之有效的实用施工技术。

# 第10章　充水试验

## 10.1　概　述

总干渠沙河南—黄河南沙河渡槽段设计单元工程,起点桩号为 SH(3)0+000,终点桩号为 SH(3)11+938.1,由鲁山县薛寨村北开始,在娘娘庙与楼张之间跨越沙河,再以偏东北方向至鲁山坡流槽出口 50 m 止,总长为 11.938 1 km,其中明渠长 2.888 1 km、建筑物长 9.050 km。沙河渡槽由沙河梁式渡槽、沙河—大郎河箱基渡槽、大郎河梁式渡槽、大郎河—鲁山坡箱基渡槽、鲁山坡落地槽组成。

沙河梁式渡槽长 1 410 m,进口渐变段长 156 m,出口渐变段长 100 m。上部槽身采用预应力钢筋混凝土 U 形槽结构形式,槽身纵向为简支梁形式,下部支承采用钢筋混凝土空心墩,基础为灌注桩。沙河梁式渡槽设计水深 6.05 m,满槽水深 7.4 m。大郎河梁式渡槽长 300 m,进、出口渐变段各长 100 m,其上下部结构形式同沙河梁式渡槽。沙河梁式渡槽典型断面图见图 10-1。

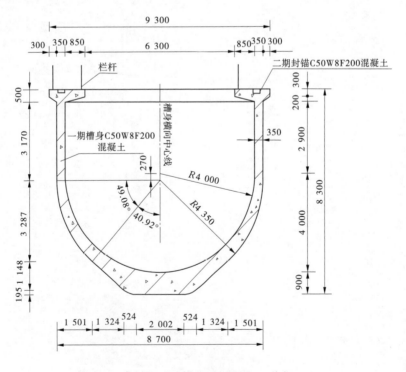

**图 10-1　沙河梁式渡槽典型断面图**　(单位:mm)

　　沙河—大郎河箱基渡槽长 3 534 m,上部为矩形槽,2 槽,单槽净宽 12.5 m,净高 7.8 m,下部为涵洞式支承。大郎河—鲁山坡箱基渡槽长 1 820 m,其结构形式、孔数及净宽同沙河—大郎河箱基渡槽,箱基渡槽典型断面见图 10-2。

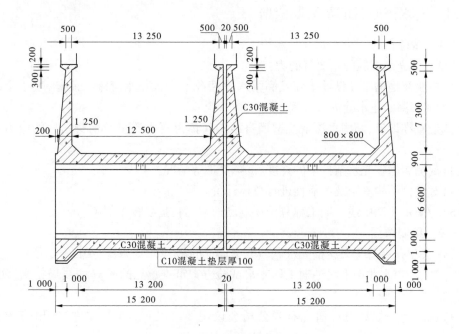

图 10-2　箱基渡槽典型断面图　（单位:mm）

　　鲁山坡落地槽长 1 480 m,槽身为 C30 钢筋混凝土矩形断面,单槽,净宽 22.2 m,侧墙高 8.1 m,设计水深 6.8 m,满槽水深 8.1 m。鲁山坡落地槽典型断面图见图 10-3。

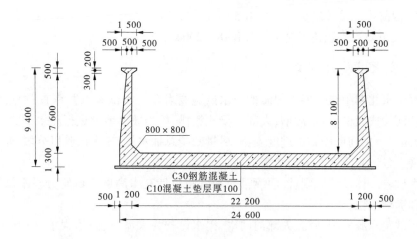

图 10-3　鲁山坡落地槽典型断面图　（单位:mm）

# 10.2　充水试验目的与方案

## 10.2.1　充水试验目的及编制依据

### 10.2.1.1　试验目的

沙河渡槽充水试验的主要目的为：

（1）检验渡槽槽身在设计水深及满槽水深情况下永久止水缝施工质量，便于全线通水前对出现渗漏的止水缝进行处理。

（2）检查在设计、满槽水深下渡槽槽身结构实体混凝土质量及槽身结构的应力分布状态。

（3）观测渡槽在充水条件下的挠度、沉降变形等情况。

（4）对渡槽结构安全及可靠性进行总体评价。

（5）为南水北调中线一期工程总干渠顺利通水运行提供技术保障。

### 10.2.1.2　编制依据

（1）《关于开展总干渠渡槽充水试验方案设计的函》（豫直局技〔2013〕66号）。

（2）《关于南水北调中线一期工程充水试验方案审查意见的函》（中线局技函〔2013〕181号）。

（3）长江勘测规划设计研究有限公司会议纪要〔2013〕044号文件（2013年9月2日）。

（4）《水工混凝土结构设计规范》（SL 191—2008）。

（5）《水闸设计规范》（SL 265—2001）。

（6）《砌体结构设计规范》（GB 50003—2001）。

（7）《水工混凝土施工规范》（DL/T 5144—2001）。

（8）《混凝土质量控制标准》（GB 50164—2011）。

（9）《渠道防渗工程技术规范》（SL 18—2004）。

## 10.2.2　充水试验总方案

根据南水北调中线一期工程渡槽充水试验要求及充水试验方案审查意见，针对沙河渡槽段沙河梁式渡槽、箱基渡槽、大郎河梁式渡槽、鲁山坡落地槽进行充水试验，试验段总长8 950 m。考虑到现场施工进度安排，尽量减少总抽水量，充水试验以分段、轮次充水的原则开展。各试验段之间采用堵头封堵。

充水试验总体设计原则：沙河渡槽充水试验设计充水高度为试验分段下游堵头处设计水位和满槽水位。

充水试验水源采用沙河、大郎河河水，提水设备为大流量、高扬程水泵+导管，电力供应为施工临时供电。

单线充水时，充水分两阶段进行，第一阶段充水至各段设计水深，第二阶段充水至满槽水深，各阶段充水静停时间3 d。

#### 10.2.2.1　梁式渡槽充水试验方案

南水北调梁式渡槽部分分两段,即沙河梁式渡槽和大郎河梁式渡槽。充水试验以分段、轮次充水的原则开展。各试验段之间采用堵头封堵。

1. 梁式渡槽充水试验分段规划

(1)沙河梁式渡槽+沙河—大郎河箱基渡槽段。该段梁式渡槽共四线,箱基渡槽共两线。充水试验水源取自沙河河道,分两次进行,先进行梁式渡槽 3#、4# 线(箱基渡槽右线)充水,待右线完成充水试验后,将水直接抽至梁式渡槽 1#、2# 线(箱基渡槽左线)进行试验,单线充水时,充水分两阶段进行,第一阶段充水至 6.4 m 水深,第二阶段充水至 7.8 m 水深,两阶段水深以下游堵头前水深控制,各阶段充水及时记录启停注水时间。槽内各阶段充水结束后,充分浸泡后再进行监测,静停时间为 72 h(3 d)。当左线充水试验完成后,采用潜水泵接软管直接将孔内水源抽排至沙河内。排水点应远离渡槽基础,避免冲刷扰动建筑物基础。

(2)大郎河梁式渡槽+大郎河—鲁山坡箱基渡槽+鲁山坡落地槽段。该段大郎河梁式渡槽共 4 线,两线对应箱基渡槽一槽,箱基渡槽共两线,落地槽一线。充水试验水源取自大郎河河道,分两次进行,先进行梁式渡槽 1#、2# 线+箱基渡槽左线+落地槽充水,待完成充水试验后,将水直接抽至梁式渡槽 3#、4# 线+箱基渡槽右线进行试验,右线充水试验结束后将水抽排至大郎河中。排水点应远离渡槽基础,避免冲刷扰动建筑物基础。

(3)沙河进口渐变段,充水分两次进行,先进行右线充水,待右线完成后再进行左线充水。进口采用检修闸门挡水,出口利用 1 号堵头挡水。充水前测量人员在沙河梁式渡槽进口渐变段设置标高控制点和水位标尺。单线充水时,充水直接至 7.4 m 水深,水深以下游堵头前水深控制,充水过程应使单线左右槽之间水位均匀上升,及时记录启停注水时间。槽内充水结束后,充分浸泡后再进行监测,静停时间为 72 h(3 d)。充水试验完成后,采用潜水泵接软管直接将孔内水源抽排至退水渠内。

(4)大郎河进口渐变段,一次充水,进、出口采用 2 号、3 号堵头挡水。

2. 充水试验施工准备工作

(1)进行充水试验的梁式渡槽已全部完工,止水安装完毕,混凝土强度达到设计要求,渡槽结构经检查具备充水试验条件。

(2)在充水前检查渡槽缺陷及裂缝,明确标示并记录,渡槽槽身贯穿性裂缝及局部缺陷处理完毕。

(3)渡槽槽身安装的安全监测仪器经检查运行正常。

(4)渡槽槽身内杂物清理干净。

(5)渡槽四周应设置必要的安全防护措施及必要的夜间照明设备。

(6)配备必要的照明、电线电缆、起吊设备、水泵、柴油发电机、土工膜、黏土砖、土袋、彩条布等。

(7)施工电源配备,电缆采用(3×185+1×95)mm² 铠装电力电缆。

第一段充水试验从沙河出口段变压器房接引到 44#~46# 墩间,距离约 500 m。

第三段充水从大郎河制槽场变压器房接引至 6#~8# 墩间,距离约 300 m。

第四段充水从沙河制槽场变压器房接引至 25#~27# 墩间,距离约 1 140 m;相应增加二级配电柜4个,潜水泵管约1 200 m,排水软管约500 m。

（8）由于充水量较大,建设管理单位同地方政府水利水务相关部门协调沙河、大郎河水的抽排事宜,充水试验前明确接到抽排许可指令后方可进行。

（9）本次充水试验所设置的堵头砌筑工程均分别拟采用50 t、100 t吊车吊运方式进行堵头材料的运输及辅助施工,充水前完成相应部位的堵头砌筑。

（10）施工方案及设计相关要求明确并完成技术组织、质量保证、安全文明施工技术交底工作。

3.水源点位置选择

沙河梁式渡槽+沙河—大郎河箱基渡槽段充水试验用水直接从沙河内进行抽取,抽取位置拟定为下部结构第44#~46#墩之间均布。

沙河梁式渡槽进口渐变段充水直接从沙河内进行抽取,抽取位置拟定为下部结构第26#~28#墩之间均布。

大郎河梁式渡槽进口渐变段充水直接从大郎河内进行抽取,抽取位置拟定为下部结构第6#~8#墩之间均布。

4.泵坑施工

由于水源点均在河道内,地质条件复杂,需要多次挖坑以选择合适有利的水源点而满足充水需求,在现场实际确定具体泵坑位置。抽水前需在水下挖11个潜水泵泵坑,泵坑定为2 m×2 m×2 m(长×宽×深),开挖时注意避免扰动建筑物基础,周围设隔污栅。

渡槽各线之间调水位置应沿渡槽长度方向均匀布置,水泵基础应采用枕木等材料垫高,避免震动过大对结构造成不利影响。

各充水分段充水量见表10-1。

表10-1　沙河渡槽段充水试验安排

| 分段充水 | 轮次充水 | 起止桩号 | | 长度(m) | 充水量(m³) | 弃水量(m³) | 取水来源 |
|---|---|---|---|---|---|---|---|
| 第一段 | 沙河梁式渡槽3#、4#线+沙河—大郎河箱基渡槽右线 | SH(3)2+994.1 | SH(3)8+038.1 | 5 044 | 501 894 | 0 | 沙河河道 |
| | 沙河梁式渡槽1#、2#线+沙河—大郎河箱基渡槽左线 | SH(3)2+994.1 | SH(3)8+038.1 | 5 044 | 501 894 | 501 894 | 右线渡槽 |
| 第二段 | 沙河进口渐变段3#、4#线 | SH(3)2+888.1 | SH(3)2+994.1 | 106 | 12 550 | 12 550 | 沙河河道 |
| | 沙河进口渐变段1#、2#线 | SH(3)2+888.1 | SH(3)2+994.1 | 106 | 12 550 | 12 550 | 沙河河道 |
| 第三段 | 大郎河进口渐变段 | SH(3)8+038.1 | SH(3)8+138.1 | 100 | 24 960 | 24 960 | 大郎河河道 |

5. 主要工程量

梁式渡槽段充水试验主要工程量见表 10-2。

表 10-2　梁式渡槽段充水试验主要工程量

| 编号 | 项目名称 | 单位 | 数量 | 备注 |
|---|---|---|---|---|
| 1 | 堵头土方填筑(袋装) | m³ | 2 013 | 挖、装、吊、运 |
| 2 | 堵头土方拆除(袋装) | m³ | 2 013 | 装、吊、运 |
| 3 | 堵头浆砌砖 | m³ | 1 398 | 装、吊、运、砌、拆; |
| 4 | 砖墙抹灰 | m² | 880 | 2~3 cm M15 砂浆抹面 |
| 5 | 堵头浆砌砖拆除 | m³ | 1 398 | |
| 6 | 充水方量 | m³ | 1 053 848 | — |
| 7 | 排水方量 | m³ | 1 053 085 | — |
| 8 | 电缆敷设 | m | 1 200 | |
| 9 | 土工膜粘贴 | m² | 5 210 | 使用 WSJ 结构胶粘贴 |
| 10 | VP200-1 水泵 | 台 | 16 | 含 5 台 100 m³/h 水泵 |
| 11 | 钢爬梯 | 个 | 6 | — |
| 12 | 闸门吊装 | 次 | 4 | 300 t 吊车吊运 |

### 10.2.2.2　箱基渡槽充水试验方案

1. 箱基渡槽充水试验方案

箱基渡槽全线长度 3 534 m,左、右联各充水一次。箱基渡槽充水试验在 169 跨设置堵头,在充水试验过程中观测渡槽渗(漏)水情况,并做好记录。

充水水源采用沙河河水,提水设备为大流量、高扬程水泵+导管,电力供应为施工临时供电。

2. 充水试验施工准备工作

(1)箱基渡槽混凝土强度达到设计要求,渡槽结构经检查具备充水试验条件。

(2)箱基渡槽Ⅲ类裂缝必须处理完毕,并达到设计要求。要求工程验收等相关要求,箱基渡槽Ⅲ类裂缝质量缺陷必须由设计提出处理方案,严格按设计要求进度处理。

(3)箱基渡槽内聚硫密封胶施工强度达到设计要求。

(4)为达到文明施工要求,需准备数量充足的彩条布对渗漏处进行遮挡。

(5)为方便充水试验过程中观测渡槽充水效果及其他问题,在渡槽 20# 右联、83# 右联、136# 左联、169# 左联、169# 右联共设置 5 个钢管梯从地面到达渡槽顶部。

(6)渡槽槽身内杂物清理干净,渡槽四周应设置必要的安全防护措施及必要的夜间照明设备。

(7)施工方案及设计相关要求明确并完成技术组织、质量保证、安全文明施工技术交底工作。

### 10.2.2.3　落地槽渡槽充水试验方案

箱基渡槽充水共计左、右两联,根据施工现场情况,有利于左联先充水。

第一次充水划分从大郎河梁式渡槽的 1# 线和 2# 线+大郎河—鲁山坡箱基渡槽左联，第一阶段充水至 6.5 m 水深，第二阶段充水至 7.8 m 水深。

第二次充水从大郎河梁式渡槽的 3# 线和 4# 线+大郎河—鲁山坡箱基渡槽右联+鲁山坡落地槽段，第一阶段充水至 6.8 m 水深，第二阶段充水至 8.1 m 水深。

充水前堵头及各段建筑物应全部施工完成并达到设计强度要求，待第一次左联充水试验完成之后，将左联的水再安装水泵抽往右联，右联部分的水需从大郎河安装水泵抽水补充。右联充水试验结束后，再用水泵从槽内抽排至大郎河。

### 10.2.3 充水试验应急处置

#### 10.2.3.1 实施原则

（1）实行预防为主、预防与应急管理相结合的原则。建设管理单位建立突发事件应急处理小组，对突发事件进行综合评估，制订应急事件处理预案。

（2）以人为本，减少危害的原则。在沙河渡槽充水试验期间突发事件的处理中，应最大限度地保障施工人员及当地人民群众的生命和财产安全，把生命和财产安全作为应急处理的首要任务。

（3）分级负责，先行处理的原则。充水试验期间，在建设管理单位的统一协调、指导下，建立健全分类管理、分级负责的应急管理机制。

（4）快速反应，协同应对的原则。建立联动协调机制，形成统一指挥、反应灵敏、协调有序、运转高效的应急管理机制。

#### 10.2.3.2 应急处理措施

（1）根据充水试验期间的突发事件性质、严重程度及短期修复能力，采取不同的应急处理方案。

（2）建设管理单位组织各参建单位编制沙河渡槽充水试验总体应急预案。各施工单位编制切实可行的应急处理预案，对可能出现的危及人身安全、影响充水进度、影响当地群众生产生活的突发问题制定针对性的处理预案。

（3）充水试验期间，如出现大的渗水、漏水情况，应在建设管理范围内及时疏散与本工程无关的人员，对渗漏点临时进行围挡，并及时采取措施处理渗漏问题。

（4）根据渡槽充水试验突发事件应急处置需要，现场应配备不少于 10 台应急抽水泵，以便尽快排出渡槽内的水，排水泵流量应不小于 100 m³/h，扬程不小于 10 m。同时准备反铲（斗方 1.5 m³）3 台、排水导管（管径 4~8 寸）1 000 m、潜水泵及排水通道，并准备适当封堵材料、设备等。

（5）渡槽充水试验分段长度较长，根据需要，现场配备 15 个爬梯，便于充水期间巡视人员及时进行渗流情况查看及处理。

（6）在注水过程中，安排专人在堵头处观察堵头渗漏情况及堵头安全状态。一般可每半天检查一次。当水位超过 5 m 以上时，安排专人值守，观察堵头情况。

（7）在设计堵头结构下游处设置一全断面集水池，集水池高度 60 cm，墙厚 240 mm，迎水面采用砂浆抹面，再采用 13 kW 水泵将渗漏的水抽回充水渡槽内。出现堵头严重渗漏问题，立即停止注水，并加强堵头强度施工，加宽堵头断面。处理完成并经验收合格后方能继续注水。

#### 10.2.3.3 充水期间异常情况处理

渡槽充水试验期间如遇以下情况应暂停充水,查明原因并进行紧急处理:

(1)渡槽沉降变形过大(总沉降量超过 5 cm,不均匀沉降超过 3 cm)。

(2)槽身钢筋或混凝土应力应变异常。

(3)充水期间渡槽出现危害性裂缝。

(4)出现严重渗水、漏水情况。

#### 10.2.3.4 充水期间安全保证措施

(1)充水试验开始前应在每个堵头背水面设导水槽,将充水期间可能出现的堵头渗水及时导引至合适位置排放,严禁堵头渗水流向建筑物基础部位,对渡槽结构稳定造成影响。

(2)因渡槽槽身水较深,为保证工作人员的安全,在进行水位观测时应系安全绳。

(3)充水期间在渡槽进出口及相邻道路悬挂安全标识牌,同时在渡槽顶设检查防护栏杆等。

(4)电工经常检查电路是否安全,保证水泵连续工作、不发生问题。

(5)充水试验施工过程为高空作业、起重吊装作业等危险性较大作业时,施工作业人员必须严格按照相关安全规范及标准要求进行作业。

### 10.2.4 堵头填筑与拆除

#### 10.2.4.1 各标段堵头布置

沙河渡槽各标段施工进度情况及充水试验分段计划,该段共需布置堵头 13 个,堵头布置位置及形式见表 10-3。

表 10-3 沙河渡槽段充水试验堵头布置

| 堵头编号 | 渡槽形式 | 堵头布置位置 | 堵头形式 | 充水水深(m) | 堵头高度(m) | 堵头数量 |
|---|---|---|---|---|---|---|
| 0 号 | 沙河进口渐变段 | 沙河进口检修闸[SH(3)2+888.1] | 检修闸门 | 7.4 | 7.4 | 1 |
| 1 号 | 沙河梁式渡槽 | 第1跨梁式渡槽[SH(3)3+024.1] | 砖砌挡墙+防渗土工膜+砂土编织袋(双向堵头) | 7.4 | 7.4 | 4 |
| 2 号 | 沙河—大郎河箱基渡槽 | 箱基渡槽最后一节[SH(3)8+038.1] | | 7.8 | 7.8 | 2 |
| 3 号 | 大郎河梁式渡槽 | 第1跨梁式渡槽[SH(3)8+168.1] | | 7.8 | 7.8 | 4 |
| 4 号 | 大郎河—鲁山坡箱基渡槽 | 箱基渡槽最后一节右线[SH(3)10+358.1] | | 7.8 | 7.8 | 1 |
| 5 号 | 鲁山坡落地槽 | 落地槽最后一节[SH(3)11+838.1] | 砖砌挡墙+防渗土工膜+砂土编织袋(单向堵头) | 8.1 | 8.1 | 1 |

渡槽充水试验分段及堵头布置位置见图10-4。

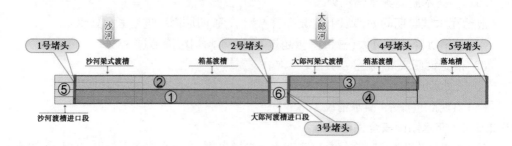

**图 10-4　渡槽充水试验分段及堵头布置位置**

### 10.2.4.2　梁式渡槽进口堵头工程

沙河梁式渡槽进口段(1号堵头)、大郎河梁式渡槽进口段(3号堵头)共设置8个堵头,均为双向挡水。

1. 工序流程

工序流程为:挡墙砌筑→土工膜粘贴→土袋入槽→土袋堆码密实。

2. 施工方法

(1)挡土墙砌筑。堵头采取砖砌挡墙,砖砌挡墙为扶壁挡墙,挡墙基础底宽2 m,高0.5 m,上部3 m高度内墙体厚度1 m,3 m以上部位0.5 m墙厚砌筑至渡槽槽顶,墙后扶壁厚度0.5 m,间距2.5 m,砌筑至槽顶以下1 m高程。堵头砌砖采用MU15烧结普通砖,砂浆采用M15砂浆,砖墙两面涂刷2~3 cm厚砂浆防渗。

(2)土工膜粘贴。堵头挡墙砌筑结束,表面清理干净,铺设土工膜,土工膜选用一布一膜,膜厚0.5 mm的复合土工膜,拟用建筑用107胶将复合土工膜与渡槽内壁紧密粘贴,每道粘贴宽度为0.5 m,不少于2道。先从砖砌挡墙端进行粘贴,并用木锤进行锤压,保证粘贴密实。

(3)土袋笼吊运至槽内堆码密实。土工膜上采用装土编织袋堆体作挡墙,土袋堆体体形为直角梯形,底宽6.65 m(7.05 m),顶宽1 m,堆土袋顶高程低于距墙顶1 m。土袋砌筑均采用人工搬运方式,由于堆砌较高,现场采用钢管架制作的转运平台。堆砌从底向上,由中间向两侧,以一层与一层错缝锁结方式铺堆。堵头结构见图10-5与图10-6。

### 10.2.4.3　箱基渡槽出口段、落地槽出口段堵头工程

沙河—大郎河箱基渡槽出口段(2号堵头)、大郎河—鲁山坡箱基渡槽出口段(4号堵头)、落地槽出口段(5号堵头)堵头共4个,落地槽出口段堵头为单向挡水结构,其余均为双向挡水结构,堵头采用梯形断面结构。堵头结构布置形式同梁式渡槽进口堵头。堵头结构见图10-7与图10-8。

### 10.2.4.4　沙河进口检修闸堵头工程

沙河进口渐变段充水试验以进口检修闸门作为堵头(0号堵头),利用检修闸门挡水,充分利用现有闸门止水,对于侧止水无法利用的,可利用方木填塞在闸门腹板与埋件之间,在方木上下游面粘贴橡胶止水带,止水一侧设1道遇水膨胀线。方木与底槛间同样设

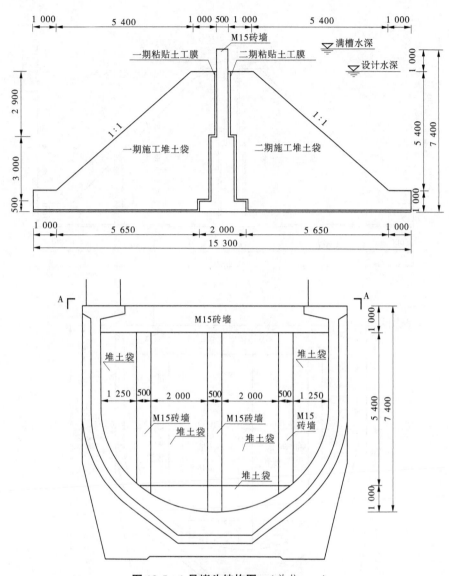

图 10-5 1号堵头结构图 (单位:mm)

带膨胀条的橡胶止水带。在闸门的背水侧和埋件之间采用楔形木楔连续楔紧,使方木与埋件和闸门腹板紧密接触。

为尽量减小闸门渗漏的影响,在闸门挡水一侧铺设复合土工膜,土工膜与渡槽混凝土结合部位紧密粘贴,每道粘贴宽度为 0.5 m,不少于 2 道,为保证土工膜粘贴强度,可在粘贴部位堆码一定高度土袋压重。土工膜在闸门面板上铺设应松紧适度,保证在水荷载下有一定的变形能力。

### 10.2.4.5 堵头、闸门、槽身结构稳定复核

1. 堵头稳定复核

1号~5号堵头结构形式相同,以5号堵头为对象进行结构稳定复核。堵头与渡槽混

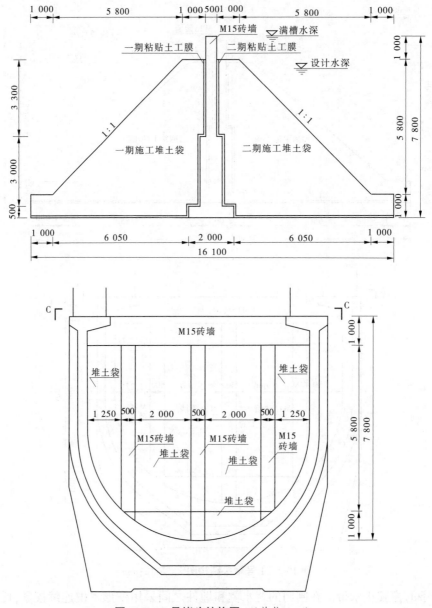

图 10-6  3 号堵头结构图 （单位：mm）

凝土之间的摩擦系数取 0.4,堵头容重 20 kN/m³,墙前满槽水深。5 号堵头稳定计算见图 10-9。

经计算,堵头结构抗滑稳定安全系数为 8.8,抗倾稳定安全系数为 23.1,均能满足要求。

经复核,堆土袋以上 1 m 高、0.5 m 厚砖砌挡墙在 1 m 深侧向水压力作用下抗弯、抗剪均能满足要求。

2.闸门结构复核

沙河进口检修闸门为钢结构闸门,反向受力工况下,闸门结构强度只是拉压应力受力

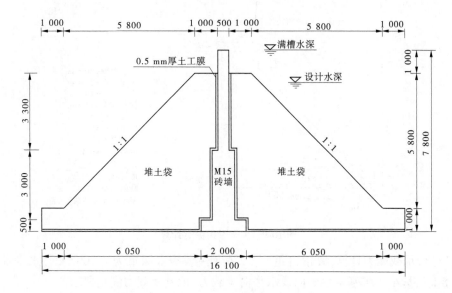

图 10-7　2 号、4 号堵头结构图　（单位：mm）

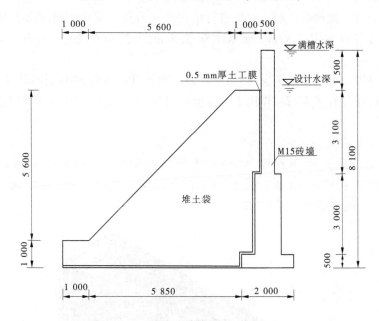

图 10-8　5 号堵头结构图　（单位：mm）

状态的互换,扰度方向相反,应力数值大小及扰度值不变;闸门反向挡水的工况下,其强度和刚度均能满足设计要求。闸门埋件反向支撑轨道变为主支撑,原支撑方式达不到设计要求,通过加大支撑面积(加楔形木楔支撑)的方式离散应力值,达到强度要求。闸门强度和刚度反向受力满足要求。

3. 梁式渡槽槽身结构复核

1)地基承载力复核

沙河、大郎河梁式渡槽堵头所在跨槽身仅受自重及堵头荷载作用,现以大郎河梁式渡

计算工况:墙前校核水深8.1 m

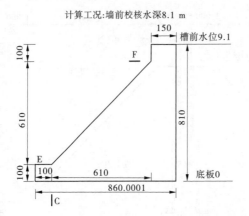

底板容重=20 t/m³
土湿容重=20 t/m³
土浮容重=10 t/m³
饱和容重=11 t/m³
墙身容重=20 t/m³
内摩擦角=0°
土黏聚力=0
摩擦系数=0.4
无止水
地震烈度不考虑
断面面积=37.855 m²
图中尺寸标注单位:cm

**图 10-9　5 号堵头稳定计算**

槽 1#墩进行承载能力计算,渡槽自重+堵头荷载+满槽水深重为 47 007 kN,水平荷载为 3 276.8 kN,远小于桩基承台竖向及水平向承载力,地基承载力满足要求。

2)槽身结构复核

取大郎河梁式渡槽第一跨为对象进行结构承载力及正常使用极限状态复核,槽身容重 25 kN/m³,水容重 10 kN/m³,充水水深 7.8 m,人群荷载 2.5 kN/m³,检修荷载 10 kN/m³。

渡槽槽身纵向按简支梁考虑,槽身横向为一次超静定结构,结构计算不考虑温度荷载作用,经复核,在仅有堵头荷载作用下的渡槽槽身结构全断面受压,承载能力及正常使用满足要求。

3)槽身结构有限元复核

采用大型有限元通用程序 ANSYS 进行结构复核,槽身混凝土采用块体单元(SOLID45)模拟,杆单元(LINK8)模拟纵向有黏结预应力钢筋。单元总数 76 372 个,结点总数 92 049 个,网格模型见图 10-10。

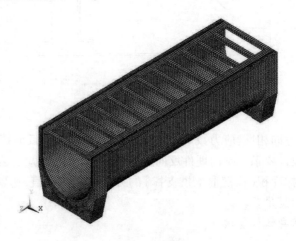

**图 10-10　槽身有限元模型网格图**

续图 10-10

有限元模型中,坐标轴 $X$ 以横槽向为正,$Y$ 以竖直向上为正,$Z$ 以顺槽向为正。支座处分别施加 $XYZ$ 约束、$XY$ 约束、$Y$ 约束、$YZ$ 约束。

有限元计算不考虑温度荷载,经复核,结构在堵头荷载、自重、人群荷载作用下全断面受压,满足正常使用极限状态要求。

4. 箱基渡槽槽身结构复核

1)地基承载力复核

2 号堵头位于 6.6 m 高箱基渡槽内,根据渡槽内堵头结构布置位置及挡水高度,对渡槽结构地基承载力进行复核。

箱基渡槽基底压应力及稳定计算公式采用《水闸设计规范》(SL 265—2001)中公式。

(1)箱基渡槽基底压应力按偏心受压公式计算,其计算式为

$$\sigma_{\min}^{\max} = \frac{\sum G}{A} \pm \frac{\sum M_x}{W_x} \pm \frac{\sum M_y}{W_y} \tag{10-1}$$

式中:$\sigma_{\max}$、$\sigma_{\min}$ 为基底压力的最大值和最小值,kPa;$\sum M_x$、$\sum M_y$ 为作用于箱基的全部竖向和水平向荷载对基底底面形心轴 $x$、$y$ 的力矩,kN·m;$\sum G$ 为作用于箱基上的全部竖向荷载,kN;$W_x$、$W_y$ 为基底面对该底面形心轴 $x$、$y$ 的截面矩,m³;$A$ 为基底面的面积,m²。

(2)基底压应力不均匀系数

$$\eta = \sigma_{\max}/\sigma_{\min} \leqslant [\eta] \tag{10-2}$$

式中:$\eta$ 为压力分布不均匀系数;$[\eta]$ 为基底压力分布不均匀系数的容许值。

(3)抗滑稳定计算

$$K_c = f \sum G / \sum H > [K_c] \tag{10-3}$$

式中:$K_c$ 为沿闸室基底面的抗滑稳定安全系数;$f$ 为闸室基底面与地基之间的摩擦系数,取 0.33;$\sum H$ 为作用在闸室上的全部水平向荷载,kN;$[K_c]$ 为容许抗滑稳定安全系数。

经对渡槽基底压应力复核,槽身基底压应力最大为 190.61 kPa,最小为 170.05 kPa,均值为 180.33 kPa,压应力不均匀系数为 1.12,抗滑稳定安全系数为 20.78,均能满足地

基承载力要求。

2)槽身结构复核

2 号堵头位于 6.6 m 高箱基渡槽内,根据渡槽内堵头结构布置及挡水高度,对渡槽结构受力进行复核,不考虑温度荷载的影响,配筋及抗裂计算结果见表 10-4。

表 10-4　箱基渡槽结构安全复核

| 部位 | 厚度（m） | 承载能力极限状态内力 | | | 正常使用极限状态内力 | | | 计算配筋（cm²） | 原设计配筋（cm²） | 抗裂 | |
|---|---|---|---|---|---|---|---|---|---|---|---|
| | | 轴力（kN） | 弯矩（kN·m） | 剪力（kN） | 轴力（kN） | 弯矩（kN·m） | 剪力（kN） | | | 抗裂 | 裂缝宽度（mm） |
| 底板内侧 | 1 | -3.59 | 424.14 | 21.29 | 1.59 | 393.57 | 25.44 | 21.21 | 34.36 | 满足 | 0.171 |
| 底板外侧 | 1 | 40.61 | 565.81 | 549.28 | 38.42 | 531.59 | 513.54 | 24.88 | 26.61 | 满足 | 0.293 |
| 顶板内侧 | 0.9 | -38.61 | 339.24 | 25.94 | -41.18 | 329.75 | 21.62 | 18.21 | 26.61 | 满足 | 0.198 |
| 顶板外侧 | 0.9 | -38.61 | 362.5 | 468.96 | -41.18 | 330.23 | 443.54 | 19.52 | 34.36 | 满足 | 0.154 |
| 边墙外侧 | 0.94 | -538.1 | 251.76 | 30.25 | -483.51 | 227.83 | 28.06 | 17.8 | 26.61 | 满足 | 0.075 |
| 中隔墙 | 0.85 | -986.8 | 178.37 | 52.55 | -931.86 | 167.85 | 49.94 | 16 | 26.61 | 满足 | 0.051 |

由计算结果可知,渡槽结构在堵头及设计水深荷载作用下承载能力及抗裂均能满足设计要求。

5. 落地槽槽身结构复核

1)地基承载力复核

5 号堵头位于落地槽内,根据渡槽内堵头结构布置及挡水高度,对渡槽结构地基承载力进行复核。

落地槽基底压应力及稳定计算公式采用《水闸设计规范》(SL 265—2001)中公式。

(1)箱基渡槽基底压应力按偏心受压公式计算,其计算式为

$$\sigma_{\min}^{\max} = \frac{\sum G}{A} \pm \frac{\sum M_x}{W_x} \pm \frac{\sum M_y}{W_y}$$

式中:$\sigma_{\max}$、$\sigma_{\min}$ 为基底压力的最大值和最小值,kPa;$\sum M_x$、$\sum M_y$ 为作用于箱基的全部竖向和水平向荷载对基底底面形心轴 $x$、$y$ 的力矩,kN·m;$\sum G$ 为作用于箱基上的全部竖向荷载,kN;$W_x$、$W_y$ 为基底面对该底面形心轴 $x$、$y$ 的截面矩,m³;$A$ 为基底面的面积,m²。

(2)抗滑稳定计算

$$K_c = f \sum G / \sum H > [K_c]$$

式中:$K_c$ 为沿闸室基底面的抗滑稳定安全系数;$f$ 为闸室基底面与地基之间的摩擦系数,取 0.33;$\sum H$ 为作用在闸室上的全部水平向荷载,kN;$[K_c]$ 为容许抗滑稳定安全系数。

经对渡槽基底压应力复核,槽身基底压应力为 121.1 kPa,抗滑稳定安全系数为 23.1,均能满足地基承载力要求。

2)槽身结构复核

5 号堵头位于最后一节落地槽内,根据渡槽内堵头结构布置及挡水高度,对落地槽结构受力进行复核。

该节落地槽坐落于粉质黏土层,设计底板厚度为 1.45 m,根据地质资料,按弹性地基梁法计算槽身内力,不考虑温度荷载的影响,按纯弯计算,承载能力极限状态计算及正常使用极限状态计算结果见表 10-5。

表 10-5 落地槽结构安全复核

| 部位 | 厚度 (m) | 承载能力极限状态 弯矩 (kN·m) | 正常使用极限状态 弯矩 (kN·m) | 计算配筋 (cm²) | 原设计配筋 (cm²) | 抗裂 | |
|---|---|---|---|---|---|---|---|
| | | | | | | 限裂 | 裂缝宽度 (mm) |
| 底板外侧 | 1.45 | 1 664.2 | 1 387.6 | 56.54 | 64.34 | 满足 | 0.236 |

由计算结果可知,渡槽结构在堵头及设计水深荷载作用下承载能力及正常使用均能满足设计要求。

#### 10.2.4.6 堵头拆除

充水试验完成后,由人工从上向下逐层卸载,用汽车吊吊运至槽外,然后运至弃渣场。土工膜从封端头用小型工具进行拆离。在堵头施工及拆除过程中,注意保护渡槽混凝土结构面不受损坏。砖与渡槽混凝土之间的砂浆结合处采用砂轮机打磨,确保渡槽过流面平整光滑。

### 10.2.5 分级充水与排水

#### 10.2.5.1 沙河梁式渡槽+沙河—大郎河箱基渡槽段充水与排水

1.水泵数量

施工单位应根据充水试验进度合理安排配置满足抽水需要的水泵型号。选用单台水泵抽水能力应不小于 200 m³/h,扬程应不小于 35 m。各线之间调水,将上述水泵拆卸并布置于箱基渡槽双线之间调水。根据该段所需抽水量及时间安排,需 7 台水泵 24 h 抽水,15 d 达到满槽水深。

综上所述,考虑 4 台备用水泵,该段共需高扬程水泵 11 台,并配备适当的抽水软管及钢管。

2.水源点的选用

充水试验用水直接从沙河预设泵坑内抽取,抽取位置定为下部结构第 44#~46# 墩均布。在各泵坑中下一台额定 200 m³/h 的潜水泵,扬程为 35 m,采用软管、钢管抽引至梁式渡槽内,水泵基础应采用枕木等材料垫高,避免震动过大对结构造成不利影响。

3. 充水试验步骤

(1)充水前测量人员在梁式渡槽及箱基渡槽各典型断面设置标高控制点和水位标尺。

(2)沙河梁式渡槽共4孔,沙河—大郎河箱基渡槽共两槽,充水试验分两次进行,先进行梁式渡槽3#、4#线(箱基渡槽右线)充水,待右线完成充水试验后,将水直接抽至梁式渡槽1#、2#线(箱基渡槽左线)进行试验。试验结束后将水直接抽排至沙河河道内。

(3)单线充水时,充水分两阶段进行,第一阶段充水至6.4 m水深,第二阶段充水至7.8 m水深,两阶段水深以下游堵头前水深控制,及时记录各阶段启停注水时间。

(4)槽内各阶段充水结束后,充分浸泡后再进行监测,静停时间为72 h(3 d)。

(5)充水检查、监测与记录。

(6)排水。

左线充水试验完成后,采用潜水泵接软管直接将孔内水源抽排至沙河内。排水点应远离渡槽基础,避免冲刷扰动建筑物基础。

### 10.2.5.2 大郎河梁式渡槽+大郎河—鲁山坡箱基渡槽+落地槽段充水与排水

1. 水泵数量

根据充水试验进度安排,合理配置满足抽水需要的水泵型号。选用单台水泵抽水能力应不小于200 m³/h,扬程应不小于35 m。各线之间调水,将上述水泵拆卸并布置于箱基渡槽双线之间调水。根据该段所需抽水量及时间安排,需7台水泵24 h抽水,15 d达到满槽水深。

综上所述,考虑4台备用水泵,该段共需高扬程水泵11台。

2. 水源点的选用

水源从大郎河取水,采用水泵把水从大郎河河床内提升到大郎河梁式渡槽内,流向大郎河—鲁山坡箱基渡槽及鲁山坡落地槽进行注水。取水点初定在第7#~9#跨间河床内,取水坑设置同沙河梁式渡槽取水坑。

3. 充水试验步骤

(1)充水前测量人员在梁式渡槽、箱基渡槽及落地槽各典型断面设置标高控制点和水位标尺。

(2)充水水泵均匀布置在大郎河梁式渡槽左右侧河道内。

(3)渡槽充水分两阶段进行,右线第一阶段充水至6.8 m水深,第二阶段充水至8.1 m水深,左线第一阶段充水至6.5 m水深,第二阶段充水至7.8 m水深,两阶段水深以下游堵头前水深控制,及时记录各阶段启停注水时间。

(4)槽内各阶段充水结束后,充分浸泡后再进行监测,静停时间为72 h(3 d)。

(5)充水检查、监测与记录。

(6)排水。

最后槽身充水试验完成后,采用潜水泵接软管直接将槽内水源抽排大郎河内。排水点应远离渡槽基础,避免冲刷扰动建筑物基础。

### 10.2.5.3　沙河梁式渡槽进口渐变段充水与排水

1. 水泵数量

根据充水试验计划,可利用前期充水试验的水泵、抽水软管及钢管,由沙河河道抽水至渡槽内,选用单台水泵抽水能力不小于 200 $m^3$/h,扬程应不小于 35 m。根据沙河梁式渡槽进口渐变段抽水量及时间安排,需 2 台水泵 24 h 抽水,2 d 达到满槽水深。

2. 水源点的选用

充水试验用水直接从沙河预设泵坑内抽取,抽取位置定为下部结构第 $26^{\#}$ ~ $28^{\#}$ 墩均布。取水坑设置同沙河梁式渡槽,在各泵坑中下一台额定 200 $m^3$/h 的潜水泵,扬程为 35 m,采用软管、钢管抽引至梁式渡槽内,再采用导管导引至沙河进口渐变段,注水过程中应保证 2 台水泵同时开启。

3. 充水试验步骤

(1)充水前测量人员在沙河梁式渡槽进口渐变段设置标高控制点和水位标尺。

(2)充水试验分两次进行,先进行右线充水,待右线完成充水试验后,将水抽排至退水渠。待进口检修闸门移位施工完毕后,再进行左线充水,待右左线完成充水试验后,将水抽排至退水渠。

(3)单线充水时,充水直接至 7.4 m 水深,水深以下游堵头前水深控制,充水过程应使单线左右槽之间水位均匀上升,及时记录启停注水时间。

(4)槽内充水结束后,充分浸泡后再进行监测,静停时间为 72 h(3 d)。

(5)充水检查、监测与记录。

(6)排水。

充水试验完成后,采用潜水泵接软管直接将孔内水源抽排至退水渠内,经由退水渠流至沙河。

### 10.2.5.4　大郎河梁式渡槽进口渐变段充水与排水

1. 水泵数量

根据充水试验计划,可利用前期充水试验的水泵、抽水软管及钢管,由大郎河河道抽水至渡槽内,选用单台水泵抽水能力不小于 200 $m^3$/h,扬程应不小于 30 m。根据大郎河梁式渡槽进口渐变段所需抽水量及时间安排,所需 2 台水泵 24 h 抽水,4 d 达到满槽水深。

2. 水源点的选用

充水试验用水直接从大郎河预设泵坑内抽取,抽取位置定为下部结构第 $6^{\#}$ ~ $8^{\#}$ 墩均布。在各泵坑中下一台额定 200 $m^3$/h 的潜水泵,扬程为 35 m,采用软管、钢管抽引至梁式渡槽内,再采用导管导引至大郎河进口渐变段,注水过程中应保证 2 台水泵同时开启。

3. 充水试验步骤

(1)充水前测量人员在大郎河梁式渡槽进口渐变段设置标高控制点和水位标尺。

(2)充水试验一次进行,将水直接抽至渡槽内进行试验。试验结束后将水直接抽排至大郎河。充水过程为:大郎河→大郎河进口渐变段→大郎河。

(3)充水一次充至 7.8 m 满槽水深,水深以下游堵头前水深控制,充水过程应使左右线水位均匀上升,及时记录启停注水时间。

(4)槽内充水结束后,充分浸泡后再进行监测,静停时间为 72 h(3 d)。

（5）充水检查、监测与记录。

（6）排水。

当左线充水试验完成后,采用潜水泵接软管直接将孔内水源抽排至大郎河河道内。排水点应远离渡槽基础,避免冲刷扰动建筑物基础。

# 10.3　渡槽充水试验渗漏原因分析

## 10.3.1　渗漏情况统计

根据充水试验总结报告,充水过程中渗漏部位主要为螺栓孔、施工缝、裂缝、梁式渡槽止水、箱基渡槽结构缝及槽身其他混凝土缺陷等部位。根据渗水严重程度,将渗水类型分为三种情况:轻微、一般、严重。轻微为有洇湿现象,一般为洇湿面积较大和渗水,严重为渗水量较大及止水缝、结构缝处漏水。

对沙河渡槽充水时的渗漏情况进行统计,共发现洇、渗、漏 5 070 处,其中轻微的4 340 处,占 85.6%;一般的 658 处,占 13%;严重的 72 处,占 1.4%。

沙河梁式渡槽、沙河—大郎河箱基渡槽、大郎河梁式渡槽、大郎河—鲁山坡箱基渡槽、鲁山坡落地槽 5 种结构形式渗水情况统计如下:

（1）沙河梁式渡槽、大郎河梁式渡槽在充水试验过程中共发现渗漏点 420 处,其中轻微的 303 处,占 72.14%;一般的 59 处,占 14.05%;严重的 58 处,占 13.81%。具体统计情况及严重渗漏水点分布情况见表 10-6。

表 10-6　沙河 1 标沙河、大郎河梁式 U 形渡槽渗漏水点统计

| 分部 | 止水带处渗漏点(处) | 槽身渗漏点(处) | 总计渗漏点(处) |
|---|---|---|---|
| 沙河渡槽 | 38 | 274 | 312 |
| 大郎河渡槽 | 12 | 96 | 108 |
| 总计 | 50 | 370 | 420 |

（2）沙河—大郎河箱基渡槽共发现渗漏点 3 361 处,其中轻微的 2 783 处,占 82.8%;一般的 566 处,占 16.8%;严重的 12 处,占 0.4%。具体统计情况及严重渗漏水点分布情况见表 10-7。

表 10-7　沙河 2 标箱基渡槽渗漏情况统计

| 部位 | 渗水类型 | | | | | | | | | | | | | | |
|---|---|---|---|---|---|---|---|---|---|---|---|---|---|---|---|
| | 结构缝、止水 | | | 裂缝 | | | 螺栓孔 | | | 施工缝 | | | 蜂窝渗水(处) | | |
| | 轻微渗水 | 一般渗水 | 严重渗水 | 轻微渗水 | 一般渗水 | 严重渗水 | 轻微渗水 | 一般渗水 | 严重渗水 | 轻微渗水 | 一般渗水 | 严重渗水 | 轻微渗水 | 一般渗水 | 严重渗水 |
| 渡槽侧墙 | 0 | 137 | 0 | 434 | 238 | 0 | 2 117 | 0 | 0 | 0 | 137 | 0 | 0 | 6 | 0 |
| 渡槽底板 | 0 | 26 | 12 | 48 | 22 | 0 | 184 | 0 | 0 | 0 | 0 | 0 | 0 | 0 | 0 |
| 小计 | 0 | 163 | 12 | 482 | 260 | 0 | 2 301 | 0 | 0 | 0 | 137 | 0 | 0 | 6 | 0 |

（3）大郎河—鲁山坡箱基渡槽在充水试验中发现渗漏点共计 1 289 处，其中轻微的 1 254 处，占 97.3%；一般的 33 处，占 2.5%；严重的 2 处，占 0.2%。具体统计情况及严重渗漏水点分布情况见表 10-8。

表 10-8　沙河 3 标箱基、落地槽渗漏水点情况统计

| 渗水类型 | 轻微渗水 | 一般渗水 | 严重渗水 |
|---|---|---|---|
| 结构缝、止水 | 76 | 31 | 2 |
| 裂缝 | 277 | 2 | 0 |
| 螺栓孔 | 881 | 0 | 0 |
| 施工缝 | 20 | 0 | 0 |
| 小计 | 1 254 | 33 | 2 |

严重渗水点共计 2 处，分别为箱基渡槽左联 7# 与 8# 伸缩缝部位及箱基渡槽右联 24# 与 25# 伸缩缝部位。

## 10.3.2　渗漏情况典型照片

渗漏情况典型照片见图 10-11~图 10-18。

图 10-11　沙河梁式渡槽渗水点（轻微）：水深 2.0 m

图 10-12　沙河梁式渡槽渗水点（轻微）：水深 5.1 m

图 10-13　沙河梁式渡槽渗水点(一般):水深 3.0 m

图 10-14　沙河梁式渡槽 3 线 47#墩顶止水缝处渗水点(严重):水深 1.2 m

图 10-15　沙河梁式渡槽止水缝渗水点(严重):水深 4.1 m

图 10-16　沙河梁式渡槽漏水点(严重):水深 4.1 m

图 10-17　沙河梁式渡槽渗水点(一般):水深 1.2 m

图 10-18　大郎河梁式渡槽渗水点(一般):水深 5.4 m

### 10.3.3　渗漏原因分析

#### 10.3.3.1　梁式渡槽

1. 槽身渗水

沙河渡槽槽身渗水点主要集中在渡槽反弧段与直墙段交接部位。布料过程中上下层混凝土结合处振捣不密实,部分存在漏振现象,当水位超过该部位时,有水渗出。

渡槽槽身两端头部位由于混凝土振捣不密实造成孔洞,水流绕过止水带出现渗漏。

2. 止水带缝处渗水

梁式渡槽漏水部位大部分集中在止水安装附近,说明部分止水安装质量存在一定的问题,或是止水缝处两边混凝土局部振捣不密实产生绕渗现象。

对渗漏情况统计分析后发现,梁式渡槽前 60 榀的反圆弧与直墙交接处、槽身端头也存在一定的渗水情况,经检查大多为前期预制的渡槽,前期施工工艺不成熟、技术不熟练,造成渡槽预制质量出现一些缺陷。后期制作的预制槽施工质量明显好过前期制作的渡槽。造成此类渗水的主要原因是两层混凝土浇筑间隔时间较长,上下层混凝土结合不紧密和槽身端头钢筋较密,混凝土不易振捣,局部混凝土振捣不密实。

#### 10.3.3.2　箱基渡槽

通过对沙河渡槽段充水试验渗水情况分析,箱基渡槽质量缺陷主要集中在以下四个方面:

(1)箱基渡槽侧墙对拉螺栓孔渗水。箱基渡槽槽身模板采用对拉螺栓施工,施工中振捣造成对拉钢筋周围混凝土松动,后期螺栓孔封堵不规范造成渗水,该问题造成的质量缺陷占箱基渡槽总质量缺陷的 68.41%,均为轻微渗水。

(2)箱基渡槽施工缝渗水。箱基渡槽槽身侧墙施工分 3 层,侧墙共两条施工缝在分层施工时间间隔过长、振捣不密实、施工缝处理不到位的情况下出现部分渗水情况。该问题主要出现在 2011 年 10 月以前施工的箱基渡槽段,占箱基渡槽总质量缺陷的 3.37%,均为轻微或一般渗水,2011 年 10 月 19 号设计单位以设计通知明确箱基渡槽侧墙施工缝增加止水片,增加该施工措施后对消除施工缝质量缺陷具有明显效果。

(3)箱基渡槽槽身裂缝。自 2012 年开始陆续发现箱基渡槽槽身底板及侧墙均出现裂缝的问题,经多次排查,设计单位编制了箱基渡槽及落地槽槽身裂缝处理方案并经审查批复,于 2013 年 11 月 5 号下发了设计通知,明确了裂缝处理技术方案,要求施工单位在充水试验前全部处理完毕。根据充水试验结果,部分经处理的渡槽裂缝仍存在渗漏水问题。该问题造成质量缺陷占总质量缺陷的 22.80%,均为轻微或一般渗水。

(4)箱基渡槽止水缝处渗水。箱基渡槽共 266 节 534 条止水缝,由于施工时止水带两侧混凝土振捣不密实、止水带偏移等问题,部分箱基渡槽结构缝处渗水。该问题造成质量缺陷占总质量缺陷的 5.42%。

#### 10.3.3.3　落地槽

由于充水试验开始前,鲁山坡落地槽侧墙外侧填土施工已完毕,充水试验期间落地槽外侧土体坡面未发现渗水现象,落地槽内壁未发现新的裂缝出现。

#### 10.3.3.4　槽身实体质量总体分析

通过对以上各类型渡槽结构充水试验期间发现的质量缺陷问题分析,沙河渡槽段工程施工质量问题主要集中在以下 4 个方面。

1.混凝土施工质量问题

梁式渡槽端部及腰线局部混凝土振捣不密实,箱基渡槽分层浇筑间隔时间过长、施工缝处理不规范,箱基渡槽个别止水带两侧混凝土振捣不密实,造成渗漏。

2.现浇混凝土螺栓孔施工不规范问题

该问题主要存在于箱基渡槽段,螺栓孔封堵处理不规范,造成大量螺栓孔处渗水。

3.止水带安装质量问题

梁式渡槽采用可更换后装止水带施工,个别止水安装效果不好。

4.前期混凝土裂缝处理效果不好

箱基渡槽前期已发现的裂缝要求充水试验前全部按要求处理合格,从充水试验成果看,个别渡槽槽身裂缝处理效果较差,充水试验结束应查明原因,调整施工方案重新处理。

沙河渡槽段充水试验发现质量缺陷点总量较大,但绝大部分表现为轻微渗水,属 Ⅰ、Ⅱ类质量缺陷,现场混凝土施工质量与止水安装总体较好,发现的质量缺陷不影响工程结构安全。

### 10.3.4　渡槽缺陷处理

#### 10.3.4.1　渡槽缺陷处理方案

根据充放水期间的渗水位置、渗水情况,初步判断渗水产生的原因和缺陷情况,同时在渡槽充水放空后对重点部位采用 PS1000 混凝土透视仪进行检测和判断缺陷,根据具体渗水和缺陷情况,分类进行处理。

1.混凝土质量缺陷处理

(1)渗水部位混凝土裂缝、施工缝等质量缺陷部位处理前应确定其处理范围,先进行高压补强灌浆,再在迎水面沿缝开矩形槽或燕尾槽(槽深小于钢筋保护层厚度),填充胶体,表面涂刷渗透结晶型防渗涂料封闭,涂刷范围为裂缝每侧不小于 10 cm。

(2)根据《混凝土结构加固设计规范》(GB 50367),裂缝灌浆及 V 形槽填充胶体应满足下列要求:黏度小,可灌性好(规定压力下能注入宽度 0.1 mm 裂缝),不挥发物含量≥99%;胶体性能应满足下列要求:抗拉强度≥20 MPa,抗压强度≥50 MPa,受拉弹性模量≥1 500 MPa,抗弯强度≥30 MPa 且不得呈脆性(碎裂状)破坏。

(3)渗透结晶型防渗涂料各项指标应满足规范《水泥基渗透结晶型防渗涂料》(GB 18445)中相关要求,涂刷范围为裂缝每侧不小于 10 cm。

(4)裂缝处理前应先进行现场材料及工艺性试验,经现场试验验证,处理工艺满足要求后,方可正式进行裂缝处理。裂缝处理完成后应采用钻芯法进行检验。

2.对拉螺栓孔质量缺陷

箱基渡槽对拉螺栓孔施工不规范造成的质量缺陷应先采用灌浆进行封堵,然后剔除施工不规范的螺栓孔口封堵砂浆,进行二次封堵,封堵施工应按照规范及相关技术要求施工。

3. 止水带等部位混凝土蜂窝质量缺陷

对于渡槽结构缝部位漏水,如查明为混凝土振捣不密实产生的蜂窝造成渗水,则应明确混凝土质量缺陷范围,采用高压灌浆,具体要求同上,再在迎水面涂刷防渗涂料封闭。

4. 临时封堵的质量缺陷

充水试验过程中在渡槽外侧进行临时封堵的各质量缺陷部位,必须从槽身内侧重新进行补强灌浆处理。

5. 止水缝质量缺陷处理

(1)梁式渡槽。橡胶止水带破损的拆除更换;止水渗漏部位在角钢和混凝土之间采用改性环氧材料封堵,再在封堵区灌浆,处理完成后的结构缝按 10% 的比例进行抽样压水检查;结构缝在迎水面两侧各 100 cm 范围内采用聚脲进行防渗处理;槽体渗水处以渗水点 20 cm 半径范围内采用聚脲进行防渗处理。

(2)箱基渡槽为两道止水,目前未发现止水安装偏斜施工缺陷。

(3)箱基槽和落地槽。结构缝的渗水,在两道止水之间从顶部进行充水检漏,在漏水部位检查止水带和混凝土质量,对止水带破损和混凝土缺陷进行处理,然后在迎水面缝两侧各 50 cm 范围采用聚脲进行防渗处理。

### 10.3.4.2　灌浆等施工材料要求

(1)所有混凝土质量缺陷灌浆及封堵均应采用环保无毒材料。

(2)对混凝土质量缺陷进行补强灌浆材料应采用环氧类材料,强度不应低于灌浆部位混凝土的强度等级。灌浆材料技术指标:根据《混凝土结构加固设计规范》(GB 50367),裂缝灌浆及矩形槽或燕尾槽填充胶体应满足下列要求:黏度小,可灌性好(规定压力下能注入宽度 0.1 mm 裂缝),不挥发物含量 ≥99%;胶体性能满足下列要求:抗拉强度 ≥20 MPa,抗压强度 ≥50 MPa,受拉弹性模量 ≥1 500 MPa,抗弯强度 ≥30 MPa 且不得呈脆性(碎裂状)破坏。

(3)沙河渡槽是中线工程特大型渡槽,社会关注度高,为加强防水效果,在采取以上措施后,建议在槽体内壁根据不同部位,再涂水泥基或聚脲等防水材料进行防渗处理。

# 10.4　充水试验成果分析与结论

## 10.4.1　安全监测成果分析

沙河梁式渡槽共有 12 榀槽、13 个槽墩布置有监测仪器,在充水期间又增加了 1 跨梁式渡槽挠度、支座变形、环境温度及水温监测,并进行 8 个梁式渡槽盖梁裂缝监测。

大郎河梁式渡槽共有 3 榀槽、6 个槽墩布置有监测仪器,在充水期间又增加了 4 个梁式渡槽盖梁裂缝、50 跨梁式渡槽挠度。

沙河—大郎河箱基渡槽选择 13 个槽节布置综合监测断面及 19 节箱基渡槽进行沉降监测,大郎河—鲁山坡箱基渡槽 9 个槽节布置综合监测断面及 11 节槽身沉降监测。

鲁山坡落地槽共布置 6 个综合监测断面及 40 节落地槽沉降监测。

沙河进、出口段各布置 3 个综合监测断面,大郎河进、出口段各布置 2 个综合监测断面。

### 10.4.1.1　结构沉降、变形、挠度监测成果

1. 梁式渡槽结构沉降、变形、挠度监测

随着水位的逐渐加大,梁式渡槽槽顶的沉降量都在随水位的加大而逐渐加大,在满槽水位时,沉降量达到最大值。沙河梁式渡槽槽顶测点最大累计沉降量为 2.667 mm。大郎河梁式渡槽左联槽顶测点最大沉降量为 7.861 mm,右联槽顶测点最大沉降量为 6.647 mm。

满槽水位工况下槽墩最大沉降量出现在沙河梁式渡槽第 16 跨,为 5.095 mm,平均沉降量为 1.96 mm。

梁式渡槽各工况下支座变形量变化规律和充排水过程一致,满槽水深时沉降量最大,平均为 0.38 mm。

水位达到满槽水深时,梁式渡槽跨中挠度最大,为 2.9 mm。充水后各槽墩的倾斜度变化不大,全部在 0.02° 以下。

充水后相对于充水前盖梁裂缝有闭合趋势,和大气温度呈负相关关系,但和水位基本没有相关关系。

2. 箱基渡槽结构沉降、变形监测

随着水位的逐渐加大,箱基渡槽槽顶和槽基础的沉降量都在随水位的加大而逐渐加大,在满槽水位时,沉降量达到最大值。沙河—大郎河箱基渡槽左联槽顶测点最大沉降量为 6.901 mm,右联槽顶测点最大沉降量为 12.434 mm。大郎河—鲁山坡箱基渡槽左联槽顶测点最大沉降量为 9.364 mm,右联槽顶测点最大沉降量为 10.757 mm。

充水后箱基渡槽大部分部位基础反力有所增加,总体上远小于地基承载力标准值。渡槽结构缝处裂缝计各工况下测值显示,箱基渡槽结构缝充水前后无明显变化。

3. 落地槽结构沉降、变形监测

随着水位的逐渐加大,落地槽顶和槽基础的沉降量都在随水位的加大而逐渐加大,在满槽水位时,沉降量达到最大值。落地槽槽顶测点最大累计沉降量为 9.0 mm,基础最大累计沉降量为 11.76 mm。当槽内水全部放空时,随着荷载的减小,槽顶及槽基础的累计沉降量均相应减小。

渡槽结构总体沉降量均小于 5 cm,不均匀沉降量小于 3 cm,梁式渡槽挠度基本符合理论计算,渡槽结构处于安全稳定状态。

### 10.4.1.2　结构应力应变监测成果

1. 梁式渡槽结构应力、应变监测

梁式渡槽充水前结构各监测断面的钢筋计测值基本表现为压应力,混凝土处于压应变状态。

槽身内壁钢筋计压应力为 $-108.88 \sim -10.59$ MPa,混凝土压应变为 $-32.75 \sim -478.9$ $\mu\varepsilon$。

槽身外壁钢筋最大拉应力为 21.9 MPa,混凝土最大拉应变为 19.19 $\mu\varepsilon$,位于渡槽端

部断面槽底外壁。

钢筋拉应力、压应力均未超出其强度设计值 300 MPa;混凝土压应变未超出其最大压应变 669.57 με,拉应变小于 90% 混凝土压应变 49.3 με。

充水至满槽,槽身钢筋应力的变化趋势为:槽顶部位的纵向钢筋压应力小幅增加,其他部位的钢筋压应力均有不同程度的减小,但变化量较小。应变计与钢筋应力变化趋势一致。

排空后,钢筋应力状态和混凝土应变与空槽时基本一致。

2. 箱基渡槽结构应力、应变监测

箱基渡槽槽身各监测断面,在空槽阶段各部位受力状态与浇筑时外部环境温度有关。

内壁上环向钢筋应力大部分断面以拉应力为主,拉应力最大值发生在侧墙与底板的交接处,槽身充水前钢筋应力在 −44.49 ~ 39.99 MPa。充水至满槽水深,大部分应力表现为拉应力增加,满槽水深时钢筋应力在 −45.80 ~ 48.42 MPa。

箱基渡槽涵洞垂直水流方向底板充水前各部位受力状态基本为受压状态,个别箱涵底板端部钢筋出现拉应力,最大拉应力为 43.85 MPa。顺水流方向各部位受力基本表现为拉应力,各部位钢筋应力在 42.27 ~ −81.61 MPa。

充水至满槽水深,垂直水流方向底板大部分部位的应力表现为拉应力增加,满槽水深时钢筋应力在 28.77 ~ −53.20 MPa。顺水流方向大部分部位的应力表现为拉应力增加,满槽水深时钢筋应力在 63.74 ~ −76.16 MPa。

3. 落地槽结构应力、应变监测

落地槽在各种充水试验工况下不同槽榀同位置监测仪器除因混凝土入仓温度不同而测值不完全一致外,测值的变化规律基本一致。

空槽阶段,渡槽左侧墙(临边坡)、右侧墙和底板钢筋应力均显示结构为受压状态,钢筋计附近的应变计测值变化情况及发展趋势与钢筋计基本一致,两种仪器可以互相验证。

充水前,两种仪器测值除随温升、温降波动外,总体趋势向受压方向发展。充水前钢筋应力在 2.31 ~ −29.81 MPa。

充水至满槽水深,大部分部位的应力表现为压应力减小(或拉应力增加),满槽水深时钢筋应力在 1.70 ~ −32.63 MPa。

### 10.4.1.3 试验成果与理论计算对比分析

1. 梁式渡槽试验成果与设计值对比

梁式渡槽跨中挠度最大值为 2.9 mm,理论计算最大挠度为 1.84 mm,两者非常接近,考虑到实测值未扣除测量精度及误差等因素,实测挠度值及其变化规律基本符合实际受力变形状态。

梁式渡槽槽墩最大沉降量为 5.095 mm,理论计算槽墩最大沉降量为 37.31 mm,实测值远小于计算值。

选取沙河梁式渡槽 45 跨作为典型跨对比分析结构应力、应变。梁式渡槽钢筋计应力实测值见表 10-9,混凝土应变实测值见表 10-10、表 10-11。结构应力理论计算值见表 10-11 ~ 表 10-14。

表 10-9 沙河梁式渡槽第 45 跨钢筋计应力统计 （单位:MPa）

| 阶段 | 日期(年-月-日) | R45-1 | R45-2 | R45-3 | R45-4 | R45-5 | R45-7 | R45-9 | R45-10 | R45-11 | R45-12 |
| --- | --- | --- | --- | --- | --- | --- | --- | --- | --- | --- | --- |
| 空槽 | 2013-12-02 | 32.54 | -10.74 | -36.87 | -67.30 | -36.61 | 4.19 | -30.84 | -58.56 | -76.20 | -34.06 |
| 4 m | 2014-01-01 | 33.37 | -6.83 | -38.11 | -66.14 | -39.34 | 2.94 | -24.57 | -59.05 | -78.58 | -33.97 |
| 6 m | 2014-01-08 | 32.01 | -8.52 | -41.95 | -63.93 | -38.19 | 3.45 | -22.80 | -58.21 | -70.23 | -43.06 |
| 满槽 | 2014-01-15 | 33.30 | -3.21 | -44.38 | -60.29 | -36.52 | 6.25 | -17.92 | -56.16 | -64.57 | -45.87 |

| 阶段 | 日期(年-月-日) | R45-13 | R45-14 | R45-15 | R45-16 | R45-17 | R45-19 | R45-21 | R45-22 | R45-25 | R45-26 |
| --- | --- | --- | --- | --- | --- | --- | --- | --- | --- | --- | --- |
| 空槽 | 2013-12-02 | -33.08 | -27.05 | -18.60 | 16.30 | 6.54 | -31.71 | 11.68 | 6.32 | 3.62 | 3.70 |
| 4 m | 2014-01-01 | -31.27 | -25.20 | -18.42 | 21.62 | 6.14 | -31.47 | 12.33 | 11.99 | 8.20 | 7.96 |
| 6 m | 2014-01-08 | -31.24 | -29.22 | -26.08 | 19.21 | 4.38 | -34.40 | 10.56 | 10.93 | 6.43 | 8.52 |
| 满槽 | 2014-01-15 | -28.41 | -31.88 | -26.66 | 21.06 | 6.53 | -37.59 | 12.74 | 15.43 | 7.82 | 10.50 |

| 阶段 | 日期(年-月-日) | R45-27 | R45-28 | R45-29 | R45-30 | R45-23 | R45-24 | R45-18 | R45-20 |
| --- | --- | --- | --- | --- | --- | --- | --- | --- | --- |
| 空槽 | 2013-12-02 | -395.03 | -18.00 | -19.24 | -24.91 | -50.75 | -38.62 | -48.88 | -36.56 |
| 4 m | 2014-01-01 | -394.75 | -14.69 | -14.57 | -21.33 | -50.36 | -34.30 | -50.74 | -37.63 |
| 6 m | 2014-01-08 | -395.07 | -19.85 | -18.13 | -25.93 | -49.42 | -41.80 | -56.22 | -34.12 |
| 满槽 | 2014-01-15 | -394.90 | -20.75 | -20.65 | -27.56 | -49.19 | -42.49 | -57.97 | -31.65 |

表 10-10  沙河梁式渡槽第 45 跨应变计应变量统计（一）

（单位：με）

| 阶段 | 日期（年-月-日） | S45-1 | S45-2 | S45-3 | S45-4 | S45-5 | S45-8 | S45-9 | S45-10 | S45-11 | S45-12 |
|---|---|---|---|---|---|---|---|---|---|---|---|
| 空槽 | 2013-12-02 | 89.06 | -15.03 | -90.56 | | | -75.85 | -96.42 | -88.93 | -58.05 | -39.05 |
| 4 m | 2014-01-01 | 94.50 | -8.58 | -97.84 | -95.77 | -69.66 | -74.30 | -84.09 | -85.71 | -68.44 | -42.75 |
| 6 m | 2014-01-08 | 76.76 | -6.86 | -88.20 | -101.81 | -60.65 | -58.63 | -76.41 | -74.80 | -60.47 | -37.05 |
| 满槽 | 2014-01-15 | 80.36 | 5.88 | -72.44 | -113.33 | -49.22 | -59.78 | -82.44 | -65.10 | -56.39 | -31.68 |

| 阶段 | 日期（年-月-日） | S45-13 | S45-17 | S45-18 | S45-19 | S45-21 | S45-22 | S45-23 | S45-24 | S45-25 | S45-26 |
|---|---|---|---|---|---|---|---|---|---|---|---|
| 空槽 | 2013-12-02 | -39.18 | -20.08 | -75.51 | -185.31 | 45.49 | -89.04 | -63.73 | -117.60 | -82.09 | -84.30 |
| 4 m | 2014-01-01 | -31.44 | -11.10 | -73.97 | -178.98 | 23.59 | -104.86 | -64.45 | -101.43 | -83.41 | -93.37 |
| 6 m | 2014-01-08 | -12.27 | 7.35 | -67.85 | -185.04 | 22.50 | -72.81 | -98.49 | -105.47 | -79.81 | -101.91 |
| 满槽 | 2014-01-15 | -8.95 | 24.58 | -70.97 | -187.63 | 13.76 | -54.11 | -114.57 | -88.64 | -64.56 | -112.08 |

| 阶段 | 日期（年-月-日） | S45-27 | S45-28 | S45-29 | S45-30 | S45-31 | S45-32 | S45-35 | S45-36 | S45-37 | S45-38 |
|---|---|---|---|---|---|---|---|---|---|---|---|
| 空槽 | 2013-12-02 | -133.88 | -54.37 | -51.40 | -52.54 | -19.10 | -44.81 | -33.34 | -64.50 | -23.00 | -116.00 |
| 4 m | 2014-01-01 | -143.92 | -55.96 | -30.95 | -44.09 | -26.45 | -42.71 | -26.20 | -55.59 | -30.82 | -129.06 |
| 6 m | 2014-01-08 | -131.50 | -77.44 | -33.86 | -39.82 | -20.37 | -31.94 | -14.57 | -48.14 | -25.32 | -95.06 |
| 满槽 | 2014-01-15 | -97.16 | -81.02 | -32.29 | -30.58 | -12.23 | -30.30 | -3.01 | -54.22 | -21.57 | -67.79 |

| 阶段 | 日期（年-月-日） | S45-39 | S45-40 | S45-64 | S45-65 | S45-54 | S45-56 | S45-59 | S45-60 | S45-61 | N45-3 |
|---|---|---|---|---|---|---|---|---|---|---|---|
| 空槽 | 2013-12-02 | -68.28 | -91.18 | -72.84 | -16.94 | 236.80 | 71.39 | -90.98 | -176.33 | -87.01 | -59.15 |
| 4 m | 2014-01-01 | -67.10 | -74.29 | -63.06 | -3.82 | 236.33 | 67.20 | -99.02 | -168.24 | -80.20 | -55.15 |
| 6 m | 2014-01-08 | -93.05 | -86.45 | -61.83 | -32.69 | 231.70 | 56.53 | -80.99 | -173.77 | -86.45 | -52.95 |
| 满槽 | 2014-01-15 | -100.83 | -65.09 | -63.39 | -37.47 | 223.98 | 45.55 | -68.79 | -173.44 | -76.94 | -57.10 |

表 10-11 沙河梁式渡槽第 45 跨应变计应变量统计（二）

（单位：με）

| 阶段 | 日期(年-月-日) | S45-41 | S45-43 | S45-44 | S45-45 | S45-46 | S45-48 | S45-49 | S45-50 | S45-51 | S45-52 |
|---|---|---|---|---|---|---|---|---|---|---|---|
| 空槽 | 2013-12-02 | -53.11 | 33.23 | -63.92 | -30.49 | -44.63 | -24.50 | 15.22 | 4.42 | -52.56 | -5.89 |
| 4 m | 2014-01-01 | -50.13 | 36.71 | -60.07 | -31.33 | -42.20 | -23.50 | 11.06 | -0.39 | -53.68 | 8.17 |
| 6 m | 2014-01-08 | -52.97 | 38.95 | -71.12 | -29.17 | -57.54 | -21.19 | -24.94 | -3.49 | -45.19 | 2.35 |
| 满槽 | 2014-01-15 | -51.00 | 48.54 | -86.44 | -26.14 | -72.72 | -21.22 | -30.00 | 0.73 | -44.12 | 7.97 |

| 阶段 | 日期(年-月-日) | S45-57 | S45-69 | S45-62 | S45-63 | S45-70 | S45-58 | S45-68 |
|---|---|---|---|---|---|---|---|---|
| 空槽 | 2013-12-02 | -63.60 | -8.44 | 3.53 | -36.81 | -20.02 | -57.02 | -26.09 |
| 4 m | 2014-01-01 | -55.88 | 10.74 | 12.44 | -26.85 | -10.82 | -47.69 | -9.34 |
| 6 m | 2014-01-08 | -66.74 | 11.66 | 4.97 | -23.84 | -8.36 | -45.70 | -4.91 |
| 满槽 | 2014-01-15 | -79.68 | 13.98 | 9.95 | -16.38 | -8.16 | -38.73 | -6.01 |

表 10-12　跨中断面环向应力　　　　　　　（单位:MPa）

| 水深 | 内壁 | | | | 外壁 | | |
|---|---|---|---|---|---|---|---|
| | 直墙上端 | 30° | 65° | 90° | 0° | 45° | 90° |
| 空槽 | -2.35 | -4.49 | -4.03 | -3.64 | -6.98 | -2.55 | 0.03 |
| 3.7 m | -2.36 | -4.36 | -4.07 | -3.63 | -7.15 | -2.15 | 0.29 |
| 6.05 m | -2.35 | -4.11 | -3.16 | -2.8 | -6.01 | -2.52 | -0.21 |
| 7.4 m | -2.29 | -3.85 | -2.52 | -2.23 | -5.07 | -2.84 | -0.57 |

表 10-13　端部断面内壁环向应力　　　　　　（单位:MPa）

| 水深 | 直墙上端 | 0° | 20° | 55° | 90° |
|---|---|---|---|---|---|
| 空槽 | -2.87 | -1.53 | -2.22 | -2.4 | -2.88 |
| 3.7 m | -2.88 | -1.8 | -2.45 | -2.23 | -3.27 |
| 6.05 m | -3.02 | -2.75 | -2.77 | -1.73 | -2.93 |
| 7.4 m | -3.09 | -3.36 | -2.88 | -1.4 | -2.64 |

表 10-14　纵向应力　　　　　　　　　（单位:MPa）

| 水深 | 内壁 | | | |
|---|---|---|---|---|
| | 端部 | 1/8 断面 | 1/4 断面 | 跨中 |
| 空槽 | -6.14 | -3.79 | -4.07 | -3.65 |
| 3.7 m | -5.96 | -3.66 | -3.74 | -3.15 |
| 6.05 m | -5.89 | -3.4 | -3.35 | -2.62 |
| 7.4 m | -5.87 | -3.24 | -3.14 | -2.34 |

　　通过对比分析可知,梁式渡槽槽体纵向应力试验结果与计算纵向应力分布规律是一致的。

　　纵向应力分布表现为简支梁受弯规律,跨中受弯最大,跨中底部压应力最小,顶部压应力最大;同一级水深下从跨中至端部梁底压应力逐渐增大,梁顶压应力逐渐减小;同一断面部位,水深加大,底部压应力逐渐减小,顶部压应力逐渐增大。

　　环向内侧槽壁直段应力均变化不大,弧段上同一个部位在水荷载作用时,因水荷载产生拉的作用,随着水深的增加,压应力都逐渐减小;弧段从上到下在空槽与同一级水深下总的趋势压应力由大变小。

　　同一级水深下环向外壁圆弧段从上到下压应力逐渐减小,梁底部位最小。

　　主要断面应力分布对比表明,监测结果与设计计算槽身应力分布规律基本一致。

2. 箱基渡槽试验成果与设计值对比

箱基渡槽基础沉降量最大值为 18.72 mm,理论计算沉降量最大值为 59.47 mm,实测值远小于计算值,结构安全稳定。

渡槽结构缝充水前后变化不大,结构变形符合设计要求。

箱基渡槽各断面钢筋应力及混凝土应变变化规律符合预期,最大钢筋应力 81.61 MPa,远小于钢筋抗拉强度 300 MPa。

3. 落地槽试验成果与设计值对比

落地槽基础沉降量最大值为 11.76 mm,理论计算沉降量最大值为 45.9 mm,实测值远小于计算值,结构安全稳定。

渡槽结构缝充水前后变化不大,结构变形符合设计要求。

落地槽各断面钢筋应力及混凝土应变变化规律符合预期,最大钢筋应力远小于钢筋抗拉强度 300 MPa。

4. 相关问题分析

(1)充水试验前后对 12 跨梁式渡槽典型盖梁裂缝进行了监测,监测成果显示裂缝在充水试验期间有闭合趋势,裂缝宽度与槽内水位基本没有相关性,说明梁式渡槽盖梁裂缝与结构荷载无关。

(2)通过对安全监测数据分析,发现个别沉降、变形监测数据异常,但其变化过程仍符合规律,经分析,应为受现场监测条件限制,安全监测数据精度达不到所致。

(3)通过对安全监测数据分析,发现部分钢筋计应力监测数据异常,但其变化过程仍符合一般规律。

## 10.4.2　结构安全分析

沙河渡槽段渡槽结构形式共分梁式渡槽、箱基渡槽、落地槽三种,本次充水试验对各类型渡槽结构均进行了空槽→设计水位→满槽水位→空槽全过程试验,对结构整体安全进行了全面检验。

### 10.4.2.1　结构受荷下安全分析

本次充水试验分段、左右线轮次充水,各段充水周期为 2 个月。为全面检验渡槽运行期各种工况下的结构受荷状态,充水试验实施过程中决定采取分段充水,最终达到全线全部满槽的最不利工况,且渡槽结构持荷时间加长到 3 个月,对结构受力、变形有了全面的掌握。

(1)根据现场充水试验渗漏水情况统计分析,试验过程中出现的各类质量缺陷均为施工质量等问题,未发生普遍性的结构质量问题。

(2)通过充水试验发现,渡槽裂缝渗水点均为前期处理不到位的裂缝及渡槽侧墙施工缝,未发现因施加水荷载作用产生的结构裂缝。

(3)充水试验过程中,对全线各类型渡槽结构缝进行了观察,未发现较明显的结构缝张开或闭合现象。

(4)充水试验过程中对梁式渡槽典型盖梁裂缝进行了监测,监测成果显示裂缝在充水试验期间有闭合趋势,裂缝宽度与槽内水位基本没有相关性,说明梁式渡槽盖梁裂缝与结构荷载无关。

通过以上分析,沙河渡槽段整体结构在各工况下处于安全运行状态。

### 10.4.2.2　结构沉降、变形、挠度分析

通过对充水试验渡槽结构沉降、变形、挠度等外观监测仪器监测成果分析可知:

(1)梁式渡槽的挠度最大值为2.9 mm,槽身沉降量在7.8 mm以下,基础累计沉降量在5.095 mm以下。

(2)箱基渡槽槽顶最大沉降量为12.4 mm,基础最大累计沉降量为18.72 mm。

(3)落地槽槽顶最大沉降量为9 mm,基础最大累计沉降量为11.76 mm。

(4)沙河、大郎河梁式渡槽进出口渐变段槽顶沉降量在3.95 mm以下。

渡槽结构总体沉降量均小于5 cm,不均匀沉降量小于3 cm,各建筑物结构在满槽水位工况下的沉降、变形均在设计要求的范围内,挠度实测值与理论计算值基本相当,结构受力变形规律符合预期。结构整体处于安全运行状态。

### 10.4.2.3　结构应力、应变分析

通过对充水试验渡槽结构应力、应变等内观监测仪器监测成果分析可知:

(1)梁式渡槽结构在满槽水位工况下内壁仍处于受压状态,外壁混凝土拉应力均小于混凝土轴心抗拉强度设计值的90%。结构应力、应变规律符合预期。

(2)箱基渡槽、落地槽结构在各工况下应力、应变符合规律,钢筋最大拉应力远小于其抗拉强度,混凝土应变符合钢筋应力变化规律。

通过对渡槽结构应力、应变分析,结构整体处于安全稳定状态。

通过以上分析,沙河渡槽各类建筑物整体结构沉降、变形、应力符合设计预期,满足规范要求,工程处于安全运行状态。

## 10.4.3　充水试验结论

南水北调中线一期工程沙河渡槽段充水试验充水量巨大,历时长,参与单位众多,目前已基本完成充水试验工作。试验过程中各参建单位组织有序、协调有力,在充水试验过程中积累经验,根据现场实际情况及时调整充水试验计划安排,设计单位积极参与充水试验过程并及时给予技术指导,保证了试验平稳有序进行。

本次充水试验达到了试验目的,对本次充水试验各项成果分析,得出主要结论如下:

(1)沙河渡槽各类建筑物整体结构沉降、变形、应力符合设计预期,满足规范要求,渡槽结构整体安全稳定,在各设计工况下处于平稳运行状态。

(2)沙河渡槽段充水试验发现质量缺陷点总量较大,但绝大部分表现为轻微渗水,属Ⅰ、Ⅱ类质量缺陷,现场混凝土施工质量与止水安装总体较好,发现的质量缺陷不影响工程结构安全。

(3)对于出现的结构质量缺陷,按设计要求进行相应处理后,渡槽结构能够满足正常使用。

(4)对于本次发现的渡槽质量缺陷应在全线充水试验开始前全部处理完毕,以便于全线充水试验重点对这些部位进行检验。

沙河渡槽段线路长、建筑物体形复杂、技术含量高,参建各方在施工过程中通力配合,

严抓施工质量,施工过程中未发生一起质量事故,保证了沙河渡槽段按期高质量完工,渡槽施工质量总体符合要求,结构安全可靠,为南水北调中线一期工程顺利通水奠定了坚实的基础。

# 第 11 章　安全监测

## 11.1　安全监测设计

安全监测设计作为沙河渡槽工程设计中的重要组成部分,与其他设计一样,通过专家讨论及依据现场情况不断优化。安全监测设计以现场地质条件、环境条件,以及与沿线穿跨越工程和建筑物之间的相互影响为基础。根据建筑物的结构类型、工程技术特征、荷载以及可能影响工程产生不利后果的潜在因素确定监测范围和监测项目,并据此布置监测断面和监测仪器。

沙河渡槽安全监测设计从确定工程条件和监测目的开始,经历了监测变量和监测仪器的选择,预测和推演工程的运行性状,直到仪器设备安装埋设和根据监测资料进行分析提出评价为止,考虑到了沙河渡槽的整个生命(运行周期)。

### 11.1.1　监测目的

根据沙河渡槽的工程规模、结构形式、几何尺寸、工程技术特性和场区地质条件、自然环境条件、地下水状况及工程设计的施工方法和施工工序、使用年限等因素,确定沙河渡槽的监测目的如下:

(1)监视建筑物的安全运行,全面反映整个工程的工作状况,为工程正常安全运行提供支持。

(2)根据施工期监测资料,掌握施工期建筑物状况,验证施工工艺合理性,并及时反馈设计,满足建筑物施工要求,对可能发生的险情提前预报。

(3)根据长期监测资料验证设计的正确性。

(4)为以后的工程设计积累资料。

### 11.1.2　监测方案

(1)监测系统由仪器观测和人工巡视检查两部分组成,互为补充,缺一不可。

(2)在关键性的部位和有代表性的部位选择监测断面,以便能及时发现隐患和收集到各建筑物工作状况的信息。

(3)监测仪器的埋设尽量结合现场实际情况,且在安全可用的前提下,方便施工。

(4)要求施工期观测和永久观测相结合,从施工期就为运行期实现自动化监测创造条件。

(5)仪器设备做到耐久、可靠、经济、实用、有效,力求先进和便于实现自动化观测。

(6)及时整理、分析所测资料,并上报主管部门,以便及时发现不安全因素,采取有效的处理措施。

（7）以人工采集、自动采集、半自动采集方式相接合，所有监测数据均输入计算机进行统一管理和分析。

（8）从施工期开始就充分重视人工巡视检查工作，对各项观测资料及时进行整理分析，及时反馈管理、设计及施工部门。

## 11.1.3　监测项目

建筑物在施工及运行期间会引起各项技术参数的变化，也会由于环境变化的作用而产生不同的反应。监测项目根据需要掌握的物理量来确定。沙河渡槽安全监测项目主要有变形监测、渗流监测、土压力监测、应力应变监测、接缝监测、温度监测、钢铰线应力监测、基底压力监测等。主要布置的监测仪器有渗压计、土压力计、钢筋计、锚索测力计、应变计、无应力计、位移计、测缝计、固定式测斜仪、温度计、垂直位移测点等。

## 11.1.4　监测仪器选型

沙河渡槽作为促进区域协调发展的基础性水利工程，在安全监测仪器选型时充分考虑了仪器的可靠性、耐久性、准确性，以及仪器的使用环境、量程、准确度等性能。

（1）钢筋计。主要技术指标为：受拉测量范围 $0 \sim 300$ MPa，受压测量范围 $0 \sim 100$ MPa；分辨率不低于 $0.05 F \cdot S$；精度不低于 $\pm 0.25\% F \cdot S$；温度测量范围不小于 $-25 \sim 80$ ℃，要求与安装位置的钢筋同径；稳定性好，采用振弦式仪器。

（2）应变计。用于结构物混凝土应力应变的观测。主要技术指标为：量程 $0 \sim 3\,000$ $\mu\varepsilon$，精度不低于 $\pm 0.1\% F \cdot S$；温度测量范围不小于 $-20 \sim 80$ ℃，长度 150 mm；稳定性好，采用振弦式仪器。

（3）无应力计。由小应变计加外筒组成，用于混凝土内部自身体积膨胀监测。主要技术指标为：量程 $0 \sim 3\,000$ $\mu\varepsilon$，精度不低于 $\pm 0.1\% F \cdot S$；温度测量范围不小于 $-20 \sim 80$ ℃，长度 150 mm；稳定性好，采用振弦式仪器。

（4）锚索测力计。主要技术指标为：测力计额定张力 2 000 kN，超量程张力不低于 $150\% F \cdot S$；分辨率不低于 $0.025\% F \cdot S$，精度不低于 $(\pm 0.25\% \sim \pm 0.5\%) F \cdot S$；工作温度不小于 $-20 \sim 80$ ℃；测力计结构尺寸需与预应力锚具配套；稳定性好，采用振弦式仪器。

（5）位移计。采用不锈钢测杆，液压锚头（软基采用），灌浆锚头（岩基采用）；3 测点或单测点，钻孔深度 $20 \sim 50$ m（钻孔方向竖直和水平），测量范围 200 mm；分辨率不低于 $0.02\% F \cdot S$，精度不低于 $\pm 0.1\% F \cdot S$；温度测量范围不小于 $-25 \sim 60$ ℃；稳定性好，采用振弦式仪器。

（6）测缝计。为埋入式测缝计，主要技术指标为：量程 $0 \sim 50$ mm，分辨率不低于 $0.025\% F \cdot S$，精度不低于 $\pm 0.1\% F \cdot S$；温度测量范围不小于 $-25 \sim 80$ ℃；稳定性好，采用振弦式仪器。

（7）裂缝计。是测量结构开度或裂缝两侧块体间相对移动的观测仪器。其位移测量范围要求为 $0 \sim 100$ mm，分辨力不低于 $0.1\% F \cdot S$。

（8）渗压计。主要技术指标为：量程范围 $0 \sim 0.5$ MPa，分辨率不低于 $0.025\% F \cdot S$，精度不低于 $\pm 0.5\% F \cdot S$；温度测量范围不小于 $-20 \sim 60$ ℃；稳定性好，采用振弦式仪器。

（9）土压力计。为界面土压力计,主要技术参数为:量程 0.7~1.7 MPa,分辨率不低于 0.025%F·S,精度不低于±0.1%F·S;温度测量范围不小于-20~80 ℃;稳定性好,采用振弦式仪器。

（10）土体位移计。主要技术指标为:量程 0~200 mm,分辨率不低于 0.025%F·S,精度不低于±0.1%F·S;温度测量范围不小于-25~60 ℃,温度测量精度不低于±0.5 ℃;稳定性好,采用振弦式仪器。

（11）固定测斜仪。主要技术指标为:量程-10°~+10°,精度±0.1%F·S;温度测量范围-25~60 ℃,温度测量精度±0.5 ℃,采用振弦式仪器。

（12）垂直位移标点。用于混凝土建筑物、浆砌石连接段和渠堤竖向位移观测,主要采购部件为标芯和保护盒,标芯采用不锈钢标芯。垂直位移基准点采用双金属标。

## 11.1.5　监测仪器布置

沙河渡槽根据结构形式分为梁式渡槽、箱基渡槽和落地槽。根据三种结构形式的结构特点、结构的形态变化规律和参量的分布特征,分别选择具有代表性的部位布置监测仪器设施。

### 11.1.5.1　梁式渡槽

沙河梁式渡槽长 1 410 m,共 47 跨,单跨跨径 30 m,根据建筑物的结构布置以及工程地质情况选取 16 节槽身布置监测断面;大郎河梁式渡槽长 300 m,共 10 跨,单跨跨径 30 m,取 1 节槽身布置监测断面。每节槽身中部设 1 个监测断面、端部设 1 个监测断面。为了进行综合监测,槽身主体段各种仪器的布设断面相同。监测跨监测设备布置见图 11-1,仪器布置如下。

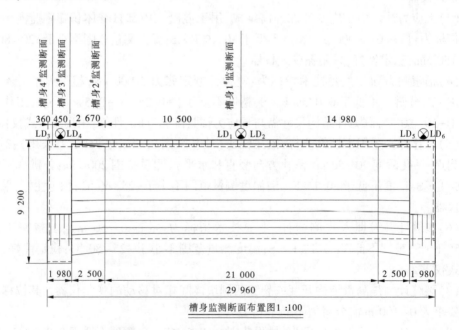

图 11-1　监测跨监测设备布置图　（单位:mm）

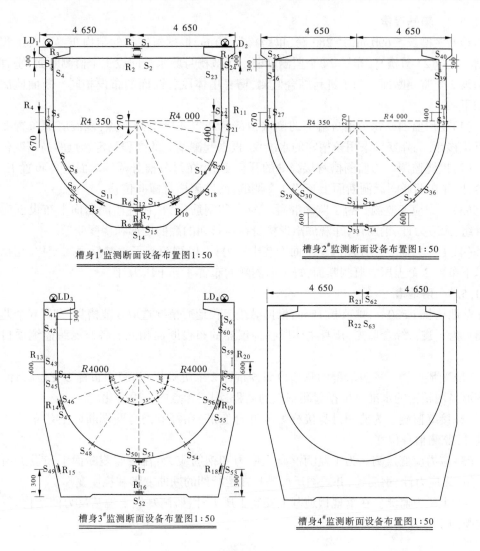

槽身1#监测断面设备布置图1:50

槽身2#监测断面设备布置图1:50

槽身3#监测断面设备布置图1:50

槽身4#监测断面设备布置图1:50

续图 11-1

（1）变形监测。每跨槽身的端部和中部各布置 3 个沉降标点，下部槽墩上各布置 4 支位移计，承台下各布置 1 支三点位移计，沉降变形采用精密的水准仪，根据起测基点的高程测定标点的高程变化。

（2）接缝监测。为监测槽身接缝处的开合变形，在每跨槽身两端断面上各布置 6 支测缝计，并在槽身侧墙中部布置 2 支测缝计，监测槽身横向位移。

（3）应力应变监测。为了监测混凝土应力和钢筋应力，在各监测断面上布设五向应变计组、无应力计、钢筋计、单向应变计。在监测跨端部、横向、顶部布置锚索测力计，并要观测矩形槽身在运行期的翘曲变形和挠度变形。

（4）槽墩倾斜监测。在监测断面下部结构的空心墩上，每墩布置一支固定式测斜仪，监测空心墩的倾斜。

#### 11.1.5.2　箱基渡槽

箱基渡槽长 5 690 m,共 285 跨,单跨跨径 20 m,根据建筑物的结构布置以及工程地质情况选取 24 节槽身,布置 24 个监测断面。每节槽身顺水流向设 1 个监测断面,垂直水流向设 2 个监测断面。为了进行综合监测,槽身主体段各断面的布设相同。断面监测项目如下:

(1)变形监测。每节槽身端部的侧墙顶部各布置 4 个沉降标点,涵洞底部布置 2 支单点位移计,沉降变形采用较精密的水准仪,根据起测基点的高程测定标点的高程变化。

(2)接缝监测。为监测槽身接缝处的开合变形,在每节槽身两端断面上各布置 12 支测缝计,并在两联间涵洞断面上布置 2 支测缝计,监测槽身横向位移。

(3)应力应变监测。为了监测混凝土应力和钢筋应力,在各监测断面上布设五向应变计组、无应力计、钢筋计,并观测矩形槽身在运行期的翘曲变形和挠度变形。

(4)土压力监测。在涵洞建基面安装土压力计,监测箱基下地基反力的变化,在每个箱基下布置 2 个土压力监测断面,每个监测断面布置 3 支土压力计。

#### 11.1.5.3　落地槽

落地槽长 1 530 m,单节长 15 m,根据沿线工程地质情况选取 6 节槽身,布置 6 个监测断面。为了进行综合监测,槽身主体段各种仪器的布设断面相同。各监测跨监测项目如下:

(1)变形监测。槽身端部的侧墙顶部各布置 2 个沉降标点,底部布置 2 支位移计,沉降变形采用精密的水准仪根据起测基点的高程,测定标点的高程变化。

(2)接缝监测。为监测槽身接缝处的开合变形,在每节槽身两端断面上各布置 4 支测缝计,监测槽身位移。

(3)应力应变监测。为了监测混凝土应力和钢筋应力,在各监测断面上布设五向应变计组、无应力计、钢筋计,并观测矩形槽身在运行期的翘曲变形和挠度变形。

(4)土压力监测。在落地槽地基上安装土压力计,监测基底下地基反力的变化,每个监测断面上布置 2 支土压力计。

# 11.2　仪器设备安装

## 11.2.1　安装要求

(1)仪器设备在埋设安装一个月之前采购进场并进行现场检验和率定(见图 11-2),同时报送其性能参数和施工计划。

(2)监测仪器设备安装和埋设以及有关的工作按照相关规范和厂家说明书进行。安装仪器设备的仓面、钻孔及待装仪器设备和材料验收合格后方可进行下一道工序施工。

(3)仪器设备安装严格按设计图纸、通知及要求进行。对埋设过程中损坏的仪器应立即补埋或采取必要的补救措施。在观测和分析过程中发现仪器损坏或失效时应尽快将有关情况上报。

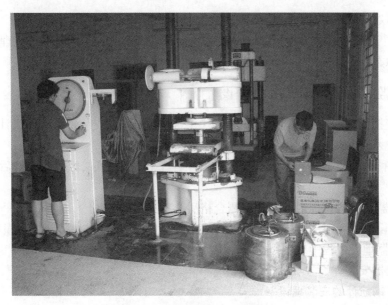

**图 11-2 锚索测力计现场率定**

(4)准确记录已埋设安装仪器的编号、坐标和方向、电缆走向、埋设时间及埋设前后的监测资料、混凝土入仓温度、气温等资料。

(5)各监测点严格按施工图要求放样,各内观仪器埋设误差不允许超过 10 cm,各变形外观监测点放样误差不允许超过 20 cm,若现场存在特殊情况,各测点确需移位,应经过批准。在施工过程中加强对仪器的保护,必要时提供保护罩、标记和栅栏。

(6)仪器设备安装埋设前,应将检验合格的仪器设备进行妥善保管。不符合规范要求和本合同技术要求的仪器设备不得安装埋设。

(7)根据建筑物施工的进度计划制订监测仪器设备的安装和埋设计划;协调好监测仪器设备安装、埋设和建筑物施工的相互干扰。

(8)仪器安装记录应标示工程名、仪器编号、埋设位置、气温、二次仪表编号、日期、时间、监测数据、说明、埋设示意图及安装人员等项目。

(9)仪器埋设中应对各种仪器设备、电缆、监测剖面、控制坐标等进行统一编号,每支仪器均需建立档案卡。

## 11.2.2 施工准备

监测仪器设备的施工埋设是关系到原型监测成败的重要环节,因此在监测仪器施工埋设前应做好充分准备。

(1)根据设计图纸、通知、相关技术规程规范及工程施工进度安排,提前备齐所需监测仪器和试验设备。

(2)仪器运抵现场后,按有关规范或仪器生产厂家提供的方法,对仪器的性能进行率定。率定合格后,仪器要放在干燥的仓库中妥善保存,严禁仪器和电缆受到日晒、雨淋和水浸泡。

(3)根据设计图纸和现场情况,按有关规范和仪器生产厂家的要求连接仪器的加长电缆,加工仪器埋设所需的零部件,购置配套齐全的施工器材。

　　(4)进行仪器埋设的测量放样,并做明显标记,测量定位资料应及时整理,并填写到考证表内永久保存。

## 11.2.3　监测仪器设备的安装埋设

　　沙河渡槽使用的监测仪器设施均为常规仪器设施,埋设安装严格按照设计图纸、通知和相关的技术规程规范执行,安装过程应满足以下要求:

　　(1)各种监测仪器须在仪器安装埋设的土建工程施工完成,经验收合格后,才能安装埋设。

　　(2)仪器安装就位经现场监理检测合格后,方可浇筑混凝土。

　　(3)埋设仪器周围的混凝土要用人工或小型振捣器小心振捣密实,防止损坏仪器。

　　(4)仪器埋设过程中应随时对仪器进行检测,确定仪器正常。

　　各类仪器安装埋设方法如下。

### 11.2.3.1　钢筋计的安装埋设

　　(1)钢筋计应与所测钢筋的直径相匹配。钢筋计埋设前要进行除污除锈等工作,保证和混凝土良好结合。钢筋计安装埋设过程中不要用钢筋计本身的电缆来提起钢筋计(见图11-3)。

图 11-3　钢筋计安装

　　(2)钢筋计安装埋设时,将监测部位的钢筋按钢筋计长度裁开,然后将钢筋计对焊在相应位置的钢筋上,保证钢筋计与钢筋在同一轴线上。

　　(3)焊接时,可采用对焊、坡口焊或熔槽焊,要求焊缝强度不低于钢筋强度。机械连接时采用直螺纹接头。

　　(4)为避免焊接时温升过高,损伤仪器,钢筋计在焊接过程中,仪器要包上湿棉纱,并不断浇水冷却,使仪器温度不超过60 ℃,直至焊接完毕。仪器浇水冷却过程中,不得在焊缝处浇水。

（5）焊接时要当心,不要损坏或烧着电缆,电缆头的金属线头不要搭接在待焊钢筋网上,以防止焊接时形成回路电弧打火损坏钢筋计。

（6）焊接完成并检查焊接质量合格后,量测仪器读数并记录数据。

#### 11.2.3.2　应变计的安装埋设

（1）按照图纸要求确定应变计安装位置。

（2）将应变计传感器和感应线圈组合在一起并锁好卡箍。

（3）在混凝土浇筑之前,按设计图纸所示的角度和方向将应变计绑扎在对应的钢筋上,埋设仪器的角度误差不超过 1°。

（4）回填混凝土并保护电缆。

（5）量测安装后的仪器读数并记录数据。

钢筋计及应变计安装完成的图片见图 11-4。

**图 11-4　钢筋计及应变计安装完成**

#### 11.2.3.3　无应力计的安装埋设

（1）按照图纸要求确定无应力计安装位置。

（2）将应变计传感器和感应线圈组合在一起并锁好卡箍。

（3）将组装好的应变计用细铅丝固定在无应力桶中心位置上并保证无应力桶口朝上。

（4）将仪器埋设断面周围的混凝土剔除大骨料后填入无应力桶内,回填过程中应保持应变计的位置,用人工振捣使混凝土密实。

（5）将无应力桶固定在设计图纸要求的位置上。

（6）量测安装后的仪器读数并记录数据。

#### 11.2.3.4　锚索测力计安装

（1）安装前检查。用万用表检查红黑芯线间的电阻,正常为 180 Ω 左右。用万用表检查绿白芯线间的电阻,在 25° 时大约为 3 000 Ω。使用 100 V 兆欧表测量任何导线和屏蔽线之间的绝缘电阻应超过 20 MΩ（测量时应考虑芯线电阻,大约为 50 Ω/km,双向则乘以 2）。使用读数仪测量各传感器的读数的平均值是否与出厂时一致,通常不大于 50 字。

（2）保证锚索测力计安装基面与钻孔方向的垂直十分必要。应检查锚垫板与锚束张拉孔的中心轴线是否相互垂直,允许的垂直偏差范围是 90°±1.5°。任何超过该偏差范围的安装将会导致锚索测力计在锚束张拉过程中在垫板上产生滑移、测值偏小或测值失真。

（3）锚索测力计安装在预应力端头锚孔口垫板与工作锚板之间。测力计的安装与锚索外锚板的安装同步进行。锚索测力计应该尽量对中,以避免过大的偏心荷载。锚索测力计承载筒上下面可设置承载垫板以保证平整结合以便荷载均匀传递,承载垫板应经平整加工,不得有焊疤、焊渣及其他异物。

（4）锚垫板与安装孔有较大的垂直偏差时,可在锚索计与锚垫板之间增加楔形垫板,其楔形的角度与垂直偏差角度相同,中间的孔径与锚垫板相同,同时在垫板上开槽可避免楔形垫板在张拉的过程中产生滑移,注意楔形垫板的最薄端的厚度应至少为 20 mm,以保持足够的强度。在加载时宜对钢铰线采用整束、分级张拉,以使锚索计受力均匀。不推荐单根张拉的加载方式,因单根张拉后的实际荷载往往比预期的要小,同时会产生一定的偏心荷载。加载时,应在每级荷载稳定后读数。

（5）量测安装后的锚索测力计读数并记录数据。

沙河渡槽安装纵向圆形锚索测力计和环向扁形锚索计现场分别见图 11-5、图 11-6。

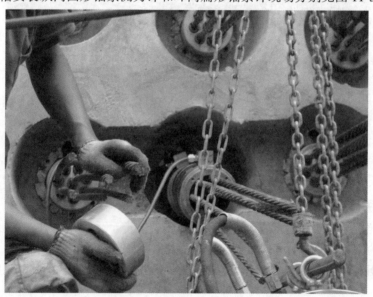

**图 11-5　纵向圆形锚索测力计安装**

### 11.2.3.5　土压力计的安装埋设

（1）按照设计图纸要求确定土压力计安装位置。

（2）拌和速凝水泥砂浆抹在混凝土垫层表面上,将土压力计压进砂浆中,使多余的水泥砂浆挤到土压力计的边上。

（3）固定仪器。

（4）量测安装后的仪器读数并记录数据。

图 11-6　环向扁形锚索张拉

### 11.2.3.6　土体位移计的安装埋设

1. 初步检验

收到仪器要先检查,确认元件正常。将读数仪的线夹对应颜色连接仪器的芯线。打开读数仪,将档位调至"B"。读数显示应为 2 000~8 000 digit,波动范围应稳定在±1 digit。轻拉仪器末端,读数值应上升。温度读数应符合当地气温。

2. 在钻孔内安装

钻孔的深度超出最深处法兰 500 mm。钻孔直径≥60 mm。将传感器放入孔中,用杆将传感器推至设计检测位置。如果孔中放置的传感器不止一个,当放置浅层传感器时,要确保深层传感器的位置不变。钻孔灌浆使用水泥砂浆混合物,混合物中水灰比为 1.0∶0.5∶1.0。

3. 在混凝土结构中安装

将土体位移计直接放入混凝土结构中,或在混凝土前用金属丝绑扎在钢筋架或钢筋网中。绑扎位置与管垂直,且不能绑得太紧,以便在浇筑混凝土时允许轻微的移动。传感器的压缩模量大约为 $1.4 \times 10^3$ MPa,在固化初期应与混凝土保持一致。

### 11.2.3.7　位移计的安装埋设

1. 钻孔

(1)多点位移计采用钻孔法埋设,在仪器埋设部位开挖完成后按设计的孔向、孔深钻孔,钻孔孔径 110 mm。钻孔偏差应小于 1°,孔深比最深测点深 1.0 m,孔口保持稳定平整。

(2)钻孔要求孔壁光滑、通畅,孔口扩大段应与孔轴同心,钻孔完成后用清水将钻孔冲洗干净。

2. 仪器组装

(1)按设计的测点深度,将锚头、位移传递杆和保护管与传感器严格按厂家使用说明书进行组装,其传递系统的杆件保护管胶接密封,传递杆、灌浆排气管每隔一定距离用胶带绑扎固定。

(2)组装过程中每个锚头都绑有安全绳,以便必要时可将测杆拉回,同时做好测杆编号标记,以防混淆。

(3)量测位移计初始读数并记录数据。

(4)预拉传感器并拧紧固定螺栓。

3. 仪器安装

(1)组装的位移计经现场检测合格后,缓慢送入孔中,用水泥砂浆密封孔口,保证测头基座与孔壁之间要密实。

(2)在孔口水泥砂浆固化后,进行封孔灌浆,水泥砂浆灰砂比为1:1,水灰比为0.5,灌浆压力不大于 0.5 MPa,灌至孔内停止吸浆时,持续 10 min 结束,确保最深测点锚头处浆液饱满。

(3)灌浆完成待水泥砂浆达到初凝状态后,进行电测基座和位移计的安装。

(4)安装完毕并检测合格后,安装传感器保护罩。

(5)量测安装后仪器读数并记录数据。

(6)用水泥砂浆封孔口,并保护电缆。

### 11.2.3.8 测缝计的安装埋设

(1)测缝计安装前,用棉纱将套筒外部擦干净,使其与混凝土良好结合。

(2)在先浇的混凝土块上,按设计位置在模板上定出埋设点位置,预埋测缝计套筒,为保证套筒的方向用细铅丝将套筒固定在模板上,套筒位置用油漆在模板上做出标记,以便拆模后在混凝土表面找到套筒位置。

(3)在套筒内的螺纹上涂上机油,塞满布条以防水泥浆堵塞。

(4)当后浇块混凝土浇至仪器埋设高程以上 20 cm 时,振捣密实后挖去混凝土,露出套筒,打开套筒盖,取出填塞物,安装测缝计,预拉测缝计并固定牢靠,回填同强度等级混凝土,人工插捣密实。

(5)量测安装后的仪器读数并记录数据。

### 11.2.3.9 固定测斜仪的安装埋设

(1)按照图纸要求确定固定测斜仪的安装位置。

(2)打孔安装膨胀螺栓,然后安装支架。

(3)将固定测斜仪保险打开,保险打开后不能晃动,始终保持垂直,缓缓将固定测斜仪安装在支架上,拧紧螺栓。

(4)量测安装后的仪器读数并记录数据。

### 11.2.3.10 渗压计的安装埋设

渗压计埋设采用钻孔法,在渗压计埋设位置附近基础处理完成后钻孔埋设。

1. 钻孔

(1)钻孔直径为 130 mm,平面位置误差不大于 10 cm,孔深误差不超过±20 cm,钻孔倾斜度不大于 1°。

(2)土层造孔时采用干钻,套管跟进;基岩、砂层或砂卵石层造孔时采用清水钻进,严禁用泥浆固壁,造孔过程中为了防止塌孔可采用套管护壁(若估计套管难以拔出时,可预先在监测部位的套管壁上钻好透水孔)。

(3)造孔过程中应连续取芯,并对芯样做描述,记录初见水位、终孔水位,造孔完成后应测量孔深、孔斜并提出钻孔柱状图。

2.埋设准备

(1)渗压计现场安装前外壳及透水石须在清水中浸泡 24 h 以上,使其充分饱和。

(2)加工砂囊[用土工布和过滤料(中、粗砂)]并用细钢丝将砂囊固定在仪器及电缆上。

(3)将预选好已在水中浸泡 24 h 以上的渗压计放入砂囊内。

(4)量测零水位读数并记录数据。

3.安装、埋设

(1)安装在测压管内的渗压计用 1.2 mm 钢丝悬吊,慢慢放入孔内,下放时仪器应靠近孔壁以便于人工比测。

(2)仪器就位测值正常后,将钢丝固定在电缆保护管管口处的钢筋上,钢筋呈十字交叉焊于管口处,仪器电缆绑扎在钢丝上,每隔 1.5 m 绑扎一处,电缆应保持适当的松弛。

(3)仪器安装无误后,量测安装后的仪器读数并记录数据,尽快安设管口保护装置。

### 11.2.3.11　电缆连接、敷设及保护

1.电缆连接

电缆连接采用热缩材料,保证接头的防水、绝缘等要求。接头连接后进行测试,如发现异常,立即查找原因并及时修复。

连接方法:电缆芯线间用焊锡连接,连接后采用 $\phi 2.5$ mm 的热缩管套在芯线接头处,用热风枪从中部向两端均匀加热,使热缩管均匀收缩,管内不留空气,使热缩管紧密与芯线结合,随后在电缆接头处缠热熔胶带,然后将预先套在电缆上的 $\phi 12 \sim \phi 14$ mm 的热缩管移至缠好的热熔胶带处加温热缩,以保证接头处的强度及防水性。

2.电缆敷设及保护

(1)监测仪器的电缆在结构物内部牵引时,仪器电缆沿钢筋牵引,并将电缆用尼龙绳绑扎在钢筋上,每隔 1 m 绑扎一处。

(2)监测仪器的电缆沿建筑物底面、建筑物外部牵引时,电缆外加保护管保护。

(3)穿保护管的电缆,在保护管出口处和入口处应采用三通或弯头相接,出入口处电缆应用布条包扎,以防电缆受损。

(4)水平敷设的电缆呈"S"形,垂直上引的电缆要适当放松,不要频繁拉动电缆,以防损坏。

(5)电缆牵引过程中应将电缆理顺,不相互交绕。

(6)电缆跨缝时,应有 5~10 cm 的弯曲长度,电缆在跨缝处,在电缆外包扎多层布条,包扎长度为 40 cm。

(7)电缆牵引时若遇转弯,转弯半径应不小于 10 倍的电缆保护管管径。

(8)电缆牵引过程中,要保护好电缆头和编号标志(在出混凝土时须设置编号标志,土体中须加密编号),防止浸水和受潮,随时检测电缆和仪器的状态及绝缘情况,并记录

和说明。

(9)从监测仪器引出的电缆不应暴露在日光下或淹没在水中,如不能及时引入监测室,设置临时保护措施,以防破坏和老化。

#### 11.2.3.12　沉降测点及工作基点的安装埋设

(1)为减少和土建施工单位施工冲突,沉降标点采用钻孔法埋设,埋设时将标点放入孔内,回填水泥砂浆,上部用不锈钢保护盒封闭,并加锁具以策安全。

(2)要求标点头高出预留槽底混凝土表面 5~10 mm。

工作基点是对监测点进行周期性监测的基准,点位应设置在待观测点均通视的稳定区域内,测点应设观测墩,标石应采用《国家一、二等水准测量规范》(GB 12897—91)附录A7 混凝土普通水准标石埋设。

## 11.2.4　仪器埋设后的工作

(1)从仪器安装埋设准备开始至埋设施工结束,应随时记录,填写考证表,并存档妥善保管。

(2)监测仪器埋设后应立即检测仪器的工作状态是否正常,发现不正常应分析原因,并提出补救措施。

(3)仪器埋设完后立即将仪器实际位置、电缆牵引位置画到竣工图上,并做好埋设仪器的施工记录。

(4)施工期各仪器设备必须由专人进行保护和保养。

(5)在施工过程中承包人应对所埋的仪器设备及电缆设置醒目的标识,对临时暴露在外的监测设施电缆应设置保护装置。

(6)当所埋仪器和电缆部位土建施工时,安全监测承包人必须到现场协调及关照。

(7)应结合工程特点制订出可行的仪器设备及电缆的保护及维护计划。

(8)施工机械或人员造成监测仪器损坏时,应负责赔偿并重新安装。对于被损坏而不可更换的仪器,应采取妥善的补救措施。

# 11.3　监测实施

## 11.3.1　施工期监测要求

监测方法、设备和测次严格按照设计要求执行。在必要时期,根据要求增加部分仪器的测次,并限期提供监测成果。

#### 11.3.1.1　工作基点观测

各工作基点的初始值应在工程具备条件时尽早测得,施测时应在最短的时间内连续观测不少于 2 次,合格后取平均值。正常情况下,工作基点每年校测 2 次;出现异常情况时,随时校测。

#### 11.3.1.2　垂直位移测点观测

沙河渡槽垂直位移监测根据一等水准观测要求施测,其位移量中误差不得超过 1

mm,观测频次为 2 次/月。

**图 11-7 垂直位移测点观测**

#### 11.3.1.3 渗压计观测

渗压计埋设后,采用相应的二次读数仪表进行观测,渗压测点观测 2 次/旬。充水检查期每天观测 1 次,工程运行初期内渗压计一般每月观测 8 次;测值基本稳定 1 年后每月观测 4~8 次。

#### 11.3.1.4 土压力计观测

土压力计埋设后,采用相应的二次读数仪表进行观测,土压力测点观测 2 次/月。

#### 11.3.1.5 测缝计、应力应变等仪器观测

钢筋应力计、测缝计和应变计埋设后 24 h 内,每隔 4 h 测 1 次,之后每天观测 3 次,直至混凝土达到最高水化热温升;以后每天观测 1 次,持续 2 周;之后每周观测 2 次,持续 2 周,之后每周观测 1 次,观测频次可随施工进度适当调整。通水检查期应每 1~2 d 观测 1 次。试运行初期每 1~2 d 观测 1 次。

#### 11.3.1.6 测力计观测

锚索锚固力观测分为张拉前、张拉过程中及张拉后三个阶段。张拉前反复测读初始值;张拉过程中,按设计规定的分级张拉程序逐级测读;张拉结束时,通过锁定前后测力器读数变化,确定锁定损失值。在锚索锁定后 3 h 内,要求每 0.5 h 观测 1 次;3~12 h 间每小时观测 1 次;12~24 h,要求每 3 h 观测 1 次。从第 2 天起,一个月内,每天观测 1 次;此后半年内,每周观测 1~2 次。充水检查期应每 1~2 d 观测 1 次,运行初期每月观测 4~8 次,特殊情况应加密测次。测值基本稳定后可酌情延长观测间隔时间。

#### 11.3.1.7 土体位移计等观测

土体位移计、多点位移计、测斜仪等埋设后,采用相应的二次读数仪表进行观测,观测频率为 1 次/旬。

#### 11.3.1.8　巡视检查的要求

在做好埋设安装仪器设备监测工作的同时,还需特别重视现场的巡视检查。收集施工现场及工程过水过程中与结构安全有关的信息,包括边坡表面裂缝、闸室混凝土裂缝、渗水、洞室内衬的开裂、掉块等现象以及施工质量事故情况。一般情况 1~2 次/月。

各监测项目的监测资料分析应密切结合现场情况和巡视检查的资料进行。

#### 11.3.1.9　其他

各监测项目严格按《混凝土坝安全监测技术规范》(DL/T 5178—2003)及《土石坝安全监测技术规范》(SL 60—94)执行。

## 11.3.2　运行初期监测

对于沙河渡槽这一举世瞩目的世界性工程而言,保持正常输水至关重要。工程安全监测,第一要务,也就是最为重要的工作,就是根据监测成果,分析、研判渡槽的运行状态是否安全,是否稳定,使之为工程通水服务。在工程运行期,无论是按照相关国家规范,还是按照南水北调相关的企业标准,安全监测工作均需按照要求不间断地开展。

运行期安全监测的主要任务为:

(1)编制工程安全监测实施方案及工作进度计划。

(2)按要求进行安全监测数据的采集、整理、分析。

(3)汇总分析监测数据,建立、更新、报送异常问题台账。

(4)编写安全监测分析报告。

(5)及时上报安全监测异常情况,并提出处置建议。

(6)安全监测服务单位的管理及安全监测设施的日常维护。

根据安全监测工作管理的需要,按照安全监测相关规程、规范要求,结合工程特性,南水北调中线干线建设管理局专门组织编制了《工程运行安全监测管理办法》《安全监测管理标准》《安全监测技术标准》《安全监测管理岗位工作标准》等标准,规范了运行期工程安全监测工作开展,为及时掌握工程运行性态,保障工程安全提供准确可靠的安全监测数据。

#### 11.3.2.1　运行初期安全监测管理

运行期安全监测管理的目标是防止重大安全生产事故的发生,确保工程安全,加强通水初期安全监测管理,规范安全监测作业行为,明确监测工作的重点和要点。

工程安全监测应严格执行相关技术标准和规定,确保监测操作规范、监测成果可靠、资料整编及时、资料分析合理。

1. 安全监测管理体系

南水北调中线干线一期工程安全监测根据统一管理、分级实施的原则,共设三级管理机构。一级管理机构南水北调中线干线工程建设管理局负责建立安全监测管理体系,安全监测技术管理,安全监测新技术的研究和推广应用。二级管理机构河南分局负责所辖工程的安全监测工作组织实施,安全监测施工合同验收,应急安全监测组织管理,配合中线建管局安全监测管理相关工作。三级管理机构现地管理处负责现场安全监测管理,按有关规定和要求开展内观观测数据采集和初步判断,上报安全监测观测分析成果,负责安全监测设施的维护管理,安全监测数据异常问题的处置上报,安全监测仪器设施保护及实施行为存在问题的整改。

2. 监测人员及设备管理

安全监测管理人员应具有相应的工程技术知识和安全监测专业知识,熟悉所负责区域工程特性和安全监测设施情况,经过专业培训,并保持相对固定。

监测仪器安装后应按相关规范规定定期进行观测分析,发现仪器失效的应及时上报备案,登记失效仪器台账;外观测点及设施设备损坏的应及时上报备案并进行修复或更换,现地管理处应建立监测仪器设施台账。

观测设备应满足国家相关规范规定的各监测项目的监测范围和精度要求,并按规定定期送国家相关检定机构检定,日常观测中要定期或不定期地按相关规定进行自检和保养。观测设备若不满足精度要求,应及时校正,若校正后还不能满足使用要求或无法修复,应及时申请报废和更换。现地管理处应建立二次仪表设备台账。对暂时不使用的仪器可以贴上停用标志,定期充电保养,不用送检,待计划使用前送检检定合格后方可启用。

### 11.3.2.2 监测重点项目

沙河渡槽作为综合规模世界第一的输水渡槽,是工程安全监测的重点监测对象,其重点监测项目为受通水影响的效应量、结构应力和钢筋应力变化情况、结构缝开度在不同季节变化情况、渗漏水情况及与建筑物有关的填筑体表面沉降变形、河道冲刷变形等。

### 11.3.2.3 监测频次

沙河渡槽通水初期由于受到充水加载的影响,为重点监测建筑物,其监测频次要求如表 11-1 所示。

### 11.3.2.4 主要监测方法

1. 内观仪器观测

内观仪器是随监测部位土建施工同步埋设的电测仪器,主要包括钢筋计、应变计、无应力计、测缝计、渗压计、多点位移计、锚索测力计、测压管、土压力计等。观测时使用便携式读数仪在观测站内点对点测读,然后根据仪器编号输入到相应仪器的整编数据库中计算物理量。监测仪器观测采用规定格式记录。观测完成后,应立即检查观测记录的正确性、准确性与完整性,各项检验结果是否在限差以内,观测值是否符合精度要求。

数据观测后应当天输入整编数据库或自动化监测系统,检查计算物理量的合理性并初步分析数据变化是否出现异常,若数据变化较大,应分析原因,并尽快进行补测,复核数据的正确性,确保数据观测无误后,仍然出现异常应及时上报。

2. 外观设施测量

外观设施是在监测对象表面埋设的标点、标尺或钻孔埋设的导管、装置等观测设施,主要包括水准点、水准工作基点、沉降管、测斜管等。外观设施数据采集时需到达监测设施所处位置,用对应的测量仪表(如全站仪、水准仪、测斜仪、电测水位计、电磁沉降仪等)进行现地观测。沙河渡槽上安装的外观监测设施共包括沉降测点 625 个,沉降观测使用一等水准观测仪进行观测,一等水准观测使用电子水准仪进行,观测时宜布设成闭合水准路线,水准路线环闭合差不超过±2 mm。

#### 11.3.2.5　监测资料整理

安全监测资料整编应做到迅速、准确、有效,对发现的问题要及时反馈,有疑问的数据需立即补测或校验。监测人员除严格按监测资料整编规程和南水北调工程有关管理规定,及时对所测资料进行整理整编外,还应做好以下方面(不限于此):

**表 11-1　通水运行初期沙河渡槽观测频次**

| 序号 | 监测项目 | 监测设施 | 正常观测频次 | 非常情况观测频次 | 备注 |
|---|---|---|---|---|---|
| 1 | 变形监测 | 水准点 | 30 天 1 次 | 15 天 1 次 | 非常情况为:水位快速上升、下降或测值显著发生变化 |
|  |  | 位移计 | 7 天 1 次 | 3 天 1 次 |  |
|  |  | 固定式测斜仪 | 7 天 1 次 | 7 天 1 次 |  |
|  |  | 测缝计 | 7 天 1 次 | 3 天 1 次 |  |
| 2 | 渗流监测 | 渗压计 | 7 天 1 次 | 3 天 1 次 |  |
| 3 | 应力应变监测 | 应变计 | 7 天 1 次 | 3 天 1 次 |  |
|  |  | 无应力计 | 7 天 1 次 | 3 天 1 次 |  |
|  |  | 压应力计 | 7 天 1 次 | 3 天 1 次 |  |
|  |  | 钢筋计 | 7 天 1 次 | 3 天 1 次 |  |
|  |  | 温度计 | 7 天 1 次 | 3 天 1 次 |  |
|  |  | 土压力计 | 7 天 1 次 | 3 天 1 次 |  |
|  |  | 锚索测力计 | 7 天 1 次 | 3 天 1 次 |  |

(1)应主动收集初期通水相关的外围资料,包括仪器周围的施工情况,气温、降水、水位等环境量,通水过程中出现的各种异常情况等。对收集到的资料进行妥善保管,并在相应的监测记录中做必要备注,以供监测资料分析之用。

(2)应做好所采集数据和检查情况的原始记录,记录严格按规定的固定格式,数据和情况的记载应准确、清晰、齐全。

(3)应做好原始监测数据的记录、检验,监测物理量的计算、填表、绘图,初步分析和异常值判别等日常资料整理工作。

(4)每天外业观测完毕检查数据无误后,应及时将观测数据录入安全监测自动化系统数据库进行物理量计算和变化趋势分析。

(5)每月月末对所测监测资料进行一次系统性整编,并在此工作基础上编写和提交当月的监测月报。

(6)每月做好数据备份存储工作。

#### 11.3.2.6　监测资料分析

在运行初期过程中,每月对所测资料进行一次系统分析,并及时提交当期的安全监测分析报告。

(1)资料分析工作内容。安全监测资料分析一般包括(但不限于)下列工作内容:

①图表生成。对各种实测资料绘出必要的图形来表示其变化关系。包括各种过程线、分布图、相关图及过程相关图,并根据要求生成各种成果表及报表。

②初步分析。对每个监测项目的各个测点都应做初步分析。包括:a. 对各测点的实测值集合进行特征值统计;b. 采用对比法初步判断测值是否正常;c. 对各监测值的空间分布情况、沿时间的发展情况、测值变化与有关环境原因及结构原因之间的关系加以考察分析,对各测点测值的合理性、可信性做出判断。

③建立和使用数学模型建立适当的数学模型,用以对效应量变化做出解释和预测,对结构性状进行评价。

④综合分析评价。对实测资料加以综合分析,得出对建筑物工作状态的评价。综合分析包括对同一项目多个测点实测值的综合分析、对同一部位多种监测项目测值的综合分析、同一建筑物各个部位测值的综合分析、仪器定点测值和巡视检查资料的综合分析等。

⑤技术报警。当实测值或巡视检查资料反映建筑物工作状态出现明显异常或险情时,应立即向主管部门报告情况,发出技术报警,并以书面形式分析其原因和安全性态。具备条件的主要监测项目应结合设计计算成果,确定技术报警参考值,当通水过程中出现超限测值时,应分析原因并及时通报主管部门。现地管理处应建立安全监测问题台账(含数据异常问题、管理处自查巡查发现的问题、各类检查稽察发现的问题)并按月进行问题跟踪和台账更新。

(2)资料分析报告的内容。初期通水期间的资料分析报告应包括下列内容(但不限于):

①监测仪器的布置、埋设和完好情况。

②相关部位的工程形象与施工活动。

③水位、气温、降雨等水文、气象和环境资料。

④通水第一阶段的安全监测组织实施情况(包括人员设备配备情况、观测频次执行情况、观测工作实施情况等)。

⑤观测数据和巡检资料整理整编情况(包括观测数据检验方法,监测特理量计算方法,监测数据变化过程线、相关图、分布图及数据列表,巡视检查发现的问题,异常情况及处理记录等)。

⑥监测数据分析和评价(包括观测成果可靠性和准确性分析评价;观测效应量数量范围、分布态势、变化规律分析;效应量与原因量间关系的定性分析;观测原因量的数值范围及变化情况分析;异常值的分析与判断)。

⑦监测对象(渠道、建筑物、边坡等)工作状态的安全性综合评价(包括建立监测物理量与水位间的相关关系、对监测值异常给出详细的原因分析、评估异常现象的影响程度、提出异常现象的处理措施、对监测对象安全性做出综合评价等)。

⑧其他需要说明的问题。

### 11.3.2.7 监测信息报送

安全监测是保障工程运行安全的重要手段,为了在初期通水过程中充分发挥安全监测的独特作用,尽量把安全监测发现的不安全因素消灭在萌芽状态,需对监测信息报送的合理性、及时性提出较高要求。初期通水时的安全监测信息内容及报送要求如下：

（1）监测人员应根据现场安全监测和巡视检查情况，建立安全监测异常问题台账，并按月更新汇总。

（2）对发现的可能危及结构安全和通水运行的重大问题，监测单位应立即电话报告主管单位，并在 24 h 内补报重大事项报告单。

（3）安全监测单位每月月末要及时对所测资料（包含外委外观监测资料）进行系统性的整理整编，并在此基础上编写当月的监测月报，完成后于次月 2 日前提交主管单位。

# 11.4　安全监测自动化

## 11.4.1　系统结构

### 11.4.1.1　系统的机构设置

安全监测自动化系统设置 4 层管理机构：南水北调中线干线工程建设管理局安全监测中心，渠首分局、河南分局、河北分局、北京分局、天津分局 5 个安全监测分中心，45 个现地管理处工作站及现地监测站。

南水北调中线干线工程建设管理局安全监测中心收集各分局安全监测分中心上报的建筑物运行安全状况信息和结构异常信息，并对结构异常信息进行综合分析、核查和会商，提出处理意见和制订安全应急预案，同时对数据分析和建筑物的评判信息进行发布。

各分局安全监测分中心收集管理处上报的建筑物运行状况信息和结构异常信息，并对结构异常信息进行综合分析，对建筑物的安全状况提出初步分析意见，同时将分析结论上报南水北调中线干线工程建设管理局安全监测中心。

现地管理处工作站将自动化采集数据、人工观测数据等信息输入到计算机内，然后对原始数据进行初步处理分析，将上述数据资料通过计算机网络依次传送至各分局安全监测分中心以及南水北调中线干线工程建设管理局安全监测中心，并对建筑物运行状况提出初步判断意见，然后将初步分析结论上报分局安全监测分中心，以便分局对建筑物的安全状况进行综合分析。同时，负责所辖范围内监测设备的维护工作。

现地监测站主要是通过数据测量控制单元（MCU）把连入本单元的各类传感器的数据按照规定的间隔采集上来，并按照规定的要求发送到安全监测中心、安全监测分中心、管理处监测站，以便对工程的安全状况进行评价。

### 11.4.1.2　系统的功能结构

按照系统的功能，系统的结构分为三个层次：数据的管理与分析评价层（应用层）、网络通信层和现地数据采集层，其结构情况见图 11-8。

第一层：数据管理与分析评价层（应用层）。

数据管理与分析评价层（应用层）主要包括南水北调中线干线工程建设管理局安全监测中心、各分局安全监测分中心以及 45 个现地管理处所建立的安全监测数据输入、处理、管理、分析以及综合评价系统。

安全监测中心、安全监测分中心以及管理处由于其管理的职能和范围不同，其工程安

**图 11-8   工程安全监测自动化系统总体结构**

全数据管理与分析的功能要求和深度也不一样。

数据管理与分析评价层(应用层)通过网络通信层与各监测站以及 MCU 建立通信,获取所辖范围内工程各类实现自动化传感器的实时数据,以及人工采集设备的各种数据,从而实现对沙河渡槽的安全运行状况进行远程监测,进而确保渡槽的安全运行和安全管理。

第二层:网络通信层。

系统的网络通信包括本地局域网通信、广域网通信两部分。

本地有线局域网通信包括数据的管理与分析评价层和现地数据采集层两个部分。

数据管理与分析评价层局域网通信采用全交换式以太网作为骨干网络,通过高档次交换机,实现与各子系统交换机的网络连接。

现地数据采集层局域网的通信介质采用 4 芯普通光缆。MCU 之间的通信光缆采用光缆保证通信线路的安全可靠,解决了 MCU 之间的距离相对较长,线路的防雷等难题。

广域网通信采用中线局内部计算机网络实现。

第三层:现地数据采集层。

现地数据采集层由 MCU、智能仪表、传感器、变送器、执行机构、专用数据(信息)采集设备以及通信设备等组成,独立完成本地安全监测点的数据采集和管理功能。同时,通过网络通信,为数据的管理与分析评价层提供可靠的现场实时数据,以及接收上端安全监测系统发来的控制和参数设定指令。

## 11.4.2  系统功能

### 11.4.2.1  系统的总体功能

1. 监测功能

能够以各种方式采集到本工程所包含的各类传感器数据,并能够对每支传感器设置其警戒值,如测值超过警戒值,系统能够以各种方式自动进行报警。

自动采集系统的运行方式如下:

(1)应答式。由监控主机或数据采集工作站发出命令,测控单元接收命令、完成规定的测量,测量完毕将数据暂存,并根据命令要求将测量数据传输至数据采集工作站中。

(2)自报式。由各台测控单元自动按设定的时间和方式进行数据采集,并将所测数据暂存,同时传送至监控主机。

监测数据的自动采集方式应有:选点测量、巡回测量、定时检测,并可在采集单元(MCU)上进行人工测读。

除自动采集的数据自动入库外,也应提供人工采集的各类监测数据和资料输入功能,并能方便地入库。

2. 显示功能

显示建筑物及监测系统的总貌、各监测项目概貌、监测布置图、过程曲线、监测数据分布图、监控图、报警状态显示窗口等。

3. 操作功能

在监控主机或工作站上可实现监视操作、输入/输出、显示打印、报告现有测值状态、调用历史数据、评估运行状态;根据程序执行状况或系统工作状况发出相应的音响提示;整个系统的运行管理(包括系统调度、过程信息文件的形成、进库、通信等一系列管理功能,利用键盘调度各级显示画面及修改相应的参数等);修改系统配置、系统测试、系统维护等。

4. 数据通信功能

能够实现现场级通信为测控单元之间或测控单元与各级管理部门数据采集工作站之间的数据通信;管理级通信为监测中心局域网内部及同其他网络之间的数据通信。

5. 综合信息管理功能

能够从事在线监测、数据库管理、监测数据处理、图表制作、图文资料管理等工作。

6. 综合评判与信息发布功能

能够对建筑物性态进行离线分析及安全评估,确定结构的异常程度;能对建筑物的安全状况进行预测预报,并对各建筑物的监测数据和分析结果进行发布。

7. 系统自检和报警功能

系统具有自检功能,能在管理主机上显示故障部位及类型,为及时维修提供方便;系统在发生故障时,能以屏幕文字或声音方式示警。建筑物结构发生异常时可以发出相应的报警信息。

8. 远程操作

拥有权限的用户可在远程实现上述功能。

9. 网络浏览功能

能够建立与 MIS 网的联结,可与网内各站点通过 Web、FTTP 和 E-mail 进行信息交流,网内各站点可通过浏览器访问本系统有关的实时数据和图表。

### 11.4.2.2 安全监测中心的功能

(1)对分中心上报的信息进行校对并输入永久数据库。

(2)具有监测数据处理、分析和存储功能。可以建立历史、实时数据库,存储各建筑物重要的数据信息,对工程的安全状况进行综合评判,确定建筑物的结构异常程度,并对建筑物的安全状况进行预测预报等。

(3)工程安全监测信息的查询和显示。能够实时查询各分中心的工程安全监测信息,实现与各分中心的声音、数据、实时图形的双向交流。

(4)对结构异常的建筑物进行辅助决策和会商,提出处理意见和制定安全应急预案。

(5)发布各建筑物的数据及分析结果信息。

(6)向下级发布各类指令信息。

#### 11.4.2.3　安全监测分中心的功能

(1)对管理处上报的信息进行校对并输入永久数据库。

(2)进行监测数据处理、分析和存储。建立历史、实时数据库,存储所辖建筑物的各类数据信息,进行所辖渠段的安全状况评判,初步确定建筑物的结构异常程度,并对建筑物的安全状况进行预测预报等。

(3)工程安全监测信息的查询和显示。能够实时查询辖区内工程管理处信息以及上级的指令信息,实现与上下级各部门的数据实时图形的双向交流。

(4)接收上级的指令信息,并向下级发布采集系统设备维护和工程维护信息。

(5)上报所辖范围内建筑物运行安全状况信息和结构异常信息以及分析结论。

#### 11.4.2.4　管理处的功能

(1)各类人工监测项目的观测。

(2)对现场采集设备(MCU)的采集频率和方式进行管理与控制。

(3)人工观测数据的录入、校对并输入永久数据库,同时将录入信息上传到分公司和总公司。

(4)监测数据的可靠性检查、处理、初步分析,提出所辖范围内建筑物运行安全状况。

(5)工程安全监测信息的查询和显示。能够实时查询辖区内信息和上级的指令信息,实现与上级间的声音、数据、实时图形的双向交流。

(6)接收上级的指令信息,对管辖范围内的采集系统设备和工程进行维护以及加强人工观测和巡视检查频次。

(7)预警报警。当实时监测参数及其变化速率超过监控指标或测量限制时,发出基本的预警信号。

(8)上报所辖范围内建筑物运行安全状况信息和结构异常信息以及初步分析结论。

### 11.4.3　系统联网仪器

#### 11.4.3.1　联网仪器选择原则

根据主体工程设计时配置的监测仪器设备的情况,监测仪器均可联入自动采集系统,而监测网点采用人工测量方式。渡槽线路长,仪器设备极为分散,且部分监测仪器仅为满足施工期观测需要设置,随着主体工程的完工,即完成其历史使命;而有些仪器仅为验证设计,亦无实现数据自动采集的需要,因此应重点对直接反映工程安全的电测传感器实现自动化监测,包括用于位移监测的电测传感器、用于渗流监测的渗压计及环境量监测仪器以及个别重要建筑物的结构监测仪器,其他数据采用人工采集、手工录入的处理方式。

接入自动化数据采集系统的监测仪器应包括重点监测断面的固定式测斜仪、多点位移计、测缝计、渗压计、土压力计等;结构监测仪器中应变计、无应力计、钢筋计等则视工程的具体情况有选择地进入自动采集系统。

#### 11.4.3.2　沙河渡槽接入安全监测自动化项目

沙河渡槽内埋设的监测仪器接入自动化的仪器包括固定式测斜仪、土体位移计、位移计、测缝计、裂缝计、土压力计、锚索测力计、钢筋计、渗压计等监测仪器。位移计、固定式测斜仪、测缝计、钢筋计全部测温,锚索测力计和多点位移计一台(套)只进行一个测点测温。具体接入情况见表 11-2。

表 11-2　沙河渡槽接入自动化仪器统计

| 序号 | 建筑物名称 | 渗压计 | 土压力计 | 钢筋计 | 锚索测力计 | 土体位移计 | 单点位移计 | 三点位移计 | 裂缝计 | 测缝计 | 固定测斜仪 |
|---|---|---|---|---|---|---|---|---|---|---|---|
| 1 | 沙河梁式渡槽 | 66 | 7 | 499 | 243 | 12 | 15 | 22 | — | 1 | 24 |
| 2 | 沙河—大郎河箱基渡槽 | 31 | 60 | 356 | — | — | 71 | — | — | 26 | — |
| 3 | 大郎河梁式渡槽 | 12 | — | 109 | 54 | — | 22 | 6 | — | — | 6 |
| 4 | 大郎河—鲁山坡箱基渡槽 | 12 | 36 | 216 | — | — | 30 | — | — | 10 | — |
| 5 | 落地槽 | 62 | 32 | 131 | — | — | 50 | — | 64 | 1 | — |

#### 11.4.3.3　监测站点布设

由于沙河渡槽建筑物总长达 9 050 m,埋设仪器多,仅在渡槽两端布设测站无法满足要求,所以采用在渡槽上部通道建立测站的布设方法。沙河渡槽上共布置数据自动采集设备(MCU)120 台,安全监测自动化测站 50 站,具体布设情况见表 11-3。

表 11-3　沙河渡槽自动化测站统计

| 序号 | 建筑物名称 | 接入仪器数量 | MCU 数量 | 测站数量 | 供电方式 | 数据传输方式 |
|---|---|---|---|---|---|---|
| 1 | 沙河梁式渡槽 | 889 | 48 | 15 | 太阳能 | 光缆 |
| 2 | 沙河—大郎河箱基渡槽 | 544 | 30 | 15 | 太阳能 | GPRS |
| 3 | 大郎河梁式渡槽 | 209 | 11 | 4 | 太阳能 | GPRS |
| 4 | 大郎河—鲁山坡箱基渡槽 | 304 | 18 | 9 | 太阳能 | GPRS |
| 5 | 落地槽 | 340 | 13 | 7 | 太阳能 | GPRS |

### 11.4.4　安全监测应用系统

#### 11.4.4.1　系统功能

安全监测应用系统具有在线监测、工程性态的离线分析、预测预报、报表制作、图文资料浏览、监测数据管理、监控模型管理及安全评估等功能。将离线分析、预测预报的结果以直观的图形或窗口形式供有关管理人员了解和掌握水工建筑物的各项指标,如变形情况、渗流情况、警界值、分析拟合值等。同时将在线监测、监测资料的离线分析、预测预报、报表制作、图文资料浏览、监测数据管理、测点信息管理、监控模型管理及安全评估的结果和各项参数、指标以表格的形式供工程技术人员掌握和了解,如变形情况、警界值、分析拟合值、数据模型的形式、各影响因子的显著性、离散度、可靠性、温度、开合度、渗漏量、位移量、变幅、历史最大值、历史最小值等。系统业务流程如图 11-9 所示。

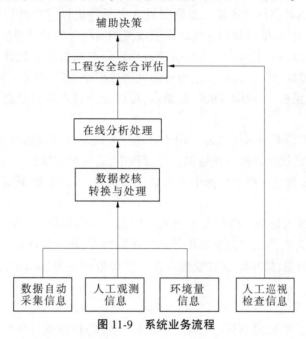

**图 11-9 系统业务流程**

系统划分为监测信息管理、在线综合分析、离线综合分析、综合查询、报表制作、Web查询等 6 大功能模块。

1. 监测信息管理

1) 工程安全文档管理

有关工程安全的文档(包括文字资料和工程图)按工程安全注册要求建立,除作为档案保存外也便于进行资料分析和工程评审时调阅。其主页可以修改、增加文档,用Windows 和 Internet 浏览器可以方便地浏览或打印输出文档。

2) 测点管理

安全监测系统中各种监测项目中接入自动化系统监测仪器的所有测点以及未接入自动化的测点均为管理对象。测点属性是指该测点的所有特征数据,包括测点点号(自动监测系统中的专用编号)、测点设计代号、仪器类型、仪器名称、测值类型、监测项目、安装位置、仪器生产厂家、测点物理量转换算法的公式及计算参数、测点数据入库控制、数据极限控制、测点数据图形输出控制等。通过测点管理功能可以实现以下操作:

设置测点算法;

设置数据入库时段控制;

设置数据极限控制;

修改或扩充测点属性。

可修改扩充的测点属性包括仪器类型、仪器名称、仪器性能指标、监测量初始值、警界值、拟合值、监测项目、安装位置、仪器生产厂家。

系统具有可扩充性,当增加监测项目或测点时,管理人员可以比较方便地完成项目或测点增加。对于废弃的项目或测点,系统同样可以删除或存档备份。

3)监测资料入库

(1)自动化监测数据自动入库。监测资料入库子模块具有自动识别功能,系统通过调用在线输入功能模块,依照数据采集频率表设置的间隔时间和采集次数的规定,进行联网仪器观测数据的自动采集入库。本模块还自动进行数据的整编换算,将仪器读数转换为物理量,存入整编数据库。自动数据采集的处理过程中,需要对采集到的观测数据进行简单的数据可靠性检查,发现明显的数据错误,可以发出技术报警信息,并要求系统进行重测。

(2)半自动化监测数据人工入库。用于自动化系统形成以前的批量数据及后期由于数据传输出现故障的批量数据。在数据入库过程中,进行数据检查,发现问题及时发出警告信息,并注明错误数据在批量数据中的位置,输入后存入原始数据库,以实现所有监测数据统一管理。

(3)人工观测录入数据。设有人工录入数据窗口,可将部分未进入自动化系统的监测资料及当自动故障时的人工观测数据录入原始数据库,统一管理。

(4)网络共享数据,如环境量数据的入库。这类数据主要包括水位、气温、降雨量等环境量数据。

4)监测资料计算

本模块将采集到的监测数据(包括人工输入的数据)换算成具有意义的监测物理量。在对各监测点的不同观测值或物理量进行成果转换时进行粗差检验和剔除(包括粗差、偶然误差、系统误差及错误数据等),以表格形式显示检验和剔除情况。经粗差检验和剔除后的物理数据保存在整编数据库中,而原始数据完整地保留于原始数据库中,以便查证。

2. 在线综合分析

在线综合分析的基本流程如图11-10所示。由采集的数据进行预处理,存入整编数据库,并调用模型库、方法库中各种指标对数据进行检查,显示监测量的状态是否异常,如果异常,则进行监测系统的检查。若监测系统未发现问题,则进入对监测量所处位置的结构状态分析。若结构分析未发现问题,则结合各种知识进行评判,并输出评判结果、报警信息。

在对实测资料分析的基础上,针对不同建筑物或特殊结构的实际情况建立各主要监测物理量的监控模型(包括单点统计,混合模型,一维、二维分布模型等),并拟定主要监测量的各类监控指标作为在线监控的基础。通过各类标准检查、单点信息定量化及在线综合推理这一结构化过程,实现真正意义上的在线监控。单点及综合分析推理的在线检查结果包括图形及文本,可以方便地输出提供给安全管理人员。

3. 离线综合分析

离线综合分析是在线综合分析的补充和扩展,离线分析的主要流程与在线分析相同。只是离线分析可以通过"知识"的积累对评判规则加以修订和扩充,取得更好的推理效果。此外,离线分析还为分析人员提供了强有力的分析环境,以利于分析人员根据自己的

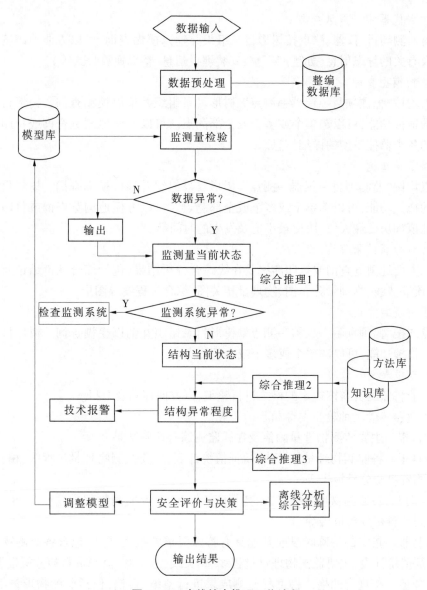

**图 11-10　在线综合推理工作流程**

需要调用多种数据,用多种模型进行更广泛的综合分析。同时,还可以通过修改模型参数对模型进行调整,以取得更满意的结果。

离线综合分析的主要目的是对在线综合分析发现的疑点做进一步的分析处理,通过调用相应的数据库,并选用相应的方法和模型,以建筑物为单位,进行异常测值检测、测量因素分析、物理成因分析、综合分析评判,进行结构异常判断、结构异常程度判断,进而实现系统的辅助决策功能。

4. 综合查询

1) 工程安全文档查询

可以方便地浏览或打印输出按工程安全要求建立的包括文字资料和工程图的文档。

2)项目仪器测点信息查询

所有监测项目、仪器、测点按树形目录组织并辅以模糊查询,可以方便地浏览查询仪器测点及有关的静态信息(如生产厂家、安装埋设信息、整编换算公式等)。

3)监控模型查询

测点均按"监测项目→仪器→测点"树形目录组织并辅以模糊查询。树形目录结构有方便的拖拽功能,可以选单个或多个或全部测点。可以方便地浏览查询或打印有关测点已建的各类监控模型的详细信息。

4)特征值查询

测点均按"监测项目→仪器→测点"树形目录组织并辅以模糊查询。树形目录结构有方便的拖拽功能,可以选单个或多个或全部测点。可以方便地浏览查询或打印有关测点的特征值如历史最大值、历史最小值及发生的时间等。

5)综合分析结果查询

可以方便地浏览查询或打印离线及在线综合分析结果,包括综合评价结论及温度等值线、渗流等势线、物理量分布图、物理量相关图、综合过程线等图形。

6)观测资料查询

测点均按"监测项目→仪器→测点"树形目录组织并辅以模糊查询。树形目录结构有方便的拖拽功能,可以选单个或多个或全部测点。

5. 监测报表

此功能将监测资料按规定的格式进行整编,以方便存档及上报。

1)通过报表管理的输出向导输出的报表

(1)日报。主要监测物理量测值及在线监测综合评判结果。

(2)月报。各监测物理量统计表、特征值统计表,主要监测物理量过程线、相关线、分布图、监测资料初分析报告等。

(3)年报。各监测物理量统计表、特征值统计表,主要监测物理量过程线、相关线、分布图、监测资料初分析报告等。

(4)特报。指定的特殊时段或其他具有特殊要求的报表,除了包含各监测物理量统计表,特征值统计表,主要监测物理量过程线、相关线、分布图、监测资料初分析报告等。

(5)年鉴。按规定的格式将工程监测成果进行整编、存档,包括监测物理量统计、特征值统计、各类曲线图形等。可显示、打印输出、统一页码,以方便印刷出版。

2)综合过程线

系统创建多点数据过程线输出模板,将不同测点的不同数据(原始测值或物理量转换的数据)综合到一个输出模板中,可以设置模板的名称、标题,坐标上下限,可设置测点数据的颜色、线宽、数据图形标志,设置好的模板可以存储起来供以后使用。窗口输出的图形可以立即打印,打印尺寸自动适应纸张的大小。

6. Web 查询

Web 查询部署在网络服务器上。它由基于数据库的动态网页和一些静态网页组成。有关部门有权限的人员可以使用网络浏览器如 Internet Explorer 等方便地浏览查询安全监测信息。

　　1）工程安全文档查询

可以浏览或打印输出按工程安全要求建立的包括文字资料和工程图的文档。

　　2）项目仪器测点信息查询

　　所有监测项目、仪器、测点按树形目录组织并辅以模糊查询,可以方便地浏览查询仪器测点以及有关的静态信息(如生产厂家、安装埋设信息、整编换算公式等)。

　　3）特征值查询

　　测点均按"监测项目→仪器→测点"树形目录组织并辅以模糊查询,可以选单个或多个或全部测点。可以方便地浏览查询或打印有关测点的特征值如历史最大值、历史最小值及发生的时间等。

　　4）综合分析结果查询

　　可以方便地浏览查询离线及在线综合分析结果,包括综合评价结论以及温度等值线、渗流等势线、物理量分布图、物理量相关图、综合过程线等图形。

　　5）观测资料查询

　　测点均按"监测项目→仪器→测点"树形目录组织并辅以模糊查询,可以选单个或多个或全部测点。

### 11.4.4.2　系统总体结构

　　安全监测应用系统是一个以信息采集、通信传输、计算机网络、数据库、多媒体应用、人工智能和工程安全分析技术为基础的,采用 B/S 和 C/S 混合方式实现不同功能需求,为工程服务的安全监测决策支持系统。安全监测自动化系统管理机构由监测中心、分中心、管理处三级组成。整个应用系统分为数据库(含图形库和图像库)、模型库、方法库、知识库、综合信息管理子系统、综合分析推理子系统和输入输出(I/O)子系统 7 个功能部分,其功能结构情况见图 11-11。

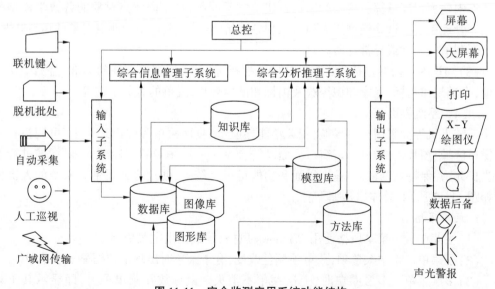

**图 11-11　安全监测应用系统功能结构**

　　工程安全监测应用系统的核心是综合分析推理子系统、综合信息管理子系统和数据库、方法库、模型库、知识库。其他各部分则为系统核心的补充、延展和支持。图形库和图像库实质上是数据库的补充与延展,输入、输出子系统和系统总控则为系统核心的支持,确立系统的运行流程和信息传递链路,实现系统各部分之间的有机联系,提供系统良好的操作环境和友好的人机交互界面。

### 11.4.4.3　数据库

#### 1.数据库存储结构

安全监测数据库根据监测专业的业务需求,存储分布为三级模式,分别为中线局、分局、管理处。安全监测数据库分布在业务内网内,各级之间的数据存储采用全冗余方式。

#### 2.数据库内容

数据库是整个安全监测系统运转的基础,准确高效地及时收集和处理大量复杂的监测数据资料是整个系统设计和开发的重点。本系统的数据库内容包括:

(1)监测仪器特征库。存放仪器的编号、名称,技术参数、计算规则、率定参数和埋设情况等信息。

(2)监测站库。存放监测房站特征、内设仪器情况、接口参数等信息。

(3)数据自动采集信息库。存放 MCU 测控单元的连接情况、接口和连接仪器状况、自动采集规则,以及相关的技术参数等信息。

(4)原始监测数据库。存放原型监测数据资料的实际监测数值信息。其包含仪器编号、监测日期、监测时间、监测时环境量资料(如水位、水温、气温、降雨量)等。

(5)整编监测数据库。存放按工程要求换算整编后的原型监测数据资料信息,以及对原监测数据资料进行初步预处理信息。

(6)方法库。主要存放各种分析程序,供系统调用。

(7)模型库。提供方法库中各建模程序所需要的模型。模型库及其管理系统是储存方法库中建模程序计算所得到的工程各建筑物不同部位、不同测点对象的各数学模型的数据库管理系统。这些模型用来预报工程各建筑物不同部位、不同测点对象的运行状况,以识别测值的正常或异常性质。

(8)知识库。内容包括各类建筑物的监控指标、日常巡视检查评判标准、监测中误差限值、力学规律指标、专家知识经验及国标和部标规程、规范的有关条款等。

### 11.4.4.4　系统界面

系统人机界面采用分类导航、相关功能导航、多页面菜单和弹出式菜单、可调整有记忆窗口区域、图片支持等技术,窗口界面既符合 Windows 图形界面标准,又对标准进行了适当扩充,并保持数据输入/输出界面和功能键风格统一,使用方便灵活。系统的人机界面如图 11-12 所示,总体风格如下。

#### 1.菜单风格

(1)主菜单。主菜单风格使用 Windows 风格,顶端列出主菜单项。

(2)子菜单。点中菜单项,菜单项颜色改变,有子菜单时出现下拉框显示子菜单。

(3)多层菜单。多层菜单时,上层菜单不消失。鼠标放在菜单项上,即显示其子菜单。

(4)菜单项执行。最终选定菜单项后,执行菜单项包含的功能,调出的菜单不消失,

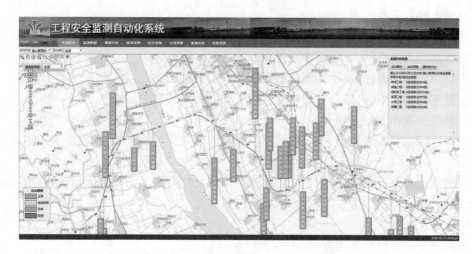

**图 11-12 安全监测自动化系统人机界面**

仍可选择其他的菜单项。

（5）菜单切换。鼠标右键点击非其他菜单处，调出的子菜单消失。

鼠标右键点击其他主菜单项，显示切换后主菜单项的相应子菜单级，原子菜单消失。

2. 按钮风格

主按钮显示在固定位置。

按钮标题显示在按钮上。

只有一级子按钮。

子按钮显示在主按钮的下面。

3. 输入对话框风格

输入对话框显示在固定位置。

输入对话框有"确定""取消"两个按钮，决定输入完毕执行，或者取消输入对话框。

输入框用深层格框显示在输入项标题的后面。

可用鼠标右键点击任意输入框，选择要输入的项。输入框已有数据时，变色覆盖确认是否清除。

有关联的输入项，没有选择关键项时，其他项灰掉。选择了关键项后，关联项全部置为有效。

可数的限定输入时，用箭头下拉选择。

输入不在可检测的正常范围时，在输入框中显示报错信息和原错误信息。

任何操作的鼠标击键动作不超过 2 次。

4. 表格显示风格

表格有全屏显示和组合显示两种方式。

多个同种表格时叠层显示，当前表格显示在最上面，非当前表格显示左上角的表格标题。

表格数据实时更新。最后更新的数据高亮显示。

报警的数据闪烁。

5. 图表操作风格

对图的操作主要方式有：

右键点击图上空档,显示对本图操作的主菜单。

左键单击图上图标,显示本图标所代表元素的详细信息。

左键双击图上图标,显示本图标所代表元素的下级关联图。

对表格的操作主要方式有：

鼠标光标放在表格上某一栏,此栏颜色改变。如果此栏有子表,用箭头表示本显示子表。

左键点击表格上某一栏,此栏颜色改变。如果此栏与图上的图标元素关联,则图标闪烁指定的时间。

6. 人机交互方式

人机交互主要包括下述方式：

使用键盘输入人机交互操作命令。

使用鼠标点击菜单或按钮进行操作。

使用鼠标点击图元素或表格栏进行操作。

# 11.5　安全监测仪器设备鉴定

## 11.5.1　安全监测仪器设备鉴定的必要性

沙河渡槽共布置各类监测仪器 5 781 支,其中内观仪器 5 156 支、外观仪器 625 支,按照当前观测频次计算,年观测工作量内观数据完成采集量为 247 488 点·次和外观数据完成观测量为 7 500 点·次。监测仪器数量种类多、数量大,监测工作任务重,监测数据庞杂。

安全监测仪器自安装埋设至今已至少运行 3 年以上,部分甚至已超过 10 年,经过长期运行的监测仪器,随着时间的推移,一些监测量趋于稳定,一些监测量会失去作用,需要适时对监测仪器进行全面清理、检查和鉴定。

通过监测仪器的综合评价,监测项目该部分停测的应停测,测次该减少的应适当减少,这样不仅可以大大减少日常观测和资料整编分析的工作量,更主要的是可增强监测资料的典型性和可用性,避免庞杂和烦琐,对于可更换的和必须增补的仪器设施,需要及时进行更换和增补,确保工程安全监控的完整性和可靠性。

因此,不论从时间上讲,还是从仪器环境因素的影响上来讲,该工程的监测系统均应进行一次全面的评价。通过对监测仪器设施的鉴定,分析判断目前的仪器工作状态是否正常,从中找出仪器存在的误差和仪器异常的原因,评定可继续运行的仪器和应停测的仪器。对于监测物理量变化确认为稳定的,通过监测物理量的变化趋势分析和预测后,可以调整监测频次的,进行监测频次优化。

## 11.5.2　仪器设备鉴定工作程序

安全监测仪器工作鉴定是在收集、查阅设计、施工、运行等资料,对工程实体进行状态检查,对其监测设施进行现场测试和检测鉴定,对历年监测资料进行对比分析等工作的基础上进行的。其成果是对现有监测设施提出报废、封存停测、继续监测等意见和建议。

仪器设备鉴定工作主要分几个阶段,工作流程见图 11-13。

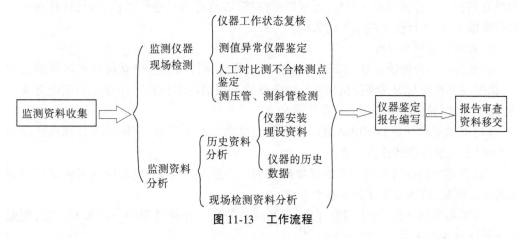

**图 11-13　工作流程**

(1)收集监测资料,包括安全监测布置图、监测仪器安装资料、监测历史数据、接入自动化系统的监测仪器配置、监测分析报告及各管理处监测仪器初评表等。

(2)仪器工作状态校核,将监测仪器设备区分为 A、B、C、D 四类。对校核结果属于 B、C、D 三类的仪器设备(测值异常)开展各项鉴定工作,仔细甄别仪器的工作状态,并对人工和自动化监测数据比对不合格的仪器进行鉴定。

(3)监测资料整理、分析,编写安全监测仪器鉴定报告。

(4)提交安全监测仪器鉴定报告,组织专家评审。

## 11.5.3　仪器设备鉴定方法

### 11.5.3.1　基础资料收集与评价

仪器设备鉴定的基础资料包括监测项目及测点布设、监测仪器选型及其技术性能指标、监测设施埋设安装方法与考证资料、监测数据计算方法和监测资料整编等,在南水北调中线干线工程建设管理局河南分局及其下辖 19 个管理处的协助下,收集、整理设计、施工、运行期间的监测资料,为仪器鉴定工作打好坚实的基础。

### 11.5.3.2　监测仪器设备的鉴定

对监测仪器设备采取现场测试和对历史测值评价等手段进行鉴定。

#### 1.现场检查和测试

现场检查和测试是获取仪器设施当前工作状态的直接手段。针对不同的监测仪器设施,现场检查、测试方法有所不同,其重点应是识别、掌握被评价或测试的监测仪器设施的工作原理、结构特点和组成,以及评价其工作状态正常与否的有关支撑数据等。

**2. 历史测值评价**

历史测值评价采用工程监测物理量测值评价和仪器测试值评价相结合的方法,以工程监测物理量测值评价为主。当工程监测物理量测值难以判断时,宜对仪器测试值分析评价。

绘制各测点历年监测物理量变化过程线,对各测点历年监测数据进行对比分析,了解各测点监测物理量变化情况,初步判断异常情况是否由仪器设施引起,为现场测试时有针对性开展相关工作做准备。另外,还可以对位移、渗流等项目进行回归分析,计算成果中的标准偏差,作为评价监测精度的依据。

**3. 监测仪器综合评价**

监测仪器综合评价在基础资料评价和历史测值评价结果为可靠或基本可靠的基础上,依据现场检查与测试评价结果进行综合评价。仪器的工作状态综合评价结论分为正常、基本正常、异常三个等级。评价标准如下:

(1)基础资料评价和历史测值评价结果为可靠或基本可靠,现场检查与测试评价结果为可靠,监测设施评价为正常。

(2)基础资料评价和历史测值评价结果为可靠或基本可靠,现场检查与测试评价结果为基本可靠,监测仪器评价为基本正常。

(3)基础资料评价、历史测值评价、现场检查与测试评价结果中一项为不可靠,则监测仪器评价为不正常。

评价为正常的监测仪器应继续进行监测;基本正常的监测仪器可继续监测,在分析的基础上进一步评价其可靠性;不正常的监测仪器宜停测、封存或报废,并按相关程序报有关部门审批后方可实施,同时保存停测封存仪器的所有历史资料,包括图纸、埋设基本资料、仪器相关参数、历年监测资料等,见图 11-14。

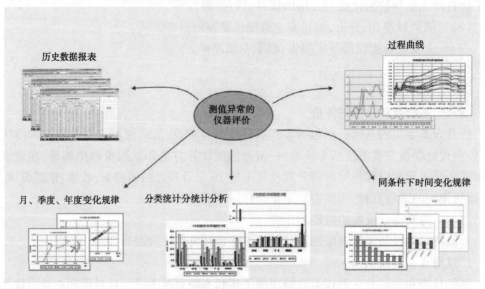

**图 11-14　测值异常的监测仪器评价方法**

# 11.6　安全监测系统调整优化

南水北调中线工程已通水运行 3 年多,在安全监测数据整编、系统分析的基础上,对监测设施、观测频次进行优化调整是必要的。

## 11.6.1　安全监测系统优化目标

(1)对安全监测本身而言,要保证监测设施硬件和软件能及时、稳定、可靠、持续地提供有关渠道和建筑物运行性状变化的信息,对其安全状态做出正确的判断,改变被动的监测资料后处理,建立主动的实时分析、预测判断、监控安全。

(2)对安全监测设施管理而言,当监测设施发现渠道和建筑物的运行性状变化异常,甚至危及工程安全时,能依据该系统提供的资料实时综合分析评价,及时提出排除险情的建议,包括预防措施、工程处理手段、运行调度调整方案等。

(3)根据渠道、建筑物运行期的工作性态及其变化特征,重新论证确定关键、一般监测断面(或部位),确定主要、一般监测项目。只有监测断面(或部位)布局合理,监测项目保证了监测重点,才是最优的监测系统。

(4)网络节点功能强,信息处理效率高。面对海量的各类监测数据和各种信息处理要求,如果处理工作都集中在某一级管理机构来做,必然会降低系统的工作效率。因此,必须加强网络中各节点的数据处理功能。

(5)信息传递畅通无阻。在监测信息网络中信息资源比较多,为了能够及时地获取信息,特别是在每年汛期或渠道和建筑物运行性状发生异常时,必须保证整个监测网络系统不发生故障,信息传递速度快、不丢失、不积压、互不干扰。

(6)在做好现场检查鉴定评价后,综合监测系统完备性评价意见进行监测设施优化,使监测设施能够敏感地、迅速地反映渠道和建筑物运行中出现异常时的信息。

(7)监测方法简单、效率高、强化自动化数据采集系统而减少或取消人工采集、强化巡视检查。

(8)提高监测系统精准水平和运行效果,降低监测系统无效运行因素。

## 11.6.2　安全监测系统优化方案

### 11.6.2.1　内观仪器监测

(1)经仪器鉴定和历史测值分析综合评价为正常的、基本正常的均继续进行观测。

(2)经仪器鉴定为不可靠,测值稳定性和规律性差,有时异常,综合评价为异常的监测仪器设备,封存停测。鉴定为失效的,报废。对监测设施完备性不满足要求的应进行必要的增补。

(3)渡槽建基面土压力计,因为安装问题和基准值取值不准特别是基础产生的桥接作用和荷载集中作用等,测值不准确,除了少量测值变化异常的继续观测,一般均封存停测。

(4)槽身挠度监测主要用于充水试验监测,运行期测值基本稳定或振荡变化,以及受观测条件限制,全部封存停测。可辅助通过槽身顶部的沉降测点进行监测。

#### 11.6.2.2　外观仪器监测

表面变形监测继续进行观测,设施异常的及时恢复完善。

#### 11.6.2.3　观测频次

内观仪器数据采集频次不变,表面变形监测设施观测频次原则上由 1 次/月调整为 1 次/2 月。

对于存在以下情况的,应加密监测频次:

(1)出现渗水、变形不收敛、监测值超过设计警戒值等情况。

(3)特殊气候(极端气温、特大暴雨)条件。

(3)输水运行特殊工况。

(4)地震。

#### 11.6.2.4　其他要求

优化了监测项目、观测频次后,应加强工程巡查。工程巡查结果应每月 25 日前报送安全监测专员,与安全监测进行对比分析。

# 11.7　监测成果

通过对各测点的测值过程线进行检查,并参照同期气温和渠内水位等环境量过程线,钢筋计、应变计、土压力计等仪器测值能够真实反映建筑物基础和混凝土结构内部各监测物理量的变化情况,符合一般规律;垂直位移测点采用精密水准法进行观测,观测成果数值范围和变化规律合理,能有效反映相应监测部位的沉降变形状态。监测数据真实可靠。经过 5 年的施工期和 5 年的运行期,沙河渡槽经历了施工、充水、通水运行及加大流量输水等工况,建筑物结构受力已基本稳定,各监测物理量趋于收敛。

## 11.7.1　梁式渡槽

### 11.7.1.1　变形监测

1. 表面垂直位移

梁式渡槽表面垂直位移在 15 mm 以内,变化过程平稳,无明显的突变等异常现象。各测点垂直位移变化规律合理,且垂直位移数值不大,均在设计控制指标范围内变化;相邻测点垂直位移基本一致,未出现明显不均匀沉降。

2. 内部垂直位移

位移计监测数据表明梁式渡槽地基累计垂直位移在 −3.17~5.18 mm(正值表示沉降,负值表示抬升,下同),变形量均在合理范围内。月变幅在 0.05 mm 以内,位移变化过程规律、平稳,已趋于稳定,无异常现象。

3. 水平位移

在梁式渡槽 28 个槽墩上安装的 30 支倾角计累计倾斜角度在 −0.13°~0.10°之间,数值不大。各测点倾斜变化过程平稳,倾斜变化规律合理。相邻测点分布合理,无不均匀变形。梁式渡槽倾斜变形性态正常。

4. 接缝变形

裂缝计测值在 -2.70 ~ 4.99 mm(正值表示张开,负值表示闭合,下同)之间,月变幅在 0.02 ~ 0.26 mm,数值不大。各裂缝计开合度变化过程相似,与温度呈负相关性。开合度受环境温度影响而呈年周期性变化,冬季温度下降接缝张开,夏季温度升高接缝闭合,开合度变化规律合理。裂缝计测值已基本稳定。

5. 挠度监测

在梁式渡槽 13 个槽片上跨中和前后端部相应的左右侧墙顶部各布设 6 个垂直位移测点,采用一等水准精度进行观测,通过监测垂直位移换以跨中的挠度值。符号规定:下沉为正,上抬为负。

槽身各挠度测点挠度测值序列连续,过程线光滑,变化平稳。通水期间,槽身每一跨各测点挠度变化过程线形状相似,规律性一致;相邻测点挠度大小较为接近,未发生不均匀沉降。在 2018 ~ 2020 年大流量输水期间,由于大流量输水期间槽内水位较高,水位波动变化大,渡槽槽身挠度有小幅增大,但无异常趋势性变化。

### 11.7.1.2　钢筋应力

钢筋计实测梁式渡槽钢筋应力在 -76.75 ~ 46.24 MPa(正值表示受拉,负值表示受压,下同)之间。成果表明进口段 2# 断面、进口段 3# 断面的钢筋应力以拉应力为主,其他部位的钢筋计以压应力为主。各钢筋计运行期测值变化平稳,与温度呈负相关的年周期性变化,无异常趋势性变化,各监测部位钢筋应力趋于稳定,大流量输水期间未出现异常现象。

### 11.7.1.3　混凝土应变

应变计的应变量在混凝土浇筑后一段时期内起伏多变,主要是前期影响应变计测值变化因素较多(混凝土温度变化、失水收缩以及现场施工影响等)。混凝土浇筑一段时间以后,应变测值逐渐趋于平稳,且变幅不大。充水前,大部分应变计受混凝土失水收缩等因素影响呈现受压状态。通水后,各部位混凝土的应变量变化显示,各应变计测值变化较为平稳,各无应力计实测混凝土总应变亦较为平稳,槽体各部位大部分为压应变,出现拉应变(或最小压应变)在槽底外壁。应变计与钢筋计的测值变化规律基本一致。

### 11.7.1.4　锚索预应力

梁式渡槽槽身采用双向预应力混凝土 U 形槽结构,槽身纵向和环向均设有预应力锚索。各部位应力分布与施工工艺复杂,同时槽身采用双向预应力结构,U 形槽环向锚索为每孔 5 根扁锚钢束,无工程成熟经验可借鉴,张拉控制尤为关键,此类扁锚的锚索测力计在沙河 U 形槽中首次应用。

纵向圆锚锁定后平均损失率为 3.62% ~ 8.34%,卸载后测值基本稳定。环向扁锚索锁定后平均损失率为 11.19% ~ 24.15%,卸载后测值基本稳定。锚索测力计在充水期间运行正常,充水至满槽水深时及放空后,纵向预应力值有所减小,部分环向预应力略有增大,但变化量绝大多数都在 1.0 t 以内。目前,锚索应力调整已结束,测力计荷载基本稳定。

### 11.7.2　箱基渡槽

#### 11.7.2.1　变形监测

**1. 槽身沉降**

充水期,槽顶沉降随着水位的逐渐加大而加大,在满槽水位时,沉降量达到最大值。目前,箱基渡槽各测点累计垂直位移在-11.80~20.50 mm,垂直位移量值不大,位移量变化过程平稳。相邻测点垂直位移基本一致。垂直位移量和相邻沉降差均在设计允许范围内。

**2. 基础沉降**

基础单点位移计测值随监测跨上部混凝土浇筑沉降量逐渐增加,充水试验前趋于稳定。累计沉降在-1.88~16.30 mm,月变幅在-0.19~0.43 mm,均在合理范围内。各测点位移变化过程平稳,已趋于稳定。

**3. 接缝变形**

测缝计测值在-1.45~1.30 mm,开合度变化过程规律合理。测点测值变化与温度呈负相关性,开合度受环境温度影响而呈年周期性变化。箱基渡槽结构缝开合度性态正常。

#### 11.7.2.2　基础反力

基础土压力计成果显示基础反力随上部建筑浇筑而增大,并随工程施工完成而趋于稳定。充水后大部分部位基础反力有所增加。运行期基础反力主要表现为波动变化,测点测值变化与温度呈正相关性。箱基渡槽基础反力状态已基本稳定。

#### 11.7.2.3　钢筋应力

箱基渡槽各钢筋计测值的变化规律基本一致。槽身钢筋计在空槽阶段各部位受力状态与浇筑时外部环境温度有关。内壁上环向应力大部分断面以拉应力为主,拉应力最大值在侧墙与底板的交接处。各监测仪器的最小值(最大压应力或最小拉应力)一般发生在夏天温升时,槽内环向受压,但压应力均不大,各监测仪器的最大值(最大拉应力)一般发生在冬季温降时,槽内环向受拉。充水至满槽水深,大部分部位的应力表现为拉应力增加(或压应力减小)。

涵洞垂直水流方向钢筋计受力状态基本为受压,测值随温度而波动,个别箱涵底板端部出现拉应力。顺水流方向钢筋计出现拉应力最集中的部位为箱涵顶板端部上部、边墙外侧、中隔墙上部、边箱涵顶板跨中下部、箱涵顶板中隔墙上部及中间箱涵顶板跨中下部。

运行期各钢筋计测值变化平稳,以压应力为主,与温度呈负相关的年周期性变化,未出现异常趋势性变化,各监测部位钢筋应力已趋于稳定,大流量输水期间未出现异常现象。

#### 11.7.2.4　混凝土应变

箱基渡槽应变计反映混凝土总应变变化较为平稳,混凝土主要呈受压状态。各应变计和无应力计测值变化规律合理,无异常趋势性变化。

## 11.7.3　落地槽

### 11.7.3.1　变形监测

**1.表面垂直位移**

鲁山坡落地渡槽上部沉降测点位移大部分表现为向下沉方向变化,沉降量在-7.6~20.90 mm,小于设计允许值。位移量变化较为平稳,无突变等异常现象。相邻测点垂直位移基本一致,相邻沉降差均小于警戒值,未发生不均匀沉降。

**2.基础垂直位移**

地基单点位移计观测数据波动较小,各监测跨测值随上部混凝土浇筑沉降量而增加,并逐渐趋于稳定。当前沉降量在-8.58~21.40 mm,与槽顶沉降监测成果一致。月变幅在-0.14~0.22 mm,位移变化过程规律合理,基础沉降已基本稳定。

**3.接缝变形**

裂缝计测值变化过程平稳正常,历史测值在-10.82~18.15 mm,开合度呈年周期性变化,与温度呈负相关性。裂缝计测值已基本稳定。

### 11.7.3.2　侧墙土压力

土压力计测值显示左侧墙(临边坡)受到侧向土压力较小,充水前后亦无较大变化。在运行期主要表现为波动变化,测值变化与温度呈正相关性。

### 11.7.3.3　应力应变

落地渡槽各部位钢筋计应力以压应力为主,测值的变化规律基本一致,历史测值在-67.94~18.89 MPa。空槽阶段,渡槽左侧墙、右侧墙和底板钢筋应力均显示结构为受压状态,压应力最小部位一般发生在跨中上部,钢筋计附近的应变计测值变化规律与钢筋计基本一致,两种仪器可以互相验证,总体趋势为压应力减小,充水前两种仪器测值除随环境温度波动外,已基本稳定。充水至满槽水深,大部分部位的应力表现为压应力减小(或拉应力增加)。运行期钢筋应力变化平稳,过程线大致表现出一定的与温度呈负相关的年周期性变化。大流量输水期间未出现异常现象。

## 11.7.4　主要结论

沙河渡槽各仪器监测数据能够反映出监测建筑物的实际受力及变形状态。在施工期、充水试验阶段、通水运行及加大流量输水期间渡槽变形变化规律合理,变化过程平稳,各测点沉降量和相邻沉降差均在设计允许范围内。未发生不均匀沉降。应力应变监测均未出现异常趋势性变化。沙河渡槽各监测物理量变化符合建筑物的实际受力及变形规律,渡槽工作性态正常。

# 第 12 章　质量管理

## 12.1　概　述

　　沙河渡槽工程是整个南水北调中线技术难度最复杂的控制性工程之一,工程综合规模世界第一,有梁式渡槽、箱基渡槽和落地槽三种断面形式,特别是梁式渡槽为保证工程质量与进度,采用工厂化集中进行槽片预制和预应力张拉,每榀槽片一次性浇筑成型、蒸汽恒温恒湿养护,槽片跨度和重量史无前例,研发创新了渡槽吊装、运输与架设的专用装备(提槽机、运槽车、架槽机),首次采用后安装可更换的橡胶带止水工艺。建设施工过程中,所有参建单位高度重视质量管理与技术创新,特别是上级主管部门持续保持“高压、高压、再高压”严管质量的态势,创新使用了质量“飞检”“集中整治”“关键工序考核”“三位一体”等多层级全覆盖的立体质量防控体系与方法,创新颁布并实施了《南水北调质量责任追究办法》和《南水北调工程建设信用管理办法》,始终牢牢控制着每一个质量环节,实现了渡槽建设质量优良,通水运行平稳可靠。

## 12.2　质量目标

　　工程质量目标:工程质量等级达到优良,无较大以上质量事故。土建工程质量全部合格,单元工程优良率达到85%以上;金属结构及机电安装工程质量全部合格,单元工程优良率达到90%以上。

## 12.3　质量管理体系

　　本工程质量管理实行了项目法人负责、项目建设管理单位现场管理、监理单位质量控制、设计和施工单位及其他承建方保证、政府监督相结合的质量管理体制。各参建单位均建立健全了相应的质量体系,各质量体系运行基本正常,对保证施工质量起到了积极作用,为工程建设提供了组织保证。

### 12.3.1　建管单位质量管理体系

　　南水北调中线建管局下属的河南直管建管部设立工程管理三处作为现场建设管理机构,后调整为河南直管建管局平顶山项目部,成立了以部长为组长,各处负责人为成员的质量管理领导小组,成立了质量安全处,制定了质量管理制度和岗位职责,建立了以现场建管人员日常监管,质量安全处不间断巡视检查的质量管理体系,并监督检查各参建单位质量管理及质量体系运行情况。督促施工单位加强工序质量管理,严格实行“三检制”,

加强过程控制,认真开展关键工序施工质量考核,做好工程质量的全过程监督;督促监理单位对施工单位实行事前审批、事中监督、事后把关的施工全过程质量控制。充分发挥监理职能,通过月度施工质量考核,有力地保证了工程的施工质量。

## 12.3.2　监理单位质量控制体系

监理单位设立了现场监理机构(监理部),建立总监理工程师、专业监理工程师、监理员三级质量控制体系。监理部内部分工明确,职责分明,成立了质量控制与管理工作领导小组。总监理工程师任组长,副总监理工程师和总质检师任副组长,现场专业监理工程师为小组成员,由副总监或驻地监理站长负责处理与监控现场质量问题,配备了水工、测量、地质、试验、监测、金属结构安装、机电设备等多个专业的监理工作人员,开展现场监理质量控制工作。

监理部实行矩阵式组织结构模式。主要分为管理层、职能处和监理站三部分。监理部下设三个职能处、三个监理站和一个办公室,三个职能处分别为综合处、技术处和工程测量检测处,三个监理站分别为第一施工标监理站、第二施工标监理站和第三施工标监理站。实行"纵向策划、横向展开、统一管理、双向控制"的运作方式。根据工程现场施工需要,监理部高峰期监理人员 79 人,其中监理工程师 48 人。共制定了 27 项规章制度(见表 12-1),对总监理工程师、副总监理工程师、总质检师、标段监理站长、专业测量监理工程师、试验监理、驻地监理工程师、监理员分别制定了岗位职责,监理工作责任落实到人。

## 12.3.3　设计单位质量服务体系

勘察设计单位由总经理直接负责,主管副总经理负责组织协调工作,并成立技术委员会为该项目提供技术支持。成立了专门的项目领导组织机构,主管副总经理任设总,公司相关专业的技术副总监任副设总。设总负责外部协调与内部协调、管理工作,全面负责项目内各专业之间的衔接组织工作,对各专业的工作进度进行统筹考虑,确保项目内各专业能顺利、高效开展设计工作,各专业副设总在设总的统一部署下,对所主管专业的技术论证、方案选定和成果审定。各专业负责人负责本专业的内部资源调配、质量进度控制、计划安排,协调上下工序的关系,负责本专业成果审核。各工作组组长负责本工作组工作,对小组成果进行校核。共设 8 个大的专业组,包括测绘、地质、水文规划、水工、金属结构机电、征地移民、水保环保和施工概算。在 8 个大的专业组下设 17 个专业项目组,包括测绘、地质、水文、规划、水工、安全监测、水力机械、电工、金属结构、消防暖通、工程管理、征地移民、水土保持、环境保护、施工组织设计、概算、经济评价项目组。

建立了现场设计代表处和施工地质处。其中现场设代处组成人员 31 人,设技术负责人 1 名、设代处长 1 名,副处长 6 名,设代成员 24 人。施工地质处组成人员 6 人,处长 1 名、成员 5 名,常驻现场技术人员 3~4 人。有明确的项目设总、生产经营部、生产部门、专业负责人及设计代表处职责与权限,有明确的现场设代人员职责、工作内容和工作程序,保证了现场服务的及时到位,提供了满足工程建设需要的勘测设计成果和现场设代服务。

表 12-1　沙河渡槽监理工作制度

| 序号 | 工作制度名称 | 备注 |
|---|---|---|
| 1 | 施工组织措施审查制度 | |
| 2 | 设计图纸审查与交底制度 | |
| 3 | 工程开工申请制度 | |
| 4 | 专题技术研讨制度 | |
| 5 | 工序质量检查制度 | |
| 6 | 隐蔽工程质量验收制度 | |
| 7 | 工程材料检验与复核制度 | |
| 8 | 单位工程验收、阶段验收和竣工验收制度 | |
| 9 | 单元、分部和分项工程验收制度 | |
| 10 | 监理工程师指令签发制度 | |
| 11 | 工程变更处理制度 | |
| 12 | 质量事故处理制度 | |
| 13 | 进度监督与报告制度 | |
| 14 | 现场协调制度 | |
| 15 | 施工现场紧急情况处理制度 | |
| 16 | 工程计量审批制度 | |
| 17 | 合同索赔审核制度 | |
| 18 | 合同价款支付制度 | |
| 19 | 监理工作报告制度 | |
| 20 | 监理工作会议制度 | |
| 21 | 建立对外行文审批制度 | |
| 22 | 文函签发制度 | |
| 23 | 监理工作日记制度 | |
| 24 | 监理旬报、月报、季报、半年报、年报制度 | |
| 25 | 监理人员考勤考绩制度 | |
| 26 | 档案资料管理制度 | |
| 27 | 发包人对监理部的考核制度 | |

　　设计单位根据委托按时编制完成沙河渡槽工程招标设计,根据工程进展提供施工图设计,提供施工图纸 2 780 张;施工技术要求 15 份;对现场变化提出设计变更通知 24 份;提出沙河渡槽现场设计通知 180 份。先后完成沙河渡槽混凝土配合比试验技术要求,沙河梁式渡槽桩基试桩技术要求,沙河渡槽强夯及换填地基处理技术要求,沙河渡槽渠道土

石方开挖填筑施工技术要求,沙河渡槽鲁山坡落地槽边坡开挖技术要求,沙河渡槽普通混凝土施工温控与养护技术要求,沙河、大郎河梁式渡槽 U 形预制槽预应力混凝土施工技术要求,U 形槽提、运、架设计要求,沙河 U 形预制槽止水施工技术要求,施工渡汛要求,施工安全措施建议等技术要求。

现场施工地质人员进行地质巡视、地质编录、地质描述及参加单元隐蔽工程验收、参加与地质有关的技术问题讨论等。密切关注施工过程中的实际地质状况,施工中共提出施工地质通知 46 份。

勘测设计服务工作有力保证了工程质量。

## 12.3.4　施工单位质量保证体系

各施工单位在现场成立了项目经理部,实行项目经理负责制。建立了以项目经理为第一质量责任人的质量管理体系,成立了由项目经理担任组长,项目总工程师和总质检师担任副组长,相关职能部门负责人为成员的质量管理领导小组。均设置了质量安全部,负责项目全面质量管理工作。建立健全了各部门、各级人员的质量责任制,明确了各部门、各层次、各级人员质量目标和责任,认真履行各自的质量职能。同时制定了工程质量检验试验办法、工程质量检查验收办法、施工质检资料管理办法、工程质量奖惩考核办法、职工教育培训办法、工程质量三级检查制度、工序交接制度、工程质量缺陷处理办法、重大质量事故应急预案等质量管理制度。

各项目部均在工地现场设立实验室,配备满足试验要求的测试仪器和专职试验员,及时进行原材料、中间产品等质量检测试验,使工程质量得到有效保证。

## 12.3.5　质量监督体系

国务院南水北调办批准南水北调工程建设监管中心设立了南水北调中线沙河渡槽工程质量监督项目站(简称项目站),明确了项目站站长。项目站采用现场驻地抽查方式开展质量监督工作,同时监管中心不定期组织开展专项巡查工作。

根据《南水北调工程质量监督管理办法》等有关规定,监管中心制定了《南水北调工程建设监管中心质量监督项目巡回抽查管理暂行办法》,明确了项目站组织管理、工作方式、质量监督工作流程、职责、站长职责等。项目站根据《南水北调质量监督工作导则》的规定以及监管中心制定的各项标准和办法并结合受监工程项目的实际情况,制定了项目站各项规章制度(包括项目站职责、项目站站长岗位职责、质量监督员岗位职责、年度质量监督工作计划等)。

项目站依据国家法律法规和南水北调工程建设管理的有关规定、工程建设标准强制性条文、有关技术标准、经批准的工程设计文件和其他重要文件,按照监管中心有关规章和指令,以及项目站的有关制度在以抽查为主的基础上,采取查阅有关质量文件、资料与现场实地检查相结合、随机抽查与定期检查相结合、例行检查和专项检查相结合、联合检查与独立检查相结合等方法开展质量监督工作。开展质量监督抽查活动中,辅助原材料及工程实体质量抽样检测手段,采取跟踪检测和独立检测两种方式,并以跟踪检测为主。项目站对检查发现的一般质量问题,除口头通知责任单位整改外,还在监督日志记录备案;对检查发现的较重质量问题,向现场建设管理机构发出质量监督检查记录单,责令责任单位限期整改;对检查发现的严重质量问题,向现场建设管理机构发出质量监督检查结果通知书,责令责任单位限期整改,同时抄报南水北调工程质量监督行政主管部门。

根据工程进展情况,监管中心适时组织开展专项巡查,必要时同步进行质量检测。专项巡查发现的质量问题由项目站向现场建设管理机构发出质量监督检查结果通知书,责令责任单位限期整改,有效促进了规范质量管理行为,保证工程实体质量。

# 12.4　质量管理内容

质量管理主要包括监督各参建单位的质量服务、控制、保证体系和措施落实,委托监理单位审查施工单位的实验室条件和检测行为,督促施工单位建立落实质量检验制度和质量追溯制度,落实参建各方质量管理责任。

依据工程施工合同文件、设计文件、技术标准,对施工全过程进行检查,对重要部位、关键工序进行旁站监理与监管;按照有关规定,对施工单位进场的工程设备、材料、构配件、中间产品进行跟踪检测和平行检测,复核施工单位自评的工程质量等级;审核施工单位提出的工程质量缺陷处理方案,进行缺陷处理质量监控与验收,及时组织质量缺陷备案。工程质量控制要点与控制方法见表12-2。

表 12-2　工程质量控制要点与控制方法

| 工程项目 | 质量控制要点 | 控制手段 |
|---|---|---|
| 土方开挖 | 开挖范围及边线 | 测量 |
| | 高程、保护层厚度 | 测量 |
| 土方回填 | 每层铺土厚度、碾压遍数 | 旁站、量测 |
| | 土料含水量、压实度 | 试验 |
| 钢筋混凝土 | 模板垂直度、平整度 | 量测、检查 |
| | 几何尺寸 | 测量 |
| | 钢筋数量、直径、位置接头 | 现场检查 |
| | 施工缝处理(凿毛) | 检查 |
| | 止水 | 检查规格、型号、位置、接头粘接或焊接情况,审查粘接或焊接方案与工艺试验成果 |
| | 混凝土浇筑 | 旁站 |
| | 混凝土强度、配合比、坍落度 | 现场制作试块、审核试验报告 |
| | 预埋件及预埋管线 | 观测、测量 |
| | 温度控制措施 | 低温季节烧热水、搭棚;高温季节骨料搭凉棚、洒水降温、控制混凝土入仓温度 |
| | 平整度 | 2 m 靠尺量测 |

续表 12-2

| 工程项目 | 质量控制要点 | 控制手段 |
|---|---|---|
| 金结制造及安装 | 原材料 | 检查或送检 |
| | 下料 | 量测 |
| | 拼装、焊接 | 量测、探伤 |
| | 防腐 | 量测 |
| | 运输与防护 | 检查 |
| | 安装 | 检查、量测 |
| | 试运行 | 检查 |
| 房屋建筑工程 | 砌筑 | 检查、量测 |
| | 屋面工程 | 检查、量测 |
| | 装饰装修 | 检查、量测 |
| 安全监测（仪器埋设） | 观测仪器型号、规格 | 对照图纸与设计要求审核,专业机构率定及率定证书 |
| | 埋设位置及高程 | 测量 |
| | 埋设及初始数值读取 | 旁站 |
| | 定期观测及资料整理 | 督促、检查 |

## 12.5　质量控制程序

质量控制工作程序见图 12-1。

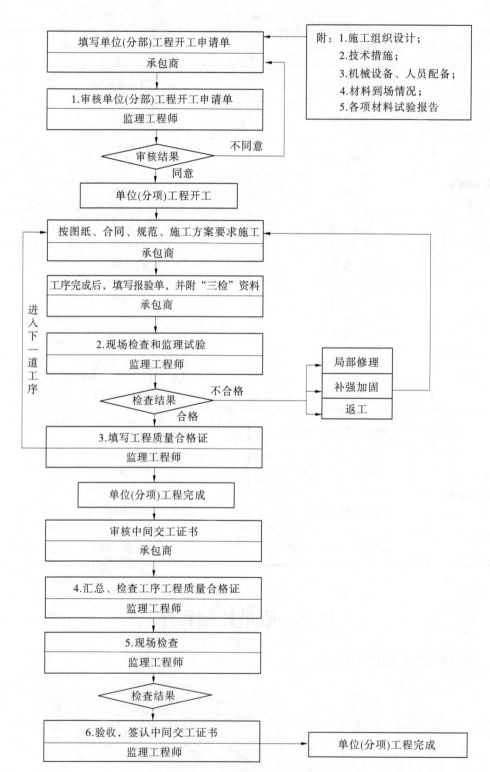

图 12-1　质量控制工作程序

# 12.6　质量控制方法

从工程上分为三个过程：材料的质量控制、施工方法的控制、施工过程的控制。

工程施工过程中进行质量控制的措施主要有：试验、测量、巡视及旁站监理、程序管理、支付控制、指令文件等手段。

## 12.6.1　试验

试验是工程质量控制的重要手段，其资料是评定工程质量的依据。试验工程师对施工单位的试验进行监督和见证，对施工单位实验室的建立、设备和仪器的率定与使用、试验过程及方法、试验标准、试验人员的资质等进行审核。在工程施工过程中，采取见证取样试验和检测试验两种手段控制工程的施工质量。

见证取样试验是对施工单位试验结论和工程施工质量进行确认和评价的重要手段。对于重要的工程部位，在施工过程中，对施工单位的施工材料、产品质量进行见证取样试验。见证取样试验和检测试验均严格执行合同及国家、行业相应的技术标准。当发现不合格产品时，分析原因，提出处理措施，经会审后实施，对不合格样品另外存放。所有的检验和试验结果都按照合同和技术规范要求进行记录，建立并保存所有表明产品已经检验或试验的记录。

## 12.6.2　量测

（1）量测是施工质量控制、正确计量的依据和重要手段。选派有资质、有经验的量测工程师对施工单位的量测工作进行监督和复核。

在量测工作开始前，量测工程师对施工单位量测设备和量测人员进行检查，确认其满足要求。

（2）在量测工作开始前，审批施工单位的量测方案。

（3）重要部位或量测监理工程师认为有必要时对施工单位的量测进行了旁站监理。

（4）审核施工单位的量测成果，发现问题或有疑问时进行单独复核或联合复核。

（5）施工前对施工放线及高程控制进行检查，严格控制，不合格者不得施工；施工过程中随时注意控制，发现偏差及时纠正；中间验收时，发现几何尺寸等不符合要求者，责令施工单位处理。

（6）对采用量测计量的项目，量测监理工程师和建管专员进行原始资料和最终资料的量测，在中间过程中进行随机核实。

（7）对测量控制网或施工单位引申的施工测量控制网等进行定期核实。

## 12.6.3　巡视及旁站监督

通过现场观察、监督和检查整个施工过程，注意并及时发现潜在的质量隐患、影响质量不利因素的发展变化以及出现的质量问题等，以便及时进行控制。

（1）对于施工正常、不易出现质量事故的中间过程施工，采用巡视监管。

（2）凡重要部位或重要工序、隐蔽工程的施工，进行4方联合验收，并由监理人员对施工过程进行必要的全过程跟踪旁站监理。

（3）做好检查和巡视的记录和日记。

## 12.6.4　质量控制工序管理

工程开工前监理工程师以书面文件的形式向施工单位规定必须遵守的质量控制工作程序。工序完工后，施工单位先进行自检，自检合格后，填报质量验收单，并附上自检记录及各种试验和检查表格，监理人员对工序质量进行核查，如合格，则签发质量验收单，方可进行下道工序。

## 12.6.5　支付控制

如果工程施工质量达不到规定的标准，又未按有关指示予以处理使之达到要求的标准，建管与监理人员有权拒绝开具支付证书，停止支付部分或全部款项。

## 12.6.6　指令文件

建管与监理人员根据合同规定，结合工程实际情况，及时准确地发出指令。

## 12.6.7　质量缺陷处理

在施工过程或工程养护、维护和照管等阶段发现工程质量缺陷时，建管与监理人员指示施工单位及时查明其范围和数量，分析产生的原因，提出缺陷修复和处理措施。

工程质量缺陷处理经监理人批准后实施。

## 12.6.8　审查施工技术措施和质量保证文件

在施工过程中，监理工程师审查的文件主要包括：

（1）审查施工单位提交的质量保证措施，监督其建立质量保证体系。

（2）审查分包商的资质证明文件，控制分包项目的质量。

（3）审查施工单位提交的施工组织设计、施工措施计划和施工工艺说明，保证工程的施工质量有可靠的技术保障。

（4）审查施工单位工程的开工申请报告。

（5）审查施工单位提交的有关原材料、半成品和构配件的质量证明文件，确保工程质量有可靠的物质基础。

（6）审查或查验现场作业人员的岗位操作资质，不满足规定要求的不允许进行施工操作，从控制操作人员的素质上入手来控制工序质量。

（7）审核施工单位提交的反映工序半成品和成品质量的统计资料，并采用数理统计的方法进行汇总分析。

（8）审核有关新技术、新工艺、新材料的技术鉴定文件，审查其在合同工程中的应用申请报告，根据具体情况报发包人后批准使用，确保应用质量。

（9）审查有关工程质量缺陷或质量事故的调查报告、处理措施和处理报告，确保质量缺陷或质量事故得到满意的处理。

### 12.6.9 工序质量跟踪检查

(1)在分部分项工程或单元工程开工前检查现场施工准备落实情况。

(2)在施工过程中坚持在现场不断巡视,发现会影响质量的违规行为立即指令施工单位改正。

(3)对工序中使用的材料和构配件进行检查。

(4)对特殊工种的作业人员的资格进行检查。

(5)对会严重影响成品质量或成品质量无法进行最终检验的工序进行全过程跟踪检查。

(6)在施工工序活动控制过程中设置停止点,未经检查验收不得进入下道工序的作业。

(7)对工序活动的半成品进行检查。

(8)停工后按照准备工作或停止点的要求进行复工前的检查。

(9)对单元工程、分项工程或分部工程完工后的成品进行全面检查。

(10)在工序质量进行跟踪检查时,主要采用观测、用手进行触摸或施加荷载,采用地质锤或榔头敲击或通过测量工具量测的方法对半成品或成品的形状、位置、状态、表面特性和质地状况进行检查,对任何怀疑或不确定的问题,要求进行试验检测;对于会对施工质量产生严重影响的工序、缺陷处理难度极大的工序或隐蔽工程等(如注浆作业混凝土的浇筑和接缝止水等),监理工程师始终在现场观察监督与检查注意,并及时发现质量问题的苗头和影响质量因素的不利发展变化、潜在的质量隐患以及出现的质量问题等,以便立即制订措施并实施控制,将可能出现的质量缺陷或质量事故消灭在萌芽状态。

### 12.6.10 审查设计文件

包括设计单位和施工单位提供的设计文件,保证设计文件的完整、正确,设计标准满足工程和规范要求。

## 12.7 质量控制措施

(1)组织措施。一是进驻现场的监理人员专业配置齐全,并由总监理工程师组织进行质量意识再教育,分工负责,责任到人;二是检查、督促施工项目部建立专门质量检查部门,建立三级检查制度,各部位施工有专门的施工员和质检员,落实质量责任制。

(2)技术措施。严格事前、事中和事后的质量控制措施,严格审查施工图、施工技术方案和技术措施,检查材料、构件、制品及设备质量,做好现场质量检查、记录与分析,做好月、旬中间检查,按工序签证。

(3)经济措施。严格质检和验收,在合同价款结算时预提一定比例的资金,对施工单位质量管理行为与结果开展月度考核,奖优惩劣,促进质量体系健全、行为规范,实体质量达标。

（4）合同措施。按合同规定进行质量检查、签证，合格工程按时计量付款，不合格工程按合同及有关规定处理。

# 12.8 主要质量管理环节

## 12.8.1 项目划分

根据相关部门及专家意见，结合工程实际情况，沙河渡槽工程共划分 21 个单位工程；248 个分部工程，其中主要分部工程 125 个；13 837 个单元工程，重要隐蔽单元工程和关键部位单元工程共计 1 395 个。

沙河渡槽工程项目划分统计概况见表 12-3。

表 12-3　沙河渡槽工程项目划分统计一览

| 项目 | | 类型 | 单位工程数量 | 分部工程 | | 单元工程 | | 备注 |
|---|---|---|---|---|---|---|---|---|
| | | | | 分部工程数量 | 主要分部工程数量 | 单元工程数量 | 关键部位和重要隐蔽单元工程数量 | |
| 标段 | 沙河1标段 | 土建 | 7 | 131 | 67 | 2 785 | 485 | |
| | | 安全监测 | | 7 | | 3 226 | | |
| | | 桥梁 | 5 | 23 | 10 | 447 | | |
| | 沙河2标段 | 土建 | 4 | 38 | 28 | 2 407 | 556 | |
| | | 安全监测 | | 4 | | 998 | | |
| | | 桥梁 | 1 | 5 | 2 | 41 | | |
| | 沙河3标段 | 土建 | 2 | 26 | 16 | 1 782 | 354 | |
| | | 安全监测 | | 2 | | 1 310 | | |
| | | 桥梁 | 1 | 6 | 2 | 56 | | |
| | 35 kV 永久供电线路 | | 1 | 6 | 0 | 785 | | |
| 合计 | 土建 | | 13 | 195 | 111 | 6 974 | 1 395 | |
| | 安全监测 | | 13 | | | 5 534 | 0 | 划入土建单位工程 |
| | 桥梁 | | 7 | 34 | 14 | 544 | 0 | |
| | 35 kV | | 1 | 6 | 0 | 785 | 0 | |
| | 总计 | | 21 | 248 | 125 | 13 837 | 1 395 | |

### 12.8.2　控制网校核

施工控制网布设是工程施工最基础的工作,控制网布设精度能否满足规范要求,直接关系到整个施工项目质量的好坏。专业测量工程师对控制点进行复测,验证无误后正式移交使用。对施工项目部布设的控制网,在审查其布设方案、施工方法及精度的基础上,由专业测量监理工程师对施工测量控制网进行校测,从而保证了施测质量。

### 12.8.3　工地实验室和拌和站审查与率定

现场工地实验室主要配备了综合类试验设备、水泥试验设备、骨料试验设备、混凝土试验设备、土工试验设备、计量称量设备、砂浆试验设备、标准养护室、各种试模等。建管单位和监理部联合审查各相关检测机构资质,工地实验室负责人及试验人员资格证,现场试验设备率定、校测情况,重点审查试验设备和混凝土试件标准养护室是否满足试验规范要求。所有试验设备均通过有资质的检测机构的率定,并建立试验台账与各项规章制度,经现场审查通过后,给予正式批复,准许投入使用。

各施工单位拌和站建成后,通过对计量系统的率定,再经现场试运转正常后,审查批复同意在本工程中使用,并在工程建设期间,积极督促施工项目部对实验室仪器、设备、拌和站计量设备等及时进行率定、校测,保证计量精度,确保整个过程在受控状态。

### 12.8.4　原材料选择

为确保沙河渡槽工程质量,从源头上控制原材料质量,勘察设计阶段对回填土料、砂石骨料等地方材料进行勘察设计;严格审查施工单位报送的原材料生产厂家资质文件,建管、监理、施工、质量监督等单位联合开展国内质量好、信誉度较高的原材料厂家调研和选择工作,监控施工单位进场原材料采购于批准使用的生产厂家,且出厂质量证明材料齐全,进场后复检达标,才同意在工程中使用。

### 12.8.5　混凝土配合比审查选定

由各施工单位委托实验室根据施工图纸、《沙河渡槽段混凝土配比实验技术要求》等设计文件的要求,按照设计混凝土的不同强度等级、浇筑的部位、现场实际需要,遵照规范规定进行混凝土配合比设计,通过室内试验成果,择优选用合适的混凝土配合比报送监理机构审批。

为做好混凝土配合比审查工作,建管、监理机构多次组织各参建单位进行讨论,并邀请相关专家进行咨询。按照设计要求和中线局下发的相关文件,根据现场实际试验成果和专家咨询意见,对施工单位报送的混凝土配合比进行了审核批复。沙河渡槽工程混凝土配合比审查主要依据文件见表 12-4。

### 12.8.6　混凝土碱含量控制

混凝土碱骨料反应控制按照《预防混凝土工程碱骨料反应技术条例》(试行)的有关规定进行,控制骨料碱活性和混凝土的总碱量。

**表 12-4　沙河渡槽工程混凝土配合比审查主要依据文件**

| 序号 | 文件名称 |
|---|---|
| 1 | 《南水北调中线一期工程总干渠(沙河南—黄河南)沙河渡槽段混凝土配合比试验技术要求》 |
| 2 | 《南水北调中线一期工程总干渠沙河渡槽工程水泥厂家考察报告》 |
| 3 | 关于转发《关于进一步加强混凝土配合比设计和使用的通知》 |
| 4 | 《沙河渡槽工程混凝土配合比设计和使用专题会议纪要》 |
| 5 | 关于混凝土配合比进行试验复核的函 |
| 6 | 《南水北调中线干线沙河渡槽及北汝河渠道倒虹吸混凝土配合比专家咨询意见》 |

(1)粗细骨料非碱活性控制。本工程所用细骨料主要为大营料场和塔坡料场所开采;碎石主要为大营料场和白河店料场所开采的小石和中石。骨料经过检测,为非碱活性骨料,符合招标文件及相关技术要求。

经统计,共计抽检细骨料碱活性试验 19 组,其中抽检大营料场 14 组、塔坡料场 1 组、大河口料场 4 组;抽检粗骨料碱活性试验 16 组,其中白河店料场 6 组、马楼高岸头 2 组、大营料场 8 组。监理对各标段骨料碱活性试验结果统计见表 12-5。

**表 12-5　沙河渡槽工程骨料碱活性抽查统计**

| 标段 | 项目 | 生产厂家 | 各龄期膨胀率(%) | | | | | 备注 |
|---|---|---|---|---|---|---|---|---|
| | | | 3 d | 7 d | 14 d | 21 d | 28 d | |
| 沙河 1 标段 | 细骨料 | 马楼高岸头 | 0 | 0.003 | 0.011 | 0.019 | 0.025 | 非活性 |
| 沙河 2 标段 | 细骨料 | 马楼高岸头 | 0.014 | 0.043 | 0.076 | | | 非活性 |
| | | 大营料场 | 0.009 | 0.013 | 0.008 | | | 非活性 |
| | 粗骨料 | 大营料场 | 0.017 | 0.056 | 0.04 | 0.073 | 0.091 | 非活性 |
| | | 大营料场 | 0.012 | 0.04 | 0.015 | 0.035 | 0.037 | 非活性 |

(2)水泥碱含量控制。沙河渡槽主体工程槽身混凝土主要采用南召天瑞水泥有限公司生产的 P·O 42.5 低碱普通硅酸盐水泥。施工过程中施工单位和监理单位对进场水泥碱含量进行了取样检测,检测合格方能用于主体工程施工。监理对各标段水泥、粉煤灰及外加剂碱含量抽检结果统计见表 12-6。

(3)混凝土总碱量控制。工程实施过程中,通过对进场水泥、粉煤灰、外加剂等主要原材料分别进行碱含量检测与控制,从源头上控制混凝土总碱含量。根据本工程所用主体工程混凝土粗、细骨料,胶凝材料,外加剂的抽检结果,各标段混凝土总碱含量计算成果见表 12-7,混凝土的总碱含量均不超过 2.5 kg/m³,满足设计要求。

**表 12-6  沙河渡槽工程碱含量检测结果统计**

| 标段 | 项目 | 检测组数 | 碱含量(%) | | | 备注 |
|---|---|---|---|---|---|---|
| | | | 最大值 | 最小值 | 平均值 | |
| 沙河 1 标段 | 水泥 | 15 | 0.6 | 0.37 | 0.5 | |
| | 粉煤灰 | 8 | 1.55 | 0.82 | 1.15 | |
| | 外加剂 | 13 | 1.24 | 0.18 | 0.57 | |
| 沙河 2 标段 | 水泥 | 12 | 0.6 | 0.32 | 0.5 | |
| | 粉煤灰 | 9 | 1.88 | 0.8 | 1.2 | |
| | 外加剂 | 2 | 1.04 | 0.23 | 0.62 | |
| 沙河 3 标段 | 水泥 | 9 | 0.6 | 0.25 | 0.5 | |
| | 粉煤灰 | 8 | 1.54 | 0.83 | 1.16 | |
| | 外加剂 | 3 | 1.23 | 0.2 | 0.65 | |

**表 12-7  沙河渡槽工程主要混凝土总碱含量计算成果统计**

| 标段 | 混凝土强度等级 | 部位 | 水泥用量(kg) | | | 粉煤灰用量(kg) | | | 外加剂用量(kg) | | | 平均总碱含量(kg/m³) |
|---|---|---|---|---|---|---|---|---|---|---|---|---|
| | | | 最小 | 最大 | 平均 | 最小 | 最大 | 平均 | 最小 | 最大 | 平均 | |
| 沙河 1 标段 | C50F200W8 | 预制渡槽 | 402 | 405 | 404 | 71 | 72 | 71.5 | 6.63 | 6.67 | 6.65 | 2.22 |
| | C30F150W8 | 下部结构、箱基渡槽 | 244 | 300 | 272 | 75 | 89 | 82 | 3.9 | 5.25 | 4.58 | 1.57 |
| 沙河 2 标段 | C30W8F150 | 箱基渡槽 | 270 | 284 | 277 | 68 | 75 | 71.5 | 2.5 | 2.74 | 2.62 | 1.57 |
| 沙河 3 标段 | C30W8F150 | 箱基渡槽 | 272 | 286 | 279 | 72 | 91 | 81.5 | 3.25 | 3.3 | 3.27 | 1.61 |

## 12.8.7  设计图纸审查和设计交底

依据施工进度计划和工程实际进展需要,及时提出施工图供图计划并督促设计单位按计划供图;组织监理、施工技术人员熟悉工程设计文件内容,理解设计意图,对施工图纸进行审查并提出修改意见,召开现场施工图纸设计技术交底讨论,形成会议纪要签发施工设计图纸核查意见单,进行修改完善,经审核确认后的设计图纸及文件,及时由总监理工程师签字并加盖监理部公章后,正式发相关参建单位。在施工过程中及时与设计代表商讨解决现场反馈的问题,重大问题及时组织参建各单位相关人员召开专题会议现场讨论解决。

经统计,共组织技术交底会 15 次,监理部共计审核签发施工设计图纸 2 780 张,设计通知单 180 份,设计变更通知 24 份。

## 12.8.8　原材料及中间产品检验检测

主要原材料包括钢材、水泥、砂石、粉煤灰、保温板、土工膜、密封胶等,要求施工单位进场材料必须附质量证明文件,施工项目部按有关规定进行试验检测,并及时对进场材料试验检测结果,质量证明文件进行审查和不符合要求的不得投入使用,采用跟踪检测、平行检测方法对施工项目部的检测结果进行复核。

按照有关规范和现场实际:平行检测的检测数量,混凝土试块不少于施工单位检测数量的3%,重要部位各强度等级混凝土最少抽检1组,土方试样不少于施工单位检测数量的5%,重要部位至少抽检3组。跟踪检测的检测数量,混凝土试块不少于施工单位检测数量的7%,土方试样不少于施工单位检测数量的10%。

经统计,监理平行检测和跟踪检测共计23 195组,其中沙河1标段检测8 110组,检测频次23.7%;沙河2标段检测8 369组,检测频次24.5%,见表12-10;沙河3标段检测6 683组,检测频次26.1%,见表12-11;35 kV永久供电线路工程检测33组,检测频次41.8%,见表12-12。另外,经统计监理平行检测不合格原材料和中间产品共计122组,其中沙河1标段42组,沙河2标段50组,沙河3标段29组。对于检测不合格的原材料和中间产品,各施工单位均按监理指示进行了退场或返工处理,应用于工程的所有原材料和中间产品均检测合格。

施工单位检测及监理单位抽检情况汇总统计见表12-8。

### 表12-8　沙河渡槽检测情况统计汇总

| 项目 | 标段 | 承包人检测 | | | 监理检测 | | | | | | 合计检测组数 | 检测频次（%） |
| | | 组数 | 合格组数 | 合格率（%） | 平行检测 | | | 跟踪检测 | | | | |
| | | | | | 组数 | 合格组数 | 合格率（%） | 组数 | 合格组数 | 合格率（%） | | |
| 原材料及中间产品 | 沙河1标段 | 5 895 | 5 889 | 99.9 | 1 055 | 1 039 | 98.5 | 728 | 726 | 99.7 | 1 783 | 30.2 |
| | 沙河2标段 | 13 083 | 13 059 | 99.8 | 1 456 | 1 428 | 98.1 | 1 794 | 1 786 | 99.6 | 3 250 | 24.8 |
| | 沙河3标段 | 7 779 | 7 779 | 100.0 | 1 008 | 994 | 98.6 | 1 178 | 1 175 | 99.7 | 2 186 | 28.1 |
| | 35 kV供电线路标段 | 25 | 25 | 100.0 | 11 | 10 | 90.9 | 12 | 12 | 100.0 | 23 | 92.0 |
| 混凝土及砂浆试块 | 沙河1标段 | 4 604 | 4 604 | 100.0 | 543 | 538 | 99.1 | 595 | 595 | 100.0 | 1 138 | 24.7 |
| | 沙河2标段 | 6 579 | 6 579 | 100.0 | 733 | 733 | 100.0 | 793 | 793 | 100.0 | 1 526 | 23.2 |
| | 沙河3标段 | 2 909 | 2 909 | 100.0 | 350 | 350 | 100.0 | 353 | 353 | 100.0 | 703 | 24.2 |
| | 35 kV供电线路标段 | 54 | 54 | 100.0 | 6 | 6 | 100.0 | 4 | 4 | 100.0 | 10 | 18.5 |

续表 12-8

| 项目 | 标段 | 承包人检测 | | | 监理检测 | | | | | | 合计检测组数 | 检测频次（%） |
|---|---|---|---|---|---|---|---|---|---|---|---|---|
| | | 组数 | 合格组数 | 合格率（%） | 平行检测 | | | 跟踪检测 | | | | |
| | | | | | 组数 | 合格组数 | 合格率（%） | 组数 | 合格组数 | 合格率（%） | | |
| 土方密实度 | 沙河1标段 | 23 760 | 23 451 | 98.7 | 2 517 | 2 496 | 99.2 | 2 672 | 2 639 | 98.8 | 5 189 | 21.8 |
| | 沙河2标段 | 11 313 | 11 313 | 100.0 | 1 231 | 1 225 | 99.5 | 1 530 | 1 530 | 100 | 2 761 | 24.4 |
| | 沙河3标段 | 12 151 | 12 151 | 100.0 | 1 428 | 1 418 | 99.3 | 1 660 | 1 660 | 100.0 | 3 088 | 25.4 |
| 砂砾料密实度 | 沙河2标段 | 3 214 | 3 214 | 100.0 | 376 | 373 | 99.2 | 456 | 456 | 100.0 | 832 | 25.9 |
| | 沙河3标段 | 2 742 | 2 742 | 100.0 | 341 | 336 | 98.5 | 365 | 365 | 100.0 | 706 | 25.7 |
| 小计 | 沙河1标段 | 34 259 | 33 944 | 99.1 | 4 115 | 4 073 | 99.0 | 3 995 | 3 960 | 99.1 | 8 110 | 23.7 |
| | 沙河2标段 | 34 189 | 34 165 | 99.9 | 3 796 | 3 759 | 99.0 | 4 573 | 4 565 | 99.8 | 8 369 | 24.5 |
| | 沙河3标段 | 25 581 | 25 581 | 100.0 | 3 127 | 3 098 | 99.1 | 3 556 | 3 553 | 99.9 | 6 683 | 26.1 |
| | 35 kV 供电线路标段 | 79 | 79 | 100.0 | 17 | 16 | 94.1 | 16 | 16 | 100.0 | 33 | 41.8 |
| | 合计 | 94 108 | 93 769 | 99.6 | 11 055 | 10 946 | 99.0 | 12 140 | 12 094 | 99.6 | 23 195 | 24.6 |

表 12-9　沙河 1 标段检测情况统计

| 检查项目 | | 承包人检测 | | | 监理检测 | | | | | | 合计检测组数 | 检测频次（%） |
|---|---|---|---|---|---|---|---|---|---|---|---|---|
| | | 组数 | 合格组数 | 合格率（%） | 平行检测 | | | 跟踪检测 | | | | |
| | | | | | 组数 | 合格组数 | 合格率（%） | 组数 | 合格组数 | 合格率（%） | | |
| 原材料及中间产品 | 1　水泥常规 | 437 | 437 | 100.0 | 139 | 139 | 100.0 | 54 | 54 | 100.0 | 193 | 44.2 |
| | 2　粉煤灰常规 | 365 | 365 | 100.0 | 112 | 111 | 99.1 | 41 | 41 | 100.0 | 153 | 41.9 |
| | 3　粉煤灰碱含量 | 13 | 13 | 100.0 | 8 | 8 | 100.0 | 3 | 3 | 100.0 | 11 | 84.6 |
| | 4　砂常规 | 1 210 | 1 206 | 99.7 | 146 | 143 | 97.9 | 135 | 133 | 98.5 | 281 | 23.2 |
| | 5　砂碱活性 | 5 | 5 | 100.0 | 5 | 5 | 100.0 | 1 | 1 | 100.0 | 6 | 120.0 |
| | 6　碎石常规 | 248 | 246 | 99.2 | 65 | 62 | 95.4 | 29 | 29 | 100.0 | 94 | 37.9 |
| | 7　碎石碱活性 | 16 | 16 | 100.0 | 7 | 7 | 100.0 | 2 | 2 | 100.0 | 9 | 56.3 |
| | 8　外加剂常规 | 148 | 148 | 100.0 | 44 | 44 | 100.0 | 21 | 21 | 100.0 | 65 | 43.9 |
| | 9　外加剂碱含量 | 19 | 19 | 100.0 | 13 | 13 | 100.0 | 3 | 3 | 100.0 | 16 | 84.2 |
| | 10　橡胶止水带 | 22 | 22 | 100.0 | 6 | 6 | 100.0 | 3 | 3 | 100.0 | 9 | 40.9 |
| | 11　闭孔泡沫板 | 31 | 31 | 100.0 | 8 | 8 | 100.0 | 5 | 5 | 100.0 | 13 | 41.9 |
| | 12　聚硫密封胶 | 2 | 2 | 100.0 | 1 | 1 | 100.0 | 1 | 1 | 100.0 | 2 | 100.0 |

续表 12-9

| 检查项目 | | 承包人检测 | | | 监理检测 | | | | | | 合计检测组数 | 检测频次（%） |
|---|---|---|---|---|---|---|---|---|---|---|---|---|
| | | | | | 平行检测 | | | 跟踪检测 | | | | |
| | | 组数 | 合格组数 | 合格率（%） | 组数 | 合格组数 | 合格率（%） | 组数 | 合格组数 | 合格率（%） | | |
| 原材料及中间产品 | 13 钢筋原材 | 1 396 | 1 396 | 100.0 | 373 | 367 | 98.4 | 176 | 176 | 100.0 | 549 | 39.3 |
| | 14 钢筋焊接 | 1 825 | 1 825 | 100.0 | 87 | 87 | 100.0 | 216 | 216 | 100.0 | 303 | 16.6 |
| | 15 硅芯管 | 1 | 1 | 100.0 | | | | 1 | 1 | 100.0 | 1 | 100.0 |
| | 16 拌和水 | 5 | 5 | 100.0 | | | | 1 | 1 | 100.0 | 1 | 20.0 |
| | 17 保温板 | 17 | 17 | 100.0 | 8 | 6 | 75.0 | 2 | 2 | 100 | 10 | 58.8 |
| | 18 板式橡胶支座 | 3 | 3 | 100.0 | 1 | 1 | 100.0 | 1 | 1 | 100 | 2 | 66.7 |
| | 19 锚板、锚夹具 | 3 | 3 | 100.0 | | | | 3 | 3 | 100.0 | 3 | 100.0 |
| | 20 复合土工膜 | 17 | 17 | 100.0 | 5 | 5 | 100.0 | 2 | 2 | 100 | 7 | 41.2 |
| | 21 逆止阀 | 4 | 4 | 100.0 | 1 | 1 | 100.0 | 1 | 1 | 100 | 50.0 |
| | 22 软式透水管 | 4 | 4 | 100.0 | 1 | 1 | 100.0 | 1 | 1 | 100 | 2 | 50.0 |
| | 23 铜止水 | 10 | 10 | 100.0 | 3 | 3 | 100.0 | 2 | 2 | 100 | 5 | 50.0 |
| | 24 铜止水焊接 | 15 | 15 | 100.0 | 1 | 1 | 100.0 | 4 | 4 | 100 | 5 | 33.3 |
| | 25 土工布 | 5 | 5 | 100.0 | 1 | 1 | 100.0 | 2 | 2 | 100 | 3 | 60.0 |
| | 26 预应力钢绞线 | 36 | 36 | 100.0 | 7 | 7 | 100.0 | 8 | 8 | 100 | 15 | 41.7 |
| | 27 预应力波纹管 | 26 | 26 | 100.0 | | | | 8 | 8 | 100.0 | 8 | 30.8 |
| | 28 土质分析 | 12 | 12 | 100.0 | 10 | 10 | 100.0 | 2 | 2 | 100 | 12 | 100.0 |
| | 29 块石 | | | | 3 | 3 | 100.0 | | | | 3 | |
| | 小计 | 5 895 | 5 889 | 99.90 | 1 055 | 1 039 | 98.5 | 728 | 726 | 99.7 | 1783 | 30.2 |
| 混凝土试块 | 1 抗压试块 | 4 062 | 4 062 | 100.0 | 476 | 476 | 100.0 | 522 | 522 | 100.0 | 998 | 24.6 |
| | 2 抗冻试块 | 148 | 148 | 100.0 | 7 | 7 | 100.0 | 23 | 23 | 100.0 | 30 | 20.3 |
| | 3 抗渗试块 | 150 | 150 | 100.0 | 8 | 8 | 100.0 | 16 | 16 | 100.0 | 24 | 16.0 |
| | 4 抗拉试块 | 16 | 16 | 100.0 | | | | 3 | 3 | 100.0 | 3 | 18.8 |
| | 小计 | 4 376 | 4 376 | 100.00 | 491 | 491 | 100.0 | 564 | 564 | 100.0 | 1 055 | 24.1 |
| 砂浆 | 砂浆试块 | 228 | 228 | 100.00 | 52 | 47 | 90.4 | 31 | 31 | 100.0 | 83 | 36.4 |
| 土方 | 土方回填压实度 | 23 760 | 23 451 | 98.70 | 2 517 | 2 496 | 99.2 | 2 672 | 2 639 | 98.8 | 5 189 | 21.8 |
| 合计 | | 34 259 | 33 944 | 99.08 | 4 115 | 4 073 | 99.0 | 3 995 | 3 960 | 99.1 | 8 110 | 23.7 |

表 12-10　沙河 2 标检测情况统计表

| 检查项目 | | 承包人检测 | | | 监理检测 | | | | | | 合计检测组数 | 检测频次（%） |
|---|---|---|---|---|---|---|---|---|---|---|---|---|
| | | | | | 平行检测 | | | 跟踪检测 | | | | |
| | | 组数 | 合格组数 | 合格率（%） | 组数 | 合格组数 | 合格率（%） | 组数 | 合格组数 | 合格率（%） | | |
| 原材料及中间产品 | 1　水泥常规 | 1 107 | 1 107 | 100.0 | 135 | 135 | 100.0 | 189 | 189 | 100.0 | 324 | 29.3 |
| | 2　水泥碱含量 | 13 | 13 | 100.0 | 12 | 12 | 100.0 | 3 | 3 | 100.0 | 15 | 115.4 |
| | 3　粉煤灰常规 | 723 | 723 | 100.0 | 116 | 116 | 100.0 | 87 | 87 | 100.0 | 203 | 28.1 |
| | 4　粉煤灰碱含量 | 9 | 9 | 100.0 | 9 | 9 | 100.0 | 2 | 2 | 100.0 | 11 | 122.2 |
| | 5　砂常规 | 1 115 | 1 110 | 99.6 | 160 | 152 | 95.0 | 186 | 185 | 99.5 | 346 | 31.0 |
| | 6　砂碱活性 | 2 | 2 | 100.0 | 3 | 3 | 100.0 | 1 | 1 | 100.0 | 4 | 200.0 |
| | 7　碎石常规 | 1 458 | 1 454 | 99.7 | 229 | 228 | 99.6 | 193 | 191 | 99.0 | 422 | 28.9 |
| | 8　碎石碱活性 | 3 | 3 | 100.0 | 3 | 3 | 100.0 | 1 | 1 | 100.0 | 4 | 133.3 |
| | 9　减水剂常规 | 42 | 42 | 100.0 | 18 | 18 | 100.0 | 8 | 8 | 100.0 | 26 | 61.9 |
| | 10　减水剂碱含量 | 2 | 2 | 100.0 | 1 | 1 | 100.0 | 1 | 1 | 100.0 | 2 | 100.0 |
| | 11　引气剂常规 | 13 | 13 | 100.0 | 6 | 6 | 100.0 | 4 | 4 | 100.0 | 10 | 76.9 |
| | 12　引气剂碱含量 | 1 | 1 | 100.0 | 1 | 1 | 100.0 | 1 | 1 | 100.0 | 2 | 200.0 |
| | 13　橡胶止水带 | 13 | 12 | 92.3 | 5 | 4 | 80.0 | 3 | 3 | 100.0 | 8 | 61.5 |
| | 14　膨胀止水条 | 14 | 14 | 100.0 | | | | 2 | 2 | 100.0 | 2 | 14.3 |
| | 15　闭孔泡沫板 | 25 | 21 | 84.0 | 6 | 5 | 83.3 | 6 | 5 | 83.3 | 12 | 48.0 |
| | 16　聚硫密封胶 | 1 | 1 | 100.0 | 1 | 1 | 100.0 | 1 | 1 | 100.0 | 2 | 200.0 |
| | 17　钢筋原材 | 2 115 | 2 105 | 99.5 | 470 | 459 | 97.7 | 314 | 310 | 98.7 | 784 | 37.1 |
| | 18　钢筋机械连接头 | 4 654 | 4 654 | 100.0 | 184 | 183 | 99.5 | 564 | 564 | 100.0 | 748 | 16.1 |
| | 19　钢筋焊接 | 1 771 | 1 771 | 100.0 | 93 | 88 | 94.6 | 227 | 227 | 100.0 | 320 | 18.1 |
| | 20　拌和水 | 2 | 2 | 100.0 | | | | 1 | 1 | 100.0 | 1 | 50.0 |
| | 21　块石 | | | | 4 | 4 | 100.0 | | | | 4 | |
| | 小计 | 13 083 | 13 059 | 99.82 | 1 456 | 1 428 | 98.1 | 1 794 | 1 786 | 99.6 | 3 250 | 24.8 |

**续表** 12-10

| 检查项目 | | 承包人检测 | | | 监理检测 | | | | | | 合计检测组数 | 检测频次（%） |
|---|---|---|---|---|---|---|---|---|---|---|---|---|
| | | | | | 平行检测 | | | 跟踪检测 | | | | |
| | | 组数 | 合格组数 | 合格率（%） | 组数 | 合格组数 | 合格率（%） | 组数 | 合格组数 | 合格率（%） | | |
| 混凝土试块 | 1 | 抗压试块 C10 垫层 | 184 | 184 | 100.0 | 21 | 21 | 100.0 | 31 | 31 | 100.0 | 52 | 28.3 |
| | 2 | 抗压试块 C25 灌注桩 | 467 | 467 | 100.0 | 46 | 46 | 100.0 | 63 | 63 | 100.0 | 109 | 23.3 |
| | 3 | 抗压试块 C30 箱涵混凝土 | 5 886 | 5 886 | 100.0 | 641 | 641 | 100.0 | 687 | 687 | 100.0 | 1 328 | 22.6 |
| | 4 | 抗冻试块 | 20 | 20 | 100.0 | 12 | 12 | 100.0 | 7 | 7 | 100.0 | 19 | 95.0 |
| | 5 | 抗渗试块 | 22 | 22 | 100.0 | 13 | 13 | 100.0 | 5 | 5 | 100.0 | 18 | 81.8 |
| | | 小计 | 6 579 | 6 579 | 100.00 | 733 | 733 | 100.0 | 793 | 793 | 100.0 | 1 526 | 23.2 |
| 压实度 | 1 | 土方回填压实度 | 11 313 | 11 313 | 100.0 | 1 231 | 1 225 | 99.5 | 1 530 | 1 530 | 100.0 | 2 761 | 24.4 |
| | 2 | 砂砾石换填压实度 | 3 214 | 3 214 | 100.0 | 376 | 373 | 99.2 | 456 | 456 | 100.0 | 832 | 25.9 |
| | | 小计 | 14 527 | 14 527 | 100.00 | 1 607 | 1 598 | 99.4 | 1 986 | 1 986 | 100.0 | 3 593 | 24.7 |
| | | 总计 | 34 189 | 34 165 | 99.93 | 3 796 | 3 759 | 99.0 | 4 573 | 4 565 | 99.8 | 8 369 | 24.5 |

**表** 12-11　**沙河** 3 **标检测情况统计**

| 检查项目 | | 承包人检测 | | | 监理检测 | | | | | | 合计检测组数 | 检测频次（%） |
|---|---|---|---|---|---|---|---|---|---|---|---|---|
| | | | | | 平行检测 | | | 跟踪检测 | | | | |
| | | 组数 | 合格组数 | 合格率（%） | 组数 | 合格组数 | 合格率（%） | 组数 | 合格组数 | 合格率（%） | | |
| 原材料及中间产品 | 1 | 水泥 | 576 | 576 | 100.0 | 100 | 100 | 100.0 | 72 | 72 | 100 | 172 | 29.9 |
| | 2 | 粉煤灰 | 522 | 522 | 100.0 | 82 | 82 | 100.0 | 67 | 64 | 95.522 | 149 | 28.5 |
| | 3 | 减水剂 | 57 | 57 | 100.0 | 19 | 19 | 100.0 | 11 | 11 | 100 | 30 | 52.6 |
| | 4 | 引气剂 | 34 | 34 | 100.0 | 14 | 14 | 100.0 | 7 | 7 | 100 | 21 | 61.8 |
| | 5 | 钢筋原材 | 1 646 | 1 646 | 100.0 | 267 | 266 | 99.6 | 227 | 227 | 100 | 494 | 30.0 |
| | 6 | 橡胶止水带 | 10 | 10 | 100.0 | 6 | 6 | 100.0 | 3 | 3 | 100 | 9 | 90.0 |
| | 7 | 紫铜片止水 | 7 | 7 | 100.0 | 3 | 3 | 100.0 | 2 | 2 | 100 | 5 | 71.4 |
| | 8 | 聚硫密封胶 | 2 | 2 | 100.0 | | | | 1 | 1 | 100 | 1 | 50.0 |

续表 12-11

| 检查项目 | | 承包人检测 | | | 监理检测 | | | | | | 合计检测组数 | 检测频次（%） |
|---|---|---|---|---|---|---|---|---|---|---|---|---|
| | | | | | 平行检测 | | | 跟踪检测 | | | | |
| | | 组数 | 合格组数 | 合格率（%） | 组数 | 合格组数 | 合格率（%） | 组数 | 合格组数 | 合格率（%） | | |
| 原材料及中间产品 | 9　土工膜 | 3 | 3 | 100.0 | 1 | 1 | 100.0 | 1 | 1 | 100 | 2 | 66.7 |
| | 10　闭孔泡沫板 | 13 | 13 | 100.0 | 5 | 5 | 100.0 | 3 | 3 | 100 | 8 | 61.5 |
| | 11　软式透水管 | 2 | 2 | 100.0 | | | | 1 | 1 | 100 | 1 | 50.0 |
| | 12　逆止阀 | 1 | 1 | 100.0 | | | | 1 | 1 | 100 | 1 | 100.0 |
| | 13　橡胶支座 | 1 | 1 | 100.0 | | | | 1 | 1 | 100 | 1 | 100.0 |
| | 14　钢绞线 | 2 | 2 | 100.0 | | | | 1 | 1 | 100 | 1 | 50.0 |
| | 15　铜止水焊接 | 783 | 783 | 100.0 | 3 | 3 | 100.0 | 128 | 128 | 100 | 131 | 16.7 |
| | 16　保温板 | 1 | 1 | 100.0 | 1 | 1 | 100.0 | 1 | 1 | 100 | 2 | 200.0 |
| | 17　土质分析 | 11 | 11 | 100.0 | 2 | 2 | 100.0 | 4 | 4 | 100 | 6 | 54.5 |
| | 18　块石 | 2 | 2 | 100.0 | 2 | 2 | 100.0 | 1 | 1 | 100 | 3 | 150.0 |
| | 19　钢筋直螺纹套筒连接接头 | 894 | 894 | 100.0 | 60 | 57 | 95.0 | 56 | 56 | 100 | 116 | 13.0 |
| | 20　单面搭接焊接头 | 649 | 649 | 100.0 | 5 | 5 | 100.0 | 87 | 87 | 100 | 92 | 14.2 |
| | 21　钢筋闪光对焊接头 | 78 | 78 | 100.0 | 59 | 54 | 91.5 | 16 | 16 | 100 | 75 | 96.2 |
| | 22　土工膜焊接检测 | 24 | 24 | 100.0 | | | | 7 | 7 | 100 | 7 | 29.2 |
| | 23　细骨料 | 1 024 | 1 024 | 100.0 | 144 | 143 | 99.3 | 204 | 204 | 100 | 348 | 34.0 |
| | 24　粗骨料 | 1 437 | 1 437 | 100.0 | 235 | 231 | 98.3 | 276 | 276 | 100 | 511 | 35.6 |
| | 小计 | 7 779 | 7 779 | 100.00 | 1 008 | 994 | 98.6 | 1 178 | 1 175 | 99.7 | 2 186 | 28.1 |
| 混凝土试块检测 | 1　抗压试块 | 2 859 | 2 859 | 100.0 | 333 | 333 | 100.0 | 341 | 341 | 100 | 674 | 23.6 |
| | 2　抗冻试块 | 26 | 26 | 100.0 | 9 | 9 | 100.0 | 7 | 7 | 100 | 16 | 61.5 |
| | 3　抗渗试块 | 24 | 24 | 100.0 | 8 | 8 | 100.0 | 5 | 5 | 100 | 13 | 54.2 |
| | 小计 | 2 909 | 2 909 | 100.00 | 350 | 350 | 100.0 | 353 | 353 | 100.0 | 703 | 24.2 |
| 土方密实度检测 | 4　土方回填 | 11 543 | 11 543 | 100.0 | 1 342 | 1 334 | 99.4 | 1 581 | 1 581 | 100 | 2 923 | 25.3 |
| | 5　渠道土方填筑 | 608 | 608 | 100.0 | 86 | 84 | 97.7 | 79 | 79 | 100 | 165 | 27.1 |
| | 6　砂砾石回填 | 2 742 | 2 742 | 100.0 | 341 | 336 | 98.5 | 365 | 365 | 100 | 706 | 25.7 |
| | 小计 | 14 893 | 14 893 | 100.00 | 1 769 | 1 754 | 99.2 | 2 025 | 2 025 | 100.0 | 3 794 | 25.5 |
| 合计 | | 25 581 | 25 581 | 100.00 | 3 127 | 3 098 | 99.1 | 3 556 | 3 553 | 99.9 | 6 683 | 26.1 |

表 12-12　35 kV 永久供电线路检测情况统计表

| 检查项目 | | | 承包人检测 | | | 监理检测 | | | | | | 合计检测组数 | 检测频次（%） |
| | | | | | | 平行检测 | | | 跟踪检测 | | | | |
| | | | 组数 | 合格组数 | 合格率（%） | 组数 | 合格组数 | 合格率（%） | 组数 | 合格组数 | 合格率（%） | | |
| 原材料及中间产品 | 1 | 结构钢 | 6 | 6 | 100.0 | | | | 1 | 1 | 100.0 | 1 | 16.7 |
| | 2 | 钢筋原材 | 10 | 10 | 100.0 | 7 | 7 | 100.0 | 2 | 2 | 100.0 | 9 | 90.0 |
| | 3 | 钢筋焊接 | 2 | 2 | 100.0 | 4 | 3 | 75.0 | 2 | 2 | 100.0 | 6 | 300.0 |
| | 4 | 角钢塔 | 1 | 1 | 100.0 | | | | 1 | 1 | 100.0 | 1 | 100.0 |
| | 5 | 高强杆 | 1 | 1 | 100.0 | | | | 1 | 1 | 100.0 | 1 | 100.0 |
| | 6 | 地线 | 1 | 1 | 100.0 | | | | 1 | 1 | 100.0 | 1 | 100.0 |
| | 7 | 导线 | 1 | 1 | 100.0 | | | | 1 | 1 | 100.0 | 1 | 100.0 |
| | 8 | 金具 | 1 | 1 | 100.0 | | | | 1 | 1 | 100.0 | 1 | 100.0 |
| | 9 | 绝缘子 | 1 | 1 | 100.0 | | | | 1 | 1 | 100.0 | 1 | 100.0 |
| | 10 | 电缆 | 1 | 1 | 100.0 | | | | 1 | 1 | 100.0 | 1 | 100.0 |
| | | 小计 | 25 | 25 | 100.00 | 11 | 10 | 90.9 | 12 | 12 | 100.0 | 23 | 92.0 |
| 混凝土试块检测 | | 抗压试块 | 54 | 54 | 100.00 | 6 | 6 | 100.0 | 4 | 4 | 100.0 | 10 | 18.5 |
| | | 合计 | 79 | 79 | 100.00 | 17 | 16 | 94.1 | 16 | 16 | 100.0 | 33 | 41.8 |

## 12.8.9　金属结构和机电产品驻厂监造和出厂验收

根据金属结构和设备的质量控制要求,委托中水淮河规划设计研究有限公司对黄河机械厂的"闸门及卷扬式启闭机"和邵阳维克液压股份公司的"液压启闭机制造"实行了驻厂监造的质量控制。

对白云电器设备股份有限公司的"电器设备"和江苏星光发电设备有限公司的"发电及变压器"委托现场监理单位联合负责质量的监督和控制方式。设备出厂由建设单位、设计、监理、安装单位联合验收的方式对设备进行出厂验收。

（1）审查发电机及变压器的设计方案、技术参数。

组织在建项目设计、监理单位在江苏星光发电设备有限公司组织了"南水北调中线一期工程总干渠沙河南—黄河南"电器设备设计联络会,对星光提交的柴油发电机及变压器设备设计方案、技术参数等内容进行了审查,主要意见如下:

表 12-13 检测不合格原材料和中间产品统计及其处理措施统计

| 序号 | 项目 | 沙河1标段 | 沙河2标段 | 沙河3标段 | 35 kV供电线路 | 小计 | 处理措施 |
|---|---|---|---|---|---|---|---|
| 1 | 粉煤灰常规 | 1 | | | | 1 | 退场 |
| 2 | 砂常规 | 3 | 8 | | | 11 | 作为道路维护等临时辅助工程用 |
| 3 | 碎石常规 | 3 | 1 | 5 | | 9 | |
| 4 | 碎石碱活性 | 1 | | | | 1 | |
| 5 | 橡胶止水带 | | 1 | | | 1 | 退场 |
| 6 | 闭孔泡沫板 | | 1 | | | 1 | 退场 |
| 7 | 钢筋原材 | 6 | 11 | 1 | | 18 | 退场 |
| 8 | 保温板 | 2 | | | | 2 | 退场 |
| 9 | 钢筋焊接 | | 5 | 5 | 1 | 11 | 返工,加强现场质量检查和施工过程控制 |
| 10 | 钢筋机械连接头 | | 1 | 3 | | 4 | |
| 11 | 砂浆试块 | 5 | | | | 5 | 及时加强现场养护,后期采用回弹仪等设备进行强度检测,对于强度仍不满足设计要求的部位,拆除重新浇筑 |
| 12 | 土方回填压实度 | 21 | 14 | 12 | | 47 | 增加碾压变数,取样检测,直至满足设计要求密实度 |
| 13 | 砂砾石换填压实度 | | 8 | 3.0 | | 11 | |
| | 合计 | 42 | 50 | 29 | 1 | 122 | |

①对柴油发电机组提出,应与低压盘柜厂家做好协调配合工作,以满足机组自启动功能。取消拖车电站内的低压盘柜预留位置、发电机组支架两侧设置接地端子、控制屏设置4对 AC 220 V 常开运行信号至端子排、注明冷却水加热器及充电器等设备功率并完成内部接线的明确要求。

②对变压器的温控温显设备、中性点铜排、配置户内型高压电缆冷接头和电缆支架并采取防凝露措施,对低压绕组采用线绕或箔绕的要求,以及与低压盘柜做好低压母排连接配合工作,并对绝缘防护措施提出了明确的要求。

(2)发电机及变压器生产情况的现场协调及检查和出厂验收。

组织监理单位在江苏星光发电设备有限公司进行了生产情况(生产工序、工艺及成品的试验)现场协调和检查,对采购的材料及配件进行了初步检查,对未采购的材料要求尽快采购,同时做好采购后的抽检和报验。设备的生产过程中根据合同及现场协调的要求,江苏星光发电设备有限公司将采购的材料及部件的质量证书及抽检的资料报监理进行了核查。经核,满足合同及设计要求,监理签发了开工令,同意江苏星光发电设备有限公司开始生产。

监理单位在江苏星光发电设备有限公司主持了设备验收会议,江苏星光发电设备有限公司汇报了柴油发电机、变压器等设备的制造、试验和质量控制过程,监理单位介绍了设备制造的监理情况,验收依据合同、技术规范和设计文件,检查了变压器和柴油发电机组的厂内检验与试验报告、例行检验记录以及各类原材料的质检证明、外购元器件的合格证书等资料,并按照出厂验收大纲确定的检测方法和检测项目对拟出厂设备进行了现场随机抽检。出厂验收资料(试验报告、检验记录、主要外购材料材质证明、外购元器件合格证或质量证明等)基本齐全,设备主要原材料及元器件的选用符合合同和设计文件要求;抽检项目、测试指标符合设计图纸和规范要求,完善后继的工作后同意出厂。

(3)液压启闭机的制造和出厂验收。

在长沙组织了液压启闭机制造设备出厂验收会,各项目安装和监理单位参加了验收,邵阳维克液压股份有限公司介绍了制造、工艺、厂内调试和质量控制情况,中水淮河规划设计研究有限公司介绍了驻厂监造情况,验收单位代表按合同文件和规范要求检查了液压启闭机各类原材料的质检证书、外购零件的合格证书、检验检测记录、各项厂内试验、测试报告等资料。按液压启闭机出厂验收大纲要求,分4组进行了现场抽检,抽检结果符合验收大纲及设计规范要求,经检查验收资料基本完整、齐全,符合设计、合同及规范要求,同意产品出厂。在完成产品防腐、包装等工作,经驻厂监理确认后,即可发货。

(4)电器设备生产情况的现场协调及检查和出厂验收。

在广州白云电器设备股份有限公司召开了电气设备现场协调会:对电器设备生产情况进行了检查,并就设备外购主要材料(电气元器件)报验、设备出厂验收准备等与厂方进行了协调;对已经采购材料(电气元器件)进行了检查,并对未采购材料要求尽快采购,同时做好采购后的抽检和报验。会议要求广州白云电器设备股份有限公司的生产进展要结合工地土建施工进度的情况,编写一份详细的生产和交货计划,以满足南水北调工程建设的要求,设备验收合格具备发货条件后白云电器公司即可发货。

组织了电器出厂验收会议,听取了广州白云电器设备股份有限公司对35 kV移动开式金属铠装高压开关柜、低压配电屏、220 V直流电源系统、动力配电箱、照明配电箱、35 kV高压环网柜、35 kV无功功率补偿装置设备的制造、试验、质量控制过程汇报;监理单位介绍了抽检情况,依据采购合同、技术协议和设计文件检查了以上电气设备的厂内检验与试验报告、例行检验记录以及各种原材料的质检证明、外购元器件的合格证等资料,并按照出厂验收大纲确定的检查方法和检查项目对出厂电气设备进行现场随机抽查。设备的出厂验收资料(试验报告、检查记录、主要外购材质证明、外购元器件合格证书或质量证明等)齐全,设备主要原材料及电气元器件的选用基本符合合同要求,对本次验收的设备进行的抽检项目和技术指标满足合同和规范要求。完成补充和完善"35 kV无功功率补偿装置进线柜加装零序电源互感器、低压配电屏双电源切换装置与柴油发电机组自启动功能并完成控制线的连接、控制单元柜低压380 V进线电源加装空气开关"等工作后,满足出厂条件后,同意出厂。

(5)闸门及卷扬式启闭机的制造和验收。

在黄河机械厂召开了"闸门埋件制造出厂联合验收会",建管、设计、监造、监理和安装等单位的代表组成的验收小组负责了验收工作,验收组抽检了 10 件闸门的埋件,查看了所有的验收资料。产品资料与所抽检产品符合图纸、合同及规范要求,同意通过出厂验收。

先后两次在黄河机械厂召开了"部分闸门及启闭机制造出厂联合验收会",建设、设计、监造、监理和安装单位的代表组成的验收小组对闸门和启闭机制造出厂联合验收,验收小组查看了所有验收资料,并抽检(2 次)了 2 扇闸门、5 台启闭机,产品资料与所抽检产品符合图纸、合同及规范要求。产品出厂前需处理如下问题:

①与启闭机相关的电器柜、传感器及抓梁等由驻厂监理工程师随后进行验收。

②补充台车启闭机机架二类焊缝的探伤检测。

③沙河渡槽弧形闸门完善排水孔,闸门拆解之前边梁和纵梁的后翼缘焊接定位板。

完成以上整改,有驻厂监理确认后方可出厂。同意通过出厂验收。

# 12.9　主要施工过程质量控制

## 12.9.1　渡槽基础处理施工质量控制

### 12.9.1.1　水泥粉煤灰碎石桩

测量监理工程师在钻机开钻前按照施工图纸认真复核施工单位的测量放样报验单,准确确定孔位。

CFG 桩为桩径 0.5 m 的群桩,采用螺旋钻钻孔。

CFG 桩施工部位开挖至设计桩顶高程以上 0.5 m 时,进行场地平整,利用全站仪进行桩位放样,现场以细木桩进行标记定位。

钻机就位后,用在钻架上挂垂球的方法测量钻杆垂直度,以保证钻杆垂直对准桩位中心。

钻孔开始时,关闭钻头阀门,向下移动钻杆至钻头触地时启动设备开始钻进。先慢后快,检查钻孔的偏差并及时纠正。成孔过程中发现钻杆摇晃或难钻时,放慢钻进速度,防止桩孔偏斜、位移和钻具损坏。钻孔到设计孔深后报监理工程师验收确认。施工过程中完整记录开钻时间、钻进速度、不同地质条件下的电流值、成桩瞬间电流,以供地质复核。钻孔过程中,旁站监理人员随时检查钻杆位置,使其垂直对准桩位中心。钻孔结束后,监理人员复核桩径、深度,合格后方允许开仓灌注。

钻孔至设计深度后,经监理验收合格后停止钻进,开始混凝土浇筑施工。钻杆芯管充满混凝土后开始拔管,并保证拔管连续,混凝土泵送量与拔管速度相匹配,保持料斗内的混凝土不低于 40 mm,灌注过程中保持混凝土面始终高于钻头面 1 m 以上。实际施工桩顶高程超出设计桩顶高程 50 cm,形成桩头,在后期予以破除。CFG 桩灌注过程中,完整记录灌注时间、拔管提升速度、实际灌注量。混凝土灌注过程中准确控制提拔钻杆时间,确保拌和料灌注量与拔管速度相配合。灌注完毕后,监理人员复核桩顶标高、灌入量是否满足要求。

CFG 桩混凝土灌注完成且达到一定强度后清理桩间土,然后对 CFG 桩桩头进行破除和修整。破除前对 CFG 桩设计高程进行标定,施工人员使用风镐进行桩头破除。桩头修整至设计高程以上 3~5 cm 时,将桩顶修平至桩顶设计标高。

褥垫层为级配碎石,采用装载机配合人工的方式进行铺设,手扶式振动碾碾压。施工完成后进行地基承载力检测,检测合格后进入下一工序的施工。

对 CFG 桩施工,监理人员全程旁站,重点控制桩位偏差、粉煤灰掺量、拌和料坍落度、拔管速度、浇筑的连续性,并见证施工单位制取试件,确保浇筑质量。

监理人员现场见证检测单位对 CFG 桩复合地基质量试验检测(单桩载荷试验、复合地基载荷试验)。

经统计,沙河 1 标段(沙河进口段)CFG 桩基共计 4 332 根,共计检测 436 根,其中 Ⅰ 类桩 409 根、Ⅱ 类桩 27 根,检测结果满足设计要求。共进行 43 个点的复合地基静载试验,检测复合地基承载力均符合设计要求。

沙河 3 标段箱基渡槽 CFG 桩共计 10 708 根,共计检测 1 092 根,其中 Ⅰ 类桩 1 055 根、Ⅱ 类桩 37 根,检测结果满足设计要求;箱基渡槽共进行了 109 个点的复合地基静载试验,检测复合地基承载力均符合设计要求。

### 12.9.1.2 钻孔灌注桩

沙河 1 标段灌注桩直径均为 1.8 m,沙河 2 标段和沙河 3 标段混凝土灌注桩为桩径 0.6 m 的群桩。

混凝土灌注桩主要施工内容包括:试桩、泥浆制备、灌注桩钻孔、钢筋笼制安及钢筋混凝土浇筑施工等。

施工前,选用优质膨润土制备泥浆。选用的泥浆处理剂有:浓度 20% 的纯碱水溶液和 1.5% 的聚丙烯酰胺水溶液。施工单位对材料按配比进行试配,根据配比结果、泥皮性状及同工类程施工经验,确定最优配比,并报监理单位批准后实施。根据设计要求,选用高效、低噪声的高速回转搅拌机(ZJ400L 型制浆机),制浆能力 250 m³/d。每槽膨润土浆的搅拌时间控制在 3~5 min。对储浆池内的泥浆不间断搅拌,避免沉淀或离析。

施工前,使用全站仪测定桩孔中心位置,用水泥砂浆埋设木桩并在木桩上钉铁钉以做标记。测量监理工程师在钻机开钻前按照设计图纸认真审查施工单位的测量放样报验表,准确确定孔位,并在钻孔过程中加强对孔斜进行控制。

灌注桩成孔采用正反循环钻进法。

桩基护筒采用钢护筒,其内径比桩径大 20~40 cm,护筒顶面露出地面 30 cm。

开钻后,准确控制孔深、孔径及钻孔垂直度,根据不同的地质条件控制成孔速度,进入一定深度后改用旋挖斗钻进。钻进过程中,钻机手随时注意垂直控制仪表,以控制钻杆垂直度,保证垂直度偏差 <1%,桩位偏差 ≤50 mm;保证孔底沉渣厚度满足设计要求,终孔前控制取土器提升速度,防止塌孔。在钻进过程中,技术员、质检员、监理人员全程进行监督,确保钻孔质量。

终孔时由监理组织验收把关,确定钻孔深度,并对孔位和孔斜进行复核。验收合格后清孔,现场监理人员分别控制泥浆相对密度、淤积厚度合格指标,经监理验收合格后,及时进行下一道工序施工。

钢筋笼采用自制台车运输至施工现场,保证入孔前钢筋笼主筋平直,防止变形。钢筋笼吊装前,对钢筋笼进行检查验收,不满足质量要求的不准入孔吊装;钢筋笼均按要求安放有砂浆垫块作为灌注桩混凝土保护层,每截面布置 4 个。

根据各钻孔深度提前做好导管选、配工作,按导管距孔底距离 300~500 mm 范围控制。导管在使用前进行试拼装,并进行压力充水试验,试验压力 0.6~1 MPa。混凝土浇筑前,导管内放置满足要求的隔离塞(采用球胆或混凝土塞加油毡),用于混凝土灌注时排出导管内泥浆,保证混凝土灌注桩质量,同时避免隔离塞堵管。导管下设完毕后,对孔深进行复测,对于沉渣厚度不满足设计要求的,进行二次清孔。二次清孔达到设计要求并经监理验收合格后立即开始混凝土灌注。

监理工程师对钢筋笼、导管安装完成后第二次检查孔底淤积厚度,达到要求后方允许开仓灌注。

灌注桩混凝土采用导管提升法浇筑。混凝土采用搅拌车运送至施工现场,直接卸入导管集料斗。混凝土灌注施工连续,导管内泥浆全部排出。导管埋入混凝土深度达到 1 m 后,开始正常灌注。混凝土灌注过程中,始终保持导管在混凝土中的埋深控制在 2~6 m 范围内。随着混凝土面的上升,适时拆除导管。拆除导管时,安排专人测量孔内混凝土面高度,计算导管埋深和可拆除导管长度,防止导管拔出混凝土面而出现断桩,并填写混凝土浇筑记录。监理工程师全过程旁站混凝土浇筑,重点控制导管埋入混凝土的深度、混凝土坍落度及浇筑的连续性,确保灌注桩浇筑质量。

为保证桩头质量,实际混凝土灌注高度超出设计桩顶标高 0.5~1 m,灌注完成并达到一定龄期后再进行凿除处理。

沙河 1 标段大郎河进口连接段共设计钢筋混凝土灌注桩 922 根,抽取 6 根基进行了单桩竖向抗压静载试验检测,满足设计要求。大郎河出口连接段共设计钢筋混凝土桩 1 026 根,抽取 6 根基进行了单桩竖向抗压静载试验检测,检测结果满足设计要求;沙河梁式渡槽下部结构共设计混凝土灌注桩 940 根,其中 Ⅰ 类桩 869 根、Ⅱ 类桩 71 根;大郎河梁式渡槽下部结构共设计混凝土灌注桩 200 根,其中 Ⅰ 类桩 188 根、Ⅱ 类桩 12 根,检测结果均满足设计和规范要求。

沙河 2 标段对 1 678 根灌注桩全部进行了超声透射法检测,检测结果为 Ⅰ 类桩 1 616 根,Ⅱ 类桩 62 根。单桩承载力共检测 18 根,承载力均满足设计要求;同时对 18 根静载试验桩进行低应变完整性检测,检测结果均为 Ⅰ 类桩。

沙河 3 标段箱基渡槽段钻孔灌注桩共计 280 根,经检测,Ⅰ 类桩 279 根,Ⅱ 类桩 1 根;单桩承载力共检测 6 根,承载力均满足设计要求。落地槽段钻孔灌注桩共计 86 根,经检测全部为 Ⅰ 类桩;单桩承载力共检测 6 根,承载力均满足设计要求。

### 12.9.1.3 基础换填施工

箱基渡槽基底以下换填级配砂卵石要求级配连续,不均匀系数 $C_u$ 大于 5,卵石含量不小于 50%,砂卵石内无草根、垃圾等有机杂物,含泥量不超过 5%。最大粒径不大于碾压厚度的 2/3,相对密度不小于 0.75,碾压后地基承载力不小于 250 kPa。

级配砂卵石换填分层填筑,分层厚度根据填筑料岩性通过碾压试验确定。换填基础按照开挖图示的高程进行清基和开挖,并将基底整平。基础面清理后及时报验,验收合格后及时施工。

　　根据现场碾压试验确定的砂卵石换填推荐碾压施工参数为:级配砂卵石摊铺后由YZ18F(沙河 2 标段,沙河 3 标段采用 LJ622S)振动碾采用错距法工艺进行碾压,铺筑厚度为松铺 50 cm,碾压时行走速度控制在 2 km/h,每道碾压与上道碾压相重叠 1/2 轮宽,静碾 2 遍,强振碾 8 遍。局部边角处辅助用振动平板夯和蛙夯机夯实。

　　对于碾压中出现的漏压及欠压部位以及碾压不到位的死角均采用人工夯实方法进行补救。分段碾压时接槎处做成大于 1:3 的斜坡,碾压时碾迹重叠 0.4 m,上下层错缝距离不小于 1 m。

## 12.9.2　渡槽土石方开挖与填筑施工质量控制

### 12.9.2.1　土石方开挖

　　监理工程师审查开挖布置图是否合理,测量监理工程师按照施工图纸认真审查施工单位测量放样的原地形测量剖面、工程建筑物开挖测量剖面,符合要求后,方可开始施工。

　　开挖分为土方、碎石、软岩和硬岩开挖。

　　土方、碎石、软岩开挖,开挖前对开挖面进行清表及放样测量,经监理工程师验收合格后进行开挖准备工作,同时做好开挖面周边的排水措施,开挖施工自上而下分层分段依次开挖,使用 1.0~1.6 m³ 挖掘机挖装,配 15~20 t 自卸汽车运料,开挖料运至临时堆料场,基础开挖面预留 0.3~0.5 m 厚的基础保护层。

　　开挖过程中,监理人员随时抽查或与施工单位联合核测开挖平面尺寸、水平标高、控制桩号、水准点和边坡坡度是否符合施工图纸的要求。开挖采用机械施工,从上至下分层分段依次进行,施工中随时做成一定的坡势,以利排水和保持边坡稳定,并预留足够的保护层。在开挖过程中,要求施工单位做好地下水位和边坡稳定的观测工作,设置降水井和临时性地面排水措施,保证了干地施工。为确保建基面不被扰动,开挖完成后,测量监理工程师复核基础开挖面的平面尺寸、标高和场地平整度是否合格。建基面清理完成后进行地质编录并在施工单位自检合格,监理人复核合格后,由监理工程师组织建管、设计、地质、施工等单位联合验收。

　　所有开挖出的建基面高程及建筑物外边线偏差全部符合质量标准。开挖出的建基面地质均匀,无软弱地质夹层,与设计勘察地质情况相符。

### 12.9.2.2　土方填筑

　　根据设计要求,箱基渡槽基底以上回填开挖料,回填壤土要求压实度≥90%,回填砂砾料的相对密度不小于 0.65;基础两侧回填壤土要求压实度≥96%,砾砂、中粗砂相对密度≥0.75。

　　落地槽左右两侧回填中粉质壤土,压实度≥98%。

　　土方填筑工程开始前,监理工程师督促承包人报送土方填筑工程施工措施计划,进行土料土力学试验和现场生产性碾压试验,以确定主要填筑区的碾压参数和碾压施工工艺。经监理部审核批准后开始施工。

　　监理工程师审查承包人报送的土方填筑工程施工措施计划,见证土料土力学试验和现场生产性碾压试验,确定主要填筑区的碾压参数和碾压施工工艺。

　　土方填筑施工前,监理工程师组织建管、设计、地质、施工等参建单位联合对建筑物外观进行验收。验收通过、基面清理合格后,方能开始土方填筑施工。土方回填采用凸块振动碾,进退错距法施工。施工过程中,测量监理工程师根据设计图纸和施工控制网点复核填筑区域测量放线成果及填筑横断面。

重点控制土料含水量、铺料厚度、碾压遍数、坡面平整度等施工参数,并关注有无漏碾、欠碾或过碾现象和各部位接头及纵横向接缝的处理质量。每层碾压完成后,监理人员见证承包人检测压实质量,并按规定抽样检测和平行检测,确认合格后,经签证方可进行下一次铺筑工序施工。

## 12.9.3　渠道工程施工质量控制

### 12.9.3.1　土方开挖、回填与渠床整理

1. 土方开挖

按照监理人审批的土方开挖施工方案,土方开挖后运至弃土场,土方开挖施工质量监理控制措施同前述。

2. 土方填筑

按照监理人审批的渠道回填碾压施工方案进行施工,控制每层碾压厚度,逐层压实,经取样检测合格后进行下一层铺土碾压,施工质量监理控制措施同前述。

填筑前,对回填土料进行击实试验,确定最优含水量及最大干密度。再根据控制参数,进行了现场生产性碾压工艺试验,确定回填施工各项参数,即铺料方式(进占法)、铺料厚度(35 cm)、碾压机械的类型(20 t 凸块振动碾)、碾压遍数(静压 2 遍、振压 8 遍)、施工控制含水量等。

根据生产性填筑试验确定的各项参数进行土方填筑施工,在土料场以挖掘机进行挖土装车,20 t 自卸汽车沿临时施工道路运输至填筑作业面,进占法铺料,现场人员以标记了高程的木桩控制铺料厚度,推土机整平,凸块振动碾碾压。在每层压实完成后,进行取样检测,合格后进行下一层填筑。

3. 渠床整理

渠道建基面采用削坡机或挖掘机粗削、人工精削。削坡机或挖掘机粗削完成后,施工测量人员进行坡面测量,测量监理工程师进行复测,满足要求后进行人工精削坡,并最终对精削完成的坡面进行测量。渠床整理完成后,监理工程师检查坡面平整、基面清理等项目,合格后方允许进行下道工序施工。

### 12.9.3.2　永久排水设施施工

永久排水设施由土方开挖管沟、软式透水管、粗砂、三通、四通、逆止式排水器(逆止阀)等组成,粗砂回填要求相对密度≥0.75。

排水管沟槽开挖完成并经监理人员检查沟槽尺寸合格后,在底部铺设粗砂,平板振动器夯实后铺设透水管。监理工程师检查透水管铺放位置及接口,确认走向顺直、绑扎牢固、外包土工布松紧适度后,组织建管、设计、施工等单位联合验收。验收通过后才能用粗砂分层对称夯实回填。监理人员在施工过程中进行跟踪检测并做好旁站记录,发现问题及时纠正。

监理人员对施工过程巡视检查,施工完毕后进行工序验收,并抽检粗砂压实质量,检

测合格后进行下道工序施工。

### 12.9.3.3　砂砾料铺设

坡面砂砾料铺设完毕后,监理人员检查虚料厚度、平整度,合格后方同意压实。施工完毕后,监理人员对承包人检测压实质量进行跟踪检测,并做好平行检测。监理工程师检查压实质量及铺料厚度、宽度、平整度等项目,符合要求后方准许铺设保温板。

监理人员对施工过程巡视检查,施工完毕后进行工序验收,并抽检砂砾料压实质量,全部合格,施工质量满足要求。

### 12.9.3.4　保温板铺设

渠坡保温板自下而上、错缝铺设,梅花形布置,U 形钉固定。监理人员巡视检查,发现问题及时纠正。施工完毕后,监理工程师检查保温板板面外观、平整度、是否紧贴基面、拼缝是否紧密平顺、缝面高差等项目,合格后方允许下道工序施工。

### 12.9.3.5　土工膜铺设

监理人员对复合土工膜施工全程旁站,重点检查复合土工膜的铺设质量、焊接质量,确保上游土工膜盖压下游土工膜,渠坡接头缝与渠底接头缝相互错开 100 cm 以上。复合土工膜主要采用双缝焊接,每天焊接前监理人员见证焊接工艺试验,确定焊接温度和速度等焊接参数。监理人员确认土工膜清理干净后,作业人员方可按照工艺试验确定的施工参数施焊,焊接完成后,检查焊缝的外观质量,合格后,用充气法逐条检测。渠坡和渠底连接、逆止阀部位的土工膜采用 KS 胶黏结,黏结宽度 10~20 cm。搭接面清理洁净干燥后,分别在两黏结面上涂胶后加压粘合,使其充分结合紧密。黏结完成后,监理工程师用目测、手撕等方法检测。监理工程师检查复合土工膜铺设施工合格后,组织建管、设计、施工等参建单位联合验收。

为保护土工膜不被破坏,要求承包人及时用塑料布将坡肩、坡脚部位外露土工膜完全包裹后培土保护。施工过程中,监理人员巡视检查,发现外露土工膜保护不到位的及时要求承包人保护到位,并要求衬砌混凝土待浇筑仓面用废旧土工膜满铺保护。

### 12.9.3.6　混凝土衬砌

承包人通过室内试验成果确定的混凝土配合比经监理工程师审批后,方可用于工程施工。渠道混凝土衬砌面板所用混凝土强度等级为 C20W6F150,施工过程中,根据原材料的实际情况可适当调整施工配合比,经监理工程师批准后用于施工。

渠道衬砌混凝土配合比、拌制及运输的控制程序及方法与钢筋混凝土质量控制基本相同。渠道衬砌混凝土主要采用衬砌机分段浇筑施工,每段长 8~40 m,逐仓进行施工。混凝土振动采用振动梁自带软轴振捣器振捣密实。收面采用混凝土抹面机进行抹面,人工配合的方式进行。混凝土浇筑完成后,覆盖土工布洒水养护,冬季采用覆盖保温被等材料进行保温养护。

监理工程师在浇筑仓位准备就绪后,检查衬砌机准备、模板支护、仓面清理、高低温季节温控措施、混凝土拌和物质量等符合要求后签发混凝土开仓证。浇筑过程中,监理人员全程旁站,控制混凝土拌和物的坍落度、含气量和铺料厚度、振捣情况、平整度等,并督促承包人及时覆盖养护。高低温季节施工时,按照监理人批复的高低温季节衬砌施工方案,承包人采取各项措施,保证混凝土质量。

#### 12.9.3.7　伸缩缝施工

伸缩缝分为通缝、半缝和诱导缝。通缝和半缝相距 4 m,间隔排列,半缝切割深度为 6 cm,通缝切割深度为混凝土板厚的 90%,宽度均为 2 cm。诱导缝切割尺寸为深 4 cm×宽 1 cm。

在衬砌混凝土抗压强度达到 1~5 MPa 时进行切缝施工,采用混凝土切割机切割。渠坡切缝时由坡脚开始向坡肩依次进行。

监理人员对切缝宽度、深度巡视抽查,发现问题及时纠正。伸缩缝内填充闭孔泡沫板并处理干净后,监理工程师检查缝宽、缝深、黏结面。合格后,作业人员用毛刷在伸缩缝两侧均匀刷涂一层底涂料后,向涂胶面上涂 3~5 mm 密封胶,并反复挤压,使密封胶与被黏结面完全黏结后,再用注胶枪向缝中注胶并压实。对注胶过程巡视检查,发现问题及时纠正,并检查填充后的密封胶的饱满度及外观等。

### 12.9.4　现浇混凝土施工质量控制

箱基渡槽和落地槽现浇混凝土施工是沙河渡槽工程质量控制的重点。施工过程中,除控制好原材料外,监理人员重点加强对混凝土配合比、钢筋制安、止水连接、模板及止水安装、混凝土浇筑、温控措施等的质量控制。

#### 12.9.4.1　混凝土配合比质量控制

混凝土配合比决定着混凝土的强度、和易性、耐久性等指标,是质量控制的重点。

承包人所报混凝土配合比均经监理人审批后,方可用于工程施工。施工过程中,根据原材料、中间产品的实际情况适量调整的施工配合比,经监理工程师批准后方用于现场施工。监理人员见证施工配合比的试拌结果,对混凝土拌和物的坍落度、含气量等检测合格后,方允许用于现场浇筑。

#### 12.9.4.2　钢筋制安质量控制

钢筋加工前,监理工程师见证承包人的机械连接、闪光对焊、单面搭接焊、帮条焊等工艺试验,检测合格后,按确定的各项施工参数进行施工。钢筋加工制作时,监理工程师审查承包人根据施工图纸和相关规范编制的钢筋下料单,无误后进行钢筋下料和加工。

钢筋绑扎成型后,监理工程师检查钢筋的规格、数量、间排距、焊接质量等,全部合格后方允许支立模板。

#### 12.9.4.3　止水连接质量控制

铜止水在现场加工,监理工程师巡视检查,对发现的外观不平整等问题现场指出并督促改正。监理工程师见证铜止水接头焊接工艺试验,确定各项焊接施工参数后再现场焊接。监理人员见证每道焊缝煤油渗漏试验,合格后方可进入下道工序施工。

监理工程师见证橡胶止水带热熔硫化粘接工艺试验,确定各项焊接施工参数后再现场焊接,焊接接头在直线段进行。焊接完成后,监理人员逐个检查,防止气泡、夹渣或假焊的现象。

仓位验收监理工程师严格查看止水鼻子是否居中及橡胶止水膨胀条是否有失效情况。对不居中或膨胀条失效的坚决要求其整改。整改后经监理工程师认可后方可进入下道工序施工。

#### 12.9.4.4 模板及止水安装质量控制

监理人员检查验收支撑排架的搭设牢固可靠后方安装模板。模板安装与铜止水和橡胶止水带安装同步进行。紫铜止水片安装要求准确,牢固,定位后在牛鼻子空腔内填充塑性材料。橡胶止水带由模板和钢支撑夹紧定位,支撑牢固。

监理工程师验收过程中,先查看测量监理工程师确认的校模资料是否合格,合格后方可进行模板外观检查。

开仓前,全面检查模板对拉螺栓、止水安装、结构物尺寸,确保安装质量。查看模板表面是否清理干净并按要求全部涂刷脱模剂,对模板拼装错台及模板自身变形较严重的部位要求其现场重新处理,直至达到相关规范要求方可验收合格进入下道工序施工。

#### 12.9.4.5 混凝土浇筑质量控制

监理工程师在混凝土开仓前对钢筋绑扎、模板架立、施工缝凿毛、止水带安装、仓面清理等进行验收,各项准备工作包括混凝土所需材料、高低温季节温控措施符合要求后签发混凝土浇筑令。重要隐蔽和关键部位混凝土开仓前,监理工程师组织建管、设计、施工各方联合验收,通过后方可开始混凝土浇筑。

浇筑过程中,监理人员坚持跟仓旁站,监督施工人员控制浇筑质量。混凝土浇筑时注意均匀、对称下料,分层厚度 30~50 cm,入仓的混凝土及时平仓、振捣均匀,上下层结合处振捣要伸入到结合面以下,尤其钢筋密集处、止水周边更是监理重点监督部位,要求认真仔细振捣,保证混凝土密实。

混凝土浇筑过程中,重点控制好混凝土的坍落度、含气量、入仓温度等。监理人员在混凝土浇筑过程中进行平行检测和跟踪检测,做好旁站记录,发现问题及时处理。

混凝土浇筑收仓 6~18 h 后,开始洒水养护,保持混凝土表面湿润。混凝土结构以洒水覆盖养护为主,冬季寒冷时段采用喷涂养护剂养护,养护时间不少于 28 d。

#### 12.9.4.6 混凝土温度控制

根据设计要求,监理工程师督促施工单位严格认真落实温控措施,监理随时检测混凝土出机口温度和入仓温度,确保满足温控要求。

1. 高温季节温控措施

优化和调整施工进度安排和施工方案,混凝土浇筑施工主要安排在夜间和低温时段进行。

砂石骨料料仓、供料皮带搭设遮阳(防雨)篷,防止太阳直射,避免砂石骨料温度过高;在气温过高的时段,在骨料仓周围洒冷水或喷雾降温,降低空气温度,以及骨料环境温度。

混凝土拌制用水采用地下水,地面供水管道采用保温材料包裹。气温较高时利用冰屑拌制混凝土,降低混凝土出机口温度,有效控制了混凝土浇筑温度。

混凝土运输车辆采用隔热遮阳措施,对混凝土罐车罐体外包保温罩保温,避免太阳直晒;缩短混凝土运输及等待卸料时间,入仓后及时进行平仓振捣,加快覆盖速度,缩短混凝土的暴露时间;混凝土浇筑安排在早晚、夜间及阴天等低温时段进行;平仓振捣后,采用遮阳材料及时覆盖,避免太阳直射混凝土面。

2. 低温季节温控措施

当日平均气温连续 5 d 稳定在 5 ℃ 以下或最低气温连续 5 d 稳定在-3 ℃ 以下时,混凝土工程采取冬季施工措施,主要包括:

(1)将混凝土的浇筑时间控制在每天的高温时段。

(2)拌制混凝土时,加热水进行拌和,控制混凝土浇筑温度不低于 5 ℃。料仓堆料高度保持在 6 m 以上,料堆覆盖帆布,保持内部砂石骨料温度。

(3)经监理工程师审核批准,适量调整混凝土配合比,选用较小的水胶比和较低的坍落度(坍落度取设计指标下限值),以减少混凝土拌制用水量。

(4)混凝土罐车外部覆盖保温被,减少混凝土运输过程中的温度损失。

(5)混凝土浇筑前,在仓面搭设暖棚,利用电器设备预热仓面,保证基础面温度满足规范要求。加快混凝土覆盖速度,减少浇筑温度的损失。浇筑完毕后,采用保温被、彩条布等保温材料进行保温。

(6)避免夜间或气温骤降时拆除模板,特殊部位采用推迟拆模时间的方法对混凝土进行保温。

## 12.9.5　预制渡槽施工质量控制

沙河渡槽工程预制梁式渡槽为预制 U 形预应力渡槽,技术复杂,施工难度大,是质量控制的关键部位。

根据沙河预制渡槽工程施工特点,督促编制了《梁式渡槽预制、架设安装测量实施细则》和《预应力锚索施工实施细则》,在工程实施过程中,结合现场实际情况进行了严格的质量控制。

沙河预制渡槽施工主要工序有:钢筋制安、模板安装、混凝土浇筑、蒸汽养护、预应力张拉、孔道压浆、封锚、养护等。

### 12.9.5.1　**钢筋制安**

钢筋加工在钢筋加工厂内特制的钢筋绑扎模具内完成,再利用 2 台 80 t 门机将钢筋笼整体吊入预制模板内。

钢筋绑扎在钢筋加工模具内加工成型,预应力钢绞线预留孔道的施工与钢筋工程同步进行。波纹管用定位钢筋固定,波纹管搭接处外缘用密封胶布缠紧。钢筋、波纹管等绑扎成型后,经施工单位自检合格后,监理工程师对钢筋的规格、数量、间排距、焊接质量、波纹管安装偏位和完好情况等进行验收检测,各项工序均满足设计要求后,方允许利用 2 台 80 t 龙门吊吊运至渡槽模板内,并检查其保护层厚度。

### 12.9.5.2　**槽体模板**

模板按部位分为外模、内模和端模。

在钢筋笼吊装就位前,监理工程师对外膜安装体型尺寸进行检查,并确保其安装牢固,表面清理干净并按要求全部涂刷脱模剂。

钢筋安装完成并经监理工程师验收后,利用 80 t 门机进行端模安装(包括止水带模板),经过施工测量人员测量、测量监理复测合格。

内模安装前监理工程师主要检查模板布粘贴、表面清洁、脱模剂涂刷及其牢固情况,均满足要求后,方允许吊装。

### 12.9.5.3　混凝土浇筑

浇筑过程中,监理人员坚持跟仓旁站,监督施工人员控制浇筑质量。混凝土浇筑时注意均匀、对称下料,分层厚度 30~50 cm,控制下料高度不大于 1.5 m。入仓的混凝土及时平仓、振捣均匀,上下层结合处振捣要伸入到结合面以下,尤其钢筋密集处、止水周边、渡槽端部等更是监理重点监督部位,要求认真仔细振捣,保证混凝土密实。

混凝土浇筑过程中,督促施工人员及时对模板、钢筋进行检查和维护,保证模板稳定和钢筋位置准确。

### 12.9.5.4　预制渡槽蒸养

由于梁式预制渡槽的特殊性,在槽场临建施工时,安装蒸汽管路,用 5 t 锅炉送气。在渡槽混凝土浇筑完毕后,采用蒸汽养护方法进行混凝土蒸汽养护,时间按不小于 48 h 控制。

混凝土蒸汽养护采用蒸气养护棚封闭制槽台座,严格按蒸气养护的静停阶段→升温阶段→恒温阶段→降温阶段 4 个阶段进行操作。严格按照升温、降温阶段温度变化速率不大于 10 ℃/h、恒温阶段温度不低于 40 ℃控制。

### 12.9.5.5　预应力张拉

对于沙河渡槽工程预应力施工,参建各方高度重视。在开工初期,参建各方联合考察了多家锚具和钢绞线生产厂家,按照相关规范和设计要求,经多方商讨选定柳州欧维姆机械股份有限公司生产的锚具、河南恒丰钢缆有限责任公司生产的钢绞线,并要求锚具夹片、锚垫板及螺旋筋配套采购;进场波纹管质量符合《预应力混凝土桥梁用塑料波纹管》(JT/T 529—2004)和《高密度聚乙烯树脂》(GB/T 11116—1989)的规定和设计要求。

对所用的钢绞线、波纹管及锚垫板等均进行了严格检查、验收,要求施工单位妥善存放,并对其进行力学性能检测。其技术要求、质量证明、包装方法及标志内容等均符合国家相关规定,并进行了第三方检验。

预制渡槽施工初期,组织 6 次沙河渡槽预应力施工专题讨论会,针对预应力施工过程中发现的问题,逐一进行查验、考证、解决、总结。

预应力施工前,监理工程师对施工单位报送的预应力施工专项措施方案进行审查,对质量保证体系与质保措施进行审核,对锚具及张拉机具等机械设备配置及性能进行检查、率定,督促施工单位对预应力张拉的质检及操作人员进行系统培训,并进行理论考试和实践操作考核,结合综合成绩,选取施工队伍,上岗前检查上岗证。

考虑到预应力对槽片结构的重要性,监理人员对预应力张拉、灌浆工序施工进行了全过程旁站、记录。

施工过程中,监理工程师对波纹管的安装及混凝土浇筑中的维护、锚索穿索安装及锚索张拉施工等全过程进行质量控制,对施工过程中发现的问题及时处理,做好预应力张拉、孔道灌浆记录、抽样检查及安全监测成果应用等。

预应力张拉施工必须按设计要求和相关规范进行操作:加载及卸载应缓慢、平稳、均匀,加载速率每分钟不超过 10%设计控制力,卸载速率每分钟不超过 20%设计控制力;初、终张拉共分 4 级进行,每级张拉完成后稳压 2 min 再进行下一级张拉,至最后一级张拉完成时稳压 10 min,若压力油表读数下降较大则进行补偿张拉;在张拉施工过程中如发现问题,当实际伸长值大于或小于计算伸长值 6% 时,停止张拉,监理工程师督促承建单位查明原因,并按施工规范及设计要求采取相应的处理后,方可继续施工。预应力张拉严格按设计规定的"预紧、张拉、超张拉、持荷稳压"进行操作,经常查看张拉油表读数、伸长量、回缩值,控制好每一级的稳压时间,做好观测记录并及时计算校核。

#### 12.9.5.6　孔道压浆

预应力锚索张拉后在 48 h 内进行灌浆,材料使用 P·O 42.5 普通硅酸盐水泥、专用压浆剂和清洁水。

浆液按照设计要求进行配比,水:水泥:压浆剂 = 0.385 ~ 0.4:1:0.1。水泥浆在使用前和压注过程中应连续搅拌,稠度控制在 14 ~ 18 s。水泥浆的泌水率最大不超过 2%,拌和后 3 h 泌水率控制在 1%,泌水在 24 h 内重新全部被浆吸回。

灌浆孔道畅通,使用活塞式压浆泵,同时出浆口用真空机抽至孔道内大气压力 -0.1 ~ -0.08 MPa。压浆时缓慢、均匀进行,未中断,压浆压力 0.5 ~ 0.6 MPa,使出浆口达到进浆口的水泥浆稠度,且管道中灰浆饱满;关闭出浆口后,补压至 0.5 ~ 0.6 MPa 再稳压,时间不少于 5 min。堵管和漏浆的孔道及时处理后补压至合格。

#### 12.9.5.7　封锚

待封锚的锚穴,灌浆后先将周围混凝土凿毛,冲洗干净,锚头及外露钢绞线涂刷环保防锈材料,安装钢筋网片,然后浇筑封锚混凝土,混凝土浇筑要求振捣密实、表面平整,并做好后期养护工作,养护结束后涂刷环保防锈材料。

以上每道工序经监理验收合格后方可进行下道工序施工,严格控制工序施工质量。

### 12.9.6　金属结构、机电设备安装施工质量控制

#### 12.9.6.1　施工单位及人员的资质检查和管理

根据合同和相关规范及监理实施细则的要求,监理单位审查了施工项目部报送的"金属结构和机电的安装资质"的资料,并按照相关规范的要求,审查了安装人员的资格材料,经审查满足要求后,同意施工项目部的金属结构及机电工程的开工。

#### 12.9.6.2　金属结构和机电项目的施工技术措施的审查

由于金属结构、机电设备的安装与土建施工同时进行,交叉作业且施工干扰大,给金属结构和机电安装的质量控制带来较大困难。为了有效克服土建施工给金属结构和机电安装施工带来的影响,根据合同和监理实施细则的要求,结合工程的实际情况,在相关金属结构和机电项目开工前,监理单位均要求安装等单位项目部在施工前报送了"项目施工技术措施",经审查批准后,方可开展安装施工。

#### 12.9.6.3　金属结构和机电设备的现场验收

根据合同要求,对金属结构和机电设备厂家运达施工现场后,监理单位组织建管、制造、安装等单位共同对到达现场的部件和设备进行了联合验收,组织验收清点到货的部件和设备是否符合合同的要求,做好检查验收记录。安装前对照图纸和相关规范的要求,对部件和设备进行了认真的检测及检查,对不符合设计和规范要求的部件和设备要求厂家返厂或现场处理,满足设计和规范要求,验收合格后才能安装使用。个别检修闸门变形、

抓梁定位装置不配套等问题,均要求制造厂家返厂进行了处理,满足设计和规范要求后,才能进行安装。

#### 12.9.6.4　施工过程的质量控制和管理

闸门底槛等预埋件安装前,监理对施工测量放线位置进行旁站监督,首先确保达到图纸要求。

预埋件安装完成后,监理对安装质量进行检查,包括各部件焊接质量、埋件关键部位的相对尺寸、平整度和垂直度,经抽检合格符合设计要求后,方允许二期混凝土浇筑。

启闭机轨道安装偏差要求控制在规范标准内。严格控制节制闸门、检修闸门安装质量,同时认真检查导向滑块、导向轮、止水封是否符合设计和图纸要求。

在金属结构和机电设备的安装过程中,监理对施工质量进行了全过程的监督、检查和控制。在每个单元工程开始前,监理工程师都检查了该项工作的施工工艺、现场的施工设备及材料的准备情况,并请专业的测量监理工程师对单元工程的部件及设备的安装位置进行专门的测量检测的检查和核对,以确保相关部件及设备的安装精度。单元工程的每个工序(检查项目),监理和施工的技术人员都一起进行了相应的检测和检查工作,确保了金属结构和机电设备的安装质量。

#### 12.9.6.5　金属结构和机电设备安装工程质量验收和评定

1. 沙河梁式渡槽的金属结构及机电设备

沙河梁式渡槽进口设有 2 套(4 套门槽)检修闸门、4 扇弧形工作闸门、1 台电动葫芦和 4 台液压启闭机,闸门间增设桥式行车 1 台;退水闸设 1 套工作门、1 套检修闸、2 台固定卷扬式启闭机;渡槽闸室的左右侧布置降压站和应急发电机房;检修闸在渡槽的两侧设有门库各 1 个。

沙河梁式渡槽进口的金属结构、机电设备已全部安装就位后,结合渡槽充水试验进行设备的调试和检测试验。

检修叠梁闸门、电动葫芦和退水闸的闸门及卷扬机全部安装结束,1、2 类焊缝的探伤及防护处理完成,厂家进行现场的防腐处理后,进行了安装调试工作。

弧形闸门及液压启闭机安装完成后进行了单机调试、液压启闭机两油缸的同步控制试验。闸门间桥式行车也进行了调试。

沙河梁式渡槽的出口设有 2 套(4 套门槽)检修闸门,渡槽左右侧各设门库 1 个、电动葫芦 1 台。

经统计,沙河渡槽进口预埋件评定单元工程 15 个,其中优良单元工程 14 个、合格单元工程 1 个;退水闸评定单元工程 2 个,其中优良单元工程 2 个。设备及机电安装评定单元工程 8 个,其中优良单元工程 5 个、合格单元工程 3 个。

渡槽出口预埋件评定单元工程 6 个,其中优良单元工程 5 个、合格单元工程 1 个。设备及机电安装单元工程 3 个,优良单元工程 2 个、合格单元工程 1 个。

2. 鲁山坡落地槽的金属结构及机电设备

鲁山坡落地槽设有 1 套检修闸门、1 个电动葫芦、1 个门库;闸门下游右侧布置有降压站。

经统计,落地槽检修闸预埋件评定单元工程 4 个,其中优良单元工程 4 个。设备及机电安装单元工程 5 个,优良 4 个,合格 1 个。

### 12.9.7　安全监测仪器安装埋设质量控制

工程开工初期,主要审核承包人进场人员、设备等是否满足合同要求。仪器到场后进行开箱检查,主要检查仪器的完好情况及合格证、鉴定证书等是否齐全,符合要求后方能进场。

监督承包人的监测仪器率定情况,率定合格的仪器方能用于工程施工。率定后的仪器超过 6 个月未安装的要求承包人重新率定。

工程实施过程中,监理工程师对进场监测仪器的资料及率定报告进行检查,仪器各项技术指标符合设计要求,所有仪器参数卡片齐全,合格率 100%。监理对仪器的安装、埋设过程均进行了旁站监理,仪器安装埋设全部合格。

监理工程师督促安全监测单位和土建施工单位对已完成安装仪器进行妥善的保护,保证仪器完好率。由于土建施工和监测施工交叉作业,不可避免存在一定干扰。在实际施工过程中,监测仪器被损坏偶有发生,巡视检查发现有被挖断、砸断的线缆及时要求进行引接;对施工人员进行监督,严格控制质量;对于被破坏的外观测点及时进行补埋,确保观测数据的连续性。

### 12.9.8　35 kV 永久供电线路施工质量控制

土石方开挖前,监理人校核承包人的施工放样结果,符合设计要求后方允许开挖施工。监理人旁站杆塔基础灌注桩施工过程,主要控制桩径、桩长、桩位偏差、混凝土拌和物质量、灌注施工质量等,见证灌注桩的声波监测。

杆塔组立、架线、接地开工前,严格检查承包人的进场材料(包括塔件、螺栓、导线等),确保符合设计要求方允许用于施工,见证承包人的压接试验等,确保施工质量满足要求。

# 12.10　质量检查与整改

## 12.10.1　质量自检

### 12.10.1.1　建管单位检查

为进一步提高工程施工质量,平顶山项目部制定了强化质量控制措施,加大了施工工序质量考核和月度质量考评奖罚力度,月月评比通报。质量安全处成立了质量巡查队和关键工序考核队,并向各施工标段下派质量管理人员负责现场质量管理。重点加强了对高填方、缺口、建筑物周边回填、建基面处理、预应力张拉灌浆、混凝土浇筑等关键部位实施质量监管,实施不定时巡视检查和关键工序施工质量考核。

现场建管人员常驻工地加强日常巡视检查,对所属标段的施工质量问题、缺陷进行拉网式排查,现场标识,建立质量问题信息登记表,根据检查情况下发质量问题通报,督促施工单位及时整改。对发现的渠道衬砌施工常见病、多发病,组织现场作业、质检技术人员、监理施工单位质量负责人召开专题会议,强调工程质量的重要意义,分析缺陷形成的原因,宣贯施工质量控制要点,提出预防和应对措施,尽量减少或避免质量缺陷的产生。

质量安全处的质量巡查队每月专项检查不少于 2 次,标段负责人每周检查不少于 2 次,关键工序考核不定时随时抽查考核,登记质量问题信息下发施工单位立即督促整改。组织原材料实验室、波纹管积水、桥梁桩柱施工、高温季节施工、混凝土实体质量检测、混凝土配合比(拌和物质量)、高填方、建筑物渗水、建筑物裂缝、逆止阀透水管安装、渠道衬砌、冬季施工保温、钢筋制安、止水安装、建筑物混凝土浇筑、混凝土养护等质量专项检查。渠道完工后再次组织混凝土施工质量专项排查,对检查出的各类质量缺陷,现场统一标识、登记,督促施工单位备案后编制缺陷处理方案,严格按监理程序报批后组织实施。缺陷处理过程中不定时巡视检查,要求监理人员跟踪控制,确保缺陷处理质量。

#### 12.10.1.2　监理单位检查

监理部编制了各项工作制度,确立岗位责任制,明确人员分工,强化南水北调工程知识学习培训,强化工序质量控制要点,严格按照设计图纸、规范、质量标准控制施工质量。加强事前、事中控制,对重要隐蔽工程、关键部位实施旁站监理,在施工过程中做到紧盯住、勤检查。工程施工中,监理部高度重视质量专项检查工作,多次组织施工单位开展原材料、钢筋接头、混凝土拌和物、建筑物混凝土质量、渗漏水情况、裂缝等质量缺陷全面排查。针对现场检查发现的质量问题,监理部下发监理指令或召开质量专题会议,督促跟踪施工单位整改到位,彻底消除质量隐患。缺陷处理整改过程中监理人员进行旁站,要求按批复的方案修补处理,严格验收程序。

#### 12.10.1.3　施工单位检查

施工项目部对所承建的工程施工质量极度重视,形成以项目经理为核心,各部门紧密配合的战斗集体,根据质量方针和目标,不断强化内部管理,健全质量管理组织机构,完善质量管理制度,注重落实质量检查和整改,管理体系有效运转,施工过程质量控制到位,施工质量态势平稳。

各施工作业队分别设置专职或兼职质检员为初检,项目部工程技术部技术人员为复检,质检部设置专职质检员为终检,全面负责施工过程的质量监控和检验,实验室负责过程质量控制和试验抽检、原材料检验试验等工作。在"三检"合格的基础上,通知监理工程师进行验收,验收合格后进行下道工序施工,对特殊部位和关键工序的施工,现场值班人员旁站监控,进行全程质量检查和随机抽样检验,发现问题及时汇报解决。现场发现的问题通过口头提出、整改通知等形式要求班组进行整改,整改结果均满足质量要求。通过施工前和施工过程中的层层监管,层层把关,严格控制施工质量。

质量部、工程部、实验室、测量队联合对现场施工全过程进行跟踪监控,对每道施工工序进行日常质量检查,严格按照南水北调沙河渡槽各种技术指标和施工规范对施工过程进行技术指导、监督,形成现场质控检查记录,现场质控人员认真履行岗位职责,现场轮流值班,对施工关键部位进行重点监督,对施工仓面出现的各种问题进行技术指导并解决问题,并及时对发现的质量问题按建管、设计及监理要求进行整改处理,现场问题都得到有效整改落实,有效确保了工序的施工质量。

对建管单位组织的专项质量活动,施工项目部高度重视,组织各职能部门、施工班组、质监技术人员宣贯文件精神,对不同工程类型工序施工进行技术交底培训,强化质量奖罚措施。质监技术人员认真开展自查自纠,纠正施工中的违规行为,查找施工中存在的质量问题,对不按照技术方案和规范施工造成质量缺陷重复发生的班组实施处罚,对质量稳定的班组进行重奖。同时建立缺陷备案台账,编制缺陷处理专项方案,专人负责处理,确保整改效果。

## 12.10.2 质量监督检查

南水北调工程建设监管中心沙河渡槽质量监督站在工程建设过程中,通过开展现场巡查、抽查等方式对工程质量进行监督,并检查参建单位质量保证体系及质量管理行为的运行情况,下发书面质量监督检查记录单及质量监督检查结果通知书,主要问题为:部分填土厚度超标、部分土料中存在较大干硬土块、部分箱梁存在脱空现象、部分钢筋间距不合格、部分钢筋焊缝长度不达标等。对质量监督站检查发现的问题,能现场整改的立即要求整改,短时间内完不成整改的,建管人员组织监理一起跟踪督促,达到质量标准后和巡查组联合检查验收合格后方可继续施工,所有质量问题均整改完成并上报整改报告。

## 12.10.3 飞检检查

稽查大队("飞检"工作组)检查 8 次,巡视检查 3 次,共发现质量问题 96 项,其中工程实体质量问题 70 项,质量管理违规行为 11 项,监理单位质量管理违规行为 15 项。质量管理违规行为主要为:部分施工方案编制内容不全、部分试验检验工作不规范;部分缺陷检查登记不全、描述不准确、部分质量缺陷存在擅自处理的现象;部分混凝土未按照配料单设定配合比用料拌制等。工程实体质量问题主要为:渡槽槽身存在冷缝和渗水点、槽身内部混凝土存在乳皮脱落、填土施工存在填土厚度超标、层间接合面不洒水、钢筋间距和钢筋焊接不合格、衬砌混凝土切缝造成土工膜破损、衬砌混凝土存在蜂窝等现象。上述质量问题全部整改完成,并通过了"飞检"工作组复查。

## 12.10.4 质量专项检查

根据国调办《关于加强南水北调中线干线高填方段工程质量监管工作的通知》和中线局的有关要求,平顶山项目部建立了高填方渠段质量监管工作制度,明确各标段质量监管员,制定了参建单位质量管理职责,对渡槽混凝土工程质量关键点、关键部位和关键工序的控制指标进行重点检查,对施工过程、旁站监理、质量评定和验收等进行监督,对质量问题提出意见和建议,并要求设立质量管理公示牌。对混凝土浇筑,从原材质量、配比、拌和、浇筑振捣施工、检测等环节加强监管,抽查混凝土含气量、坍落度,混凝土生产是否按照经监理批准的配合比进行拌和,对钢筋制安、止水安装、混凝土浇筑、模板安装、混凝土养护等都安排专人进行检查验收,发现问题,务必全部整改到位,严格按试验方案确定的参数施工,确保工程质量。高填方渠段沉降期不到 3 个月的不许衬砌施工,缺口回填必须按规范要求边坡放坡施工,清除两端接头处的松土层,必要时洒水湿润,严格按试验方案确定的参数施工,确保填筑质量。

经统计,沙河渡槽工程接受历次飞检、监督司、巡查组检查并下发整改文件共 39 份,检查共计发现监理质量管理违规行为 42 项,施工单位质量违规行为 196 项,其中沙河 1 标段施工质量违规行为 81 项、沙河 2 标段施工质量违规行为 59 项、沙河 3 标段施工质量违规行为 56 项。发现的主要质量管理违规行为有:日志填写不完整;技术方案不完善;部分直螺纹钢筋采用套筒机械连接,套筒未保护,锈蚀较严重;拌和站上料斗砂和石子局部存在混料现象;实验室标准养护室试块养护方法不规范;备案资料不完整等。发现的主要工程实体质量问题有:部分箱基渡槽段基坑两侧和涵洞土方回填土料不满足要求,土料中含有较大石块;部分对拉螺杆采用焊机烧割,造成局部混凝土表面损伤;部分套筒连接接头外露丝扣超过 2P;部分渡槽槽身混凝土存在错台、漏浆、气泡、麻面、混凝土表面破损等;部分橡胶止水带粘接不牢、铜止水片接头局部采用单面焊接;出口渐变段逆止阀安装凹陷等。

质量监督站共下发或转发整改文件共计 37 份,共计提出整改质量问题 167 项,其中沙河 1 标段施工质量问题 55 项、沙河 2 标段施工质量问题 36 项、沙河 3 标段施工质量问题 60 项、监理单位施工质量问题 167 项。发现的主要工程质量问题有:局部止水带安装偏移、破损,部分橡胶止水已老化,存在裂纹;箱基侧墙和顶板混凝土存在多处蜂窝空洞、渡槽槽身存在裂缝等。

# 12.11　工程缺陷处理

严格按照南水北调《质量缺陷排查作业指导书》《混凝土常见缺陷处理作业指导》《混凝土结构质量缺陷及裂缝处理技术规定》《现场质量管理人员工作手册》《严重质量缺陷和事故调查工作指南》等,对现场施工质量缺陷进行检查、记录、上报、处理和备案。

## 12.11.1　缺陷数量统计

经统计,沙河渡槽工程施工过程中发现质量缺陷共计 1 455 处,其中 Ⅰ 类质量缺陷 953 处、Ⅱ 类质量缺陷 462 处、Ⅲ 类质量缺陷 40 处。各标段施工过程中发现的质量缺陷数量统计见表 12-14。

表 12-14　沙河渡槽工程施工期发现质量缺陷统计一览

| 标段 | 质量缺陷 | | | |
|---|---|---|---|---|
| | Ⅰ 类 | Ⅱ 类 | Ⅲ 类 | 小计 |
| 1 标段 | 461 | 228 | 1 | 690 |
| 2 标段 | 362 | 89 | 16 | 467 |
| 3 标段 | 130 | 145 | 23 | 298 |
| 合计 | 953 | 462 | 40 | 1 455 |

安全监测工程内观仪器合计安装 4 693 支(套),施工过程中由于各种因素影响,损坏且无法进行修复的内观仪器共 50 支(套),可更换的监测仪器设备全部完好。安全监测失效仪器统计见表 12-15。

**表 12-15　沙河渡槽工程安全监测失效内观仪器统计**

| 序号 | 仪器类型 | 单位 | 设计图纸数量 | 安装数量 | 失效数量 | 备注 |
|---|---|---|---|---|---|---|
| 1 | 钢筋计 | 支 | 1 339 | 1 339 | 7 | |
| 2 | 应变计 | 支 | 1 846 | 1 846 | 23 | |
| 3 | 无应力计 | 支 | 208 | 208 | 6 | |
| 4 | 固定测斜仪 | 支 | 30 | 30 | | |
| 5 | 三点位移计 | 套 | 30 | 30 | 1 | |
| 6 | 五点位移计 | 套 | 10 | 10 | | |
| 7 | 锚索测力计 | 台 | 300 | 300 | | |
| 8 | 温度计 | 支 | 222 | 222 | 2 | |
| 9 | 单点位移计 | 套 | 208 | 208 | 1 | |
| 10 | 渗压计 | 支 | 201 | 201 | 3 | |
| 11 | 土压力计 | 支 | 138 | 138 | | |
| 12 | 测缝计 | 支 | 52 | 52 | 7 | |
| 13 | 裂缝计 | 支 | 70 | 70 | | |
| 14 | 测斜管 | 根 | 27 | 27 | | |
| 15 | 土体位移计 | 支 | 12 | 12 | | |
| | 合计 | | 4 693 | 4 693 | 50 | |

## 12.11.2　施工期质量缺陷及其原因分析

根据对发现的质量缺陷的统计和分析,沙河渡槽工程施工期间发生的质量缺陷可分为混凝土挂帘、错台、麻面、气泡等 9 类。沙河渡槽工程质量缺陷分类及其原因分析见表 12-16。

## 12.11.3　缺陷处理方案

对于施工过程中发现的质量缺陷,严格按照南水北调中线局下发的《混凝土结构质量缺陷及裂缝处理技术规定》的要求开展质量缺陷处理,各类质量缺陷处理方案审批程序如下。

### 12.11.3.1　Ⅰ类质量缺陷

施工单位将检查结果及处理方案报送监理批准后进行处理。监理现场严格按照批复的方案予以监督实施。

### 12.11.3.2　Ⅱ类质量缺陷

施工单位经现场检查(测)、分析、判断并提出处理方案,报送监理单位审核,建管单位组织设计等单位审批。修补前经建管、监理、设计、施工四方联合检查验收确认后,再按批准的方案予以实施。

**表 12-16　沙河渡槽工程质量缺陷分类及其原因分析**

| 分类 | 序号 | 质量缺陷名称 | 原因分析 |
|---|---|---|---|
| 施工期质量缺陷 | 1 | 挂帘、错台 | a.上部支护模板与下部混凝土已成型面不能紧密贴合,或混凝土浇筑过程中模板局部胀模,上部混凝土浇筑时漏浆形成混凝土挂帘。<br>b.施工缝上下层模板定位偏差或胀模,或者上层模板纠正后不能完全复位形成施工缝处错台;后浇筑段混凝土模板定位偏差或胀模导致结构缝处出现错台。<br>c.混凝土中部模板未加固牢固,刚性不足,在浇筑过程中产生胀模 |
| | 2 | 麻面、气泡 | a.模板表面不光洁或骨料分离、骨料集中及振捣不到位。<br>b.混凝土表面产生的气泡、水汽等未能排出 |
| | 3 | 蜂窝、孔洞、空鼓 | a.混凝土拌和物离析、粗骨料集中及振捣不到位等原因导致混凝土局部产生蜂窝、孔洞。<br>b.层间结合处局部存在积渣、清仓不洁净或模板底部漏浆导致局部蜂窝。<br>c.振捣工在混凝土浇筑过程中出现工作疏漏,振捣交叉衔接部位欠振或接班人员对作业面振捣情况未交接 |
| | 4 | 止水偏移、破损 | a.混凝土浇筑过程中止水部位的模板发生偏移,模板工未发现或校正后未复位,导致止水牛鼻子在结构缝部位移位变形。<br>b.对橡胶止水带保护措施不到位,导致外露的橡胶止水带撕裂、破损。<br>c.混凝土浇筑过程中,振捣工对于橡胶止水部位振捣不到位,导致橡胶止水带错位、脱落 |
| | 5 | 混凝土破损、掉角 | 拆模或施工完成后,受人力或机械碰撞导致的混凝土破损、掉角 |
| | 6 | 钢筋外露 | a.钢筋下料长度超出设计值,混凝土浇筑前未及时割除。<br>b.钢筋绑扎过程中存在偏移,验收检查过程中未及时修复 |
| | 7 | 主筋断筋 | 因与钢模台车对拉杆冲突被现场施工人员割断 |
| | 8 | 裂缝（混凝土建筑物） | a.混凝土内外温差过大,内部温升过快,混凝土温控措施不到位。<br>b.钢筋混凝土施工缝部位的后序混凝土浇筑间隔时间过长。<br>c.混凝土拆模时机不当,养护不到位。<br>d.混凝土拌和物中石粉、粉煤灰等含粉量过大,混凝土自身惰性体过高 |
| | 9 | 裂缝(衬砌板) | a.养护不及时导致的表面裂缝,部分发展成贯穿性裂缝。<br>b.风、高温导致混凝土表面开裂 |

### 12.11.3.3　Ⅲ类质量缺陷

施工单位首先自查(测),详细分析混凝土结构缺陷产生的原因,报送监理单位,监理单位组织建管、设计、施工等单位联合复查。设计单位根据现场复查结果进行安全性复核。经复核计算后,提出处理技术方案,建管单位或其上级单位对方案组织审查通过后转发监理。施工单位根据监理转发的设计处理技术方案编制详细的实施方案,并报送监理审核,经批准后予以实施。

## 12.11.4　缺陷处理措施

根据南水北调相关文件及设计下发的技术文件要求,对于施工期间发现的各类质量缺陷,采取相应措施予以了处理,沙河渡槽工程缺陷处理措施见表 12-17,沙河渡槽工程充水试验渗漏部位处理措施见表 12-18。

表 12-17　沙河渡槽工程缺陷处理措施一览

| 序号 | 缺陷类别 | | 处理措施 |
|---|---|---|---|
| 1 | 挂帘、错台 | | 小于 1 cm 的错台或挂帘,使用磨光机打磨处理。<br>大于 1 cm 的错台或挂帘,先用锤子、钢钎进行局部凿除后,再使用磨光机表面修磨,打磨至设计标准 |
| 2 | 麻面、气泡 | | 缺陷范围较小部位,对缺陷部位用钢刷进行清理,清除孔周边乳皮和孔内杂物,结合面吸水湿润表面洁净后,用丙乳砂浆将气泡填补齐平。<br>缺陷范围较大部位,先清除表面松动碎块、残渣至密实面,冲洗干净,涂一层界面剂后采用预缩砂浆进行分层封填修补,表面再用环氧砂浆抹平 |
| 3 | 蜂窝、孔洞、空鼓 | | 用铁锹将缺陷部位凿除,直到混凝土密实面,然后用水将凿除面清洗干净,用预先拌制好的预缩砂浆分层封填 |
| 4 | 止水偏移、破损 | | 凿除偏移止水部位混凝土,调整止水重新浇筑混凝土。<br>止水破损时,修补并经验收合格后进行下道工序施工 |
| 5 | 混凝土破损、掉角 | | 重新立模,浇筑水泥砂浆 |
| 6 | 钢筋外露 | | 非受力钢筋外露,切除外露钢筋头,并打磨到混凝土面下 1~2 mm,清洗干燥后,用丙乳砂浆抹平 |
| 7 | 主筋断筋 | | 凿除断筋部位混凝土,采用帮条焊焊接钢筋,内层采用水泥基、外层采用预缩砂浆填满凿除部位,最后在表面再涂刷一层水泥基 |
| 8 | 裂缝（建筑物） | Ⅰ类浅表层裂缝 | 采用表面涂刷法处理,先用钢丝刷子将混凝土表面打毛,清除表面附着物,用水冲洗干净后,表面涂刷柔性水泥基 |
| | | Ⅱ类裂缝 | 采用灌浆处理+表面凿槽封堵处理。<br>先采用改性环氧灌缝胶进行灌浆。再沿裂缝凿 U 形槽（宽 3~4 cm、深 2~3 cm）,槽内回填丙乳砂浆或环氧砂浆,最后表面涂刷聚脲。<br>对于沙河渡槽墩帽裂缝,采取低压灌浆+表面封闭处理,灌浆要求同上 |
| | | Ⅲ类贯穿性裂缝 | 采用灌浆处理+表面凿槽封堵处理。<br>先采用改性环氧灌缝胶进行灌浆。再沿裂缝凿 U 形槽（宽 2~3 cm、深 2 cm）,槽内回填丙乳砂浆或环氧砂浆,最后表面涂刷聚脲 |
| 9 | 裂缝（衬砌混凝土板） | | 浅层裂缝:表面清理干净后,涂刷柔性水泥基防水材料。<br>贯穿性裂缝:沿缝走向切缝、填充聚硫密封胶。<br>对于单块衬砌板存在 3 条以上贯穿性裂缝的衬砌板,拆除重新浇筑 |

表 12-18　沙河渡槽工程充水试验渗漏部位处理措施一览

| 序号 | 渗水部位类型 | 主要处理措施 |
|---|---|---|
| 1 | 混凝土浇筑振捣不密实导致的渗漏水 | 检查并明确混凝土不密实区域,对不密实区域内混凝土进行凿除,并清除松动块,清洗干净并使其干燥后,涂刷界面剂,浇筑与凿除部位混凝土同强度等级或高一强度等级的细石混凝土,最后在表面涂刷一层聚脲 |
| 2 | 止水部位漏水 | 采取措施检查明确渗漏水原因。<br>对于预制渡槽因止水周边混凝土浇筑振捣不密实造成的绕渗,采用灌注水泥浆的方式进行处理。<br>对于箱基渡槽或落地槽因止水周边混凝土浇筑振捣不密实导致的止水部位渗水,除可采取上述灌浆方式处理外,也可采取前述 1 的方式凿除重新浇筑进行处理。<br>对于预制渡槽由于可更换止水未安装好造成的渗漏,需拆除并重新安装止水,或局部凿除灌胶封堵。对拆除和重新安装止水过程中造成的槽身混凝土凿除或破损,采用填充预缩砂浆或掺有膨胀剂的高一强度等级细石混凝土进行修复。<br>对渗漏严重的止水结构缝处,梁式渡槽在迎水面结构缝两侧各 1 m 宽度涂刷聚脲进行防水处理,箱基渡槽在迎水面结构缝两侧各 0.5 m 宽度涂刷聚脲进行防水处理 |
| 3 | 冷缝、施工缝 | 对于轻微渗水的冷缝及施工缝部位,沿缝表面切槽(矩形槽或燕尾槽为宜),槽深 2~3 cm,槽宽 3~4 cm,清除槽内松动块,清洗干净并保持干燥,最后槽内回填环氧胶泥或丙乳砂浆,必要时对裂缝表面两侧各 20 cm 范围涂抹防水材料。<br>对于一般和严重渗水的冷缝及施工缝部位,先对缝进行灌浆处理,再进行上述凿槽回填处理,最后沿迎水面缝两侧各 20 cm 范围涂刷聚脲进行防水处理。<br>对预制 U 形渡槽渗水的疑似冷缝,在薄壁混凝土处不宜切槽处理,从槽内钻斜孔、灌环氧封堵,最后沿迎水面缝两侧各 20 cm 范围涂刷聚脲进行防水处理 |
| 4 | 裂缝 | 浅表层裂缝,沿裂缝两侧各 5 cm 区域进行打磨,打磨深度约 2 mm,然后对打磨区域涂抹柔性水泥基或丙乳砂浆。<br>深层或贯穿性裂缝,首先采用化学灌浆进行处理(以斜孔灌浆为主),灌浆完成后再进行表面凿槽回填处理,凿槽回填要求同 3,回填处理后表面裂缝两侧各 10~20 cm 范围涂刷聚脲进行防水处理 |
| 5 | 拉杆头 | 对于无锥型套筒的对拉钢筋头,将钢筋头周边 2~3 cm 范围内混凝土凿除(或利用直径 5~6 cm 取芯机钻孔),凿除或钻孔深 3~4 cm,再割除孔内钢筋头,回填预缩砂浆或掺有膨胀剂的砂浆。<br>对于采用了锥型套筒的渗水部位,清理锥型套筒孔内原填充的砂浆,对孔壁凿毛后重新回填预缩砂浆或掺有膨胀剂的砂浆,并确保回填质量 |

对于施工过程中发现的质量缺陷,严格按照南水北调相关文件、设计文件及批复的缺陷处理方案要求,督促施工单位予以了整改。

## 12.11.5　主要质量缺陷及处理

沙河渡槽工程施工过程中发生的主要质量缺陷有:箱基渡槽及落地槽底板裂缝、沙河和大郎河梁式渡槽部分墩帽裂缝、预制渡槽预应力张拉损失、预制渡槽预应力张拉断丝。

### 12.11.5.1　箱基渡槽及落地槽底板裂缝

1. 裂缝情况与处理工艺试验

沙河渡槽 2 标箱基渡槽共 178 跨、356 节,其中 99 节槽身底板存在裂缝,共检测到裂缝 128 条。裂缝多数出现于渡槽底板中部两节槽身分缝处,并沿顺水流方向发展,延伸直至下一节分缝,裂缝长度 0.9~20 m,裂缝宽度 0.06~0.21 mm,裂缝深度最大 100 cm(为贯穿裂缝)。

沙河渡槽 3 标箱基渡槽共 94 跨、188 节,其中 18 节槽身底板存在裂缝,共检测到裂缝 30 条。裂缝性状同沙河 2 标段,多数裂缝出现于渡槽底板中部两节槽身分缝处,并沿顺水流方向发展,延伸直至下一节分缝,裂缝长度 0.5~20 m,裂缝宽度 0.08~0.23 mm,裂缝深度最大 90 cm(为贯穿裂缝)。沙河 3 标鲁山坡落地槽共 94 节,其中 21 节出现裂缝,共检测到裂缝 28 条,裂缝多数出现于渡槽底板中部两节槽身分缝处,并沿顺水流方向发展,延伸直至下一节分缝,裂缝长度 1~15 m,裂缝宽度 0.1~0.23 mm,裂缝深度最大为 30 cm。

设计单位对结构进行安全复核,并经专家咨询认为温度应力与干缩是渡槽底板出现裂缝的主要原因。箱基渡槽结构及配筋满足运行期承载能力要求。箱基渡槽在现有裂缝情况下,运行期内水荷载作用不会使裂缝沿涵洞侧墙进一步向下发展。落地槽底板跨中顺水流向开裂后,结构稳定、承载能力仍能满足设计要求,混凝土和钢筋应力均在设计允许范围内。考虑到渡槽结构迎水面为抗裂控制,底板裂缝特别是贯穿性裂缝对结构耐久性及长期安全运行存在不利影响,应采取可靠的措施对裂缝进行处理。

沙河 2、3 标段施工单位在现场分别进行了Ⅲ类裂缝贴嘴和高压斜孔两种灌浆工艺试验,对灌浆试验部位进行取芯比对,高压斜孔灌浆所取芯样裂缝中浆液充填饱满,灌浆效果较好,最终选择高压斜孔灌浆工艺,在裂缝灌浆处理过程中随时监控灌浆压力及裂缝开度情况,高压持续时间不可过长(实际操作过程中发现,灌浆进浆情况良好,未发现对结构不利状况)。

2. 处理方法

根据设计通知,并结合多次专题会议及相关专家意见,对于沙河 2、3 标段箱基渡槽和落地槽底板贯穿性裂缝处理,主要采用灌浆处理+表面凿槽封堵处理。

主要处理程序为:缝面清理→表面封堵→钻孔→灌浆→灌浆嘴清理→凿槽→回填丙乳砂浆或环氧胶泥→表面聚脲涂刷→养护。

(1)缝面清理。将裂缝两侧各 100 mm 范围进行打磨处理,并将灰尘用毛刷或压缩空气清除干净。

(2)表面封堵。为保证灌浆压力,同时保证浆液不外渗,对已处理过的裂缝表面用封闭胶沿裂缝走向从上至下均匀涂刷 2 遍,形成宽 60~80 mm 的封闭带,见图 12-12。

(3)钻孔。沿缝两侧钻斜孔或钻骑缝孔,孔距 20~30 cm,并埋设专用灌浆嘴。

(4)灌浆。灌浆采用高压灌浆设备,从裂缝一侧向另一侧依次进行。从一端开始压浆后,待相邻灌浆嘴排出裂缝内的气体并流出浓浆后,关闭出浆嘴阀门,并保持压力 1~3 min,直至裂缝最后一个灌浆嘴灌浆完毕,见图 12-13。

(5)灌浆嘴清理。待灌浆浆液达到设计龄期(一般为 2 d)后,割除灌浆嘴。

(6)凿槽。沿裂缝凿 U 形槽,槽宽 3~4 cm,槽深 2 cm,并利用高压水或风将槽内清理干净,见图 12-13。

(7)回填丙乳砂浆或环氧胶泥。根据批准的配比调制丙乳砂浆或环氧胶泥,填充槽内至密实,见图 12-15。

(8)表面聚脲涂刷。待槽内回填材料达到设计龄期后,将缝两侧各 10 cm 清理干净,先涂刷 2 遍聚脲打底层,再涂刷聚脲表面涂层 2~3 遍(不小于 3 mm)。

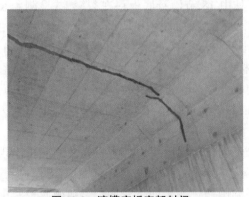

图 12-2　渡槽底板底部封闭

图 12-3　底板贯穿性裂缝灌浆

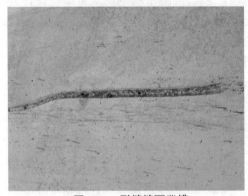

图 12-4　裂缝缝面凿槽

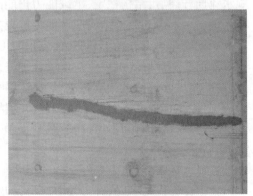

图 12-5　裂缝凿槽后回填

3. 效果检验

经灌浆处理,并对全部底板裂缝部位进行了表面凿槽、回填环氧胶泥以及表面聚脲涂刷后,充水试验未见渗漏现象,灌浆处理效果良好。

**图 12-6　裂缝表面聚脲涂刷**

#### 12.11.5.2　沙河和大郎河梁式渡槽墩帽裂缝

1.裂缝情况

沙河、大郎河梁式渡槽共 118 个(仓)墩帽,其中沙河梁式渡槽段为 96 个、大郎河梁式渡槽段为 22 个。经全面排查,沙河渡槽存在裂缝的墩帽为 63 个,占沙河墩帽总数的65.6%。其中存在 1 条裂缝的墩帽有 10 个,占裂缝墩帽总数的 15.9%;存在 2~3 条裂缝的墩帽有 51 个,占裂缝墩帽总数的 80.9%,存在 4 条裂缝的墩帽有 2 个,占裂缝墩帽总数的 3.2%。大郎河渡槽存在裂缝的墩帽共计 18 个,占大郎河墩帽总数的 81.8%,其中存在 1 条裂缝的墩帽有 2 个,占裂缝墩帽总数 11.1%;存在 2~3 条裂缝的墩帽有 16 个,占裂缝墩帽总数 88.9%。墩帽侧面裂缝走向均为竖直向下,顶面裂缝走向为顺渡槽中心线方向,一般位于墩身隔墙两侧。沙河渡槽墩帽裂缝长 0.2~2.0 m,宽 0.04~0.21mm;大郎河渡槽墩帽裂缝长 0.1~2.0 m,宽 0.02~0.32 mm,经钻孔取芯检测,墩帽裂缝深度基本贯穿 2 m 厚墩帽。

渡槽充水试验充水前,为检查充水试验期间墩帽裂缝的发展变化情况,安全监测单位对沙河渡槽 23#右线、24#右线墩帽裂缝和大郎河 1#左线、4#左线和 6#左线墩帽裂缝处共埋设了 45 支裂缝计,并开始观测工作。

沙河渡槽第一次充水试验充至满槽水位,监理单位和施工单位对位于沙河岸阶上的墩帽进行了仔细检测和排查,经与前期裂缝排查结果的对比发现,充水前后裂缝数量未发生变化,裂缝宽度和长度没有明显变化。从安全监测对充水试验期间的裂缝计观测值分析认为:充水期间墩帽裂缝变化受上部荷载影响极小,裂缝的开合主要受气温影响,气温上升裂缝闭合,气温下降裂缝张开。

设计单位经计算分析,并结合充水试验监测结果认为:墩帽裂缝不是静力荷载造成的,温度变形和混凝土自身干缩变形、约束是墩帽裂缝产生的主要原因。所有墩帽裂缝均应进行灌浆补强与封闭处理,先进行贴嘴灌浆,填充胶体,而后进行表面封闭。裂缝处理前应先进行现场试验。

施工单位对沙河 1#和 9#墩帽裂缝进行灌浆工艺性试验,分别进行了针筒注射式贴嘴灌浆和高压灌浆设备钻孔灌浆两种灌浆工艺对比试验,对灌浆过程进行了分析研究,并进行了取芯检查,针筒注射式贴嘴灌浆和高压灌浆设备钻孔灌浆两种方法均能达到设计灌浆目的。高压灌浆设备钻孔灌浆工艺已在沙河工程成熟应用,且其灌浆压力相对较大,灌浆效果更佳。最终选择墩帽顶面裂缝采用钻孔灌浆进行处理,侧面裂缝采用钻孔灌浆或贴嘴灌浆均可。按照先进行侧面裂缝、后进行顶面裂缝的顺序进行灌浆处理。裂缝灌浆后表面进行打磨,再进行表面封堵。开展进一步的工艺性试验,以确定灌浆嘴(钻孔)间距和灌浆压力。

2.墩帽裂缝的成因及发展趋势分析

采用有限元法对沙河、大郎河梁式渡槽墩帽裂缝进行了仿真计算分析研究。

(1)混凝土施工配合比统计成果表明,渡槽下部二级配 C30 混凝土水胶比为 0.4,粉煤灰掺量 20%~25%,胶凝材料用量 350~371 kg,平均 357 kg,胶凝材料用量较大。

(2)沙河和大郎河渡槽下部结构 C30 二级配混凝土自 2010 年 10 月浇筑至 2012 年 11 月,监理单位共计抽检该强度等级混凝土 67 组,抽检混凝土 28 d 抗压强度平均为 41.25 MPa,标准差 5.69,离差系数 0.138,满足设计和规范要求。

(3)根据实际施工条件拟定的混凝土绝热温升和浇筑工况,计算得冬秋季浇筑的墩帽混凝土内部早期最高温度为 41.0~56.8 ℃,而对应的表面混凝土温度则为 10.7~30.4 ℃,内外温差高达 26.4~30.3 ℃,远超出了设计允许的 20 ℃温差要求。图 12-7 为仿真计算墩帽混凝土温度历程曲线。

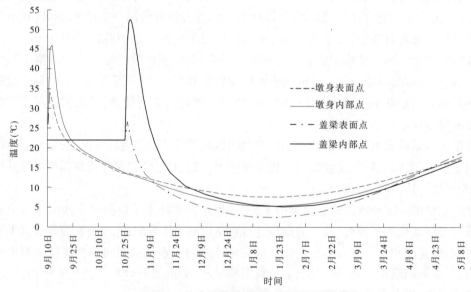

图 12-7 仿真计算墩帽混凝土温度历程曲线

(4)从应力仿真计算结果来看,墩帽表面最大温度应力为 2.2~2.83 MPa,发生在混凝土内部温度达到最高时,内外温差过大是墩帽混凝土表面产生较大温度应力的主要原因,也是表面裂缝产生的主要原因。另外,从墩帽混凝土裂缝普查情况来看,冬季浇筑的混凝土墩帽裂缝普遍比夏季浇筑的墩帽裂缝多,进一步说明了冬季内外温差更大、气温骤降是主要原因。图 12-8 为墩帽混凝土表面部位温度应力历程曲线。

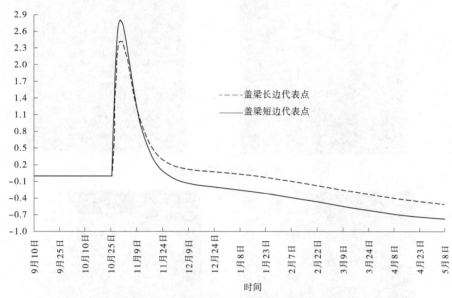

**图 12-8　墩帽混凝土表面部位温度应力历程曲线**

（5）墩帽温度应力历程曲线表明,当温度应力达到峰值后便迅速降低,约在 1 个月后其应力值即降低至较小值,因此可以推断已发现的墩帽裂缝将不会进一步发展,其应力释放已基本完成。

综合以上分析,沙河渡槽墩帽裂缝属温度裂缝,高绝热温升、内外温差大、大尺寸是造成裂缝产生的主要原因。此外,根据分析,墩帽裂缝主要发生在混凝土浇筑早期,前期检查已发现的深层裂缝不会因温度荷载而继续发展;已检查但尚未发现裂缝的墩帽结构,一般不会再产生较大的深层裂缝。

3. 处理方法

根据现场会议及裂缝处理工艺性试验,墩帽裂缝处理方案为:墩帽顶面裂缝采用钻孔灌浆进行处理,侧面裂缝采用钻孔灌浆或贴嘴灌浆, 按照先侧面裂缝、后顶面裂缝的顺序进行灌浆处理。

（1）墩帽裂缝处理工艺试验。

为了验证施工方案的合理性,在大面积施工前,抽取 3 个墩帽进行工艺试验,通过工艺试验,确定了实际灌浆压力,并取芯检查,灌浆效果良好。

①灌浆压力确定。对灌浆工艺进行了灌浆压力测试,见图 12-9。

②灌浆效果检查。通过取芯的方法对灌浆效果进行检测,检测结果良好见图 12-10、图 12-11、图 12-12。

通过取芯分析,灌浆压力控制在 0.2~0.4 MPa,灌浆深度可达 30 cm 以上。

（2）贴嘴封缝材料。

①ECH 粘胶:ECH 粘胶是由高分子聚合物、活性填充料组成。它不含任何有机溶剂,固化时间为 24 小时,黏结强度最大可承受 1.2 MPa 的灌浆压力。

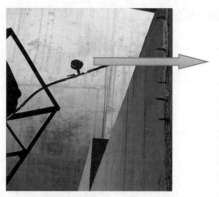

图 12-9　灌浆压力测试

图 12-10　钻孔取芯　　　　图 12-11　钻孔取芯

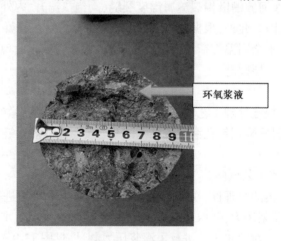

图 12-12　钻孔取芯

②灌浆材料:HK-G 低黏度环氧灌浆材料是一种具有良好亲水性能的环氧类环保型化学灌浆材料,起始黏度小、可灌性好,具有黏结度高、凝固时间可调、双组份、操作方便等优点,可以对混凝土微细缝隙进行灌浆处理,可达到防渗补强加固的目的,见表 12-19。

(3)设备及用具。

①打磨设备:砂轮机,钢丝刷。

表 12-19　HK-G 环氧灌浆材料性能指标

| 项目 | | 指标 |
| --- | --- | --- |
| | | 混凝土裂缝用 |
| 浆液性能指标 | 配合比 $A$ : $B$ (重量比) | 5:1~7:1 |
| | 浆液密度 $(g/cm^3)$ | 1.08±0.05 |
| | 浆液初始黏度 $(mPa \cdot s)$ | ≤18 |
| | 可操作时间 $(hr, 100 mPa \cdot s)$ | >12 |
| 固体性能指标<br>(28 d) | 本体抗压强度 $(MPa)$ | ≥70 |
| | 本体抗拉强度 $(MPa)$ | ≥20 |
| | 拉伸剪切强度 $(MPa)$ | ≥8.0 |
| | 黏结强度 $(MPa)$　　干黏结 | ≥4.0 |
| | 　　　　　　　　　湿黏结 | ≥3.0 |
| | 抗渗压力 $(MPa)$ | ≥1.2 |
| | 渗透压力比% | ≥300 |

注:具体指标由厂家提供出厂合格证和检测报告为准。

②灌浆设备:Lily CD-15 双组分注射泵。

③钻孔设备:冲击钻。

④计量用具:小量杯、温度计。

(4)施工程序和施工方法。

①工艺流程。

灌前裂缝进一步检查→准备工作→打磨→裂缝清洗及裂缝两侧清洗→裂缝描述→埋设灌浆贴嘴→表面封缝→试气检查→压力灌浆→注浆嘴清除→质量检查及验收。

②施工方法。

A. 准备工作。先接电布置照明,并根据裂缝所处位置,决定是否需要搭设排架。订做注浆嘴。在外径为 6 mm、长度 3 cm 的塑料管一端连接边长为 3~4 cm、厚度为 2 mm 左右的圆形塑料片,塑料片中间开进浆孔。

B. 打磨。采用砂轮机沿裂缝的两边各打磨 10 cm 的宽度,除去混凝土表面水泥浆皮,碳酸钙沉淀物,苔、菌等各种有害杂物,以免影响注浆嘴的粘贴及封缝效果。

C. 裂缝清洗及裂缝两侧清洗。打磨之后,用冲毛机沿裂缝开口向两边冲洗,以保证缝口敞开,无杂物,裂缝两边无粉尘和其他有损封盖粘接的污物。

D. 裂缝描述。根据现场实际情况,对裂缝走向及缝宽进行描述,并做好记录,用以布置注浆嘴及灌浆压力的确定。

E. 埋设灌浆贴嘴。

根据裂缝描述,确定注浆嘴的布置。对于规则裂缝,缝宽小于 0.3 mm 时,按间距 20 cm 布嘴,缝宽大于 0.3 mm 时,按间距 30 cm 布嘴。对于不规则裂缝,在裂缝交叉点及裂缝端部均需布置注浆嘴,见图 12-13。

贴嘴时用定位针穿过进浆管,对准缝口插上,然后将注浆嘴压向砼表面,1 min 后,抽出定位针,如发现定位针没粘附粘胶,可认定注浆嘴粘贴合格。

F 表面封缝。贴嘴 3 h(1~3 h,用手触碰不动即可)后,在裂缝两侧刮抹结构胶,厚度>0.5 cm,宽度沿裂缝两边各 10 cm。静待 24 h 后开始灌浆。

③压力灌浆。

A. 浆嘴的封盖:灌浆之前用盖子将除 1#、2#孔外的注浆嘴全部盖上。

B. 注浆的顺序及原则。从下至上,从一边至另一边,从宽处至窄处。同步多点,逐步推进,以浆赶水,保持足够的压力和足够的进浆时间,稳压闭浆时间充分(裂缝越深,该时间越长)。

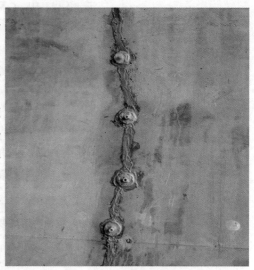

图 12-13  贴嘴灌浆布置图

C. 浆液配制。浆液的配制由 Lily CD-15 双组分注射泵本身完成,不需人工配制。

D. 灌浆压力。根据设计文件要求灌浆压力为 0.2~0.4 MPa,压力应逐渐提高,防止骤然加压,达到规定压力后,保持压力稳定,以满足灌浆要求,浆嘴出浆时或吸浆率小于 0.1 L/min 时稳压 5 min,再关闭进浆阀。

E. 取样。当浆液从灌浆管管口流出时,排掉一小部分并观察浆液的颜色,当确信浆液已完全混合好后,用一小塑料杯接取约 20 mL 的浆液留置以观察浆液的固化情况。

F. 注浆。注浆采用同步多点(6 孔)灌注方式,见图 12-14。

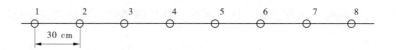

图 12-14  同步多点灌注次序图

a. 开始注浆时,先将 1#孔接上灌浆管,2#孔打开,其他孔封闭。当浆液从 1#孔灌入时,观察从开启的 2#孔流出的液体,同时测出进浆时的孔口压力,调整空压机的输出压力直到孔口压力达到要求的压力。

b. 1#孔开始注浆时,从 2#孔流出的液体是水,逐渐有浆液伴水流出,当流出的液体是半浆半水时,将 3#孔打开,释放一部分水。

c. 当 2#孔流出的是纯浆时,暂时封闭 2#孔。

d. 当 1#孔注浆时间达到 8 min 后,并联 2#孔注浆。如 1#孔注浆时间达到 8 min 后,2#孔仍未出现纯浆液,可直接接上 2#孔并联注浆(经多次实验确定,第 5~8 min 进浆量很小,低于 1 mL/min)。

e. 如上步骤重复进行直到 1#~6#孔同时进浆。当 7#孔有纯浆液流出并已满足时间要求时,封闭 1#孔,并将注浆接头移至 7#孔注浆,同时将 8#孔打开。

f. 如上依次换嘴直到从最后 6 个孔进浆,观察注射泵上的进浆量显示器,当进浆量为 0 时,将压力调回到设计要求的最大压力值(因为进浆量>0 时,此时的浆液最深面的压力和设备的输出压力一致),并稳压 30 分钟后结束灌浆。

④注浆嘴的清除。灌浆结束 48 小时后,铲除注浆嘴,将不平整的部位及孔洞采用环氧胶泥封堵平整。"

4. 效果检验

根据对沙河渡槽两次充水试验期间及全线通水后墩帽裂缝的观测,墩帽裂缝未发生明显变化,墩帽结构安全。

### 12.11.5.3 预制渡槽预应力张拉损失

1. 预应力张拉损失情况

沙河梁式渡槽第 5 榀预制渡槽完成张拉施工后的测力计监测数据表明,纵锚监测了 5 组,5 级张拉卸载后预应力平均损失值 15%;环锚监测 3 组,5 级张拉卸载后预应力平均损失值 45%,监测的张拉力与千斤顶张拉力有较大差别,预应力损失超过设计允许范围,立即停止了预应力施工。

2. 张拉操作方法对比试验

为了分析查明造成预应力损失过大的原因,各参建单位、锚具生产厂家和钢绞线生产厂家相关技术人员利用原张拉机具并按照原张拉程序对第 12 榀预制渡槽 $H_{36中}$ 和 $H_{34右}$ 环向锚索进行了张拉操作对比试验。根据测得的伸长值、回缩值判断,该次试验张拉力合格,施工单位张拉操作正确。为确保施工质量,后续张拉使用与锚具厂家配套的张拉机具(如限位板),对监测单位测力计与施工单位张拉机具进行联合率定,对所有原材料、锚具进行检验,施工单位进行张拉对比试验。

使用与锚具配套的张拉工具(柳州 OVM 生产的限位板)、按照 5 级加载、每分钟卸荷控制到设计张拉力 20% 的张拉程序,对第 13 榀槽 $H_{31左}$ 环锚进行了张拉试验。张拉试验结果表明,测力计检测数据记录的预应力损失在 20% 左右,测量的回缩值基本正常,测力计数据与油表读数基本对应,张拉结果基本正常。最终确定在后续预应力张拉施工中,使用与锚具配套的张拉工具(柳州 OVM 生产的限位板),卸荷速率控制在每分钟不超过设计应力的 20%。对前期已张拉但尚未灌浆的渡槽要求进行补偿性张拉。对前期已灌浆的渡槽,施工单位提交张拉资料及摩阻试验报告,设计单位进行设计复核后确定处理方案。要求对每束预应力张拉均测回缩值。要求监测单位在后续预应力锚索张拉过程中,同步提供锚索测力计检测成果,以便发现问题并及时处理。

3. 对第 26 榀槽的张拉工艺性试验

为了验证第 5 榀渡槽测力计结果和第 12 榀渡槽张拉工艺,完善后续渡槽张拉工艺以减小预应力损失,在第二套测力计与千斤顶完成了配套率定的前提下,施工单位对第 26 榀槽再次进行测力及张拉工艺性试验。

施工单位对第 26 榀槽和第 28 榀槽进行了 6 组测力及张拉工艺性试验。试验对比分析了在不同的张拉分级、张拉方式(两端同时张拉或一端张拉)、限位板(OVM 限位板、开封生产的限位板)、卸载方式(两端同时卸载、先后分端卸载、快速卸载、慢速卸载)、测力计受力条件(设置不同厚度的垫板或不设置垫板)等情况下对张拉效果的影响,找出测力计读数与油表读数存在差距的具体原因,从而判定已张拉或正在进行张拉施工的渡槽的预应力施工情况对设计要求的符合程度,找出提高张拉效果的方法。对比试验结果表明:

(1)使用开封生产的张拉机具与使用与 OVM 配套的张拉机具张拉比较,锚下损失:纵锚基本一致,环锚损失约大 5%。

(2)卸载速度的快慢对锚下损失影响不大。

(3)测力计的适应性差,在不相适应的监测环境下,测得数据波动较大。

(4)一端先卸载锁定,一端后卸载锁定较两端同时卸载锁定,锚下损失减小较多。

4. 环形试验台张拉试验

在沙河槽场设置环形试验台座进行了原型试验,主要试验内容包括:静载锚固试验、锚圈口摩阻损失试验、扁形锚垫板喇叭口损失、环锚孔道摩阻试验、锚固回缩损失、锚固回缩量。原形张拉试验结果表明,预应力筋放张时部分测力计数值较设计值偏差较大,可达30 t,经改善锚垫板和测力计的接触面后偏差值明显变小。另外,张拉锁定方式的不同对最终的控制应力有一定的影响,具体分析总结如下:

(1)测力计本身属于精密仪器,对外界受力环境尤其是受压面平整度要求较高;扁锚锚垫板与测力计接触面未经过处理,较粗糙,个别锚垫板顶部凹凸不平,而圆锚垫板出厂前顶面经过重新处理,较为平整;受力面的平整度是影响测力计精度的重要因素。

(2)预应力筋、锚垫板、测力计及千斤顶不同轴,导致张拉施工测力计存在偏压现象;现场张拉施工时发现 4 根振弦读数相差过大,造成测力计读数较设计偏差值过大。

(3)测力计出厂前进行了单独率定,千斤顶与油表也进行了联合率定;两套测力系统间需进行联合率定来消除系统间误差。

(4)单孔环向扁锚绞线为 5 根,每根钢绞线单独穿过测力计,张拉或放张时与测力计间会产生摩擦,从而会影响测力计读数。

5. 为提高张拉精度采取的措施

通过前期张拉试验和原型试验台试验,经参建各方共同讨论研究,现场采取了一系列措施来减小预应力损失,具体措施有:

(1)对测力计、千斤顶、油压表进行一对一配套联合率定,张拉方程采用联合率定方程,减小两系统间误差。

(2)对方形测力计进行改进,由 5 孔改为 3 孔,减小绞线与测力计间摩擦;设计并定做定位器,保证测力计、工作锚、千斤顶的对中误差小于 2 mm。

(3)逐步调整锚垫板、测力计、工作锚、限位板、垫块、过渡环及千斤顶等设备的安装,使其受力面垂直锚索。

(4)设计并加工中空加厚垫板(35 mm),安装于环锚测力计下面,改善测力计受力条件。

(5)对扁锚锚垫板与测力计安装的接触面进行铣平处理,改善测力计受力面。

(6)更换油压表,由 1.6 级不防震压力表更换为 0.4 级防震压力表,以提高测力精度。

(7)增加锚索支撑网架密度,减小间距,以提高安装精度。

6. 设计优化调整

设计单位对预应力张拉程序进行了优化调整，具体要求如下：

原纵向、环向张拉均为 5 级，纵向锚索张拉分级：$0→0.1\sigma_{con}$（该阶段要求单根预紧）$→0.25\sigma_{con}→0.5\sigma_{con}→0.75\sigma_{con}→1.0\sigma_{con}$；环向锚索张拉分级：$0→0.1\sigma_{con}→0.25\sigma_{con}→0.5\sigma_{con}→0.75\sigma_{con}→1.03\sigma_{con}$。变更后纵、环向锚索张拉分级调整为 4 级张拉，纵向锚索张拉分级：$0→0.1\sigma_{con}$（该阶段要求单根预紧）$→0.25\sigma_{con}→0.6\sigma_{con}→1.03\sigma_{con}$；环向锚索张拉分级：$0→0.1\sigma_{con}→0.25\sigma_{con}→0.6\sigma_{con}→1.05\sigma_{con}$。环向锚索和纵向锚索两端同时张拉不变，但纵向锚索由两端同时锁定调整为一端先锁定，一端补张后再锁定。

7. 专家调研与咨询

国务院南水北调办相关专家对沙河渡槽工程预应力施工进行调研，并重点就减小预应力张拉损失有关问题进行了讨论，认为：纵向预应力损失可基本控制在设计允许损失值内，环向预应力损失值明显减小。环向预应力损失较大的主要原因是在环向预应力锚索张拉过程中，环向测力计有的读数与千斤顶油压表读数有较大差距，以及环向预应力锚索锁定损失大。应对测力计和垫板进行优化；适当增加环锚喇叭口长度；适当延长最后两级张拉的时间间隔，以使波纹管充分变形，减小预应力损失；做好埋件的埋设工作，力争准确，并做好保护工作；进一步改善钢筋、预应力锚索制安、模板安装和混凝土浇筑等相关工序的施工工艺；对张拉器具进行改造优化，减小其对预应力的不利影响。

优化后，国务院南水北调建设委员会专家委员会再次对沙河渡槽工程考察，认为：总体上预应力损失基本控制在设计允许值内，处于稳定变化状态，保持了有效预应力，预应力的形成与保持基本满足设计要求。

8. 监理单位评价

采取各项改进措施后，测力计测值准确性得到了改善，张拉施工工艺得到了优化。自第 82 榀槽以后，设计对钢绞线及钢筋进行了局部调整，调整后环向方形测力计锁定损失比改善显著，调整前平均锁定损失比为 21.12%，调整后为 18.21%。前期施工的第 1、5、60、82 榀在经过超设计水位 1.4 m 的满槽充水试验，各项监测指标均满足设计要求。

9. 设计单位复核

设计单位对第 5、26 榀及第 28 榀渡槽在实际预应力损失条件下分别进行了渡槽承载能力极限状态复核和渡槽正常使用极限状态复核。

渡槽承载能力极限状态复核结论为：测力计所测部分锚下损失较设计值偏大，对渡槽结构应力有一定影响，但不影响结构承载能力，故第 5、26 榀及第 28 榀渡槽纵、环向承载能力与原设计条件下相同。

渡槽正常使用极限状态复核结论为：3 榀监测槽在实测测力计损失下，槽身在各设计工况下纵向、环向外壁能够满足《技术规定》要求，槽身纵向端部内壁小片区域内出现拉应力，拉应力最大值为 0.65 MPa，小于 C50 混凝土抗拉强度标准值 2.64 MPa，未超过钢筋保护层。纵向内壁绝大部分满足一级抗裂标准，小部分拉应力区域满足二级抗裂标准，不影响槽身正常使用。

### 12.11.5.4　预制渡槽预应力张拉断丝

沙河梁式渡槽锚索预应力张拉过程中，按照设计和相关规范要求进行张拉施工，但施工过程中仍出现了张拉断丝的现象。经统计,沙河渡槽工程共计 11 榀槽节出现断丝现象,具体张拉断丝情况统计见表 12-20。

表 12-20　沙河预制渡槽张拉施工断丝槽节统计

| 序号 | 预制编号 | 张拉阶段 | 断丝部位 | 断丝情况说明 | 安装位置 |
|---|---|---|---|---|---|
| 1 | 第 6 榀 | 终张 | $H_{24左}$西侧 | 第 4 根孔内断 2 丝 | 1#线-05 跨 |
| 2 | 第 44 榀 | 初张 | $H_{20左}$ | 第 1 根孔内断 2 丝 | 3#线-22 跨 |
| 3 | 第 71 榀 | 初张 | $E_{1南}$ | 底部 1 根孔内断 7 丝 | 2#线-12 跨 |
| 4 | 第 78 榀 | 初张 | $H_{9左}$西侧 | 孔内断 2 丝 | 1#线-02 跨 |
| 5 | 第 80 榀 | 初张 | $H_{12右}$东侧 | 第 5 根孔外断 3 丝,第 1 根孔外断 1 丝 | 2#线-11 跨 |
| 6 | 第 83 榀 | 终张 | $H_{24右}$西侧 | 第 5 根孔内断 2 丝 | 2#线-14 跨 |
|  |  |  | $H_{26右}$西侧 | 第 1 根孔内断 2 丝 |  |
|  |  |  | $H_{36中}$西侧 | 第 1 根孔内断 1 丝 |  |
| 7 | 第 84 榀 | 初张 | $H_{1左}$东侧 | 第 5 根孔内断 2 丝 | 2#线-10 跨 |
| 8 | 第 87 榀 | 初张 | $H_{10右}$东侧 | 第 2 根张拉至 10.6 MPa 孔外断 4 丝 | 2#线-06 跨 |
| 9 | 第 140 榀 | 终张 | $B_{3右}$ | 南端 1 束断 3 丝 | 3#线-47 跨 |
|  |  |  | $H_{28左}$ | 西侧南端第 1 根断 1 丝 |  |
| 10 | 第 148 榀 | 终张 | $H_{8左}$ | 东侧 1 束断 2 丝 | 4#线-46 跨 |
| 11 | 第 174 榀 | 终张 | $H_{1左}$ | 西侧 1 束断 2 丝 | 3#线-45 跨 |

设计单位根据该统计情况,对出现断丝的槽节进行了承载能力极限状态、正常使用极限状态的结构复核,复核结论如下:

(1)通过对第 71 榀与第 140 榀纵向断丝的槽节进行纵向承载能力复核,基本组合下槽身跨中控制断面纵向抗弯安全系数最小值为 2.71,大于规范规定基本组合最小安全系数 1.35;偶然组合下槽身跨中控制断面纵向抗弯安全系数最小值为 2.53,大于规范规定基本组合最小安全系数 1.15。第 71 榀与第 140 榀纵向抗剪基本组合下端部断面纵向抗剪安全系数最小值为 1.71,大于规范规定基本组合最小安全系数 1.35;偶然组合下槽身跨中控制断面纵向抗弯安全系数最小值为 1.59,大于规范规定基本组合最小安全系数 1.15。槽断丝后第 71 榀与第 140 榀槽纵向断丝后纵向抗弯、抗剪能力能够满足设计要求。

(2)通过对第 6 榀、第 44 榀、第 71 榀、第 78 榀、第 80 榀、第 83 榀、第 84 榀、第 87 榀、第 140 榀、第 148 榀及第 174 榀环向断丝的槽节进行环向承载能力复核,基本组合下槽身跨中控制断面环向抗弯安全系数最小值为 2.91,大于规范规定基本组合最小安全系数 1.35;偶然组合下槽身跨中控制断面环向抗弯安全系数最小值为 1.69,大于规范规定基本组合最小安全系数 1.15;断丝后上述槽节环向承载能力能够满足设计要求。

(3)通过对第 6 榀、第 44 榀、第 71 榀、第 78 榀、第 80 榀、第 83 榀、第 84 榀、第 87 榀、

第 140 榀、第 148 榀及第 174 榀共 11 榀纵环向断丝的槽节进行正常使用极限状态复核，各断丝槽节槽身内壁在各工况下纵、环向均未出现拉应力，各断丝槽节外壁在各工况下外壁拉应力均未出现大于 1.70 MPa 的拉应力，满足《南水北调中线一期工程总干渠初步设计梁式渡槽土建工程设计技术规定》(2007-9-29)7.2.3，"在任何荷载组合条件下，槽身内壁表面不允许出现拉应力，槽身外壁表面拉应力不大于混凝土轴心抗拉强度设计值的 0.9 倍"的规定。断丝槽节后槽身正常使用极限状态能够满足设计要求。

# 12.12　工程检验评定

## 12.12.1　单元工程质量评定

单元工程验收由监理工程师根据有关技术标准对施工单位自检合格报验的单元工程进行检查，依据现场监理人员抽检情况对施工项目部单元自评等级进行核定。

沙河渡槽设计单元共 3 个合同工程，共划分单元(分项)工程 8 459 个，累计评定 8 459 个单元(分项)工程。其中，按水利水电标准评定 7 571 个单元工程，全部合格，合格率 100%，参与优良评定单元工程 7 100 个(道路和房屋建筑 471 个单元不参与优良评定)，优良 6 452 个，优良率 90.9%；按公路标准评定 888 个单元(分项)工程，全部合格，合格率 100%。

重要隐蔽和关键部位单元工程共有 1 395 个，已完成评定 1 395 个，其中优良 1 340 个，优良率为 96.1%。关键部位和重要隐蔽单元工程评定结果均已报质量监督机构核备。

## 12.12.2　分部工程质量评定

分部工程验收由总监理工程师或副总监理工程师主持，建管单位、勘测、设计、监理、施工单位组成的验收组共同进行验收。

沙河渡槽工程共 230 个分部工程，其中，按水利水电标准评定 196 个分部工程，全部合格，合格率 100%，除沿槽维护道路、房屋建筑共计 13 个分部工程不参与优良评定的分部工程评定为合格外，其他 183 个分部工程中，178 个分部工程评定为优良，优良率 97.3%。按公路标准评定 34 个分部工程，全部合格，合格率 100%。

## 12.12.3　单位工程质量评定

单位工程验收由平顶山项目部组织监理、设计、施工、运行管理单位等有关单位代表，组成单位工程验收工作组进行验收，沙河渡槽工程质量监督项目站列席参加。验收工作组听取建管、监理、设计、施工、运行管理单位等参建各方的工作报告，检查了工程现场，查阅了各类资料，经过讨论和研究，形成了单位工程验收鉴定书。验收成果报请沙河渡槽质监站核备。

沙河渡槽工程共 21 个单位工程，质量等级评定全部合格，合格率 100%，其中土建及设备安装工程 13 个，单位工程质量等级评定为优良，优良率 100%。桥梁单位工程 8 个(不参与优良等级评定)，质量检验评定全部合格。

# 第 13 章　管理提升

## 13.1　全面整治活动

### 13.1.1　全面整治活动开展初衷

2015 年是南水北调中线工程全线通水运行的第 1 年,前 8 个月,工作重点主要放在"打基础、保安全"上,并经历了工程最大风险度汛考验。随着汛期结束,工作重心转移至"上水平、保运行"上,通过系统分析、归纳总结,现阶段运行管理工作主要存在安全生产存在薄弱环节,很多工程缺陷还未消除,工程管理缺乏统一的、可操作性的标准,规范化管理水平还不高,应急管理方面存在很大不足,工程形象与国字号工程不相符,干部队伍作风还有待提高等 7 项问题。鉴于此,国务院南水北调工程建设委员会办公室、南水北调中线干线工程建设管理局决定在全线开展全面整治活动。

### 13.1.2　全面整治活动开展内容

#### 13.1.2.1　全面整治活动目标

全面整治活动总体目标是"上水平、保运行",针对存在的问题,有针对性地制定整改措施,具体制定了以下 7 个子目标:

(1)确保安全生产。进一步强化横向到底、纵向到边的安全责任体系,确保安全生产管理无死角。

(2)消除工程缺陷。集中开展工程消缺活动,对检查中发现的各类问题进行分类、分级、限时整改。

(3)促进标准化建设。全面梳理各项管理制度,形成层次清晰、内容全面、具体可行、持续改进的标准化管理体系。

(4)加强规范化管理。做到岗位职责清晰化、过程管理流程化、运行维护标准化、监督考核常态化、协调配合一体化。

(5)提高应急管理水平。按照"实用、有效、针对性强"的要求,完善应急管理体系,做到预案、物资、人员、演练、能力全面到位,确保紧急情况下调得出、顶得上、抢得住、拿得下。

(6)提升工程形象。工程整体形象焕然一新,道路干净平整,渠道两侧草木齐整,渠道建筑物美观整洁,机电金属结构设备无锈、无灰、无油垢,不该有的锈、草、尘、油除净,管理用房整洁有序。

(7)改进干部队伍作风。坚持严的标准、严的措施、严的纪律,坚决克服懈怠思想,继续保持创业干事的激情,敢于负责、敢啃硬骨头,做到想干事、能干事、干成事、不出事。

### 13.1.2.2 全面整治活动采取的主要措施

**1.层层建立责任制**

建立一、二、三级管理机构层层负责的责任制,各司其职,各负其责,形成上下联动的责任体系,事事有人抓,件件有着落。

**2.严格奖惩,赏罚分明**

首先,按照"硬性标准、量化考核,刚性奖惩、分级追责"的原则,对分局和三级管理处考核评比。其次,依照解决问题不及时、被举报投诉的情况对局机关部门进行考核。再次,对局班子成员按专业进行考核。

**3.加强现场管理**

明确由运行管理单位负责全面整治活动的组织实施,原建管单位进行配合。

**4.实施全面预算管理**

积极推进、完善全面预算管理,明确分局及三级管理处的资金使用权和预算额度,加强预算管理工作指导和检查,达到有效使用资金、控制运行成本的目的。

**5.加强干部队伍建设**

第一,做实三级管理处,完善机构设置,补充人员。第二,加强相关持证上岗人员的培训和考核。第三,积极回应干部职工合理诉求,帮助解决个人实际困难。第四,尽快出台运行期薪酬福利制度,做到既用事业留人,也用合理待遇留人。

**6.加强纪检监察**

强化监督,加强纪检监察,确保干部安全、资金安全。坚持廉洁底线,认真落实党风廉政建设"两个责任",发挥好党组织责任主体和纪检监察部门监督主体的作用,加大廉政风险防控力度,做到"依靠机制,严防意外"。

### 13.1.2.3 全面整治活动工作要求

(1)总体安排部署。全面整治活动从 2015 年 9 月开始,为期 4 个月,按照实施方案落实阶段、组织实施阶段、回头看阶段、总结考核阶段 4 个阶段进行工作总体安排部署。

(2)高度重视。要提高认识,客观面对存在的问题和困难,充分认识开展全面整治活动的紧迫性和重要性,统一思想、统一行动,与办党组的工作要求和中线建管局的活动部署保持高度一致。

(3)有序推进。科学详细制订实施方案和计划,做到目标明确、要求具体、措施可行、方法合理,加强考核问责。

(4)畅通信息。加强信息统计、反馈,问题登记造册,逐级建立信息报送制度。加强信息核实和分析,及时发现问题,提早进行预警。

(5)加强监督。建立局领导从严、细分片督导,局相关业务部门常态化、系统化、现场化跟踪考核,相关职能部门督办问责,各分局深入一线督导,两支督查队巡回检查的监督机制。

### 13.1.2.4　全面整治活动具体工作内容

1.土建工程主要项目、内容和标准

1)集中整改专项行动

"集中整改专项行动"问题按照国务院南水北调工程建设委员会办公室2014年保通水联合行动、国调办"飞检"大队、中线建管局运行监督、国调办监管中心、自查五类进行分类、限期整改,原则如下:

A类,影响通水运行安全,具备整改条件的限期整改完成;

B类,影响通水运行安全,但不具备整改条件的采取临时措施限期整改;

C类,不影响通水运行安全,列入维修养护计划集中处理的问题,原则上2015年年底前整改完成;

D类,暂不能判断问题性质、需继续观察研判的问题(主要指渠堤渗漏水)"视观察研判情况处理";

E类,停水后才能处理的问题"停水后择机处理";

F类,其他问题(指违规行为、外部协调、组织机构、制度办法等非工程实体问题),整改时限由整改单位根据实际情况确定。

各整改单位要举一反三,对专项行动期间新发现的问题另行建立台账,分类明确整改时限,一并纳入整改范围。

落实情况:已高标准、高质量完成台账上所列各项问题整改工作。

2)土建工程

土建工程主要从渠道、建筑物,新建、改建项目,工程巡查,尾工项目,各类标识,防汛及应急管理以及河南分局自定义项目等7个方面开展全面整治工作。

(1)渠道及建筑物。

①渠道。沉降、塌陷、渗漏、滑坡、衬砌板隆起、裂缝、聚硫密封胶脱落或开裂,内外坡防护、巡线道路、排水沟、截流沟、防护网栏损坏,植草和除草等。

②建筑物。渗漏、裂缝、不均匀沉降及塌陷,闸站和渡槽栏杆除锈、刷漆,外观处理(见图13-1)等。

③整治标准。

缺陷处理:按恢复原设计功能和标准进行处理,混凝土质量缺陷可参照《南水北调中线干线工程混凝土结构质量缺陷及裂缝处理技术规定(试行)》的规定处理。

维护项目:按照《南水北调中线干线工程渠道工程维护标准(试行)》《南水北调中线干线工程输水建筑物维护标准(试行)》《南水北调中线干线工程排水建筑物维护标准(试行)》的规定处理。

清淤:排水沟全部清理干净,见图13-2;截流沟保持通畅,无垃圾、杂物,淤堵不超过10 cm。

(a) 截流沟清理

(b) 雨淋沟处理

(c) 外墙面处理

(d) 安全监测站房整治

(e) 栏杆刷漆

(f) 垃圾打捞

(g) 除草

(h) 防汛物资码放整齐

图 13-1

(a) 截流沟清理

(b) 排水沟清理

图 13-2

(a) 沙河渡槽左岸除草后形象

(b) 截流沟及隔离网

(c) 巡视道路及绿化带

图 13-3

除草:左侧维护道路外缘至右侧巡视道路外缘之间、各类建筑物分缝缝隙及其防护工程表面、排水沟内、截流沟和场区的硬化区域等部位的杂草全部清除;安全防护网上攀附类植物全部清除干净;灌木类、高大杂草等影响总干渠形象的野生植物全部清除;闸站及管理用房场区内草体高度不超过 15 cm,渠道内外边坡草体根据不同品种,高度不超过 10~30 cm(见图 13-13)。

边坡植草:当年不适宜种植的可第二年种植,但植草部位的场地平整、换土及土壤改良等基础工作当年必须全部完成。

(2)新建、改建项目。按照设计图纸及设计标准实施错车平台、巡视台阶等(见图 13-14)。

(a) 桥梁标识

(b) 新增错车平台

(c) 新增挡水坎

(d) 新增钢大门

(e) 新增六棱块

(f) 新增道路压顶

(g) 安全监测线缆槽改造

(h) 台阶改造

图 13-4

（3）工程巡查。编制工程巡查方案，实施分区管理，细化每个责任区的巡查项目及重点部位，明确巡查内容，制定巡视路线，采用巡检系统加强工程人员监管，增设巡视台阶和巡视步道，不定期开展专项排查，见图13-5。

　　　(a) 巡视步道　　　　　　　　(b) 巡视道路　　　　　　　　(c) 巡视台阶

图 13-5

（4）尾工项目。桥梁雨水汇流及污水排入排水沟造成水体污染整治项目，防洪堤及左岸截流沟、防洪处理工程及其影响的安全防护网等。

（5）各类标识。界桩、建筑物标识，河道上下游禁采标识，穿越工程等各类标识。

（6）防汛及应急处理。部分渠坡未设排水沟或现有排水沟、截流沟无出路等项目。

（7）河南分局确定的项目。增加水质监测取样台阶安全防护措施、钢大门维护、河渠交叉建筑物防护围网增加简易门、智能巡检系统建设、弧门开度检核标尺、场区沉陷处理、室外电缆沟盖板处理、防汛备料码放和接收。

3）安全警示及设施

（1）整治项目。

①设置安全生产宣传栏。

②在渠道、建筑物重要部位按要求配备救生设施。

③入渠车辆配备救生衣。

④防护围网安全警示标识。

⑤交通安全及警示标识。

⑥工程巡查人员配备望远镜。

其中：安全警示类标识按照标识标志系统设置。

（2）具体实施内容：

①建立健全安全生产管理体系，成立安全生产领导管理小组，落实安全生产责任制，编制完善安全生产管理各项制度和实施细则，开展安全生产检查，组织安全生产教育培训及宣传，见图13-6。

(a) 安全交底　　　　　　　　　　　　　　　　(b) 安保宣传入校园

图 13-6

②配备完善了安全设施、器材。重点部位现场配置救生设施,包括救生衣、救生圈、救生绳、拦漂索,安装或改造安全防护设施,桥头等部位安装安全警示牌。具体见图 13-7。

(a) 设置拦漂索　　　　　　　　　　　　　　　(b) 配置救生器材

(c) 涂刷警示线　　　　　　　　　　　　　　　(d) 增设安全警示牌

图 13-7

③率先开展试点警务室工作,警企共建,扎实开展安全保卫和工程保护工作,起到极大震慑作用,见图 13-8。

4) 防护林及绿化二期工程实施

(1) 闸站平台和三角区域点缀性绿化。优先选取在平台或三角空地等重要部位,种植灌木或少量规格稍大的乔木,采用成片或单株种植方式进行适当点缀。

(2) 试点防护林工程建设。选择规格适中、容易管养、适应性强的苗木,慎用不易活和养护成本较高的植物。苗木以对工程安全和水质安全无潜在影响的乔灌苗木为主。乔

(a) 警务室安保宣传　　　　　　　　　　　　(b) 制止非法取水

图 13-8

木规格(苗木胸径 2~3 cm)种植株行距 4 m×3 m,种植排数不小于 2 排;灌木规格(地径 2 cm)高度在 100 cm 以下,种植株行距在 0.5 m×0.5 m~1 m×1 m。

(3)本着"样板引路、重点优先、全面跟进、节点受控、靓点突出,形象出彩"的思路和目标,兼顾季节色彩变化,做到春夏有花秋有叶,冬季也能见绿,在突出生态优先功能基础上,把文化表现、景观塑造、游憩休闲、防灾避险等功能有机统一起来,见图 13-9。

5)安全监测

(1)整治项目:

①外观测点损坏或被掩埋。

②安全监测电缆保护套(盒)损坏。

③室外测站(机柜)已损坏或锈蚀。

④安全监测室内设施损坏。

⑤安全监测站房维护等。

⑥建筑物园区观测点保护盒。

整治标准:缺陷处理类,按照原设计标准进行恢复损坏或被埋的外观测点,及时修复或更换损坏设备设施,见图 13-10。

(2)实施情况:安全监测管理体系、组织机构健全,职责清晰,分工明确。加强仪器、站房维修保护,建立了内观仪器台账、失效仪器台账。注重内观仪器清单、外观仪器清单、二次仪表清单等原始资料收集和储存。及时将监测数据异常信息以告知单形式告知工程巡查人员,加强巡视。

6)规章制度类

(1)修订完善应急预案及处置方案。

(2)修订完善工程管理处各类管理制度。

(3)修订完善问题快速报告单程序及格式、巡查工作手册等项目。

(4)参与中线建管局工程维护标准的修订。

2.金属结构、机电、永久供电及自动化主要项目和内容

1)缺陷处理

缺陷处理包括国调办稽查、"飞检"、中线建管局及各级机构自查以及整改过程中新

(a) 沙河进口右岸防护林

(b) 沙河闸站全貌

(c) 沙河闸站园区景致

图 13-9

(a) 内观仪器核查

(b) 外观测点保护

(c) 监测站房改造

图 13-10

发现的各类问题,进行全面、彻底、限期整改。

(1)自动化系统。

①土建遗留的基础环境方面。

存在问题:自动化室防静电地膜破损,机房接地扁铁不到位,烟感探测器数量不够,消防报警主机未安装或不匹配,自动化室窗户未封堵,自动化室未安装防火门,挡鼠板、电缆沟盖板、空调挡水坝、线缆预埋管、光缆保护桩等不规范,安全监测电缆敷设未到位、未编号(编号重复)、未整理,安全监测站房未建或需拆除重建,摄像机立杆基础未浇筑等。

整治标准:按照有关规范及原设计要求组织实施;防静电地膜、消防报警主机、挡鼠板、电缆沟盖板、线缆预埋管等参照《南水北调中线闸站设备设施标准化建设指导书》有关要求进行处理。

②自动化设备方面。

存在问题:指示灯显示不正常,蓄电池漏液,水位计、流量计、摄像机故障,平台软件与实际仪表数据显示不一致等。

整治标准:由自动化承包商负责维修、更换,更换的板件或设备应与原型号保持一致。

③自动化功能方面。

存在问题:视频监控平台不稳定,视频监控存储等功能未实现(邯石段及天津段),闸控系统现地工控机不稳定、死机、蓝屏,闸控蓄电池无实时监控功能,闸控 UPS 设备充电电流小,水位计数据不准确,程控交换系统电脑调度台功能未实现,水质自动监测站部分数据不稳定,网络有延迟,各类应用软件功能不完善等。

整治标准:视频监控平台稳定,具备存储、回放等功能;闸控系统平台运行稳定,远程控制成功率 95% 以上;电脑调度台调试完成,具备调度功能;网络系统性能测试完成,确保网络正常稳定运行;其他各类应用软件投入使用。

④自动化系统运维方面。

存在问题:设备丢失,机房及机柜积尘,空调故障,光缆井积水,光缆井盖板损坏或丢失,摄像机不清洁,立杆锈蚀,水位计预埋管冲损等。

整治标准:按照《自动化调度系统维护项目招标完成前维护技术要求》(中线建管局信机〔2015〕12 号)组织处理,确保机房、总调中心、分调中心、网管中心、中控室设备运行正常、稳定、无积尘。

⑤安防系统施工方面。

存在问题:硅芯管断点修复坑及电缆沟未及时回填、线缆裸露等不符合施工规范要求。

整治标准:硅芯管修复开挖沟槽应及时回填,线缆及时敷设回填,视频立杆基础制作及安装应符合设计要求。

(2)金属结构、机电及永久供电系统。

①闸门漏水方面。

存在问题:对于闸门止水为再生橡胶或闸门安装误差过大造成的漏水,需停水后整体更换止水橡胶或调整闸门位置;对于止水橡胶安装有缺陷的,通过调整止水橡胶安装位置消除漏水;对于闸门纠偏不到位造成的闸门偏位漏水,通过调整闸门自动纠偏系统使闸门消除偏位漏水。

整治标准:新更换的止水橡胶要严格按闸门制造和验收规范采购新胶含量满足要求的新产品,安装误差满足规范要求。对采取临时调整止水措施的缺陷处理项目,原则上不能破坏原闸门的整体结构。

②金属结构设备锈蚀方面。

存在问题:对于金属结构锈蚀,水上部分进行局部除锈后刷漆,水下部分制定处理措施择机处理;对于机电设备锈蚀,进行整体涂装处理。

整治标准:严格按金属结构防腐处理规范要求进行打磨除锈,并按原设计的油漆品牌和漆膜厚度进行涂装,做好防腐过程中可能对水质产生污染的防护措施。

③元器件损坏方面。

存在问题:对于损坏的元器件及时更换。

整治标准:原则上选用原合同的型号进行更换。原型号设备已经淘汰的,可选用新型号更换,但要做好论证,确保新换元器件性能指标达到或超过原设计要求。

④设备渗漏油方面。

存在问题:不需停水处理的立即整改;必须停水处理的,待停水后进行统一整改。

整治标准:要求处理前应制定防渗漏措施,严防对渠道水质可能造成的污染。

⑤设备故障方面。

存在问题:能够判明原因及影响运行的故障,立即组织整改;情况复杂的或需停水检修的故障,研究制订出处理方案并择机处理。

整治标准:要求故障分析准确,处理过程安全,处理后性能达到原设计性能要求。

⑥永久供电线路方面。

存在问题:对于杆塔基础方面的缺陷,包括回填不到位、没有预留沉降余量及地脚螺栓帽缺失等,按相关规程要求进行处理。对杆塔方面的缺陷,包括杆塔个别构件变形损坏、各种紧固件锈蚀或缺失、杆塔拉线松弛、接地线脱焊和连接螺栓松动及杆塔上鸟窝拆除等,均应全面处理。对于影响线路安全的树木进行修剪、砍伐。

整治标准:按《110~500 kV 及以下架空电力线路施工及验收规范》(GBJ 233—90)及《35 kV 及以下架空电力线路施工及验收规范》(GB 50173—92)进行整改。

⑦高低压供配电设备问题。按设计要求、规程规范及出厂说明书进行整改。

⑧管、线施工不规范问题。按照设计要求、规范及《南水北调中线闸站设备设施标准化建设指导书》进行处理。

(3)缺陷处理效果。

通过开展缺陷集中处理,设备设施面貌焕然一新,闸站一尘不染,设备故障率显著降低,极大保障了工程安全平稳运行。

2)闸站设备设施标准化建设

参照《南水北调中线闸站设备设施标准化建设指导书》实施。

(1)设备标准化。包括设备布线、管线、标识标牌、设备涂装、警示标语等。

(2)室内环境标准化。包括闸室内功能分区、盖板、拦杆、警示线、门窗、墙面、地面等。

(3)室外环境标准化。包括外墙面、屋面、电缆沟、室外生产场所、建筑物名称标识等。

(4)管理设施标准化。包括工器具、通信设备、消防设施等。

(5)自动化具体实施内容。

①中线局要求项目。

a.门窗。

自动化室窗户应按照设计要求进行封堵,统一采用钢质防火门,防火等级不低于原专业设计标准。

鲁山管理处辖区自动化室不涉及窗户封堵问题。

b.室内墙面及吊顶。

闸站内墙面应干净、完整、阴阳角平直。存在划痕、透底、起皮、掉粉、污渍、脱落等问题,统一消除,墙体为白色。自动化室可增加白色格栅吊顶,见图 13-11。

(a) 墙面改造后　　　　　　　　　　　　(b) 屋面改造后

图 13-11

c.室内地面。

自动化室损坏、污浊的防静电地膜、地板进行重新铺装,监控室可采用防静电地板。地膜颜色统一采用浅绿色基调图案,地板颜色统一为白色灰纹图案,见图 13-12。

d.电缆沟。

电缆沟盖板应平整无缺失,且封闭良好,踩压无明显翘起、下陷;沟内应干净、无积水;沟内按防火规范、机房规范要求进行封堵;电缆沟应刷防尘漆,颜色绿色(RGB:0-119-80)。沟内电缆干净整洁,分层、分类绑扎规整,并做好标签。

(a) 地面改造后　　　　　　　　　　　　(b) 电缆沟改造后

图 13-12

e.线管。

与柱、梁、板不交叉的各类管线在结构允许条件下,应暗敷。无法暗敷的,可刷黄色漆(RGB:255-215-0),并挂标签示意线槽用途。

f.挡鼠板。

闸室、泵房、降压站各主要通道和房间门应设置挡鼠板。挡鼠板由挡板和卡槽组成,采用铝合金材质,表面应经过防腐处理,涂刷蓝色(RGB:0-63-152)底漆;挡板和卡槽高度为 500 mm,厚度为 25 mm,安装后挡鼠板与门框间应不留缝隙;板四周沿内外侧粘贴黑黄色反光警示贴,条纹宽度为 40 mm,高度为 60 mm,居中设置南水北调标识;防鼠板采用卡槽式固定,应方便取装。

g. 空调挡水槽。

挡水槽按要求涂刷黑色(RGB:0-0-0)防水涂料(见图 13-13)。

(a) 挡鼠板　　　　　　　　　　　　　　　(b) 空调挡水槽

图 13-13

h. 设备室电话托架。

各闸室内分别安装有工作电话及调度电话,统一采用订制托架,将电话机放置于专门托架上。托架距离地面高度 1 200 mm。

i. 消防报警主机。

对部分闸站内不能实现消防联动、消防联网等功能的消防报警主机进行更换或扩展,新主机功能应满足消防联网系统整体建设需要。

j. 增加监控设备。

闸站园区、闸孔等在运行管理过程中有监控信息需求的位置适当增加视频监控设备。

k. 自动化设备标识标牌。

自动化设备机柜、蓄电池组、管理处机房配电箱需进行标识,标识采用亚光不锈钢黑字,尺寸 90 mm×30 mm,标识应准确,粘贴到机柜左上角范围,不遮挡原始信息(见图 13-14)。

l. 光缆标识。

对沿渠道两侧铺设的光缆线路及园区内综合管线设置标识桩或标识牌。

m. 责任信息牌。

液压启闭机、高低压配电柜、自动化各机柜等系统设备按系统、功能分类制作责任牌,责任牌外壳采用亚克力材质,内置插拔纸质信息,包括管理责任人、维护责任人及联系方式等,蓝(RGB:0-63-152)底白字,尺寸 100 mm×60 mm(见图 13-15)。

n. 制度牌。

制度牌采用钢化玻璃或亚克力材质,蓝(RGB:0-63-152)底白字,以锚固方式固定,尺寸 900 mm×600 mm,单位落款统一采用"南水北调中线建管局"(见图 13-16)。

(a) 蓄电池编号　　　　　　　　　　　(b) 安全监测集线箱标牌

图 13-14

(a) 设备明白卡　　　　　　　　　　(b) 沙河渡槽人员分工牌

图 13-15

(a) 制度牌　　　　　　　　　　　　(b) 自动化设备标示标牌

图 13-16

②河南分局统一组织实施项目。

按照中线建管局闸站设备设施标准化的要求及分局的统一安排,为保证自动化调度系统的安全平稳运行,河南分局对专业性较强的项目统一进行采购,管理处负责现场建设管理、质量验收、计量签证等工作。统一采购项目具体如下:

a. 现地闸站通信机房标准化建设项目。

主要包含吊顶及灯具安装、彩钢板施工、防静电地膜施工、电缆沟整治、空调挡水坝等。

b. 现地闸站垂直走线槽架整治项目。

主要包含现地闸站园区建筑物内墙垂直走线槽架拆除更换为上线柜,外墙垂直走线槽架拆除更换为上线槽,线缆整理绑扎等(见图 13-17)。

c. 节制闸新增视频监控及照明设备安装项目。

主要包括闸前新增视频监控设备、照明设备,闸后新增视频监控设备、照明设备,闸孔新增照明设备等。

d. 网络交换机采购安装项目。

在沙河节制闸通信机房新增 1 台网络交换机。

e. 设备信息牌、责任牌、制度牌。

分局统一采购,各管理处组织实施。

(a) 通信机房标准化建设后

(b) 上线柜标准化建设后

(c) 自动化线缆整治后

图 13-17

③管理处组织实施项目。

a. 监控室项目。

对现地闸站的监控室原防静电地膜污损无法修复的更换为防静电地板(或防静电地膜);对原有墙面不平整或污损的重新涂刷乳胶漆;增设铝扣板吊顶;对电缆沟进行专项整治;窗户增加窗台板。

b. 光缆标识。

完成光缆托板托架及标识牌,标识桩制作安装(见图 13-18)。

(6)金属结构机电具体实施内容。

(a) 人手井线缆托架及标识牌

(b) 沙河值班室整治后环境

图 13-18

①闸站外墙面。对闸站外墙面开裂、空鼓脱落、褪色处等进行拆除，重新抹砂浆进行粉刷，喷真石漆。

②沉降缝处理。原沉降缝施工，缝隙裸露，不美观，灰土藏于缝隙内。

③屋面防水。对于有渗水、漏水的屋面，管理处组织专业队伍进行修补，根据屋顶不同的特点选择使用 SBS 防水卷材或 JS 高分子涂刷剂。女儿墙部位，卷材或涂刷层相应抬高 30~50 cm。

④线路改造。原线路多处裸露，只满足使用功能，不满足美观统一要求。

⑤房屋门窗。房屋窗户安放水平、垂直、牢固。窗框与墙体缝隙填嵌应饱满，无空隙和松动；采用密封胶封闭，密封胶表面应光滑、顺直、无裂纹。窗框的割角、拼缝应严密平整。金属窗的橡胶密封条或毛毡密封条应安装完好，不得脱槽。为提升沙河形象，沙河渡槽铝合金窗户更换成断桥铝活动窗。窗户外设置窗台板，未设置窗台板的增加窗台板，办公区域增加窗套。沙河值班室下游侧窗户为铝合金材质，零碎视觉效果差，统一更换为落地式钢化玻璃窗。

闸站房屋门处理采用更换、维修、换锁、重新喷漆等方式进行了处理，对部分闸室及降压站门损坏或非防盗门的进行更换(见图 13-19)。

⑥室内油管沟改造。闸室内油管沟及电缆线槽盖板尺寸不严密，地面凌乱，踩踏有翘起或下陷。

⑦电缆沟盖板及线缆。电缆沟盖板施工期制作混凝土盖板尺寸不一，覆盖不全，电缆沟边沿不齐整。此次整治对电缆沟内线缆进行清理、找平、涂刷防尘漆，然后按照下层综

(a) 窗户整治　　　　　　　　　(b) 玻璃幕墙及外墙面改造后

图 13-19

合线缆、中层为低压线缆、上层为高压线缆的形式逐根绑扎,电缆涂刷黑色聚氯乙烯防护蜡,沟底铺上绝缘胶垫。检查电缆沟孔洞封堵满足防水、防鼠、绝缘的要求。电缆沟盖板采用玻璃钢复合材质盖板,颜色应与地面颜色协调一致。对电缆沟边缝加装不锈钢压条。沙河二楼设计电缆桥架高度太低,通过将桥架上移,用铝扣板进行吊顶后,整体效果明显(见图 13-20)。

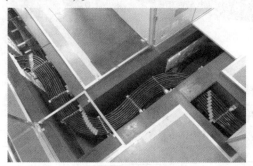

(a) 线缆整治前　　　　　　　　　(b) 线缆整治后

图 13-20

⑧照明系统。为满足闸室内照明、园区照明以及夜间读取闸门开度等数据,更为了观察闸门运行情况,在闸室内、闸孔、园区内分别增加了相适应的灯具。

⑨弧形闸门孔口室内部分采用铝塑板、方钢进行包封,画黄黑相间警示色,喷涂高度400 mm,黑黄漆宽度均为 150 mm,倾斜角为 20°。室外弧形闸门孔口采用 1 mm 不锈钢板、方钢进行包封。检修口采用喷漆的形式进行涂刷,起到安全警示作用。

⑩各闸站金属结构、电动葫芦、行车、固卷、液压启闭机等启闭设备保护漆均按原色补一遍面漆,补漆前应清除油污、灰尘、砂浆等杂物(见图 13-21)。

3)实现标准化、规范化管理

健全管理机制,完善管理制度和规程,制定、完善实施细则及操作性文件,逐步实现标准化、规范化管理(见图 13-21)。

(1)中线局层面编制的制度、办法及规程见表 13-1。

(2)各分局和三级管理处根据中线建管局颁布的制度、办法及规程制定相应的实施细则(包括但不限于)见表 13-2。

(a) 弧形闸门孔口包封

(c) 启闭机室全貌　　　　　　　　　　　　(d) 弧形闸门保养到位

**图 13-21**

表 13-1　中线局层面编制的制度、办法及规程

| 序号 | 制度名称 | 备注 |
|---|---|---|
| 1 | 《自动化调度系统运行维护管理办法》 | |
| 2 | 《自动化调度系统运行维护监督考核制度》 | |
| 3 | 《自动化调度系统运行维护值班制度》 | |
| 4 | 《自动化调度系统运行维护机房管理制度》 | |
| 5 | 《通信管道光缆维护管理规程》 | |
| 6 | 《通信设备维护管理规程》 | |
| 7 | 《计算机网络系统维护管理规程》 | |
| 8 | 《调度会商实体环境系统维护管理规程》 | |
| 9 | 《数据存储与应用支撑平台维护管理规程》 | |
| 10 | 《闸站监控系统维护管理规程》 | |
| 11 | 《安全监测自动化系统维护管理规程》 | |
| 12 | 《水质监测系统维护管理规程》 | |
| 13 | 《视频监控系统维护管理规程》 | |
| 14 | 《视频会议系统维护管理规程》 | |
| 15 | 《自动化设备备品备件管理制度》 | |
| 16 | 《南水北调中线干线工程永久供电系统 10~110 kV 架空线路及电缆线路运行和维护检修规程》 | |

表 13-2　各分局和三级管理处根据中线建管局颁布的制度、办法及规程

| 序号 | 制度名称 | 备注 |
|---|---|---|
| 1 | 《分调中心及管理处网管中心值班制度》 | |
| 2 | 《自动化设备维护管理实施细则》 | |
| 3 | 《供配电系统值班制度》 | |
| 4 | 《电力工作票、操作票管理规定》 | |
| 5 | 《金属结构机电设备维护管理实施细则》 | |
| 6 | 《永久供电设备维护管理实施细则》 | |
| 7 | 《自动化设备备品备件管理实施细则》 | |
| 8 | 《液压启闭闸门操作流程》 | |
| 9 | 《固定卷扬机启闭闸门操作流程》 | |
| 10 | 《螺杆启闭机启闭闸门操作流程》 | |
| 11 | 《电动单梁启闭机启闭闸门操作流程》 | |
| 12 | 《降压站投(停)运操作流程》 | |
| 13 | 《柴油发电机投(停)操作流程》 | |

4)专业人员培训

通过开展电工进网作业许可上岗证(高、低压)、液压启闭机安全操作管理、起重机械作业操作、电气设备安全操作管理、自动化设备操作等培训,推行持证上岗制度。

5)自动化尾工及安防系统建设

全力推进设备安装、软件开发、联合调试、合同验收等自动化尾工和安防系统建设,进一步完善自动化系统功能,保障运行安全。

(1)设备安装。以"范围完整"为工作目标,具备条件的站点必须按照设计图纸和设计标准全部接入自动化系统。主要包括工程防洪系统、全填方段视频监控系统、剩余分水口设备安装、剩余安全监测站接入等。

(2)软件及调试。以"功能完善、性能稳定、先进高效、安全可靠"为工作目标,按照合同文件规定的功能、性能和相关规范实施。主要包括剩余闸门远程控制调试、节制闸大开度工况测试及检验、安全监测软件调试、水质监测软件调试、消防联网系统联合调试、程控交换电脑调度台启用、系统割接和调整等。

(3)具体工作内容。包括视频监控系统、电子围栏、配套光纤传输和供电系统、综合监控系统建设,分水口门水位计、流量计安装,全填方视频设备安装,消防联网实施、工程防洪系统建设及闸站调试(见图 13-22)。

3.调度管理

为规范输水调度管理工作,提高工作效率,树立良好形象,主要从设施条件、制度完善、值班方式、值班要求、环境面貌、业务能力等 6 个方面开展输水调度标准化建设和规范化管理工作。

1)设施条件

组织排查辖区内机电、自动化设施和自动化调度系统软件运行情况,及时排除故障,

(a) 人手孔抽排水

(b) 安装超声波水位计

(c) 消防联网调试

(d) 摄像机立杆

图 13-22

确保满足《南水北调中线干线输水调度管理工作标准》相关要求。

2) 制度完善

结合《南水北调中线干线工程输水调度管理规定(试行)》《南水北调中线干线输水调度管理工作标准》,对输水调度各项工作标准和要求进行统一规范,补充完善值班场所进出管理、调度岗位职责及岗位说明书、调度应急响应、调度工作考核、日常调度管理等管理制度,统一制作上墙制度,统一安装位置。

3) 值班方式

(1) 分调中心和各管理处完成调度值班长选拔工作,每班配备值班长,实行值班长负责制。

(2) 调整分调中心调度值班时间,值班时间和总调中心同步。

(3) 各管理处中控室按五班两倒方式值班,每班 2 人,其中值班长 1 人、值班员 1 人。

(4) 节制闸站实行值守制度,特殊情况下安排调度值班。值班人员每班 2 人,每班 24 h,分时段以 1 人为主,1 人为辅,发生事件时 2 人共同处理。

满足相关条件的闸站,经审批后值班方式可转为管理处值守。

4)值班要求

(1)禁止擅自换班。中控室调度人员按照每月排定值班表值班,不得擅自调换。如遇特殊情况,提前书面申请,值班员由当值值班长同意,值班长由分管领导同意方可换班,不得连续 24 h 值班。

(2)规范值班用语。制定调度术语和文明用语规范。

(3)规范信息报表。分类整理中控室各类台账、记录表格,统一台账、记录表格种类、填写和装订要求。

(4)电话指令成册。将自充水试验以来的电话指令单装订成册,每册 100 页,启用成册的《输水调度电话指令》。

(5)规范交接班要求。制定交接班内容、交接方式、环境卫生等规范并下发执行。

5)环境面貌

(1)统一制作工作牌。人员统一佩戴统一制作的工作牌。

(2)统一配备桌面文件柜。统一配备桌面抽屉式文件柜,表明每栏用途,各类文件按功能分类存放,保持桌面整洁。

(3)统一配备鞋套机。中控室及通信机房统一配备鞋套机,保持调度场所干净整洁。

(4)统一调度台桌面布置。统一布置调度台桌面,非办公用品不能摆放在桌面上,打印机、传真机等设备定位放好,工作椅按要求摆放(见图 13-23)。

(a) 值班人员统一着装

(b) 中控室物品摆放

(c) 资料整理与摆放

(d) 中控室环境

图 13-23

6)提高水平

(1)提高分调中心应急能力。一是当值人员要主动分析总调指令,尽快提高调度水平。二是和总调对顶值班,通过实战掌握调度技巧。三是摸清备调中心硬件设施配置和工作情况,熟练操作设备。

(2)长期开展顶岗培训活动。组织中控室调度值班人员到分调中心跟班顶岗培训;协商总调中心,双方人员定期交换轮换值班。使各级调度人员了解整体调度思路,把握调度原则,提高调度技能,规范调度行为。

(3)完善调度工作手册。完善并下发调度工作手册,调度人员人手一册,规范现场调度行为。

### 4. 水质安全保护

遵循"迅速行动、限期整治、措施有法、建章立制",针对存在的薄弱环节,强化水质安全保护工作能力,重点解决水质保护工作中存在的突出问题,提高水质保护工作管理水平,使水质保护工作行为规范化、标准化,水质保护意识普遍增强,治理工作取得明显成效,逐步建立起水质保护全方位监管的长效机制。

(1)二级机构整改工作主要内容分实验室管理、水质监测标准化管理、自动站试运行管理、污染源管理、水质应急工作管理等5类37项。三级管理机构整改工作内容主要分管理机构及人员配置、日常巡查及管理、水质日常监控、漂浮物管理、污染源管理、自动站试运行管理、水质应急工作管理等7类26项。整改中发现的问题一并纳入整改范畴。

(2)水质安全遗留问题整改。制定水质污染源巡查管理办法;水质专员每半月对水质污染源情况进行巡查,建立水质污染源巡查记录。对于隔离网内污染源,及时发现及时处理,逐项销号;对于需要地方协调的保护区内污染源问题应及时发现,及时报告地方政府相关部门并报分局备案,跟踪处置进展情况。

(3)自动化监测站功能完善、形象提升。如加装空调、门窗密封、加装吊顶、墙面重新刷乳胶漆、地面铺装防静电地膜、管道沟垃圾清理、管道沟盖板更换、室内灯具改造、外墙粉刷、站点标识标准化建设等工作(见图13-24)。

## 13.1.3　全面整治活动取得成效

中线建管局高度重视,亲临一线督战,局机关各职能部门深入一线答疑解惑、传经送宝;分局全体干部职工众志成城、负重前行;管理处顽强拼搏、克难攻坚,全面整治活动取得了阶段性成果。

### 13.1.3.1　安全生产基础设施得到夯实

一是质量缺陷得到集中处理。A类、B类、C类问题共872个,全部整改完成,整改率为100%;D类问题共3个,整改完成2个、临时处理1个;E类问题共31个,整改完成13个、临时处理18个;F类问题共9个,处理完成7个、临时处理2个。二是沿线土建设施得到完善。新增巡视台阶46处、巡视步道4 600 m,泥结石路面修复5 884 m²,交通路导视线和警示线3 200 m等。三是闸站标准化建设基本完成。对5个自动化机房、部分电缆桥架、9座闸站进行了标准化整体改造。

### 13.1.3.2　运行管理制度体系得到健全

一是管理制度建设成果显著。通过制定、修编、完善工程巡查、工程养护、机电维护、水质保护、调度运行等各类制度、标准、要求,标准化管理制度体系初步构建。二是基层合

(a) 水质固定监测站点

(b) 安装集油槽、拦油坎等

(c) 漏油导油孔、吸油物资存储箱

(d) 沙河出口拦污格栅

图 13-24

同管理能力得到提高。管理处作为合同管理主体,承担工程量计算、技术条款编制、竞争性谈判组织、施工过程管理和计量支付工作,管理能力得到很大提升。三是细节管理体系得到加强。运行管理是细节的比拼,通过全面整治,"正版"与"盗版"的比较,闸站标准化建设的比拼,细节决定成败的思想深入人心。

### 13.1.3.3　工程整体形象面貌得到提升

一是渠道面貌焕然一新。除草 253 万 m²,绿化面积约 8.6 万 m²,植树 25 599 棵,截流沟、排水沟清淤 15.2 km,钢大门修复刷漆 156 扇,隔离网修复 1 368 m,整修安全监测房 13 座,新增巡视台阶 46 处、巡视步道 4 600 m 等。二是闸站形象整洁规范。闸站内墙面处理 17 372 m²,外墙面处理 14 856 m²,地面处理 2 396 m²,管沟处理 513 m,灯具更换 480 套,门窗更换和维修 127 套等。三是标牌标识齐整醒目。配置智能巡检仪 8 套,设置智能巡检点 56 个;安装安全警示牌 1 395 块,救生设施设备 45 处,消防设备设施 12 处;建筑物标识 252 处等。

### 13.1.3.4　干部职工作风素质得到锻炼

一是工作作风经受了考验。全面整治活动时间紧,任务重,全体职工发扬"五加二、白加黑"工作精神,集思广益,因地制宜,创造条件开展工作,顶住了压力,经受了考验。二是职工素质得到了锻炼。全面整治没有现成的经验可以借鉴,没有现成的设计方案可以实施,依靠的是全体职工刻苦钻研,精心雕琢,百炼成钢。三是干部能力得到了提高。全面整治项目多,交叉施工多,对管理处处长是宏观把控能力、超前谋划能力、综合协调能力、技术把关能力的多重考量。历经磨练,方能涅槃重生。

### 13.1.3.5　基层开拓创新机制得到巩固

一是创新精神得到了弘扬。为开拓创新建立了施展平台,宽松的环境,积极的鼓励,让创新从幕后走向前台。二是创新基础得到了巩固。基层员工通过创新的启示,明确了创新的思路和途径,迸发了创新的热情,创新机制基本形成。三是创新成果得到了应用。创新运行管理成果硕果累累,其中智能巡检系统、弧门开度检核标尺在全线得到推广,闸门喷淋系统、水平自动防鸟网、垂直电动防鸟网、闸室孔口盖板、可拆卸栏杆等在分局得到推广,取得了良好的效果。

# 13.2　规范化建设活动

为切实解决中线干线工程运行管理"不规范"问题,防范化解安全风险,提高突发事件处置能力和日常工作规范化管理水平,在全线开展规范化建设活动,以问题为导向、以安全为落脚点、以应急为重点、以标准为载体、以培训为保障、以考核为手段,按照"干什么、怎么干、谁来干、干不好怎么办"的规范化要求,以及"规定动作做到位、自选动作有创新"的原则,集中解决已有问题,基本实现制度"标准化",初步实现行为"规范化",逐步达到人员要有新形象,工程要有新面貌,管理要上新台阶,实现"以规范化管理确保安全生产"的工作目标。

## 13.2.1　规范化建设活动安排

### 13.2.1.1　标准制定和已查问题整改阶段

按照"规定动作做到位,自选动作有创新"的原则,制订规范化建设组织实施方案。组织开展现有问题排查整改工作。提出制度标准修改用语完善建议及适用性意见,配合做好标准和手册编制。

### 13.2.1.2　标准贯彻和深入查找问题阶段

以《岗位工作手册》为核心组织培训考试,全面贯彻规范化建设标准,结合培训和标准贯彻深入查找问题并组织整改。

### 13.2.1.3　巩固强化和问题整改效果总结阶段

主要通过监督检查、应急演练等手段,促进规范化建设成果得到巩固提升。正式实施岗前培训、持证上岗、在岗考核和监督追责等制度,逐步形成长效机制。

### 13.2.1.4　查缺补漏、创新提升阶段

主要通过检查评估、交流经验,查找存在的制度空白,推广过程中亮点和创新点,再总结,再提升。

### 13.2.1.5　总结考评阶段

主要是通过管理处、分局、中线建管局考评,进一步提升规范化建设水平。

## 13.2.2　规范化建设工作内容

规范化建设主要载体是现地管理处,重点围绕输水调度、设备设施维护、水质监测、安

全监测、工程巡查、安全保卫、安全生产 7 项核心业务,以及与之相关的招标采购、合同管理、资产管理、档案验收 4 项保障业务。主要规范化建设内容如下。

### 13.2.2.1　梳理不规范问题,限期整改并建立长效机制

结合国调办及中线局各级单位检查发现的问题,举一反三,全面梳理现地管理处工作中存在的突出问题和薄弱环节,并延伸对照分析分局和中线建管局工作中存在的问题,明确整改措施,限期整改,有针对性地进行规范并建立长效机制。

### 13.2.2.2　明确工作要求和标准,实现制度体系"标准化"

(1)梳理完善制度办法。综合管理部牵头,各部门按职能分工,深入一线调研,充分听取分局和现地管理处意见,组织梳理制度办法,进行必要的修订或补充完善,确保制度办法符合现场工作实际。

(2)编制或完善现场运行管理工作手册。局属有关部门针对本专业的现场运行管理专项工作,综合各类制度办法,立足于现地管理处,组织编制或完善工作手册(作业指导书),明确工作流程,指导现地管理处的实际工作。工作手册应体现精细化、流程化、标准化管理,做到标准量化、要求具体、流程清晰、记录翔实,尽量用表格、联系单、记录单等形式,确保各流程、各环节工作的可追索性。

(3)编制或完善信息机电设备及自动化软件系统操作手册和检修维护规程。局信息机电中心组织梳理统计全线的信息机电设备和自动化软件系统,建立设备和软件系统信息台账,组织编制或完善操作手册(规程、使用手册)和检修维护规程。操作手册应包含设备或系统的操作步骤、注意事项、常见故障及问题处置等内容。

(4)编制《岗位工作手册》。局人力资源部牵头,各职能部门配合,抽调专门人员,针对现地管理处梳理工作岗位,明确岗位职责,在此基础上综合各类制度办法、运行管理工作手册、设备操作规程等,编制《岗位工作手册》。《岗位工作手册》应做到"五明确",即职责明确、工作内容明确、工作要求及标准明确、依据的制度办法明确、风险点及风险事项明确。

### 13.2.2.3　建立长效机制,实现人员行为"规范化"

(1)狠抓员工业务培训。局人力资源部制定《现地管理处运行管理人员培训考核办法》,组织局属有关部门,依据《岗位工作手册》,采取多种形式,有针对性地开展岗位业务培训和考试、考核工作,建立并实施岗前培训、岗前见习、考试上岗、持证上岗、岗中考试及考核、技能比武等制度机制,持证及考核情况适时与薪酬挂钩,督促运行岗位人员主动学习、爱岗敬业,确保岗位技能满足要求并不断提升。

(2)严格外委队伍管理。局属有关部门组织或督促各分局、现地管理处,加强对机电金属结构、自动化、安全监测、安全保卫、工程巡查等外协队伍及人员的管理,严格考核,确保履职到位。

(3)强化监督检查和问责。继续坚持运行管理监督责任追究制度,依据《南水北调中线干线工程通水运行安全管理责任追究规定(试行)》,强化监督检查和责任追究。

### 13.2.2.4　立足安全生产,开展安全管理标准化建设

(1)完善五大安全管理体系。局质量安全监督中心牵头,组织局属有关部门,按照《关于开展南水北调工程运行安全管理标准化建设工作的通知》(综建管〔2016〕16 号)的

要求开展安全管理标准化建设,完善工程运行安全、防洪度汛安全、工程安防、应急抢险、责任监督检查等 5 大安全管理体系,组织开展安全管理标准化试点。

(2)着力提高一线应急处置能力。局工程维护中心组织各级单位,在修订完善各类应急预案和现场处置方案的基础上,针对典型的风险源、风险点、风险岗位等,建立定期或不定期应急演练制度。本次规范化建设期间应按计划组织开展典型演练。

### 13.2.3　规范化建设主要工作措施

#### 13.2.3.1　以专业机构统筹规范化建设

为切实做好分局规范化建设管理工作,分局层面成立了规范化建设领导小组,成立黄河南、黄河北两支督导组,建立了班子成员分条负责、分片包干,机关各部门分专业服务和指导,各管理处具体落实的责任实施体系。在此基础上,抽调业务骨干成立规范化建设办公室,具体负责分局规范化建设日常工作,打破专业竖井,研究解决过程中发生的问题,定期通报活动开展情况,着力做好上通下联、统筹协调、系统集成、创新提升和监督考核组织等工作。

#### 13.2.3.2　以制度体系引领规范化建设

为了保障规范化建设的科学性、系统性,分局组织各业务部门对中线建管局、河南分局现有规章制度、业务流程全面梳理,重点围绕 7 大核心业务,分专业完成制度文件修订、完善、统一编号、汇编成册,积极参与中线局有关部门各类工作手册、作业指导书、设备操作手册及检修维护规程的编制,结合分局运行管理需求分析,对指定过程中的具体要求和流程提出合理化建议。明确各类规章制度的执行要求、执行权限、执行依据、执行责任,强化内部控制,检验制度的实用性、可操作性及执行效率,通过宣贯、执行、考核、监督、检查等环节,促进制度文件在管理处落地生根。

#### 13.2.3.3　以问题整改促进规范化建设

针对现场突出的"安全和应急"问题,进一步加大现场"不规范"问题排查,加强现有问题整改,特别是针对国调办运行监管现场会发现的问题和久拖未决影响工程安全的问题,落实责任单位和责任人,严格执行问题销号制定,限期完成。加强问题整改验收工作,组织按专业对问题整改开展验收工作,既做好现场安全隐患的处理,又要总结整改经验,分析缺陷,找出管理短板,消除制度瓶颈,举一反三,促进全线共性问题系统解决。组织开展风险源、风险点、风险岗位排查工作,建立风险台账,分析典型风险,完成应急预案和现场处置方案,分期分批制定典型突发事件应急抢险演练工作计划,针对国调办运行监管会发现的问题开展首批应急演练,促进规范化建设开展。

#### 13.2.3.4　以项目清单推动规范化建设

深入梳理运行以来发现的各类问题台账,对发现的问题进行分类归纳,以问题为导向,总结出共性的、系统的、典型的问题,形成问题清单,针对问题清单提出拟实施的规范化建设项目,并以典型问题、共性问题为突破口,通过延伸扩大范围,通过项目检验效果,通过评审提高水平,通过推广逐步提升全线规范化管理。同时按专业启动样板渠段、标准示范岗、维修养护样板等创建工作,为规范化建设摸索经验。

#### 13.2.3.5　以培训考核落实规范化建设

在规范化硬件基础上,调整完善员工培训计划,明确每个岗位应培训内容、培训措施、考试安排和责任处室及责任人,以《岗位工作手册》为核心组织培训考试,组织员工对制度、规程和操作手册能读懂、过程会、结果对,全面贯彻规范化建设标准。培训工作与问题整改相结合,在熟悉制度文件的基础上,分专业制定典型问题案例分析,以培训促整改,以学促用。

#### 13.2.3.6　以现场检查监督规范化建设

为了保证问题排查准确、制度建设科学、规范化实施有效,分局主要领导及机关处(中心)分专业、分批次组织现场调研与检查,召开专题会议,在不同阶段,对规范化工作进行深入分析,给与部署。

### 13.2.4　规范化建设分专业实施情况

#### 13.2.4.1　夯实安全基础、规范安全生产

成立了安全生产领导小组,明确了安全生产人员职责,制定了安全生产管理实施细则;编制了年、季、月度安全生产计划,定期召开安全生产会议;加强安全生产检查,建立安全生产管理台账,发现安全生产问题,及时督促整改销号;加强安全生产教育,做好新员工进场安全教育和岗前培训,及时和协作施工队伍签订安全生产协议并进行了安全交底,开展"安全生产月"和"防溺水"等专项宣传活动;组建安保公司、警务室及维护单位、应急抢险队伍的安全生产组织机构。

近几年气候异常,灾害天气频发,受其影响多处存在防汛隐患,安全生产形势异常严峻。在中线局、河南分局领导部署下,加强安全生产管理,落实安全生产责任制,汛前积极准备,认真排查问题,及时进行整改,发生险情后有效应对,积极处置,实现了工程度汛安全,确保工程运行安全。

在鲁山管理处率先开展试点警务室工作,经过不断探索,沿线各警务室相继成立并开展工作,警务室工作稳步扎实有序推进,确保了南水北调中线干线工程运行安全、供水安全,为沿线社会和谐稳定打下了坚实基础。

为规范和指导安保接管及安保队伍建设管理,编制安保工作计划及工作总结,每月安全生产检查的同时对安保工作进行检查,按月对安保服务单位进行考核,计量结算。

为规范出入工程管理范围的管理,实施出入工程管理范围的车辆及人员实行车辆通行证管理、人员出入证管理和渠道大门钥匙领用管理,明确分工、强化责任、狠抓落实,提升了安全生产管理工作,有效预防生产安全事故。

另外,在闸站和中控室实施准入制度,规范闸站、中控室出入管理。对来访人员实施登记制度,按要求在设备区佩戴安全帽、禁入黄线以内,确保闸站设备设施及人员安全(见图 13-25)。

#### 13.2.4.2　规范工程巡查、确保工程安全

##### 1.规范工程巡查

依据《南水北调中线干线工程运行期工程巡查管理办法》,细化了《鲁山管理处工程巡查手册》,调整完善了巡查路线和责任区划分,细化巡查内容和要求,确定巡查方式主要为徒步目视检查,规定了巡查频次,规范了信息整理和报送,在高填方渠段增设巡视步

(a) 安全交底

(b) 安全培训

(c) 领导带队安全检查

(d) 闸站准入

(e) 入校园安全宣传

(f) 超载治理

(g) 被营救入渠人员家属感谢

图 13-25

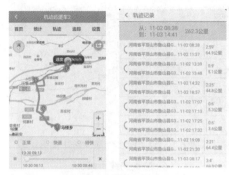

(h)指纹打卡监督巡视人员　　　　　　(i)GPS 监督机动巡逻

续图 13-25

道及巡视台阶,补充采购巡检仪、智能巡检点,统一配备望远镜、榔头、钢卷尺、记号笔等巡查工具,增设智能巡检点、巡查台阶(步道),强化学习培训,加强检查和考核,促使工程巡查行为逐步规范化(见图 13-26)。

2.狠抓问题整改

系统整理上级单位检查以及管理处自查发现的各类运行管理问题,针对不同问题类型,分析确定整改方案,明确整改时限,除部分水下问题及需外部协调问题择机解决外,其余问题已全部整改到位。通过集中问题整改,显著减少了问题存量,有效遏制了问题增量。通过举一反三、系统总结归纳,为规范化建设项目提供了依据。

### 13.2.4.3　狠抓标准执行,强化调度管理

以安全生产为核心,以人员素质和业务能力建设为重点,先后组织落实了输水调度安全生产活动、输水调度规范化强推工作、中控室规范化建设三项重要工作开展输水调度规范化建设。通过一系列规范化建设工作的开展,输水调度工作水平得到显著提高。

统一印发《输水调度文件合订本》《输水调度管理工作标准》《输水调度业务工作手册》等相关制度书籍,开展专题培训、手册字帖临摹、考试活动,提升调度人员理论水平。严格执行规范调度值班人员管理、输水调度数据监控、调度场所管理等配套管理制度。

注重结合实际、鼓励竞争,加强调度负责人、值班长、值班员分层培训,开展学、问、考三位一体业务强化活动,组织调度技能比武活动及业务考试活动,通过多角度、全覆盖、高强度的调度业务培训及考试,夯实了调度安全生产基础。

实行调度值班 5+5 制度,五班两倒,值班长全部为自有人员,人员固定。足额配备调度值班人员,实施岗前培训制度,获取资格才能上岗,实施人员更换报分调审批制度。统一制度上墙、统一制定中控室管理制度,经过强化管理,输水调度各岗位人员均能按照工作标准认真履行职责,按各项流程开展调度工作,接听电话及时规范,台账记录详细完整,资料保存完整、存放有序。

### 13.2.4.4　开展主题活动,规范调度业务

建立调度值班人员素质档案,推广调度值班工作清单销号制及调度信息日报制度;中控室按功能进行分区,统一了鞋套机、进出须知、进出登记、制度上墙、宣传标语、桌签台签、文件柜、资料柜、资料背脊标识、桌面布置、电脑背景、接口封条、玻璃贴等中控室环境布置;统一配发工装,明确着装要求;设置交接班休息室并制定了管理规定。

(a) 巡查路线上墙

(b) 巡查工具及智能巡检

(c) 工巡培训

(d) 现场检查工巡人员

(e) 视频检查工巡人员工作情况

(f) 建立工巡人员履职档案

图 13-26

经过一系列规范行为,调度人员均能按照值班表安全值班,需要调班严格履行调班审批程序,无脱岗、离岗、睡岗情况,重要情况能及时上报,严格执行中控室进出规定及调度交接班要求,极大规范了调度业务行为,提升了调度业务管理水平(见图 13-27)。

### 13.2.4.5 精心工程维护,打造秀美中线

建立健全组织机构,建立管理及验收制度,加强土建及绿化工程维修养护工作实施过程监管。注重业务理论培训,开展土建及绿化工程维修养护技术标准、验收管理办法内容培训,显著提高现场管理人员业务水平。组织开展年度工程维修养护计划编制,严格按照维修养护预算,通过竞争性谈判等方式择优选择维护单位,及时开展汛前和汛后土建及绿化维修养护工作,加快组织实施土建专项、水毁专项和防汛专项以及建设期遗留尾工等项目实施进度,加强养护体系及制度落实和执行效果检查,做到日检查、周总结、月评价,提升工程维护质量。

(a) 制度上墙

(b) 中控室环境面貌提升

(c) 常用通信号码标签

(d) 进门处设置登记处并配置笔套

(e) 调度值班"5+5"

(f) 交接班

图 13-27

　　严格穿跨越领接工程监管,明确穿跨越领接项目的技术负责人和业务专管人员,培训后穿越项目各阶段对应的工作和业务流程;严格执行有关规定签订后穿越项目监管协议和运管协议;监督审批穿跨越领接单位提交开工申请、缴纳施工保证金、进场施工审批表,落实施工期全过程监管;工程施工完成且具备验收后组织验收。进一步保障了中线干线工程的运行安全、工程安全和供水安全。

　　严格按照《河南分局标准化渠道建设实施方案》10 项建设内容、74 个衡量指标开展标准化渠道创建工作,初步建立了渠道工程维修养护样板,逐步使全线工程达到标准化。通过标准化渠道建设,土建和绿化工程维护标准在渠道上得到检验,渠道形象、工程面貌整体得到进一步提升,示范效果突显(见图 13-28)。

### 13.2.4.6　精心维护自动化系统,信息采集传输稳定可靠

　　加强通信电源、电源监控、机房专用空调、中控室音视频、物资管理、机电安全管理等

(a) 除草

(b) 左排清淤

(c) 后穿越工程交底

(d) 截流沟修复

(e) 标准化渠段创建

图 13-28

制度学习培训并狠抓落实,编制执行《鲁山管理处信息自动化突发事件应急预案》和《鲁山管理处自动化运维单位考核实施细则》。督促运行单位编制执行巡视计划按期巡视,管理处自动化专员按期开展日常巡视。

按照《河南分局闸站基础设施规范化建设项目实施方案》,管理处组织对自动化机柜缺失的设备标牌进行补充,补充照明配电箱指示灯及按钮标识、交流配电柜、照明配电箱内无开关及重要部件示意图等各类标示、线缆制作规范标识(标识牌上应标明电缆起点、终点、编号及规格);自动化室彩钢板墙壁粘贴安装自动化调度系统现地站机房管理制度标牌,自动化室装自动化调度系统结构图及配电结构图。

进一步推动了信息自动化、规范化建设,各项规章制度落地,提升了制度执行力,强化了管理处职能,规范了员工行为,提高了员工素质和工作效率,树立了有为而到位的工作作风。

### 13.2.4.7　机电金属结构维护及时,操作规范管理有序

认真学习并落实中线局和河南分局节制闸闸站值守管理办法等制度,编制管理处闸站考核评选办法和闸站值守考核办法,实施闸站金属结构机电设备静态巡视、动态巡视及柴油发电机、低压配电设备巡视,规范填写操作记录。完成消防备案、特种设备备案,组织金属结构机电和自动化专业人员培训和持证上岗等。

更新完善管理类标识 285 个(含闸站准入管理规定牌 10 块)、机电设备标识标牌共计 1 435 块、设备明白卡 18 张,灭火器相关示意图及表格套 63 个,安全通道图 13 副,灭火器配置表 127 个,配备安全帽 50 顶,阻火包封堵 87 处,悬挂各类电缆标牌 613 块。

编制了设备应急抢修预案,组织电动葫芦故障抢修演练,观摩液压启闭机故障应急处置演练,熟悉了应急处置流程和方法,提高了应急处置能力,全面提升规范化建设金属结构机电设备管理水平(见图 13-29)。

(a) 电动葫芦动态巡视

(b) 退水闸动态巡视

(c) 阻火包封堵及电缆挂牌

(d) 消防设施标识

(e) 管理类标识

图 13-29

**(f) 设备标识标牌**

**续图 13-29**

### 13.2.4.8　安全监测及时有效,采集分析合规到位

鲁山管理处安全监测共计埋设 7 837 支(套/组)仪器,其中,内观监测仪器 5 684 支(套/组)、外观测点 2 153 个(不含水尺)。沙河渡槽段共布置安全监测仪器 5 683 支(套/个),其中,内观仪器 4 811 支、外观测点 872 个。

考虑鲁山段安全监测仪器数量多,约占河南分局总数的 20%,配置移动式测斜仪、电磁沉降仪、电测水位计和振弦式读数仪等各类二次观测仪器 36 台(套)观测设备,另配置 7 名借用人员,统一配备安全监测挎包,方便观测资料及配件携带和保护,另有 2 辆专用车辆供测量使用。

制定了安全监测规范化建设专项实施方案并落实管理责任制,人员岗位职责清晰、分工明确。编写了安全监测实施细则,内容切合实际,操作性强。设置了固定办公室,安全监测相关制度及安全监测信息一览图上墙,制作安全监测内观工作流程图。统一安全监测人员着装,配备安全监测相关规程规范及手册,扎实开展理论与现场实操培训,组织安全监测技能大比武,提升业务能力。规范了数据采集、记录、比对、更改、复核,整理上报及时,异常分析及处置到位。建立并及时更新安全监测仪器设备、异常问题等台账(见图 13-30)。

规范观测用二次仪器保护措施,为读数仪配备外裹保护罩,规范独立观测房和闸站机柜外墙设置标牌,注明观测房编号和渠道监测断面桩号;测站内每台 MCU 和集线箱中放置塑封的仪器清单、观测方法图解。修改完善数据采集作业指导书,规范观测记录表格,包括表格制式、填写要求、比对要求。

完成膨胀土段临时测点加装;对膨胀土渠段加密观测频次,加强巡视检查。完成膨胀土区段的安全监测仪器埋设及数据采集、分析结果等情况梳理收集。

### 13.2.4.9　水质巡查监管到位,应急处置准备充分

实验室管理规范化。河南分局建立水质专用实验室,并一次性通过实验室计量认证,验证和肯定了实验室管理体系与检测能力,展现了实验室规范化建设成果。

水质现场管理规范化。编制水质保护相关制度,制定水质规范化实施方案,强化培训学习,推动规范化工作推进。强化水质监管,确保水质专用设备可靠运行,水质采样工作受控。严格按照制度规定妥善开展日常巡查、管理及水环境日常监控,组织考核,强化落

(a) 专用办公室一角

(b) 安全监测信息一览图

(c) 规范数据采集

(d) 规范资料整理

图 13-30

实。增设藻类应急平台开展垃圾打捞,并进一步拓展其在应急抢险工作中发挥的作用,实现效益最大化。

水质保护管理规范化。深入推进水质安全管理"四化"目标,水质管理两级框架,稳步推进污染源处置,构建规范化水质保护管理体系。进一步完善污染源台账,建立网格化污染源管理台账。加强沟通协调,积极协调地方政府对潜在污染源进行处置。开展摸底排查,建立跨渠建筑物油类泄漏风险台账,有针对性地制定快速应急处置措施。

水质应急规范化。完成管理处应急预案编制工作,确保应急体系的规范化。开展水污染应急物资使用培训,组织理论考核,提升业务水平。积极开展应急演练,加强中线局内部各部门以及与地方有关单位的协同作战能力,理顺流程,加强联系,建立了应急事件协同处置机制。严格按照应急预案要求高效应对,快速启动,有效处置,妥善处置水污染事件,确保了水质安全。在桥头设置水质应急联络牌,完善应急联络机制。开展水污染应急物资调研,提供物资保障(见图 13-31)。

水质监测规范化。精心组织开展监测、捕捞观测,妥善完成日常监测。开展分口拦污装置、机械垃圾打捞装置等科研工作,积极探索分水口水质保障工作。开展液压启闭机液压油泄漏自动监测报警系统及示踪剂液压油自动监测报警系统试点工作,探索液压启闭机油泄漏早发现、早报警、及时处置。配合开展了自动化藻类机械拦捞装置,积极探索藻类的自动拦捞。在沙河渡槽段实施"以鱼净水"科研项目,为下一步全面开展"以鱼净水"工作及开展藻类防治工作提供技术储备。建立淡水壳菜联合预警机制,利用渡槽检修期间,分析淡水壳菜分布情况研究,指导下一步处置工作。

(a) 水质取样及藻类监测

(b) 垃圾打捞

(c) 水质演练

图 13-31

### 13.2.4.10　维护验收稳步推进,建设验收配合得力

现阶段主要验收工作就是建设期设计单元完工验收、跨渠桥梁竣工验收和运行期的维护项目验收。建设期设计单元完工验收主要包括通水验收遗留问题处理、施工合同完成验收、水土保持验收、环境保护验收、消防设施验收、征地移民验收、工程建设档案验收、完工财务决算等设计单元工程完成验收前相关准备工作。

1. 设计单元完工验收

自 2018 年 6 月底完成沙河渡槽设计单元工程通过档案专项验收,鲁山管理处所辖鲁山南 1 段、鲁山南 2 段、沙河渡槽、鲁山北段 4 个设计单元工程全部通过档案验收,从工程现场、档案库房及档案实体完整性、准确性、系统性、安全性等方面满足管理工作要求,符合南水北调工程档案验收标准。下一步将按照中线建管局有关档案管理工作要求,加快各设计单元工程档案的移交接收,发挥档案利用价值。目前正在开展水土保持验收前各项准备工作。

2. 跨渠桥梁竣工验收

积极组织开展跨渠桥梁竣工验收前相关准备工作,包括与地方公路管理部门、南水北调主体工程质量监督部门对接梳理缺陷处理项目和费用、质量鉴定项目和费用等具体工作。目前,正在就郝村西、漫流东、官店北三座国(省)干道跨渠公路桥桥梁损毁修复工程委托协议与地方公路管理部门进行协商;已完成其余桥梁缺陷联合排查并确认,准备编制桥梁损毁修复工程协议等具体工作。

3. 维修养护项目验收

成立了运行期维修养护领导小组,制定土建及绿化养护维护制度,加强日常检查,严格施工工序过程控制,做好现场计量签证,及时开展项目验收工作。验收资料整理规范,满足验收管理要求。

### 13.2.4.11　应急管理机制健全,预案和处置方案完备

不断修订完善防汛度汛、水污染等应急预案和防汛风险项目、工程安全事故、火灾、交通等现场处置方案,补充了度汛、水污染、电器故障、设备漏油、信息自动化故障等应急处置流程。目前,应急预案体系基本健全、现场处置方案格式统一、内容齐全、可操作性显著提高。

调整完善组织机构和职责,完善突发事件应急领导小组组织机构和工作职责,与地方应急有关部门建立了应急联动机制,与应急抢险队伍、土建及绿化等维护单位统一纳入应急抢险组织,做到各部门组织分工明确、职责清晰,协调有力,执行迅速;加强应急抢险队伍监督管理,提高突发事件现场处置能力。

根据工程特点、运行管理情况及周边环境影响,不断梳理防汛风险项目,并划分等级,有所侧重,重点备防。选定应急抢险队伍,确定日常备防和汛期驻守工作内容,有效提高应急保障能力。修订完善应急物资管理办法,规范物资管理,统筹、高效使用防汛抢险物资。积极开展各类宣贯培训,加强风险管理工作,提高全体员工风险管理意识和应急管理工作水平,确保发生突发事件时,信息上报及时,现场组织有序,各单位配合默契,前期处置到位、高效。

落实防汛值班制度,扎实开展防汛值班工作,严格按照中线建管局值班要求做好信息上传下达。在启用规范的值班记录表、每月独立装订成册的基础上,通过南水北调中线干线工程防洪信息系统上报防汛值班等工作,提高防汛信息报送自动化、智能化水平。建设防汛应急仓库,补充完善防汛石材等防汛物资,在重点防汛部位增加防汛石材等物资储备。

制订突发事件应急演练计划,周密计划、科学组织防汛演练工作,积极观摩其他管理处演练,进一步提高信息报送、组织协调、前期处置、物质管理等方面的能力,检验应急抢险单位突发事件处置反应速度、组织调度、现场抢险组织水平,提升现场突发事件先期处置能力(见图 13-32)。

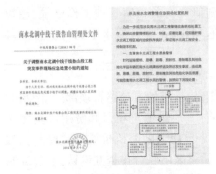

(a) 应急处置小组及联动机制　　　　　　(b) 参与县政府防汛会议

(c) 应急抢险演练

图 13-32

### 13.2.4.12　创新发展规划,采购及合同管理规范

#### 1. 发展规划管理

为尽快盘活现有资产和资源,以创新为抓手更好发挥工程效益,积极配合编制区域工作规划,提出资源资产开发建议。已成功配合中国电建集团开展光伏发电项目规划现场调研和资料收集整理工作;排查梳理限制土地情况,对可利用土地经营模式进行分析和研究,编制土地资源开发利用报告;组织编制并上报沙河渡槽旅游开发初步规划方案;探索合作造林新模式等发展规范。本着"稳中求进、创新发展"的理念,持续做好企业创新发展工作。

#### 2. 采购及合同管理

主要从完善制度、规范采购管理程序和加强采购管理业务指导、培训等方面开展规范化建设,防范化解采购管理风险,提高采购管理能力和专业业务规范化水平。

1) 梳理完善制度

在中线局印发采购管理办法制度的基础上,河南分局结合自身实际情况,从细化工作任务、明确职责分工、规范管理流程、提高工作效率等方面制定完善了合同管理、计量支付管理、变更索赔管理、计划管理和统计管理等实施细则,使采购工作既做到有章可循、分工明确、权责清晰,又做到流程规范、便于操作、防范风险。同时,为规范建设收尾投资管理和投资统计工作,修编完成建设投资管理、建设投资统计两个实施细则。

2) 协助编制工作手册和典型合同文本

编制完成现地管理处非招标项目采购管理工作手册、计划管理工作手册,用于指导管理处的采购管理工作,做到标准量化、要求具体、流程清晰,保证了采购管理、合同管理及实施各环节工作职责明确和工作可追溯性。编制租赁合同、应急抢险保障队伍合同、科研合同等典型合同文本,既可避免条款短缺、解释不清等情况,又便于合同拟定、减轻撰写合同条款的负担,减少重复劳动,提高工作效率。

3)加强制度宣贯和业务培训

大力开展相关采购管理及合同管理办法、工作手册、实施细则的培训宣传和讨论交流,扎实开展宣传培训工作,督促合同管理岗位人员主动学习、爱岗敬业、积极工作,力求整体提升采购管理及合同管理能力和专业业务水平。

4)严格合同履约管理

加强运行合同管理监督检查和考核管理,强化外委队伍管理,严格按照合同条款约定进行履约管理,加强过程控制,认真办理计量签证和严格考核,及时办理结算支付,依法合规处理变更索赔,保证合同管理到位、履职到位。同时自我查找有关风险源、风险点、风险岗和风险行为,总结经验教训,查漏补缺,提高风险防控意识和指导以后风险管理,防范化解有关合同管理风险。高度重视审计稽查工作,积极配合,认真做好解释、沟通和交流,按期落实整改,并举一反三,防范化解风险。

### 13.2.4.13　人力资源持续增强,队伍建设日益完善

完善人员配置,及时补强基层管理处,缓解现场人员紧张现状。梳理管理处职能、职责和工作要求,在试点管理处调研的基础上广泛征求意见,确定了现地管理处岗位设置和岗位职责。通过集中学习讨论、现场实操等形式强化培训,通过考试、提问、默写等形式强化考核,实现了关键作业岗位持证上岗的目标,鼓励员工自学,打造一专多能的复合型人才。开展技能大比武活动,进一步掀起职工学业务、比技能、保运行、上水平的热潮,充分调动广大职工学业务、练技术、增技能、提素质的积极性。实行员工素质手册管理,将员工基本信息、学习经历、工作经历、岗位变动信息、持证情况、培训学习情况等汇编成册并不断更新,激发了员工学习、培训、考试考核、持证上岗的动力。推动全员身份识别强推项目,配发员工工作证。通过一系列举措,强化了人员管理,规范了员工行为,提升了员工业务素质,提高了运行管理安全保障水平(见图 13-13)。

### 13.2.4.14　财务资产科学严谨,防范化解风险

为提升财务管理水平,财务资产管理工作积极转变工作思路,不断增强服务意识,提升业务素质,积极参与规范化建设,有序开展各项财务工作。

1. 制度建设管理

逐项梳理、修订各项规章制度并印发执行,通过内控制度的建立健全,使财务资产管理各项工作步入制度化、程序化和规范化的标准化管理模式。强化会计人员培训,规范会计确认、计量、记录、报告程序等会计基础工作,提高会计人员业务能力。

2. 预算管理

贯彻执行"分级管理、归口负责"的预算责任体系,根据中线建管局下达的各专业年度计划,完成年度全面预算草案编制、审核、上报工作。按照中线局下达的预算批复,分局结合管理处工作实际,按照差异化管理原则,分解预算至各管理处,并对管理处进行指导,做好预算执行工作。根据预算执行考核实施方案要求,加强预算执行过程控制,定期进行

(a) 理论考试

(b) 实操培训

(c) 内部培训

(d) 持证上岗情况

图 13-33

预算进度分析,准确核算各项成本费用开支,及时发现并解决预算执行中存在的问题。

3. 会计核算

根据中线建管局会计核算办法要求,严格规范合同结算、费用报销的程序和流程,疏通会计信息传递渠道,提升财务人员准确会计核算的能力。在日常工作中,及时发现并解决会计核算相关问题,界定管理费会计科目适用范围,规范会计科目使用,达到准确核算的要求。

4. 资产管理

为做好资产管理工作,制定资产清查方案,开展物资材料和非生产性固定资产清理工作,制定物资统一名称、编码,细化人员分工,统一仓库信息设置等。规范了各种物资、资产管理工作,防范化解资产风险,提高了资产使用效率。

### 13.2.4.15 扎实做好档案管理,整编质量高标准

1. 档案管理组织规范化

按照《南水北调中线干线工程建设管理局档案管理规定(试行)》《南水北调中线建管局河南分局档案管理实施细则(暂行)》。为确保档案工作有据可依、有章可循,对档案验收、库房建设等各项工作提前部署,设置时间节点,分轻重缓急,层层落实到位,实施档案验收督办制度。分局和管理处明确档案分管副局长和副处长,明确档案工作归口部门,

配备专职档案人员,补充兼职档案人员,确保档案工作"有人管,有人做"。

2. 档案库房管理规范化

配置档案专用库房,采购安装了档案密集架,完善了档案专用库房"软硬件"建设工作,制定档案库房管理制度,安排专人保管,库房设备齐全,防火、防盗、防光(紫外线)、防潮、防水、防尘等相应措施到位,符合档案保管要求,保证档案实体和信息安全。

3. 档案整编规范化

明确档案整编要求,确保档案整编质量。通过一对一的检查指导,做到了标准统一。开展档案工作试点,组织观摩学习,以点带面,共同提高。目前,鲁山段所辖4个设计单元工程已高标准通过档案专项验收。

## 13.2.5  规范化建设活动取得成效

通过不懈努力和探索,基本消除了质量缺陷,完善了管理功能,提升了工程形象,特别是锻炼了一支敢打硬仗、能打硬仗的队伍。在接下来的工作中,将持续秉承"规范化建设永远在路上"理念,探索长效机制,巩固规范化建设成果,深化规范化建设工作;优化运行管理模式、强化合同财务控制、提升人员岗位素质,力争早日全面实现"以规范化建设确保安全生产"的工作总目标。

# 附录一　测力计监测成果

## 一、测力计与千斤顶匹配性检验

附表 1-1　测力计监测初步成果　　　　（单位:t）

| 试验日期(年-月-日) | 2011-09-21 | | |
|---|---|---|---|
| 试验项目 | 空拉 | | |
| 仪器编号 | 118638(东侧扁锚) | | |
| 安装后 | 2.56 | 1.31 | 1.39 |
| 10% | 12.17 | 11.41 | 9.68 |
| 25% | 28.39 | 27.25 | 25.07 |
| 50% | 56.23 | 54.44 | 52.63 |
| 60% | 68.10 | 65.88 | 65.48 |
| 75% | 82.06 | 81.63 | 81.34 |
| 90% | 98.85 | 98.46 | 98.50 |
| 103% | 112.23 | 112.55 | 112.86 |
| 备注 | 第1次 | 第2次 | 第3次 |

附表 1-2　测力计监测初步成果　　　　（单位:t）

| 试验日期(年-月-日) | 2011-09-21 | | |
|---|---|---|---|
| 试验项目 | 空拉 | | |
| 仪器编号 | 118635 | | |
| 自由状态 | 2.67 | 2.92 | 2.59 |
| 10% | 10.68 | 11.22 | 11.40 |
| 25% | 25.93 | 25.68 | 25.94 |
| 50% | 52.83 | 50.19 | 50.84 |
| 60% | 64.48 | 61.02 | 60.89 |
| 75% | 79.32 | 76.27 | 76.28 |
| 90% | 93.19 | 93.34 | 92.68 |
| 103% | 106.42 | 106.85 | 106.26 |
| 备注 | 第1次 | 第2次 | 第3次 |

附表 1-3　测力计监测初步成果　（单位:t）

| 试验日期(年-月-日) | 2011-09-27 | |
|---|---|---|
| 试验项目 | 空拉 | |
| 仪器编号 | 118350(圆锚) | |
| 安装后 | 3.58 | 3.58 |
| 10% | 19.65 | — |
| 25% | 42.17 | 43.19 |
| 50% | 95.37 | 81.59 |
| 60% | 120.22 | — |
| 75% | 120.60 | 120.94 |
| 90% | 144.07 | — |
| 103% | 165.43 | 164.60 |
| 备注 | 第1次 | 第2次 |

附表 1-4　测力计监测初步成果　（单位:t）

| 试验日期(年-月-日) | 2011-09-27 | |
|---|---|---|
| 试验项目 | 空拉 | |
| 仪器编号 | 118339(圆锚) | |
| 安装后 | 2.17 | 2.17 |
| 10% | 18.96 | — |
| 25% | 42.65 | 43.80 |
| 50% | 99.32 | 84.05 |
| 60% | 122.72 | — |
| 75% | 123.79 | 123.57 |
| 90% | 147.34 | — |
| 103% | 168.78 | 168.04 |
| 备注 | 第1次 | 第2次 |

二、锚圈口损失

附表 1-5　测力计监测初步成果

（单位：t）

| 序号 | 试验日期(年-月-日) 2011-09-21～2011-09-23 试验项目 锚圈口损失 仪器编号 118638(扁锚) 安装后 | 10% | 25% | 50% | 60% | 75% | 90% | 103% | 备注 |
|---|---|---|---|---|---|---|---|---|---|
| 1 | 1.42 | 14.97 | 27.56 | 53.08 | 64.93 | 81.44 | 98.76 | 111.05 | 锚圈口损失(外侧) |
| 2 | 1.39 | 9.68 | 25.07 | 52.63 | 65.48 | 81.34 | 98.50 | 112.86 | |
| 3 | 1.41 | 12.46 | 29.26 | 56.53 | 65.34 | 81.37 | 99.22 | 112.60 | |
| 4 | — | 10.28 | 24.64 | 50.24 | — | 77.71 | 88.79 | 101.31 | 锚圈口损失(内侧) |
| 5 | 1.41 | 10.29 | 26.85 | 51.15 | 60.83 | 76.81 | 94.54 | 109.85 | 测力计间无工作锚(内侧) |
| 6 | 0.88 | — | 23.34 | 46.38 | 56.31 | 68.02 | 85.31 | 98.02 | 测力计两端放垫片(内侧) |
| 7 | 0.88 | 10.38 | 21.76 | 45.51 | 56.50 | 71.47 | 85.36 | 98.13 | |
| 8 | 0.88 | 10.06 | 22.82 | 45.37 | 55.97 | 71.17 | 85.42 | 98.52 | |
| 9 | 4.37 | 12.07 | 23.18 | 46.47 | 56.93 | 71.75 | 85.93 | 99.04 | 测力计两端放垫片,锚具换成锚具(内侧) |
| 10 | 4.33 | 11.24 | 24.74 | 48.29 | 59.00 | 74.14 | 88.51 | 101.60 | 锚圈口损失,锚具孔加大(内侧) |
| 11 | 4.33 | 11.47 | 25.11 | 48.74 | 59.06 | 73.91 | 88.95 | 101.94 | 锚具孔锚具孔加大外侧 工作锚换垫片(内侧) |
| 12 | 0.54 | — | 22.86 | 43.70 | — | 66.52 | — | 92.63 | 测力计间为工作锚,外侧测力计(内侧) |
| 13 | -0.08 | — | 24.94 | 48.23 | — | 73.26 | — | 100.39 | 上垫 3 cm 垫板 |

附表 1-6　测力计监测初步成果

（单位：t）

| 试验日期(年-月-日) | 2011-09-21～2011-09-23 | | | | | | | | |
| 试验项目 | 锚圈口损失 | | | | | | | | |
| 仪器编号 | 118635(扁锚) | | | | | | | | |
| 序号 | 安装后 | 10% | 25% | 50% | 60% | 75% | 90% | 103% | 备注 |
|---|---|---|---|---|---|---|---|---|---|
| 1 | 5.51 | 12.29 | 24.75 | 49.75 | 60.73 | 74.80 | 90.15 | 100.66 | 锚圈口损失(内侧) |
| 2 | 5.51 | 10.88 | 25.61 | 60.80 | 74.62 | 88.92 | 88.92 | 102.48 | |
| 3 | 2.47 | 10.47 | 24.93 | 49.18 | 58.09 | 72.31 | 94.80 | 101.87 | |
| 4 | 2.47 | 9.36 | 33.31 | 61.80 | — | 86.28 | 103.41 | 117.05 | 锚圈口损失(外侧) |
| 5 | 2.47 | 14.81 | 33.62 | 56.53 | 65.15 | 79.02 | 94.08 | 107.05 | 测力计间无工作锚 |
| 6 | 2.47 | 13.45 | 29.18 | 52.68 | 62.88 | 76.49 | 90.62 | 102.90 | |
| 7 | 2.47 | 14.82 | 29.32 | 54.70 | 65.07 | 77.06 | 90.54 | 102.68 | 测力计两端放垫片(外侧) |
| 8 | 2.47 | 14.00 | 28.27 | 50.83 | 60.94 | 75.13 | 88.57 | 100.92 | |
| 9 | 2.36 | 18.12 | 29.94 | 56.05 | 67.52 | 83.96 | 98.69 | 112.24 | 测力计两端放垫片(外侧) 垫片换成锚具(外侧) |
| 10 | 2.58 | 9.94 | 23.53 | 48.07 | 59.49 | 75.83 | 91.39 | 105.22 | 锚圈口损失,锚具孔加大(外侧) |
| 11 | 2.58 | 11.81 | 28.32 | 50.58 | 62.42 | 74.43 | 88.87 | 101.28 | 锚具孔加大外侧 工作锚换成垫片(内侧) |
| 12 | 1.26 | — | 31.30 | 56.87 | — | 80.97 | — | 105.76 | 测力计间为工作锚,外侧测力计 |
| 13 | 0.88 | — | 27.69 | 50.90 | — | 75.51 | — | 102.00 | 上垫3cm垫板(外侧) |

附表 1-7　测力计监测初步成果　　　　　　（单位：t）

| 试验日期<br>（年-月-日） | 2011-09-27 | | | |
|---|---|---|---|---|
| 试验项目 | 锚圈口损失 | | | |
| 仪器编号 | 118350（圆锚） | | | |
| 安装后 | 3.58 | 3.58 | 3.58 | 3.58 |
| 10% | 18.19 | 22.42 | 17.91 | 15.72 |
| 25% | 34.03 | 35.84 | 35.14 | 38.87 |
| 50% | 73.15 | 73.16 | 72.08 | 77.10 |
| 60% | 89.50 | 89.26 | 87.90 | 92.50 |
| 75% | 111.47 | 111.90 | 110.45 | 115.94 |
| 90% | 134.49 | 134.62 | 132.00 | 138.45 |
| 103% | 154.62 | 152.86 | 152.23 | 158.84 |
| 备注 | 第 1 次 | 第 2 次 | 第 3 次 | 两测力计叠加、测误差、内侧 |

附表 1-8　测力计监测初步成果　　　　　　（单位：t）

| 试验日期<br>（年-月-日） | 2011-09-27 | | | |
|---|---|---|---|---|
| 试验项目 | 锚圈口损失 | | | |
| 仪器编号 | 118339（圆锚） | | | |
| 安装后 | 2.17 | 2.17 | 2.17 | 2.17 |
| 10% | 17.50 | 17.34 | 16.63 | 17.38 |
| 25% | 39.87 | 39.75 | 39.02 | 39.24 |
| 50% | 78.70 | 78.17 | 77.06 | 78.26 |
| 60% | 95.08 | 94.59 | 92.86 | 93.97 |
| 75% | 117.73 | 117.81 | 116.06 | 117.67 |
| 90% | 140.50 | 140.54 | 138.52 | 140.15 |
| 103% | 161.81 | 160.73 | 158.60 | 160.33 |
| 备注 | 第 1 次 | 第 2 次 | 第 3 次 | 两测力计叠加、测误差、外侧 |

三、喇叭口损失

**附表 1-9 测力计监测初步成果**

（单位：t）

| 试验日期(年-月-日) | | 2011-09-23 | | | | | |
|---|---|---|---|---|---|---|---|
| 试验项目 | | 喇叭口损失 | | | | | |
| 仪器编号 | | 118638(扁锚) | | | | | |
| 序号 | 安装后 | 10% | 25% | 50% | 75% | 103% | 备注 |
| 1 | -0.15 | 17.88 | 34.40 | 58.18 | 79.89 | 104.84 | |
| 2 | -0.15 | 20.36 | 34.49 | 59.67 | 83.20 | 105.41 | （喇叭口损失）主动端 |
| 3 | -0.15 | 17.15 | 33.08 | 57.70 | 81.08 | 104.69 | |
| 4 | -0.15 | 15.62 | 34.50 | 58.37 | 81.72 | 104.95 | |
| 5 | -0.15 | 17.38 | 33.42 | 57.27 | 79.35 | 103.93 | （喇叭口损失）被动端 |
| 6 | -0.15 | 16.25 | 33.63 | 60.36 | 78.82 | 103.76 | |

附表 1-10 测力计监测初步成果

（单位：t）

| 试验日期(年-月-日) | | | 2011-09-23 | | | | | |
|---|---|---|---|---|---|---|---|---|
| 试验项目 | | | 喇叭口损失 | | | | | |
| 仪器编号 | | | 118635（扁锚） | | | | | |
| 序号 | 安装后 | 10% | 25% | 50% | 75% | 103% | 备注 |
| 1 | 0.88 | 17.18 | 33.70 | 59.57 | 82.35 | 103.51 | （喇叭口损失）被动端 |
| 2 | 0.81 | 17.95 | 32.68 | 56.57 | 79.39 | 100.30 | |
| 3 | 0.81 | 14.80 | 31.70 | 55.84 | 78.11 | 99.36 | |
| 4 | 0.81 | 14.37 | 32.49 | 56.71 | 82.24 | 103.38 | （喇叭口损失）主动端 |
| 5 | 0.81 | 16.08 | 32.19 | 56.81 | 79.06 | 103.01 | |
| 6 | 0.81 | 14.75 | 32.23 | 59.98 | 78.39 | 102.96 | |

四、孔道摩阻

附表 1-11　测力计监测初步成果

| 试验日期(年-月-日) | | | | | 2011-09-25 | | | | （单位:1） |

试验项目：环向扁锚孔道摩阻　　仪器编号：118638（扁锚）

| 序号 | 安装后 | 10% | 25% | 50% | 60% | 75% | 90% | 103% | 备注 |
|---|---|---|---|---|---|---|---|---|---|
| 1 | -0.28 | 15.80 | 29.44 | 51.83 | 60.81 | 74.35 | 87.52 | 98.74 | 测力计上下仅有垫板，两端同时张拉 |
| 2 | 0.33 | 13.63 | 27.54 | 49.36 | 58.65 | 72.22 | 85.53 | 97.94 | |
| 3 | 0.86 | 13.22 | 28.55 | 50.03 | 58.68 | 71.88 | 85.78 | 98.91 | 测力计上下仅有垫板,上部环扁锚孔道摩阻,主动端 |
| 4 | 0.86 | 13.61 | 29.44 | 49.07 | 58.45 | 72.54 | 85.16 | 97.62 | |
| 5 | 0.86 | 14.44 | 16.97 | 30.22 | 35.83 | 43.86 | 52.66 | 58.73 | 测力计上下仅有垫板,上部环扁锚孔道摩阻,被动端 |
| 6 | 0.86 | 14.11 | 15.69 | 29.93 | 36.52 | 44.76 | 54.40 | 60.43 | |
| 7 | 0.86 | 13.69 | 15.46 | 29.33 | 35.94 | 44.20 | 53.38 | 60.05 | |
| 8 | 0.86 | 13.15 | 26.10 | 47.19 | 55.29 | 69.63 | 82.01 | 93.84 | 测力计上下仅有垫板,两端同时张拉 |
| 9 | 0.86 | 12.42 | 24.36 | 45.51 | 54.53 | 66.44 | 79.81 | 92.03 | |
| 10 | 0.86 | 11.33 | 24.27 | 45.08 | 54.18 | 66.44 | 80.49 | 91.80 | 测力计上下仅有垫板,下部环扁锚孔道摩阻,主动端 |
| 11 | 0.86 | 11.05 | 23.71 | 44.55 | 53.37 | 66.08 | 80.36 | 92.15 | |
| 12 | 0.86 | 10.70 | 12.49 | 25.91 | 30.40 | 37.30 | 44.35 | 49.89 | 测力计上下仅有垫板,下部环扁锚孔道摩阻,被动端 |
| 13 | 0.86 | 12.61 | — | 24.95 | 29.66 | 37.29 | 44.96 | 49.92 | |

附表 1-12　测力计监测初步成果

（单位：t）

| 试验日期(年-月-日) | | | | | | | 2011-09-25 | | | |
| 试验项目 | | | | | | | 环向扁锚孔道摩阻 | | | |
| 仪器编号 | | | | | | | 118635(扁锚) | | | |
| 序号 | 安装后 | 10% | 25% | 50% | 60% | 75% | 90% | 103% | 备注 |
|---|---|---|---|---|---|---|---|---|---|
| 1 | 0.73 | 17.11 | 31.90 | 53.42 | 62.60 | 77.07 | 91.19 | 102.62 | 测力计上下仅垫板,两端同时张拉 |
| 2 | 0.98 | 13.79 | 17.99 | 31.13 | 36.50 | 44.33 | 51.67 | 60.22 | 测力计上下仅垫板,上部环扁锚孔道摩阻,被动端 |
| 3 | 7.56 | 14.87 | 18.65 | 31.95 | 37.26 | 45.10 | 53.34 | 61.71 | |
| 4 | 7.56 | 16.02 | 18.51 | 30.70 | 36.40 | 45.14 | 52.87 | 59.89 | |
| 5 | 7.56 | 15.91 | 30.26 | 51.23 | 60.61 | 74.13 | 89.54 | 100.05 | 测力计上下仅垫板,上部环扁锚孔道摩阻,主动端 |
| 6 | 7.56 | 16.36 | 28.94 | 50.72 | 61.31 | 73.97 | 90.59 | 100.77 | |
| 7 | 7.56 | 13.97 | 28.62 | 49.80 | 59.68 | 72.79 | 88.28 | 99.83 | |
| 8 | 0.62 | 11.77 | 28.55 | 51.54 | 66.64 | 73.84 | 87.98 | 99.32 | 测力计上下仅垫板,两端同时张拉 |
| 9 | 0.62 | 13.45 | 13.50 | 28.23 | 33.28 | 40.20 | 47.61 | 54.48 | 测力计上下仅有垫板,下部环扁锚孔道摩阻,被动端 |
| 10 | 0.62 | 13.82 | 15.38 | 28.76 | 34.14 | 41.19 | 48.89 | 55.08 | |
| 11 | 0.62 | 12.52 | 32.87 | 28.57 | 33.95 | 41.68 | 49.50 | 55.97 | |
| 12 | 0.62 | 13.13 | 27.61 | 50.70 | 58.79 | 72.64 | 86.96 | 98.41 | 测力计上下仅有垫板,下部环扁锚孔道摩阻,主动端 |
| 13 | 0.62 | 13.14 | — | 50.40 | 58.85 | 72.60 | 86.90 | 98.51 | |

附表 1-13　测力计监测初步成果

（单位：t）

| 试验日期（年-月-日） | | | | | | | | | 2011-09-27～2011-09-28 | | |
| 试验项目 | | | | | | | | | 孔道摩阻 | | |
| 仪器编号 | | | | | | | | | 118350（圆锚） | | |
| 序号 | 安装后 | 10% | 25% | 50% | 60% | 75% | 90% | 103% | 静停 | 备注 |
| 1 | 3.58 | 17.80 | 39.01 | 76.65 | 91.50 | 114.26 | 137.04 | 156.88 | — | |
| 2 | 3.58 | 17.37 | 40.14 | 78.25 | 98.53 | 113.72 | 136.24 | 156.03 | — | 直线圆锚孔道摩阻，被动端 |
| 3 | 3.58 | 16.48 | 38.44 | 76.33 | 90.28 | 112.29 | 134.72 | 153.18 | — | |
| 4 | 2.91 | 17.69 | 39.27 | 77.45 | 91.59 | 114.69 | 139.76 | 155.14 | 154.89 | |
| 5 | 2.91 | 17.91 | 41.22 | 76.96 | 92.32 | 114.02 | 136.18 | 155.66 | — | 直线圆锚孔道摩阻，主动端 |
| 6 | 2.91 | 19.51 | 39.38 | 77.41 | 92.28 | 114.40 | 135.63 | 154.48 | — | |

附表 1-14  测力计监测初步成果

（单位：t）

| 试验日期（年-月-日） | | | | | | 2011-09-27～2011-09-28 | | | | | |
|---|---|---|---|---|---|---|---|---|---|---|---|
| 试验项目 | | | | | | 孔道摩阻 | | | | | |
| 仪器编号 | | | | | | 118339（圆锚） | | | | | |
| 序号 | 安装后 | 10% | 25% | 50% | 60% | 75% | 90% | 103% | 静停 | 备注 |
| 1 | 2.17 | 17.09 | 39.57 | 78.26 | 93.58 | 117.09 | 140.67 | 161.13 | — | 直线圆锚孔道摩阻，主动端 |
| 2 | 2.17 | 18.22 | 40.71 | 80.23 | 93.96 | 116.68 | 139.92 | 160.20 | — | |
| 3 | 2.17 | 16.11 | 38.83 | 77.97 | 92.31 | 115.01 | 137.87 | 156.62 | — | |
| 4 | 1.87 | 17.36 | 38.32 | 76.56 | 90.72 | 113.73 | 135.32 | 153.91 | 153.79 | 直线圆锚孔道摩阻，被动端 |
| 5 | 1.87 | 17.46 | 40.46 | 76.24 | 94.33 | 113.19 | 135.17 | 154.51 | — | |
| 6 | 1.87 | 19.25 | 38.54 | 76.61 | 91.40 | 113.53 | 134.63 | 153.34 | — | |

## 五、直线扁锚锚固回缩

附表 1-15 测力计监测初步成果

（单位：t）

| 序号 | 仪器编号 | 安装后 | 10% | 25% | 50% | 60% | 75% | 90% | 103% | 回油 2 MPa | 备注 |
|---|---|---|---|---|---|---|---|---|---|---|---|
| | | | | | | | 直线扁锚锚固回缩 | | | | |
| | | | | | | | 118638（扁锚） | | | | |
| | | | | | | | 2011-09-24, 2011-09-26 | | | | |
| 1 | 0.60 | 11.29 | 25.67 | 50.01 | — | 74.02 | 97.08 | 97.04 | 92.17 | 测力计外侧为工作锚，内侧为垫板，两端同时加载至 10%，被动端 |
| 2 | 0.60 | 11.34 | 27.72 | 49.49 | — | 71.68 | 100.99 | 100.87 | 95.77 | |
| 3 | 0.60 | 12.34 | 28.17 | 49.60 | — | 71.80 | 97.52 | 97.44 | 92.20 | |
| 4 | 0.26 | 9.41 | 16.94 | 36.18 | 45.2 | 57.67 | 71.00 | 84.13 | 14.94 | 回油时操作不当，被动端 |
| 5 | 0.26 | 10.31 | 18.16 | 37.05 | 45.2 | 62.24 | 72.77 | 84.59 | 82.11 | 测力计外侧为工作锚，内侧为垫板，两端同时加载至 10%，被动端 |
| 6 | 0.26 | 10.91 | 20.61 | 37.85 | — | 60.41 | — | 84.29 | 81.92 | |
| 7 | 0.26 | 8.94 | 20.55 | 40.96 | 49.3 | 62.86 | 76.79 | 89.47 | 86.80 | |

附表 1-16　测力计监测初步成果

（单位：t）

| 试验日期(年-月-日) | | 2011-09-24、2011-09-26 | | | | | | | | | |
|---|---|---|---|---|---|---|---|---|---|---|---|
| 试验项目 | | 直线扁锚锚固回缩 | | | | | | | | | |
| 仪器编号 | | 118635（扁锚） | | | | | | | | | |
| 序号 | 安装后 | 10% | 25% | 50% | 60% | 75% | 90% | 103% | 回油 2MPa | 备注 |
| 1 | 2.70 | 11.41 | 29.13 | 57.25 | — | 84.97 | 110.41 | 110.25 | 102.03 | 测力计外侧为工作锚，内侧为垫板，两端同时加载至10%，主动端 |
| 2 | 2.70 | 11.66 | 29.86 | 55.15 | — | 80.97 | 113.49 | 113.30 | 104.55 | |
| 3 | 2.70 | 12.63 | 29.49 | 54.38 | — | 80.85 | 110.16 | 110.00 | 100.90 | |
| 4 | 1.01 | 9.55 | 23.85 | 44.82 | 54.27 | 67.02 | 80.31 | 92.83 | 18.67 | 回油时操作不当，被动端 |
| 5 | 1.01 | 12.51 | 22.54 | 42.93 | 51.80 | 65.28 | 80.46 | 92.58 | 85.64 | 测力计外侧为工作锚，内侧为垫板，两端同时加载至10%，主动端 |
| 6 | 1.01 | 12.63 | 22.29 | 43.10 | — | 67.15 | — | 92.46 | 85.55 | |
| 7 | 1.01 | 13.41 | 25.13 | 46.78 | 56.90 | 71.29 | 83.99 | 96.20 | 89.27 | |

## 六、直线圆锚锚固回缩

### 附表 1-17 测力计监测初步成果

（单位：t）

| 试验日期(年-月-日) | | | | | | 2011-09-28 | | | | | |
|---|---|---|---|---|---|---|---|---|---|---|---|
| 试验项目 | | | | | | 锚固回缩 | | | | | |
| 仪器编号 | | | | | | 118350（圆锚） | | | | | |
| 序号 | 安装后 | 10% | 25% | 50% | 60% | 75% | 90% | 103% | 静停 | 回油 2 MPa | 备注 |
| 1 | 2.91 | 16.76 | 29.96 | 66.28 | 85.06 | 104.37 | 127.92 | 147.89 | — | 140.37 | 直线圆锚锚固回缩、被动端 |
| 2 | 2.91 | 16.63 | 34.63 | 68.80 | 84.56 | 106.92 | 129.62 | 148.99 | 148.69 | 141.12 | |
| 3 | 2.91 | 16.37 | 33.09 | 70.88 | 85.87 | 109.35 | 131.88 | 151.62 | 151.46 | 142.98 | |
| 4 | 2.91 | 15.36 | 34.45 | 71.41 | 82.07 | 108.03 | 131.22 | 151.83 | 151.63 | 143.14 | |

### 附表 1-18 测力计监测初步成果

（单位：t）

| 试验日期(年-月-日) | | | | | | 2011-09-28 | | | | | |
|---|---|---|---|---|---|---|---|---|---|---|---|
| 试验项目 | | | | | | 锚固回缩 | | | | | |
| 仪器编号 | | | | | | 118339（圆锚） | | | | | |
| 序号 | 安装后 | 10% | 25% | 50% | 60% | 75% | 90% | 103% | 静停 | 回油 2 MPa | 备注 |
| 1 | 1.76 | 15.89 | 30.40 | 73.11 | 83.71 | 107.85 | 131.96 | 152.32 | 139.05 | — | 直线圆锚锚固回缩、主动端 |
| 2 | 1.76 | 15.74 | 37.48 | 89.34 | 87.40 | 110.63 | 133.81 | 153.62 | 153.20 | 139.39 | |
| 3 | 1.76 | 15.69 | 33.93 | 73.95 | 89.10 | 113.33 | 118.10 | 156.66 | 156.31 | 142.06 | |
| 4 | 1.76 | 15.25 | 35.07 | 74.84 | 89.91 | 112.88 | 136.73 | 157.91 | 157.56 | 143.11 | |

七、环向扁锚锚固回缩

附表 1-19　测力计监测初步成果

（单位：t）

| 序号 | 安装后 | 10% | 25% | 50% | 60% | 75% | 90% | 103% | 静停 | 回油 2 MPa | 备注 |
|---|---|---|---|---|---|---|---|---|---|---|---|
| | | | | | | | 锚固回缩 118636（扁锚） | | | | |
| | | | | | | 2011-10-02～2011-10-03、2011-10-20 | | | | | |
| 1 | 1.24 | 6.45 | 20.55 | 43.42 | 54.74 | 70.48 | 85.40 | 98.75 | 98.19 | 83.84 | 上部,两端同时张拉 |
| 2 | 1.24 | 11.10 | 23.44 | 45.70 | 58.23 | 73.49 | 89.82 | 98.37 | 99.23 | 84.28 | |
| 3 | 0.06 | 4.83 | 18.57 | 43.35 | 54.88 | 70.12 | 85.71 | 98.76 | 98.18 | 84.04 | |
| 4 | 1.24 | 9.89 | 24.61 | 47.42 | 58.92 | 71.85 | 87.88 | 100.84 | 100.08 | 84.17 | 下部,两端同时张拉 |
| 5 | 1.24 | 11.45 | 23.75 | 47.26 | 60.18 | 74.28 | 90.83 | 103.60 | 102.93 | 86.86 | |
| 6 | 0.33 | — | 25.67 | 47.62 | 56.53 | 71.12 | 87.92 | 100.8 | 100.27 | 84.62 | |

附表 1-20 测力计监测初步成果

（单位：t）

| 试验日期(年-月-日) | | 2011-10-02～2011-10-03、2011-10-20 | | | | | | | | | |
|---|---|---|---|---|---|---|---|---|---|---|---|
| 试验项目 | | 锚固回缩 | | | | | | | | | |
| 仪器编号 | | 118634/118635（扁锚） | | | | | | | | | |
| 序号 | 安装后 | 10% | 25% | 50% | 60% | 75% | 90% | 103% | 静停 | 回油 2 MPa | 备注 |
| 1 | 2.84 | 3.84 | 19.70 | 43.03 | 56.80 | 64.88 | 79.23 | 92.36 | 91.78 | 80.59 | 上部，两端同时张拉 |
| 2 | 5.32 | 7.11 | 19.42 | 40.96 | 62.69 | 78.88 | 89.45 | 90.72 | 88.07 | 77.68 | |
| 3 | 0.01 | 6.63 | 24.79 | 47.47 | 58.49 | 72.85 | 88.53 | 100.00 | 99.34 | 88.38 | |
| 4 | -0.70 | 10.80 | 20.30 | 43.79 | 53.73 | 68.48 | 83.38 | 97.26 | 96.54 | 83.73 | 下部，两端同时张拉 |
| 5 | -0.70 | 8.27 | 20.20 | 41.98 | 64.85 | 66.85 | 83.14 | 94.64 | 94.04 | 80.73 | |
| 6 | 2.04 | — | 18.67 | 44.02 | 53.43 | 72.66 | 86.46 | 101.22 | 100.47 | 85.71 | |

附表1-21 测力计监测初步成果 （单位:t）

| 测试日期（年-月-日） | 2011-10-21 | | | | | | | | | |
| 试验项目 | 环向扁锚锚固回缩（两根钢绞线） | | | | | | | | | |
| 厂家编号 | 118636 | | | | | | | | | |
| 序号 | 安装后 | 25% | 50% | 60% | 75% | 90% | 103% | 回油2 MPa | 卸载 | 备注 |
| 1 | 0.44 | 10.01 | 20.47 | 24.95 | 32.33 | 38.12 | 41.94 | 36.97 | 36.17 | 锚固回缩,装钢索计（东侧上部） |
| 2 | 1.12 | 13.70 | 19.02 | 24.37 | 30.03 | 36.31 | 42.21 | 36.58 | 36.11 | |
| 3 | 1.12 | 13.27 | 23.06 | 26.55 | 31.37 | 37.29 | 43.24 | 38.63 | 38.12 | |

附表1-22 测力计监测初步成果 （单位:t）

| 测试日期（年-月-日） | 2011-10-21 | | | | | | | | | |
| 试验项目 | 环向扁锚锚固回缩（两根钢绞线） | | | | | | | | | |
| 厂家编号 | 118635 | | | | | | | | | |
| 序号 | 安装后 | 25% | 50% | 60% | 75% | 90% | 103% | 回油2 MPa | 卸载 | 备注 |
| 1 | 1.75 | 4.25 | 11.38 | 16.68 | 21.48 | 27.02 | 33.76 | 26.37 | 26.30 | 锚固回缩,装钢索计（西侧上部） |
| 2 | 1.75 | 7.15 | 13.45 | 17.91 | 22.88 | 27.10 | 34.17 | 29.91 | 29.32 | |
| 3 | 1.75 | 6.69 | 14.28 | 18.23 | 23.64 | 28.92 | 34.75 | 31.28 | 30.74 | |

# 附录二　钢索计监测成果

## 一、直线扁锚空拉

附表 2-1　钢索计监测初步成果 （单位:t）

| 测试日期(年-月-日) | 2011-09-21 | | |
|---|---|---|---|
| 试验项目 | 直线扁锚空拉 | | |
| 设计编号 | 1 | | |
| 厂家编号 | 11044 | | |
| 安装后 | 0.00 | 0.00 | 0.00 |
| 10% | 1.99 | 1.38 | 0.81 |
| 25% | 4.67 | 3.86 | 3.40 |
| 50% | 9.56 | 8.35 | 8.09 |
| 60% | 11.51 | 10.17 | 9.89 |
| 75% | 14.03 | 12.80 | 12.57 |
| 90% | 16.43 | 15.76 | 15.42 |
| 103% | 18.74 | 18.05 | 17.78 |
| 备注 | 第 1 次 | 第 2 次 | 第 3 次 |

附表 2-2　钢索计监测初步成果 （单位:t）

| 测试日期(年-月-日) | 2011-09-21 | | |
|---|---|---|---|
| 试验项目 | 直线扁锚空拉 | | |
| 设计编号 | 2 | | |
| 厂家编号 | 11049 | | |
| 安装后 | 0.00 | 0.00 | 0.00 |
| 10% | 0.72 | 1.16 | 1.80 |
| 25% | 3.39 | 3.68 | 4.27 |
| 50% | 8.24 | 8.31 | 8.91 |
| 60% | 10.28 | 10.53 | 10.71 |
| 75% | 12.80 | 13.15 | 13.38 |
| 90% | 15.18 | 16.07 | 16.17 |
| 103% | 17.42 | 18.33 | 18.40 |
| 备注 | 第 1 次 | 第 2 次 | 第 3 次 |

附表 2-3　钢索计监测初步成果　　　　　　　　　　（单位:t）

| 测试日期(年-月-日) | 2011-09-21 | | |
|---|---|---|---|
| 试验项目 | 直线扁锚空拉 | | |
| 设计编号 | 3 | | |
| 厂家编号 | 11030 | | |
| 安装后 | 0.00 | 0.00 | 0.00 |
| 10% | 1.24 | 1.41 | 1.46 |
| 25% | 4.13 | 4.17 | 4.02 |
| 50% | 9.22 | 8.66 | 8.61 |
| 60% | 11.38 | 10.67 | 10.42 |
| 75% | 14.06 | 13.48 | 13.20 |
| 90% | 16.55 | 16.51 | 16.11 |
| 103% | 18.95 | 18.95 | 18.50 |
| 备注 | 第1次 | 第2次 | 第3次 |

## 二、直线圆锚空拉

附表 2-4　钢索计监测初步成果　　　　　　　　　　（单位:t）

| 测试日期(年-月-日) | 2011-09-27 | | | |
|---|---|---|---|---|
| 试验项目 | 直线圆锚空拉 | | | |
| 设计编号 | 10 | | 11 | |
| 厂家编号 | 11084 | | 11083 | |
| 安装后 | 0.00 | 0.00 | 0.00 | 0.00 |
| 10% | 0.40 | 0.00 | 1.39 | 0.00 |
| 25% | 2.98 | — | 3.76 | 4.34 |
| 50% | 8.62 | 2.53 | 10.27 | 8.43 |
| 60% | 9.49 | — | 12.93 | — |
| 75% | 9.14 | 8.76 | 13.03 | 12.59 |
| 90% | 11.44 | — | 15.73 | — |
| 103% | 13.20 | 10.32 | 17.91 | 17.26 |
| 备注 | 第1次 | 第2次 | 第1次 | 第2次 |

三、直线扁锚锚圈口损失

附表2-5 钢索计监测初步成果

（单位：t）

| 测试日期(年-月-日) | | | | | | | 2011-09-22 | | | |
|---|---|---|---|---|---|---|---|---|---|---|
| 试验项目 | | | | | | | 直线扁锚锚圈口损失 | | | |
| 设计编号 | | | | | | | 4 | | | |
| 厂家编号 | | | | | | | 11039 | | | |
| 序号 | 安装后 | 10% | 25% | 50% | 60% | 75% | 90% | 103% | 备注 |
| 1 | 0.00 | 1.59 | 4.70 | 9.13 | 10.87 | 13.66 | 16.68 | 19.24 | 锚圈口损失 |
| 2 | 0.00 | 1.62 | 4.01 | 8.50 | 10.13 | 12.76 | 15.72 | 18.13 | |
| 3 | 0.00 | 0.55 | — | 2.74 | 7.47 | 11.73 | 14.63 | 16.93 | 两个测力计叠加,测误差 |
| 4 | 0.00 | 2.43 | 4.68 | 9.04 | 10.86 | 13.41 | 16.27 | 18.64 | 上下均有垫板 |
| 5 | 0.00 | 2.49 | 4.43 | 8.86 | 10.91 | 13.73 | 16.27 | 18.56 | 测力计两端加垫片 |
| 6 | 0.00 | 2.52 | 4.32 | 8.35 | 10.23 | 12.98 | 15.54 | 17.90 | |
| 7 | 0.00 | 2.36 | 4.11 | 8.16 | 10.05 | 12.75 | 15.32 | 17.61 | 垫片换成锚具 |
| 8 | 0.00 | 0.22 | 2.58 | 6.76 | 8.68 | 11.42 | 14.02 | 16.39 | 锚具孔加大,无垫片 |
| 9 | 0.00 | 0.52 | 2.66 | 6.77 | 8.60 | 11.28 | 13.93 | 16.26 | 锚具孔加大,有垫片 |

附表 2-6　钢索计监测初步成果

（单位：t）

| 序号 | 安装后 | 10% | 25% | 50% | 60% | 75% | 90% | 103% | 备注 |
|------|--------|-----|-----|-----|-----|-----|-----|------|------|
| 测试日期(年-月-日) | | | | | | | 2011-09-22 | | |
| 试验项目 | | | | | | 直线扁锚锚圈口损失 | | | |
| 设计编号 | | | | | | 5 | | | |
| 厂家编号 | | | | | | 11051 | | | |
| 1 | 0.00 | 1.36 | 4.57 | 9.04 | 10.80 | 13.62 | 16.75 | 19.69 | 锚圈口损失 |
| 2 | 0.00 | 2.21 | 4.83 | 9.61 | 11.30 | 14.05 | 17.20 | 19.61 | |
| 3 | 0.00 | — | 4.02 | 9.05 | — | 13.35 | 16.34 | 18.63 | 两个测力计叠加，测误差 |
| 4 | 0.00 | 2.14 | 4.43 | 8.77 | 10.66 | 13.19 | 16.07 | 18.42 | 上下均有垫板 |
| 5 | 0.00 | 2.82 | 4.75 | 9.24 | 11.35 | 14.17 | 16.74 | 19.06 | 测力计两端加垫片 |
| 6 | 0.00 | 3.37 | 5.65 | 9.82 | 11.64 | 14.54 | 17.26 | 19.75 | |
| 7 | 0.00 | 2.59 | 4.93 | 9.24 | 11.25 | 14.02 | 16.66 | 19.06 | 垫片换成锚具 |
| 8 | 0.00 | 1.43 | 3.92 | 8.38 | 10.40 | 13.18 | 15.81 | 18.15 | 锚具孔加大，无垫片 |
| 9 | 0.00 | 1.57 | 3.75 | 8.37 | 10.29 | 13.01 | 15.69 | 18.05 | 锚具孔加大，有垫片 |

## 四、锚固回缩

附表2-7　钢索计监测初步成果　　　　　　　　　（单位：t）

| 测试日期<br>（年-月-日） | 2011-09-28 | | | | | | | |
|---|---|---|---|---|---|---|---|---|
| 试验项目 | 直线圆锚锚固回缩 | | | | | | | |
| 设计编号 | — | | | | — | | | |
| 厂家编号 | 11048 | | | | 11035 | | | |
| 安装后 | 0 | 0 | 0 | 0 | 0 | 0 | 0 | 0 |
| 10% | 2.26 | 6.38 | 9.92 | 9.27 | 0.22 | 0.03 | 5.88 | 5.17 |
| 25% | 3.87 | 8.54 | 12.7 | 12.29 | 1.93 | 2.6 | 8.48 | 7.79 |
| 50% | 8.6 | 4.74 | 17.02 | 17.32 | 6.58 | 6.79 | 12.95 | 12.55 |
| 60% | 10.39 | 13.48 | 18.81 | 19.24 | 8.31 | 8.61 | 14.9 | 14.36 |
| 75% | 15.3 | 15.08 | 21.84 | 22.13 | 10.75 | 11.59 | 18.16 | 17.35 |
| 90% | 18.02 | 17.63 | 24.79 | 25.56 | 13.76 | 14.42 | 20.81 | 20.73 |
| 103% | 20.58 | 20.07 | 27.31 | 28.56 | 16.29 | 16.72 | 23.25 | 23.43 |
| 静停 | — | 19.99 | 27.31 | 28.64 | — | 16.72 | 23.26 | 23.46 |
| 回油2 MPa | 19.74 | 18.85 | 26.13 | 27.63 | 14.53 | 15.63 | 22.04 | 22.18 |
| 备注 | 第1次 | 第2次 | 第3次 | 第4次 | 第1次 | 第2次 | 第3次 | 第4次 |

附表2-8　钢索计监测初步成果　　　　　　　　　（单位：t）

| 测试日期<br>（年-月-日） | 2011-09-24 | | | | | | | | |
|---|---|---|---|---|---|---|---|---|---|
| 试验项目 | 直线扁锚锚固回缩 | | | | | | | | |
| 设计编号 | 7 | | | 8 | | | 9 | | |
| 厂家编号 | 11076 | | | 11073 | | | 11073 | | |
| 安装后 | 0.00 | 0.00 | 0.00 | 0.00 | 0.00 | 0.00 | 0.00 | 0.00 | 0.00 |
| 10% | 0.81 | 0.51 | 0.46 | 0.76 | 1.92 | 1.80 | 2.55 | 3.83 | 1.34 |
| 25% | 3.51 | 3.28 | 2.88 | 3.02 | 4.85 | 4.82 | 4.54 | 6.41 | 4.62 |
| 50% | 8.53 | 7.81 | 7.31 | 8.05 | 9.25 | 9.96 | 8.55 | 10.59 | 8.53 |
| 75% | 13.29 | 12.45 | 11.92 | 13.01 | 13.61 | 14.82 | 13.05 | 14.88 | 15.47 |
| 103% | 17.89 | 18.22 | 17.18 | 17.53 | 19.58 | 20.26 | 17.66 | 20.25 | 17.30 |
| 回油2MPa | 16.61 | 17.01 | 16.15 | 16.37 | 18.14 | 18.84 | 16.59 | 19.31 | 16.47 |
| 备注 | 第1次 | 第2次 | 第3次 | 第1次 | 第2次 | 第3次 | 第1次 | 第2次 | 第3次 |

附表 2-9　钢索计监测初步成果

（单位：t）

| 测试日期（年-月-日） | | | 2011-10-21 | | | | | | | | 备注 |
|---|---|---|---|---|---|---|---|---|---|---|---|
| 试验项目 | | | 环向扁锚锚固回缩（两根钢绞线） | | | | | | | | |
| 厂家编号 | 安装位置 | 安装后 | 25% | 50% | 60% | 75% | 90% | 103% | 回油 2 MPa | 卸载 | |
| 11056 | 0°上 | 0.0 | 2.1 | 5.5 | 7.9 | 10.8 | 13.0 | 16.6 | 14.8 | 14.2 | |
| 11038 | | 0.0 | 3.0 | 6.8 | 9.7 | 12.3 | 15.5 | 18.2 | 16.3 | 16.2 | |
| 11043 | 0°下 | 0.0 | 2.5 | 5.8 | 8.2 | 11.2 | 13.2 | 16.9 | 15.2 | 14.7 | |
| 11040 | | 0.0 | 2.2 | 6.0 | 8.4 | 11.2 | 14.0 | 17.1 | 15.5 | 15.0 | 本次整编结果已剔除部分异常值 |
| 11073 | 90°上 | 0.0 | 2.4 | 6.5 | 9.4 | 11.7 | 15.0 | 17.9 | 15.5 | 15.5 | |
| | | 0.0 | 3.9 | 6.7 | 7.7 | 9.4 | 11.4 | 13.7 | 13.8 | 13.9 | |
| 11065 | 180°上 | 0.0 | 2.7 | 7.3 | 9.3 | 12.8 | 15.6 | 17.7 | 15.7 | 15.1 | |
| | | 0.0 | 4.3 | 6.6 | 9.1 | 11.7 | 14.8 | 17.7 | 15.6 | 15.2 | |
| 11051 | | 0.0 | 4.6 | 8.9 | 10.5 | 12.9 | 15.8 | 18.7 | 16.6 | 16.7 | |
| | | 0.0 | 4.5 | 9.0 | 11.1 | 14.7 | 17.6 | 19.6 | 17.7 | 17.1 | |
| 11027 | 180°下 | 0.0 | 8.3 | 10.6 | 12.9 | 15.4 | 17.6 | 19.5 | 11.2 | 10.6 | |